冷却塔工艺原理

赵顺安　著

中国建筑工业出版社

图书在版编目（CIP）数据

冷却塔工艺原理/赵顺安著. —北京：中国建筑工业
出版社，2015.8（2024.1重印）
ISBN 978-7-112-18197-1

Ⅰ.①冷… Ⅱ.①赵… Ⅲ.①冷却塔-工艺学 Ⅳ.
①TF3

中国版本图书馆 CIP 数据核字（2015）第 131194 号

冷却塔工艺原理

赵顺安 著

*

中国建筑工业出版社出版、发行（北京西郊百万庄）
各地新华书店、建筑书店经销
霸州市顺浩图文科技发展有限公司制版
建工社（河北）印刷有限公司印刷

*

开本：787×1092 毫米 1/16 印张：32 字数：796 千字
2015 年 8 月第一版 2024 年 1 月第二次印刷
定价：**96.00** 元
ISBN 978-7-112-18197-1
（27402）

本书共有十九章，内容包括了空冷塔、湿式自然通风冷却塔、湿式机械通风冷却塔、海水冷却塔、排烟冷却塔、干/湿式冷却塔、闭式冷却塔等的发展历史、现状及热力阻力计算与设计方法。第一章为概述，介绍各种冷却塔的分类和基本情况；第二章为空冷塔、干/湿式冷却塔与闭式冷却塔相关的传热基础；第三章为空冷塔、干/湿式冷却塔与闭式冷却塔核心部件性能介绍；第四章主要介绍了直接空冷塔、表面式间接空冷塔和混凝式间接空冷塔的设计与运行相关问题及处理；第五、六章是湿式冷却塔的基础理论，包括理论模型与发展历史，模型求算方法等；第七章为湿式冷却塔核心部件的发展历史与特性分析；第八章为机械通风冷却塔的设计与计算方法以及与塔的相互干扰；第九章介绍自然通风冷却塔，包括高位集水冷却塔的设计与计算方法；第十章为如何采用现代计算流体软件进行自然塔的优化设计；第十一章为冷却塔的配水设计与水力计算；第十二章介绍自然通风冷却塔的塔型与性能的关系；第十三、十四、十五、十六章分别介绍了海水冷却塔、排烟冷却塔和干/湿式冷却塔及闭式冷却塔的发展历史和设计与计算方法；第十七章为电力系统冷端优化与冷却塔的优化设计；第十八章介绍冷却塔对环境的影响及环境对冷却塔性能的影响与评价方法；第十九章给出了进行冷却塔相关工艺问题试验研究的方法。

本书内容新颖全面、概念清晰、理论系统、论述详细，可供从事冷却塔设计、科研、运行和制造人员阅读，也可供高等院校相关专业师生参考。

＊　　＊　　＊

责任编辑：李玲洁

责任设计：王国羽

责任校对：张　颖　赵　颖

前　言

冷却塔是一门古老而又年轻的学科，是一门涉及流体力学、水力学、传热传质学、机械传动学和材料学的边缘学科。它是随着生产实践不断完善发展起来的一门学科，总共的发展也仅 100 年。目前，冷却塔已经由 1940 年前的湿冷塔发展成为包含自然通风冷却塔、机械通风冷却塔、空冷塔、干/湿式冷却塔和蒸发冷却塔等种类多样综合的学科。冷却塔正在石油、化工、冶金、电力、纺织、轻工、电子以及我们的日常生活中发挥着作用。

在冷却塔的百年发展历史中，我们不能忘记 100 年间一些特别的人、特殊的阶段、特殊的事促使了冷却塔学科的进步与发展。1925 年麦克尔提出焓差理论，从而冷却塔有了自己的理论体系；20 世纪 40 年代起发展直接空冷技术，开启了节水冷却的新纪元；20 世纪 50 年代海勒教授提出混凝式间接空冷技术，20 世纪 60 年代应用于工程，丰富了节水冷却技术；20 世纪 60 年代首先在冶金行业提出了蒸发冷却技术，开始了闭式冷却塔的技术；20 世纪 70 年代表面式间接空冷技术发展起来，使空冷技术适用于了更大的机组；也是在这个年代，焓差理论得到广泛接受和工程采用。20 世纪 70 年代法国电力公司花了大量人力、物力进行自然通风冷却塔的技术研究，研究的内容不仅是冷却塔自身的设计问题，还将研究拓延至冷却塔与环境的相互影响等问题；20 世纪 80 年代法国电力公司和德国电力公司通过研究提出了高位集水冷却塔和排烟冷却塔。而远离欧洲大陆的美国重点发展了机械通风横流式冷却塔和逆流塔，中国也在不断地发展着自己的冷却塔技术，20 世纪 60 年代开发了 LF4.7 机械通风冷却塔，还重点研究了冷却塔的核心部件淋水填料。20 世纪 80 年代中国引进了哈蒙公司冷却塔技术，20 世纪 90 年代国内与电厂冷却塔配套的 PVC 淋水填料如雨后春笋般涌现。2000 年后冷却塔的发展热点转移到中国，至 2007 年世界规模最大的空冷机组已经都在中国了，为适应电力对冷却塔技术的需求，中国电力工程顾问集团公司设立了海水冷却塔、排烟冷却塔、超大型冷却塔以及核电超大型冷却塔的相关研究课题，对冷却塔相关技术进行深入研究。中国核电工程公司、中广核工程公司、国核电力规划设计研究院、西南电力设计院、中南电力设计院、河北省电力勘测设计研究院以及广东省电力设计研究院等单位都对冷却塔的相关技术展开了研究工作，为冷却塔的技术发展作出了贡献。经过百年的发展，冷却塔的基本理论已经形成相对完善的体系。

本书的宗旨在于将冷却塔，包括湿冷塔、干/湿式冷却塔、蒸发冷却塔（闭式塔）、自然通风塔、机械通风塔、排烟冷却塔、海水塔基本工艺理论和最新研究成果系统地综合起来，介绍给读者，以促进冷却塔的研究和设计制造工作的不断发展。

由于时间仓促、水平所限，错误或不妥之处在所难免，望读者批评指正。

目　　录

第一章 概 述

第一节 工业循环水与冷却塔

在工业生产与人们的日常生活中，往往需要排出大量的废热，才能得以维持。可以说工业生产越发达、人的物质生活水平越高，需要排出的废热就越多。如冶金行业，要保证产品质量与正常生产，就需将生产过程中的废热排放掉，以轧板工艺为例，轧板的轧辊在轧压热钢板后温度升高，如果不对轧辊进行冷却，其温度将一直升高，最后生产将无法继续进行，同时轧板质量也无法保证；再如化工行业的蒸馏工艺中，需将某气态物质的温度降低至某一温度凝结，就要排出热量，就要求由冷却水系统将其废热带走；废热排放量较大的是蒸汽发电工艺，锅炉将水加热为蒸汽推动汽轮机转动带动发电机发电，同样量的燃

图 1-1 用于不同行业的冷却塔
(a) 冶金；(b) 电力；(c) 化工；(d) 民用

1

煤，蒸汽的高压端与低压端的压差越大，发电效率越高，要形成大压差就要使汽轮机末级叶片排出的高温蒸汽降温凝结为水形成真空，真空度（真空中的绝对压力大小的标志）的高低与蒸汽冷却后的水温度有关，温度越低真空度越高，发电燃煤效率也越高。蒸汽及其凝结的热量需要用冷却水将其带走。日常生活中也处处可见废热的排放，如建筑物内的空调系统、冷库系统等，都需要冷却水将其中的废热带走或排向大气。所以，要进行生产、提高生活水平必然伴随大量废热排出。这种废热的排出一般是通过冷却水带向环境水域或遗散向大气的。在火力发电厂中，燃料燃烧的能量中仅 40% 转化为电能，12% 随烟气排放，48% 随冷却水排放掉。核电站的能量中仅 33% 转化为电能，其余的 67% 均变为废热全部由冷却水带走。一台 1000MW 的燃煤电厂需要的冷却水量可达 10^5 t/h 级，这就是为什么冷却水用量占工业总用水的 80% 的原因。较经济和有效的办法是利用已有的江、河、湖、泊或海洋作为冷却水的水源，经过工艺装置后将带热的水排回江、河、湖、泊或海洋中，热量由江、河、湖、泊或海洋等散向大气。

随着冷却水用量的不断增加，很多江、河、湖、泊资源已经用尽，或者说这些环境水域不能容纳如此多的废热的排出，也有是由于远离这些水域、取水工程投资过高等原因，冷却水就必须循环使用。要循环使用，就必须把冷却水中的热量在短时间内散发掉。这种把循环冷却水中的热量在短时间内散发到大气中的装置就是冷却塔，即冷却塔是将冷却水在其内与大气充分直接或间接接触，使水的热量传给大气的装置。冷却塔就成了工业生产的一个组成部分，凡有工业文明、物质文明的地方，便随处可见到冷却塔的身影，如图1-1 所示为冶金、电力、化工及民用的冷却塔。

第二节　冷却塔的种类

一、冷却塔的分类

经过 100 多年的发展，冷却塔根据使用条件、目的与地区等形成了很多种类与形式，总体可按以下几种方式进行划分。

1. 按通风方式分

（1）自然通风冷却塔。

1）自然通风逆流式冷却塔，通过塔筒内外空气密度差产生空气流动，水与空气的流动方向相反。

2）自然通风横流式冷却塔，通过塔筒内外空气密度差产生空气流动，水与空气的流动方向相垂直。

3）自然通风干式冷却塔（空冷塔），通过塔筒内外空气密度差产生空气流动，空冷散热器有两种布置方式，一种是布置在塔壳内；另一种是垂直布置于塔进风口四周。

（2）机械通风冷却塔。

1）抽风式机械通风逆流式冷却塔，由风机动力产生空气流动，水与空气的流动方向相反，风机为抽风式。

2）抽风式机械通风横流式冷却塔，由风机动力产生空气流动，水与空气的流动方向垂直，风机为抽风式。

3）鼓风式机械通风逆流式冷却塔，风机为鼓风式。

（3）混合通风冷却塔。由风机动力与塔筒内外空气密度差同时产生塔内空气流动，可以是横流式，也可以是逆流式。

2. 按水气接触方式分

水与大气的热交换主要通过蒸发传热与接触传热两种方式完成，将水的热量传给大气的冷却塔称为湿式冷却塔，简称湿冷塔。湿冷塔的传热效率高，冷却极限是空气的湿球温度，而缺点则是蒸发使部分冷却水损失到大气中，造成水资源浪费，余下的水由于含盐量增大，还需进行水质稳定处理，否则，造成工艺设备的腐蚀或结垢。为节约用水，缺水地区只能使用干式冷却塔，简称空冷塔，空冷塔是将热水的热量传给散热金属片，散热金属片与空气通过接触传热的方式将热再传给大气。空冷塔没有蒸发，所以，循环水不损失，可节约淡水资源。但是，空冷塔效率低，冷却极限为空气干球温度。

（1）湿式冷却塔。

1）自然通风冷却塔，由风筒内外空气密度差产生抽力，使空气流动。

2）机械通风冷却塔，由机械风机转动使空气流动。

3）混合通风冷却塔，在塔筒的抽力作用的同时，增加风机鼓风或抽风。

（2）干式冷却塔。即空冷塔，空气与水不直接接触，水的热量是间接传给空气的。

（3）干湿式冷却塔。冷却塔中安装有空冷塔的散热器，同时也有湿冷塔的填料换热。

（4）闭式蒸发冷却塔。热水与空气不直接接触，塔内装有封闭式散热器，塔内安装喷嘴将水喷洒于散热器上，形成塔内水自循环，自循环水与空气接触通过蒸发和传热将散热器的热量传给大气。

3. 按冷却介质分

（1）海水冷却塔。冷却塔的冷却介质是海水或盐水等非淡水介质。

（2）淡水冷却塔。冷却塔的冷却介质是淡水。

（3）冷却介质干式冷却塔。将干式冷却塔散热器中的循环水用冷却介质代替。

4. 按用途分

（1）民用冷却塔。用于楼寓的空调系统、冷库的制冷系统等。分为横流式民用冷却塔和逆流式民用冷却塔，其中逆流式民用冷却塔又分为圆形逆流塔和方形逆流塔。还有闭式冷却塔等。

（2）工业冷却塔。用于工业生产过程中的冷却水系统中。

5. 按水气流动方向分

（1）逆流式冷却塔，水流与空气流动方向相反。

（2）横流式冷却塔，水流与空气流动方向垂直。

（3）混流式冷却塔，水流与空气的流动方向介于横流与逆流之间。

6. 其他类

还有其他一些用量较少的冷却塔，如喷射式冷却塔、开放式冷却塔、无填料塔等。

二、各种冷却塔简介

1. 机械通风逆流式冷却塔

机械通风逆流式冷却塔分为抽风式和鼓风式，鼓风式可用于冷却水中含有腐蚀性物质

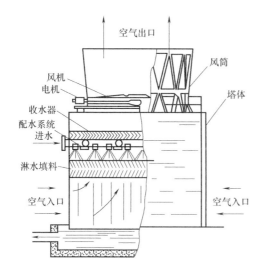

图 1-2 机械通风逆流式冷却塔示意图

的冷却水系统（为避免风机被损而采用的一种方式），一般常用的为抽风式。如图 1-2 所示，机械通风逆流式冷却塔主要包括五大部分：风机系统、配水系统、淋水填料、收水器及塔体。热水通过热水管或槽并由其附带的喷溅装置将热水喷洒于填料顶面上，在填料区，热水与空气充分接触将水的热量传给空气，空气是通过位于塔顶部的风机将空气抽出塔外的；风机系统包含风机、变速箱、叶片、传动轴或带、电机及风筒，风筒主要是将部分风机的出口损失的动能回收，并将空气导向高处，减少或消除热空气回流至塔进风口内的短路现象；收水器是将空气流动挟带的水滴拦挡于塔内；塔体是冷却塔的骨架，小型塔一般采用玻璃钢结构或钢结构，大型塔一般采用钢筋混凝土结构或钢结构。

机械通风逆流式冷却塔几个部分都很重要，都能影响冷却塔的效率与使用。填料是冷却塔热交换的核心部件，70％的散热靠填料完成。但填料能发挥效果的前提是配水均匀，若配水损坏或极不均匀，填料效率再高，填料上多处无水，效率也无法发挥。风机系统是冷却塔的另一个核心部件，风机的风量大小影响冷却塔的冷却效果，风机的效率高低影响冷却塔的运行费用，若风机出现故障，冷却塔则无法运行。

我国 20 世纪 70 年代及以前的机械通风逆流式冷却塔主要塔型是风机直径 4.7m 的钢筋混凝土冷却塔，处理水量一般为 600～800t/h。填料采用水泥网格，收水器为百叶板，配水多为槽式，喷头为溅水碟，风筒由钢筋水泥制作，如图 1-3 所示。除此之外也有其他一些塔型，如图 1-4 所示，为安庆石化于 20 世纪 70 年代从法国引进的逆流塔，该塔风机直径为 9.14m，平面尺寸为 16.5m × 16.5m，进风口高 5.4m，风机平台高度 22.77m。最大的机械通风冷却塔为 1972 年在陕西华阴市秦岭电厂建成的 500m² 机械通风逆流式冷却塔。20 世纪 80 年代，冷却塔得到了较大发展，化工部先后对风机直径 8.53m 和 9.14m 进行了标准化设计，后在各行业广泛使用。目前，逆流式冷却塔的处理水量已经达到 5000 t/h，塔体高度与安庆石化引进的法国逆流式冷却塔相比也减小了。图 1-5 为金山石化采用的风机直径 9.14m 逆流式冷却塔，处理水量为 4000t/h，平面尺寸为 15.8m×18.0m，风机平台高度仅为 11.5m。

图 1-3 风机直径为 4.7m 的机械通风逆流式冷却塔

目前，机械通风逆流式冷却塔的设计淋水密度一般为12～16t/(h·m²)，填料断面风速为2.2～3.0m/s，风速过高将带来较大的风吹损失。

图1-4 安庆石化引进法国的风机直径
9.14m逆流塔

图1-5 金山石化4000t/h逆流式冷却塔

2. 机械通风横流式冷却塔

图1-6所示为机械通风横流式冷却塔，主要由五部分构成：风机系统、配水系统、淋水填料、收水器及塔体。横流式冷却塔的风机一般为轴流风机，风机与电机之间通常由传动轴连接，有些小型横流塔也采用皮带连接或直接连接，风机的直径由小型冷却塔的1m到大型冷却塔的9.14m，风机出口一般安装风筒，作用与逆流塔相同；冷却塔的配水一般为池式配水，配水管将热水分配至冷却塔风机平台上的配水池中，配水池底安装有喷头，通过喷头将热水喷洒于填料的顶面；

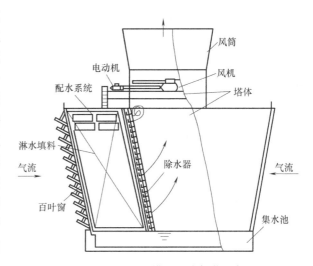

图1-6 机械通风横流式冷却塔示意图

冷却塔的收水器多为弧型收水器，置于淋水填料的后面，也有些是将收水器与填料制作为一个整体，即填料的后端部分加工成一定的形状作为收水器，这在一些小型民用塔中较为常见；淋水填料一般为点滴式填料，如Ω板、M板、DC150×150等，也有薄膜式填料如塑料正弦波、折波、石棉板等。横流塔的塔体结构有钢结构、钢筋混凝土结构、木结构及玻璃钢结构等。通过填料的风速一般为2.2～3.0m/s；淋水密度一般大于20t/(h·m²)，需根据填料的形式而定，点滴式填料可大些，有些塔的淋水密度可以达到50t/(h·m²)；填料的安装倾角视填料的形式不同而异，点滴式填料9°～11°，薄膜式填料5°～6°，填料的高度与深度比取2.0～2.5；百叶窗的叶片与水平夹角取45°～60°。

机械通风横流式冷却塔在我国应用量非常大，特别是在石油、化工系统中，如图1-7所示。主要原因是我国在20世纪70年代从国外引进了10多套大化肥项目，这些项目配套的冷却塔大多为机械通风横流式冷却塔。这些项目的引进，使国内的相关专业设计人员对机械通风横流式冷却塔有更多的了解与偏好，所以，新的工程建设项目中的冷却塔也多采用横流式冷却塔。这种情形一直延续到 20 世纪 90 年代中，一些新建项目仍采用横流式冷却塔，如燕山石化的 45 万 t 乙烯改扩建工程。这些引进的机械通风横流式冷却塔的淋水填料多为美国马利公司的 Ω 板和 M 板，也有日本的塑料正弦波填料和瓦型石棉板等。这些点滴式填料在中国的北方使用时，经常出现冬季结冰或循环水集中将淋水填料冲坏的现象，原因是冬季冷却塔不开风机，循环水沿进风百叶板下流于底层，集中冲向板条填料造成断裂，或冬季结冰增大板条荷载而损坏。为此，国内开发了填料的混装技术，较好地解决了这个问题，即在横流塔的外侧安装薄膜式填料，里侧安装点滴式填料。冷却塔的处理水量也从引进时的 2500t/h 左右增大到 4000t/h。

图 1-7　用于石化系统中的机械通风横流式冷却塔

3. 自然通风逆流式冷却塔

自然通风逆流式冷却塔由塔筒（或壳体）、塔芯材料支撑结构、淋水填料、配水系统、收水器及集水池组成，如图 1-8 所示。热水由管或压力沟送入塔的配水系统，配水系统将热水喷洒在填料顶面上，经过填料与填料下的进风空间（又称为雨区）落入集水池；空气在填料区中与热水发生热交换，空气吸热，温度升高，密度变小，与塔外的空气密度形成

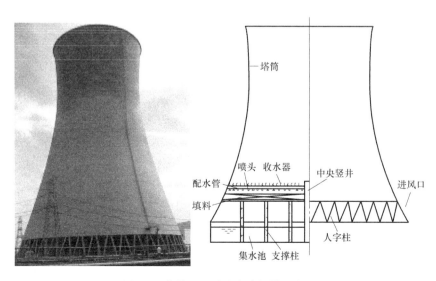

图 1-8　自然通风逆流式冷却塔示意图

密度差，在塔筒内产生抽力，向塔筒上方运动至塔出口进入大气，新的空气从进风口经过人字柱，再经过雨区，最后补进填料区。填料断面的风速一般为 $0.8\sim1.5m/s$，夏季风速小，冬季风速大。冷却塔的淋水密度一般采用 $6\sim11t/(h\cdot m^2)$。

自然通风逆流式冷却塔的塔体大多是钢筋混凝土结构，也有玻璃钢结构或其他结构，图 1-9 为玻璃钢与钢结构的混合结构，这种结构仅用于小型塔。配水系统有槽式配水系统、管式配水系统、槽管结合式配水系统。早期的冷却塔多用槽式配水系统，槽式配水系统具有水槽体积大、不易制作、通风阻力也大、喷头不易布置均匀等缺点，目前已经很少使用，取而代之的是管式配水系统或槽管结合式配水系统，该配水系统通风阻力小、配水均匀、喷头易布置。现在使用的喷头大致分为两种类型，一类是反射型喷头，即水从喷嘴喷出后，经过溅水碟反射将水散开；另一类是旋流式，热水在喷头内经过旋转后喷出散开。20 世纪 70 年代及以前的自然通风逆流

图 1-9 玻璃钢与钢结构混合的风筒冷却塔

式冷却塔有很多不安装收水器，造成塔的周围出现雨雾或结冰，后研究开发了波型收水器解决了这个问题，现使用的收水器多为波型收水器，由 PVC 塑料挤塑而成。淋水填料的变化较大，早期采用点滴式填料，填料高度可达七八米，后来出现塑料填料，现在的塑料填料的高度已经降低到 1.5m 以内。塔的支撑结构多为钢筋混凝土结构。

自然通风逆流式冷却塔主要在电力行业中使用。电力行业的冷却水流量大，要求冷却塔处理能力大，运行费用低，这正是自然通风逆流式冷却塔的特点。钢筋混凝土壳体的自然通风逆流式冷却塔最小的淋水面积为 $600m^2$，最大的已经达到 $13000m^2$ 以上，处理水量少的每小时几千吨，多的达每小时 10 万 t 以上。发电厂的循环水系统多用自然通风逆流式冷却塔，很少用机械通风冷却塔。但是，近几年随着电力短缺形势的加剧，也有 200MW 机组使用机械通风冷却塔的案例，这是因为机械塔的一次投资低，建设工期短，适应了急速的电力发展需求。水量太大时，使用机械通风冷却塔不经济，一般冷却水量 10000t/h 以上宜采用自然通风逆流式冷却塔。

4. 自然通风横流式冷却塔

自然通风横流式冷却塔如图 1-10 所示，由进风系统、配水系统、淋水填料、收水器及塔体结构组成。热水通过水管流入配水池内，通过池底孔或小型喷头将热水喷洒于淋水填料的顶面，经过填料区的热交换，流到下面的集水池中，与逆流塔相仿，空气是通过塔内外的空气密度差产生抽力而流动的，经过进风口，在填料区与热水进行热交换，变为湿热空气，密度变小，再经过收水器、人字柱进入塔筒，从塔筒出口进入大气。

横流式冷却塔与逆流式冷却塔相比效率低，故横流式冷却塔的填料体积比逆流塔的大，如使用相同的填料，则耗材太大，所以，横流塔多采用点滴式填料。横流塔的填料通风阻力较逆流塔小，淋水密度可大些，一般可达到 $15\sim30t/(h\cdot m^2)$。与逆流塔相比，横

流塔的塔筒直径可减小，所以，相同容量时，横流塔的塔壳造价比逆流塔低。横流塔的配水系统可以作到分区管理，所以，可进行不停机检修。目前，国内在用的自然通风横流式冷却塔的最大配套机组容量为 200MW，与逆流塔相比，积累的经验较少，好多塔型未经过运行考验。横流塔未能在电力系统广泛采用的原因之一是淋水填料没有得到很好地解决。现有的填料中，若采用薄膜式，填料用量太大，而且填料深度不能太大，否则气流阻力过大，这样塔的填料区直径就应很大，占地也大；采用点滴式填料其热力性能较低，填料体积也较大，而且也没有成熟的、经过考验的、理想的点滴式填料品种。

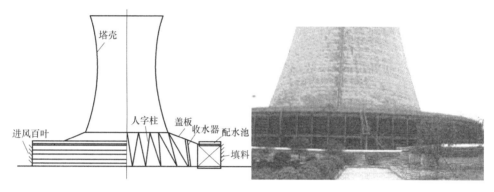

图 1-10　自然通风横流式冷却塔

5. 混合通风冷却塔

混合通风冷却塔如图 1-11 所示，有横流式、逆流式与干式等。这种冷却塔既有通风筒，又有风机，在气温高时风机运行，气温低时，视出塔水温可关闭风机，这样，塔筒高度可比一般自然通风冷却塔低。还有一种情况也使用混合通风，就是原设计的自然通风塔，夏季效率达不到设计要求，影响生产，不得已而增加的降温措施，如国电电力大同第二发电厂的空冷塔。

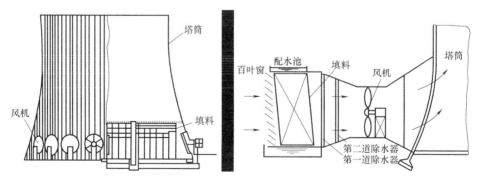

图 1-11　混合通风冷却塔示意图

6. 干式冷却塔

干式冷却塔是将热水通过带有翅片的水管，水的热通过管传给翅片，翅片与空气接触传给大气。干式塔有机械通风与自然通风两种，自然通风中分两种散热器布置方式，一种是散热器垂直布置于自然通风塔的塔体外部，如图 1-12（a）所示，类似于自然通风横流式冷却塔；另一种是将散热器布置于塔筒内部，类似于逆流塔，如图 1-12（b）所示。这两种塔一般用于火力发电的间接空冷系统。机械通风干式冷却塔的通风靠风机提供动力，空冷塔风机一般是鼓风式，这样有利于空气均匀分布在散热器（又称空冷器）上，如图 1-13 所示，机械通风干式冷却塔多用于火力发电中的直接空冷系统。也有抽风式机械通风空冷塔，如图 1-14 所示。

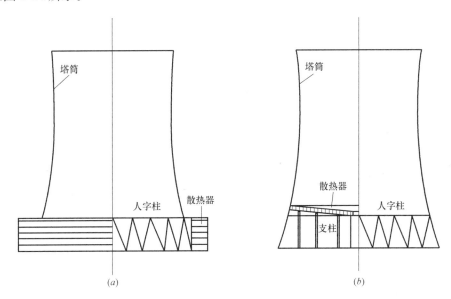

图 1-12 自然通风干式冷却塔

（a）空冷散热器布置于塔筒外；（b）空冷散热器布置于塔筒内

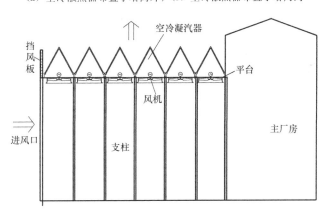

图 1-13 机械通风干式冷却塔

7. 干/湿式冷却塔

干/湿式冷却塔是在同一冷却塔中既有空冷的散热器，又有湿冷的淋水填料，这种塔的好处是，在寒冷的冬季，减缓湿冷塔出口空气湿度，降低冷却塔对周围环境的影响，即消雾冷却塔。干/湿式冷却塔的结构如图 1-15 所示，湿冷的填料部分位于干式冷却之下，湿冷的出口空气经过干式散热器时被加热或与干冷出口热空气掺混后，温度升高，湿度减小排出塔外。

8. 鼓风式逆流式冷却塔

鼓风式逆流式冷却塔如图 1-16 所示，由鼓风机、塔体、填料、配水系统、收水器等组成，一般用于循环水中有腐蚀性物质的冷却水系统，可延长风机寿命或其他特定场地要

图 1-14　用于钢铁系统的抽风式空冷塔

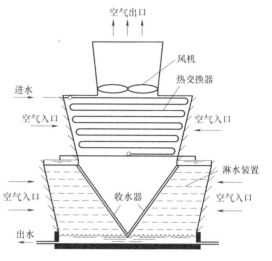

图 1-15　干/湿式冷却塔

图 1-16　鼓风式逆流式冷却塔

求的循环冷却水系统中。

9. 无填料、无风机冷却塔

最早的冷却塔是无风机也无填料的，如图 1-17 所示，冷却塔带两个百叶窗，叶片安装方向不同，空气便从一边进，另一边出，塔内没有安装风机，空气流动靠自然对流，冷却水温差约 1~2℃，后来在塔内放了些填料，温差可达 2~3℃，如图 1-18 所示，冷却效

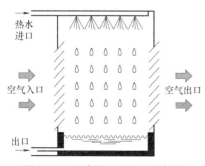

图 1-17　无填料、无风机冷却塔

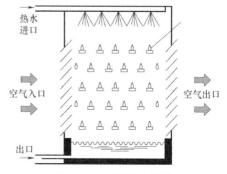

图 1-18　无风机冷却塔

果稍有改善。这种塔现在已经不再使用了,但这种塔的一种改进形式还在一些场合使用,改进之处是将热水通过喷嘴射出,利用水射流对空气的卷吸作用带动空气的流动,如图1-19所示,这种塔可用于一些冷却负荷不大的场合,冷却水温差可达到 $3\sim4^{\circ}\mathrm{C}$。近几年出现了多种无填料或无风机的冷却塔,也是这种冷却塔的改进,如图1-20所示为无填料无风机的喷雾冷却塔,该塔是利用水泵的余压,在喷头将水喷出的同时,由水的反推力带动叶片转动,形成空气流动。还有一种是无填料冷却塔,与图1-20相仿,只是在塔出口安装有机械风机。这类塔冷却效果较差,但塔内不装填料,可用于一些水质极差,同时对冷却水温要求不高的场合。

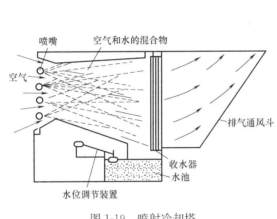

图 1-19　喷射冷却塔

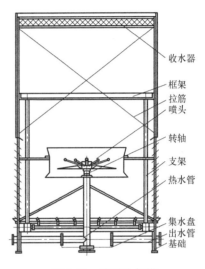

图 1-20　喷雾冷却塔

10. 闭式冷却塔

被冷却的介质为水时该类塔被称为闭式蒸发冷却塔(常简称闭式冷却塔),当被冷却的介质不是水,该类塔被称为蒸发冷凝(却)器。循环冷却水或工业流体进入闭式冷却塔或蒸发冷却器,循环水或工业流体的热量经过盘管传给盘管外部的自循环水,循环水或工

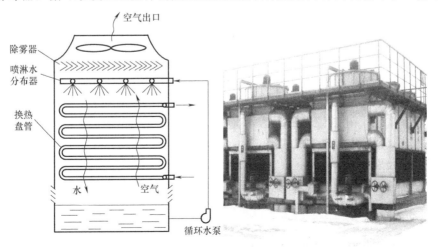

图 1-21　逆流式闭式冷却塔或蒸发冷却器

业流体可不受任何外部污染，这类塔在冶金系统最早采用，近年来在电力电子、机械加工、空调等行业得到应用，也配套用于空冷电厂的辅机冷却系统中，在寒冷冬季时可关闭自循环水系统而成为空冷塔，可达到节水的目的。闭式冷却塔或蒸发冷却器按自循环水与空气流动的方向不同可分为逆流式（见图1-21）和横流式闭式冷却塔或蒸发冷却器（见图1-22）。

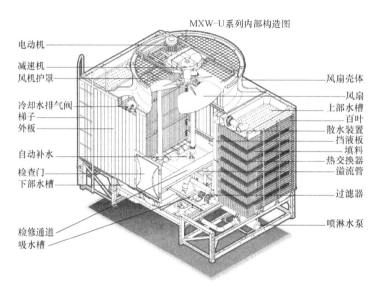

图 1-22　横流式闭式冷却塔或蒸发冷却器

第三节　冷却塔的发展

蒸发式冷却技术可追溯至古代，那时河流、海洋、湖泊和池塘等等都是作为供水的方式被人们利用的。由于过去工业活动有限，加之水源丰富，冷却水用一次便被排掉，再从水域中取冷水。在工业厂址选择时，总要考虑有可利用的江、河、湖、泊作为冷却水的取水源和排放地或有可利用的巨大池塘或沟渠贮存、冷却、再循环或排放工艺或冷却用水。为了减少有效占地，在贮存水池中装设喷雾系统使池水充气，或将水喷在池子上使之与空气充分接触以冷却，后再发展形成喷水池技术。技术再发展便有了喷雾式冷却塔，人们发现将热水在一个箱喷射便可将热水冷却，这便是今天还有用的喷雾式冷却塔的雏形。后渐完善，又增加了空气流动机械设备，便有了带风机的喷雾式冷却塔。再后来人们为解决塔内水滴的下沉速度，在塔内添加了填料，这便是现代冷却塔的开始。随后有了机械通风逆流塔、横流塔、自然塔等。

冷却水最大最集中的用户是发电厂，所以，大型冷却塔的发展与发电机组规模不断进步分不开，发电厂的冷却塔多采用风筒式的自然通风冷却塔。风筒式自然通风冷却塔的历史还不到100年。世界上第一个双曲线型自然通风冷却塔于1916年建于荷兰伊特尔松（Von Iterson），1919年有了木外壳钢结构横流式冷却塔，1920年在法国的敦刻尔克（Dunkirk）建造了具有加强肋的混凝土锥型壳体冷却塔。在1930～1950年之间又建成了英国哈姆斯哈尔（Hams Hall）、德国的埃斯彭海因（Espenhoin）、法国的赫尔塞安舍

（Herserange）的自然通风冷却塔。1954 年德国柏林建造了第一个预制构件的双曲线自然通风冷却塔，1955 年美国奥兰多（Oriando）建造了美国的第一个双曲线自然通风冷却塔，1958 年美国建造了第一个超 100m 高的海马哈马（High Mamham）电厂自然通风冷却塔，1960 年英国鲁格勒（Rogerny）电厂出现了第一个双曲线自然通风干式冷却塔，1971 年美国卡因（Garin）电厂建造的冷却塔高度达到了 150m。

在中国，最早的自然通风冷却塔是 1938 年日本建于辽宁葫芦岛一个水泥厂的自备电厂，冷却塔淋水面积 600m²，高度 42m。20 世纪 50 年代我国只能建造淋水面积 1250～1500m²、高度约 60m 的冷却塔；20 世纪 60 年代冷却塔的淋水面积达到 2000m²，高度达到 70m。1974 年山东烟台电厂建成了 1、2 号冷却塔，淋水面积达 3000m²，高度 75m；1976 年在河南长葛电厂建造了第一座试验性横流式自然通风冷却塔，1978 年在开封电厂建成了第一座较大型的横流式自然通风冷却塔，淋水面积为 1750m²，塔高 90m。1986 年淮南洛河电厂建成与 300MW 机组配套的自然通风冷却塔，淋水面积达到 7000m²，高度达到 96m；2000 年上海吴泾电厂与 600MW 机组配套的 9000m² 高度 141m 冷却塔建成；2006 年重庆珞璜电厂与 600MW 机组配套的冷却塔投入运行，冷却塔面积达到 10000m²，高度达到 160m；2006 年底山东邹县电厂四期与 1000MW 机组配套的冷却塔投入运行，淋水面积达到 12000m²，高度达到 165m；2009 年浙江宁海电厂与 1000MW 机组配套的 13800m² 的海水冷却塔投入运行，高度达到 177m，目前保持着中国和亚洲的自然塔的规模和高度之最。

机械通风冷却塔主要在石化、冶金等其他工业部门使用较多。20 世纪 50～60 年代我国有不少电厂采用机械通风冷却塔，主要配直径 4.7m 和 8.0m 的轴流风机，淋水填料多是板条、钢丝网、水泥或石棉板条。1972 年陕西秦岭电厂建造了 5 座 500m² 逆流式机械通风冷却塔，风机直径达到了 12.5m，淋水填料为纸蜂窝型。其后在辽宁朝阳电厂建成了淋水面积 1962m²，直径 50m，风机直径 20m 的圆形逆流式机械通风冷却塔，可满足 200MW 机组循环水冷却要求，如图 1-23 所示，目前，尚无工程单塔规模超过它。

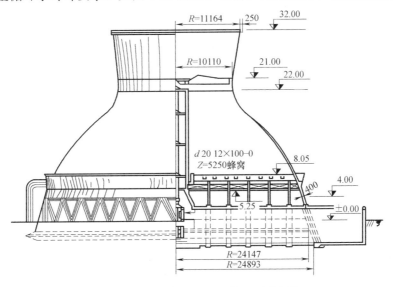

图 1-23　风机直径 20m 机械通风冷却塔

我国冷却塔的技术发展主要经历了 3 个阶段：20 世纪 80 年代以前的自主研究阶段，这一时期中国冷却塔的技术发展落后于欧美苏等发达国家；20 世纪 80～90 年代是引进消化吸收阶段，这一阶段，中国与国外交流增多，还引进了比利时哈蒙冷却塔公司的冷却塔设计技术，冷却塔的设计技术达到了国外水平；第三阶段是超越阶段，这一阶段是从 2000 年后中国经济腾飞，对冷却塔技术需求增速迅猛，冷却塔技术得到了较大的发展，也使中国的冷却塔技术研究超越了其他国家。主要发展有海水冷却塔、排烟冷却塔、超大型冷却塔、高位集水冷却塔、斯卡尔和斯克斯间接空冷塔、1000MW 的直接空冷塔、AP1000 和 AP1400 配套的重要厂用水冷却塔等，笔者很荣幸主持、参与和见证了这些新技术发展。

1. 海水冷却塔

浙江宁海电厂一期为直流冷却系统，二期扩建时，由于环保的要求，冷却水系统须改为二次循环。宁海电厂地处海边，海水资源较淡水丰富，经过比较论证最终选定海水冷却塔方案。该工程的冷却塔由西南电力设计院设计，笔者主持了海水冷却塔工艺方面的课题研究。鉴于宁海海水冷却研究具有较强的工程背景，中国电力工程顾问集团公司设立研究专题对海水冷却塔技术进行了系统研究，笔者仍负责工艺课题研究。研究课题包括海水水质对冷却塔热力性能影响的机理、海水冷却塔淋水填料的热力阻力特性、海水冷却塔塔型设计、海水冷却塔的热力阻力计算、海水冷却塔淋水填料的防堵性能研究等。

2. 排烟冷却塔

2001 年，北京申办奥运成功，北京的环境治理得到重视。电厂的烟气排放有了强化要求标准，烟气须脱硫后方可排放。由于脱硫工艺使得脱硫后的烟气温度降低至约 50℃，影响了烟气抬升能力。要么对烟气重新加热造成耗能，要么采用冷却塔排放烟气。为此从 2005 年开始，北京高碑店华能电厂，首先进行冷却塔改造，采用自然塔排烟方案。冷却塔内排放烟气是否影响冷却塔的性能、热力计算如何进行等问题的存在，中国电力工程顾问集团公司设立排烟冷却塔专题，华北电力设计院总体负责，排烟冷却塔的相关热力阻力方面的课题由笔者负责研究。项目以通过模型试验给出了排烟冷却塔的热力阻力计算方法，后又在 2013 年完成的华东电力设计院总体负责的 1000MW 机组排烟塔研究课题中，笔者负责采用数值模拟方法对排烟塔的热力阻力特性进行复核修正研究，确保了排烟塔 1000MW 机组的热力计算适用性。

3. 超大型冷却塔

2006 年，我国与 1000MW 机组配套的自然通风冷却塔投入运行，但对于淋水面积达到 12000m² 及以上的自然通风冷却塔的热力阻力计算是否合理，需不需采用更高精度的计算方法进行设计等问题需要回答，中国电力工程顾问集团公司设立了超大型冷却塔研究项目，项目由西北电力设计院总体负责，笔者负责完成了超大型冷却塔的热力阻力计算方法、一维二维计算方法对比、超大型冷却塔的实测计算验证、外区配水计算方法等内容。对于内陆核电对自然塔的规模要求更高的状况，还是中国电力工程顾问集团公司设立专题项目对核电超大型冷却塔进行研究，项目由华东电力设计院总体负责，笔者负责完成了核电超大型冷却塔的阻力计算公式修正研究、冷却塔不同区的换热分析、核电超大型自然通风冷却塔的热力阻力计算方法及其验证、自然风对冷却塔性能的影响研究、核电超大型冷却塔的淋水填料特性和典型工程的配风配水计算研究等。笔者还主持了中国核电工程公司、中广核工程公司、广东省电力设计院和西南电力设计院有关超大型冷却塔方面类似内容的研究。

4. 核电厂用水冷却塔

上海核工业设计院负责 AP1000 和 AP1400 三代核电技术的国产化，重要厂用水系统采用了机械通风冷却塔，笔者受托主持完成了重要厂用水机械通风冷却塔的空气动力特性模型试验研究、重要厂用水冷却塔验证试验、重要厂用机械通风冷却塔的设计研究及标准图集等内容，研究工作形成两个专利。目前正在进行 AP1000 和 AP1400 项目的重要厂用水机械通风海水冷却塔技术研究与开发。

5. 高位集水冷却塔

高位集水冷却塔是比利时哈蒙冷却塔公司的一项独特技术，该技术可降低循环水泵的运行扬程，可节省运行费用，已经在法国 EDF 的若干电厂中采用。该技术引起了国核电力规划设计研究院的重视，他们经过考察了解，从哈蒙公司引进了该项技术的工程设计。为掌握该项技术，国核电力规划设计研究院申请了国家重大科技专项对此技术进行研究，研究工作从 2005 年开始，2013 年结束，历时 8 年。研究者受托负责了工艺方面的研究课题，研究包含了高位集水冷却塔的热力阻力计算方法、高位集水冷却塔防溅材料的研究与开发、高位塔集水槽水力特性试验、高位塔塔型的研究、高位集水冷却塔淋水填料特性研究等内容。

6. 空冷塔

2003 年大同第一热电厂与 200MW 机组配套的直接空冷塔投入运行，标志着直接空冷技术大规模发展的开始，受山西电力设计院委托作者参与主持完成了直接空冷的空气动力特性研究，研究工作对于直接空冷平台设置高度、空气阻力计算等问题给出了结果。2007 年华北电力设计院设计的 600MW 间接空冷机组投入运行，笔者参与主持了斯卡尔系统空冷塔的空气动力特性研究，对于不同布置方式的散热器空气动力特性进行了研究。2013 年笔者参与了山西电力设计院委托中国水利水电科学研究院关于斯卡尔间接空冷塔的设计与布置相关问题的进一步深入研究，给出了阻力计算公式。

第二章 传　　热

第一节　传　热　现　象

人们在日常生活和生产实践中，经常会遇到热。人体会产生热、燃烧会产生热、机器运转会产生热，可以说热无处不在。热实际是物体内分子运动的体现，是一种能量，通常用温度来表征分子运动的水平，分子运动越激烈，物体的温度越高。为便于计量，科学家将温度用 3 种温标来计量，绝对温度、摄氏温度和华氏温度。摄氏温标是 A. 摄尔修斯于1742 年首先提出的一种经验温标，它以水沸点为 100℃（标准大气压条件下）和冰点（标准大气压条件下）为 0℃ 作为温标的两个固定点。摄氏温标采用玻璃汞温度计作为内插仪器，假定温度和汞柱的高度成正比，即把水沸点与冰点之间的汞柱的高度差等分为 100格，1 格对应 1℃；绝对温度，又叫热力学温标，早在 1787 年法国物理学家查理（J. Charles）就发现，在压力一定时，温度每升高 1℃，一定量气体的体积的增加值（膨胀率）是一个定值，体积膨胀率与温度成线性关系，经过大量试验得出线性的斜率为 1/273.15，若计 -273.15℃ 为绝对温标的零度，则该线的截距为零；华氏温标是 1724 年德国人华伦海特制定的温标，他把一定浓度的盐水凝固时的温度定为 0℉，把纯水的冰点温度定为 32℉，把标准大气压下水的沸点温度定为 212℉，中间分为 180 等份，每一等份代表 1 度。绝对温度、摄氏温度和华氏温度分别用符号 T、t 和 F 表示，单位分别记为K、℃ 和℉，它们之间的换算关系为：

$$1℃ = 273.15 + 1K = 9 \times 1/5 + 32℉ = 33.8℉$$
$$℃ = 5 \times (℉ - 32)/9，℉ = 9 \times ℃/5 + 32$$

只要有温度梯度存在，热量就会传递，就会存在热交换，热只能从高温向低温方向传递，这就是热力学第二定律，即热不可能由温度低的物体向温度高的物体传递。温度梯度在自然界和我们周围随处都在，比如人体温与气温、蒸汽发电过程中的蒸汽、空调制冷过程、冷却塔的运行过程等。热的传递有 3 种基本形式，即热传导（导热）、对流传热和辐射传热。其中热传导与对流传热是通过物体传递的，而辐射传热可以通过真空、空间也可通过一定的介质进行传导。冷却塔中的传热主要是热传导和对流传热。

第二节　导热（热传导）

热传导是指不同温度的物体内部微观分子运动的动量相互交换，不存在分子的宏观位移，它可以发生在固体、液体和气体内部，也可以发生在相互有接触的物体之间。热传导符合傅立叶定律，即通过垂直于热传导流方向面积的热量与该面的温度梯度成正比，热流方向与梯度方向相反。

$$dQ_n = -\lambda \frac{dT}{dn} dA \qquad (2\text{-}1)$$

式中　dQ_n——传热量，W；

λ——导热系数，W/(m·℃)

dA——热流通过的面积，m^2；

$\dfrac{dT}{dn}$——温度梯度，℃/m。

一、一维均质和非均质平壁稳定传热

如图 2-1 所示平壁的传热，平壁为均质，导热系数为常量，从式（2-1）我们可有：

$$Q_x = -A\lambda \frac{dT}{dx} = Q_{x+dx} \qquad (2\text{-}2)$$

或

$$\frac{d^2 T}{dx^2} = 0 \qquad (2\text{-}3)$$

式（2-3）积分可得到平壁内温度的变化公式：

$$T = T_1 - \frac{T_1 - T_2}{\delta}(x - x_0) \qquad (2\text{-}4)$$

温度沿平壁呈线性变化，由式（2-2）可求得平壁的热流量为：

$$Q = A\lambda \frac{T_1 - T_2}{\delta} = \frac{T_1 - T_2}{\dfrac{\delta}{A\lambda}} = \frac{T_1 - T_2}{R} \qquad (2\text{-}5)$$

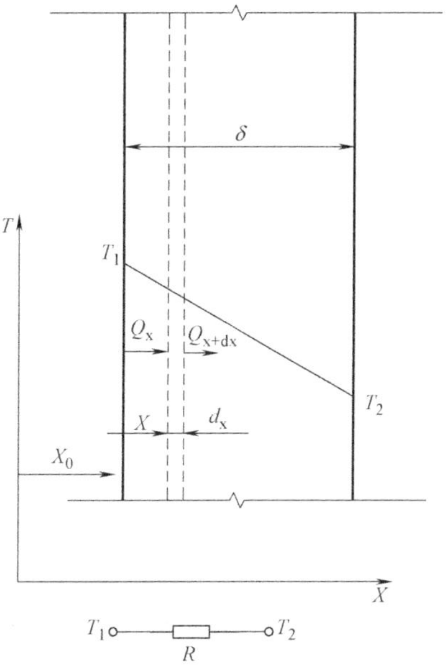

图 2-1　均质平壁一维稳定传热

式中 R 称为热阻，是比拟电路分析中的电阻，这样简化对于复杂的传热问题分析会带来较大方便。如图 2-2 所示平壁由不同均质材料组成时，热流量计算可先计算总热阻，再算热流量。

$$R = R_1 + R_2 = \frac{\delta_1}{A\lambda_1} + \frac{\delta_2}{A\lambda_2} \qquad (2\text{-}6)$$

$$Q = \frac{T_1 - T_3}{R} \qquad (2\text{-}7)$$

同理，对于由 n 层均质材料一维稳定传热的计算公式为：

$$Q = \frac{T_1 - T_{n+1}}{\sum\limits_{i=1}^{n} R_i} \qquad (2\text{-}8)$$

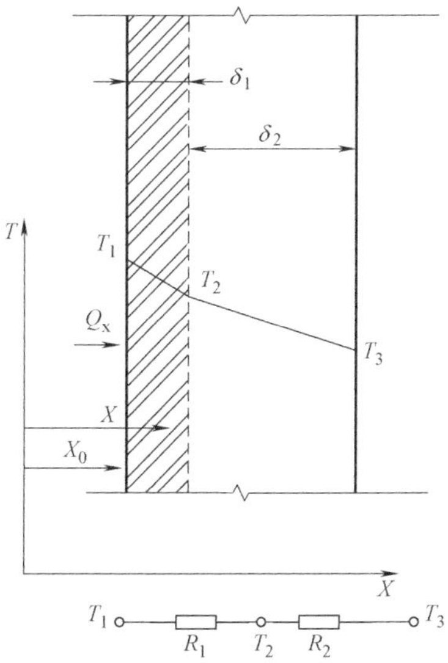

例 2-1　一个面积为 2cm×2cm 长度为 1m 的金属棒，导热系数为 3.7 W/(m·℃)。问沿长度方向的热阻是多少？若棒两端的温度差为 100℃四周绝热，问传递的热量是多少？

解：金属棒的面积为：

图 2-2　非均质平壁一维稳定传热

$$A = 0.02\text{m} \times 0.02\text{m} = 4 \times 10^{-4}\,\text{m}^2$$

热阻为：

$$R = \frac{l}{A\lambda} = \frac{1}{4 \times 10^{-4} \times 3.7} = 6.757 \times 10^2\,\text{℃/W}$$

两端温差为 100℃四周绝热时的传热量为：

$$Q = \frac{\Delta T}{R} = \frac{100}{675.7} = 0.148\text{W}$$

二、一维均质和非均质圆筒壁稳定传热

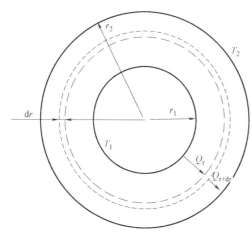

图 2-3　均质圆筒壁一维稳定传热

常见的管壁传热就是圆筒壁的一种，当筒长度与其外径比值大于 5 时，可以近似的将其看作是无限长圆筒壁。如图 2-3 所示为均质圆筒壁，方程（2-2）可写为：

$$Q_{\text{r}} = -2\pi r \lambda \frac{\text{d}T}{\text{d}r} = Q_{\text{r+dr}} \qquad (2\text{-}9)$$

或

$$\frac{\text{d}}{\text{d}r}\left(-2\pi r \lambda \frac{\text{d}T}{\text{d}r}\right) = 0 \qquad (2\text{-}10)$$

积分式（2-10）可获得圆筒壁的温度分布：

$$T = T_1 - \frac{T_1 - T_2}{\ln \frac{r_2}{r_1}} \ln \frac{r}{r_2} \qquad (2\text{-}11)$$

圆筒壁的热流量为：

$$Q = 2\pi \lambda l \frac{T_1 - T_2}{\ln \frac{r_2}{r_1}} = \frac{T_1 - T_2}{\frac{\ln(r_2/r_1)}{2\pi \lambda l}} = \frac{T_1 - T_2}{R} \qquad (2\text{-}12)$$

圆筒壁的热阻为：

$$R = \frac{\ln \frac{r_2}{r_1}}{2\pi \lambda l} \qquad (2\text{-}13)$$

图 2-4 为不同材料构成的圆筒壁，圆筒内层的材料 1 和圆筒外层的材料 2 的热阻分别为：

$$R_1 = \frac{\ln \frac{r_2}{r_1}}{2\pi \lambda_1 l} \quad , \quad R_1 = \frac{\ln \frac{r_3}{r_2}}{2\pi \lambda_2 l}$$

圆筒壁的热流量为：

$$Q = \frac{T_1 - T_3}{R_1 + R_2} \qquad (2\text{-}14)$$

同理可得到由 n 层均质材料组成的圆筒壁的热流量计算公式：

$$Q = \frac{T_1 - T_{n+1}}{\sum\limits_{i=1}^{n} R_i} = \frac{T_1 - T_{n+1}}{\sum\limits_{i=1}^{n} \frac{\ln \frac{r_{i+1}}{r_i}}{2\pi \lambda_i l}} \qquad (2\text{-}15)$$

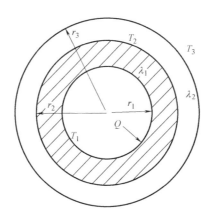

图 2-4 非均质圆筒壁一维稳定传热

例 2-2 一内径 150mm，厚度 4.5mm 的钢管，外有厚度 100mm 的保温材料，已知保温材料导热系数为 0.0847 W/(m·℃)，钢的导热系数为 30 W/(m·℃)。若管内的介质与保温层外温度差恒为 500 ℃，问单位长度管子的散热量为多少？

解：

管壁的热阻为：

$$R_1 = \frac{\ln\frac{r_2}{r_1}}{2\pi\lambda l} = \frac{\ln\frac{79.5}{75}}{2\times3.14\times30\times1} = 3.091\times10^{-4}\,℃/W$$

保温材料的热阻为：

$$R_2 = \frac{\ln\frac{r_3}{r_2}}{2\pi\lambda_2 l} = \frac{\ln\frac{179.5}{79.5}}{2\times3.14\times0.0847\times1} = 1.530\,℃/W$$

单位长度管子的散热量为：

$$\frac{Q}{l} = \frac{T_1 - T_3}{R_1 + R_2} = \frac{500}{1.530 + 3.091\times10^{-4}} = 326.7\,W/m$$

第三节 平板对流换热

固体与流体之间的热交换为对流换热，流体可以是液体也可以是气体。对流换热是流体内的分子导热与流体运动所引起的热量传输的综合结果，对流换热分为自由对流换热和强制对流换热。自由对流换热是固体与流体之间由热传导引起流体密度改变在重力作用下形成流体流动所进行的换热过程，强制对流换热是采用强制措施使流体流动形成的与固体的换热过程。对流换热量的计算公式可以采用牛顿冷却定律，即：

$$Q = \alpha A(T - T_f) \tag{2-16}$$

式中　α——对流换热系数，W/(m²·℃)；

A——固体与流体的接触面积，m²；

T——固体接触流体的表面温度，℃；

T_f——流体的温度，℃。

对流换热量的大小除与固体与流体接触表面积和流体与固体表面温度差有关外，还与

19

对流换热系数有关，对流换热系数与流体的流体状态是分不开的。在湿式冷却塔中热水与空气之间的传热、空冷塔中翅片管与空气之间的传热和电厂冷端冷凝器冷却管与蒸汽的传热均是对流换热，这些传热所涉及冷却流体的流动可归结为平板流动、管内流动和绕管流动。

流体以一定的速度流过固体壁面时，由于流体的黏性和固体表面的粗糙，两者之间产生摩擦，影响到流体近壁面的流动，在固体表面上速度为零，沿固体壁面的垂直方向速度逐渐变大。试验结果表明，这种流体速度受到的影响，发生在接近固体壁面较薄的流体层内，这就是速度边界层。

如图 2-5（a）所示流体流过平板在固体壁面形成的速度边界层，设流体不受固体影响的流速为 u_∞，则从固体壁面沿 y 方向速度增大至 $u = 0.99 u_\infty$ 时的厚度为边界层厚度 δ_u。在流体流过固体壁面时，固体表面与流体接触，由于导热产生热量传递，同时分子本身也在位移中将热量传给远离固体壁面的流体，从固体壁面在流体内形成温度梯度，这一过程也是发生在近固体壁面很薄的流体层内，称之为温度边界层，如图 2-5（b）所示。类似速度边界层的定义，当流体沿固体壁面温度变化为 $\dfrac{T_w - T}{T_w - T_\infty} = 0.99$ 时的流体厚度，为温度边界层 δ_T。

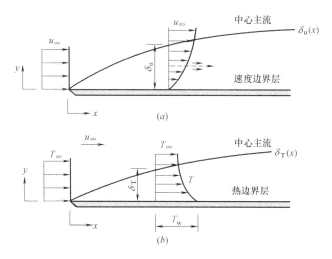

图 2-5　平板换热流体速度与温度边界层示意图
（a）速度边界层；（b）温度边界层

由于流体内的导热，距离平板前端任意点处的平板上与流体间的热流密度 q 为：

$$q = -\lambda_f \frac{\partial T}{\partial y}\bigg|_{y=0} \tag{2-17}$$

式中　λ_f——流体的导热系数，W/(m·℃)。

固体表面上的流体速度为零，流体与固体之间依靠导热传热，由式（2-16）和式（2-17）可求得对流换热系数为：

$$\alpha = \frac{-\lambda_f \dfrac{\partial T}{\partial y}\bigg|_{y=0}}{T_w - T_\infty} \tag{2-18}$$

由式（2-18）可看出，对流换热与流体流动的密切关系，换热量的大小取决于流动形态以及流动所形成的温度梯度，当速度等于零时，热交换仅变为导热，对流换热系数也是导热系数。

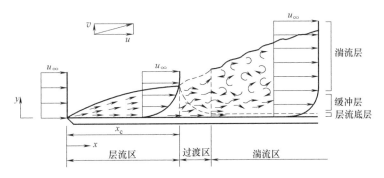

图 2-6　平板边界层的形成与发展

流体的流动形态主要由流体的速度决定，速度低时为层流，随流体速度增大变化为湍流，如图 2-6 所示。在层流区流体的速度沿 y 方向呈线性变化，过渡区中速度变化无规则，至湍流区流体 x 方向的速度沿 y 方向的变化呈对数分布。边界层的发展与流体的速度、黏度等有关，这些因素可以一个无量纲数综合反映，即雷诺数。

$$Re = \frac{u_\infty x}{\nu} \tag{2-19}$$

式中　ν——流体的运动黏度，m^2/s。

试验研究表明层流区过渡至湍流区的临界雷诺数为 5×10^5，实际上临界雷诺数还与固体表面的粗糙度有关，正常情况下临界雷诺数的变化范围为 $5 \times 10^5 \sim 10 \times 10^5$，增加固体表面的粗糙度可以降低临界雷诺数。

同样，可以用一个无量纲数来反映对流换热，引入一个表征固体壁面形状的特征尺寸 l_c，将式（2-18）无量纲化有：

$$Nu = \frac{\alpha l_c}{\lambda_f} = -\frac{\partial \left(\dfrac{T-T_\infty}{T_w-T_\infty} \right)}{\partial \left(\dfrac{y}{l_c} \right)} \Bigg|_{\frac{y}{l_c}=0} \tag{2-20}$$

Nu 称为努谢特数，其物理意义就是表征导热热阻与对流热阻之比，努谢特数越大，说明换热的控制因素主要是对流换热，越小说明控制因素越取决于导热。解决对流换热的问题关键是求对流换热系数，而对流换热系数主要是速度边界层和温度边界层的求解，可以通过理论分析和试验方法求得对流换热系数。为使问题更具一般意义，引入表征流体黏性与导热的比例常数，称为流体的普兰特数（Prandtl），它表明温度边界层和流动边界层的关系，反映流体物理性质对对流传热过程的影响，表示为 Pr，值为：

$$P_r = \frac{C_p \rho \nu}{\lambda} \tag{2-21}$$

前人通过大量试验总结获得了平板对流换热系数，如图 2-6 所示，对层流对流换热系数可按下式计算：

$$\bar{\alpha} = 0.670 \frac{\lambda_f}{L} (Re_L)^{1/2} (Pr)^{1/3} \tag{2-22}$$

式中 $\bar{\alpha}$——平均对流换热系数，W/(m²·℃)；

Re_L——以平板长度为特征尺寸计算的雷诺数；

L——平板流动方向的总长度，m。

当流动处于湍流时，沿流动方向不同位置的对流换热系数为

$$Nu_x = 0.0294(Re_x)^{0.8}(Pr)^{1/3} \tag{2-23}$$

$$\overline{Nu_m} = 0.037[(Re_L)^{0.8}-(Re_c)^{0.8}+18.2(Re_c)^{0.5}](Pr)^{1/3} \tag{2-24}$$

式中 $\overline{Nu_m}$——平均努谢特数；

Re_x——以 x 为特征尺寸计算的雷诺数；

Re_L——以平板长度 L 为特征尺寸计算的雷诺数；

Re_c——临界雷诺数。

例 2-3 大气温度为 50℃，以 10m/s 速度流过温度 30℃长度 3m 的平板，计算对流换热系数，临界雷诺数为 300000。

解：

平板对流换热系数可用式（2-24）进行计算，式（2-24）可变化为：

$$\bar{\alpha} = \frac{\lambda}{L}0.037[(Re_L)^{0.8}-(Re_c)^{0.8}+18.2(Re_c)^{0.5}](Pr)^{1/3}$$

平均温度为 $\frac{50+30}{2}=40℃$，查附录 A 可获得此时对应的空气导热系数为 0.02723W/(m·℃)。板长度为 3m，40℃时空气的密度为 1.1308kg/m³，动力黏性系数为 2.007×10^{-5}Pa·s，可计算雷诺数为：

$$Re_L = \frac{vL\rho}{\mu} = \frac{10\times3\times1.1308}{2.007\times10^{-5}} = 1.68\times10^6 \text{大于临界雷诺数，采用式（2-24）正确。}$$

代入计算公式有：

$$\bar{\alpha} = \frac{\lambda}{L}0.037[(Re_L)^{0.8}-(Re_c)^{0.8}+18.2(Re_c)^{0.5}](Pr)^{1/3}$$

$$= \frac{0.02723\times0.037}{3}(1680000^{0.8}-300000^{0.8}+18.2\times300000^{0.5})0.62^{1/3}$$

$$= 23.7W/(m²·℃)$$

第四节 管外绕流对流换热

管与流体的流动方式可以有 3 种：流体流动与管中心线垂直、平行和呈角度。管与流体之间的对流换热主要取决于流体的流动性质，为分析问题方便，先分析单管横向（流动方向与管线垂直）绕流，管束横向绕流，再分析平行绕流，第三种流动可以分解为前两种。

一、单管绕流

图 2-7 为单管绕流示意图，流体流过管时，在圆管壁迎流面流体贴管流动，在管面产生边界层，随贴管流动将产生与管的分离，分离点的位置主要取决于雷诺数。当雷诺数小于 200000 时，边界层为层流，分离点发生在 $\phi\approx80°$；当雷诺数大于 200000 时，边界层从

层流向湍流过渡，分离角度延到$\phi \approx 100° \sim 130°$。这种绕流的特性对管外的壁面换热影响极强，管的后半周由于产生了环流旋涡可增强局部的换热系数。

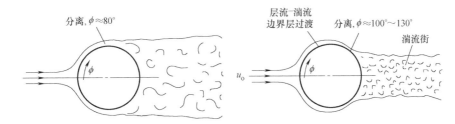

图 2-7　单管绕流的流动形态

希尔皮特（Hilpert）对于绕流的对流换热试验结果可表示为下式：

$$\overline{Nu_m} = C \, (Re)^n \, (Pr)^{1/3}$$

或

$$\bar{\alpha} = \frac{\lambda}{d} C \, (Re)^n \, (Pr)^{1/3} \qquad (2\text{-}25)$$

式中　$\overline{Nu_m}$——平均努谢特数；

Re_x——以 x 为特征尺寸计算的雷诺数；

C、n——试验常数，取值如表 2-1 所示。

试验常数 C，n 　　　　　　　　　　　　　表 2-1

$Re = \dfrac{Dv}{\nu}$	C	n
$1 \sim 4$	1.007	0.330
$4 \sim 40$	0.928	0.385
$40 \sim 4000$	0.695	0.466
$4000 \sim 40000$	0.197	0.618
$40000 \sim 250000$	0.027	0.805

二、管束绕流

图 2-8 为管束的不同布置方式。格瑞米森（Grimison）通过试验给出了管束的平均对流换热系数，其形式如式（2-25）所示，式中的系数见表 2-2。计算时特征尺寸为管外径，特征流速为流道最小截面处的流速，定性的温度为流体平均温度和管壁面平均温度。

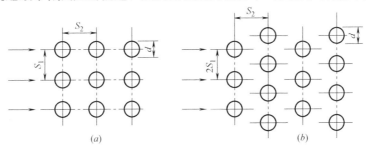

图 2-8　横向绕流的管排

（a）顺排布置；（b）错排布置

23

管束平均对流换热系数计算公式系数取值　　　　　　表 2-2

排列方式	$\dfrac{S_2}{d}$	S_1/d							
		1.25		1.50		2.00		3.00	
		C	n	C	n	C	n	C	n
顺排	1.25	0.393	0.592	0.311	0.608	0.113	0.704	0.072	0.752
	1.50	0.415	0.586	0.283	0.620	0.114	0.702	0.077	0.744
	2.00	0.472	0.570	0.338	0.602	0.259	0.632	0.224	0.648
	3.00	0.328	0.601	0.403	0.584	0.423	0.581	0.323	0.608
错排	0.60	—	—	—	—	0.000	0.000	0.241	0.636
	0.90	—	—	—	—	0.504	0.571	0.453	0.581
	1.00	—	—	0.562	0.558	—	—	—	—
	1.13	—	—	—	—	0.540	0.565	0.585	0.560
	1.25	0.585	0.556	0.571	0.554	0.586	0.556	0.590	0.562
	1.50	0.510	0.568	0.520	0.562	0.511	0.568	0.551	0.568
	2.00	0.457	0.572	0.470	0.568	0.545	0.556	0.507	0.570
	3.00	0.350	0.592	0.402	0.580	0.497	0.562	0.476	0.574

对于流体绕流管束换热，不同学者做了大量试验研究，共同发现管排的第二排管比第一排管的换热量要大，第三排又较第二排大，第三排后渐稳定。所以，多排管的对流换热系数采用式（2-25）计算时要进行修正。多排管的平均对流换热系数为每排管换热系数与换热面积的加权平均。当管排达到 10 排以上时管排的平均换热系数将不再变化，10 排之内的管排修正系数见表 2-3。

多排管的换热系数与第 10 排管换热系数的比值　　　　　　表 2-3

N	1	2	3	4	5	6	7	8	9	10
顺排布置	0.64	0.80	0.87	0.90	0.92	0.94	0.96	0.98	0.99	1.00
错排布置	0.68	0.75	0.83	0.89	0.92	0.95	0.97	0.98	0.99	1.00

例 2-4　常压下 10℃氢气流过如图 2-8（b）所示错排布置的管束，其中 $\dfrac{S_1}{d}=1.5$，$\dfrac{S_2}{d}=1.25$，管外径 $d=1.5\mathrm{cm}$，管壁温度为 100℃，氢气流速为 5m/s，问对流换热系数是多少？

解：

平均温度为 $\dfrac{100+10}{2}=55℃$，由附录 B 可查出此时对应的氢气导热系数为 0.195W/（m・℃），氢气的普兰特数为 0.701，氢气的密度为 0.0753kg/m³，动力黏性系数为 9.518×10^{-6}（Pa・s）。

计算公式（2-25）中的雷诺数要求以管束中流体通过最小断面流道的流速和管径来计算，从图 2-8（a）很容易确定流体的最小通道，即：

$$W_\mathrm{m}=S_1-d$$

对于错排布置，后一排影响前一排，即经过前一排后，流体要分流至下一排管的两侧，分流通道有可能小于前一排的最小通道，所以，错排布置的管束的最小通道宽度应该在比较二者后确定。

前一排的最小通道宽度为：

$$W_m = 2S_1 - d = 3d - d = 2d = 3cm$$

后一排分流通道最小宽度为：

$$\begin{aligned}W' &= 2(\sqrt{S_1^2 + S_2^2} - d)\\ &= 2(\sqrt{1.5^2 \times 1.25^2} - 1)d\\ &= 3.905d = 5.868cm\end{aligned}$$

最大流速为：

$$v_m = v\frac{2S_1}{W_m} = 5 \times 2 \times 1.5 \times 1.5 \div 3 = 7.5m/s$$

雷诺数为：

$$Re = \frac{v_m d\rho}{\mu} = \frac{7.5 \times 0.015 \times 0.057}{9.518 \times 10^{-6}} = 890$$

则对流换热系数为：

$$\begin{aligned}\bar{\alpha} &= \frac{\lambda}{D}C(Re)^n(Pr)^{1/3}\\ &= \frac{0.195}{0.015} \times C \times 890^n \times 0.701^{1/3}\end{aligned}$$

查表 2-2 可知常数 C 和 n 分别为：0.571 和 0.554，代入以上计算式中有：

$$\bar{\alpha} = \frac{0.195}{0.015} \times 0.571 \times 890^{0.554} \times 0.701^{1/3} = 284.2W/(m^2 \cdot ℃)$$

三、平行绕流

对于与单管平行流动的换热，可按式（2-26）进行计算。

$$\bar{\alpha} = 0.021\frac{\lambda}{d}(Re_f)^{0.8}(Pr_f)^{0.43}\left(\frac{P_{rf}}{P_{rw}}\right)^{0.25}\left(\frac{S_1 S_2}{d}\right)^{0.18} \tag{2-26}$$

式中 P_{rw} 为水的普兰特数，值取为 6.2，其他无量纲计算参数取值以流体平均温度条件下流体特性为准。

四、非圆管绕流

对于非圆管的单管绕流对流换热，希尔皮特（Hilpert）和雷海（Reiher）给出了部分流动的试验结果，平均对流换热系数的计算公式仍为式（2-25），试验常数与适用雷诺数范围见表 2-4，表中雷诺数计算时的特征尺寸为与流体流动方向垂直方向的直径。

非圆管绕流对流换热试验常数 表 2-4

流动方向与管形	雷诺数范围	n	$C/1.13$
→ ◇	5000~100000	0.588	0.222
→ ○	2500~15000	0.612	0.224
→ ◇	2500~7500	0.624	0.261
→ ⬡	5000~100000	0.638	0.138

续表

流动方向与管形	雷诺数范围	n	$C/1.13$
→ ⬡	5000~19500	0.638	0.144
→ ▢	5000~100000	0.675	0.092
→ ▢	2500~8000	0.699	0.160
→ ∣	4000~15000	0.731	0.205
→ ⬡	19500~100000	0.782	0.035
→ ◯	3000~15000	0.804	0.085

第五节　管内换热

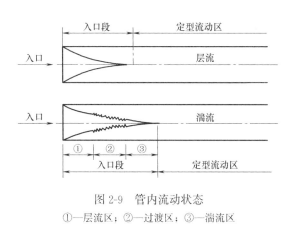

图 2-9　管内流动状态
①—层流区；②—过渡区；③—湍流区

管道内的流动形态分为层流、湍流以及介于层流和湍流之间的过渡区，流动的条件是以雷诺数来判别。当雷诺数小于 2200 时为层流；当雷诺数大于 10000 时为湍流；介于二者之间为过渡区。如图 2-9 所示，在稳定区层流的流速分布呈抛物线形，湍流流动呈对数分布。管道流动在入口有一段流动受入口条件影响，流速分布没有达到稳定。层流和湍流入口段的长度不同，其与管径和雷诺数有关。层流时入口段最小长度为 $0.05Red$，湍流时入口段最小长度为（40~100）d。

对于管壁为恒温的条件下管内流动为层流时的全管平均努谢特数可按下式计算：

$$\overline{Nu}=1.86(Re\,Pr)^{1/3}\left(\frac{d}{l}\right)^{1/3}\left(\frac{\mu}{\mu_{w}}\right)^{0.14} \tag{2-27}$$

式中，μ 为流体平均温度下的动力黏性，μ_{w} 为壁面平均温度条件的动力黏度。计算无量纲数的特征尺度为管径。

对于管内流动为湍流条件下的换热，有很多有实用价值的试验结果，针对性强的应用范围小，应用范围大的一般精度低，较简单、使用最多的是下面试验关联式：

$$\overline{Nu}=0.023(Re)^{0.8}(Pr)^{m} \tag{2-28}$$

上式适用于流体与壁面温差不大的条件，即当流体为水时不超过 30℃，为气体时不超过 50℃，雷诺数变化范围为 10000~120000、普兰特数变化范围为 0.7~120、管的长径比大于 60。当流体加热时式中的 $m=0.4$，流体被冷却时 $m=0.3$。式（2-28）的计算精度可控制在 20% 以内，当雷诺数在 20000~40000 范围时与试验值更为接近。当温差较大时，由于温度梯度存在改变了流体的黏性，也改变了管内的边界层，最终改变了热传递，式（2-28）将不再适用。这种情况在冷却塔的应用中很少遇到，此处将不再介绍大温差对流换热系数的计算。

当管内流动处于过渡区时，采用下式计算对流换热系数：

$$\overline{Nu}=K_0(Pr)^{0.43}\left(\frac{Pr}{Pr_w}\right)C_1^{0.25} \tag{2-29}$$

式中 Pr_w——水的普兰特数；

    K_0——与雷诺数相关的系数，按式（2-30）计算；

    C_1——考虑入口段的一个修正系数，按式（2-31）计算。

$$K_0=-0.165Re^2+5.941Re-9.732 \tag{2-30}$$

$$C_1=-0.2337\ln\frac{l}{d}+1.853 \tag{2-31}$$

对于非圆管，可按圆管进行计算，计算时管径按当量直径考虑，即水力半径的 2 倍。

第三章 翅 片 管

第一节 翅片管原理

翅片管，也叫肋片管，英文名字为"Fin Tube"，有时也称为"Extended Surface Tube"，意思是表面扩展。翅片管就是在管子的表面加工了许多翅片，使管子的表面积大幅度的增加，提高管子的换热效率的一种常用的换热元件。如日常生活中我们常可以看到的暖气管、空调室内机的内部蒸发器等，在冷却塔中翅片也是不可缺的基本元件，如空冷塔的空冷器、干/湿式冷却塔的干式换热器等。除日常所见外，翅片管被广泛地用于各种换热器中，它是换热器的核心元件。换热器翅片管按翅片与管线的方向可分为垂直和平行两种，这主要与翅片管和换热流体的流动方向有关。图 3-1 所示翅片管是一种圆管外布置圆形与管中心线方向垂直的翅片管；图 3-2 所示翅片管是一种圆管外布置多边形与管中心线方向垂直的翅片管；图 3-3 所示管是一种椭圆管外布置多边形与管中心线方向垂直的翅片管；图 3-4 所示翅片管是一种圆管外布置矩形与管子方向平行的翅片管。此外还有锯齿形翅片管、针状翅片管和整体板状翅片管（板翅）等（见图 3-5），上述翅片管统称为外翅管，还有一种将翅片置于管内的内翅管，如图 3-6 所示。

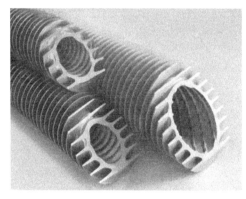

图 3-1 圆管圆形垂直翅片管

翅片管作为换热元件，长期工作于高温流体的环境中，比如锅炉换热器所用的翅片管

图 3-2 圆管多边形垂直翅片管

图 3-3　椭圆管多边形垂直翅片管

图 3-4　圆管矩形平行翅片管

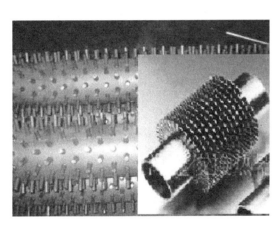

图 3-5　锯齿形翅片管、针状翅片管

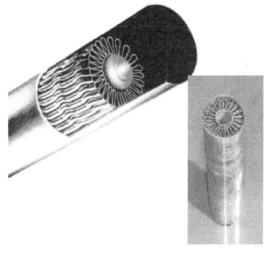

图 3-6　内翅管

使用环境恶劣，高温高压且处于腐蚀性气氛，这要求翅片管应具有很高的性能指标。一个翅片管好坏一般从防腐性能、耐磨性能、换热性能、高的稳定性和防积灰能力 5 个方面来评价。翅片管的材质一般是铜、铝、碳钢、不锈钢和铁等，根据材质不同加工工艺也不同，常见的工艺有以下 5 种。

1. 套装翅片

套装翅片工艺是预先用冲床加工出一批单个的翅片，然后用人工或机械方法，按一定的距离（翅距），靠过盈将翅片套装在管子外表面上。它是应用最早的一种加工翅片管的方法。由于套装工艺简单，技术要求不高，所用设备价格低廉，又易于维修，所以，至今仍有不少工厂在采用。此工艺是一种劳动密集型工艺方案，适合于一般小厂或乡镇企业的资金和技术条件。

用人工方法套装的称为手工套装。它是借助工具，依靠人的力量将翅片一个个压入的。这种方法因为翅片的压入力有限，故套装的过盈量小，翅片容易产生松动现象。机械套装翅片是在翅片套装机上进行的，由于翅片压入是靠机械冲击力或液体压力，压入力大，所以，可有较大的过盈量。翅片和管子之间的结合强度高，不易松动。机械传动的套装机生产率高，但噪声大，安全性差，工人的劳动条件欠佳。液压传动的虽然不存在上述问题，但设备价格较贵，对使用维修人员的技术要求较高，其生产率也低些。

2. 镶嵌式螺旋翅片

镶嵌式螺旋翅片管是在钢管上预先加工出一定宽度和深度的螺旋槽，然后在车床上把钢带镶嵌在钢管上。在缠绕过程中，由于有一定的预紧力，钢带会紧紧地勒在螺旋槽内，从而保证了钢带和钢管之间有一定的接触面积。为了防止钢带回弹脱落，钢带的两端要焊在钢管上。为了便于镶嵌，钢带和螺旋槽间应有一定的侧隙。如果侧隙过小，形成过盈，则镶嵌过程难以顺利进行。此外，缠绕的钢带总会有一定的回弹，其结果使得钢带和螺旋槽底面不能很好的接合。镶嵌翅片可在通用设备上进行，费用不高，但是工艺复杂生产效率低。

3. 钎焊螺旋翅片管

钎焊螺旋翅片管的加工分两步进行。首先，将钢带平面垂直于管子轴线按螺旋线方式缠绕在管子外表面上，并把钢带两端焊在钢管上，然后为消除钢带和钢管接触处的间隙，用钎焊的方法将钢带和钢管焊在一起。此种方法因其造价昂贵，故常用另一种方法，即将缠好钢带的管子放进锌液槽内进行整体热浸锌来替代。采用整体热浸锌虽然锌液不见得能很好地渗进翅片和钢管之间极小的间隙，但在翅片外表面和钢管外表面却形成了一个完整的镀锌层。采用整体热浸锌的螺旋翅片管，因为受到浸锌层厚度的限制（浸锌层厚时，锌层牢固性差，易脱落），加之锌液不可能全部渗入间隙内，所以，翅片与钢管的结合率仍不高。另外，锌的传热系数比钢小（约为钢的 78%），故传热能力低。锌在酸及碱、硫化物中极易遭受腐蚀，因此，用浸锌螺旋翅片管不适于制作空气预热器（回收锅炉烟气余热）。

4. 高频焊螺旋翅片

高频焊螺旋翅片管是目前应用最为广泛的螺旋翅片管之一，广泛应用于电力、冶金、水泥行业的预热回收以及石油化工等行业。高频焊螺旋翅片管是在钢带缠绕钢管的同时，利用高频电流的集肤效应和邻近效应，对钢带和钢管外表面加热，直至塑性状态或熔化，在缠绕钢带的一定压力下完成焊接。这种高频焊实为一种固相焊接。它与镶嵌、钎焊（或整体热浸锌）等方法相比，无论是在产品质量（翅片的焊合率高，可达 95%），还是生产率及自动化程度上，都是更为先进。

5. 三辊斜轧整体型螺旋翅片管

三辊斜轧整体型螺旋翅片管其生产原理是在光管内衬一芯棒，经轧辊刀片的旋转带动，无缝钢管通过轧槽与芯头组成的孔腔在其外表面上加工出翅片。这种方法生产出的翅片管因基管与外翅片是一个有机的整体，因而不存在接触热阻损失的问题，具有较高的传热效率。三辊斜轧法与焊接法相比，该生产线具有生产效率高，原材料耗用低，且生产的翅片管换热率高等优点。

目前三辊斜轧整体型螺旋翅片管技术已成功应用于翅片为铜、铝的单翅片管或复合翅片管，或钢质的低翅片管；钢质整体型翅片管目前市场上多见为低翅片管，整体型高翅片管其材质多为铝、铜等，一般是冷轧成型。

尽管翅片管有多种加工方式，但辊轧式翅片有明显优势，这是因为其为整体结构，不存在接触热阻和电腐蚀现象，能有效地提高和保持稳定的传热性能。

第二节　翅片管的导热

如图 3-7 所示为翅片管的一个典型结构，肋基温度为 T_b，肋片向温度为 T_∞ 的流体传热，肋为等面积，即：$A_x = A_c$。肋的高度为 h，肋片横断面周长为 U。在肋片的小控制体内运用导热方程式（2-2）和对流换热方程式（2-16）及热量平衡有：

$$Q_x = -A_x \lambda \frac{\mathrm{d}T}{\mathrm{d}x} \quad (3-1)$$

$$Q_{x+\mathrm{d}x} = -A_x \lambda \frac{\mathrm{d}T}{\mathrm{d}x} + \frac{\mathrm{d}}{\mathrm{d}x}\left(-A_x \lambda \frac{\mathrm{d}T}{\mathrm{d}x}\right)\mathrm{d}x \quad (3-2)$$

$$Q_x = Q_{x+\mathrm{d}x} + \alpha(T - T_\infty)(W + \delta)2\mathrm{d}x \quad (3-3)$$

式中　λ——肋片的导热系数，$\mathrm{W/(m \cdot ℃)}$

　　　W——肋片的长度，m；

　　　α——肋片与其周边流体的对流换热系数，$\mathrm{W/(m^2 \cdot ℃)}$。

整理式（3-3）可得：

$$\frac{\mathrm{d}^2 T}{\mathrm{d}x^2} - \frac{2\alpha(W+\delta)}{\lambda A_x}(T - T_\infty) = 0 \quad (3-4)$$

因为 $W \gg \delta$，所以，上式可变化为：

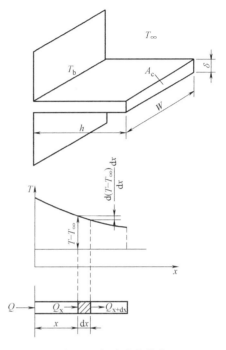

图 3-7　加肋片的传热

$$\frac{\mathrm{d}^2 T}{\mathrm{d}x^2} - \frac{2\alpha W}{\lambda A_x}(T - T_\infty) = 0 \quad (3-5)$$

令：

$$m^2 = \frac{2\alpha W}{\lambda A_x} \quad (3-6)$$

式（3-5）可变化为：

$$\frac{\mathrm{d}^2(T - T_\infty)}{\mathrm{d}x^2} - m^2(T - T_\infty) = 0 \quad (3-7)$$

式（3-7）是一个二阶齐次线性常微分方程，通解为：

$$T - T_\infty = c_1 \mathrm{e}^{mx} + c_2 \mathrm{e}^{-mx} \quad (3-8)$$

将边界条件代入式（3-8）可求得通解中的两个常数，沿 x 方向有两个已知条件。

第一个边界条件为 $x=0$ 时，$T = T_b$。

第二个边界条件为当 $x=h$ 时的 4 种情况。肋端仍有对流换热、肋端绝热、肋端为一个确定的温度、肋端为流体温度。

1. 肋端仍与流体进行对流换热

设肋端的温度为 T_h，根据能量守恒肋端头的导热量正好与端头的对流换热相同，写出方程为

$$\alpha(T_h - T_\infty) = -\lambda \left.\frac{\mathrm{d}T}{\mathrm{d}x}\right|_{x=h} \tag{3-9}$$

将式（3-9）代入式（3-8）再应用第一个边界条件，可得到两个仅有未知数 c_1、c_2 的代数方程，求解可得到式（3-8）的两个常数为：

$$c_1 = \frac{T_b \mathrm{e}^{-mh} + \frac{\alpha}{\lambda m}(T_\infty - T_h)}{\mathrm{e}^{mh} + \mathrm{e}^{-mh}} \tag{3-10}$$

$$c_2 = \frac{T_b \mathrm{e}^{mh} + \frac{\alpha}{\lambda m}(T_\infty - T_h)}{\mathrm{e}^{mh} + \mathrm{e}^{-mh}} \tag{3-11}$$

将式（3-10）和式（3-11）代入式（3-8）可求得 T_h，最终得到通解常数分别为：

$$c_1 = \frac{\left(1 - \frac{\alpha}{\lambda m}\right)(T_b - T_\infty)\mathrm{e}^{-mh}}{2\left[ch(mh) + \frac{\alpha}{\lambda m}sh(mh)\right]} \tag{3-12}$$

$$c_2 = \frac{\left(1 + \frac{\alpha}{\lambda m}\right)(T_b - T_\infty)\mathrm{e}^{mh}}{2\left[ch(mh) + \frac{\alpha}{\lambda m}sh(mh)\right]} \tag{3-13}$$

将常数代回式（3-8）即可得到肋片的温度分布：

$$\frac{T - T_\infty}{T_b - T_\infty} = \frac{ch[m(h-x)] + \frac{\alpha}{\lambda m}sh[m(h-x)]}{ch(mh) + \frac{\alpha}{\lambda m}sh(mh)} \tag{3-14}$$

肋片的传热量可取 $x=0$ 时，由式（3-1）求得：

$$Q = \sqrt{\alpha 2W\lambda A_c}(T_b - T_\infty)\frac{sh(mh) + \frac{\alpha}{\lambda m}ch(mh)}{ch(mh) + \frac{\alpha}{\lambda m}sh(mh)} \tag{3-15}$$

2. 肋片端为绝热

肋片端绝热实际是忽略掉肋片端的对流换热量，因为肋片厚度与其高度比是一个小量，肋片端的面积与肋片表面积比是微小量，所以，肋片端的对流换热量可以忽略不计。这时式（3-8）通解的第二个边界条件就变化为：

$$\left.\frac{\mathrm{d}T}{\mathrm{d}x}\right|_{x=h} = 0 \tag{3-16}$$

由此可求得通解的两个常数，得到肋片温度分布计算公式：

$$\frac{T - T_\infty}{T_b - T_\infty} = \frac{ch[m(h-x)]}{ch(mh)} \tag{3-17}$$

同样可求得肋片的传热量为：

$$Q = \sqrt{\alpha 2W\lambda A_c}(T_b - T_\infty)\frac{sh(mh)}{ch(mh)} \tag{3-18}$$

3. 肋片端为某确定温度

这时第二个边界条件变化为：当 $x=h$ 时，$T=T_h$。同样可求得通解的两个常数，肋片的温度分布计算公式变化为：

$$\frac{T-T_\infty}{T_b-T_\infty}=\frac{\dfrac{T_h-T_\infty}{T_b-T_\infty}\text{sh}(mh)+\text{sh}[m(h-x)]}{\text{sh}(mh)} \tag{3-19}$$

$$Q=\sqrt{\alpha 2W\lambda A_c}(T_b-T_\infty)\frac{\text{ch}(mh)-\dfrac{T_h-T_\infty}{T_b-T_\infty}}{\text{sh}(mh)} \tag{3-20}$$

4. 肋片足够长

当肋片足够长时，即 h 无穷大时，肋片端的温度将与流体温度相同，此时可得到肋片温度分布计算公式：

$$\frac{T-T_\infty}{T_b-T_\infty}=\text{e}^{-mx} \tag{3-21}$$

$$Q=\sqrt{\alpha 2W\lambda A_c}(T_b-T_\infty) \tag{3-22}$$

例 3-1　求图 3-8 所示圆形翅片管的翅片的传热量。已知翅片根部圆管温度为 T_b，翅片向温度为 T_∞ 的流体传热，翅片根部半径为 r_1，翅片端半径为 r_2，翅片为均匀厚度 δ 远小于 r_2-r_1。

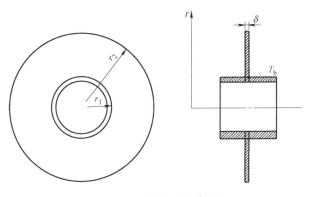

图 3-8　圆形翅片示意图

解：

先用式（2-9）可得到翅片传热量方程：

$$Q_r=-2\pi r\lambda\frac{\text{d}T}{\text{d}r}$$

再应用式（2-16）和热量平衡可得到：

$$Q_r=Q_r+\frac{\text{d}}{\text{d}r}\left(-2\pi r\lambda\frac{\text{d}T}{\text{d}r}\right)\text{d}r+\alpha(T-T_\infty)2\pi r\text{d}r$$

整理后得到：

$$\frac{\text{d}^2T}{\text{d}r^2}+\frac{1}{r}\frac{\text{d}T}{\text{d}r}-\frac{\alpha}{\lambda}(T-T_\infty)=0$$

上式为一个二阶齐次微分方程，方程具有幂级数形式的解，设：

$$T-T_\infty = r^c \sum_{k=0}^{\infty} a_k r^k$$

解中的 c 和系数 a_k 待定。

将此解代入原方程令 r 的各次幂等于 0，可得：

$$\frac{\mathrm{d}T}{\mathrm{d}r} = \sum_{k=0}^{\infty} a_k (c+k) r^{k+c-1}$$

$$\frac{\mathrm{d}^2 T}{\mathrm{d}r^2} = \sum_{k=0}^{\infty} (c-1+k)(c+k) a_k r^{c-2+k}$$

$$\sum_{k=0}^{\infty} (k+c)(c-1+k) a_k r^{c-2+k} + \sum_{k=0}^{\infty} (k+c) a_k r^{c-2+k} - \frac{\alpha}{\lambda} \sum_{k=0}^{\infty} a_k r^{c+k} = 0$$

整理后有：

$$\sum_{k=0}^{\infty} (c+k)^2 a_k r^{c-2+k} - \frac{\alpha}{\lambda} \sum_{k=0}^{\infty} a_k r^{c+k} = 0$$

$$\sum_{k=2}^{\infty} (c+k)^2 a_k - \frac{\alpha}{\lambda} a_{k-2} r^{c-2+k} + (c+1)^2 a_1 r^{c-1} + c^2 a_0 r^{c-2} = 0$$

令 r 的各次幂系数为 0，则有：

$$a_0 = 0$$

$$(c+1)^2 a_1 = 0$$

$$(c+k)^2 a_k - \frac{\alpha}{\lambda} a_{k-2} = 0$$

$$a_k = \left. \frac{\alpha}{\lambda (c+k)^2} a_{k-2} \right|_{k \geq 2}$$

若 $a_1 = 0$，则所有系数均为 0，是一个特解，所以，须使 $c = -1$。

$$a_k = \left. \frac{\alpha}{(k-1)^2 \lambda} a_{k-2} \right|_{k \geq 2}$$

因为 $a_0 = 0$，所以，$a_{2k} = 0$。

$$a_{2k-1} = \left. \frac{\alpha}{(k-1)^2 2^2 \lambda} a_{2k-3} \right|_{k \geq 2}$$

$$a_3 = \frac{\alpha}{\lambda 2^2} a_1$$

$$a_5 = \frac{\alpha^2}{\lambda^2 2^2 \times 24} a_1$$

$$a_7 = \frac{\alpha^3}{\lambda^3 3^2 \times 2^2 \times 2^6} a_1$$

$$\cdots$$

$$a_{2k-1} = \frac{\alpha^{k-1}}{\lambda^{k-1} \times (k!)^2 \times 2^{2k-2}} a_1$$

所以，解为：

$$T-T_\infty = a_1 \sum_{k=1}^{\infty} \frac{\alpha^{k-1}}{\lambda^{k-1} \times (k!)^2 \times 2^{2k-2}} r^{2k-2}$$

$$T_b - T_\infty = a_1 \sum_{k=1}^{\infty} \frac{\alpha^{k-1}}{\lambda^{k-1} (k!)^2} \left(\frac{r_1}{2}\right)^{2k-2}$$

$$a_1 = \frac{T_b - T_\infty}{\displaystyle\sum_{k=1}^{\infty} \frac{\alpha^{k-1} \left(\dfrac{r_1}{2}\right)^{2k-2}}{\lambda^{k-1}(k!)^2}}$$

$$\frac{T - T_\infty}{T_b - T_\infty} = \frac{\displaystyle\sum_{k=1}^{\infty} \frac{\alpha^{k-1}}{\lambda^{k-1}(k!)!} \left(\dfrac{r}{2}\right)^{2k-2}}{\displaystyle\sum_{k=1}^{\infty} \frac{\alpha^{k-1}}{\lambda^{k-1}(k!)^2} \left(\dfrac{r_1}{2}\right)^{2k-2}}$$

第三节　翅片管的性能参数

翅片管的种类很多，影响翅片管的效率的因素有翅片的导热系数（也就是翅片的材质，材质的导热系数高，翅片效率就高）和翅片的扩展面积。下面定义3个参数来反映翅片管的特性。

一、翅片管的标注方法

翅片管的标注方法应该能够反映翅片管的特性、尺寸、材质以及加工工艺等内容，如图3-9所示，习惯的标注为：CPG（$\Phi D_b \times \delta / D_f / P / T - X / Y - A$）。

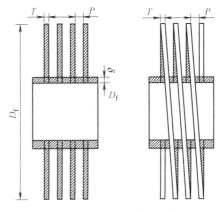

图3-9　翅片管结构参数示意图

其中CPG代表翅片管，它是翅片管汉语拼音的首字母；ΦD_b是基管的外直径（mm）；δ为基管的厚度（mm）；D_f是翅片的外径（mm）；P是翅片在基管上的布置间距（mm）；T是翅片的厚度（mm）；X是基管的材质；Y是翅片的材质；A是翅片的加工工艺。

材质一般有铁、铝和铜，分别表示为：Fe，Al，Cu。市场上的翅片管较多的是高频焊接加工工艺，该工艺是默认加工工艺，可不标出。

为便于比较将翅片也进行标注，标注符号为：CP（$\Phi D_b / D_f / P / T - Y$）。符号解释与翅片管相同，仅将管相关参数去掉。

二、翅化比

翅化比是指基管在增加了翅片后的散热表面积扩大的倍数，计算公式如下：

$$\beta = \frac{翅片管的总表面积}{原光管的表面积} = \frac{F_c}{F} \tag{3-23}$$

例3-2　计算翅片管的翅化比，翅片管型号为CPG（$\Phi 30 \times 2 / 50 / 3 / 1 - Cu/Cu$）

解：

1m长翅片管上翅片的数量为：$n = \dfrac{1000\text{mm}}{3\text{mm}} = 333$ 片

1m 长翅片管翅片的面积：$F'_c＝333×(50^2－30^2)×3.14÷4×2＝4.18×10^5\text{mm}^2$

1m 长翅片管裸露的表面积：$F''_c＝(1000－333×1)×30×3.14＝6.28×10^4\text{mm}^2$

1m 长翅片管光管的表面积：$F＝1000×30×3.14＝9.42×10^4\text{mm}^2$

按式（3-23）计算翅化比：

$$\beta=\frac{F_c}{F}=\frac{F'_c＋F''_c}{F}=\frac{(41.8＋6.28)×10^4}{9.42×10^4}=5.1$$

三、翅片效率

翅片固定在管子上后，管子中的热量传给翅片，翅片将热量沿翅片外传，同时翅片表面与周围流体对流换热。正如前一节所述，翅片在管子处的温度高于翅片端节点的温度，对于肋片的温度分布如式（3-21）所示，翅片管的翅片温度分布如例 3-1 的解。翅片与流体的对流换热与对流换热系数、面积和翅片与流体的温差成正比，由于翅片温度的变化，翅片根部单位面积对流换热量比翅片端头大，随着翅片的增大，翅片端部增大的翅片面积对换热的贡献就变小，这就有一个翅片效率的问题存在。若不考虑翅片温度变化，翅片的所有面积都有相同效果，此时的对流换热量称之为翅片理想最大散热量。翅片的效率定义为：

$$\eta_f=\frac{\text{翅片实际散热量}}{\text{翅片理想最大散热量}} \tag{3-24}$$

翅片的效率总是小于 1 的，说明翅片面积增大 1 倍并不能增大 1 倍的散热量，增大的面积有折扣，即翅片效率。

由式（3-18）可求得肋片的效率为：

$$\eta_f=\frac{\sqrt{\alpha 2W\lambda\Lambda_c}(T_b－T_\infty)}{2Wh\alpha(T_b－T_\infty)}\frac{\text{sh}(mh)}{\text{ch}(mh)}=\frac{\text{th}(mh)}{mh} \tag{3-25}$$

肋片的效率与片的形状有较大的关系，对于不同的肋片结构形式都可导出类似于式（3-25）的效率公式，若以 $\left(\frac{\alpha}{\lambda\Lambda_p}\right)^{1/2}h'^{1.5}$ 为横坐标，以效率为纵坐标，不同肋的效率曲线如图 3-10 所示。

对于翅片管可获得类似的效率曲线，如图 3-11 所示。横坐标为 $\left(\frac{\alpha}{\lambda\Lambda_p}\right)^{1/2}h'^{1.5}$，其中 $h'=h+\frac{\delta}{2}$，$A_p=h'\delta$，$r_{0c}=r_0+\frac{\delta}{2}$。

例 3-3 求圆柱形钉肋的效率，已知钉直径 5mm，钉长度分别为 20mm 和 50mm，$\frac{\alpha}{\lambda}=0.3$。

解：

钉长度为 20mm，钉端对流换热时，

$$h'=h+\frac{r_0}{2}=20+2.5=22.5\text{mm},A_p=22.5×2.5=56.3\text{mm}^2$$

$$\left(\frac{\alpha}{\lambda\Lambda_p}\right)^{1/2}h'^{1.5}=\left(\frac{0.3}{56.3×10^{-6}}\right)^{0.5}×(22.5×10^{-3})^{1.5}=0.246$$

查图 3-10 可得效率为 93%。

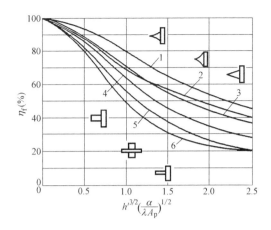

图 3-10　不同形状肋片的效率曲线

1—旋转凹抛物线钉肋 $h'=h$，$A_p=hr_0$；2—抛物线直肋 $h'=h$，$A_p=\dfrac{h\delta}{3}$；

3—三角形直肋 $h'=h$，$A_p=\dfrac{h\delta}{2}$；4—矩形直肋，肋端对流换热 $h'=h+\dfrac{\delta}{2}$，$A_p=h'\delta$；肋端绝热 $h'=h$；

5—环形直肋 $h'=h+\dfrac{\delta}{2}$，$A_p=h'\delta$；6—圆柱钉肋，肋端对流换热 $h'=h+\dfrac{r_0}{2}$，$A_p=h'r_0$；肋端绝热 $h'=h$。

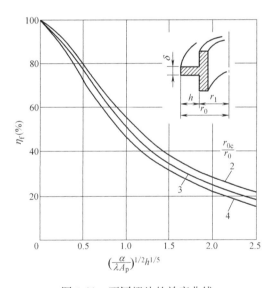

图 3-11　不同翅片的效率曲线

钉端绝热时，

$$h'=h=20\text{mm},A_p=20\times2.5=50.0\text{mm}^2$$

$$\left(\frac{\alpha}{\lambda A_p}\right)^{1/2}h'^{1.5}=\left(\frac{0.3}{50.0\times10^{-6}}\right)^{0.5}\times(20\times10^{-3})^{1.5}=0.219$$

查图 3-10 可得效率为 95%。

钉长度为 50mm，钉端对流换热时，

$$h'=h+\frac{r_0}{2}=50+2.5=52.5\text{mm},A_p=52.5\times2.5=131.3\text{mm}^2$$

$$\left(\frac{\alpha}{\lambda A_p}\right)^{1/2} h'^{1.5} = \left(\frac{0.3}{131.3 \times 10^{-6}}\right)^{0.5} \times (52.5 \times 10^{-3})^{1.5} = 0.57$$

查图 3-10 可得效率为 75%。

钉端绝热时：

$$h' = h = 50mm，A_p = 50 \times 2.5 = 125mm^2$$

$$\left(\frac{\alpha}{\lambda A_p}\right)^{1/2} h'^{1.5} = \left(\frac{0.3}{125 \times 10^{-6}}\right)^{0.5} \times (50 \times 10^{-3})^{1.5} = 0.55$$

查图 3-10 可得效率为 76%。

例 3-4 某圆形翅片尺寸为 $r_0 = 8cm$，$r_i = 5cm$，$\delta = 0.25cm$，对流传热系数和翅片导热系数分别为 $\alpha = 35W/(m^2 \cdot ℃)$，$\lambda = 175W/(m \cdot ℃)$，管子温度为 125℃，流体温度为 40℃。计算翅片的传热量。

解：

可先查图 3-11 得到翅片的效率，横坐标相关参数计算如下：

$$h' = h + \frac{\delta}{2} = r_0 - r_i + \frac{\delta}{2} = 8 - 5 + 0.25/2 = 3.125cm$$

$$r_{0c} = r_0 + \frac{\delta}{2} = 8 + 0.25/2 = 8.125cm$$

$$A_p = h'\delta = 3.125 \times 0.25 = 0.783cm^2$$

横坐标为：

$$\left(\frac{\alpha}{\lambda A_p}\right)^{1/2} h'^{1.5} = \left(\frac{35}{175 \times 0.783 \times 10^{-4}}\right)^{0.5} \times (3.125 \times 10^{-2})^{1.5} = 0.28$$

翅片的半径比：

$$\frac{r_{0c}}{r_i} = \frac{8.125}{5} = 1.625$$

查图 3-11 横坐标 0.28，半径比 1.625 时，由曲线 3 和 2 外延可得到翅片效率为 $\eta_f = 90\%$。

计算翅片的表面积：

$$F_c = 2\pi \left[(r_0^2 - r_i^2) + \delta r_0 \right] = 2 \times 3.14 \times (8^2 - 5^2 + 0.25 \times 8) \times 10^{-4} = 0.0258m^2$$

由式（3-24）和式（2-16）可计算出翅片的换热量为

$$Q = \eta_f F_c \alpha (T - T_\infty) = 0.9 \times 0.0258 \times 35(125 - 40) = 69.1W$$

四、最佳翅片的设计

管上加翅片或肋片是为了增大管表面积，即增大与管外流体的接触面积，增大接触面积实际是减小了表面对流换热的热阻。但同时增加了翅片或肋片的导热热阻，所以存在翅片或肋片效率问题。如何设计翅片或肋片？是否存在最佳设计，回答是肯定的。为分析方便定义一个无量纲数，毕渥数 Bi。

$$Bi = \frac{\bar{\alpha} h_c}{\lambda} \tag{3-26}$$

式中　$\bar{\alpha}$——翅片管或肋片的平均换热系数，$W/(m^2 \cdot ℃)$；

　　　λ——管外流体的导热系数，$W/(m \cdot ℃)$；

h_c——翅片或肋片的特征长度，值为翅片或肋片体积与断面积之比，m。

式（3-26）还可用热阻表示：

$$Bi = \frac{R_c}{R_o} \tag{3-27}$$

式中　R_c——翅片管或肋片的导热热阻；

　　　R_o——表面换热热阻。

当导热热阻小于表面换热热阻时加翅片或肋片才有效益，工程应用中通常满足以下条件，即：

$$Bi \leqslant 0.1 \tag{3-28}$$

具体设计翅片或肋片结构时，要选用合适的尺寸和几何形状，使其应用中不但传热效果好，而且节省材料，制造成本也低，同时也要考虑到流体在翅片或肋间流动阻力小等因素，以保证翅片或肋片处于最佳工作状态。可以优化出在翅片或肋片材料确定的前提下翅片或肋片的最大传热量为最佳翅片或肋片设计结构。

以矩形肋片为例进行分析说明，肋片较薄时，肋片端头换热可忽略不计，肋片端头可准确地假设为绝热。当材料量确定时，即肋片的厚度与高度积为常数，令：

$$\delta h \equiv C \tag{3-29}$$

将式（3-29）代入式（3-18），消去 h 后得：

$$\frac{Q}{W} = \sqrt{2\alpha\lambda\delta}(T_b - T_\infty)\,\mathrm{th}\left(\sqrt{\frac{2\alpha}{\lambda}}\frac{C}{\delta^{1.5}}\right) \tag{3-30}$$

令：

$$\zeta = \frac{C}{\delta^{1.5}}\sqrt{\frac{2\alpha}{\lambda}}$$

式（3-30）最大传热量条件是式（3-29）对肋片厚度导数为零，即：

$$\mathrm{th}(\zeta) = 3\zeta\,\mathrm{sech}^2(\zeta)$$

或：

$$\zeta = \frac{1}{12}(\mathrm{e}^{2\zeta} - \mathrm{e}^{-2\zeta}) \tag{3-31}$$

将式（3-31）按级数展开有：

$$\zeta = \frac{1}{12}(\mathrm{e}^{2\zeta} - \mathrm{e}^{-2\zeta}) = \frac{1}{12}\left\{1 + 2\zeta + \frac{(2\zeta)^2}{2!} + \cdots - \left[1 - 2\zeta + \frac{(2\zeta)^2}{2!} + \cdots\right]\right\}$$

略去高阶量有：

$$\zeta = \frac{1}{12}(e^{2\zeta} - e^{-2\zeta}) = \frac{1}{12}\left[4\zeta + \frac{2(2\zeta)^3}{3!} + \frac{2(2\zeta)^5}{5!} + \frac{2(2\zeta)^7}{7!}\right]$$

上式可化为一个一元三次方程，求解得：

$$\zeta = \frac{C}{\delta^{1.5}}\sqrt{\frac{2\alpha}{\lambda}} = 1.469 \tag{3-32}$$

将式（3-29）代入式（3-32）有：

$$\frac{2h}{\delta} = 1.469\sqrt{\frac{2\alpha}{\lambda\delta}} \tag{3-33}$$

由式（3-33）便可设计出优化的肋高与厚度，同样的分析方法可对其他形状的翅片或肋片进行分析，以确定翅片或肋片最佳的高度与厚度比例关系。翅片或肋片的间距要考虑流体的阻力、加工工艺要求和使用环境进行确定。一般容易积灰的环境，如钢铁厂的电炉、转炉，工业窑炉的排气含灰量很大，采用翅片管时，间距宜大些，可取 10mm 以上并辅助设计配套吹灰装置；积灰不是很严重的环境，如电站的锅炉的排气翅片间距采用 8mm 左右较合适，同时也要设计配套吹灰装置或功能；对于没有积灰或积灰较轻的环境，如燃气、天然气设备的排气及空冷器，翅片间距宜选择 4～6mm，铝翅片一般可选 3mm。

五、翅片的有效性

翅片的有效性是指管子增加了翅片后，由于换热面积的增大换热效率提高，或者从另一个角度来说，仍以光管的表面积计算换热，要达到运算管的换热效果，可增大对流换热系数。由此算出的对流换热系数增大的倍数称为翅片的有效性。

翅片的有效性经过推导为：

$$e_f = \frac{\alpha_f}{\alpha} \tag{3-34}$$

式中　α_f——翅片管实际换热量折算至光管散热面积时的对流换热系数，$W/(m^2 \cdot ℃)$；

　　　α——翅片管表面换热对流换热系数，$W/(m^2 \cdot ℃)$。

假定翅片管的实际换热量为 Q，则有

$$Q = \alpha(F_c' + \eta_f F_c'')(T - T_\infty)$$

$$\alpha_f = \frac{\alpha(F_c' + \eta_f F_c'')(T - T_\infty)}{F(T - T_\infty)} = \alpha(F_c' + \eta_f F_c'')/F \tag{3-35}$$

一般 $F_c'' \gg F_c'$，上式可简化为：

$$\alpha_f = \alpha\beta\eta_i \tag{3-36}$$

翅片的有效性实际就是翅化比与效率的乘积，它综合反映了翅片性能。表 3-1 给出了常用翅片的各种性能参数可供参考。

不同翅片的性能比较 ［效率中的对流换热系数为 $50W/(m^2 \cdot ℃)$］　　　　表 3-1

翅片型号	翅化比	翅片效率	翅片有效性
CP(25/50/6/1-Fe)	7.40	0.82	6.07
CP(25/55/6/1-Fe)	9.20	0.78	7.18
CP(25/55/6/1-Al)	9.20	0.92	8.46
CP(32/62/8/1-Fe)	6.62	0.78	5.16
CP(32/70/8/1-Fe)	8.71	0.71	6.18
CP(32/62/6/1-Fe)	8.49	0.78	6.62
CP(38/68/8/1-Fe)	6.32	0.79	4.99
CP(38/76/8/1-Fe)	8.25	0.72	5.94
CP(38/68/6/1-Fe)	8.10	0.79	6.40
CP(51/81/8/1-Fe)	5.92	0.81	4.80
CP(51/89/8/1-Fe)	7.60	0.73	5.55

第四节　翅片管的热力阻力特性

一、翅片管的传热系数与热阻

翅片管是将管子内的流体的热量传给翅片管外的流体，传热可分为 3 个过程，一是管内流体将热量传至管壁，二是管壁将热量传至管子表面和翅片表面，三是管子与翅片表面将热量传给管外流体。

如图 3-12 所示，3 个过程的传热应用式（2-7）和式（2-16）可分别表示为以下三式：

$$Q = \alpha_i A_i (T_i - T_{wi}) = \frac{T_i - T_{wi}}{\dfrac{1}{\alpha_i A_i}} = \frac{T_i - T_{wi}}{R_i} \tag{3-37}$$

$$Q = 2\pi\lambda l \frac{T_{wi} - T_{wo}}{\ln\dfrac{r_0 + \delta}{r_0}} = \frac{T_{wi} - T_{wo}}{\dfrac{\ln\dfrac{r_0 + \delta}{r_0}}{2\pi\lambda l}} = \frac{T_{wi} - T_{wo}}{R_w} \tag{3-38}$$

$$Q = \alpha_o A_o (T_{wo} - T_\infty) = \frac{T_{wo} - T_\infty}{\dfrac{1}{\alpha_o A_o}} = \frac{T_{wo} - T_\infty}{R_o} \tag{3-39}$$

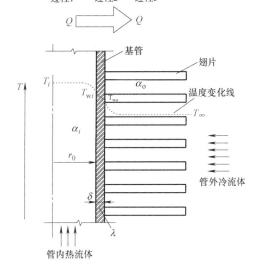

图 3-12　翅片管传热过程示意图

对于薄壁管有 $r_0 \gg \delta$，则 $A_i \approx A_o$，式（3-38）中的热阻变化为：

$$R_w = \frac{\ln\dfrac{r_0 + \delta}{r_0}}{2\pi\lambda l} = \frac{\ln\left(1 + \dfrac{\delta}{r_0}\right)}{2\pi\lambda l} \approx \frac{\dfrac{\delta}{r_0}}{2\pi\lambda l} = \frac{\delta}{2\pi\lambda l} = \frac{\delta}{\lambda A_i} \tag{3-40}$$

整理式（3-37）～式（3-39）可得到：

$$Q = \frac{T_{wi} - T_\infty}{R_i + R_w + R_o} = (T_i - T_\infty) \frac{1}{\dfrac{1}{\alpha_i A_i} + \dfrac{\delta}{\lambda A_i} + \dfrac{1}{\alpha_o A_o}} \approx \frac{A_i (T_i - T_\infty)}{\dfrac{1}{\alpha_i} + \dfrac{\delta}{\lambda} + \dfrac{1}{\alpha_o}} \tag{3-41}$$

令：

$$K = \cfrac{1}{\cfrac{1}{\alpha_i} + \cfrac{\delta}{\lambda} + \cfrac{1}{\alpha_o}} \tag{3-42}$$

式（3-41）可变化为：

$$Q = A_i K (T_i - T_\infty) \tag{3-43}$$

式（3-43）的形式与式（2-16）类似，我们称之为翅片管的传热方程，其中系数 K 称为传热系数，单位为 W/（$m^2 \cdot {}^\circ C$）。式中 K 值越大，传热量越大，说明热阻越小。翅片管的总热阻可用传热数的倒数表示。即：

$$R_f = \frac{1}{K} = \frac{1}{\alpha_i} + \frac{\delta}{\lambda} + \frac{1}{\alpha_o} \tag{3-44}$$

二、翅片管热阻的量级分析

翅片管传热过程中，3 个部分的热阻差异较大，以管内为水管外为空气来分析翅片管的热阻，管内水流动的传热系数约为 5000W/（$m^2 \cdot {}^\circ C$），设翅片为厚度为 3mm 的钢管，导热系数为 40W/（$m^2 \cdot {}^\circ C$），管外侧以基管为基准面的传热系数约 200W/（$m^2 \cdot {}^\circ C$）。很容易计算此翅片管的总热阻为：

$$\begin{aligned} R_f &= \frac{1}{\alpha_i} + \frac{\delta}{\lambda} + \frac{1}{\alpha_o} = \frac{1}{5000} + \frac{0.003}{40} + \frac{1}{200} \\ &= 2 \times 10^{-4} + 0.75 \times 10^{-4} + 5 \times 10^{-3} = 5.275 \times 10^{-3} \end{aligned}$$

结果表明翅片管的热阻是管外的对流换热热阻最大，占总热阻的 90% 以上，管壁最小约占总热阻的 1%，管内水热阻占总热阻不到 4%。由此可见对于管内是水管外是空气的翅片管的换热计算可忽略管内和管壁热阻，对计算结果影响不大。翅片管的传热系数按下式计算：

$$K = \beta \eta \alpha_o \tag{3-45}$$

翅片管传热计算公式（3-43）可变化为：

$$Q = f A K (T_i - T_\infty) \tag{3-46}$$

式中的 f 是一个小于 1 的修正系数，对于管内为水管外为空气的翅片管，此系数为 0.96。工程实践中往往要考虑翅片的积灰和污垢带来的额外热阻以及工程安全，f 一般取 0.8～0.9，翅片上有灰 f 取 0.8，无灰取 0.9。

式（3-46）的优点在于式中只要求测量两个流体温度即可计算翅片管的传热系数，而不需要测量很难测量的管壁内外的温度。应用时也只要知道传热系数便可进行传热量计算，较简单。

三、不同翅片传热系数的估算

对于单管的对流传热系数可由式（2-25）来计算，对于雷诺数在 4000～40000，即：空气温度小于 100℃，当空气流速为 1.0～3.0m/s，管径在 25～50cm 之间时，对流传热系数为

$$\bar{\alpha} = \frac{\lambda}{D_b} C (Re)^n (Pr)^{1/3} = \frac{\lambda}{D_b} 0.197 \left(\frac{\rho v D_b}{\mu} \right)^{0.618} Pr^{1/3} \tag{3-47}$$

由式（3-45）和式（3-47）可计算出表 3-1 不同翅片管的传热系数，结果见表 3-2。

不同翅片管的传热系数估算结果 表 3-2

翅片规格	翅片有效性	翅片管迎面质量风速[kg/(cm²·s)]					
		1		2		3	
		$\bar{\alpha}$	K	$\bar{\alpha}$	K	$\bar{\alpha}$	K
CPG($\Phi25\times2.5/50/6/1$-Fe)	6.07	30	183	46	280	59	360
CPG($\Phi25\times2.5/55/6/1$-Fe)	7.18	30	216	46	332	59	426
CPG($\Phi25\times2.5/55/6/1$-Al)	8.46	30	255	46	391	59	502
CPG($\Phi32\times3/62/8/1$-Fe)	5.16	26	133	40	205	51	263
CPG($\Phi32\times3/70/8/1$-Fe)	6.18	26	160	40	245	51	315
CPG($\Phi32\times3/62/6/1$-Fe)	6.62	26	171	40	263	51	337
CPG($\Phi38\times3/68/8/1$-Fe)	4.99	23	116	36	178	46	229
CPG($\Phi38\times3.5/76/8/1$-Fe)	5.94	23	138	36	212	46	272
CPG($\Phi38\times3.5/68/6/1$-Fe)	6.40	23	149	36	228	46	293
CPG($\Phi51\times3.5/81/8/1$-Fe)	4.80	19	93	30	143	38	183
CPG($\Phi51\times3.5/89/8/1$-Fe)	5.55	19	108	30	165	38	212

由表 3-2 我们可以看出，以 CPG（$\Phi25\times2.5/55/6/1$-Fe）为例，质量风速由 1kg/(m²·s)增大至 3kg/(m²·s) 时，对流换热系数由 30W/(m²·℃)增大至 59W/(m²·℃)，而翅片管的传热系数却由 216W/(m²·℃)增大至 416W/(m²·℃)，翅片管的作用是显著的。

表 3-2 给出的翅片管的传热系数是单根管的，也适合于单排布置的管束情况，传热系数计算时未考虑管壁与管内侧流体的热阻，即传热系数计算是按式（3-45）计算的，而未按式（3-42）计算，所以，表 3-2 中传热系数的值稍大于实际值。应用时可由式（3-46）的修正系数进行修正。

例 3-5 翅片管型号为 CPG（$\Phi51\times3.5/81/8/1$-Fe），管内通过温度保持不变的 150℃水蒸气，问要求蒸汽散热达到 10000W 时需要翅片管长度是多少？若采用光管需多长？已知迎面风速 v 为 1.5kg/s，空气温度 30℃，翅片使用环境空气质量较差。

解：

空气平均温度为 (150+30)/2=90℃，空气的各项参数查附录 A 可得：

密度 $\rho=0.998kg/m^3$；

动力粘性 $\mu=2.075\times10^{-5}kg/(m\cdot s)$；

导热系数 $\lambda=0.03W/(m\cdot℃)$；

普兰特数 $Pr=0.697$。

由式（3-47）可计算光管的对流换热系数为：

$$\bar{\alpha}=\frac{\lambda}{D_b}0.197\left(\frac{\rho_v D_b}{\mu}\right)^{0.618}Pr^{1/3}=\frac{0.03}{0.051}\times0.197\times\left(\frac{0.998\times1.5\times0.051}{2.075\times10^{-5}}\right)^{0.618}\times0.697^{1/3}$$

$$=16.42W/(m^2\cdot℃)$$

CPG（$\Phi51\times3.5/81/8/1$-Fe）的有效性为 4.8，所以，翅片管以基管面积为基准的传热系数为 78.8W/(m²·℃)。

由于空气质量较差，翅片管很易积灰，修正系数取 0.8，由式（3-46）可计算翅片管面积

$$A=\frac{Q}{fK(T-T_\infty)}=\frac{10000}{0.8\times78.8(150-30)}=1.32\text{m}^2$$

可先算出单位长度基管的表面积为：

$$0.051\times3.14\times1=0.16014\text{m}^2/\text{m}$$

需要翅片管长度为 $1.32/0.16014=8.3\text{m}$。

若采用光管，需要的光管表面积可用式（3-46）计算：

$$A=\frac{Q}{fK(T-T_\infty)}=\frac{10000}{0.8\times16.42(150-30)}=6.35\text{m}^2$$

需要光管的长度为 $6.35/0.16014=39.7\text{m}$。

第五节　翅片管束与翅片管换热器

一、翅片管束

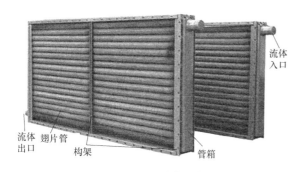

图 3-13　翅片管束示意图

翅片管具有较好的散热性能，应用广泛。但实际应用时不是单根翅片管使用，往往是一组不同排列组合成的翅片管束。翅片管束由三部分组成，一是多支翅片管；二是管箱或管板；三是构架。翅片管是核心换热基本元件；管箱是连接翅片管两端的箱体，一方面是固定翅片管间距，另一方面是使翅片管内流体能均匀分布形成流通管道；构架是用来支撑和固定翅片管束的。如图 3-13 为一个翅片管束，四周的构架与管箱相连，翅片管由管板固定位置，管板可以是管箱的一部分，也可以仅起固定作用，管箱也可以由弯头管代替。

管束中的翅片管可有不同的连接和布置方式，这决定了管束的结构的区别。如图 3-14 为单排单根布置，这种管束的管箱就是管板端的管道弯头，它把翅片管连接成一个流体通过的通道；图 3-15 为单排多根管布置，图 3-16 与图 3-13 为多排布置，图 3-16 是一个七排管，管箱为方形，图中还没有安装完成，可看到管板。一般对于管内流体压力较高时，管箱可采用大直径的圆管做管箱，翅片管直接与圆管相连接；空冷

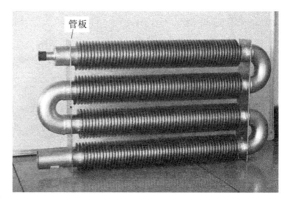

图 3-14　单排单根管束

器习惯采用方形管箱，它的优点是同时可以连接多排翅片管，特别是直接空冷中管内流体
为蒸汽，需要较大的空间与翅片管相连。

图 3-15　单排多根翅片管束

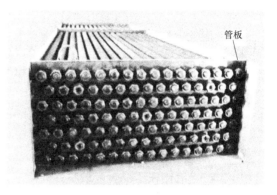

图 3-16　多排多根翅片管束

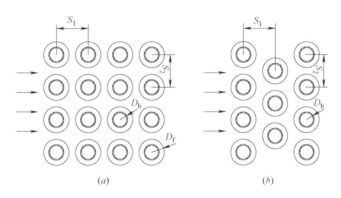

图 3-17　多排管的顺排与错排布置
（a）顺排布置；（b）错排布置

在第二章中已经谈到管子的布置方式影响其对流换热效果，多排布置中，翅片管的排
列方式可分为顺排和错排两种布置，如图 3-17 示。所谓顺排布置是指翅片管与管外流体
流动垂直方向的管排在一条线上，与管外流体流动平行方向的相邻的翅片管也在一条线
上，如图 3-17（a）所示；而错排布置是指翅片管与管外流体流动垂直方向的管排在一条
线上，与管外流体流动平行方向的相邻排的翅片管不在一条线上，即错排布置，如图 3-
17（b）所示。顺排布置管外的流体绕流时受到的扰动小，对流换热系数小，但流体通过
的阻力小；错排布置管外的流体绕流时受到的扰动大，对流换热系数大，但是流体通过的
阻力也大。当对管束的阻力没有太大限制时，宜采用错排布置方式，反之，宜采用顺排布
置方式。翅片管的布置间距 S_1、S_2 对管束的换热和阻力影响都较大，管束设计时要对不
同间距方案进行比较确定。

二、翅片管束的热力特性

翅片管束的对流换热系数与翅片管自身结构尺寸、材质等因素有关，相同规格的翅片
管采用不同的加工工艺，由于翅片与管的接触面积差异，也会造成翅片的对流换热系数不

同，所以，翅片管束的对流换热系数最好采用该翅片管束的试验结果；在无试验结果的情况下，对于管中心呈三角形的翅片管束可采用布雷格斯（Briggs）和杨（Young）的试验结果关联式

$$\bar{\alpha}=0.1378\left(\frac{\lambda}{D_\mathrm{b}}\right)\left(\frac{D_\mathrm{b}\rho v_\mathrm{max}}{\mu}\right)^{0.718}\left[\frac{2(P-T)}{D_\mathrm{f}-D_\mathrm{b}}\right]^{0.296}(Pr)^{1/3} \tag{3-48}$$

式中　$\bar{\alpha}$——翅片管的平均换热系数，$W/(m^2 \cdot ℃)$；

　　　λ——管外流体的导热系数，$W/(m \cdot ℃)$；

　　　D_b——翅片管的外径，m；

　　　D_f——翅片的外径，m；

　　　T——翅片的厚度，m；

　　　P——翅片的间距，m；

　　　v_max——流体在翅片管束最窄处的流速，m/s；

　　　ρ、μ——流体的密度与动力黏度。

翅片管束的阻力按下式计算：

$$\Delta P=f\frac{1}{2}\rho v_\mathrm{max}^2 \tag{3-49}$$

式中 f 为翅片管束的阻力系数，是一个无量纲系数，通过试验获得。

当翅片管束无实测的阻力时可采用布雷格斯和杨的翅片管束阻力试验结果关联式：

$$f=37.86\left(\frac{D_\mathrm{b}v_\mathrm{max}\rho}{\mu}\right)^{-0.316}\left(\frac{S_2}{D_\mathrm{b}}\right)^{-0.927} \tag{3-50}$$

式中　S_2——翅片管束与流体流动方向垂直面上翅片管的布置间距，m；

　　　其他符号含义同前。

式（3-48）和（3-50）是布雷格斯和杨对十多种错排布置的圆形翅片管等温的试验结果，试验范围为：

雷诺数 $Re=\dfrac{D_\mathrm{b}v_\mathrm{max}\rho}{\mu}=2000\sim50000$；

$\dfrac{S_2}{D_\mathrm{b}}=1.8\sim4.6$；

$\dfrac{D_\mathrm{f}}{D_\mathrm{b}}=1.7\sim2.4$；

$D_\mathrm{b}=12\sim41mm$。

从布雷格斯和杨的试验结果关联式我们可以发现，影响翅片管束的换热性能最大值的因素是通过翅片管的流速，换热系数与该流速的 0.718 次方成正比。而翅片管束的阻力又与该流速的 1.684 次方成正比，与翅片管间距的 0.927 次方成反比，所以，要增大流速减小翅片管束的阻力可加大翅片管的间距，翅片管的体积就会增大。如何设计翅片管束是一个通过翅片管流体流速、翅片管布置间距优化的问题，需根据具体问题，找出主要制约因素进行优化设计。

对于其他多排管的对流传热系数可参照式（2-25）和表 2-2 与表 2-3 联合计算。

例 3-6　有一个翅片管束，迎风面积为 1m×1m，流过该面积的空气质量流速为 3kg/(m² · s)，翅片管按错排等边三角形布置，翅片管间距为 90mm，空气进口温度为

40℃，出口温度为80℃，翅片管束在流体流动方向共布置了8排型号为CPG（$\Phi 38 \times 3.5/70/6/1\text{-Al}$）的翅片管。求翅片管的对流换热系数和空气压力降。

解：

翅片管束中空气的平均温度为（40＋80）/2＝60℃，查附录A可得到空气的特性参数为：

密度 $\rho = 1.06\text{kg/m}^3$；

动力黏性 $\mu = 2.01 \times 10^{-5} \text{kg/(m·s)}$；

导热系数 $\lambda = 0.029\text{W/(m·℃)}$；

普兰特数 $Pr = 0.696$。

翅片管束最窄的截面积与迎风面积比为：

$$\frac{S_2 \times 1000 - (2 \times D_b/2) \times 1000 - \dfrac{1000}{P} \times T \times (D_f - D_b)}{S_2 \times 1000}$$

$$= \frac{(90-38) \times 1000 - 1000/6 \times 1 \times (70-38)}{90 \times 1000} = 0.519$$

最窄截面上的质量风速为 $\dfrac{3}{0.519} = 5.78 \text{kg/(m}^2\text{·s)}$

按式（3-48）计算换热系数为：

$$\bar{\alpha} = 0.1378 \left(\frac{\lambda}{D_b}\right) \left(\frac{D_b \rho v_{\max}}{\mu}\right)^{0.718} \left[\frac{2(P-T)}{D_f - D_b}\right]^{0.296} (Pr)^{1/3}$$

$$= 0.1378 \times \left(\frac{0.029}{0.038}\right) \times \left(\frac{0.038 \times 5.78}{2.01 \times 10^{-5}}\right)^{0.718} \times \left(\frac{2 \times 0.005}{0.007 - 0.038}\right)^{0.296} \times 0.696^{0.333}$$

$$= 54.7\text{W/(m·℃)}$$

按前文的方法可以计算翅片的翅化比为8.4，查图3-11可得到翅片的效率，首先计算图3-11的横坐标为：

$$\left(\frac{\alpha}{\lambda A_p}\right)^{1/2} h'^{1.5} = \left[\frac{54.7}{225 \times (70-38)/2 \times 1 \times 10^{-6}}\right]^{0.5} \times \left[(70-38)/2 \times 10^{-3}\right]^{1.5} = 0.25$$

查图3-11得到翅片效率为 $\beta = 0.94$。

那么，以基管表面为基准的换热系数为：

$$\alpha_f = \bar{\alpha} \eta_f \beta = 0.94 \times 8.4 \times 54.7 = 431.9\text{W/(m}^2\text{·℃)}$$

翅片管束的阻力计算须先按式（3-50）计算阻力系数为：

$$f = 37.86 \left(\frac{D_b v_{\max} \rho}{\mu}\right)^{-0.316} \left(\frac{S_2}{D_b}\right)^{-0.927}$$

$$= 37.86 \times \left(\frac{0.038 \times 5.78 \times 1.06}{2.01 \times 10^{-5}}\right)^{-0.316} \times \left(\frac{90}{38}\right)^{-0.927} = 0.9$$

流过8排CPG（$\Phi 38 \times 3.5/70/6/1\text{-Al}$）的空气阻力为：

$$\Delta P = f \frac{1}{2} \rho v_{\max}^2 = 0.9 \times 8 \times 0.5 \times 5.78^2 / 1.06 = 113.5\text{Pa}$$

换热系数还可通过式（2-25）计算，由 $\dfrac{S_1}{D_b} = \dfrac{S_2}{D_b} = \dfrac{90}{38} = 2.3$ 查表2-2可得到：

$C = 0.413$，$n = 0.581$，代入式（2-25）有：

$$\bar{\alpha} = \frac{\lambda}{D_b} C \left(\frac{\varrho v D_b}{\mu}\right)^n (Pr)^{1/3}$$

$$= \frac{0.029}{0.038} \times 0.413 \times \left(\frac{5.78 \times 0.038}{2.01 \times 10^{-5}}\right)^{0.581} \times 0.696^{1/3} = 62.01 \mathrm{W/(m^2 \cdot ^\circ C)}$$

对计算的系数按多排进行修正，修正系数见表 2-3，为 $0.875 \times 0.98 = 0.856$。

管束的对流换热系数为 $62.01 \times 0.856 = 53.08 \mathrm{W/(m^2 \cdot ^\circ C)}$，较式（3-48）计算结果偏低约 3%。

三、翅片管换热器的传热计算

将流体换热根据流体的流动方向简化为 3 种方式，顺流式、逆流式和横流式，如图 3-18 和图 3-19 所示。

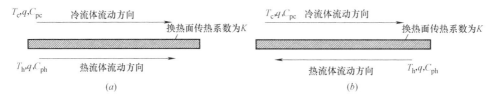

图 3-18　流体顺流式和逆流式换热示意图

（a）顺流式流体换热；（b）逆流式流体换热

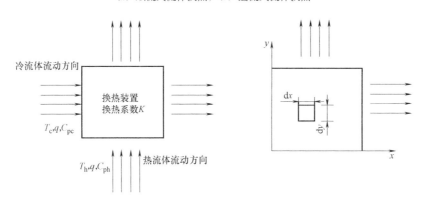

图 3-19　流体横流式换热示意图

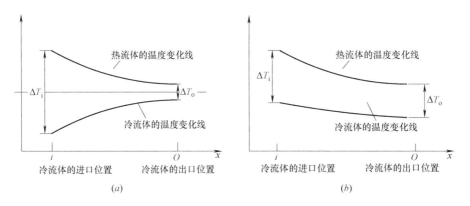

图 3-20　流体换热温度变化示意图

（a）顺流式流体换热温度变化图；（b）逆流式流体换热温度变化图

随着流体之间的热交换，热流体的温度降低，而冷流体的温度升高，如图 3-20（a）所示。对于逆流换热应用换热公式（3-43）和能量守恒原理可写出逆流式流体换热的微分方程：

$$dQ = K(T_h - T_c)dA \tag{3-51}$$

热流体失去的热量等于冷流体得到的热量：

$$dQ = -qc_{ph}dT_h = GC_{pc}dT_c \tag{3-52}$$

令 $\Delta T = T_h - T_c$，式（3-52）可变为：

$$\Delta T = T_h - T_c = -dQ\left(\frac{1}{qC_{ph}} + \frac{1}{GC_{pc}}\right) \tag{3-53}$$

将式（3-53）代入式（3-51）得：

$$\frac{d\Delta T}{\Delta T} = -K\left(\frac{1}{qC_{ph}} + \frac{1}{GC_{pc}}\right)dA \tag{3-54}$$

对式（3-54）积分并将进出口条件代入有：

$$\ln\frac{\Delta T_o}{\Delta T_i} = -K\left(\frac{1}{qC_{ph}} + \frac{1}{GC_{pc}}\right)A \tag{3-55}$$

式中 ΔT_i，ΔT_o——分别为进、出口热流体与冷流体的温度差，℃。

可求得传热量：

$$Q = KA\frac{\Delta T_o - \Delta T_i}{\ln\dfrac{\Delta T_o}{\Delta T_i}} \tag{3-56}$$

令：

$$\Delta T_{ln} = \frac{\Delta T_o - \Delta T_i}{\ln\dfrac{\Delta T_o}{\Delta T_i}} \tag{3-57}$$

ΔT_{ln} 称为对数平均温差（LMTD），可以推导式（3-57）对于逆流式流体换热也同样适用，逆流式换热流体的温度变化如图 3-20（b）所示。由式（3-56）可看出，对数平均温差大的方式换热能力也比较强。由图 3-20 可看出，在相同的热流体入口温度的条件下，逆流式的对数平均温差总比顺流式大，这就意味着，在相同散热量时，采用逆流式需要的传热面积小。从图中还可看到，逆流式沿 x 方向各点的冷热流体温差与顺流式比更均匀，说明换热中各处换热的效率接近，都能充分发挥效益。顺流式入口端温差过大，出口较小，各处传热出现较严重的不均衡，如果温差过大可能超过其传热极限而不能发挥作用，而温差较小端的传热面积没能得到充分利用。

翅片式换热器很难做到逆流式的换热方式，冷流体与热流体的流动方向为交叉式，如图 3-19 所示，该种横流式换热方式的热力计算公式的数学推导较为复杂，一般做法也是按式（3-56）进行计算，但对数平均温差需要进行修正。修正系数 F 与对数平均温差的乘积 $F\Delta T_{ln}$ 称为修正的对数温差，记为 ΔT_{lnm}。对于两种流体非掺混且各自有单一通道横流式换热器的修正系数可由图 3-21 查得，可通过两个参数来查取修正系数，一个是冷流体的温升与两流体进口温差比，另一个是热流体温降与冷流体温升比。

四、翅片管换热器的热力计算方法

换热器的热力计算主要是解决给定热量如何设计换热器的换热面积和选定换热器确定

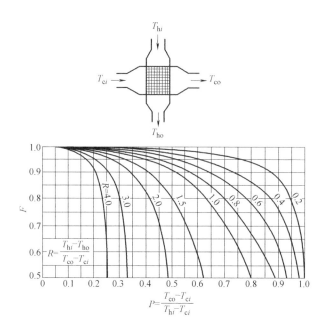

图 3-21　流体非掺混横流式换热器对数平均温差修正系数

冷却能力两方面的问题。通常采用 ε-NTU 法，也称为效能-传热数（传热单元）法，该方法将换热器的效能定义为实际换热量与最大换热量之比，即：

$$\varepsilon = \frac{(T_i - T_o)_{max}}{T_{hi} - T_{ci}} \qquad (3-58)$$

式中　ε——换热器的效能；

T_i，T_o——流体进出换热器的温度，℃；

T_{ci}——冷流体进入换热器时的温度，℃。

式（3-58）分母为换热器中可能发生的最大温差值，表征换热器可能的最大散热量，分子表征实际散热量，取冷、热流体中进出口温差较大者。

在式（3-55）中，令 $C_h = qC_{ph}$ 和 $C_c = GC_{pc}$，称之为流体的热容流率，其物理意义是流体的温度每变化1℃的换热量。式（3-55）可写为：

$$\ln \frac{\Delta T_o}{\Delta T_i} = -\frac{KA}{C_{min}}\left(1 + \frac{C_{min}}{C_{max}}\right) = -\frac{KA}{C_{min}}(1+C) \qquad (3-59)$$

式中　C_{min}——最小热容流率，为 C_c、C_h 之中较小的一个，W/℃；

C_{max}——最大热容流率，为 C_c、C_h 之中较大的一个，W/℃；

$C = \dfrac{C_{min}}{C_{max}}$——热容流率比。

式（3-59）中，令 $NTU = \dfrac{KA}{C_{min}}$，称为传热单元数，表征换热器的换热能力大小，反映了换热器的综合指标。

对于顺流式换热器，式（3-59）可写为：

$$\frac{\Delta T_o}{\Delta T_i} = \frac{T_{ho} - T_{co}}{T_{hi} - T_{ci}} = e^{-NTU(1+C)} \qquad (3-60)$$

将式（3-60）与式（3-58）整理替代后，得：

$$\varepsilon = \frac{1-e^{-NTU(1+C)}}{1+C} \tag{3-61}$$

对于逆流式换热器，式（3-60）可写为：

$$\frac{\Delta T_o}{\Delta T_i} = \frac{T_{ho}-T_{ci}}{T_{hi}-T_{co}} = e^{-NTU(1+C)} \tag{3-62}$$

将式（3-61）与式（3-58）整理替代后，得：

$$\varepsilon = \frac{1-e^{-NTU(1-C)}}{1-Ce^{-NTU(1-C)}} \tag{3-63}$$

由式（3-61）和式（3-63）便可方便地进行换热器的热力计算，当换热器器型已经确定，要求热流体的出口温度，可首先计算换热器的传热单元数、热容流率比，便可采用式（3-61）或式（3-63）计算换热器效能，由式（3-58）便可计算出热流体的出口温度了。当换热的温度及热容流率已知，要求换热器面积时，可由式（3-61）或式（3-63）计算出换热单元数，即可计算出换热面积了。

对于横流式换热器引入对数平均温差修正系数后，式（3-63）变化为：

$$\varepsilon = \frac{1-e^{-NTU(1-C)F}}{1-Ce^{-NTU(1-C)F}} \tag{3-64}$$

式中　F——对数温差修正系数，对于两种流体不掺混的可查图 3-21 获得。

第四章 空 冷 塔

第一节 空冷塔的种类与发展历史

一、电厂的空冷系统

火/核电厂是由蒸汽轮机转动带动发电机发电的，蒸汽轮机的运转需要将蒸汽液化，因此，发电工艺中不可缺少的一个环节是冷端。冷端的主要设备是凝汽器，按将凝汽器中热量带走的方式不同，电厂的冷却系统可分为直流冷却系统、循环冷却系统、直接空冷系统和间接空冷系统。如图 4-1 所示为一个电厂工艺系统图，锅炉将水加热为高温高压蒸汽输送至过热器，然后进入蒸汽轮机，蒸汽轮机带动发电机发电，从汽轮机出来的水蒸气进入凝汽器冷却凝结成液态水，经过凝结水泵低压加热、除氧、高压加热，再由锅炉给水泵将凝结水送入锅炉重新加热为高温高压蒸汽形成循环过程。汽轮机排出的乏汽在凝汽器中凝结，使得汽轮机的末端形成低于外界大气压的准真空状态，汽轮机的末端压力越低，汽轮机的效率越高，这是冷端设计的关键。

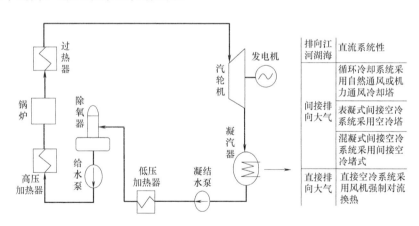

图 4-1 发电厂发电工艺流程

电厂的发电工艺流程中采用不同的冷端方式，形成不同凝汽器循环冷却系统。如图 4-2 所示，冷却系统若采用直接空冷系统，凝汽器中乏汽的热量是由风机产生的强制对流换热直接传向大气，此时的凝汽器就是直接空冷的空冷散热器。

图 4-3 所示为表凝式间接空冷系统，也称哈蒙式间接空冷系统。汽轮机的乏汽进入表凝式凝汽器将热量传给循环水，循环水的热量由空冷塔中的空冷散热器传给大气。这种系统凝汽器中凝结水与循环水是相互隔绝不掺混的。

图 4-4 所示为混合式间接空冷系统，也称海勒式间接空冷系统。汽轮机的乏汽进入喷

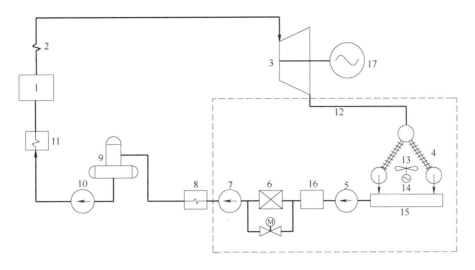

图 4-2 直接空冷工艺流程

1—锅炉；2—过热器；3—汽轮机；4—空冷凝汽器；5—凝结水泵；6—凝水精处理装置；

7—凝结水升压泵；8—低压加热器；9—除氧器；10—给水泵；11—高压加热器；

12—汽轮机排汽管道；13—轴流冷却风机；14—立式电动机；

15—凝结水箱；16—除铁器；17—发电机

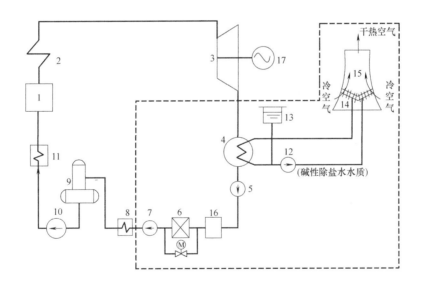

图 4-3 表凝式间接空冷系统工艺流程

1—锅炉；2—过热器；3—汽轮机；4—表面式凝汽器；5—凝结水泵；6—凝水精处理装置；

7—凝结水升压泵；8—低压加热器；9—除氧器；10—给水泵；11—高压加热器；

12—低压水泵；13—凝结水箱；14—空冷散热器；15—空冷塔；

16—除铁器；17—发电机

射式凝汽器与循环冷却水相互掺混，将热量直接传给循环水，循环水的热量再由空冷塔中的空冷散热器传给大气。这种系统凝汽器中凝结水与循环水是相互掺混的。

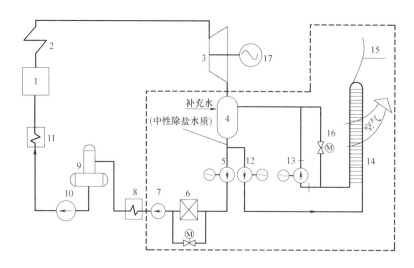

图 4-4　混合式间接空冷系统工艺流程

1—锅炉；2—过热器；3—汽轮机；4—喷射式凝汽器；5—凝结水泵；6—凝结水精处理装置；

7—凝结水升压泵；8—低压加热器；9—除氧器；10—给水泵；11—高压加热器；

12—冷却水循环泵；13—调压水轮机；14—全铝制散热器；15—空冷塔；

16—旁路调节阀；17—发电机

二、空冷塔的种类

空冷塔按空冷系统可分为两类，直接空冷塔和间接空冷塔，二者主要区别是被冷却的介质一个是蒸汽，另一个是水。

直接空冷塔可分为鼓风式机械通风直接空冷塔、抽风式机械通风直接空冷塔和自然通风垂直布置的直接空冷塔和水平布置的直接空冷塔。

间接空冷塔可分为自然通风塔内布置间接空冷塔，自然通风垂直布置间接空冷塔、鼓风式机械通风间接空冷塔和抽风式机械通风间接空冷塔。

图 4-5（a）所示为鼓风式机械通风直接空冷塔，风机安装在空冷散热器的下面，风机以强制方式将空气吹过空冷散热器使空冷散热器中的蒸汽冷却。若将风机安放在空冷散热器上方，并将风机与空冷散热器封闭于一个空间中，风机将空气从空冷散热器吸入，经过风机排向大气，这种方式的空冷塔称为抽风式机械通风直接空冷塔。图 4-5（b）所示为自然通风直接空冷塔，空冷散热器将热传给自然通风空冷塔内的空气，空气被加热后，密度变小在塔筒内形成抽力，产生空气流动。空冷散热器的布置可有两种方式，一种是将空冷散热器水平或倾斜地布置在塔内，另一种是布置在塔进风口的四周。理论上讲 4 种直接空冷塔都可适用于直接空冷系统，实际工程中，因为直接空冷系统需要通过很粗的蒸汽管道将汽轮机的泛汽送达空冷散热器中进行冷却，空冷塔不宜离主厂房太远，所以，直接空冷系统多采用鼓风式机械通风直接空冷塔。

图 4-6 为空冷散热器垂直布置的自然通风间接空冷塔，这种空冷塔最早是与海勒式间接空冷系统配套的空冷塔，2007 年中国山西阳城电厂第一次成功用于表面式凝汽器，又称为斯卡尔（SCAL）系统，2011 年华能陕西秦岭电厂 7 号机投入运行，又给间接空冷塔

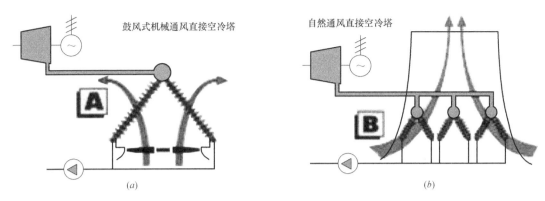

图 4-5 直接空冷塔
（a）鼓风式机械通风直接空冷塔；（b）自然通风直接空冷塔

增加了一个新的形式，它一改过去散热器在自然通风空冷塔外垂直布置只有铝制福哥型散热器的传统，采用了钢质翅片管散热器，填补了间接空冷塔的一个空白，我们可以称之为斯克斯（SCS，SC 代表表面式凝汽器，第二个 S 代表全钢散热器）系统。图 4-7 为空冷散热器水平布置的自然通风间接式空冷塔，最早是与哈蒙式间接空冷系统配套的冷却塔。除此之外，间接空冷塔也可设计为机械通风式间接空冷系统，采用何种方式要通过冷端优化、厂地布置、投资等因素综合来确定。

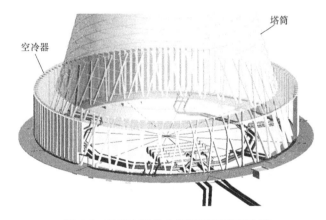

图 4-6 垂直布置的自然通风间接空冷塔

图 4-7 水平布置的自然通风间接空冷塔

三、空冷的发展历史

1938 年在德国的鲁尔矿区 1.5MW 机组上首次应用了直接空冷系统，1950 年卢森堡杜德兰格钢厂的自备电厂的 13MW 机组和意大利罗马电厂的 36MW 机组分别投入运行，采用的是直接空冷系统。到 20 世纪 60 年代出现了间接空冷系统，1962 年英国拉格莱电厂 120MW 机组投入运行，采用了混合凝汽间接空冷系统，该系统配备了一台喷射凝汽器和一座自然通风空冷塔，这种间接混凝式空冷系统最早是匈牙利的海勒教授于 1950 年的世界动力会议上提出的，所以，该空冷系统也被称为海勒式间接空冷系统。1967 年德国依奔波茵（Ibbenburen）电厂的 150MW 海勒式间接空冷机组投产，1968 年西班牙的乌特里拉斯（Utrillas）坑口电厂的 160MW 直接空冷机组投入运行。从 20 世纪 30 年代开始出现空冷技术，到 20 世纪 60 年代末已经形成直接空冷与间接空冷系统并存的局面。1971 年苏联的拉兹丹电厂 210MW、匈牙利加加林电厂 210MW、南非格鲁特夫莱电厂 200MW 机组的海勒式间接空冷系统投入运行，1977 年美国的沃伊达可矿区电厂的 330MW 机组采用直接空冷系统投入运行，同年出现了第一次将空冷系统用于核电站机组的空冷系统，它是德国的施梅豪森核电站的 300MW 机组，空冷系统是表面式凝汽器配自然通风空冷塔，也是第一个采用表面式凝汽器的间接空冷系统。1978 年南非的格鲁特夫莱电厂的 6 号 200MW 机组采用表面式间接冷却系统投入运行。至此，直接空冷的最大机组规模为 330MW，间接空冷的最大机组规模为 300MW。

1980 年直接空冷和间接空冷都有所发展，采用空冷的国家增加了伊朗、巴西、土耳其和中国。伊朗的伊斯法罕电厂于 1984 年投运 210MW 间接空冷机组，托斯电厂的 4 台 150MW 直接空冷机组于 1987 年投入运行，南非的马廷巴电厂 6 台 665MW 和马巨巴电厂 3 台 665MW 直接空冷机组也于 1991 年投入运行。南非的肯达尔电厂 686MW 表凝式间接空冷机组于 1993 年投入运行。即到了 20 世纪 90 年代国外的直接空冷系统和表面间接冷系统的机组规模已经达到 600MW 级，混凝式间接空冷系统的机组规模为 300MW 级，而中国的空冷是从 20 世纪 80 年代开始壮大起来的。

中国最早空冷出现在 1966 年，它是哈尔滨 50kW 的实验电站。1967 年山西的候马电厂建成了 1.5MW 的直接空冷机组，1987 年建成了山西大同 200MW 海勒式间接空冷机组，1992 年后内蒙古丰镇电厂 4 台 200MW 海勒式间接空冷机组相继投入运行，1993～1994 年山西太原第二热电厂 2 台 200MW 海勒式间接空冷机组相继投入运行，为我国的空冷事业的发展奠定了基础。

2000 年后我国的空冷呈现了大规模的发展态势，2001 年山西义望铁合金厂的 6000kW 直接空冷机组成功投入运行，使人们对直接空冷有了较好的直观印象，2003 年山西大同云岗热电厂的 2 台 200MW 空冷机组投入运行，2004 年俞社电厂 200MW 和漳山电厂 2 台 200MW 空冷机组投入运行，2005 年山西大同二电厂 2 台 600MW 直接空冷机组投入运行，将直接空冷机组的规模推到了 600MW 级。2007 年阳城电厂 600MW 表凝式间接空冷机组投入运行，将间接空冷机组的规模提升至 600MW 级，这也标志着斯卡尔系统的诞生。之后，我国的直接空冷机组如雨后春笋般涌现，已经建成达几十台计的直接空冷机组，2010 年宁夏灵武电厂 1000MW 的直接空冷机组和 2011 年华能陕西秦岭电厂 7 号机组投入运行，600MW 斯克斯间接空冷系统诞生，标志着中国已经走在世界空冷技术的前列。

第二节　空冷散热器及其热力阻力特性

一、空冷散热器的翅片管类型

空冷散热器是由翅片管组成的翅片管束，是空冷塔的核心冷却元件。讲到空冷散热器就不能离开空冷散热器的制造厂商，到目前为止，空冷散热器的主要制造商有美国 SPX（斯必克）公司、德国 GEA（基伊埃）公司、哈蒙冷却系统有限公司、匈牙利动能研究设计院、首航艾启威冷却技术有限公司、北京龙源冷却技术有限公司、哈尔滨空调股份有限公司、山西申华电站设备有限公司、江苏双良空调设备股份有限公司等。空冷散热器所采用的翅片管的类型可分为以下 5 类：

（1）铝圆管套铝共用的大翅片。这种翅片管也称为福哥型翅片管，是由匈牙利动能研究设计院推荐于海勒间接空冷系统使用的翅片管类型，如图 4-8（a）所示。

（2）钢椭圆管套矩形钢翅片。这种翅片管型是德国 GEA 公司最先设计，可用于直接空冷也可用于间接空冷，用于间接空冷的椭圆管尺寸小于直接空冷的尺寸，如图 4-8（b）所示。

（3）钢椭圆管绕钢翅片。这种翅片管型是德国巴克－杜尔公司的主要管型，如图 4-8（c）所示。

（4）钢圆管绕铝翅片。是我国空冷设计初期使用的管型，也是石化工业采用的通用翅片管型，如图 4-8（d）所示。

（5）钢半圆端部矩形管钎焊铝折型翅片。是哈蒙公司推荐的单排管用于直接空冷系统，如图 4-8（e）所示。

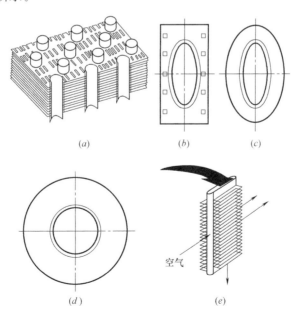

（a）　　　　　　（b）　　　　　　（c）

空气

（d）　　　　　　　　　（e）

图 4-8　空冷器翅片管型示意图

（a）翅片管型 1；（b）翅片管型 2；（c）翅片管型 3；（d）翅片管型 4；（e）翅片管型 5

5 类管型的基本参数如表 4-1 所示，各翅片的翅化比与翅片间距有关，除翅片 4 外，当片距控制在 2～3mm 时，翅化比都达到 10 以上，基管采用椭圆管相对于圆管的优点是相同的过流面积椭圆管的水力半径小，管内传热热阻小，与圆管相比椭圆管的绕流管后的涡流区小，所以，椭圆管的流体阻力小。相同过流面积时椭圆管较圆管的表面积大，所以，管外的对流传热能力强。椭圆管结构与圆管相比，缺点是加工维护难度大，承压能力低。

空冷散热器翅片管基本特征 表 4-1

翅片管型编号		1	2A	2B	3	4	5
基管材料/翅片材料		铝/铝	钢/钢	钢/钢	钢/钢	钢/铝	钢/铝
表面处理		氧化膜	热浸锌	热浸锌	热浸锌	—	—
加工方式		套片胀管	套片	套片	绕片	绕片	钎焊
主要制造商		EGI	GEA	GEA	巴克杜尔	通用	哈蒙
基管	基管型	圆	椭圆	椭圆	椭圆	圆	矩形加半圆头
	管壁厚度(mm)	0.75	1.5	1.5	1.5/2.5	1.5	1.6
	管外径(mm)	18	36×14	100×20	36×14	25	219×19
	管外表面积(m²/m)	0.0565	0.0834	0.21	0.0834	0.0785	0.46
	管内表面积(m²/m)	0.0518	0.07	0.2	0.07	0.0691	0.45
	管内过流面积(cm²)	2.14	2.83	12.95	2.83	3.80	33.56
翅片	翅片型	大矩形	单矩形	单矩形	椭圆	圆	折片型
	片厚度(mm)	0.33	0.35	0.6	0.4	0.3	0.3
	片间距(mm)	2.88	2.5/4/5	2.5/4	2.5/4/6	2.3/6	2.82
	片尺寸(mm)	600×150	55×26	119×49	56×34	16	200×19
	翅化比	14.3	10.3/6.8/5.6	16.1/10.4	11.4/7.8/5.8	21.7/8.9	12.2

二、翅片管的热力和阻力特性

由表 4-1 可看出，空冷翅片多用椭圆基管，翅片有椭圆，也有矩形。第三章第二节给出了圆形基管圆翅片的翅片效率计算图表（图 3-11），而椭圆管的翅片无法采用该图求得。对于翅片等厚度翅片管，工程上可采用近似计算求得该类翅片的效率。

$$\eta_{\mathrm{f}} = \frac{th(0.5md_{\mathrm{r}}\varphi)}{0.5md_{\mathrm{r}}\varphi} \tag{4-1}$$

其中：

$$m = \sqrt{\frac{2\alpha}{\lambda\delta}} \tag{4-2}$$

$$\varphi = \left(\frac{d_{\mathrm{f}}}{d_{\mathrm{r}}} - 1\right)\left(1 + 0.35\ln\frac{d_{\mathrm{f}}}{d_{\mathrm{r}}}\right) \tag{4-3}$$

式中 d_{r}——圆形翅片管基管的外径（若套翅时为翅片根部直径），m；

        δ——翅片的厚度，m；

        α——对流传热系数，W/(m²·℃)；

        λ——翅片的导热系数，W/(m·℃)；

d_f——圆形翅片的外径，m；

$\dfrac{d_f}{d_r}$——称为翅径比，对于圆形翅片即为翅片外径与基管根径比，而对于椭圆管和其他管型则为有效翅径比。

如图 4-9 所示，椭圆翅片管有效翅径比为：

$$\left.\frac{d_f}{d_r}\right|_{\text{椭圆翅片管}}=\frac{b_f}{b} \tag{4-4}$$

当基管为椭圆管，翅片为矩形翅时，可将矩形翅片等效为面积与矩形翅片面积相同、偏心率与基管相同的椭圆翅片管。等效的椭圆翅片的长半轴与短半轴分别为：

$$a_f=\sqrt{\frac{AB}{\pi}}\left(1-\frac{a^2-b^2}{a^2}\right)^{-0.25} \tag{4-5}$$

$$b_f=\sqrt{\frac{AB}{\pi}}\left(1-\frac{a^2-b^2}{a^2}\right)^{0.25} \tag{4-6}$$

所以，椭圆基管矩形翅片的翅径比为：

$$\left.\frac{d_f}{d_r}\right|_{\text{椭圆基管矩形翅片}}=\frac{b_f}{b}=\frac{\sqrt{AB/\pi}\left(1-\dfrac{a^2-b^2}{a^2}\right)^{0.25}}{b} \tag{4-7}$$

而对于图 4-10 所示的顺排布置的多排管的翅径比按下式计算：

$$\left.\frac{d_f}{d_r}\right|_{\text{圆基管顺排多排管}}=2.56\left(\frac{L_1}{d_r}\right)\left(\frac{L_2}{L_1}-0.2\right)^{0.5} \tag{4-8}$$

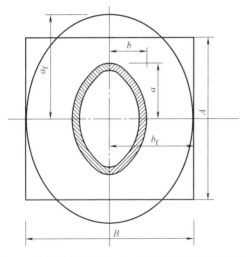

图 4-9 椭圆基管椭圆翅片、矩形翅片管尺寸示意图

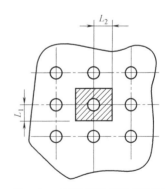

图 4-10 顺排布置多排翅片管

对于图 4-11 所示的错排布置的多排管的翅径比按下式计算：

$$\left.\frac{d_f}{d_r}\right|_{\text{圆基管错排多排管}}=2.54\left(\frac{L_1}{d_r}\right)\left(\frac{L_2}{L_1}-0.3\right)^{0.5} \tag{4-9}$$

以上的公式中总是取 L_1、L_2 中较大的为 L_2。

空冷散热器的翅片的换热系数宜通过试验获得，在无试验资料时椭圆管的表面对流换热系数可由式（2-25）和表 2-4 得出：

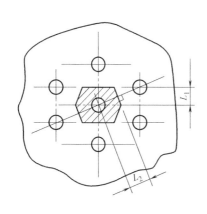

图 4-11　错排布置多排翅片管

$$\bar{\alpha}=1.13\frac{\lambda}{d_\mathrm{t}}0.224(Re)^{0.612}(Pr)^{1/3} \qquad (4\text{-}10)$$

式中 d_t 为椭圆管与流体垂直方向的尺寸，对于空冷器的椭圆翅片管为短轴。

例 4-1　计算表 4-1 中 2A 型翅片管的对流传热系数，设 2A 型椭圆管的迎面风速为 $2\sim3\mathrm{m/s}$，空气与管壁平均温度为 $28℃$。

解： 通过查附录 A 和附录 D 可得到空气的各参数和钢的导热系数。

空气密度 $\rho=1.177\ \mathrm{kg/m^3}$

空气的动力黏度 $\mu=1.983\times10^{-5}\mathrm{Pa\cdot s}$

空气的普兰特数 $Pr=0.708$

空气的导热系数 $\lambda=0.02624\mathrm{W/(m\cdot℃)}$

钢翅片的导热系数 $\lambda_\mathrm{s}=40\mathrm{W/(m\cdot℃)}$

空气流的雷诺数 $Re=\dfrac{d_\mathrm{t}\rho v}{\mu}=\dfrac{0.014\times1.177\times(2\sim3)}{1.983\times10^{-5}}=1662\sim2493$

接近于公式的适用范围，可估算对流换热系数为：

$$\bar{\alpha}=1.13\frac{\lambda}{d_\mathrm{t}}0.224(Re)^{0.612}(Pr)^{1/3}=1.13\times\frac{0.02624}{0.014}\times0.224\times(1662\sim2493)^{0.612}\times0.708^{1/3}$$
$$=40\sim51\mathrm{W/(m^2\cdot℃)}$$

椭圆翅片管可按式（4-1）计算翅片效率为：

$$\eta_\mathrm{f}=\frac{th(0.5d_\mathrm{r}m\varphi)}{0.5d_\mathrm{r}m\varphi}$$

其中 $m=\sqrt{\dfrac{2\alpha}{\lambda_\mathrm{s}\delta}}=\sqrt{\dfrac{2\times45}{40\times0.00035}}=80.2$，

$d_\mathrm{r}=b=0.07$，$\varphi=\left(\dfrac{13}{7}-1\right)\times\left(1+0.35\ln\dfrac{13}{7}\right)=1.043$

代入上式有：

$$\eta_\mathrm{f}=\frac{th(0.5\times0.007\times80.2\times1.043)}{0.5\times0.007\times80.2\times1.043}=90\%$$

所以，以椭圆管基管表面积为基准的翅片管的对流换热系数为：

$\bar{\alpha}=90\%\times10.3\times(40\sim51)=370.8\sim472.8\mathrm{W/(m^2\cdot℃)}$。

上面计算中空气流动的雷诺数小于 2500，超出了表 2-4 的范围，会有一定的误差。

对于 5 型的翅片管的换热系数可参照平板加肋的计算公式进行估算，平板换热系数在流动为层流时采用：

$$\bar{\alpha}=0.670\frac{\lambda_\mathrm{f}}{L}(Re_L)^{1/2}(Pr)^{1/3} \qquad (4\text{-}11)$$

当流动为湍流时采用下式：

$$\overline{Nu_\mathrm{m}}=0.037\big[(Re_L)^{0.8}-(Re_c)^{0.8}+18.2(Re_c)^{0.5}\big](Pr)^{1/3} \qquad (4\text{-}12)$$

德国大电站主技术协会（VGB）于 1980 年左右对表 4-1 中的翅片管进行过试验，试验结果如表 4-2 所示。

管型号与间距	风速(m/s)	换热系数[W/(m² · ℃)]	阻力损失(mmH₂O)
1	2/3	45.4/55.2	8.7/18.4
2A	2/3	44.2/52.9	9.1/17.2
3	2/3	39.0/47.1	6.7/12.6
4	2/3	29.7/35.1	4.45/8.9

空冷散热器翅片管的热力阻力特性　　　　　表 4-2

例 4-2　估算表 4-1 中型号 5 的单管与管排的换热系数，条件与例 4-1 同。

解：

平板流动的临界雷诺数为 300000，查附表可获得空气相关参数如例 4-1 所示，铝的导热系数为 $\lambda_s = 150W/(m \cdot ℃)$。

单管时空气流动雷诺数为 $Re = \dfrac{L\rho v}{\mu} = \dfrac{0.219 \times 1.177 \times (2 \sim 3)}{1.983 \times 10^{-5}} = 28997 \sim 38996$，小于临界数，处于层流区，可按式（4-11）计算换热系数：

$$\bar{\alpha} = 0.670 \frac{\lambda_f}{L} (Re_L)^{1/2} (Pr)^{1/3}$$
$$= 0.670 \times \frac{0.02624}{0.219} \times (28997 \sim 38996)^{0.5} \times 0.708^{1/3}$$
$$= 12.2 \sim 14.1 W/(m^2 \cdot ℃)$$

管排时的空气流动雷诺数为 $Re = \dfrac{L\rho v}{\mu} = \dfrac{0.019 \times 1.177 \times (2 \sim 3)}{1.983 \times 10^{-5}} = 2255.5 \sim 3383.2$，小于临界数，处于层流区，可按（式 4-11）计算换热系数：

$$\bar{\alpha} = 0.670 \frac{\lambda_f}{L} (Re_L)^{1/2} (Pr)^{1/3}$$
$$= 0.670 \times \frac{0.02624}{0.019} \times (2255.5 \sim 3383.2)^{0.5} \times 0.708^{1/3}$$
$$= 39.2 \sim 48.0 W/(m^2 \cdot ℃)$$

平板加肋的效率可按式（3-25）计算，式中的

$$m = \sqrt{\frac{2\alpha}{\lambda_s \delta}} = \sqrt{\frac{2 \times (39.2 \sim 48.0)}{150 \times 0.0003}} = 41.7 \sim 46.2$$
$$\eta_f = \frac{th(mh)}{mh} = \frac{th[(41.7 \sim 46.2) \times 0.019]}{(41.7 \sim 46.2) \times 0.019} = 83.3\% \sim 80.4\%$$

型号 5 翅片管以基管表面积为基准的对流换热系数为：
$$\bar{\alpha} = (83.3 \sim 80.4)\% \times 12.3 \times (39.2 \sim 48.0) = 401.6 \sim 474.7 W/(m^2 \cdot ℃)。$$

三、空冷散热器——翅片管束

空冷散热器中常用的翅片管型为表 4-1 中的 5 类，由此组成管束形成空冷散热器基本单元，如图 4-12 所示。翅片管束组通常装成 A 字型可节省占地，称为冷却三角，如图 4-13所示，冷却三角的两个边由两块翅片管束构成，作为冷却三角的空气出口侧，另一边为冷却三角的进风侧，通常安装可调节的进风叶窗。

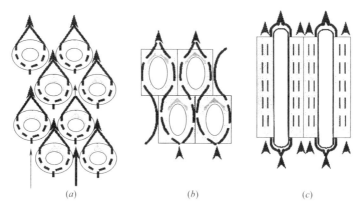

图4-12　空冷散热器管束构成示意图

(a) 四排管；(b) 双排管；(c) 单排管

图4-13　空冷散热器冷却三角示意图

　　直接空冷的翅片管束的冷却三角中两个翅片管所形成的夹角为$59.5°\sim60.5°$，并与蒸气管道相连接，下端与凝结水箱连接。翅片管是空冷系统的核心，其性能直接影响空冷系统的冷却效果。要求其具有：(1) 良好的传热性能；(2) 良好的耐温性能；(3) 良好的耐热冲击力；(4) 良好的耐大气腐蚀能力；(5) 易于清洗尘垢；(6) 足够的耐压能力，较低的管内压降；(7) 较小的空气侧阻力；(8) 良好的抗机械振动能力；(9) 较低的制造成本。20世纪五六十年代，管束采用多排基管为圆管的翅片管，如图4-12的 (a)，这种管型存在基管过流断面小、防冻性能差、空气阻力大和不方便清洗及维护等缺点；20世纪70年代管束采用基管为椭圆的多排翅片管，如图4-12 (b) 所示，这种翅片管通常为基管为大口径的椭圆管，翅片为矩形的双排管、小口径的椭圆基管矩形翅片或椭圆翅片的三排管或多排管，这种管型仍存在防冻性能差和不易清洗及维护的缺点，空气阻力较基管为圆管的翅片管低，但阻力仍较大；20世纪90年代管束开始采用单排翅片管，如图4-12 (c) 所示，这种翅片管具有防冻性能好、空气阻力小和便于清洗及维护的优点，但传热性能稍差。间接空冷的管束多由福哥式翅片管组成，也有由椭圆基管椭圆翅片组成的三排管。

图 4-14 和图 4-15 分别为单排管、双排管和三排管的热力和阻力性能比较，单排管型传热系数值比较平缓，当管束迎面风速从 2.0m/s 升到 2.5m/s 时，其传热系数值提高不到 5%，而空气侧阻力（见图 4-15）却增加了 28%；三排管型具有较高的热力特性和不高的阻力值，附录 F 给出了不同规格的翅片管空冷器的热力阻力性能试验结果，可供参考。

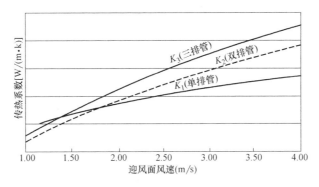

图 4-14 不同管束的热力性能比较

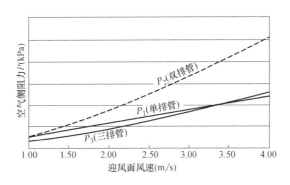

图 4-15 不同管束的阻力性能比较

工程应用中，可根据其位置不同采用不同的翅片间距来调整翅片管的热力和阻力性能，使翅片管达到较佳的状态。如常用双排管的构成可为椭圆钢管钢翅片，管径为（100×20）mm 的椭圆钢管，缠绕式套焊矩形翅片。迎风侧的翅片翅距为 4mm，空气出口侧的翅距为 2.5mm，管距为 50mm。

单排管换热性能当风速为 2m/s 时，其传热系数 K 值为 35.35W/(m·℃)。华北电力大学对直接空冷三排椭圆基管椭圆翅片的管束进行试验获得其热力阻力特性方程如式（4-13）和式（4-14）所示，可作为设计时参考。

$$Nu=4.8Re^{0.21} \tag{4-13}$$
$$f=796.4Re^{-0.5} \tag{4-14}$$

翅片管束的传热系数宜采用试验结果，无试验结果的情况下，对于基管为圆管的传热系数可按式（3-48）估算，阻力可按式（3-49）和式（3-50）估算。通常翅片管束的总传热系数和阻力的试验资料整理为如下表达式：

$$K=Am_a^m \tag{4-15}$$

式中 K——以翅片管基管总表面积为基准的传热系数，W/(m²·℃)；

A——试验常数，值在 $30\sim38$ 之间；

m——试验常数，值在 $0.33\sim0.39$ 之间；

m_a——空冷散热器迎面质量风速，$kg/(m^2 \cdot s)$。

$$\Delta p = Bm_a^n \tag{4-16}$$

式中 Δp——通过翅片管束的空气阻力，Pa；

B——试验常数，值在 $10\sim30$ 之间；

n——试验常数，值在 $1.5\sim1.6$ 之间；

m_a——空冷散热器迎面质量风速，$kg/(m^2 \cdot s)$。

例 4-3 求图 4-12 所示的翅片管束的传热系数，翅片管型号为表 4-1 中的 4，翅片管按等边三角形布置，间距为 65mm，运行条件与例 4-1 相同，翅片管内的流体介质为水。

解： 查附表可获得空气相关参数见例 4-1，铝和钢的导热系数见例 4-1 和例 4-2。

翅片管束最窄的截面积与迎风面积比为：

$$\frac{S_2 \times 1000 - (2 \times D_b/2) \times 1000 - \dfrac{1000}{P} \times T \times (D_f - D_b)}{S_2 \times 1000}$$

$$= \frac{65 - 25 - 1/2.3 \times 0.3 \times (55 - 25)}{65} = 0.555$$

最窄截面上的风速为 $\dfrac{2\sim3}{0.555} = 3.6\sim5.4 \text{m/s}$

按式（3-48）计算换热系数为

$$\bar{\alpha} = 0.1378 \frac{\lambda}{D_b} \left(\frac{D_b \rho v_{max}}{\mu}\right)^{0.718} \left(\frac{2(P-T)}{D_f - D_b}\right)^{0.296} (Pr)^{1/3}$$

$$= 0.1378 \times \left(\frac{0.02624}{0.025}\right) \times \left[\frac{0.025 \times 1.177 (3.6\sim5.4)}{1.983 \times 10^{-5}}\right]^{0.718} \times \left[\frac{2 \times (2.3 - 0.3)}{55 - 25}\right]^{0.296} \times 0.709^{0.333}$$

$$= 35.6\sim47.6 \text{W/(m} \cdot ℃)$$

按前文的方法可以计算翅片的翅化比为 21.7，查图 3-11 可得到翅片的效率，首先计算图 3-11 的横坐标为：

$$\left(\frac{\alpha}{\lambda A_p}\right)^{1/2} h'^{1.5} = \left[\frac{35.6\sim47.6}{150 \times (55 - 25)/2 \times 0.3 \times 10^{-6}}\right]^{0.5} \times \left[(55 - 25)/2 \times 10^{-3}\right]^{1.5}$$

$$= 0.42\sim0.49$$

查图 3-11 得到翅片效率为 $\eta_f = 0.83\sim0.79$

也可按式（4-1）进行计算为 $\eta_f = 0.823\sim0.779$

那么，以基管表面为基准的换热系数为：

$$\alpha_f = \bar{\alpha} \eta_f \beta = (0.83 \times 35.6 \sim 0.79 \times 47.6) \times 21.7 = 641.2\sim816.0 \text{W/(m}^2 \cdot ℃)$$

翅片管束的阻力计算须先按式（3-50）计算阻力系数为：

$$f = 37.86 \left(\frac{D_b v_{max} \rho}{\mu}\right)^{-0.316} \left(\frac{S_2}{D_b}\right)^{-0.927}$$

$$= 37.86 \times \left[\frac{0.025 \times (3.6\sim5.4) \times 1.177}{1.983 \times 10^{-5}}\right]^{-0.316} \times \left(\frac{65}{25}\right)^{-0.927} = 1.04\sim0.91$$

翅片管束共 4 排管，总阻力为：

$$\Delta P = f \frac{1}{2} \rho v_{max}^2 = 4 \times \frac{1}{2} \times 1.177 \times (1.04 \times 3.6^2 \sim 0.91 \times 5.4^2) = 31.7\sim62.5 \text{Pa}$$

管束的总传热系数还应该考虑管内流体热阻和管壁热阻，可按式（3-42）计算，管内水的对流换热系数量级约 $5000W/(m^2 \cdot ℃)$，可忽略，所以管束的总传热系数为：

$$K=\cfrac{1}{\cfrac{1}{\alpha_i}+\cfrac{\delta}{\lambda}+\cfrac{1}{\alpha_o}}=\cfrac{1}{\cfrac{1}{641.2\sim816.0}+\cfrac{1.5\times10^{-3}}{40}}=626.1\sim791.8W/(m^2 \cdot ℃)$$

四、冷却三角的结污与应对

冷却三角中管束的热力阻力特性和使用寿命除与翅片管束本身结构材料有关外，还与应用环境密不可分。当应用环境空气质量较好时，翅片上较少结存污垢，反之翅片管束上将会结存较多污垢，如图 4-16 所示。当翅片上存在污垢时，污垢增大了翅片的热阻，使管束的热力特性降低，同时污垢使通过翅片管束的空气通道变窄增大空气阻力。在设计选用翅片管时在计算传热系数时宜考虑修正系数，同时考虑选择容易清洗、翅片间距稍大的翅片管。

图 4-16　空冷散热器结污垢示意图

奈尔（HJ Nel）等认为采用均匀的结污系数修正不能正确预报结污后的冷却散热器的工作状态，他们从结污对翅片管的流体通过能力进行了观测研究。图 4-17 为不同的结污厚度对直接空冷阻力的影响，由图中的风机工作点可以看出，当结污厚度达到 0.4mm 时，空冷散热器的迎面风速将由 2.5m/s 降低到约 1.8m/s。他们还观测了散热器结污大于某一厚度占所有散热器的百分比，如图 4-18 所示，结污厚度为 0.4mm 的散热器面积占到整个面积约 75%。观测结果表明，迎风面的翅片管的结污程度较背风侧严重，有时出口附近结污也会严重。他们通过现场观测的方法对结污的影响进行了分析，清洗前后的翅片管对照如图 4-19 所示，清洗前后的观测数据见表 4-3，结污严重时，散热器的迎面风速仅达到设计值的 50%，极大影响了散热效率。

空冷散热器清洗前后的性能对比　　　　　　　　　　　　　　　　　表 4-3

参　　数	清洗前	清洗后
风机运行台数(总数 20 台)	14	13
平均迎面风速(设计为 3.42m/s)	1.66m/s	4.20m/s
迎面风速与设计比	49%	122%
散热量	16.5MW	22.5MW(提高 66%)

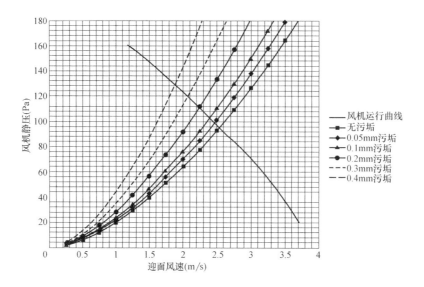

图 4-17　翅片管结污垢后的阻力性能变化

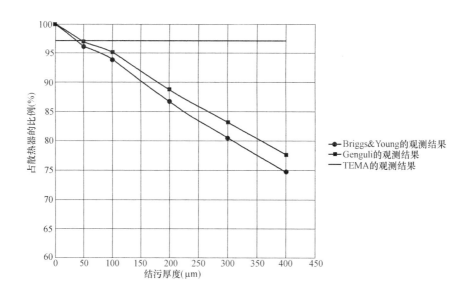

图 4-18　结污厚度占散热器比例

电厂的空冷器布置与选择，一要考虑散热器的使用环境，并对环境进行整治，一方面要根据厂区的主风向、煤厂布置位置及可能产生空气污染的源的位置进行布置优化，尽量不让有污垢的空气流向散热器，另一方面要对产生空气污垢的源进行治理，如架设煤仓罩或棚等；二是在风机设计选型时要考虑风机静压提高 $10\%\sim20\%$；三是选择大间距的翅片管；四是设计较大的迎面风速。五是设计配套散热器的清洗装置。

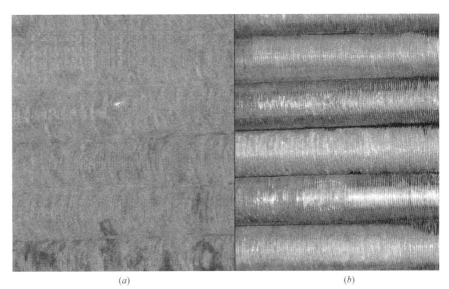

(a)　　　　　　　　　　　　　　　　　(b)

图 4-19　翅片管清洗前后对比
(a) 清洗前；(b) 清洗后

第三节　空冷的热力计算

换热器的热力计算一节中已经介绍了换热器的两种热力计算方法，平均温差法（即式（3-56））和效率-传热单元数法（式（3-58）、式（3-61）及式（3-63））。效率-传热单元数法较适合换热器的设计计算，而平均温差法更适合换热器的试验数据整理计算。

一、空冷热力计算中的一些概念

1. 空冷凝汽器

空冷凝汽器是指直接空冷系统的空冷散热器，即：Air Cooled Condenser，简称 ACC。

2. 散热面积

散热面积是指与空气接触的所有传热元件的总外表面积，不包括输送排汽或循环水的管道和其他附件的外表面积。

3. 总传热系数

总传热系数是指平均每平方米散热面积、每度对数平均温差所能散发的热量。

4. 迎面风速

迎面风速是指通过空冷散热器的空气流速与空冷散热器面垂直速度分量，利用它可方便计算空气的通过量。

5. 初始温差（ITD）

空冷散热器入口的饱和蒸汽温度（直接空冷）或空冷散热器入口循环水温度（间接空冷）与进入空冷散热器空气温度之差。当设计气温确定后，由初始温差可计算出凝结水温或表面式凝汽器的入口水温，再进一步计算可得到机组背压。在设计气温和热量确定的情况下，ITD 决定了空冷系统的大小（空冷器面积和迎面风速）。

6. 出口空气温度

进入空冷散热器的空气经过换热，在空冷散热器出口温度升高，此升高的温度即是出口空气温度。

7. 空气温升效率

空气温升效率也称为空冷散热器效率，是指空冷凝汽器的实际散热量与最大散可能热量之比。

直接空冷的散热器效率为：

$$\varepsilon = \frac{\theta_2 - \theta_1}{t_s - \theta_1} = \frac{\theta_2 - \theta_1}{ITD} \tag{4-17}$$

间接空冷的散热器效率为：

$$\varepsilon = \frac{\theta_2 - \theta_1}{t_1 - \theta_1} = \frac{\theta_2 - \theta_1}{ITD} \tag{4-18}$$

式中　t_s——直接空冷的凝结水温，℃；

　　　t_1——循环水进入间接空冷散热器的水温，℃。

8. 传热单元数 NTU

定义为流体中热容流率较小的流体的温度变化与传热平均温差之比，它是一个反映空冷散热器散热能力的无量纲数，它只与散热面积和迎面风速有关。

$$NTU = \frac{KA}{Lc_{pa}} \tag{4-19}$$

式中　A——空冷散热器散热面积，m^2；

　　　K——散热器的传热系数，$W/(m^2 \cdot ℃)$；

　　　L——空气的流量，kg/s；

　　　c_{pa}——空气的定压比热，$J/(kg \cdot ℃)$。

二、直接空冷热力计算

直接空冷凝汽器的传热过程可简化为一维传热，如图4-20所示，进入空冷散热器的空气温度为 θ_1，蒸汽温度为 t_s，取散热器中的一个微小单元，可写出微分方程为：

$$dQ = Ka(t_s - \theta)dz \tag{4-20}$$

式中　dQ——微单元内的传热量，J；

　　　K——散热器的传热系数，$W/(m^2 \cdot ℃)$；

　　　a——单位厚度的散热器传热面积，m^2/m；

　　　t_s——蒸汽温度，℃；

　　　θ——空气温度，℃。

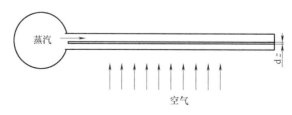

图 4-20　直接空冷散热器内换热过程简化示意图

空气经过微单元增加的热量与微单元内蒸汽对空气的传热量相等：

$$c_{pa}Ld\theta = Ka(t_s - \theta)dz \qquad (4\text{-}21)$$

式中　c_{pa}——空气的定压比热，$J/(kg \cdot ℃)$；

　　　L——空气的质量流量，kg/s。

对式（4-21）进行整理得：

$$\frac{d\theta}{t_s - \theta} = \frac{Kadz}{c_{pa}L} \qquad (4\text{-}22)$$

上式积分得：

$$\int \frac{d\theta}{t_s - \theta} = \int \frac{Kadz}{c_{pa}L} = \frac{KA}{c_{pa}L} = -\ln(t_s - \theta_2) + \ln(t_s - \theta_1)$$

或：

$$\frac{KA}{c_{pa}L} = NTU = \ln\frac{t_s - \theta_1}{t_s - \theta_2} \qquad (4\text{-}23)$$

式中　A——散热器的换热面积，m^2。

将式（4-17）与式（4-23）合并得：

$$\varepsilon = 1 - e^{-NTU} \qquad (4\text{-}24)$$

式（4-24）是效率－传热单元数法的直接空冷的热力计算公式，当空冷散热器的规模（散热面积和空气流量）已知，需要计算凝结水温时，由式（4-24）可计算出空冷散热器的温升效率，通过需要散发的总热量可得到空气温升，再由式（4-17）可计算凝结水温；反之，当散热要求已经确定，需要计算空冷散热器规模时，先由式（4-17）计算散热器的效率，再由式（4-24）计算传热单元数，即可确定空冷散热器的规模。

例 4-4　某直接空冷散热器设计气温为 $\theta = 17℃$，空冷凝汽器由表 4-1 中的 2B 型号的双排翅片管组成，空气进入侧的翅片间距为 4mm，空气出口侧间距为 2.5mm。散热器单元外形尺寸为 $9.66m \times 2.95m \times 0.52m$，翅片管的纵向管中心距离 125mm，横向管中心距离 50mm，每个散热单元共 115 根翅片管。翅片管束迎面风速为 2.82m/s 时，传热系数为 $35.6W/(m^2 \cdot ℃)$。已知进入空冷凝汽器的蒸汽温度为 53℃，计算散热单元的散热量？若机组需散发的热量为 $260 \times 10^6 kcal/h = 302 \times 10^6 J/s$，求所需要的散热器面积？

解：

翅片管基管的周长为：$2\pi b + 4(a-b) = 2 \times 3.14 \times 10 + 4 \times (50-10) = 0.2228m$

散热单元的翅片管为 115 根，考虑散热器单元的无效边角框架，迎风面尺寸为 $8.9m \times 2.85m = 25.4m^2$

翅片管散热面积总和为：

$58 \times 8.9 \times 0.2228 \times 10.4 + 57 \times 8.9 \times 0.2228 \times 16.1 = 3015m^2$

翅片管束的翅化比为 $\beta = \dfrac{3015}{8.9 \times 0.2228 \times 115} = 13.2$

翅片管的效率可按式（4-1）计算，查附录 D 可知钢片的导热系数为 $54W/(m \cdot ℃)$，那么：

$$m = \sqrt{\frac{2\alpha}{\lambda_s \delta}} = \sqrt{\frac{2 \times 35.6}{54 \times 0.0004}} = 57.33$$

$$\varphi = \left(\frac{49}{20} - 1\right)\left(1 + 0.35\ln\frac{49}{20}\right) = 1.905$$

69

翅片效率为:

$$\eta_{\mathrm{f}}=\frac{\mathrm{th}(0.5d_{\mathrm{r}}m\varphi)}{0.5d_{\mathrm{r}}m\varphi}=\frac{\mathrm{th}(0.5\times0.02\times1.905\times57.33)}{0.5\times0.02\times1.905\times57.33}=0.73$$

以基管面积为基准的总传热系数为:

$$K=\alpha\beta\eta_{\mathrm{f}}=0.73\times35.6\times13.2=343\mathrm{W/(m^2\cdot℃)}$$

散热器内的平均温度为35℃,查附录得相应的空气密度为1.17kg/m³。

传热单元数为:

$$NTU=\frac{KA}{c_{\mathrm{pa}}L}=\frac{343\times8.9\times0.2228\times115}{1006\times1.17\times2.82\times25.4}=0.93$$

代入式(4-24)可求得温升效率为:

$$\varepsilon=1-\mathrm{e}^{-NTU}=1-\mathrm{e}^{-0.93}=0.605$$

由式(4-17)可求得散热器出口平均空气温度为38.8℃,所以,散热器单元的散热量为:

$$Q_{\mathrm{d}}=c_{\mathrm{pa}}L(\theta_2-\theta_1)=1006\times1.17\times2.82\times25.4\times(38.8-17)=1.837\mathrm{MW}$$

当机组需散发的热量为302MW时,需要的冷却单元为$\dfrac{302}{1.837}=164$个,此时的迎风面积为$164\times25.4=4166\mathrm{m^2}$,翅片管散热总面积为$164\times3015=494460\mathrm{m^2}$。

三、间接空冷热力计算

间接空冷的热力计算公式可采用式(3-64),其中的对数温差修正系数可查图3-21获得,该系数与翅片管的布置形式、温升效率及热容流率比有关,但在间接空冷系统的翅片管常规布置方式和一般的温升效率以及热容流率比的范围内,修正系数变化不大,在0.96~0.98之间。所以,间接空冷计算时,可对传热单元数作修正,不对对数平均温差作修正。

对于单管程福哥型散热器以及其他间接空冷散热器也可按冷热流体不掺混的流动方式处理,那么修正系数可查图4-21获得。热力计算也可近似按下式计算:

$$\varepsilon=1-\exp[NTU^{0.22}(\exp(-NTU^{0.78})-1)/C] \tag{4-25}$$

式中 C 为热容流率比,值为:

$$C=\frac{Lc_{\mathrm{pa}}}{qc_{\mathrm{pw}}}$$

对于两管程散热器仍可采用式(3-64),对数温差修正系数查图4-21进行计算。两管程散热器也可看作是两个单管程逆流式散热器组合而成,若单管程散热器的效率为 ε_1,则两管程散热器的效率为:

$$\varepsilon=\frac{\left(\dfrac{1-\varepsilon_1 C}{1-\varepsilon_1}\right)^2-1}{\left(\dfrac{1-\varepsilon_1 C}{1-\varepsilon_1}\right)^2-C} \tag{4-26}$$

单管程散热器效率可采用式(4-25)计算。

例4-5 某间接空冷机组,设计气温为 $\theta=16℃$,空冷散热器由表4-1中的2B型号的双排翅片管组成,空气进入侧的翅片间距为4mm,空气出口侧间距为2.5mm。散热器单

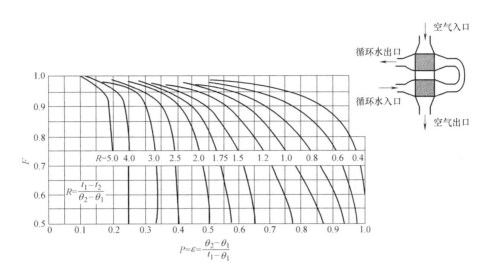

图 4-21　两管程间接空冷散热器对数温差修正系数

元外形尺寸为 9.66m×2.95m×0.52m，翅片管的纵向管中心距离 125mm，横向管中心距离 50mm，每个散热单元共 115 根翅片管。翅片管束迎面风速为 2.82m/s，传热系数为 35.6W/(m²·℃)。机组汽轮机排热量为 260MW，汽轮机背压为 9.1kPa，凝汽器端差为 3℃，散热器设计过水能力为 98.13t/h，计算所需的散热单元数量？若机组的背压增加至 10kPa，端差不变，传热数与迎面风速的平方根成正比，迎面风速可降低为多少？

解：

例 4-4 已经计算了散热单元翅片管散热面积总和为 3015m²；翅片管束的翅化比为 13.2；翅片效率为 0.73；以基管面积为基准的总传热系数为 343W/(m²·℃)。

汽轮机背压为 9.1kPa，相应的凝结水温度为 43.4℃，凝汽器端差为 3℃，则：

初始温差为 $ITD=43.4+3-16=30.4℃$

散热器平均温度为 $0.5(46.4+16)=31.2℃$，可查附表得空气密度为 1.17kg/m³，比热为 1006J/（kg·℃）。

热容流率比为：

$$C=\frac{Lc_{pa}}{c_{pw}q}=\frac{1006\times2.82\times25.4\times1.17}{4180\times98.13/3.6}=0.74$$

传热单元数为：

$$NTU=\frac{KA}{c_{pa}L}=\frac{343\times8.9\times0.2228\times115}{1006\times1.17\times2.82\times25.4}=0.93$$

将传热单元数进行修正，取修正系数为 0.98，由式（3-64）可计算温升效率为：

$$\varepsilon=\frac{1-\mathrm{e}^{-NTU(1-C)}}{1-C\mathrm{e}^{-NTU(1-C)}}=\frac{1-\mathrm{e}^{-0.93\times(1-0.74)\times0.98}}{1-0.74\mathrm{e}^{-0.93\times(1-0.74)\times0.98}}=0.51$$

空气侧的温升为：

$$\Delta\theta=\varepsilon(IDT)=0.51\times30.4=15.5℃$$

71

散热单元的散热量为：

$$Q_d = c_{pa}L(\theta_2 - \theta_1) = 1006 \times 1.17 \times 2.83 \times 25.4 \times 15.5 = 1.315 \text{MW}$$

所需的散热单元数量为：

$$n = \frac{Q}{Q_d} = \frac{260}{1.315} = 198 \text{ 个}$$

此时的迎风面积为 $198 \times 25.4 = 5029.2 \text{m}^2$，翅片管散热总面积为 $= 198 \times 3015 = 596970 \text{m}^2$。

若背压提升至 10kPa，此时相应的凝结水温为 46℃，端差 3℃，$ITD = 33$℃，循环水温差为：

$$\Delta t_w = \frac{Q}{nqc_{pw}} = \frac{260 \times 10^6}{198 \times 98.13/3.6 \times 4180} = 11.52℃$$

迎面风速为 2.82m/s 时，空气的温升为：

$$\Delta\theta_1 = \frac{Q}{nLc_{pa}} = \frac{260 \times 10^6}{198 \times 2.82 \times 1.17 \times 1006 \times 25.4} = 15.6℃$$

散热单元的热容流率比为：

$$C_1 = \frac{Lc_{pa}}{c_{pw}q} = \frac{1006 \times 2.82 \times 25.4 \times 1.17}{4180 \times 98.13/3.6} = 0.74$$

需要的温升效率为：

$$\varepsilon_{x1} = \frac{15.6}{33} = 0.47$$

由式（3-64）计算散热器具有的温升效率为：

$$\varepsilon_1 = \frac{1 - e^{-NTU(1-C)0.98}}{1 - Ce^{-NTU(1-C)0.98}} = \frac{1 - e^{-0.93 \times (1-0.74) \times 0.98}}{1 - 0.74e^{-0.93 \times (1-0.74) \times 0.98}} = 0.51$$

迎面风速为 2.3m/s 时，空气的温升为：

$$\Delta\theta_2 = \frac{Q}{nLc_{pa}} = \frac{260 \times 10^6}{198 \times 2.3 \times 1.17 \times 1006 \times 25.4} = 19.1℃$$

散热单元的热容流率比为：

$$C_2 = \frac{Lc_{pa}}{c_{pw}q} = \frac{1006 \times 2.3 \times 25.4 \times 1.17}{4180 \times 98.13/3.6} = 0.603$$

此时传热单元数为：

$$NTU = \frac{KA}{c_{pa}L} = \frac{343\sqrt{\frac{2.3}{2.82}} \times 8.9 \times 0.2228 \times 115}{1006 \times 1.17 \times 2.3 \times 25.4} = 1.03$$

需要的温升效率为：

$$\varepsilon_{x2} = \frac{19.1}{33} = 0.579$$

由式（3-64）计算散热器具有的温升效率为：

$$\varepsilon_2 = \frac{1 - e^{-NTU(1-C)0.98}}{1 - Ce^{-NTU(1-C)0.98}} = \frac{1 - e^{-1.03 \times (1-0.603) \times 0.98}}{1 - 0.603e^{-1.03 \times (1-0.603) \times 0.98}} = 0.536$$

将计算结果绘制成图 4-22，可得知背压提高至 10kPa 时，迎面风速可降低为 2.56m/s。

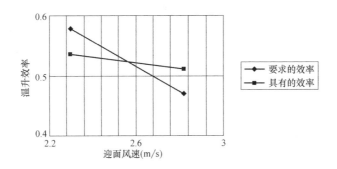

图 4-22　温升效率与迎面风速关系

第四节　直 接 空 冷

一、直接空冷凝汽器的分类与布置

直接空冷凝汽器是由翅片管束构成的冷却三角，根据凝汽器内蒸汽与凝结水的流动方式不同，将凝汽器分为顺流式、逆流式、顺逆流联合式 3 种。如图 4-23 所示，顺流式凝汽器是使汽轮机排汽沿配气管由上向下进入空冷凝汽器被冷凝，冷凝后的凝结水的流动方向与蒸汽流动方向相同。这种方式具有凝结水液膜较薄、传热效果好、气阻小等优点；逆流式凝汽器是使汽轮机排汽沿配气管由下向上进入空冷凝汽器被冷凝，冷凝后的凝结水的流动方向与蒸汽流动方向相反。这种方式的蒸汽阻大、传热效果差，但有利于防冻；顺逆流联合式空冷凝汽器是空冷凝汽器绝大多数采用顺流式，一小部分采用逆流式，即以顺流为主、逆流为辅，且两者间散热面积维持一定比例。

直接空冷凝汽器的冷却用空气可通过自然通风和强制机械通风的方式供给，构成自然通风直接空冷塔或机械通风直接空冷平台（塔）。由于直接空冷是将汽轮机的泛汽直接引入空冷散热器的，蒸气管道的阻力直接影响空冷机组的效率，蒸气管道直径较大且为负压不宜过长，所以，空冷平台宜布置于主厂房附近。这也是目前直接空冷都采用了这种布置方式的原因，如图 4-24 所示。

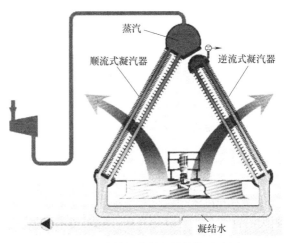

图 4-23　直接空冷凝汽器结构示意图

直接空冷系统将空冷平台紧靠汽机房 A 列，与汽机房平行布置。空冷凝汽器容易受自然风影响而使背压升高，所以，空冷平台布置方位宜朝向全年主导风向，特别是夏季主导风向，尽量避免由炉后来较大的风频风速的布置方式。若条件不许可时，可将平台垂直汽机房布置。空冷平台高度取决于进风断面的流速，与风机台数及平行 A

列的排数有关。一般空冷平台的高度最低不低于汽机房的高度。

每个风机单元应设置单元分隔墙，防止不同风机单元之间的相互影响。为了防冻需要，逆流式风机设置为可倒转风机，而顺流式单元则应防止倒转。为防止空冷凝汽器出口高温空气回流到风机吸风口以及外界大风对空冷凝汽器管束散热的影响，并考虑防冻需要，应设置挡风墙，挡风墙高度与空冷管束上端取齐（即蒸汽分配管下方）。

空冷凝汽器的选择应根据环境空气质量、沙尘暴、极端气温、冲洗等因素综合考虑确定，直接空冷系统空冷凝汽器管束可采用单排管、双排管、三排管，管束净长度不宜大于10m，管束宽度宜在 2～3m 之间。严寒地区（年最冷月平均气温不高于－10℃）且环境空气质量好的直接空冷电厂，优先采用单排管；寒冷地区（年最冷月平均气温高于－10℃且低于0℃）且环境空气质量较差的电厂，直接空冷系统宜优先考虑三排管、双排管。采用单排管时，迎面风速可取 1.8～2.4m/s；采用双排管时，迎面风速可取 2.0～2.6m/s；采用三排管时，迎面风速可取 2.2～2.8m/s。根据防冻的需要将空冷凝汽器的顺流式和逆流式的比例取为 6：1～3：1，防冻要求高逆流式比例也高。

图 4-24　直接空冷凝汽器布置示意图

二、直接空冷的空气阻力计算

直接空冷系统的设计计算有两类，一类是根据机组的散热量确定空冷的规模，另一类是根据确定的空冷规模计算凝结水温。两类的实质是空冷凝汽器和平台的热力阻力计算，热力计算公式可采用式（4-17）和式（4-24），阻力计算根据空气流动经过空冷平台的构件阻力特性，分别计算出各构件的阻力求和得到全部阻力，再由阻力与风机选型匹配确定空冷塔的通风量。

1. 阻力计算

直接空冷的空气阻力包括：进入空冷平台（塔）及气流转弯、气流进入风机入口、风机出口损失、空冷散热器入口阻力、空冷散热器阻力、空冷器出口阻力和空冷三角出口气流阻力等，空冷凝汽器系统的空气总阻力为：

$$\Delta p = \sum K_i' \frac{\rho_i v_i^2}{2} = \frac{\overline{\rho}\,\overline{v}_i^2}{2} \sum K_i = \frac{m_i^2}{2\overline{\rho}} \sum K_i \qquad (4\text{-}27)$$

式中　Δp——气流总阻力，Pa；

$\quad\quad K_i'$——各构件的阻力系数；

$\quad\quad K_i$——以空冷散热器迎面风速为基准的各构件的阻力系数；

$\quad\quad \rho_i$——空气通过各构件时的空气密度，kg/m^3；

$\quad\quad \overline{\rho}$——平均空气密度，$kg/m^3$；

$\quad\quad v_i$——空气通过各构件时的流速，m/s；

$\quad\quad v_f$——空冷散热器迎面风速，m/s；

$\quad\quad m_f$——空冷散热器迎面质量风速，$kg/(m^2 \cdot s)$。

（1）进入空冷平台及气流转变

空冷平台进风口阻力包含了外界空气进入空冷平台下部，经过支撑柱，再改变气流流向所形成的阻力，水科院曾经进行过模型试验，当平台进入口平均流速小于空冷凝汽器迎面风速的 3 倍后阻力系数可视为常数，即：

$$K_1 = 3.5 \qquad (4\text{-}28)$$

若在空冷平台下方布置 1/3 平台高度以下的零散建筑物时，该系数为：

$$K_1 = 4.6 \qquad (4\text{-}29)$$

其他情况可参照下式计算：

$$K_1 = 1.4 \left(\frac{v_1}{4.5}\right)^2 \left(\frac{2.8}{m}\right)^2 \qquad (4\text{-}30)$$

式中　m——翅片管的迎面质量风速，$kg/(m^2 \cdot s)$；

$\quad\quad v_1$——风机平台下进风的平均风速，m/s。

（2）风机入口阻力系数

风机入口的阻力包括进口处安装的保护网及气流进入所形成的阻力，保护网阻力可按阻塞物形成的阻力进行计算。阻力系数可按下式计算：

$$K_2 = \xi \left(\frac{S_n}{S_c}\right)^2 \qquad (4\text{-}31)$$

式中　S_n——翅片管的迎风面积，m^2；

$\quad\quad S_c$——风机导风筒横断面面积，m^2；

$\quad\quad \xi$——入口保护网阻力系数，与阻塞面积比有关，可查图 4-25 获得。

（3）风机出口阻力系数

风机的出口主要有安装风机的桥架以及桥架上用于维护风机的吊钩等，这部分阻力仍是阻塞气流形成的阻力，其阻力系数计算如下：

$$K_3 = \xi' \left(\frac{S_n}{S_q}\right)^2 \qquad (4\text{-}32)$$

式中　S_n——翅片管的迎风面积，m^2；

$\quad\quad S_q$——用于安装风机的桥架所形成的阻塞面积，m^2；

$\quad\quad \xi'$——风机出口桥架阻力系数，与阻塞面积比有关，可查图 4-26 获得。

（4）气流进入倾斜布置翅片管束的阻力

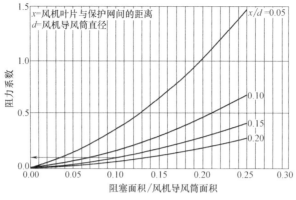

图 4-25 风机入口阻力系数

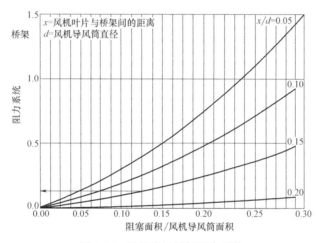

图 4-26 风机出口桥架阻力系数

气流从风机流出后，进入倾斜布置的翅片管束使气流转向所形成的阻力，阻力系数计算公式如下：

$$K_4 = \left(\frac{1}{\sin\theta_{\mathrm{m}}} - 1\right)\left(2\xi_{\mathrm{c}}^{0.5} + \frac{1}{\sin\theta_{\mathrm{m}}} - 1\right) \tag{4-33}$$

$$\theta_{\mathrm{m}} = 0.0019\theta^2 + 0.9133\theta - 3.1558 \tag{4-34}$$

式中　θ_{m}——两片翅片管束顶部夹角的半角，(°)；

　　　ξ_{c}——翅片管入口气流收缩阻力系数，一般为 0.05。

（5）翅片管束空气出口阻力系数

从冷却三角出来的气流非同一方向，相互影响构成阻力，如图 4-27 所示冷却三角的尺寸，阻力系数计算公式如下：

$$K_5 = \left\{\left[-2.89188\left(\frac{L_{\mathrm{w}}}{L_{\mathrm{b}}}\right) + 2.93291\left(\frac{L_{\mathrm{w}}}{L_{\mathrm{b}}}\right)^2\right]\left(\frac{L_{\mathrm{b}}}{L_{\mathrm{s}}}\right)\left(\frac{L_{\mathrm{t}}}{L_{\mathrm{s}}}\right)\left(\frac{28}{\theta}\right)^{0.4} + \xi_{aj(L_{\mathrm{w}}/L_{\mathrm{r}}=0)}^{0.5}\left(\frac{L_{\mathrm{b}}}{L_{\mathrm{t}}}\right)\right\}^2 \tag{4-35}$$

$$\xi_{aj(L_{\mathrm{w}}/L_{\mathrm{r}}=0)} = \exp(2.36987 + 5.8601\times10^{-2}\theta - 3.3797\times10^{-3}\theta^2)\left(\frac{L_{\mathrm{s}}}{L_{\mathrm{t}}}\right) \tag{4-36}$$

式中 θ——两片翅片管束顶部夹角的半角，（°）；

L_w、L_b、L_s、L_t、L_r——如图 4-27 所示，与翅片管束有关的布置长度，m。

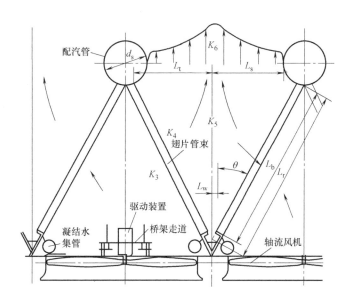

图 4-27 空冷散热器阻力构成示意图

（6）空冷平台气流出口损失

这部分阻力是气流离开空冷平台进入大气的动能损失，由于平台空气流向大气时流速分布不均匀，所以，动能损失大于平均风速计算的动能，按图 4-27 给出的出口空气流速分布可得到出口阻力系数为：

$$K_6 = \left[-2.89188\left(\frac{L_w}{L_b}\right) + 2.93291\left(\frac{L_w}{L_b}\right)^2 \right] \times \left(\frac{L_s}{L_t}\right)^3 + a_{e(L_w/L_r=0)}\left(\frac{L_b}{L_s}\right)^2 \qquad (4\text{-}37)$$

$$a_{e(L_w/L_r=0)} = 1.9874 - 3.02783\left(\frac{d_s}{2L_t}\right) + 2.0187\left(\frac{d_s}{2L_t}\right)^2 \qquad (4\text{-}38)$$

式中 d_s——配气管外径，m；

其余符号意义同前。

（7）空冷散热器的阻力

空冷散热器的阻力通过试验获得，一般表示为迎面风速或迎面质量风速的函数。其阻力系数为：

$$K_7 = K_f = C_1 v_f^{n-2} \frac{2}{\rho} \qquad (4\text{-}39)$$

式中 v_f——迎面风速，m/s；

C_1、n——试验常数。

2. 风机的选型与计算

如图 4-27 所示，风机安装于空冷三角的下方，所以，风机采用立式的轴流风机。常用的轴流风机按叶片直径分 $\Phi7.7m$、$\Phi8.0m$、$\Phi8.53m$、$\Phi9.14m$ 和 $\Phi9.75m$ 多种型号，可供设计选择，可先根据空冷凝汽器的单元尺寸选择风机的直径和台数。在满足风量和风压要求的情况下，应选择转速低、叶片角度小、叶片数量多的风机。风机的叶片角度大，风机容易振动；叶片数量多转速低，风机的噪声低功率小。

风机的全压与风机的通风量和风机叶片安装角度有关，按式（4-27）计算空冷塔的总阻力。

$$\Delta p = \frac{\bar{\rho} v_{\mathrm{f}}^2}{2} \sum_{i=1}^{7} K_i = \frac{\bar{\rho} v_{\mathrm{f}}^2}{2} \sum_{i=1}^{6} K_i + C_1 v_{\mathrm{f}}^n \tag{4-40}$$

取不同的迎面风速由式（4-40）可计算出不同的空冷塔的阻力，将空冷塔的总阻力与风机风量关系绘制于风机的性能曲线上，如图 4-28 所示，可根据需要的迎面风速确定风机的叶片安装角度。

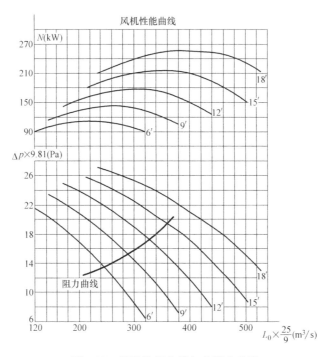

图 4-28　风机性能曲线与总阻力曲线

风机的轴功率按下式计算：

$$P = \frac{\Delta p L_0}{\eta_1 \eta_2} \tag{4-41}$$

式中　P——风机的轴功率，W；

Δp——风机的全压，Pa；

η_1——风机效率，一般不小于 65%；

η_2——传动效率，当与电机直接连接时为 100%；

L_0——风机的风量，m^3/s。

3. 空冷凝汽器设计计算

空冷凝汽器的设计计算主要是根据要散发的热量和机组对空冷效率的要求，设计计算空冷凝汽器的规模，计算流程如下：

第一步：先假定一个迎面风速和初步选择一个空冷散热器形式和面积；

第二步：根据初始温差 ITD 和散热量计算出空冷塔出塔空气温度，由式（4-17）计算出需要的空冷器的温升效率；

第三步：将要求的空冷器效率代入式（4-24）可计算出所需空冷散热器的传热单元数；

第四步：由迎面风速可计算出空冷散热器的总传热系数，再代入传热单元数可得到需要的空冷器面积，此面积与假定的面积不同时，将此面积作为散热器面积，返回第二步重新计算，直到计算的面积与假定的面积偏差达到控制要求的范围（如不大于面积的千分之一）；

第五步：根据确定的迎面风速和空冷散热器面积，可按式（4-40）和式（4-41）计算确定风机形式和功率；

第六步：经过上述计算可得到不同迎面风速、散热器面积和风机功率的一簇数据，该簇数据都是可行的，最终将根据其经济性选择确定空冷器的规模。

当空冷器的规模确定后，要求计算凝结水温或 ITD 时，计算流程如下：

第一步：先假定一个 ITD；

第二步：假定一个迎面风速；

第三步：由式（4-40）可计算出风机全压；

第四步：对照风机样本曲线，得到新的迎面风速，返回第三步直到由式（4-40）计算出的风机全压与风机样本相同或偏差小于控制值（如千分之一）为止；

第五步：计算出空冷器的传热系数，代入式（4-24）计算出空冷器的温升效率，再由式（4-17）计算出需要的空冷器温升效率。若二者相等即为要计算的 ITD，若不相等，重新假定 ITD 返回第一步；

第六步：经过上述计算可得到不同 ITD 对应不同要求的温升效率和空冷器具有的温升效率曲线，两线交点对应的 ITD 即为要求解的 ITD。

三、自然通风直接空冷塔的热力阻力计算

自然通风直接空冷塔由于有庞大的塔壳，布置起来比较困难，但是，这种塔也有它的优点。塔的出风口比塔的进风口高很多，空冷器热回流现象基本不存在；自然通风的方式使得塔不再需要风机，塔的噪声、运行费用可较大降低；在风沙大地区建塔，通风筒可遮挡风沙污染；自然风对塔的不利影响比较小并可通过具体工程措施减缓。所以，在电厂场地条件许可，即在靠近主厂房处有足够大的空间能够布置空冷塔；燃煤价格昂贵；厂址处于风沙大和附近有居民区等情况下，可考虑选择自然通风直接空冷塔。

自然通风直接空冷塔的高度和进风口高度都较大，一般情况下，空冷塔进风口高度约为塔高度的 $1/5.8 \sim 1/8$。塔壳其他尺寸可参照相关规范设计以及通过塔型优化方式确定，表 4-4 给出了中国和比利时对湿冷塔的建议壳体尺寸，可供设计时参考。

自然通风直接空冷塔散热器宜采用水平布置，空冷散热器层由钢或混凝土支架支撑，蒸气管道可从塔进风口进入塔内（称为低位进入）再与蒸汽分配管道系统连通，也可从塔壁上直接开孔进入塔内，然后向下与蒸汽分配管道相接，如图 4-29 所示。在每条配气管上，均设有电动真空蝶阀，以备变工况（冬季有取暖任务，进塔热负荷锐减）运行时隔断大部分配气管使其停运，仅保留少数配气管投运。这样，可做到进塔热负荷可控、可调。

在散热器入口处须安装可自动调节的百叶窗，用来控制进风量，以备冬季防冻使用。空冷器与塔壳壁的缝隙采用板予以封闭。空冷器的入口（百叶窗）的高度宜大于塔进风口高度。

自然通风间接空冷塔壳体比例参考数据 表 4-4

项 目	湿 冷 塔 标 准	
	中国	比利时
塔高与塔筒底直径之比 H/D_1	1.2~1.4	1.1~1.3
塔喉部面积 F_2 与塔筒底面积 F_1 之比 F_2/F_1	0.3~0.36	0.25~0.36
塔喉部高度与塔高之比 H_2/H	0.8~0.85	0.73~0.85
塔喉部以上扩散角角度(°)	8~10	6~12
壳体子午线倾角角度(°)	19~20	12~18

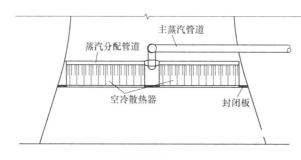

蒸汽管道高位布置

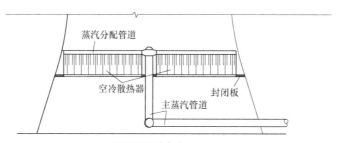

蒸汽管道低位布置

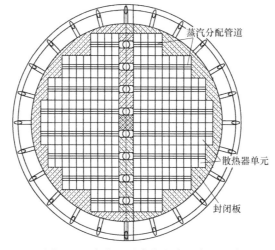

图 4-29 自然通风直接空冷器布置示意图

自然通风直接空冷的热力计算公式仍可采用式（4-17）和式（4-24），阻力计算公式特别是塔体本身，宜通过系统研究确定。在无系统研究资料时，可参照类似结构的阻力计算公式。

1. 阻力计算

自然通风直接空冷塔的阻力包括塔壳支柱（人字柱或一字柱或 X 柱）、塔进风口、进入塔内的气流转弯、气流进入空冷器前的收缩、空冷器入口百叶窗、空冷器及空冷器结构和塔出口。将各部分阻力统一转化为阻力系数与迎面风速度头的积的表示形式：

$$\Delta p = (K_r + K_i + K_s + K_b + \sum_{j=4}^{7} K_j + K_k + K_o) \frac{1}{2} \bar{\rho} v_f^2 \tag{4-42}$$

式中 Δp——自然通风直接空冷塔的总阻力，Pa；

      K_r——塔壳支柱阻力系数；

      K_i——塔进风口与气流转弯阻力系数；

      K_s——塔内空气进入空冷器前的收缩阻力系数；

      K_b——空冷散热器进风面的百叶窗的阻力系数；

      K_k——出空冷器气流在塔壳突然扩大阻力以及空冷器出口阻力系数修正；

      K_o——塔出口阻力系数；

      $\bar{\rho}$——平均空气密度，kg/m^3；

      v_f——空冷散热器迎面风速，m/s。

（1）塔壳支柱阻力系数

塔壳支柱阻力系数与支撑的结构形式、挡风面积有关，可按下式计算：

$$K_r = 1.1 \left(\frac{4A_f}{\pi D_t^2} \right)^2 \tag{4-43}$$

式中 A_f——空冷散热器迎风面积，m^2；

      D_t——塔壳底直径，m。

（2）塔进风口阻力系数

塔进风口阻力包括了进口与塔内气流转弯，可参考湿冷塔的计算公式：

$$K_i = 0.774 \left(\frac{A_f}{\pi h D_t} \right)^2 \tag{4-44}$$

式中 h——进风口高度，m。

（3）进入空冷器前的收缩阻力系数：

$$K_s = \left(0.0716 + 0.971 \frac{4S_d}{\pi D_t^2} \right) \left(\frac{4A_f}{\pi D_t^2} \right)^2 \tag{4-45}$$

式中 S_d——空冷散热器处封闭板的面积，m^2。

（4）空冷器的百叶窗阻力系数

$$K_b = \xi_b \left(\frac{2A_f}{S_{fi}} \right)^2 \tag{4-46}$$

式中 S_{fi}——空冷散热器冷却三角的进风面面积，m^2；

      ξ_b——百叶窗阻力系数，可采用试验值，无试验值时取 0.1。

（5）散热器出口阻力损失修正与放大的阻力系数

散热器出口阻力损失系数为 K_6 指的是出散热器后气流动能完全损失了，但是在塔内这部分动能是在塔出口损失的，因为塔出口还要再计算出口阻力系数，所以，此处只计算气流突扩的阻力系数即可。

$$K_k = (1 - 1.995a + 0.993a^2)\left(\frac{4A_f}{\pi D_t^2 - 4S_d}\right)^2 - K_6 \tag{4-47}$$

$$a = \frac{\pi D_t^2 - 4S_d}{\pi D_c^2} \tag{4-48}$$

式中 D_c——空冷散热器顶部塔筒内径，m；

K_6——空冷散热器出口阻力系数，计算方法参见式（4-37）。

（6）塔出口阻力系数

$$K_o = \left(\frac{4A_f}{\pi D_o^2}\right)^2 \tag{4-49}$$

式中 D_o——塔出口直径，m。

2. 抽力计算

自然通风直接空冷塔的抽力按下式计算：

$$ND = g(\rho_1 - \rho_2)H_e \tag{4-50}$$

式中 ND——塔的抽力，Pa；

g——重力加速度，m/s^2；

ρ_2、ρ_1——塔内外的空气密度，kg/m^3；

H_e——塔的有效高度，从空冷器蒸气管顶至塔顶，m。

3. 自然通风直接空冷塔的设计计算

自然通风直接空冷塔的设计计算主要是根据需要散发的热量和机组对空冷器散热温升效率的要求，设计计算空冷凝汽器的规模，计算流程如下：

第一步：先假定一个迎面风速，初步选择一个空冷散热器形式和面积，初步布置出自然塔基本尺寸；

第二步：根据初始温差 ITD 和散热量计算空冷塔出塔空气温度，由式（4-17）计算需要的空冷器的温升效率；

第三步：将要求的空冷器效率代入式（4-24）可计算出所需空冷散热器的传热单元数；

第四步：由迎面风速可计算出空冷散热器的总传热系数，再代入传热单元数可得到所需要的空冷散热器面积，此面积与假定的面积不同时，以此面积为假定散热器面积，返回第二步重新计算，直到计算的面积与假定的面积偏差达到控制要求的精度（如不大于面积的千分之一）；

第五步：由式（4-42）计算出自然通风直接空冷塔的总阻力，再按式（4-50）计算出塔的有效高度和抽力；

第六步：对计算出的空冷塔的各部分比例关系进行评价，比例关系可参照表 4-4 范围来判别，若出现不合适的尺寸，应重新调大散热器面积后返回第一步，直到认为所设计的空冷塔各比例关系适当和满意为止。

当空冷器的规模确定后，要求计算凝结水温或 ITD 时，计算流程如下：

第一步：先假定一个 ITD；

第二步：假定一个迎面风速，计算传热系数；

第三步：由式（4-24）可计算出空冷塔的温升效率，并计算出出塔气温；

第四步：由出塔气温计算出塔空气密度，再计算塔的抽力，由迎面风速可计算出总阻力，对比阻力和抽力是否相等，若阻力大则修正降低迎面风速，反之修正加大迎面风速，返回第二步；

第五步：由迎面风速可计算出空冷器的传热系数，代入式（4-24）计算出空冷器的温升效率，再由式（4-17）计算出需要的空冷器温升效率。若二者相等即为要计算的 ITD，若不相等，重新假定 ITD 返回第一步；

第六步：经过上述计算可得到不同 ITD 对应不同需要的温升效率和空冷器具有温升效率曲线，两线交点对应的 ITD 即为要求解的 ITD。

第五节　直接空冷的防风、防冻和度夏

直接空冷系统具有节约淡水资源、占地少、运行操作灵活、方便等优点，已经在缺水富煤地区广泛采用，21 世纪以来从 200MW 机组到现在 1000MW 仅用了十年时间，发展速度之快让人惊叹。众多不同容量的机组投入运行的经验，将直接空冷存在的不足或问题，集中在了 3 个方面。一是夏季高温气象条件下的背压高，引起机组不能满发问题；二是在冬季低温条件下散热器结冰问题；三是有自然风时空冷平台出现热回流，造成机组背压升高问题。

一、自然风对直接空冷机组的影响及预防措施

1. 自然风影响直接空冷机组效率的机理分析

直接空冷机组的特性使得空冷平台布置在主厂房外，风机置于散热器下方，风机吸风口与散热器之间的距离不是很大。这种布置方式存在散热器出口热空气流速小于风机吸入口流速，容易形成热空气回流。热空气回流后，必然影响空冷器的效率，影响机组真空度。在无自然风时，所形成的热空气回流的量不会很大，原因是风机平台位置较高，进入平台下的空气可以从很远的环境空气中获得，散热器出口的热空气由于密度低存在浮力效应，流向较高的空中，如图 4-30 所示。影响回流的因素有 4 个：空冷平台进风口空气动量、空冷器出口热空气动量、出口浮力动量以及进出口的动量作用距离。出口动量与进口的空气动量比越大，回流越不易发生；两者作用距离越远回流越不易发生；浮力动量越大也越不易发生热空气回流。

当有自然风时，影响热空气回流的因素又增加了自然风，如图 4-31 所示。自然风与空冷通风的进出口流动发生相互作用，改变出口方向，缩短了进口与出口空气的作用距离，必然增大热空气回流。自然风的动量比出口动量小时，对空冷系统通风影响小，自然风具有的动量比出口热空气流动的动量大时，造成回流，自然风速越大回流越严重。空冷塔的出口空气流动的动量与浮力所产生动量比是一个大量，无风时随出口动量沿高度方向减弱，浮力渐成为主要作用力，而在有自然风时，浮力作用是小量或消失。直接空冷散热器出口风速一般可达 3m/s，当自然风速超过 3.0m/s 时，对空冷系统散热效果就有一定影响，特别是当风速达到 6.0m/s 以上时。

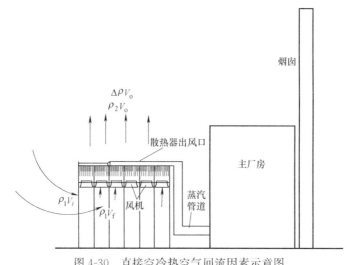

图 4-30   直接空冷热空气回流因素示意图

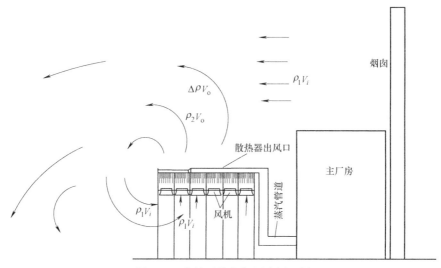

图 4-31   有风时热空气回流原理图

不同的风向所形成的热回流影响不同，图 4-32 为某工程自然风速 6m/s 时，不同风向所产生的热回流影响，当自然风直对空冷进风口时，不产生回流，当风向是进风口背面方向时，热回流最大，这就是设计人员常说的炉后来风。

自然风不仅加大热空气回流使机组背压升高，还会因为自然风通过空冷平台时，造成风机进出口的压力变化降低风机效率，影响某些风机的风量，使局部散热器温度骤升，最终影响机组背压。

2. 减缓自然风影响的措施

根据自然风对直接空冷机组效率影响机理，减缓影响的措施可有以下几方面：

（1）机组布置时避开不利的主风向。直接空冷电厂设计时要分析自然风的风速风向和频率，要让夏季主频风向与进风口一致，避免炉后来风发生，若布置实在困难也可选择 30°来流方向布置。

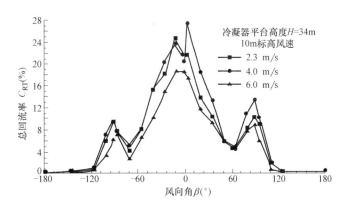

图 4-32 某空冷平台在不同角度自然风来流时的回流率

（2）风机平台散热器四周设围墙。散热器出口增设围墙后可加大出口动量与进口动量的作用距离，有利于减缓回流。

（3）在风机平台下方四周设挡板。此挡板可采用散热器围墙向下延长，延长的距离与机组大小、自然风速风向有关，可通过模型试验确定。

（4）散热单元之间增设隔板。增设隔板可减少冷却单元之间风机的相互影响，也可减缓外界风对散热器出口流动影响。

以上几种方案已经在工程中实施，对于减缓自然风影响起到了作用，但并不能根本解决自然风影响的问题。因为所作的措施仅限于空冷散热器及平台，无法根本消除或较大改变自然风对直接空冷的影响因素，只能起到缓解作用。要大幅度减弱自然风影响，可采用自然通风直接空冷塔或抽风式机械通风空冷塔。

自然通风直接空冷塔将散热器热空气出口与进风口距离增大一个量级，基本可以不出现热空气回流问题，但并不是说自然风不对自然通风直接空冷塔产生影响，这种影响是对散热器的进风不均或通风量下降的影响，这是另一类问题，也可有相应的工程措施予以防护。

抽风式机械通风直接空冷塔是将风机置于散热器上方部位，这样可加大出口与进口的作用距离，而热空气由风机风筒排出，风速变大，可抵御更大风速的自然风，能较大地改善直接空冷热空气回流问题。

二、直接空冷的寒冷季节防冻

直接空冷散热器寒冷季节冻冰的原因有 3 种，一是冬季热负荷低。在机组处于空负荷或低负荷运行时，蒸汽流量很小，经试验发现加上旁路系统的蒸汽流量也不能达到空冷凝汽器全部投入时的设计流量。此时，即使将所有风机全部停运，由于此时蒸汽流量很小，当蒸汽由空冷凝汽器进汽联箱，进入冷却管束后，在自上而下的流动过程中，冷却管束中的蒸汽与外界冷空气进行热交换后不断凝结。由于环境温度很低，远远低于水的冰点温度，其凝结水在自身重力的作用下，沿管壁向下流动的过程中，其过冷度不断增加，当到达冷却管束的下部（即冷却管束与凝结水联箱接口处）时达到结冰点产生冻结现象；二是顺流与逆流比例不合理。逆流过少时，顺流的效率高，蒸汽分配稍不均匀便出现散热能力大于蒸汽放热能力的翅片管而形成结冰；三是翅片管的选型不当。如多排管就比较容易结冰，翅片管过流面积小时，一方面容易造成管流量不均，另一方面是管内蒸汽流量小，容易结冰。更主要的是其结构本身存在结冰隐患，如图4-33所示，多排管每排翅片管的长度、翅化面积、传热数相同，冷空气经过每一排管都加热，所以每排管蒸汽与空气温差不同，每排管的蒸汽凝结速率不同，而上部的蒸气管和下部的凝结水箱是连通的，因而通过的蒸汽量是一样的，迎风侧的管下游端会出现死区，此时蒸汽已经在到达凝结水箱前凝结为水，水在冷却中会出现结冰。还有其他原因也会导致结冰，如逆流管束抽气系统工作不正常造成空气不凝区存在，采用单排管，四周未设挡风墙，冷空气直吹等。

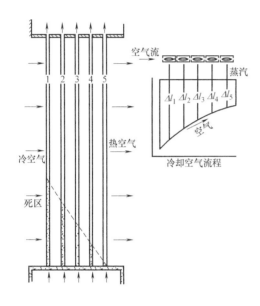

图4-33　多排管结冰原理示意图

对于直接空冷的防冻问题，工程中已经有些可操作的经验和方案。

（1）蒸汽分配管道设置阀门。每个冷却单元的蒸气管道都设置阀门，在热负荷低时关闭一部分冷却单元，保持散热器一定的温度。

（2）选择防冻性能好的单排管或大断面的双排管。翅片管的过流面积大，蒸汽流量大，防冻性能好。采用双排管时迎风侧翅片管的翅片间距较背风侧大，如GEA迎风侧翅片间距取4mm，背风侧取2.5mm。

（3）合理的顺流与逆流面积比。即K/D结构。对严寒地区"K/D"取小值，对非严寒地区取大值。

（4）设防风措施。加设挡风墙，预防大风的袭击；采用能逆转风机，以形成内部热风循环。

（5）合理的运行管理。正确计算汽机排汽压力与环境气温的关系，以确定风机合理运行方式。先停顺流单元风机，后停逆流单元风机。严格控制逆流管束出口温度，及时调节逆流风机的运行时数。

三、直接空冷的夏季度夏

空冷系统的背压高影响机组出力是直接空冷机组的另一个问题。造成夏季背压高的原因：一是设计容量不足，ITD优化必然造成不满发；二是散热器结污，0.6mm厚可降低6Pa；三是自然风影响。

影响直接空冷凝结水温的主要因素是空气的干球温度，干球温度的特性是变化幅度大、变化快，这就造成直接空冷机组运行不稳定，背压随空气温度变化而变化。我国北方地区一年四季乃至昼夜温差都较大，故要求汽轮机要有较宽的背压运行范围。随着夏季气温的升高，机组满发背压也随之增高，当超过机组满发背压时，机组就不能满负荷运行。此最高满发背压对应的大气温度即为最高满发气温。典型年小时气温统计值中，超过此最高满发气温的历时，称为设计非满发小时数。目前行业内尚无明确的最高满发工况校核标准。我国空冷机组的设计非满发小时数，规划院提出控制在 200h 以内，一般电厂设计中控制在 100～150h 左右。这个值取小一次性投资增大，取大非满发的时间增长。

机组夏季一般都长期在高背压状态下运行，由于气温的骤变或不利风向造成的热风回流影响，可能在短时间内使机组运行背压升高，甚至达到报警或跳闸背压，影响机组的安全正常运行。因此需要采取适当措施解决机组安全度夏问题。

散热器运行中发生结污问题，就会造成翅片管的热阻增加，另一方面通过管束的空气阻力加大，通风量减少，而极大降低空冷效率。

夏季出现自然风不仅造成机组背压增大，严重时还会影响机组安全。在南非马挺巴（Matimba）电站直接空冷凝汽器所产生的热风再循环引起人们的关注。当风从凝汽器的西部吹来时，由凝汽器排放的热空气流被吹向凝汽器东部空气的吸入口，进而被风机吸入吹向凝汽器管束，此部分热空气导致凝汽器真空的显著恶化，当风速达到 3.6m/s 时，发电功率下降了约 40%。当风速超过 3.6m/s 时，汽轮机的排汽温度达到跳闸温度，由热风再循环引起的汽轮机停运，在一年中约为 2%，1991 年 1 月～1992 年 9 月，损失的发电量约为 338000MWh。

安全平稳度夏是直接空冷要面对的课题。在进行空冷系统设计时适当考虑加大风机的轴功率，使风机在夏季通过调整叶片角度可按 120% 风量运行。夏季根据天气情况合理进行负荷调配，在大风或高温来临前降负荷运行。及时清洗散热器的污垢，设置软水喷淋系统，高温时启动运行。

第六节　表面式凝汽器间接空冷塔

一、表面式凝汽器间接空冷系统与空冷塔布置

表面式凝汽器间接空冷系统又可分为哈蒙式间接空冷系统、斯卡尔间接空冷系统和斯克斯（全钢质散热器垂直布置）间接空冷系统。在这 3 种系统基础上将循环冷却水换为其他冷却介质的冷却系统，称为以冷却介质代替水的间接空冷系统。

表面式凝汽器间接空冷从 1977 年美国第一台机组投运至 2007 年一直都是哈蒙式间接空冷系统，该系统主要由表面式凝汽器和布置在自然通风风筒式冷却塔内的全钢质散热器构成。该系统与常规的湿冷系统似乎相似，但实质不同。不同之处是用表面式对流换热的空冷塔替代混合式蒸发冷却换热的湿冷塔，用密闭式循环冷却水系统代替开敞式循环冷却水系统。汽轮机的排汽进入表面式凝汽器通过金属管间接传热，使排汽冷凝。受热后的循环水经循环水泵输送至空冷塔内的空冷散热器（空冷散热器布置有一定高度），经冷却后循环水靠重力压入汽机房内的表面式凝汽器里，形成闭路循环。在表面式凝汽器间接空冷系统回路中，由于冷却水水温有变化，致使系统里冷却水容积发生变化，故需设置膨胀水箱。该膨胀水箱顶部和充氮系统连接，使膨胀水箱内水面上充满一定压力的氮气，既可对冷却水容积变化起到补偿作用，又可避免冷却水和空气接触，保持冷却水品质不变。哈蒙式间接空冷系统可以用以下几个词来概括：表面式凝汽器、自然通风风筒式冷却塔、全钢质的空冷散热器、散热器水平或倾斜布置于塔筒之内和膨胀水箱充氮系统。

哈蒙式间接空冷塔的散热器有基管为椭圆全钢翅片管、也有基管为圆管的钢翅片或铝

翅片的翅片管，翅片管组成管束，再形成空冷器或冷却三角。冷却三角在空冷塔内的布置有多种形式，如图4-34所示，（a）为冷却三角以矩形方阵形式水平布置于塔内，冷却三角与塔筒壁之间的空隙用板封闭；（b）为冷却三角以扇形水平布置于塔内，空冷三角之间的间隙以板封闭；（c）为空冷三角以扇形倾斜布置于塔内，空冷三角之间的间隙以板封闭；（d）为空冷三角以扇形倾斜布置于塔内，冷却三角之间的间隙以板封闭，中心无三角区以垂直圆筒墙封闭；（e）为空冷三角以扇形倾斜和中心垂直结合方式布置于塔内。图4-35为空冷塔布置的实体图。

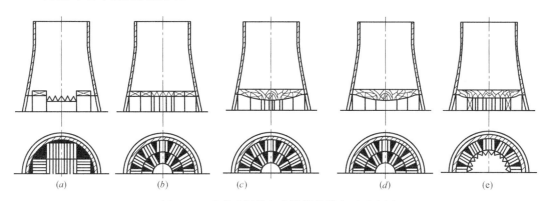

（a）　　　　　　（b）　　　　　　（c）　　　　　　（d）　　　　　　（e）

图4-34　哈蒙式间接空冷塔散热器布置示意图

（a）水平矩形布置；（b）水平扇形布置；（c）倾斜扇形布置；（d）倾斜扇形布置；（e）扇形与垂直结合布置

图4-35　空冷塔冷却三角布置实例

　　哈蒙式空冷塔冷却三角的布置有一个不容易克服的缺点是空冷塔内存在很多无法利用的面积（图4-34涂黑的部分），使冷却塔的规模和造价增大。主要原因是空冷三角只能组合为矩形而塔内的形状为圆形，必然存在一些面积无法利用。斯卡尔空冷系统和斯克斯空冷系统可以克服这一缺点，将空冷散热器垂直布置于塔进风口处，布置如图4-36所示。

　　斯卡尔空冷系统由表面式凝汽器、自然通风风筒式冷却塔和垂直布置于塔进风口周围的铝质福哥式散热器组成，如图4-37所示。由于该空冷系统为密封式循环水系统，水温变化必然引起体积变化，所以，系统也须设膨胀水箱，冷却水系统在碱性环境下运行（pH＝8～9），翅片管为铝制材质，所以无须设置充氮系统。斯克斯空冷系统与哈蒙式空冷系统除散热器布置位置不同外，其他布置与要求均相同；与斯卡尔空冷系统不同的是采用了钢质散热器，对循环水的要求与斯卡尔系统不同。

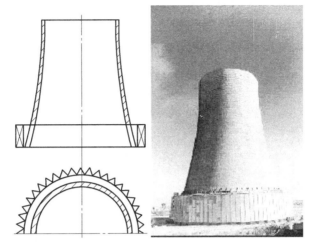

图 4-36　斯卡尔空冷塔布置

图 4-37　斯卡尔空冷散热器（6 排管）

二、热力阻力计算

表面式凝汽器间接空冷塔的热力计算公式可采用式（4-18）、式（4-19）和式（4-25）或式（3-64）。

1. 哈蒙式间接空冷塔的阻力计算

哈蒙式间接空冷塔的阻力可按式（4-42）进行计算，间接空冷塔冷却三角与直接空冷塔冷却三角阻力不同，因为间接空冷没有蒸汽配管和凝结水箱等结构件，所以，阻力比直接空冷小。在式（4-42）中，$\sum_{j=4}^{7} K_j$ 为自冷却三角进风面至三角出风面的阻力，K_7 为空冷散热器管束的阻力，取空冷散热器的试验值；K_5、K_6 在采用图 4-33（a）的布置方式时，计算与前文相同，当采用其他扇形布置方式时，冷却三角出口之间相互作用减弱，由于还要计算突扩阻力，所以，此时可取 $K_5 = K_6 = 0$；K_4 是垂直气流进入管束的阻力，与冷却管束片的夹角有关，仍按前文计算公式计算。

关于哈蒙式空冷塔的进风口阻力，酷哥（Körger）曾经进行过模型试验，给出了从空冷塔进风口至冷却三角出口层面不包括翅片管束的阻力系数 K_{ct} 试验数据的关联式：

$$K_{ct} = \frac{\left(1.05 - 0.01\frac{D_t}{h}\right)\left[1.6 - 0.29\frac{D_t}{h} + 0.072\left(\frac{D_t}{h}\right)^2\right]\left(\frac{4A_f}{\pi D_t^2}\right)^2}{S_c} \tag{4-51}$$

其中：

$$S_c = \frac{冷却器沿塔周的有效长度}{塔壳底周长}$$

其他符号意义同前。

上式适用条件为：$19 \leqslant K_7 \leqslant 50$，$0.4 \leqslant S_c \leqslant 1$ 和 $5 \leqslant \frac{D_t}{h} \leqslant 10$。

按式（4-42）计算出进风口区域的阻力系数与式（4-51）计算结果比较见图4-38，两者结果较为接近，因为模型试验是采用局部塔体模型进行的试验，加之塔筒壁近似为垂直，所以式（4-42）计算进风口区域阻力系数较为适宜。

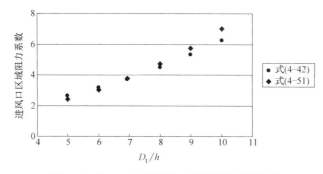

图4-38 $S_c = 0.8$ 时进风口区域阻力系数比较

2. 斯卡尔和斯克斯空冷塔的阻力计算

斯卡尔和斯克斯空冷系统的空冷散热器布置在空冷塔的进风口周围，空冷塔的阻力由气流进入空冷散热器百叶窗、气流斜向进入翅片管束、散热器出口、塔壳支撑柱、气流转弯进入塔筒内和塔出口等部分组成，表示为：

$$\Delta p = (K_b + K_4 + K_5 + K_7 + K_r + K_i + K_o)\frac{1}{2}\bar{\rho}v_f^2 \tag{4-52}$$

式中 Δp——自然通风直接空冷塔的总阻力，Pa；

K_b——散热器进风面的百叶窗的阻力系数；

K_4——百叶窗后的气流倾斜进入翅片管束的阻力系数；

K_5——从翅片管束出来的气流相互作用的阻力系数；

K_7——空冷散热器的阻力系数；

K_r——空冷塔壳体支撑柱的阻力系数；

K_i——气流进入冷却塔的阻力系数；

K_o——塔出口阻力系数；

$\bar{\rho}$——平均空气密度，kg/m^3；

v_f——空冷散热器迎面风速，m/s。

在式（4-52）中，K_7 为空冷器管束的阻力，取空冷散热器的试验值；K_b、K_4、K_5、K_r、K_o 可按哈蒙式间接空冷塔的相关计算公式进行计算；K_i 可参照式（4-44）进行估算。

皮尔斯（Preez）和酷哥（Körger）也针对散热器垂直布置塔周进行过模型试验，给出了气流自外界进入空冷散热器，经过壳体支撑至塔筒入口断面的阻力系数为：

$$K_{ct}=2.98-0.44\frac{D_t}{h}+0.11\left(\frac{D_t}{h}\right)^2 \tag{4-53}$$

式中 D_t——空冷塔壳体底的直径，m；

h——散热器高度，m。

上式适用条件为：$20\leqslant K_7\leqslant 40$ 和 $5\leqslant\dfrac{D_t}{h}\leqslant 15$，而且塔壳底高度与散热器高度相同。

赵顺安等人针对散热器在塔周布置进行过模型试验，给出了阻力系数计算公式。以迎面风速表示的塔总阻力系数 K_t 的计算公式如下：

$$K_t=(-0.5297\varepsilon_1^2+1.9257\varepsilon_1-0.7145)K_c+14.56\varepsilon_1^2-50.285\varepsilon_1+44.633+K_o \tag{4-54}$$

式中 K_c——以迎面风速为基准的冷却三角的阻力系数，其值为 K_b、K_4、K_5、K_7 之和，公式适用于 $K_7=20\sim40$；

ε_1——迎风面面积与塔壳底部面积之比，适用范围为 $1.462\sim2.320$。

将式（4-54）重新整理可得以下公式：

$$K_{ct}=-17.4+5.8\frac{D_{eo}}{h}-0.4\left(\frac{D_{eo}}{h}\right)^2 \tag{4-55}$$

式中 D_{eo}——散热器外围直径，m。

公式适用于 $K_7=20\sim40$，$\dfrac{D_o}{h}=4\sim7$。

式（4-53）试验时未完全按间接空冷塔的形式布置，而是将进风口区均匀加阻力，因此公式中不能区分 $\dfrac{D_o}{h}$ 和 $\dfrac{D_t}{h}$，计算时以 $\dfrac{D_o}{h}$ 代入更符合试验条件。式（4-55）完全模拟了空冷散热器的布置条件，但公式的适用范围较小。而式（4-52）是各种试验结果的组合，适用范围大，但准确度低。将3个公式计算结果对比列于表4-5，结果表明3个公式计算结果相差不大；K_{ct} 本身值在整塔阻力中所占比例也比较小。所以设计工作中采用式（4-52）完全可以满足要求。

不同计算公式计算的 K_{ct} 结果对比 表4-5

D_o/h	式(4-52)	式(4-53)	式(4-55)
5	2.9	3.5	1.6
6	3.4	4.3	3.0
7	3.9	5.3	3.6

三、抽力计算

自然通风间接空冷塔的抽力按下式计算：

$$ND = g(\rho_1 - \rho_2)H_e \tag{4-56}$$

式中　ND——塔的抽力，Pa；

　　　　g——重力加速度，m/s^2；

　ρ_2、ρ_1——塔内、外的空气密度，kg/m^3；

　　　　H_e——塔的有效高度，哈蒙式间接空冷塔取空冷器顶至塔顶，斯卡尔和斯克斯系统空冷塔取散热器顶部（偏于保守安全）或散热器高度的 3/4 处（较为合理，因为沿散热器高度塔内空气密度逐渐变低，取 3/4 处较 1/2 处更为合理）至塔顶部，m。

第七节　海勒式（混凝式）间接空冷塔

一、海勒式间接空冷系统

海勒式间接空冷系统最早由匈牙利海勒教授于 1950 年在世界动力会议上首先提出，并于 1962 年最先应用于英国的拉格莱电厂一台 120MW 机组上。1987 年，大同二电厂首次引进了两台 200MW 匈牙利的海勒式间接空冷系统。海勒式间接空冷系统由喷射式凝汽器（混合式凝汽器）、装有外表经过防腐处理的铝质福哥型散热器的自然通风空冷塔和回收循环水能量的调压水轮机构成。循环水为中性水，中性冷却水（pH＝6.8～7.2）进入喷射式凝汽器与汽机排汽混合，并将其冷凝，大部分冷却水由循环泵送入空冷塔经与空气换热后，通过水轮机调压送入喷射式凝汽器进入下一循环；少部分经过精处理装置送到汽机回热系统。散热器垂直布置在冷却塔进风口底部，与斯卡尔表面式凝汽器间接空冷塔相同，海勒式空冷系统示意图见图 4-39。

海勒式空冷系统循环水泵输送的介质是从喷射式凝汽器流出的冷却水和汽轮机排汽凝结水的混合物，水泵吸入侧直接与高真空的凝汽器连接，其工作状态与常规的凝结水泵相同，但要满足一定的灌水高度。为了减少空气的漏入及减少进水侧管道的水力损失，循环水泵宜尽量靠近凝汽器布置，有利于缩短管道长度，抬高泵的安装高度。循环水泵在真空饱和温度下工作，其水温可以高达 80℃ 左右，因此，要求循环水泵具有

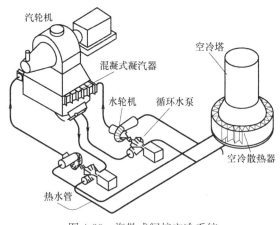

图 4-39　海勒式间接空冷系统

良好的抗气蚀性能和较低的 NPSH 值。

喷射式凝汽器是海勒式间接空冷系统的主要配套设备，是海勒系统专利技术之一，它具有体积小、投资低、热效率高、端差小等优点。喷射式凝汽器由外壳、水

室、后冷却器、热井、支撑结构组成，如图 4-40 所示。喷射式凝汽器的主要工作原理是：将冷却水从喷嘴喷出，形成水膜，与汽轮机排汽直接接触进行热交换，如图4-41 所示。

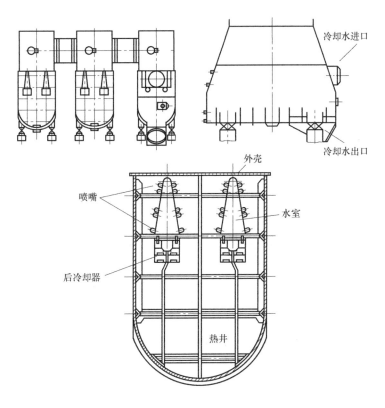

图 4-40 喷射式凝汽器结构示意图

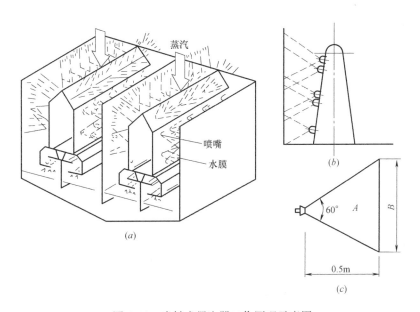

图 4-41 喷射式凝汽器工作原理示意图

喷射式凝汽器由于喷嘴形成的水膜面积较大，凝汽器本身不需要太大的体积便可满足要求。但喷射式凝汽器的热井较大，需要容纳空冷塔中一个扇形段的水量，热井中由于储存了大量的凝结水，可以避免冷却塔在充水过程中水位波动过大而影响运行，热井水位波动小便于控制调节、可维持水泵净压头稳定。

喷射式凝汽器的布置原则与常规表面式凝汽器的布置原则是一致的，它布置在主厂房内汽轮机尾部的机座底层。由于喷射式凝汽器的外形尺寸较小，所以其安装高度可以通过增减喉部长度来调整。

系统中增设调压水轮机有两个功能，一是通过调压水轮机导叶开度来调节混合式凝汽器内喷嘴前的水压，保证形成微薄且均匀的垂直水膜，减少排汽通道阻力，使冷却水与排汽充分接触换热；二是可回收能量，减少冷却水循环泵的功率消耗，因为喷嘴出口处的压力为负压，而循环水是以微压运行的，所以，在与凝汽器连接时的压差能量通过水轮机回收。调压水轮机在此空冷系统中的连接方式有两种：一种是在国内外许多空冷电厂已采用过的立式水轮机与立式异步交流发电机连接；另一种是卧式水轮机与卧式冷却水循环泵、卧式电动机的同轴连接。

福哥型铝管铝片散热器是海勒式间接空冷系统的主要设备，它是由纯铝（99.5%）制成的，具有传热效率高、加工制造简单、重量轻、运输方便、采用MBV法（一种金属化学氧化膜处理方法）后防腐效果好等优点。福哥型铝管铝片散热器主要技术数据如下：

温度范围：$-60\sim110℃$；

最高压力：100kPa；

散热器主要尺寸：翅片间距2.88mm，翅片厚度0.33mm，铝管外径18mm，铝管壁厚0.75mm，铝管长度5000mm，翅化比14.3；

翅片尺寸：598mm×150mm；

翅片与铝管连接方式：穿胀；

管排数：6；

管程数：2。

福哥型散热器冷却柱长×宽×高＝2.4m×0.15m×5m，散热器可以承受12MPa压力的水力冲洗。单片长度为5m，便于运输和组合，可以组合成15m、20m的散热器片。

空冷散热器的管束组成的"∧"形排列的散热器，称为缺口冷却三角。在缺口处装有百叶窗就成为一个冷却三角。冷却三角布置在塔底外围周边，以竖直环形排列。空冷塔塔体底部直径及塔高远大于同容量机组的湿冷塔，因而塔占地面积要大许多。

海勒式间接空冷系统的主要特点为：虽然喷射式凝汽器换热效率高，端差小，空冷机组的煤耗较低，但存在系统复杂、设备多、水质控制困难、系统控制调节困难等缺点。根据国内外的运行实践，这种在空冷塔底部外围竖直布置的空冷散热器受风速影响而降低了发电出力；受风向影响而使各个扇形冷却段内冷却水温很不均匀。

二、海勒式间接空冷塔的热力阻力计算

海勒式间接空冷塔与斯卡尔间接空冷塔结构相同，因此，海勒式间接空冷塔的阻力与抽力计算公式可采用前文的斯卡尔间接空冷塔的计算公式。热力计算可采用式（4-18）、式（4-19）和式（4-25）或式（3-64）。

自然通风间接空冷塔的设计计算可归纳为两类问题，一是知道散热量确定冷却规模；二是计算确定的空冷塔的散热量。

根据需要散发的热量和机组对空冷器散热温升效率要求，设计计算空冷凝汽器的规模，计算流程如下：

第一步：先假定一个迎面风速，初步选择一个空冷散热器形式和面积，初步布置出自然塔基本尺寸；

第二步：根据初始温差 ITD 和散热量计算出空冷塔出塔空气温度，由式（4-18）计算出需要的空冷器温升效率；

第三步：将要求的空冷器效率代入式（4-25）或式（3-64）可计算出所需空冷散热器的传热单元数；

第四步：由迎面风速可计算出空冷散热器的总传热系数，再代入传热单元数可得到所需要的空冷散热器面积，此面积与假定的面积不同时，以此面积为假定散热器面积，返回第二步重新计算，直到计算的面积与假定的面积偏差达到控制要求的精度（如不大于面积的千分之一）；

第五步：由式（4-52）计算出空冷塔的总阻力，再按式（4-56）计算出塔的抽力；

第六步：对计算出的空冷塔的各部分比例关系进行评价，若出现不合适的尺寸，应重新调大散热器面积后返回第一步，直到认为所设计的空冷塔各比例关系适当和满意为止。

当空冷塔的规模确定后，要求计算凝结水温或 ITD 时，计算流程如下：

第一步：先假定一个 ITD；

第二步：假定一个迎面风速，计算传热系数；

第三步：由式（4-25）或式（3-64）可计算出空冷塔的温升效率，并计算出出塔气温；

第四步：由出塔气温计算出出塔空气密度，再计算出塔的抽力，由迎面风速可计算出总阻力，对比阻力和抽力是否相等，若阻力大则修正降低迎面风速，反之修正加大迎面风速，返回第二步；

第五步：由迎面风速可计算出空冷器的传热系数，代入式（4-25）或式（3-64）计算出空冷器的温升效率，再由式（4-18）计算出需要的空冷器温升效率。若二者相等即为要计算的 ITD，若不相等，重新假定 ITD 返回第一步；

第六步：经过上述计算可得到不同 ITD 对应不同需要的温升效率和空冷器具有温升效率曲线，两线交点对应的 ITD 即为要求解的 ITD。

第八节　间接空冷的水力计算

间接空冷塔由很多空冷散热器组成，循环水由母管送至空冷塔中，然后由配水管路将热水分配给每一个工作的散热器。每个散热器所分配的水流量是否均匀，不仅影响空冷塔的整体效率，也是空冷塔冬季结冰的一个重要影响因素。哈蒙式间接空冷与斯卡尔或斯克斯间接空冷的散热器布置方式不同，所以，循环水分配管不同。斯卡尔间接空冷与海勒式间接空冷的循环水分配管的形式相同。

一、哈蒙式间接空冷系统配水布置

哈蒙式间接空冷塔的循环水由进出母管沿塔底径向地面敷设，在内环形梁位置，各向上接出进出水竖管，竖管与多个环形管连接，环形管与各冷却三角的进出水管连接，配水管布置如图 4-42 所示。环形管悬吊于环形钢筋混凝土梁上，可使环形管自由膨胀，上水竖管上设置阀门，控制运行区域。在塔内地下设置贮水水库，用来贮存所有冷却器及地上管道的放空水。在塔内中央（塔壁处也可，视布置方便而定）冷却器标高以上的位置设置高位水箱，以保证冷却器处于微正压状态、保证循环水泵有足够正压吸水头。高位水箱同时还是循环水封闭系统因温度变化引起体积变化的膨胀水箱，水箱与氮气充气系统相连接，当放空空冷器时，系统充氮以防止空冷器系统腐蚀。

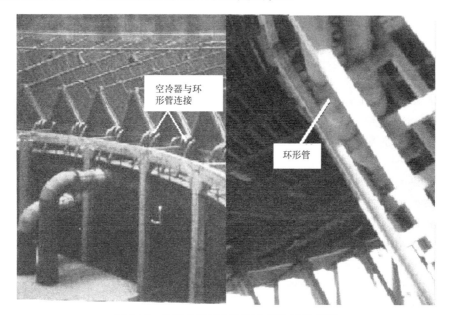

空冷器与环形管连接

环形管

图 4-42　哈蒙式间接空冷配水管连接示意图

哈蒙式间接空冷的散热器布置方式有多种（见图 4-34），配水管路都可简化为如图 4-43 所示的管网形式，进塔供水母管将热水送至冷却塔的环形母管中，环形母管再将热水配至按不同的扇形区或分组组成的散热器组，与供水同理经过散热器冷却的水将汇至出塔母管中。当间接空冷塔不大时，环形母管可直接连接散热器，也可通过配水优化计算确定配管的布置形式。环形母管和配水管的管径可通过配水水力计算进行优化，优化的目标是确保各散热器配水均匀。

二、斯卡尔或斯克斯间接空冷系统（海勒式间接空冷系统）配水布置

斯卡尔或斯克斯间接空冷塔或海勒式间接空冷塔的配水布置具有相同的形式，如图 4-44 所示，循环水由供水母管送至塔内与环形供水母管相连，环形供水母管将热水分配给不同的扇形区的散热器组，经过散热器冷却的水按不同扇形区将水汇集于回水环形母管，再与回水母管相连。回水母管或回水环形母管与地下水库相连接，在检修空冷器时将散热器内的水放空存至地下水库。

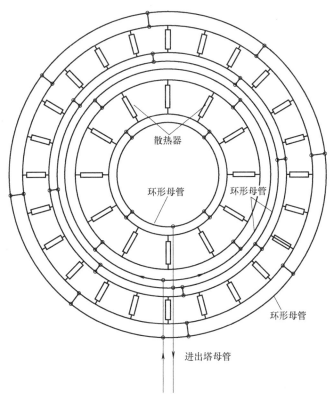

图 4-43　哈蒙式间接空冷塔配水管网示意图

三、间接空冷塔配水水力计算

间接空冷塔水力计算的目的是保证散热器的配水均匀，不仅可发挥较佳的散热能力，也有益于冬季防冻。在保证散热器配水均匀的前提下，再优化管路尺寸，减少工程投资与造价。空冷塔的水力计算也是循环水系统水力计算的一个组成部分，在工程设计中有重要作用。水力计算有两种情况：一是知道进出塔母管的供水水头，求算过水能力；二是知道循环水量需要计算供水水头。比较图 4-43 和图 4-44 可知，图 4-44 是图 4-43 的一个简化形式，或者说是图 4-43 中的一个环形，所以，间接空冷塔的配水水力计算可简化为图 4-45 所示的模型图。

空冷塔的循环水流量为：

$$Q = \sum_{i=1}^{N} Q_{hi} = \sum_{i=1}^{N} \sum_{j=1}^{M_i} Q_{si,j} = \sum_{i=1}^{N} \left(\sum_{j=1}^{M_i} \left(\sum_{k=1}^{L_{i,j}} q_{i,j,k} \right) \right) \tag{4-57}$$

式中　Q——空冷塔的循环水流量，$\mathrm{m^3/h}$；

$\quad Q_{hi}$——第 i 个环形母管水流量，$\mathrm{m^3/h}$；

$\quad Q_{si,j}$——第 i 个环形母管第 j 个扇形区或散热器组水流量，$\mathrm{m^3/h}$；

$\quad q_{i,j,k}$——第 i 个环形母管第 j 个扇形区或组第 k 个散热器的水流量，$\mathrm{m^3/h}$；

$\quad N$——环形母管数量，个；

$\quad M_i$——第 i 个环形母管上所分的扇形区或散热器组数，个；

$\quad L_{i,j}$——第 i 个环形母管上第 j 个扇形区或散热器组中散热器数量，个。

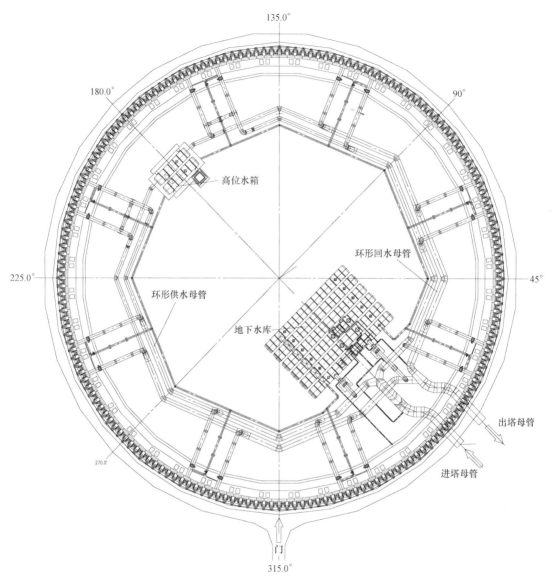

图 4-44 海勒式、斯卡尔和斯克斯间接空冷塔配水管网示意图

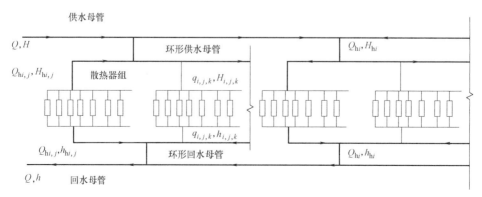

图 4-45 间接空冷塔配水管网模型图

空冷塔中循环水供水水头：

$$\Delta H = H - h \tag{4-58}$$

式中　ΔH——空冷塔的供水水头，m；

　　　H——供水管在空冷塔入口处的水头，包含位置水头、压力水头和速度水头，m；

　　　h——回水管在空冷塔出口处的水头，包含位置水头、压力水头和速度水头，m。

管网中各位置的水头：

$$H_{hi} = H_{hi-1} - \xi_{1i} \frac{V_{hi}^2}{2g} \tag{4-59}$$

式中　H_{hi-1}——供水母管与环形母管前一个连接点的水头，m；

　　　V_{hi}——供水母管与环形母管连接点之前管段中水流速，m/s；

　　　ξ_{1i}——供水母管与环形母管连接点之前管段中所有管道阻力构件阻力系数和，包含沿程阻力；

　　　g——重力加速度，m/s^2。

$$H_{si,j} = H_{si,j-1} - \xi_{2i,j} \frac{V_{si,j}^2}{2g} \tag{4-60}$$

式中　$H_{si,j}$、$H_{si,j-1}$——第 i 个环形母管与第 j 组和第 $j-1$ 组扇形区或散热器组管道连接点的水头，m；

　　　$V_{si,j}$——第 i 个环形母管与第 j 个扇形区或散热器组管道连接点之前管段水流速，m/s；

　　　$\xi_{2i,j}$——第 i 个环形母管与第 j 个扇形区或散热器组管道连接点之前管段中所有管道阻力构件阻力系数和，包含沿程阻力。

$$H_{i,j,k} = H_{i,j,k-1} - \xi_{3i,j,k} \frac{V_{si,j,k}^2}{2g} \tag{4-61}$$

式中　$H_{i,j,k}$、$H_{i,j,k-1}$——第 i 个环形母管与第 j 个扇形区或散热器组第 k 个散热器第 $k-1$ 个散热器入口前水头，m；

　　　$V_{i,j,k}$——第 i 个环形母管与第 j 个扇形区或散热器组第 k 个散热器入口前之前管段中水流速，m/s；

　　　$\xi_{3i,j,k}$——第 i 个环形母管与第 j 个扇形区或散热器组第 k 个散热器入口前管段中所有管道阻力构件阻力系数和，包含沿程阻力。

回水母管各连接点的水头计算公式为：

$$h_{hi} = h_{hi-1} + \xi_{4i} \frac{v_{hi}^2}{2g} \tag{4-62}$$

式中　h_{hi-1}——回水母管与环形母管前一个连接点的水头，m；

　　　v_{hi}——回水母管与环形母管连接点之前下游管段中水流速，m/s；

　　　ξ_{4i}——回水母管与环形母管连接点之前管下游段中所有管道阻力构件阻力系数和，包含沿程阻力。

环形母管与散热器组连接点的水头计算公式为：

$$h_{si,j} = h_{si,j-1} - \xi_{5i,j} \frac{v_{si,j}^2}{2g} \tag{4-63}$$

式中 $h_{si,j}$——第 i 个环形母回水管与第 j 个扇形区或散热器组管道连接点的水头，m；

$v_{si,j}$——第 i 个环形母回水管与第 j 个扇形区或散热器组管道连接点之前下游管段中水流速，m/s；

$\xi_{5i,j}$——第 i 个环形母回水管与第 j 个扇形区或散热器组管道连接点之前下游管段中所有管道阻力构件阻力系数和，包含沿程阻力。

不同散热器出口前水头计算公式为：

$$h_{i,j,k}=h_{i,j,k-1}-\xi_{6i,j,k}\frac{v_{si,j,k}^2}{2g} \qquad (4-64)$$

式中 $h_{i,j,k}$——第 i 个环形母回水管与第 j 个扇形区或散热器组第 k 个散热器出口前水头，m；

$v_{i,j,k}$——第 i 个环形母回水管与第 j 个扇形区或散热器组第 k 个散热器出口之前下游管段中水流速，m/s；

$\xi_{6i,j,k}$——第 i 个环形母回水管与第 j 个扇形区或散热器组第 k 个散热器出口前管段中所有管道阻力构件阻力系数和，包含沿程阻力。

每个散热器单元的配水量：

$$q_{i,j,k}=A_h N_h \sqrt{2g(H_{i,j,k}-h_{i,j,k-1})/\xi_h} \qquad (4-65)$$

式中 ξ_h——散热器的水侧阻力系数；

A_h——每个散热器单元中过水翅片基管过流面积，m²；

N_h——每个散热器单元中过水翅片基管个数，个。

以上各式中的阻力系数均为各管段各阻力元件阻力系数的和，管道中的阻力构成有管道沿程阻力以及弯头、阀门、三通、汇流、分流、伸缩节、变径、突扩、管道入口等局部阻力，局部阻力系数取值有条件时宜通过模型试验或元件试验测得，无试验结果时可查相关手册按接近的元件的阻力系数取值，沿程阻力系数可按下式计算。

$$\xi=\frac{0.25}{\log\left(\dfrac{\bar{\Delta}}{3.7}+\dfrac{5.74}{Re^{0.9}}\right)^2}\frac{l}{D} \qquad (4-66)$$

式中 l——管道长度，m；

D——管道直径，m；

$\bar{\Delta}$——管道相对粗糙度，为绝对粗糙度与管道直径比；

Re——管道水流流动雷诺数。

知道供水水头求空冷塔循环水量的水力计算流程：

第一步：将给定的冷却水供水水头代入式（4-65）计算各散热器流量；

第二步：按式（4-57）计算各管段的流量和流速；

第三步：按式（4-59）～式（4-64）计算各管段节点的水头；

第四步：判别空冷塔内所有的流量数值变化量是否都满足设定的控制值，一般可控制在千分之一以下，若不满足要求，以新计算的水头值返回第二步，直到满足要求为止。

知道循环水量求空冷塔的供水水头水力计算流程：

第一步：给定多个空冷塔的供水水头，按知道供水水头求空冷塔循环水量的水力计算流程计算循环水量；

第二步：将循环水流量与供水水头绘制曲线，从中可获得给定循环水流量的供水水头。

这样便可对空冷塔进行水力计算了，要对空冷塔进行优化水力计算，可定义各散热器的水流量的标准差为配水均匀性的判别指标。目前，对均匀性的要求还没有一个标准值，可控制其值不大于 5%。

$$\sigma = \sqrt{\frac{1}{N_t-1}\sum\left(1-\frac{q_{i,j,k}}{\bar{q}}\right)^2} \tag{4-67}$$

式中　$\bar{q}$——散热器单元中的平均水流量，其值等于循环水量除以散热器单元总数，m^3/h；

N_t——散热器单元总数，个。

四、海勒式间接空冷水轮机工作水头

空冷塔的散热器处于微正压的工作状态，经过散热器冷却的循环水进入喷射式凝汽器后，由喷嘴将循环水喷射成水膜冷却汽轮机蒸汽，喷嘴的工作压头一般为 1.5m，而凝汽器内为负压，所以，进入凝汽器的循环水须经过节流阀来调整压力。如图 4-46 所示，冷水管的几何位差为 H_2，节流阀节流的水头为：

$$H_t = \left(\frac{P_a-P_c}{g}\right) + H_2 - H_f - \Delta H_p \tag{4-68}$$

式中　H_t——节流水头，m；

H_f——散热器出口至凝汽器入口前的管路水头损失，m；

ΔH_p——喷嘴工作水头，m；

H_2——散热器顶与凝汽器入口位差，m；

P_a——大气压，m；

P_c——凝汽器工作压力（机组背压），m。

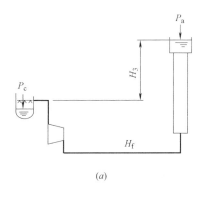

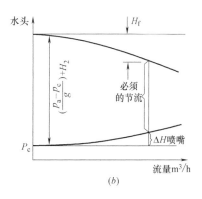

(a)　　　　　　　　　　　　　　(b)

图 4-46　海勒式间接空冷系统节流水头示意图

(a) 散热器顶与凝汽器的位差；(b) 节流水头

当节流水头较大时，节流阀以水轮机来代替，可收回剩余能量，节流水头就是水轮机的工作水头，循环水量就是水轮机的工作水流量。

水轮机的工作水头和水量直接受循环水泵的影响，循环水泵的运行工况决定了水轮机的运行工况，所以，空冷系统的设计运行工况即为水轮机的设计运行点。

水轮机的作用主要是回收系统的剩余能量和调节系统的压力，保证空冷散热器处于微正压的工作状态，所以，要求水轮机设计一要具有入口叶片开度可根据系统压力变化能自动调节，保证系统微正压，二要求密封性高，能避免空气进入影响凝汽器真空。

第五章　蒸发冷却

第一节　水蒸发冷却原理

所谓蒸发冷却，就是液体的自由表面与任何一种气体或几种气体的混合物直接接触时，由于热质交换的共同作用使液体得到冷却。冷却塔就是利用蒸发冷却的特性而使水冷却的设备，冷却塔中水的热量通过热质交换传给了空气。水与空气之间热传递的主要方式为：

（1）水与空气的接触传热。即靠导热和对流来传热，该热量只能从温度高的一端向温度低的一端传递。可表示为：

$$dQ_\alpha = \alpha(t-\theta)dF \tag{5-1}$$

式中　α——接触传热系数，$W/(m^2 \cdot \text{℃})$；

$\quad\quad t$——水体的温度，℃；

$\quad\quad \theta$——空气的气温，℃；

$\quad\quad dF$——水与空气的接触面积，m^2。

（2）水的表面蒸发传热。即部分水变为水蒸气进入空气中，带走水中的热量。可表示为：

$$dQ_\beta = \gamma dg_w \tag{5-2}$$

式中　γ——水的汽化热，kJ/kg；

dg_w——水的蒸发量，kg。

还有一种热量的传递方式为辐射传热，这部分传热在冷却塔里较小可忽略。

根据物质的动力学理论，表面蒸发是由水分子的热运动引起的，由于分子运动的不规则性，水体内各个水分子的运动速度变化很大，变化围绕平均速度剧烈波动。一部分水分子有足够克服内聚力的动能，可以从自由表面水层内逸入空气中，这部分分子与空气分子及自身的相互碰撞，一部分分子又返回到水面被水吸收，一部分由于空气对流与扩散而从水体中永久失掉，而从水体中失掉的水分子所消耗的能量即为水的汽化热。水的蒸发量取决于逸出与重新被水吸收的分子数量之差。当两者数量相等时，即处于水与空气的热量交换平衡状态。这时分子逸出量与被吸收量相等，与水蒸气压力成正比，可写为如下关系式：

$$n_u = n_k = fN p_v \sqrt{\frac{g}{2\pi M_n RT}} \tag{5-3}$$

式中　N——阿弗加德罗数（Avogadro's constant），值约为 6.02×10^{23} 个/mol；

$\quad\quad p_v$——水蒸气压力，Pa；

$\quad\quad T$——水蒸气的绝对温度，K；

R——通用气体常数（Universal gas constant），值约为 8.31447J/(K・mol)；

M_n——水蒸气分子量，值为 18；

g——重力加速度，m/s^2；

f——凝结系数，指撞回水面后被水吸收的水分子数量；

n_u、n_k——逸出与被吸收的分子数量。

一般在水与空气的界面存在蒸汽压差，即水体内水分子具有的饱和蒸汽压力大于紧邻水面的水汽与空气的混合物的水蒸气压力，这时蒸发就存在了，即：水蒸发的动力是水的饱和蒸汽压与空气中的水蒸气分压力差。按式（5-3），可写出蒸发量的计算公式：

$$g_w = (n_u - n_k)\frac{M_n}{N} = K(p_t'' - p_v^*) \tag{5-4}$$

式中 $K = 3.6 \times 10^7 af\sqrt{\dfrac{gM_n}{2\pi RT}}$；

a——考虑水蒸气与理想气体性质不同的修正系数；

p_t''——水面在温度 t 时的空气的饱和水蒸气压力，Pa；

p_v^*——紧邻水面的空气的水蒸气压力，Pa；

g_w——蒸发量，kg/(h・m^2)。

在一定的条件下，蒸发量还可表示为：

$$g_w = \beta_p^*(p_v^* - p_v) \tag{5-5}$$

式中 β_p^*——比例系数；

p_v——空气的水蒸气分压力，Pa。

将式（5-4）与式（5-5）综合后有：

$$g_w = \beta_p(p_v'' - p_v) \tag{5-6}$$

β_p 即为以蒸汽压力差为推动力的蒸发系数。

式（5-5）中的 β_p^* 是靠近水面的水蒸气向离水面较远处扩散与对流的比例系数，只与空气的流态有关，在一定的条件下与蒸发达到平衡。蒸汽压力 p_v^* 大小除与空气中的水蒸气的对流与扩散有关外，还与水面的蒸发量有关，即与 K 有关，也就是与 af 有关。而 af 与水的成分有关，对于其他的液体，如四氯化碳、苯 af 值接近于 1；对于纯水，af 值接近于 1；海水是盐类与水的溶液，af 值小于 1，所以，蒸发量较纯水低。

由式（5-5）与式（5-6）可看出，只要水体的水蒸气压力大于空气中的水蒸气分压力，甚至在水的表面温度低于空气温度情况下，表面蒸发现象都可能发生。因此，表面蒸发与水的温度是否高于或低于空气的温度无关。此时所产生的物质流动，即我们通常所说的传质，是由水的表面流向空气的，蒸发时物质相变需要消耗能量，因此，蒸发就能使水得到冷却。

接触传热产生的热流则是另一种情况。蒸发冷却时，传质是由水传向空气的，与传质不同，接触传热的热流可以是水传向空气，也可以是空气传向水。这种接触传热的热流流向取决于水和空气中何者温度高，如图 5-1 所示。

当气温低于水温时，蒸发与接触传热两个过程都是使水向着冷却的方向进行的。此时，水面向空气的总传热量等于蒸发与接触传热的总和。

当气温等于水温时，水与空气之间没有温度差，接触传热量等于零，蒸发传热还可进

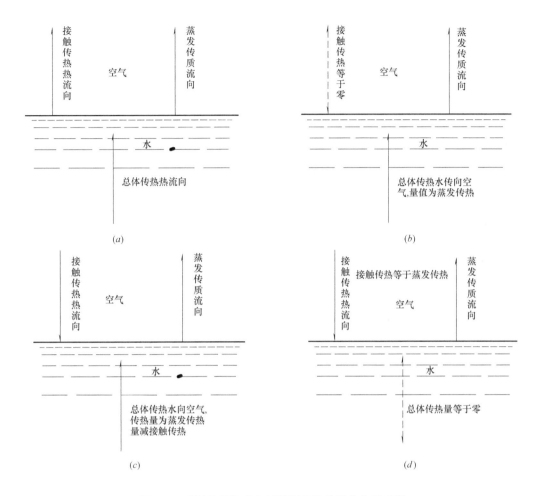

图 5-1 不同的蒸发冷却情况下传热传质流向示意图

（a）水温高于气温；（b）水温等于气温；（c）水温低于气温；（d）水温等于空气湿球温度，小于气温

行。此时，水面向空气的总传热量等于蒸发传热量。

当气温高于水温时，接触传热是从空气向水传递的，如果没有蒸发，水不但不会被冷却，反而会被加热。而实际上是水蒸发带走的热量大于空气传给水的热量，水还是会被冷却的。此时，水面向空气的总传热量等于蒸发传热减去接触传热量。

上述过程一直继续到从空气传向水的热量等于蒸发所需要的热量时为止（此时水的蒸汽压力与空气的蒸汽分压力差减少，蒸发量也减少，蒸发传热也减小）。当水表面的温度等于空气湿球温度时，水的表面温度即停止下降。这时达到的是一个动态平衡状态，无论是空气向水传热还是水向空气传热，都不会停止。

从以上分析看，水的蒸发冷却是一个复杂的过程，它与一般的热交换不同，在这个过程中，蒸发传热即通过传质传热，在一定条件下起着主要的作用。水的散热量不仅取决于水与空气的温度，还取决于水与空气的蒸汽压力差。此时，水与空气的传热传质是相互联系的。当水蒸发冷却时，在水体温度下降的同时，空气的温度可能上升，也可能下降。水可被冷却到大大低于空气的最初温度，这就是蒸发冷却所具有的独特特性。

第二节　湿空气的性质

冷却塔中水的热量传给了空气，空气是一种包含了多种物质的混合气体。空气的成分以氮气、氧气为主，是长期以来自然界里各种变化所造成的（在原始的绿色植物出现以前，原始大气是以一氧化碳、二氧化碳、甲烷和氨为主的。在绿色植物出现以后，植物在光合作用中放出的游离氧，使原始大气里的一氧化碳氧化成为二氧化碳，甲烷氧化成为水蒸气和二氧化碳，氨氧化成为水蒸气和氮气。之后，由于植物的光合作用持续地进行，空气里的二氧化碳在植物发生光合作用的过程中被吸收了大部分，并使空气里的氧气越来越多，终于形成了以氮气和氧气为主的现代空气）。

空气是混合物，它的成分很复杂。空气的恒定成分是氮气、氧气以及稀有气体，这些成分之所以几乎不变，主要是自然界各种变化相互补偿的结果。空气的可变成分是二氧化碳和水蒸气。空气的不定成分从大的区域讲是因地因时而异的，空气的特性也会因水蒸气含量不同而有变化。对于小区域空气的成分变化更为复杂些，例如，在工厂区附近的空气里就会因生产项目的不同，而分别含有氨气、酸蒸汽等。另外，空气里还含有极微量的氢、臭氧、氮的氧化物、甲烷等气体。灰尘是空气里或多或少的悬浮杂质。总的来说，空气的成分一般是比较固定的。空气主要是由78%的氮气、21%的氧气、还有许多稀有气体和杂质组成的混合物。

空气中除水蒸气外的其他气体在常温与常压下，永远保持气体状态，占空气的绝大部分；水蒸气只占其中的一小部分。也就是说空气内含有水是潮湿的，我们把含有水蒸气的空气称为湿空气，而把不含水蒸气的空气称为干空气。湿空气的性质可以通过湿空气的各种参数来表示。

一、空气温度（气温）

温度是物质分子运动能量大小的一个度量值，空气的温度也称为气温，通常将以标准玻璃棒水银温度计所测得的空气温度值，称为干球温度，以 θ 表示。温度值的表示方法有多种：摄氏温度表示法 t，单位为摄氏度，记为℃；华氏温度表示法 τ，单位为华氏度，记为 F；热力学温度表示法 T（也称绝对温度），单位为开尔文，记为 K。3 种表示的关系为：

$$t = T - 273.15 \tag{5-7}$$

$$\tau = 32 + \frac{9}{5}t \tag{5-8}$$

二、湿球温度

空气的湿球温度是指在没有辐射影响的情况下，微小水体中蒸发传给空气的热量与空气传给水的热量相等时的水体温度。空气的湿球温度可以通过湿度计来测量。湿度计结构如图 5-2 所示。两只相同的玻璃棒温度计，一支用两层绵纱布紧紧包裹，纱布下端接于盛有蒸馏水的瓶中，包有纱布的温度计所测量的温度即为空气的湿球温度。

三、空气的压力

对于冷却塔而言，空气的压力就是指当地的大气压[①]。湿空气由干空气与水蒸气组成，在常温常压下，都可看作是理想气体。因此，适用于理想气体的定律，也同样适用于湿空气。

根据道尔顿定律，湿空气的压力应等于干空气的分压力与水蒸气的分压力之和，即：

$$p_a = p_d + p_v \qquad (5-9)$$

式中　p_a——大气压，Pa；

　　　p_d——干空气分压力，Pa；

　　　p_v——水蒸气分压力，Pa。

湿空气中的水蒸气分压力大小除与水蒸气分子量有关外，主要与温度有关，空气中水蒸气的最大含量为饱和含量，相对应的水蒸气分压力为饱和水蒸气分压力，通常以 p_v'' 表示。为方便了解和查看不同温度下的饱和蒸汽压力，0～100℃范围内的饱和水蒸气压力值列于附录

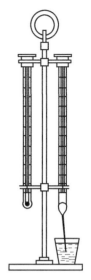

图5-2　湿度计

G。在0～100℃及常压范围内，一般可按纪利于1939年发表的纪利公式计算：

$$\lg p_v'' = 0.0141966 - 3.142305\left(\frac{1000}{T} - \frac{1000}{373.16}\right) + 8.2\lg\left(\frac{373.16}{T}\right) - 0.0024804(373.16 - T) \qquad (5-10)$$

式中　p_v''——饱和水蒸气压力，9.8×10^4 Pa；

　　　T——热力学温度值，K。

四、空气的密度

在冷却塔计算常用的压力与温度范围内，空气与水蒸气可完全按理想气体来处理。气体的体积、压力和温度之间存在以下关系式：

$$pV = nRT \qquad (5-11)$$

式中　p——空气压力，Pa；

　　　V——空气的体积，m^3；

　　　T——空气的温度，K；

　　　n——空气的量，mol；

　　　R——摩尔气体常数，值为8.31447，J/(mol·K)。

将气体的各分子量代入式（5-11），可将摩尔量换成质量，即：

$$pV = GR_m T \qquad (5-12)$$

---

①：一个标准大气压力为101325Pa。（最初是指在摄氏温度0℃、纬度45°、晴天时海平面上的大气压强为一个标准大气压，其值大约相当于76cm汞柱高。后来发现，在这个条件下的大气压强值并不稳定，它受风力、温度等条件的影响而变化。于是就规定76cm汞柱高为标准大气压值。但是后来又发现76cm汞柱高的压强值也是不稳定的，汞的密度大小受温度的影响而发生变化；g值也随纬度而变化。为了确保标准大气压是一个定值，1954年第十届国际计量大会决议声明，规定标准大气压值为：1标准大气压＝101325Pa。）

式中　G——空气质量，kg；

　　R_m——空气的混合气体常数，J/(kg·K)。

式（5-11）和式（5-12）即为空气的状态方程，由式（5-12）容易求得空气的密度。

$$\rho_d = \frac{p_d}{TR_d} \tag{5-13}$$

$$\rho_v = \frac{p_v}{TR_v} \tag{5-14}$$

$$\rho_a = \frac{p}{TR_a} = \frac{p_d}{TR_d} + \frac{p_v}{TR_v} = \rho_d + \rho_v \tag{5-15}$$

式中　ρ_d——干空气密度，即 1m³ 湿空气中的干空气的质量，kg/m³；

　　ρ_v——水蒸气密度，即 1m³ 湿空气中的水蒸气的质量，kg/m³；

　　ρ_a——湿空气密度，即 1m³ 湿空气中的干空气与水蒸气的质量之和，kg/m³；

　　R_d——干空气气体常数，值为 287.14，J/(kg·K)；

　　R_v——水蒸气的气体常数，值为 461.53，J/(kg·K)；

　　R_a——湿空气气体常数，J/(kg·K)。

由式（5-13）～式（5-15）可看出，在一定的压力与温度下，空气干燥，空气密度大；空气潮湿，空气密度小。同时可看出，空气的密度随温度增高而减小，随大气压减小而减小。

五、空气的湿度

空气的湿度有两种表示法：一是绝对湿度，二是相对湿度。

绝对湿度是指 1m³ 的湿空气中含有的水蒸气的质量，即水蒸气的密度，可由式（5-14）计算。当空气中水蒸气含量达到最大时，称为饱和湿空气，绝对湿度也达到最大，以 ρ_v'' 表示，按下式计算：

$$\rho_v'' = \frac{p_v''}{TR_v} = \frac{p_v''}{461.53T} \tag{5-16}$$

相对湿度是指 1m³ 湿空气中水蒸气的质量，与同温度下最大水蒸气含量之比，也就是绝对湿度与相应温度下的饱和绝对湿度比，以符号 ϕ 表示，即：

$$\phi = \frac{\rho_v}{\rho_v''} = \frac{p_v}{p_v''} \tag{5-17}$$

由式（5-17）可以将干空气与水蒸气分压力表示为：

$$p_a = p_v + p_d = p_d + \phi p_v'' \tag{5-18}$$

式中　p_a——大气压力，Pa；

　　p_d——空气中的干空气分压力，Pa。

六、含湿量

1kg 干空气所含有的水蒸气质量称为湿空气的含湿量（也称比湿），以 x 表示。据此，含湿量可按下式计算：

$$x = \frac{\rho_v}{\rho_d} = \frac{\dfrac{p_v}{R_v T}}{\dfrac{p_d}{R_d T}} = 0.622\frac{p_v}{p_d} = 0.622\frac{\phi p_v''}{p_a - \phi p_v''} \tag{5-19}$$

当空气的水蒸气含量达到最大时（饱和时），称此时的空气含湿量为饱和含湿量，湿空气为饱和空气。空气的相对湿度达到100%，饱和含湿量按下式计算：

$$x''=0.622\frac{p_v''}{p_a-p_v''} \tag{5-20}$$

式（5-19）和式（5-20）还可改写为：

$$p_v=\frac{x}{0.622+x}p_a \tag{5-21}$$

$$p_v''=\frac{x''}{0.622+x''}p_a \tag{5-22}$$

由式（5-20）可看出，空气的含湿能力与饱和水蒸气分压力有关，而水蒸气的分压力与温度有关，温度高，饱和压力大，所以，空气的含湿能力也大。

七、湿空气的比热

1kg 干空气与其相应的含湿量 $x$kg 水蒸气，在压力不变的情况下，温度每升高1℃所需要的热量，称为湿空气的定压比热。在冷却塔计算中，一般只用到定压比热，为叙述简单起见，简称为湿空气的比热，用符号 c_a 表示。据此有：

$$c_a=c_{pd}+c_{pv}x \tag{5-23}$$

式中　c_{pd}——干空气的定压比热，值为 1.005，kJ/(kg·℃)；

　　　c_{pv}——水蒸气的定压比热，值为 1.842，kJ/(kg·℃)。

在冷却塔的计算中，湿空气的比热也可近似取为 1.05kJ/(kg·℃)。

八、湿空气的焓

焓是表征物质含热量大小的一个量，通常以单位质量物质从 0℃ 变为 t℃ 所需要的热量来计算。在冷却塔的运行中，湿空气内所含的干空气量是不变的，变化的是空气中的水蒸气含量。故湿空气的焓（又叫比焓）定义为：1kg 干空气与其所含的 $x$kg 水蒸气的焓之和，用 i 表示，即：

$$i=i_d+xi_v=c_{pd}\theta+(\gamma_0+c_{pv}\theta)x \tag{5-24}$$

式中　i——湿空气的焓，kJ/kg；

　　　i_d——干空气的焓，kJ/kg；

　　　i_v——水蒸气的焓，kJ/kg；

　　　γ_0——水在 0℃ 时的汽化热，值为 2500，kJ/kg；

　　　θ——气温，℃。

其余符号意义同前。

将式（5-19）与式（5-20）代入式（5-24）有：

$$i=1.005\theta+(2500+1.842\theta)\frac{0.622\phi p_v''}{p_a-\phi p_v''} \tag{5-25}$$

当空气达到饱和时，相应的空气焓称为饱和空气焓，用 i'' 表示，此时相对湿度为100%，式（5-25）可写为：

$$i''=1.005\theta+(2500+1.842\theta)\frac{0.622p_v''}{p_a-p_v''} \tag{5-26}$$

式（5-25）与式（5-26）还可表示为：

$$i = c_a\theta + x\gamma_0 = 1.05\theta + 2500x \tag{5-27}$$

$$i'' = c_a\theta + x''\gamma_0 = 1.05\theta + 2500x'' \tag{5-28}$$

九、湿空气的各参数关系

反应空气特性的参数包括：空气的干球温度、湿球温度、压力、比热、含湿量、密度、水蒸气分压力、相对湿度、绝对湿度、空气的焓等，这些参数之间存在一定的关系。如已知空气的干球温度、湿球温度和压力，便可计算出其含湿量、绝对湿度、相对湿度及焓等。其中干球温度和压力可看作独立参数，湿球温度、相对湿度、绝对湿度、水蒸气分压力诸参数是不相互独立的，知道其中一个，便可求出其他几个。密度、焓等为上述参数的导出参数。为便于直观了解湿空气的各参数关系，将各参数在标准大气压下的关系绘成曲线图，见附录 H～附录 K。

第三节　蒸发冷却极限

一、冷却极限及其测定

第一节中已经指出了，水的蒸发冷却可以使水的温度降至比空气的温度低很多，冷却塔便是利用水进行蒸发冷却的设备。那么，冷却塔的冷却极限是什么？

假定要冷却一定容积的水，水的表面受到不饱和湿空气的吹拂，水层很薄，该水层内的温度变化可以忽略不计，湿空气量很大，可以不考虑湿空气流过水面时的状态改变。另外假定无任何其他热源和水源进入，辐射热交换可以忽略。开始水温高于气温，由于接触传热与蒸发传热，水温开始下降，经过一段时间后，水温等于气温，此时接触传热停止，但蒸发传热并不停止，因为空气并未饱和，水温继续下降低于气温，空气的热量向水传递，水向空气吸热，当水温下降到一定的温度，水向空气吸收的热量与蒸发所需的热量相同时，水温将不再下降。此时的水温就是冷却极限，也就是空气的湿球温度。所以，水蒸发冷却极限是空气的湿球温度，可用下式表示：

$$\alpha(\theta - \tau)F = \gamma\beta_p(p''_\tau - p_v)F \tag{5-29}$$

式中　F——水与空气的接触面积，m^2；

p''_τ——与湿球温度相应的饱和水蒸气压力，Pa。

整理式（5-29）可得出：

$$p_v = p''_\tau - \frac{\alpha}{\gamma\beta_p}(\theta - \tau) = p''_\tau - Ap_a(\theta - \tau) \tag{5-30}$$

长久以来，人们一直使用湿度计来测量空气的湿球温度，如图 5-2 所示，包有纱布的温度计指示的温度即为湿球温度。这表示纱布上水蒸发变化为水蒸气，失去的热量，等于空气传给纱布的热量，两者热传递达到平衡，关系如式（5-30）所示。上述的热传递中未考虑辐射热交换，而实际测定时，辐射热交换会影响测量结果，为消除影响，湿球温度计的纱布必须通风。通风的结果可增大接触传热与蒸发散热量，其比例关系并未变，辐射传热量不改变，从而使辐射传热量可忽略。试验资料表明风速大于 $3\sim5m/s$ 时，系数 A 可看作与空气流速无关的常数，可忽略辐射热。风速低时宜对测量结果进行校正。空气流速愈小，则湿球温度读数就愈大，因而，系数 A 也愈大。

式（5-30）中的 A 值与风速的关系可近似表示为：

$$A = 0.00001 \left(65 + \frac{6.75}{v} \right) \tag{5-31}$$

式中 v——湿度计中湿球温度计处的风速，m/s。

不同的湿度计，A 的取值不同，见表 5-1。

不同湿度计的 A 取值 表 5-1

序号	湿度计类型	通风方式	通过感温元件风速（m/s）	$A(1000/℃)$
1	标准百叶箱通风干湿表	机械	3.5	0.667
2	阿斯曼通风干湿表	机械	2.5	0.662
3	百叶箱球状干湿表	自然	0.4	0.857
4	百叶箱柱状干湿表	自然	0.4	0.815
5	百叶箱柱状干湿表 阿费古斯特湿度计	自然	0.8	0.797

对于阿斯曼湿度计，空气的相对湿度可按下式计算：

$$\phi = \frac{p_\tau'' - 0.000662 p_a (\theta - \tau)}{p_\theta''} \tag{5-32}$$

对于阿费古斯特湿度计，空气的相对湿度为：

$$\phi = \frac{p_\tau'' - 0.000797 p_a (\theta - \tau)}{p_\theta''} \tag{5-33}$$

对于同一气象条件，两个表的湿球温度读数不同，但计算的相对湿度应相同。认为阿斯曼湿度计测量结果正确，则用阿费古斯特湿度计测得的湿球温度偏大，两者之间的差别可用下述方法确定。

用角标 1 和 2 分别表示阿费古斯特湿度计和阿斯曼湿度计，由式（5-32）和式（5-33）有：

$$p_{\tau_1}'' - A_1 p_a (\theta - \tau_1) = p_{\tau_2}'' - A_2 (\theta - \tau_2)$$

或 $$p_{\tau_1}'' - p_{\tau_2}'' = (A_1 - A_2)(\theta - \tau_2) - A_1 (\tau_1 - \tau_2) \tag{5-34}$$

式（5-34）中，$p_\tau'' = f(\tau)$，可将其展开为泰勒级数，有：

$$p_{\tau_1}'' - p_{\tau_2}'' = \left(\frac{\mathrm{d} p_\tau''}{\mathrm{d}\tau} \right)_{\tau_2} (\tau_1 - \tau_2) + \frac{1}{2} \left(\frac{\mathrm{d}^2 p_\tau''}{\mathrm{d}\tau^2} \right)_{\tau_2} (\tau_1 - \tau_2)^2 + \cdots \cdots$$

略去高阶项，整理得：

$$\Delta\tau = \tau_1 - \tau_2 = \frac{(A_1 - A_2)(\theta - \tau_2)}{\left(\dfrac{\mathrm{d} p_\tau''}{\mathrm{d}\tau} \right)_{\tau_2} + A_1} \tag{5-35}$$

将系数 A_1、A_2 代入式（5-35），即可求得两湿度计的湿球温度差值。在标准大气压下，阿费古斯特湿度计湿球温度修正值，计算结果见图 5-3。标准百叶箱通风湿度计的系数 A 与阿斯曼湿度计系数十分接近，修正值一般小于 0.05℃，可不作修正。以同样的办法，对表 5-1 中其他湿度计进行修正，计算结果见图 5-4 和图 5-5。图中的曲线自下而上分别代表湿度计实测的干球温度与湿球温度差值为 1～25℃。

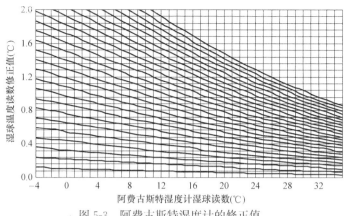

图 5-3　阿费古斯特湿度计的修正值

注：图中曲线自下而上分别代表实测干湿球温度差 1～25℃

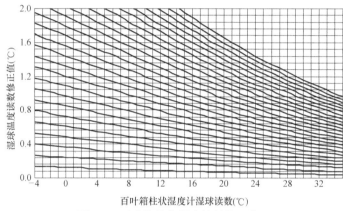

图 5-4　百叶箱柱状湿度计的修正值

注：图中曲线自下而上分别代表实测干湿球温度差 1～25℃

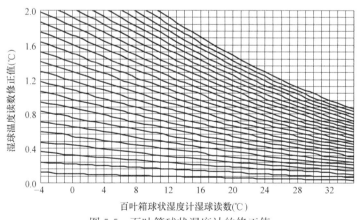

图 5-5　百叶箱球状湿度计的修正值

注：图中曲线自下而上分别代表实测干湿球温度差 1～25℃

二、冷却塔的逼近度

上文所述的情况是一种理想状况，在冷却塔中，是有限量的水和有限量的空气流量之间进行热质交换，空气不能完全看成是无限多，即空气的状态是改变的。假定干空气量为

G，温度为 θ，含湿量为 x，相应的空气焓为 i，水量为 Q，温度为 t，经过足够的换热面积与时间，空气将达到饱和，温度为 t_e，相应的含湿量为 x''_{t_e}，焓为 i''_{t_e}，在这个过程中，水失去的热量等于空气所获得的热量，则有：

$$[Qt-(Q-dg_u)t_e]c_w=G(i''_{t_e}-i) \tag{5-36}$$

式（5-36）可写为：

$$t_e=\frac{i''_{t_e}-i-\dfrac{t}{\lambda}}{\left(x''_{te}-x-\dfrac{1}{\lambda}\right)c_w} \tag{5-37}$$

式中 λ——气水比，即 $\lambda=\dfrac{G}{Q}$。

将式（5-27）和式（5-28）代入式（5-37）有：

$$t_e=\frac{c_a t+\gamma_0 x''_{t_e}-c_a\theta-\gamma_0 x-\dfrac{t}{\lambda}}{\left(x''_{t_e}-x-\dfrac{1}{\lambda}\right)c_w} \tag{5-38}$$

式中 θ——空气的干球温度，大于等于湿球温度 τ，℃。

那么，式（5-38）可写为：

$$t_e\leqslant\frac{c_a t+\gamma_0 x''_{t_e}-c_a\tau-\gamma_0 x-\dfrac{t}{\lambda}}{\left(x''_{t_e}-x-\dfrac{1}{\lambda}\right)c_w} \tag{5-39}$$

当气水比无穷大时，即冷却塔的能力无穷大时，也就是冷却塔的出塔水温的冷却极限。此时，式（5-39）可简化为：

$$t_e\geqslant\frac{\tau+\dfrac{\gamma_0(x''_{t_e}-x)}{c_a}}{1-(x''_{t_e}-x)\dfrac{c_w}{c_a}} \tag{5-40}$$

由式（5-37）可看出，冷却塔的极限冷却水温不仅与空气的初始状态有关，还与水量、气量及水温有关。由式（5-40）可看出，当 $x''_{t_e}-x$ 等于零时，冷却塔的出塔水温才能降至湿球温度。所以，只有当冷却塔气水比无穷大时，出塔水温才接近湿球温度，但很难达到。因为当水温接近湿球温度时，水的蒸汽压与空气中水蒸气分压力差 $x''_{t_e}-x$ 很小，但总是存在，且散热很慢。因为空气的含湿量随温度的增加而非线性增大很快，所以，当湿球温度高时，即使出塔水温与湿球温度相差不大，$x''_{t_e}-x$ 也相对较大，传质换热效率比湿球温度低时传质换热效率高。一般称出塔水温与空气湿球温度之差为塔的逼近度，湿球温度高时逼近度取值小，湿球温度低时逼近度取值大些。从经济的角度出发，实际冷却塔设计逼近度一般取 3～5℃。

第四节　湿式冷却塔热力计算模型

一、冷却塔热力计算模型的发展

冷却塔是一门古老却又年轻的学科，说它古老是因为蒸发冷却在古代就开始采用，说它年轻是因为冷却塔真正作为科学研究是从 20 世纪初开始的。1925 年之前冷却塔的计算理论是从温度差入手处理的，或研究者将蒸发时的能量交换和物质交换是分别计算的。1925 年麦克尔（Merkel）在他的博士论文中导出了将传热传质统一用焓来处理的热力计算方法，提出了焓差模型，但由于推导时有众多假定条件，大家对麦克尔理论存在分歧，这个模型却因此被大家忽视了。直到 1941 年麦克尔论文被译成英文，麦克尔模型才渐渐在实际冷却塔计算中采用，直到 20 世纪 70 年代麦克尔理论才广泛应用于实际冷却塔的计算。冷却塔的理论发展主要分为 4 个阶段，第一个阶段是 1925 年之前，冷却塔的热力计算理论是分别计算传热和传质的，主要变量是温度和压力，传热计算以压差和温差为主，称之为温压差理论；第二阶段是 1925～1941 年，冷却塔的热力计算理论有两种，即温压差理论和麦克尔理论，但是实际应用还是以温压差理论为主，麦克尔理论实际应用很少；第三阶段是 1941～1970 年，这一阶段温压差理论与麦克尔理论都用于实际冷却塔的热力计算，因为麦克尔理论是将空气的温度、湿度综合为一个变量，即焓，冷却塔中的热量传递是以焓差为推动力的，这一时期人们在冷却塔的设计实践中渐渐认识到了焓差理论处理冷却塔设计的简单和实用性，以及麦克尔理论并未因假设而带来巨大误差，而被人们接受；第四阶段是 1970 年后至今，这个阶段的冷却塔设计计算主要是麦克尔理论或焓差模型以及焓差模型的修正或改进模型。1970 后的冷却塔的热力计算大多采用了麦克尔理论，该理论也被各国的冷却塔设计规范所推荐。麦克理论由于存在近似假定，1970 年后波普（Poppe）等人针对麦克尔理论推导时的假定，不断改进完善焓差模型，发展起了仍以焓差为推动力的麦克尔改进模型，称为波普模型，改进模型未采取麦克尔的近似假定，可准确计算出冷却塔空气参数，更适合于自然通风冷却塔的热力计算。

二、冷却塔热力计算基本公式

1. 传热计算公式

冷却塔中的热水主要是通过接触与蒸发来散热的，接触传热可按式（5-1）进行计算。蒸发量可按式（5-2）进行计算。将式（5-2）与式（5-6）合并，蒸发散热公式变化为：

$$dQ_\beta = \gamma\beta_p(p''_t - p_v)dF \tag{5-41}$$

式（5-41）是以蒸汽压力差作为蒸发散热的推动力，根据湿空气的性质，蒸汽压力与含湿量之间具有一一对应的关系，即：

$$p''_t = \frac{x''_t}{x''_t + 0.622}p_a$$

$$p_v = \frac{x}{x + 0.622}p_a \tag{5-42}$$

由附录 K 可看出，含湿量一般不大于 0.05，是一个小量。式（5-42）中的 $\frac{1}{x''_t + 0.622}$ 与 $\frac{1}{x + 0.622}$ 可展开为泰勒级数：

$$\frac{1}{x''_t + 0.622} = \frac{1}{0.622} + (-1)\frac{1}{0.622^2}x''_v + \frac{1}{2!}[-1\times(-2)]\frac{1}{0.622^3}x''^2_t \cdots$$

$$\frac{1}{x + 0.622} = \frac{1}{0.622} + (-1)\frac{1}{0.622^2}x + \frac{1}{2!}[-1\times(-2)]\frac{1}{0.622^3}x^2 \cdots$$

略去高阶量有：

$$\frac{1}{x''_t+0.622}=1.61(1-1.61x''_t)$$

$$\frac{1}{x+0.622}=1.61(1-1.61x)$$

(5-43)

代入式（5-42）、式（5-41）得：

$$dQ_\beta=\gamma\beta_p(p''_t-p_v)dF=\gamma\beta_p(x''_t-x)1.61p_a[1-1.61(x''_t+x)]dF$$

(5-44)

令：

$$\beta_x=1.61\beta_p p_a[1-1.61(x''_t+x)]$$

(5-45)

其中 β_x 称为以含湿差为动力的散质系数。

式（5-44）变为：

$$dQ_\beta=\gamma\beta_x(x''_t-x)dF$$

(5-46)

式（5-46）中，β_x 称为以含湿量为动力的蒸发系数，式（5-45）可看出，蒸发系数不是一个与含湿量无关的完全独立系数，式（5-45）中 1.61 (x''_t+x) 与 1 相比小得多，在冷却塔计算中还是把它近似为一个系数看待，为减小近似的影响，以蒸汽压为动力的蒸发系数与以含湿量差为动力的蒸发系数相互换算按式（5-47）进行：

$$\beta_x=\frac{1.61p_a}{1+0.8\sum x}\beta_p$$

(5-47)

式中　$\sum x=x''_{t_1}+x''_{t_2}+x_1+x_2$

其中　x''_{t_1}——与进塔水温相应的饱和空气含湿量，kg/kg（DA）；

x''_{t_2}——与出塔水温相应的饱和空气含湿量，kg/kg（DA）；

x_1——进塔空气含湿量，kg/kg（DA）；

x_2——出塔空气含湿量，kg/kg（DA）。

2. 质量与能量守恒

在冷却塔中取一个小的控制单元体，水体蒸发失去的水量等于空气中含湿量的增加：

$$\beta_p(p''_t-p_v)dF=\beta_x(x''_t-x)dF=Gdx$$

(5-48)

式中　G——微单元中的干空气流量，kg/h；

　dx——微单元中的空气含湿量的改变，kg/kg（DA）。

单元体中水体损失的热量，应等于空气热焓的增加：

$$\frac{1}{K}c_wQdt=Gdi$$

(5-49)

式中　Q——微单元中的水流量，取为进塔流量，kg/h；

　dt——微单元中水体的温度改变，℃；

　di——微单元中空气热焓的改变，kJ/kg；

　K——将 Q 视为常数时，考虑水蒸发量的修正系数，与蒸发量有关；

　c_w——水的比热，kJ/（kg·℃）。

3. 流体运动与能量传递的相关特征常数

观察流体基本方程与热传导方程、物质的对流与扩散的基本方程，可发现这些方程具有形式上的类似性，将这些方程无量纲化后，可得出一些与流体本身及其运动状态有关的常数。

表征流体黏性与导热的比例常数，称为流体的普兰特数（Prandtl），它表明温度边界层和流动边界层的关系，反映流体物理性质对对流传热过程的影响，记为 Pr，值为：

$$Pr = \frac{C_p \rho \nu}{\lambda} \tag{5-50}$$

表征流体黏性与物质扩散的比例常数，称为流体的施密特数（Schmidt），记为 Sc，值为：

$$Sc = \frac{\nu}{D} \tag{5-51}$$

努谢特数（Nusselt），记为 Nu，表征流体表面热交换强度的常数，值为：

$$Nu = \frac{\alpha L}{\lambda} \tag{5-52}$$

舍伍德数（Sherwood），记为 Sh，表征流体表面物质交换强度的常数，值为：

$$Sh = \frac{\beta_p L}{\rho D} \tag{5-53}$$

路易斯数（Lewis），记为 Le，表征传热与传质的比例常数，值为：

$$Le = \frac{Sc}{Pr} = \frac{\lambda}{D} \tag{5-54}$$

雷诺数（Reynolds），记为 Re，表征流体流动或湍动强度的常数，值为：

$$Re = \frac{VL}{\nu} \tag{5-55}$$

式中　ν——流体的运行黏性，m^2/s；

λ——流体的导热系数；

D——流体的扩散系数；

α——流体的表面传热系数，$W/(m^2 \cdot ℃)$；

β_p——流体表面蒸发系数，$kg/(m^2 \cdot s)$；

ρ——流体的密度，kg/m^3；

υ——流体的流速，m/s；

L——特征长度，m。

人们对传热传质共同进行的过程研究中，用类比方法得出了如下的关系式：

$$Nu = C_1 Re^{m_1} Pr^{m_2} \tag{5-56}$$

$$Sh = C_2 Re^{m_1} Sc^{m_2} \tag{5-57}$$

式中　C_1、C_2、m_1、m_2——常数。

将式（5-56）与式（5-57）合并可推导出：

$$\frac{\alpha}{\beta_p} = c_a Le^m \tag{5-58}$$

或：

$$Le_f = \frac{\alpha}{\beta_p c_a} \tag{5-59}$$

Le_f 称为路易斯系数，c_a 为空气的比热。

三、温压差模型

1. 逆流式冷却塔的三变量温差模型

假定逆流式冷却塔中水、气作一维运动，即认为在逆流塔淋水填料的水平断面上，水和空气是均匀分布的，如图 5-6 所示，冷却塔的进塔水量为 Q（kg/s），进塔水温为 t_1（℃），出塔水温为 t_2（℃），进入冷却塔的干空气流量为 G（kg/s），大气压为 p_a（Pa），进入冷却塔的空气干温度为 θ_1（℃），湿球温度为 τ_1（℃），出塔空气的干球温度为 θ_2（℃），湿球温度为 τ_2（℃）。

在冷却塔的热力计算的问题中，一般是要求求解冷却塔的出塔水温，而已知的参数为进塔空气的干球温度、湿球温度（或相对温度）、大气压、冷却塔的水流量、空气流量以及进塔水温。在逆流式冷却塔中，空气进入冷却塔与塔内的热水发生传热传质后，空气的温度与含湿量增大，空气的体积流量有所改变，但干空气量却没有变。而水经过与空气的热质交换后，一部分水蒸发，水体被冷却。进塔的水量在出塔时水量减少了，

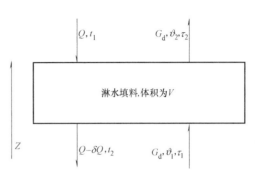

图 5-6　逆流塔水气参数示意图

减少量为蒸发量。整个过程中大气压也有一些变化，但变化很小，所以，计算中可认为大气压为常数。

沿 z 轴可建立逆流式冷却塔内热交换的方程式。

由式（5-48），可知道在 $\mathrm{d}z$ 高度内的蒸发量可写为：

$$
\begin{aligned}
\mathrm{d}Q &= \beta_\mathrm{p}(p_t'' - p_v)\mathrm{d}F = \beta_\mathrm{p}(p_t'' - p_v)\kappa_\mathrm{f}A\mathrm{d}z \\
&= \beta_\mathrm{pv}(p_t'' - p_v)\mathrm{d}V = \beta_\mathrm{pv}(p_t'' - p_v)A\mathrm{d}z \\
\mathrm{d}Q_\beta &= \gamma\beta_\mathrm{pv}(p_t'' - p_v)A\mathrm{d}z
\end{aligned}
\tag{5-60}
$$

式中　A——填料在垂向坐标为 z 时的断面面积，m^2；

　　　z——垂向坐标，m；

　　　κ_f——单位高度的填料实际散热面积与投影面积比，标志着填料的散热能力的好坏，$1/\mathrm{m}$；

　　　β_pv——填料的容积压差散质系数，值为 $\beta_\mathrm{pv} = \beta_\mathrm{p}\kappa_\mathrm{f}$，$\mathrm{kg}/(\mathrm{m}^3 \cdot \mathrm{s})$；

其余符号意义同前。

蒸发传热量为：

$$
\mathrm{d}Q_\beta = \gamma\beta_\mathrm{pv}(p_t'' - p_v)A\mathrm{d}z
\tag{5-61}
$$

空气沿 z 轴向上流动，由式（5-19）和式（5-48）空气的含湿量增加可写为：

$$
G\mathrm{d}x = \beta_\mathrm{p}(p_t'' - p_v)A\mathrm{d}z = 0.622G\mathrm{d}\left(\frac{p_v}{p_a - p_v}\right)
\tag{5-62}
$$

为便于计算，仿照式（5-61），接触传热可写为：

$$
\begin{aligned}
\mathrm{d}Q_\alpha &= \alpha(t - \theta)\mathrm{d}F = \alpha(t - \theta)\kappa_\mathrm{f}A\mathrm{d}z \\
&= \alpha_\mathrm{v}(t - \theta)\mathrm{d}V = \alpha_\mathrm{v}(t - \theta)A\mathrm{d}z
\end{aligned}
\tag{5-63}
$$

式中符号意义同前。

由于水向空气的接触传热及水蒸发带入热量，使空气显热增加，则有：

$$c_a G d\theta = \alpha A(t-\theta)\kappa_f dz + c_v(t-\theta)\beta_p(p_v''-p_v)A\kappa_f dz$$

$$= \alpha_v K_1(t-\theta)A dz \tag{5-64}$$

式中 $K_1 = 1 + \dfrac{c_v \beta_p}{\alpha}(p_v''-p_v) \approx 1$

c_a——湿空气的比热，kJ/(kg·℃)；

c_v——水蒸气的比热，kJ/(kg·℃)；

α_v——以填料体积为计算单位的接触传热系数，值为 $\alpha_v = \alpha\kappa_f$，W/(m³·℃)。

水失去的热量为接触传热与蒸发传热之和：

$$c_w d(Qt) = c_w t dQ + c_w Q dt = \frac{1}{K}c_w Q dt$$

$$= \alpha_v \Lambda(t-\theta)dz + \gamma\beta_{vp}(p_v''-p_v)\Lambda dz \tag{5-65}$$

式中 c_w——水的比热，kJ/(kg·℃)；

γ——水的汽化热，kJ/kg；

K——考虑水蒸发量的修正系数，与蒸发量有关；

其余符号意义同前。

考虑水蒸发量的修正系数与水的蒸发量有关，可以作出估算如下。

对于一个温差为 Δt、出塔水温为 t_2 的冷却塔，水散发的总热量为：

$$c_w[Qt_1 - (Q-\Delta Q)t_2] = \frac{1}{K}c_w Q\Delta t$$

那么：

$$K = \frac{Q\Delta t}{Q\Delta t + t_2\Delta Q} = \frac{1}{1 + \dfrac{t_2\Delta Q}{Q\Delta t}} \tag{5-66}$$

式中 ΔQ——蒸发水量，kg/h。

水的总的散热量包括两部分，即接触传热 Q_α 与蒸发传热 Q_β，可近似表示为：

$$Q_\alpha + Q_\beta \approx c_w\Delta t Q \tag{5-67}$$

代入式（5-66）有：

$$K = \frac{1}{1 + \dfrac{t_2 c_w}{\gamma}\dfrac{Q_\beta}{Q_\alpha + Q_\beta}} = \frac{1}{1 + \dfrac{c_w t_2}{\gamma}\left(\dfrac{1}{1+\varepsilon}\right)} \tag{5-68}$$

夏季蒸发散热比接触散热大的多，式（5-68）可变化为：

$$K \approx \frac{1}{1 + \dfrac{c_w t_2}{\gamma}} \approx 1 - \frac{c_w t_2}{\gamma} \tag{5-69}$$

假定填料的断面面积沿 z 方向不变化，整理式（5-62）、式（5-64）与式（5-65）可得出逆流式冷却塔的热质交换的三变量基本方程式如下：

$$\frac{d}{dz}\left(\frac{p_v}{p_a - p_v}\right) = \frac{\beta_{pv}}{0.622g}(p_t''-p_v) \tag{5-70}$$

$$\frac{d\theta}{dz} = \frac{\alpha_v}{c_a g}(t-\theta) \tag{5-71}$$

$$\frac{1}{K}\frac{dt}{dz} = \frac{\alpha_v}{c_w q}(t-\theta) + \frac{\gamma\beta_{pv}}{c_w q}(p''_t - p_v) \qquad (5\text{-}72)$$

式中　g——冷却塔重量风速，$kg/(m^2 \cdot s)$；

　　　q——冷却塔淋水密度，$kg/(m^2 \cdot s)$。

令：

$$a = \frac{\beta_{pv} p_a}{0.622g}, b = \frac{\alpha_v}{c_a g}, c = \frac{K\alpha_v}{c_w q}, d = \frac{\gamma\beta_{pv} K}{c_w q}$$

由于蒸汽压力与大气压相比是个小量，可取：$p_a - p_v \approx p_a$。式（5-70）~式（5-72）可变为：

$$\frac{dp_v}{dz} = a(p''_t - p_v) \qquad (5\text{-}73)$$

$$\frac{d\theta}{dz} = b(t-\theta) \qquad (5\text{-}74)$$

$$\frac{dt}{dz} = c(t-\theta) + d(p''_t - p_v) \qquad (5\text{-}75)$$

式（5-73）~式（5-75）是一组常微分方程组，其中有 3 个未知数，p_v、θ 与 t。给定 3 个边界条件，即可求解。一般情况下，已知的水温为进塔水温 t_1，气温为进塔空气温度 θ_1，蒸汽压力为进塔空气的蒸汽压 p_{v1}。

2. 逆流式冷却塔的四变量温差模型

三变量温差模型中认为水量在换热过程中为常数，而实际冷却塔中水量在换热过程中是变化的，若考虑水量变化，同样也可推导出一组微分方程组。

$$\frac{dp_v}{dz} = \beta_{pv}(p''_t - p_v) \qquad (5\text{-}76)$$

$$\frac{d\theta}{dz} = \frac{c_w}{c_v}\left[q\frac{dt}{dz} + \frac{1}{c_w}(c_w t - \gamma_w - c_w \theta)\right]\frac{dq}{dz} \qquad (5\text{-}77)$$

$$\frac{dt}{dz} = \frac{\alpha_v}{c_w q}(t-\theta) + \frac{\gamma_w \beta_{pv}}{c_w q}(p''_t - p_v) \qquad (5\text{-}78)$$

$$\frac{dp_v}{dz} = \frac{(p_a - p_v)^2 \alpha_v}{0.622g p_a}\frac{dq}{dz} \qquad (5\text{-}79)$$

式（5-76）~式（5-79）中含 q，t，θ，p_v 4 个未知量，方程可解。

四变量温差模型比三变量温差模型多了一个未知数和一个方程，求解的难度就增大很多，在实际中一般还是采用三变量温差模型。

四、麦克尔模型

1925 年麦克尔在假设路易斯系数等于 1（即：$Le_f = \frac{\alpha}{\beta_p c_a} = Le^m = 1$）、冷却塔的出口气态达到饱和及冷却塔热质交换过程中水量的变化引起的热量变化可以忽略不计 3 个前提下，推导出了焓差方程也称麦克尔方程。

如图 5-7 所示小的冷却塔热交换单元中，水通过传热传质与空气的热交换量可表示为：

$$\alpha(t-\theta)dF + \gamma\beta_p(p''_t - p_v)dF = \alpha(t-\theta)dF + \gamma\beta_x(x''_t - x)dF$$

$$= [\alpha t + \gamma\beta_x x''_t - (\alpha\theta + \gamma\beta_x x)]\,\mathrm{d}F$$

$$= \beta_x \left[\frac{\alpha}{\beta_x} t + \gamma x''_t - \left(\frac{\alpha}{\beta_x} \theta + \gamma x \right) \right]\mathrm{d}F$$

若假定路易斯系数等于 1，那么 $\dfrac{\alpha}{\beta_x} \approx c_a$，上式可写为：

$$\alpha(t-\theta)\,\mathrm{d}F + \gamma\beta_p(p''_t - p_v)\,\mathrm{d}F = \beta_x(i''_t - i)\,\mathrm{d}F = \beta_{xv}(i''_t - i)\,\mathrm{d}V \tag{5-80}$$

$$c_w Q\,\mathrm{d}t + c_w t_2\,\mathrm{d}q \approx c_w Q\,\mathrm{d}t = \beta_{xv}(i''_t - i)\,\mathrm{d}V \tag{5-81}$$

$$\int \frac{\beta_{xv}}{Q}\,\mathrm{d}V = \frac{\beta_{xv}V}{Q} = N = M_e = \int_{t_2}^{t_1} \frac{c_w\,\mathrm{d}t}{i''_t - i} \tag{5-82}$$

式（5-81）即著名的麦克尔方程，式（5-82）为积分式，得出的无量纲数 N、M_e 称为冷却数，也称为麦克尔数。上式与温差法的方程组相比，冷却塔的计算大大简化了。

五、波普模型

20 世纪 70 年代波普和瑞真乃（Rögener）在不采取麦克尔模型的 3 个近似假设的情况下，提出了波普模型，对如图 5-7 所示冷却塔内的热质交换的微单元体应用热量和质量守恒原理。

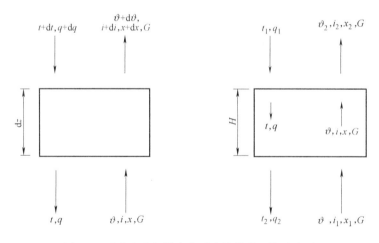

图 5-7　逆流式冷却塔内热质交换微单元体示意图

水向空气的传质为：

$$\mathrm{d}q = \beta_p(p''_t - p_\theta)\,\mathrm{d}F = \beta_x(x''_t - x)\,\mathrm{d}F \tag{5-83}$$

蒸发传热量为：

$$\mathrm{d}Q_\beta = \gamma\beta_x(x''_t - x)\,\mathrm{d}F \tag{5-84}$$

微单元体内水和空气之间的总传热量为：

$$\mathrm{d}Q = \mathrm{d}Q_\alpha + \mathrm{d}Q_\beta = \alpha(t-\theta)\,\mathrm{d}F + \gamma\beta_x(x''_t - x)\,\mathrm{d}F \tag{5-85}$$

水经过微单体元体失去的热量等于水与空气之间总传热量（略去高阶小量）：

$$\mathrm{d}Q = c_w(t+\mathrm{d}t)(q+\mathrm{d}q) - c_w tq$$

$$= c_w q\,\mathrm{d}t + c_w t\,\mathrm{d}q = c_w q\,\mathrm{d}t + c_w t\beta_x(x''_t - x)\,\mathrm{d}F \tag{5-86}$$

$$= \alpha(t-\theta)\,\mathrm{d}F + \gamma\beta_x(x''_t - x)\,\mathrm{d}F$$

空气焓值的增加等于水与空气之间的总换热量：

$$G\mathrm{d}i = \alpha(t-\theta)\mathrm{d}F + \gamma\beta_x(x''_t - x)\mathrm{d}F \tag{5-87}$$

空气含湿量的增加等于水的蒸发：

$$G\mathrm{d}x = \beta_x(x''_t - x)\mathrm{d}F \tag{5-88}$$

整理以上各平衡方程可获得波普模型：

$$\frac{\mathrm{d}x}{\mathrm{d}t} = \frac{c_w q(x''_t - x)}{G\{i''_t - i + (Le_f - 1)[i''_t - i - \gamma(x''_t - x)] - (x''_t - x)c_w t\}} \tag{5-89}$$

$$\frac{\mathrm{d}i}{\mathrm{d}t} = \frac{c_w q}{G}\left\{1 + \frac{c_w t(x''_t - x)}{i''_t - i + (Le_f - 1)[i''_t - i - \gamma(x''_t - x)] - (x''_t - x)c_w t}\right\} \tag{5-90}$$

根据抱斯加克维克（Bosnjakovic）试验结果，路易斯系数 Le_f 为：

$$Le_f = \frac{\alpha}{C_a\beta_x} = Le^{2/3}\frac{\dfrac{x''_t + 0.622}{x + 0.622} - 1}{\ln\dfrac{x''_t + 0.622}{x + 0.622}} \tag{5-91}$$

其中路易斯数为 $Le = \dfrac{Sc}{Pr} = \dfrac{\lambda}{D} = 0.865$。

冷却数（麦克尔数）：

$$Me = \int_{t_2}^{t_1} \frac{c_w \mathrm{d}t}{i''_t - i + (Le_f - 1)[i''_t - i - \gamma(x''_t - x)] - c_w t(x''_t - x)} \tag{5-92}$$

式（5-92）就是没有麦克尔近似假设的冷却数计算公式，直观地看与麦克尔冷却数公式在相同的工况条件下，所计算的冷却数是有差别的。

水量的变化可由以下方程表示：

$$\frac{q}{G} = \frac{q_1}{G}\left[1 - \frac{G}{q_1}(x_2 - x)\right] \tag{5-93}$$

对于过饱和的情况，上述模型方程式（5-89）～式（5-92）中空气的含湿量变为饱和含湿量，即：

$$\frac{\mathrm{d}x}{\mathrm{d}t} = \frac{c_w q(x''_t - x'')}{G\{i''_t - i'' + (Le_f - 1)[i''_t - i'' - \gamma(x''_t - x'')] - (x''_t - x'')c_w t\}} \tag{5-94}$$

$$\frac{\mathrm{d}i}{\mathrm{d}t} = \frac{c_w q}{G}\left\{1 + \frac{c_w t(x''_t - x'')}{i''_t - i'' + (Le_f - 1)[i''_t - i'' - \gamma(x''_t - x'')] - (x''_t - x'')c_w t}\right\} \tag{5-95}$$

$$Me = \int_{t_2}^{t_1} \frac{c_w \mathrm{d}t}{i''_t - i'' + (Le_f - 1)[i''_t - i'' - \gamma(x''_t - x'')] + (\gamma - c_w t)(x''_t - x'')} \tag{5-96}$$

$$Le_f = \frac{\alpha}{c_a\beta_x} = Le^{2/3}\frac{\dfrac{x''_t + 0.622}{x'' + 0.622} - 1}{\ln\dfrac{x''_t + 0.622}{x'' + 0.622}} \tag{5-97}$$

第六章　湿式冷却塔的热力计算

第一节　热力计算模型求解

第五章第四节给出了冷却塔的三变量温压差模型、四变量温压差模型、麦克尔模型和波普模型4种冷却塔的热力计算理论或数学模型，现在讨论如何求解。

一、三变量温压差模型的求解

1. 差分法

式（5-73）～式（5-75）可通过差分的方法求解。将填料段沿高度方向 z 分为 n 个小的计算单元，如图6-1所示，将式（5-73）～式（5-75）变为差分方程并整理得：

$$p_{v_{i+1}} = p_{v_i} + a(p''_{v_i} - p_{v_i})\Delta z \tag{6-1}$$

$$\theta_{i+1} = \theta_i + b(t_i - \theta_i)\Delta z \tag{6-2}$$

$$t_{i+1} = t_i + c(t_i - \theta_i)\Delta z + d(p''_{v_i} - p_{v_i})\Delta z \tag{6-3}$$

要求解式（6-1）～式（6-3）须采用试算法，计算时先假定一个出塔水温，然后按式（6-1）～式（6-3）即可推算出进塔水温，比较计算的进塔水温与已知的进塔水温，然后对出塔水温作修正后，再重复计算，直到计算出的进塔水温与已知水温相同为止。

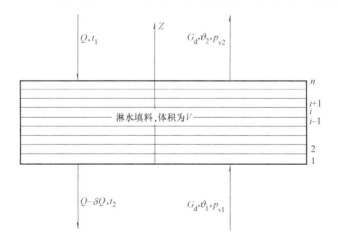

图 6-1　计算单元示意图

2. 解析法

在式（5-73）与式（5-75）中都隐含着水温的高次关系，要求解须将其线性化。即将与水温相应的饱和蒸汽压力与水温的关系线性化。如图6-2所示，即：

$$p''_v = A + Bt \tag{6-4}$$

式中　A、B——为常数，$B = \dfrac{p''_{t_1} - p''_{t_2}}{t_1 - t_2}$，$A = p''_{t_m} - Bt_m$。

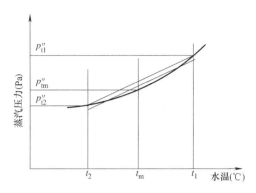

图 6-2　饱和蒸汽压力线性化图

将式（6-4）代入式（5-73）、式（5-75）中，经过消元整理可得到一个高阶常微分方程：

$$\frac{\mathrm{d}^3\theta}{\mathrm{d}z^3} + (a+b+c-Bd)\frac{\mathrm{d}^2\theta}{\mathrm{d}z^2} + (ab-ac-Bbd)\frac{\mathrm{d}\theta}{\mathrm{d}z} = 0 \tag{6-5}$$

令 $C_1 = a+b+c-Bd$，$C_2 = ab-ac-Bbd$

式（6-5）可变为：

$$\frac{\mathrm{d}^3\theta}{\mathrm{d}z^3} + C_1\frac{\mathrm{d}^2\theta}{\mathrm{d}z^2} + C_2\frac{\mathrm{d}\theta}{\mathrm{d}z} = 0 \tag{6-6}$$

式（6-6）为一常规的齐次微分方程，其特征方程为：

$$r^3 + C_1 r^2 + C_2 r = 0 \tag{6-7}$$

特征方程有 3 个不等的根，即：

$$r_1 = 0$$

$$r_1 = \frac{-C_1 + \sqrt{C_1^2 - 4C_2}}{2}$$

$$r_1 = \frac{-C_1 - \sqrt{C_1^2 - 4C_2}}{2}$$

故式（6-6）的通解为：

$$\theta = c_1 e^{r_1 z} + c_2 e^{r_2 z} + c_3 \tag{6-8}$$

式中　c_1、c_2、c_3——待定系数，将边界条件代入后可求得。

将式（6-8）回代入式（5-71）有：

$$t = c_1\left(1+\frac{r_2}{b}\right)e^{r_2 z} + c_2\left(1+\frac{r_3}{b}\right)e^{r_3 z} + c_3 \tag{6-9}$$

将式（6-8）与式（6-9）代入式（5-75）得：

$$p_v = c_1\frac{r_2}{d}\left(\frac{c}{b}-1-\frac{r_2}{b}\right)e^{r_2 z} + c_2\frac{r_3}{d}\left(\frac{c}{b}-1-\frac{r_3}{b}\right)e^{r_3 z} + p''_v \tag{6-10}$$

计算时，先假定一个出塔水温计算式（6-4）的系数，然后将边界条件代入式（6-8）～式（6-10）可求出解，比较新计算出的出塔水温与假定值是否相等，若不相等，将计算出的出塔水温代入式（6-4）再重复计算，很快可求得最终解。

当式（6-6）中的 $C_2=0$ 时，特征方程的根为：

$$r_1=r_2=0,$$
$$r_3=-C_1$$

式（6-6）的通解为：

$$\theta=c_1 e^{-C_1 z}+c_2 z+c_3 \tag{6-11}$$

同样可求得其他变量的解为：

$$t=c_1\left(1-\frac{C_1}{b}\right)e^{-C_1 z}+c_2\left(\frac{1}{b}+z\right)+c_3 \tag{6-12}$$

$$p_{v}=c_1\frac{C_1}{d}\left(1-\frac{c}{b}-\frac{C_1}{b}\right)e^{-C_1 z}+c_2\frac{1}{d}\left(\frac{c}{b}-1\right)+p''_{v} \tag{6-13}$$

将边界条件代入式（6-11）~式（6-13）可得到其中的待定系数 c_1、c_2、c_3，将系数代入式（6-11）~式（6-13）即可得到不同位置的气温、水温和水蒸气分压力。

二、麦克尔模型求解

麦克尔方程的求解主要是求方程式右侧的积分，主要方法有辛普森积分法、切比雪夫积分法、梯形积分法、罗姆伯格（Romberg）积分法及柯特斯积分法等，最常用的是辛普森积分法和切比雪夫积分法。

1. 辛普森积分法

将积分的温度区域分成 n 等份，如图 6-3 所示，n 为偶数。

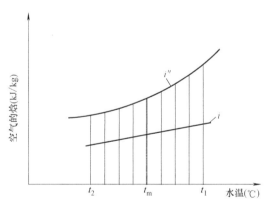

图 6-3 辛普森积分

$$dt=\frac{\Delta t}{n}=\frac{t_1-t_2}{n}$$

则可得：

$$N=\frac{c_{w}\Delta t}{3n}\left(\frac{1}{\Delta i_0}+\frac{4}{\Delta i_1}+\frac{2}{\Delta i_2}+\cdots+\frac{4}{\Delta i_{n-1}}+\frac{1}{\Delta i_n}\right) \tag{6-14}$$

当水温差小于 15℃时，取 $n=2$ 可以达到足够精度，即：

$$N=\frac{c_{w}\Delta t}{6}\left(\frac{1}{i''_{t_2}-i_1}+\frac{4}{i''_{t_m}-i_m}+\frac{1}{i''_{t_1}-i_2}\right) \tag{6-15}$$

式中 i''_{t_1}、i''_{t_2}、i''_{t_m} ——与进塔水温、出塔水温及进出塔平均水温相应的饱和空气焓，

kJ/kg；

i_1、i_2、i_m——进塔空气焓、出塔空气焓及进出塔空气焓的平均值，kJ/kg。

辛普森积分计算简单，也有足够的精度，被国内外广泛采用。

2. 切比雪夫积分法

这种方法为美国冷却塔协会所推荐，日本也采用。这种方法是不等值内插求积分的方法，即将式（5-82）右侧积分函数在进出塔水温度变化范围内不等分内插值的均值与温差的积。一般取 4 个内插值点精度已经足够，4 个内插点为 $t_2+0.1\Delta t$，$t_2+0.4\Delta t$，$t_2+0.6\Delta t$ 和 $t_2+0.9\Delta t$，积分值为：

$$N=\frac{c_w\Delta t}{4}\left[\frac{1}{(i''-i)\big|_{t_2+0.1\Delta}}+\frac{1}{(i''-i)\big|_{t_2+0.4\Delta}}+\frac{1}{(i''-i)\big|_{t_2+0.6\Delta}}+\frac{1}{(i''-i)\big|_{t_2+0.9\Delta}}\right]$$

(6-16)

3. 理论近似求解法

饱和焓与温度呈单调增大的关系，即随温度的增大饱和焓也增大，在一定的温差范围内，饱和焓与温度可近似为线性关系，若近似为抛物线更准确，如图 6-4 所示。

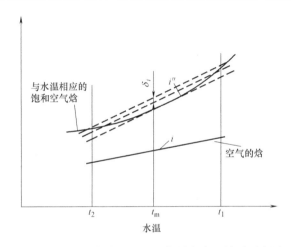

图 6-4　与水温相应的饱和空气焓与水温关系示意图

令：

$$i''_t=A+Bt$$

(6-17)

式中　A、B——与水温相应的饱和空气焓线性化的系数。

由式（5-49）可得到空气焓的变化计算公式：

$$i=i_1+\frac{c_w(t-t_2)}{K\lambda}$$

(6-18)

式中　i_1——冷却塔进口空气焓，kJ/kg；

t_2——冷却塔出塔水温，℃；

λ——冷却塔内的干空气量与水流量比，常称为气水比。

将式（6-17）和式（6-18）代入式（5-82）有：

$$N=\int_{t_2}^{t_1}\frac{c_w dt}{i''_t-i}=\int_{t_2}^{t_1}\frac{c_w dt}{A+Bt-i_1-\dfrac{c_w(t-t_2)}{\lambda}}$$

(6-19)

式（6-19）可直接求解为：

$$N=\frac{c_{\mathrm{w}}}{B-\frac{c_{\mathrm{w}}}{\lambda}}\ln\frac{\left(B-\frac{c_{\mathrm{w}}}{\lambda}\right)t_1+A-i_1+\frac{c_{\mathrm{w}}t_2}{\lambda}}{\left(B-\frac{c_{\mathrm{w}}}{\lambda}\right)t_2+A-i_1+\frac{c_{\mathrm{w}}t_2}{\lambda}} \qquad (6\text{-}20)$$

还可以更精确地近似计算，即将水温与水温相应的饱和焓的关系视为抛物线，与水温相应的饱和空气焓为：

$$i''_1=at^2+bt+c \qquad (6\text{-}21)$$

式中 a、b、c——与水温相应的饱和空气焓与水温的关系系数。

内田秀雄给出的表达式为：

$$i''_1=4.2(0.0254t^2-0.241t+8.265) \qquad (6\text{-}22)$$

当水温在 $20\sim40℃$ 范围内时式（6-22）的误差小于 1%。

将式（6-21）代入式（5-82）同样可求得理论积分解。

$$N=\int_{t_2}^{t_1}\frac{c_{\mathrm{w}}\mathrm{d}t}{i''_1-i_1}=\int_{t_2}^{t_1}\frac{c_{\mathrm{w}}\mathrm{d}t}{at^2+bt+c-i_1-\frac{c_{\mathrm{w}}(t-t_2)}{\lambda}}$$

$$=\int_{t_2}^{t_1}\frac{c_{\mathrm{w}}\mathrm{d}t}{at^2+\left(b-\frac{c_{\mathrm{w}}}{\lambda}\right)t+\left(c-i_1+\frac{c_{\mathrm{w}}t_2}{\lambda}\right)} \qquad (6\text{-}23)$$

当 $\left(b-\frac{c_{\mathrm{w}}}{\lambda}\right)^2<4a\left(c-i_1+\frac{c_{\mathrm{w}}t_2}{\lambda}\right)$ 时：

$$N=\frac{2}{\sqrt{4a\left(c-i_1+\frac{c_{\mathrm{w}}t_2}{\lambda}\right)-\left(b-\frac{c_{\mathrm{w}}}{\lambda}\right)^2}}\left[\arctan\frac{2at_1+\left(b-\frac{c_{\mathrm{w}}}{\lambda}\right)}{\sqrt{4a\left(c-i_1+\frac{c_{\mathrm{w}}t_2}{\lambda}\right)-\left(b-\frac{c_{\mathrm{w}}}{\lambda}\right)^2}}\right.$$

$$\left.-\arctan\frac{2at_2+\left(b-\frac{c_{\mathrm{w}}}{\lambda}\right)}{\sqrt{4a\left(c-i_1+\frac{c_{\mathrm{w}}t_2}{\lambda}\right)-\left(b-\frac{c_{\mathrm{w}}}{\lambda}\right)^2}}\right] \qquad (6\text{-}24)$$

当 $\left(b-\frac{c_{\mathrm{w}}}{\lambda}\right)^2>4a\left(c-i_1+\frac{c_{\mathrm{w}}t_2}{\lambda}\right)$ 时：

$$N=\frac{1}{\sqrt{-4a\left(c-i_1+\frac{c_{\mathrm{w}}t_2}{\lambda}\right)+\left(b-\frac{c_{\mathrm{w}}}{\lambda}\right)^2}}$$

$$\times\left[\ln\frac{2at_1+\left(b-\frac{c_{\mathrm{w}}}{\lambda}\right)-\sqrt{\left(b-\frac{c_{\mathrm{w}}}{\lambda}\right)^2-4a\left(c-i_1+\frac{c_{\mathrm{w}}t_2}{\lambda}\right)}}{2at_1+\left(b-\frac{c_{\mathrm{w}}}{\lambda}\right)+\sqrt{\left(b-\frac{c_{\mathrm{w}}}{\lambda}\right)^2-4a\left(c-i+\frac{c_{\mathrm{w}}t_2}{\lambda}\right)}}\right.$$

$$\left.-\ln\frac{2at_2+\left(b-\frac{c_{\mathrm{w}}}{\lambda}\right)-\sqrt{\left(b-\frac{c_{\mathrm{w}}}{\lambda}\right)^2-4a\left(c-i_1+\frac{c_{\mathrm{w}}t_2}{\lambda}\right)}}{2at_2+\left(b-\frac{c_{\mathrm{w}}}{\lambda}\right)+\sqrt{\left(b-\frac{c_{\mathrm{w}}}{\lambda}\right)^2-4a\left(c-i+\frac{c_{\mathrm{w}}t_2}{\lambda}\right)}}\right] \qquad (6\text{-}25)$$

三、波普模型求解

波普模型为一组微分方程组，无法直接求得理论解，可通过差分的方法，编程由计算机进行求解。

将进出塔水温划分为小的计算单元，对式（5-89）和式（5-90）进行差分，

$$x_{i+1}=x_i+\frac{c_w q_i(x''_t|_i-x_i)\Delta t}{G\{i''_t|_i-i_i+(Le_{f_i}-1)[i''_t|_i-i_i-\gamma(x''_{t_i}|_i-x_i)]-(x''_t|_i-x_i)c_w t_i\}} \tag{6-26}$$

$$i_{i+1}=i_i+\frac{c_w q_i}{G}\left\{1+\frac{(x''_t|_i-x_i)c_w t_i}{i''_t|_i-i_i+(Le_{f_i}-1)[i''_t|_i-i_i-\gamma_w(x''_t|_i-x_i)]-(x''_t|_i-x_i)c_w t_i}\right\}\Delta t \tag{6-27}$$

同理，对于过饱和情况，将式（5-94）和式（5-95）写成差分形式：

$$x_{i+1}=x_i+\frac{c_w q_i(x''_t|_i-x''_i)\Delta t}{G\{i''_t|_i-i''_i+(Le_{f_i}-1)[i''_t|_i-i''_i-\gamma(x''_{t_i}|_i-x''_i)]-(x''_t|_i-x''_i)c_w t_i\}} \tag{6-28}$$

$$i_{i+1}=i_i+\frac{c_w q_i}{G}\left\{1+\frac{(x''_t|_i-x''_i)c_w t_i}{i''_t|_i-i''_i+(Le_{f_i}-1)[i''_t|_i-i''_i-\gamma_w(x''_t|_i-x''_i)]-(x''_t|_i-x''_i)c_w t_i}\right\}\Delta t \tag{6-29}$$

式（5-93）的差分方程为：

$$q_{i+1}=q_1\left[1-\frac{G}{q_1}(x_2-x_{i+1})\right] \tag{6-30}$$

式中　x_2——冷却塔出口空气含湿量，kg/kg（DA）；

　　　q_1——进入冷却塔的水流量，kg/s。

式（5-92）和式（5-96）采用辛普森积分，积分划分区段与上述差分方程区段相同，路易斯系数计算时将某区段的焓与含湿量值代入式（5-91）或式（5-97）即可。式（6-26）和式（6-27）或式（6-28）和式（6-29）与式（6-30）3个方程，3个未知数 i、q、x 可解。当已知进塔空气特性参数、水量、气量和进出水温度时，要求解上述方程组需要迭代尚能求解，首先假定出口空气的含湿量，利用差分方程进行求解得到出口的含湿量，若与假定值差值大于控制值（如千分之一），以计算出的出口空气含湿量代入式（6-30）重新求解差分方程组，直到出口空气含湿量符合控制要求。

第二节　逆流式冷却塔的热力计算方法

冷却塔的热力计算主要有两个任务，一个是将测得的冷却塔的数据进行整理，得到冷却塔的特性；二是根据冷却塔的特性数据进行冷却塔的设计计算。逆流式冷却塔的热力计算模型从理论上分为温压差法、焓差法和经验法，温压差法又有三变量温压差法和四变量温压差法，还可以将压力用含湿量代替形成温湿差法。温压差法进行冷却塔的热力计算可按前文所述的差分方法进行试验数据整理和预报计算，目前实际冷却塔的热力计算中已经不再采用，这里不作论述。

以焓差理论为基础的热力计算模型有两种：麦克尔模型和波普模型。逆流式冷却塔热力计算时可有平均焓差法、换热数-效率法、冷却数法、换热数-温差效率法、波普模型计

算方法等，经验法有特性系数法等。

一、麦克尔数法

1. 冷却塔特性数据整理

冷却塔的特性主要是由淋水填料决定的，淋水填料的热力性能是指填料的散热性能，通过室内试验取得。采用焓差法将填料的试验数据整理为一个无量纲数来反映填料的性能好坏，这就是麦克尔数或冷却数。冷却数的计算公式可采用上一节介绍的辛普森积分法整理，也可以用解析方法求麦克尔方程右侧的积分。将多组不同工况试验数据整理为以下两个填料的特性方程。

$$N = A\lambda^{m_1} \tag{6-31}$$
$$\beta_{xv} = Bg^m q^n \tag{6-32}$$

式中 A、B、m、m_1、n——试验常数；

$\quad\quad g$——重量风速，$10^3 \text{kg}/(\text{h} \cdot \text{m}^2)$；

$\quad\quad q$——淋水密度，$10^3 \text{kg}/(\text{h} \cdot \text{m}^2)$。

式（6-31）和式（6-32）最早是由李钦斯特（Lichtenstien）于 1943 年给出的。室内的填料试验一般是固定淋水密度（即固定水量），改变通过填料的风速，这样试验结果可给出一簇曲线，如图 6-5 所示。这些曲线可以用下式表示：

$$\beta_{xv} = C_1 Q^x G^y \tag{6-33}$$

或
$$\frac{\beta_{xv}V}{Q} = N = C_2 Q^{x-1} G^y \tag{6-34}$$

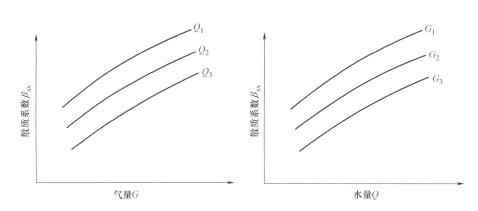

图 6-5　填料试验数据的关系

由量纲分析可知，式（6-34）左端是一个无量纲数，所以，右端也应是一个无量纲数，须有：

$$N = C_2\left(\frac{G}{Q}\right)^y = A\lambda^n \tag{6-35}$$

只有当 $x+y=1$，式（6-34）才可变化为式（6-35）。

理论上 $x+y=1$，但淋水填料的散热性能除与水量、气量等有关外，还与试验时的喷头喷洒状态、喷头至填料的距离、填料的尾部高度等有关。所以，实际试验结果中 $x+y \neq 1$，但接近于 1。由于公式本身就是一种近似表达式，所以，对于公式的精度不宜过分苛求。

有了填料的热力特性表达式后，就可以进行填料散热性能的对比了。试验结果表明，式（6-35）中的气水比指数对于同类型（薄膜式或点滴式）的填料相差不大，所以，淋水填料的好坏，可直接对比填料特性公式中的系数 A，高者散热效果好，低者差。

2. 设计计算

逆流式冷却塔的设计计算有两种情况：一是求冷却塔的工作点；二是求冷却塔在特定运行工况条件下的运行水温。

冷却塔的运行工况条件可表示为冷却数与气水比的关系，即对于冷却塔的设计条件，已知循环水流量、设计气象条件和进出塔水温，对于不同的气水比，可得到不同的冷却数。

$$N = \int_{t_2}^{t_1} \frac{c_w dt}{i''_t - i} = \Lambda \lambda^{m_1} \tag{6-36}$$

对于不同的气水比，由式（6-36）的积分可算得不同的冷却数，气水比与冷却数可绘制一条曲线，如图 6-6 所示，这条曲线的含义是当给定不同的气水比时，要完成冷却塔设计条件，需要冷却塔具有的冷却数，即要求冷却塔的冷却能力。所以，此曲线又称为冷却任务曲线。当气水比大时要求的冷却数小，当气水比小时要求的冷却数大。

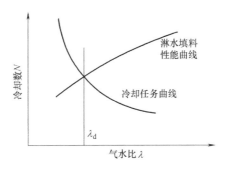

图 6-6 冷却任务曲线

将淋水填料的性能曲线绘于图 6-6 中，填料的性能曲线代表了冷却塔所具有的冷却能力，气水比大时冷却能力强，气水比小时冷却能力弱，两线交点就是冷却塔的冷却任务与冷却能力相同的点，即冷却塔的工作点。求得冷却数与气水比，即要求冷却塔的工作点。式（6-36）的左侧和右侧就是冷却塔的冷却任务和其具有的冷却能力相等，是要求的工作点。实际设计中，冷却任务已经知道，则可有冷却任务曲线，当填料确定时，冷却塔的设计气水比 λ_d 便可从图 6-6 获得，根据设计气水比可确定冷却塔的通风量；当风量确定时，根据设计气水比与冷却任务曲线交点可选取具有或高于该点冷却数的淋水填料；当淋水填料和通风量确定，要求冷却塔运行水温时，固定气水比，将待求量作为自变量，由式（6-36）左侧积分求冷却数，可得到冷却数与自变未知量的曲线，曲线中与填料冷却数相等的未知量即要求的解。

以上是用图解的方式说明了逆流式冷却塔的冷却数法求解的原理和方法，实际冷却塔设计计算时，上述方法的过程可由计算机编程解决，方便简单。

式（6-36）右侧为淋水填料的室内试验结果，1968 年哈克施米德（Hackschmidt）和福格尔桑（Vogelsang）提出淋水填料的试验值用到实际冷却塔中时，要考虑冷却塔中气流的不均匀性，式（6-36）要乘一个不均匀系数 K_v，对于自然通风逆流式冷却塔该系数为 0.9。这便是我国早期冷却塔设计计算时，填料特性用于实塔时要乘折减系数的缘由。

式（6-36）变化为：

$$N = \int_{t_2}^{t_1} \frac{c_w dt}{i''_t - i} = K_v A \lambda^{m_1} \tag{6-37}$$

二、平均焓差法

式（6-36）可写为：

$$N = \int_{t_2}^{t_1} \frac{c_w dt}{i''_t - i} = \frac{c_w \Delta t}{\Delta i_m} \tag{6-38}$$

式中 Δi_m——平均焓差，kJ/kg（DA）；

Δt——进出塔水温差，℃。

将与水温相应的饱和空气焓用如图 6-4 所示的近似线性化来表示，由式（6-17）和式（6-18）得：

$$i''_t - i = A + Bt - i_1 - \frac{c_w(t_2 - t)}{\lambda} = \left(B - \frac{c_w}{\lambda}\right)t + A - i_1 - \frac{c_w t_2}{\lambda} \tag{6-39}$$

将式（6-39）微分得：

$$d(i''_t - i) = \left(B - \frac{c_w}{\lambda}\right)dt \tag{6-40}$$

将式（6-40）代入式（6-38）得：

$$N = \int_{t_2}^{t_1} \frac{c_w dt}{i''_t - i} = \frac{1}{B - \frac{c_w}{\lambda}} \int_{i''_{t_2} - i_1}^{i''_{t_1} - i_2} \frac{c_w d(i''_t - i)}{i''_t - i} = \frac{1}{B - \frac{c_w}{\lambda}} \ln \frac{i''_{t_1} - i_2}{i''_{t_2} - i_1} \tag{6-41}$$

由此可得平均焓差为：

$$\Delta i_m = \frac{c_w \Delta t}{N} = \frac{\left(B - \frac{c_w}{\lambda}\right)c_w(t_1 - t_2)}{\ln \frac{i''_{t_1} - i_2}{i''_{t_2} - i_1}} = \frac{(i''_{t_1} - i_2) - (i''_{t_2} - i_1)}{\ln \frac{i''_{t_1} - i_2}{i''_{t_2} - i_1}} \tag{6-42}$$

式（6-42）即为平均焓差的计算公式，平均焓差更确切地应该称为对数平均焓差，与对数平均温差具有相同的表示方式。

为使式（6-42）计算更为准确，对与水温相应的饱和空气焓作修正，修正后的计算公式为：

$$\Delta i_m = \frac{(i''_{t_1} - i_2) - (i''_{t_2} - i_1)}{\ln \frac{i''_{t_1} - i_2 - \delta i}{i''_{t_2} - i_1 - \delta i}} \tag{6-43}$$

式中：

$$\delta i = \frac{i''_{t_1} + i''_{t_2} - 2 i''_{t_m}}{4} \tag{6-44}$$

式中 i''_{t_m}——与进出塔水温平均值相应的饱和空气焓，kJ/kg（DA）。

式（6-38）和式（6-43）采用了平均焓差来计算冷却数，比冷却数法操作方便简单，与冷却数法无本质差别。由于计算简单方便，但计算时采用了饱和焓近似假定，所以，计算精度较积分冷却数法低。该方法整理冷却塔的特性数据及冷却塔设计计算原理与冷却数法相同。

三、换热数-效率法

轧伯（Jaber）和韦伯（Webb）将空冷塔的换热器的效率-冷却单元数法热力计算方法引入到湿冷塔，在逆流式冷却塔中空气的焓与水温相应的饱和空气焓的变化如图 6-4 所示，忽略水量变化引起的热量变化，由水相和气相的热平衡方程和麦克尔方程式（5-81）可得到：

$$\frac{\mathrm{d}i}{i''_t - i} = \frac{\beta_x \mathrm{d}f}{G} \tag{6-45}$$

式中　β_x——以湿差为推动力的散质系数，$kg/(m^2 \cdot s)$；

　　　$\mathrm{d}f$——微单元中的传热传质面积，m^2。

$$\frac{\mathrm{d}i''_t}{i''_t - i} = \frac{\beta_x \mathrm{d}f}{qc_w} \frac{\mathrm{d}i''_t}{\mathrm{d}t} \tag{6-46}$$

以上两式相减有：

$$\frac{\mathrm{d}(i''_t - i)}{i''_t - i} = \beta_x \mathrm{d}f \left(\frac{\frac{\mathrm{d}i''_t}{\mathrm{d}t}}{c_w q} - \frac{1}{G} \right) \tag{6-47}$$

将式（6-16）代入上式：

$$\frac{\mathrm{d}(i''_t - i)}{i''_t - i} = \beta_x \mathrm{d}f \left(\frac{B}{c_w q} - \frac{1}{G} \right) \tag{6-48}$$

积分后有：

$$\ln \frac{i''_{t_2} - i_1}{i''_{t_1} - i_2} = \beta_{xv} V \left(\frac{B}{c_w q} - \frac{1}{G} \right) \tag{6-49}$$

式中　β_{xv}——容积散质系数，$kg/(m^3 \cdot s)$。

若记：

$$C_{max} = G, C_{min} = \frac{C_w q}{B}, C = \frac{C_{min}}{C_{max}}$$

上式可变化为：

$$\frac{i''_{t_2} - i_1}{i''_{t_1} - i_2} = e^{-\beta_{xv} V \left(\frac{B}{c_w q} - \frac{1}{G} \right)} = e^{-\frac{\beta_{xv} VB}{c_w q}(1-C)} \tag{6-50}$$

取热交换数为：

$$NTU = \frac{\beta_{xv} VB}{c_w q} \tag{6-51}$$

则上式变化为

$$\frac{i''_{t_2} - i_1}{i''_{t_1} - i_2} = e^{-NTU(1-C)} \tag{6-52}$$

上式等号右侧中的 NTU 表征冷却塔的冷却特性，称之为换热数，C 表征被冷却流体与冷却流体热容流率之比。

冷却塔的效率可以定义为实际散热量与最大散热量之比，最大的冷却能力可近似表示为 $Q_{max} \approx \frac{qc_w}{B}(i''_{t_1} - i_1)$，即出塔水温相应的饱和空气焓降低到进塔空气的焓值，由此可以定义冷却效率数为：

$$\eta=\frac{Q}{Q_{max}}=\frac{qc_w(t_1-t_2)}{\frac{qc_w}{B}(i''_{t_1}-i_1)}=\frac{B(t_1-t_2)}{i''_{t_1}-i_1}=\frac{i''_{t_1}-i''_{t_2}}{i''_{t_1}-i_1} \tag{6-53}$$

效率还可表示为：

$$\eta=\frac{Q}{Q_{max}}=\frac{G(i_2-i_1)}{\frac{qc_w}{B}(i''_{t_1}-i_1)}=\frac{1}{C}\frac{i_2-i_1}{i''_{t_1}-i_1} \tag{6-54}$$

将上式与前面公式合并有：

$$\eta=\frac{1-e^{-NTU(1-C)}}{1-Ce^{-NTU(1-C)}} \tag{6-55}$$

或

$$NTU=\frac{1}{1-C}\ln\frac{1-C\eta}{1-\eta} \tag{6-56}$$

对于与水温相应的饱和空气焓的线性化处理，进行修正效率为：

$$\eta=\frac{Q}{Q_{max}}=\frac{i''_{t_1}-i''_{t_2}}{i''_{t_1}-\delta i-i_1}$$

冷却数可写为：

$$N=NTU\frac{c_w}{B} \tag{6-57}$$

该方法最后将冷却塔的热力计算转化为换热数与冷却效率的计算，故称之为效率-换热数法。该方法整理冷却塔的特性数据与冷却数法相同，只是计算冷却数不用积分，而是采用效率计算后得到冷却数。冷却塔设计计算时也无须积分而是通过效率与换热数的关系确定冷却塔的冷却数，或通过效率获得冷却塔的运行水温。

四、波普法

波普法是采用波普模型计算冷却数，即淋水填料的数据整理和冷却塔的热力计算均按式（6-26）～式（6-30）计算冷却数。塔的热力计算方法与冷却数法相同，这里不作赘述。

五、克伦克的冷却塔特性曲线法

1966 年克伦克（Kelenke）提出一种冷却塔温降效率与空气量比的冷却塔的特性曲线法来进行冷却塔的热力计算。他将冷却塔的水温降值与冷却塔的最大可能温降比称作冷却塔的温降效率，即：

$$\eta_t=\frac{t_1-t_2}{t_1-\tau} \tag{6-58}$$

式中 t_1、t_2——进出塔水温，℃；

τ——进塔空气的湿球温度，℃。

克伦克将温降效率与空气量比 λ_a 相联系，得出：

$$\eta_t=c_k(1-e^{-\lambda_a}) \tag{6-59}$$

c_k 称为冷却塔的特性系数，空气量比是指塔内气水比与最小气水比的比，即：

$$\lambda_a = \frac{\lambda}{\lambda_{min}} \tag{6-60}$$

式中 λ——塔的气水比;

λ_{min}——理论最小气水比。

理论最小气水比为:

$$\lambda_{min} = \frac{i''_{t_1} - i''_{t_2}}{i''_{t_1} - i_1} \tag{6-61}$$

式中 i''_{t_1}、i''_{t_2}——与进出塔水温相应的饱和空气焓,kJ/kg;

i_1——进塔空气的焓,kJ/kg (DA)。

根据冷却塔的各种实测数据可计算绘制出冷却塔特性数与空气量比的关系曲线;当已知冷却塔特性曲线时,可假定出塔水温先计算空气量比,再计算冷却塔的温降效率,若与曲线效率不同则重新假定,直到与曲线效率相同为止。

六、特性系数法

特性系数法是用于计算自然通风冷却塔的一种经验统计方法,1952 年在英国使用。后于 20 世纪 80 年代中国西北电力设计院对原方法进行了改进修正。这种方法是将自然通风逆流式冷却塔的实测数据进行整理,得出冷却塔的特性系数,特性系数成为一个综合反映自然通风逆流式冷却塔的指标,特性系数越低冷却塔的设计水平越高。特性系数 C 被表示为 M 数和 E 数的比值,即。

$$C = \frac{M}{E} \tag{6-62}$$

$$M = \frac{i''_{t_m} - i_1 + \delta_i}{c_w \Delta t} \tag{6-63}$$

$$\delta_i = \frac{i''_{t_1} + i''_{t_2} - 2i''_{t_m}}{4} \tag{6-64}$$

式中 i''_{t_m}——与进出塔平均水温相应的饱和空气焓,kJ/kg;

其余符号意义同前。

$$E = \frac{0.1002q}{\sqrt{\frac{\Delta t}{K} a \left(\frac{t_m - \theta}{i''_{t_m} - i_1} + 0.2388b \right) \rho H_c q}} \tag{6-65}$$

其中:

$$a = \frac{p_a D}{285.7143T} \tag{6-66}$$

$$b = \frac{0.608}{(595 + 0.47\theta)D} \tag{6-67}$$

$$D = \frac{1}{T} - \frac{0.146}{595 + 0.47\theta} \tag{6-68}$$

式中 a、b、D——系数;

T——进塔空气干球绝对温度,K;

ρ_1——进塔空气密度,kg/m³;

K——蒸发水量带走热量的修正系数,可由式 (5-69) 计算。

将建成的冷却塔进行原型观测，观测的数据按式（6-62）计算该配制冷却塔的特性系数，有了冷却塔的特性系数，便可利用该系数进行冷却塔的设计计算。对于特定的设计条件，假定不同的出塔水温，可由式（6-62）计算相应的特性系数，该配制冷却塔的特性系数对应的出塔水温即是要求的冷却塔出塔水温。20 世纪 50 年代冷却塔的特性系数设计值约为 5～6，20 世纪 70 年代为 4～5，20 世纪 80～90 年代特性系数已经降低至 4 以下，比较好的可达到 3.6。

特性系数法在 20 世纪早期人们对冷却塔的热力计算理论掌握较少，计算手段落后的情况下，用于冷却塔的初步设计估算。目前，该方法已经很少在设计中采用。

第三节　横流式冷却塔热力计算方法

横流式冷却塔的热力计算模型与逆流式冷却塔类同，分为温压差理论和焓差理论。温压差理论是直接求解水温、气温和压力及水量变化，方法较为复杂，是早期冷却塔的计算理论，目前应用已经很少。焓差理论的横流式冷却塔热力计算方法可分为逆流式冷却数修正法、平均焓差法、图表法、近似解析法等。矩形与圆形逆流式冷却塔的热力计算具有相同的计算模型和控制方程，因为无论是矩形还是圆形逆流塔，上塔的水与气的流动都是一维相对流动，而横流塔则不同。图 6-7（a）为矩形横流式冷却塔水气流动示意图，气流沿 x 方向流速不变，图 6-7（b）为圆形横流式冷却塔的水气流动示意图，气流沿 R 向流动流速是变化的，所以，两种情况热力计算的控制方程是有区别的。

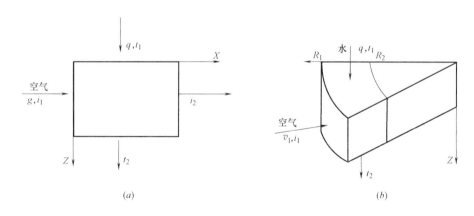

图 6-7　横流式冷却塔水气流动示意图
（a）矩形横流式冷却塔；（b）圆形横流式冷却塔

一、横流式冷却塔温压差四变量热力计算方法

与逆流式冷却塔相仿，可通过横流塔内的水气的热量和质量平衡推导出横流式冷却塔的温压差四变量热力计算控制方程组。对于图 6-7（a）的矩形横流式冷却塔的基本方程为：

$$\frac{\partial q}{\partial z} = -\beta_{\mathrm{pv}}(p_{\mathrm{v}}'' - p_{\mathrm{v}}) \tag{6-69}$$

$$\frac{\partial t}{\partial z} = -\frac{\alpha_v}{c_w q}(t-\theta) - \frac{\gamma_w \beta_{pv}}{c_w q}(p''_v - p_v) \tag{6-70}$$

$$\frac{\partial \theta}{\partial z} = \frac{c_w}{c_a g}\left[q\frac{\partial t}{\partial z} + \frac{1}{c_w}(c_w t - \gamma_w - c_w \theta)\frac{\partial q}{\partial z}\right] \tag{6-71}$$

$$\frac{\partial p_v}{\partial z} = \frac{(p_a - p_v)^2 \alpha_v}{0.622 g p_a}\frac{\partial q}{\partial z} \tag{6-72}$$

对于圆形横流式冷却塔同样可推得一组基本方程组为：

$$\frac{\partial q}{\partial z} = -\beta_{pv}(p''_v - p_v) \tag{6-73}$$

$$\frac{\partial t}{\partial z} = -\frac{\alpha_v}{c_w q}(t-\theta) - \frac{\gamma_w \beta_{pv}}{c_w q}(p''_v - p_v) \tag{6-74}$$

$$\frac{\partial \theta}{\partial R} = \frac{c_w R}{c_a g}\left[q\frac{\partial t}{\partial z} + \frac{1}{c_w}(c_w t - \gamma_w - c_w \theta)\frac{\partial q}{\partial z}\right] \tag{6-75}$$

$$\frac{\partial p_v}{\partial R} = \frac{(p_a - p_v)^2 R \alpha_v}{0.622 g p_a}\frac{\partial q}{\partial z} \tag{6-76}$$

式（6-69）～式（6-72）和式（6-73）～式（6-76）为矩形和圆形横流式冷却塔的温压差四变量计算公式，公式中有 4 个未知量，4 个方程可解。该方程组为一组偏微分方程，可通过差分法进行求解，差分方法与逆流式冷却塔相同，这里不作详述。

二、横流式冷却塔焓差法基本方程

如图 6-7 所示，通过热量、质量平衡及麦克尔方程，可推导出横流式冷却塔的以焓差为推动力的热力控制方程组。矩形横流式冷却塔热力控制方程组为：

$$g\frac{\partial i}{\partial x} = -c_w q\frac{\partial t}{\partial z} = \beta_{xv}(i''-i) \tag{6-77}$$

边界条件为：

$$\begin{aligned} x=0\text{时}, & i=i_1 \\ z=0\text{时}, t=t_1, & i''=i''_{t_1} \end{aligned} \tag{6-78}$$

圆形横流式冷却塔热力控制方程组为：

$$\frac{g_1 R_1}{R}\frac{\partial i}{\partial R} = -c_w q\frac{\partial t}{\partial z} = \beta_{xv}(i''_t - i) \tag{6-79}$$

边界条件为：

$$\begin{aligned} R=R_1\text{时}, & i=i_1 \\ z=0\text{时}, t=t_1, & i''_t = i''_{t_1} \end{aligned} \tag{6-80}$$

三、焓差法基本方程的差分解

如图 6-8 所示，将沿进风方向填料的断面划分为小的网格，将式（6-77）进行差分，差分格式采用后差格式有：

$$g\frac{\Delta i}{\Delta x} = g\frac{i_{i,j}-i_{i-1,j}}{\Delta x} = \beta_{xv}(i''_t - i) = \beta_{xv}(i''_{t(i,j)} - i_{i,j}) \tag{6-81}$$

$$c_w q\frac{\Delta t}{\Delta y} = c_w q\frac{t_{i,j}-t_{i,j-1}}{\Delta y} = -\beta_{xv}(i''_{t(i,j)} - i_{i,j}) \tag{6-82}$$

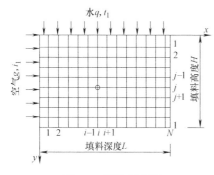

图 6-8　网格划分图

整理后有：

$$i_{i,j} = \frac{i_{i-1,j} + i''_{t(i,j)}}{1 + \dfrac{\beta_{xv}\Delta x}{g}} \tag{6-83}$$

$$t_{i,j} = t_{i,j-1} - \frac{\beta_{xv}\Delta y}{c_w q}(i''_{t(i,j)} - i_{i,j}) \tag{6-84}$$

式（6-81）与式（6-84）为隐式方程，无法直接求解，需要进行迭代，计算时先从左上角开始，算至右下角为止，第 n 次迭代计算饱和蒸汽焓的水温采用第 $n-1$ 次迭代值，迭代至收敛为止。

圆形横流式冷却塔基本方程的差分求解与矩形方法相同，这里不作详述。

四、焓差法的近似解析法

1. 矩形横流式冷却塔的近似解析法

式（6-77）方程组与式（6-78）边界条件构成了一组定解方程组。为减小近似误差，将水温相应的饱和蒸汽焓与水温线性化，如图 6-4 所示，重新定义参数。

令 $\alpha = \dfrac{\beta_{xv}BH}{c_w q}$、$\beta = \dfrac{\beta_{xv}L}{g}$、$\eta = \dfrac{i''_{t_1} - i}{i''_{t_1} - \delta - i_1}$、$\xi = \dfrac{i - i_1}{i''_{t_1} - \delta - i_1}$

其中　$\delta = 0.25(i''_{t_1} + i''_{t_2} - 2i''_{t_m})$，$i''_{t_m}$ 是与 $0.5(t_1 + t_2)$ 相应的饱和焓。

$$B = \frac{i''_{t_1} - i''_{t_2}}{t_1 - t_2}、A = i''_{t_1} - Bt_1 - \delta$$

式（6-67）可简化为：

$$\frac{1}{\alpha}\frac{\partial \eta}{\partial y} = -\frac{1}{\beta}\frac{\partial \xi}{\partial x} = \xi - \eta \tag{6-85}$$

边界条件为：

$$x = 0, \xi = 0 \tag{6-86}$$

$$y = 0, \eta = 1 \tag{6-87}$$

将边界式（6-86）代入式（6-85）得：

$$\frac{1}{\alpha}\frac{\partial \eta}{\partial y} = -\eta$$

解为：

$$\eta = e^{-\alpha y} \tag{6-88}$$

将边界条件式（6-87）代入式（6-85）得：

$$\frac{1}{\beta}\frac{\partial \xi}{\partial x} = \xi - 1$$

解为：

$$\xi = 1 - e^{-\beta x} \tag{6-89}$$

式（6-85）可写为：

$$\frac{\partial \eta}{\partial y} + \alpha\eta = \alpha\xi \tag{6-90}$$

式（6-90）的解为：

$$\eta = c\mathrm{e}^{-\alpha y} + \alpha\mathrm{e}^{-\alpha y}\int_0^y \mathrm{e}^{\alpha y}\xi\mathrm{d}y \tag{6-91}$$

将式（6-87）边界代入式（6-91），可确定积分常数 $c=1$，则式（6-91）变化为：

$$\eta = \mathrm{e}^{-\alpha y} + \alpha\mathrm{e}^{-\alpha y}\int_0^y \mathrm{e}^{\alpha y}\xi\mathrm{d}y \tag{6-92}$$

同理可得：

$$\xi = c\mathrm{e}^{-\beta x} + \beta\mathrm{e}^{-\beta x}\int_0^x \mathrm{e}^{\beta x}\eta\mathrm{d}x \tag{6-93}$$

将式（6-86）边界代入式（6-93），可确定积分常数 $c=0$，则式（6-93）变化为：

$$\xi = \beta\mathrm{e}^{-\beta x}\int_0^x \mathrm{e}^{\beta x}\eta\mathrm{d}x \tag{6-94}$$

将式（6-94）代入式（6-91），得：

$$\eta = \mathrm{e}^{-\alpha y} + \alpha\beta\mathrm{e}^{-\beta x - \alpha y}\int_0^x \mathrm{e}^{\beta x}\int_0^y \mathrm{e}^{\alpha y}\eta\mathrm{d}y\mathrm{d}x \tag{6-95}$$

式（6-95）即为矩形横流式冷却塔的近似解析解，式（6-95）是一个积分方程无法直接给出解，实际应用时，采用逼近法来解式（6-95）。

为求 t_2 相应的 η_m，可将 $y=1$ 代入上式后沿 x 方向积分，即：

$$\eta_\mathrm{m} = \int_0^1 \eta\mathrm{d}x$$

利用迭代逼近法可求出 η_m：

$$\eta_\mathrm{m} = \frac{i_{t_1}'' - i_1}{i_{t_1}'' - \delta - i_1} = \varphi_0 + \varphi_1 + \varphi_2 + \cdots \tag{6-96}$$

其中：

$$\varphi_0 = \mathrm{e}^{-\alpha}$$

$$\varphi_1 = \mathrm{e}^{-2\alpha}(\mathrm{e}^{\alpha}-1)\left[1 + \frac{1}{\beta}(\mathrm{e}^{-\beta}-1)\right]$$

$$\varphi_2 = \mathrm{e}^{-3\alpha}(\mathrm{e}^{\alpha}-1)^2\left(1 + \frac{1}{\beta}(\mathrm{e}^{-\beta}-1) + \frac{1}{\beta}((1+\beta)\mathrm{e}^{-\beta}-1)\right)$$

$$\cdots$$

$$\varphi_n = \mathrm{e}^{-(n+1)\alpha}(\mathrm{e}^{\alpha}-1)^n\left(1 + \frac{1}{\beta}(\mathrm{e}^{-\beta}-1) + \frac{1}{\beta}((1+\beta)\mathrm{e}^{-\beta}-1)\right) + \cdots$$
$$+ \frac{1}{\beta}\left(\left(1+\beta+\cdots+\frac{1}{(n-1)!}\beta^{n-1}\right)\mathrm{e}^{-\beta}-1\right) \tag{6-97}$$

由式（6-97）可知随 n 增大，φ_n 减小。一般计算中取 $n=5$ 即可满足精度要求。

将式（6-97）的解拟合为 α 和 β 的经验公式，可简化求解的计算过程：

$$\eta_\mathrm{m} = A_\beta\mathrm{e}^{m_\beta\alpha} \tag{6-98}$$

式中　$A_\beta = 0.0009\beta^3 - 0.0134\beta^2 + 0.0569\beta + 0.9956$；

　　　$m_\beta = 0.0056\beta^3 - 0.0696\beta^2 + 0.3483\beta - 0.985$。

当 $\alpha \leqslant 5$ 和 $\beta \leqslant 5$ 时，式（6-98）的计算结果与式（6-97）（n 取值为 8）的计算结果相比，误差小于 8%；当 $0.2 < \alpha \leqslant 5$ 和 $0.2 < \beta \leqslant 5$ 时，式（6-98）的计算结果与式（6-97）的计算结果相差小于 5%。

由 η_m 即可计算出塔水温了：

$$i''_{t_2} = i_1 + \eta_m (i''_{t_1} - \delta - i_1)$$

$$t_2 = \frac{1}{B}(i''_{t_2} - A) \tag{6-99}$$

横流塔的计算会遇到两类问题：第一类是冷却塔设计中需计算出塔水温；第二类是整理横流塔特性时，要计算散质系数。两类问题都需经过试算的方法求解。

第一类问题的解法是先假定出塔水温，由式（6-97）或式（6-98）计算 η_m，再由式（6-99）计算出塔水温，比较计算值与假定值，若两者相差较大则重新假定，反复计算最后可得到出塔水温。

第二类问题的解法是先假定 β_{xv} 值，用式（6-97）或式（6-98）求出 η_m，然后根据式（6-99）计算一个出塔水温 t_2。若出水温度实测值 t'_2 和计算值 t_2 满足条件 $|t_2 - t'_2| < 0.001℃$，则认为开始假定的容积散质系数即为填料容积散质系数。否则，采用牛顿迭代法，重复上述过程，直至 $|t_2 - t'_2| < 0.001℃$。

2. 圆形横流塔的近似解析法

图 6-7（b）为圆形横流式冷却塔取出的一块淋水填料，圆形横流式冷却塔的热质交换的基本方程为式（6-79）和式（6-80）。

令 $\alpha = \dfrac{\beta_{xv} \cdot B \cdot H}{c_w \cdot q}$、$\beta = \dfrac{\beta_{xv} R_1}{g_1}$、$\eta = \dfrac{i''_t - i_1}{i''_{t_1} - \delta - i_1}$、$\xi = \dfrac{i - i_1}{i''_{t_1} - \delta - i_1}$、$r = \dfrac{R}{R_1}$、$z = \dfrac{Z}{H}$

并将饱和蒸汽焓与水温关系作线性化处理，则式（6-79）可简化为：

$$-\frac{1}{\alpha}\frac{\partial \eta}{\partial z} = \frac{1}{\beta}\frac{1}{r}\frac{\partial \xi}{\partial r} = \xi - \eta \tag{6-100}$$

边界条件为：

$$r = 1时，i = i_1, \xi = 0 \tag{6-101}$$

$$z = 0时，i''_t = i''_{t_1}, \eta = 1 \tag{6-102}$$

与矩形横流式冷却塔相仿可得到式（6-100）与边界条件式（6-101）和式（6-102）的近似解析解。

$$\eta_m = \frac{i''_{t_2} - i_1}{i''_{t_1} - \delta - i_1} = \varphi_0 + \varphi_1 + \varphi_2 + \cdots \tag{6-103}$$

其中：

$$\varphi_0 = e^{-\alpha}$$

$$\varphi_1 = e^{-\alpha} + \frac{1}{\lambda}(1 - e^{-\lambda})$$

$$\varphi_2 = e^{-\alpha} + \frac{1}{\lambda}(1 - e^{-\lambda})$$

$$\begin{aligned}
\varphi_n = \frac{1}{n!}\alpha^n e^{-\alpha} &\left\{ 1 - \frac{1}{\lambda}(1 - e^{-\lambda}) - \frac{1}{\lambda}\left[1 - (1+\lambda)e^{-\lambda}\right] \right. \\
&- \frac{1}{\lambda}\left[1 - \left(1 + \lambda + \frac{1}{2!}\lambda^2\right)e^{-\lambda}\right] - \cdots \\
&\left. - \frac{1}{\lambda}\left[1 - \left(1 + \lambda + \frac{1}{2!}\lambda^2 + \frac{1}{3!}\lambda^3 + \cdots + \frac{1}{(n-1)!}\lambda^{n-1}\right)e^{-\lambda}\right] \right\}
\end{aligned} \tag{6-104}$$

其中 $\lambda = \dfrac{\beta_{xv}(1 - r_2^2)}{2}$

式中　r_2——填料的内沿半径与外沿半径之比，即 $r_2 = \dfrac{R_2}{R_1}$。

式（6-104）的应用方法与矩形横流式冷却塔相同，不重述。

五、平均焓差法

仿逆流式麦克尔方程，式（6-77）可写为：

$$\frac{\beta_{xv}}{q} = \frac{c_w \dfrac{\partial t}{\partial z}}{i_t'' - i} \tag{6-105}$$

将式（6-105）在横流式冷却塔换热区内积分有：

$$\int \frac{\beta_{xv}}{qL} \mathrm{d}x \mathrm{d}z = \frac{\beta_{xv} V}{Q} = N = \frac{1}{L} \int_{x=0}^{L} \int_{z=0}^{H} \frac{c_w \dfrac{\partial t}{\partial z}}{i_t'' - i} \mathrm{d}x \mathrm{d}z \tag{6-106}$$

式中　L——填料深度，m；

　　　H——填料高度，m；

　　　V——填料体积，m³；

　　　N——横流式冷却塔冷却数；

　　　Q——水流量，kg/s。

对于式（6-79）也可得到类似的冷却数计算公式：

$$N = \frac{\beta_{xv} V}{Q} = \frac{1}{R_1^2 - R_2^2} \int_{x=0}^{L} \int_{z=0}^{H} \frac{c_w R \dfrac{\partial t}{\partial z}}{i_t'' - i} \mathrm{d}x \mathrm{d}z \tag{6-107}$$

式（6-106）和式（6-107）为矩形与圆形横流式冷却塔的冷却数计算公式，公式为一重积分，很难得到解。实际应用时，将以上两式简化为：

$$N = \frac{\beta_{xv} V}{Q} = \frac{c_w \Delta t}{(i_t'' - i)|_m} \tag{6-108}$$

为便于分析，平均焓差可表示为：

$$(i_t'' - i)|_m = C_1 (i_{t_1}'' - i_1) \tag{6-109}$$

考虑焓近似误差修正，上式变化为：

$$(i_t'' - i)|_m = C_1 (i_{t_1}'' - i_1 - \delta)$$

$$C_1 = \frac{\Delta i_m}{i_{t_1}'' - i_1 - \delta} \tag{6-110}$$

别尔曼将 C_1 和两个变量的关系整理成了图 6-9，求解时查图来确定 C_1。关系图中两个变量定义如下：

$$\eta_b = \frac{i_{t_1}'' - i_{t_2}''}{i_{t_1}'' - \delta - i_1}, \quad \xi_b = \frac{i_2 - i_1}{i_{t_1}'' - \delta - i_1} \tag{6-111}$$

如果知道了平均焓差即可求出散质系数，反之，知道散质系数求出塔水温时，假设一个出塔水温，求散质系数与已知值进行比较，反复修正计算，求出出塔水温。这种方法的关键是如何求出平均焓差，即如何求出 C_1。

当要求填料的散质系数时，先用已知条件求出 η_b 与 ξ_b，从图 6-9 中查出 C_1，由式 (6-108) 可求出冷却数。当要求出塔水温时，采用试算法，即假定一个出塔水温，计算冷却数，与填料冷却数比较，再修正出塔水温，反复计算直到达到要求。

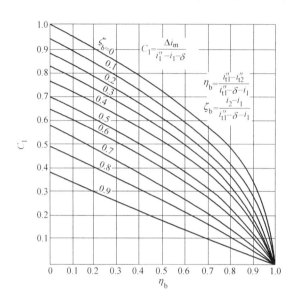

图 6-9　横流式冷却塔平均焓差法计算曲线

六、逆流式冷却数修正法

手塚俊一提出横流式冷却塔的冷却数可按逆流式冷却数计算公式进行计算，然后对计算结果进行修正。

$$N=\frac{\beta_{xv}V}{Q}=\frac{1}{F_o}\int_{t_2}^{t_1}\frac{c_w\mathrm{d}t}{i''_t-i} \tag{6-112}$$

式中　F_o——修正系数。

修正系数按以下公式计算：

$$F_o=1-0.106(1-s)^{3.5} \tag{6-113}$$

$$s=\frac{i''_{t_2}-i_2}{i''_{t_1}-i_1} \tag{6-114}$$

上述公式、方法是从整体来考虑的，所以对于矩形与圆形横流式冷却塔都适用。

七、横流式冷却塔与逆流式冷却塔特性比较

苏联学者波金应用一些简单假设后得出横流式冷却塔的平均焓差的近似计算公式如下：

$$(i''_{t_1}-i_1)\big|_m=\frac{i''_{t_1}-i''_{t_2}}{\ln\dfrac{i''_{t_1}-\delta-i_2}{i''_{t_2}-\delta-i_1}}-\frac{i_2-i_1}{2} \tag{6-115}$$

代入式 (6-111)，并将下标 b 改为 2 整理后有：

$$(i''_{t_1}-i_1)\big|_m=\left(\frac{\eta_2}{\ln\dfrac{1-\xi_2}{1-\eta_2}}-\frac{\xi_2}{2}\right)(i''_{t_1}-i_1-\delta) \tag{6-116}$$

由式（6-110）可知：

$$C_1=\frac{\eta_2}{\ln\dfrac{1-\xi_2}{1-\eta_2}}-\frac{\xi_2}{2} \tag{6-117}$$

逆流式冷却塔的平均焓差为式（6-43），同理引用式（6-111），式（6-43）可写为

$$\Delta i_m=\frac{(i''_{t_1}-i_2)-(i''_{t_2}-i_1)}{\ln\dfrac{i''_{t_1}-\delta-i_2}{i''_{t_2}-\delta-i_1}}=\frac{\eta_2-\xi_2}{\ln\dfrac{1-\xi_2}{1-\eta_2}}(i''_{t_1}-i_1-\delta) \tag{6-118}$$

仿照横流式冷却塔的平均焓差计算公式，逆流式冷却塔的平均焓差表示为：

$$\Delta i_m=C_2(i''_{t_1}-i_1-\delta) \tag{6-119}$$

其中：

$$C_2=\frac{\eta_2-\xi_2}{\ln\dfrac{1-\xi_2}{1-\eta_2}} \tag{6-120}$$

将横流式冷却塔的 C_1 与逆流式冷却塔的 C_2 以及反映冷却塔进出塔水温和气温的变量 η_2 和 ξ_2 以曲线图的方式表示，如图 6-10 所示。从图上可以看出，只有当 $\eta_2=0$ 和 $\xi_2=0$ 同时成立时，即只有当不发生冷却时或冷却塔无穷大进出口水、气温度相同时，横流式冷却塔和逆流式冷却塔焓差相同。除此之外，只要冷却有限发生，逆流式冷却塔的焓差总比横流式冷却塔大，或者说要达到相同的冷却效果，在风量相同时，横流式冷却塔的淋水填料体积一定得大于逆流式冷却塔填料体积。

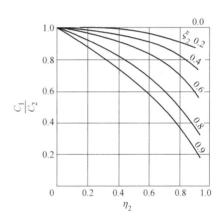

图 6-10　横流式冷却塔与
逆流式冷却塔比较

第四节　热力计算方法比较评价

一、逆流式冷却塔热力计算方法比较

冷却塔发展了近百年，是一个逐步走向成熟的学科，发展过程中出现和形成了多种计算理论和方法，经过实践的检验，一些实用、简单、可靠的方法被广泛采用。目前逆流式冷却塔的计算方法主要以焓差法为主，其中以冷却数法（Merkel）、效率-换热数法（e-NTU）和波普法（Poppe）应用最广。热力计算方法的目的最终都归结到已知淋水填料特性，预报不同应用条件下的运行水温。

1. 冷却数计算的误差

针对一组实测填料特性数据，采用上述 3 种模型进行计算，结果如图 6-11 所示，填

料特性方程见式（6-121）~式（6-123）。由图 6-11 可看出，3 个模型中效率-换热数法计算出的冷却数最低，波普法最高，而冷却数法居中。冷却数法计算出的冷却数较波普法平均低 9.6%，而效率-换热数法计算出的冷却数较波普法平均低 16.4%，3 种方法计算出的冷却数平均差最大可达 16%。由此可见，不同的热力计算模型对于填料试验资料整理结果影响很大。

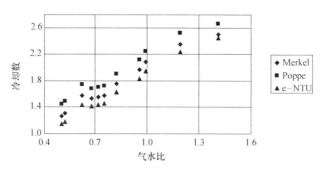

图 6-11 不同模型计算的冷却数

$$N = 2.021\lambda^{0.670} \tag{6-121}$$

$$N = 2.175\lambda^{0.573} \tag{6-122}$$

$$N = 1.904\lambda^{0.736} \tag{6-123}$$

2. 出塔水温的预报

分别以式（6-121）~式（6-123）为填料的特性参数，以试验实测进塔气温、水温、流量、风速为输入条件计算出塔水温。各模型计算结果见图 6-12~图 6-14。

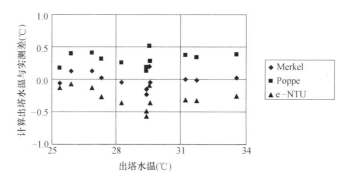

图 6-12 冷却数法整理的填料数据不同模型计算出塔水温与实测比较

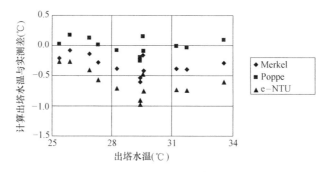

图 6-13 波普法整理的填料数据不同模型计算出塔水温与实测比较

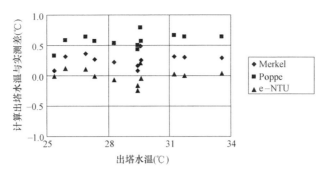

图 6-14　效率-换热数法整理的填料数据不同模型计算出塔水温与实测比较

当冷却塔热力计算采用的模型或方法与填料数据整理方法一致时，计算出塔水温与实测值平均差都小于 $0.01℃$，说明无论采用哪种模型只要试验资料整理与设计计算一致，计算的出塔水温可以达到试验精度。当试验与设计环节采用的热力计算方法不一致时将带来较大的误差，比如，试验资料采用冷却数法或波普法整理的填料特性，采用波普法进行设计时会带来平均约 $0.3℃$ 的误差，采用效率-换热数法设计时平均误差为 $0.3\sim0.6℃$，采用效率-换热数整理的填料特性，用其他方法计算出塔水温的误差达 $0.3\sim0.6℃$。

3. 出塔空气温度、密度与含湿量

上述 3 个模型均可计算冷却塔出口空气温度和含湿量，冷却数法假定出口空气饱和，可通过热平衡计算出塔空气的焓，由焓再计算空气温度和含湿量，这里显然是近似值，因为出塔空气不一定饱和。效率-换热数法也可以相同的方法计算出出塔空气温度和含湿量。波普法增加了 3 个方程，可较为准确地计算塔出口空气参数。以波普法进行填料特性整理和计算塔出口空气各参数作为参考，进行不同方法计算预报比较。以不同的填料特性整理方法采用不同模型预报的塔出口气温、含湿量和密度差与进出口空气密度差的比值见图 6-15～图 6-17。出塔空气的含湿量以效率-换热数法整理填料资料偏差较大，模型方法不同会带来出塔空气温度计算偏差达 $0.6℃$，采用波普法可降低进出塔空气密度差计算误差约 5%。也就是说在计算自然塔的抽力时，若完全采用波普法可减少模型计算误差达 5%，机力塔的水温计算受出口气态参数影响小，所以，计算模型可采用 3 种中的任何一种，只需与填料特性整理一致，自然塔的出塔水温与出塔密度有关，采用波普法较准确。当填料特性整理采用冷却数法整理时，波普法计算的出塔水温偏差小于 $0.3℃$，自然塔抽力偏差小于 5%。

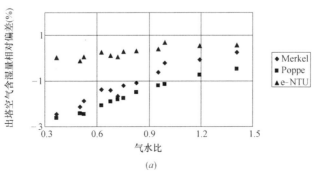

(a)

图 6-15　以冷却数法计算整理数据采用不同模型计算的出塔空气温度、密度与含湿量偏差（一）

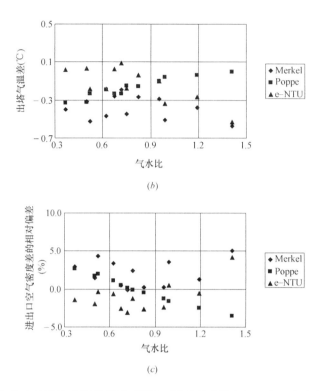

图 6-15　以冷却数法计算整理数据采用不同模型计算的出塔空气温度、密度与含湿量偏差（二）

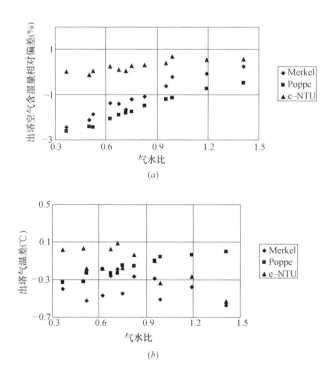

图 6-16　以波普法计算整理数据采用不同模型计算的出塔空气温度、密度与含湿量偏差（一）

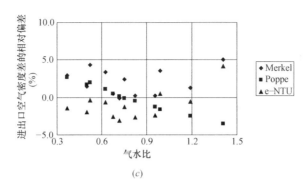

(c)

图 6-16 以波普法计算整理数据采用不同模型计算的出塔空气温度、密度与含湿量偏差（二）

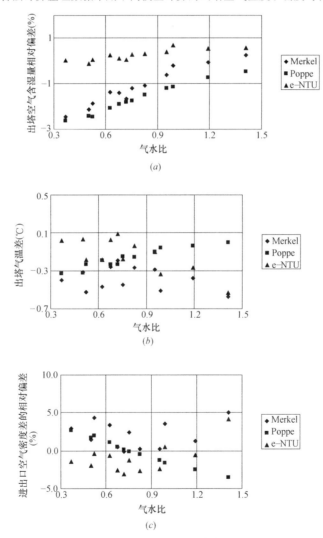

图 6-17 以效率-换热数法计算整理数据采用不同模型计算的出塔空气温度、密度与含湿量偏差

二、横流式冷却塔热力计算方法

通过上述逆流式冷却塔的热力计算方法比较，可看出无论计算方法本身精度好坏对于

机械通风冷却塔采用哪种都可以，只要与填料数据整理方法一致，出塔水温预测偏差不大。这个结论对于横流式冷却塔亦适用，所以，横流式冷却塔的热力计算方法选用，取决于淋水填料的数据整理方法。国内，淋水填料的数据整理方法水科院习惯采用焓差法近似解析解的方法，其他单位有采用逆流式冷却数修正法的，两种方法均可。

三、热力计算中蒸发水量带走热量修正系数

1. 蒸发水量带走热量修正系数存在的矛盾

国内外标准规范中的冷却塔热力计算都采用焓差法，在用焓差法推导冷却数的过程中，由于进入冷却塔的循环水在冷却过程中存在蒸发，所以，水流量在冷却过程中是变量，但由于蒸发量是个小量，公式推导时将其按常数处理，并乘以一个小于 1 的修正系数。该系数即是蒸发水量带走热量修正系数，对于该系数的位置存在不同的观点，王大哲教授认为应置于积分式前，我国相关规范对此表述也不一致，机械通风冷却塔设计规范，淋水填料、喷头和收水器试验方法及中国工程建设标准化协会的标准将该系数置于积分式前，即：

$$N = \frac{\beta_{xv}V}{Q} = \frac{1}{K}\int_{t_2}^{t_1}\frac{c_w\mathrm{d}t}{i''_t - i} \tag{6-124}$$

式中　K 为蒸发水量带走热量的修正系数，计算公式为：

$$K = 1 - \frac{t_2}{586 - 0.56(t_2 - 20)} \tag{6-125}$$

工业冷却塔验收规程、玻璃钢冷却塔国标、工业循环水设计规范以及电厂水工设计规范的冷却数计算公式为：

$$N = \frac{K\beta_{xv}V}{Q} = \int_{t_2}^{t_1}\frac{c_w\mathrm{d}t}{i''_t - i} \tag{6-126}$$

玻璃钢冷却塔国标的蒸发水量带走热量的修正系数计算公式与式（6-125）同，其他规范的计算公式为：

$$K = 1 - \frac{c_w t_2}{\gamma_{t_2}} \tag{6-127}$$

式中　γ_{t_2}——与出塔水温相应的水的汽化潜热，kJ/kg。

在美国规范、英国规范和欧洲规范中，不考虑蒸发水量带走热量的修正系数影响，即 K 取值为 1。那么系数 K 值应该如何计算较为准确？其位置放在哪儿比较合适？近似认为 K 值为 1 会带来多大误差？下面来进行讨论。

2. 蒸发水量带走热量系数的由来

在逆流式冷却塔中，某一微小单元内水气之间的热量质量传递变化如图 6-18 所示，水失去的热量为空气得到的热量，值为接触传热与蒸发传热之和：

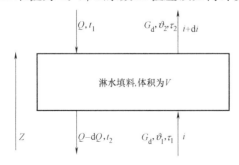

图 6-18　逆流式冷却塔水气参数示意图

$$c_w\mathrm{d}(Qt) = c_w t\mathrm{d}Q + c_w Q\mathrm{d}t = G_d\mathrm{d}i = \beta_{xv}(i''_t - i)A\mathrm{d}z \tag{6-128}$$

式中　G_d——干空气流量，kg/s；

　　　A——填料断面面积，m^2；

　　　t——循环水温，℃；

　　dQ——蒸发水量，kg/s；

其余符号意义同前。

因为 dQ 相对于 Q 而言是一个小量，式（6-128）可写为：

$$c_w t dQ + c_w Q dt = \frac{1}{K} c_w Q dt = \beta_{xv}(i''_t - i) A dz \qquad (6\text{-}129)$$

K 为考虑水蒸发量 Q 的变化而对热量传递量的一个修正系数，即：蒸发水量带走热量系数。

将式（6-129）整理后积分即可得到冷却数，因为 K 是一个与水量相关的修正系数，应该与流量 Q 相联系，所以式（6-129）积分后应该为：

$$N = \frac{KV\beta_{xv}}{Q} = \int_{t_2}^{t_1} \frac{c_w dt}{i'_t - i} \qquad (6\text{-}130)$$

若将 K 与 dt 相联系，即可得到式（6-127），式（6-130）等号右侧中的各量并没有一个量在冷却塔的热质交换过程中是需要修正的常量，而等号左侧的水量则因为在冷却塔的热质交换过程中蒸发存在而不能保持常量，需要对水量的变化进行修正，所以，从 K 的意义出发，式（6-127）是不恰当的，式（6-130）的物理意义更明显合理。

K 值的取值前文已经作过推导，见式（5-69）。

$$K = 1 - \frac{c_w t_2}{\gamma_{t_2}} \qquad (6\text{-}131)$$

式（6-131）中汽化潜热 γ_{t_2} 与温度有关，在 0～50℃ 范围内与温度的关系，可准确地以线性表示，即：

$$\gamma_{t_2} = 586 - 0.56(t_2 - 20) = 597.2 - 0.56 t_2 \qquad (6\text{-}132)$$

将式（6-132）代入式（6-131）即可得到式（6-125）。对不同的出塔水温，当蒸发散热量占总散热量 50% 以上时 K 值的变化如图 6-19 所示，结果表明，将总散热近似为蒸发散热所计算的 K 值稍小，但偏差小于千分之二，所以，式（6-131）对于工程应用已经是非常准确的。

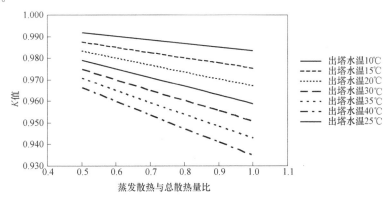

图 6-19　蒸发散热占总散热量比例对 K 值的影响

3. K 值对热力计算的影响

（1） K 值对冷却数计算的影响

因为 K 值主要与出塔水温相关，对于不同的出塔水温采用式（6-124）计算的冷却数比采用式（6-130）计算的结果大，冷却数增加的相对值如图 6-20 所示，结果表明 K 在公式中的位置不同，对于冷却塔出塔水温小于 32℃ 时冷却数的增大小于 5%。若不计 K 的影响，即 $K=1$，计算的冷却数值偏小，不同运行工况，冷却数值减小程度不同，图 6-21 给出了不同出塔水温、不同气水比、不同进塔空气焓和不同进出塔水温差的冷却数相对减小值，结果表明冷却数的相对减小值对气水比最为敏感，其次是出塔水温，进塔空气焓影响相对较小，但是，所有因素影响使冷却数相对减小值小于 3%。

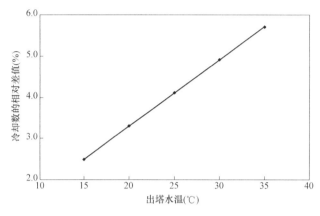

图 6-20 K 值的位置对冷却数计算的影响

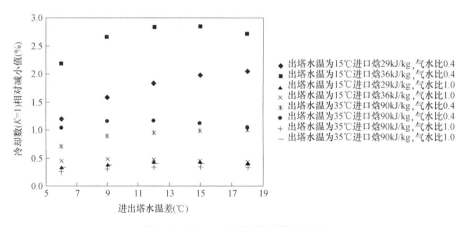

图 6-21 $K=1$ 对冷却数计算的影响

（2） K 值对冷却塔热力计算的影响

冷却数计算是冷却塔热力计算的一个中间过程，计算的目的是为冷却塔的设计以及出塔水温计算预报服务。以某工业冷却塔的夏季运行工况和一组淋水填料试验数据为例来看 K 值对冷却塔热力计算的影响。某冷却塔的夏季进出塔水温差为 10℃、出塔水温为 32℃、干球温度为 32℃、湿球温度为 28℃、大气压为 100kPa。$K=1$ 和 $K\neq1$ 计算的冷却任务曲线和填料热力特性曲线如图 6-22 所示。若填料试验中考虑了 K 值的影响，冷却塔设计

不考虑 K 的影响得到的设计气水比为 A，结果偏于不安全；若填料试验中考虑了 K 值的影响，冷却塔的设计也考虑其影响得到的设计气水比为 C；若填料试验中不考虑 K 值的影响，冷却塔的设计也不考虑其影响得到的设计气水比为 B；若填料试验中不考虑 K 值的影响，冷却塔的设计考虑其影响得到的设计气水比为 D，偏于保守。B 与 C 非常接近，即只要设计冷却塔或出塔水温计算对 K 值的处理与填料试验数据整理一致，K 值的影响不大；相反，不一致时将导致结果差异较大。考虑到国外标准中不考虑 K 值的影响，所以，建议冷却塔热力计算中 K 值取 1，以便与国际接轨也不影响热力计算结果。

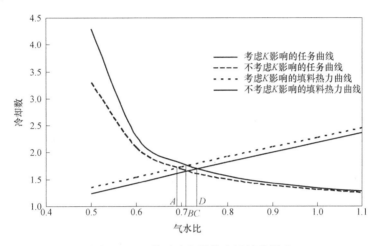

图 6-22　K 值对冷却塔热力计算的影响

第七章　塔芯材料

第一节　国内外塔芯材料发展简介

一、淋水填料发展的历史回顾

国外冷却塔的淋水填料发展经历了一个历史过程，20世纪60年代前，冷却塔的淋水填料多为点滴式填料。填料的材质多为木材，形式为棒、条或管。这种填料的热力性能较差，因此，需要填料体积大，冷却塔的体积也相对较大，20世纪中叶前的美国多用此种填料，较具有代表性的制造商是马利（Marley）冷却塔公司。由于木材的材质易腐烂，热力性能低，后开始采用石棉作为填料，应用最广的石棉填料是石棉瓦，直到20世纪80年代还有使用。石棉瓦的热力性能较过去的板条点滴式淋水填料好，属薄膜式填料，但石棉对人体有害，重量较大，不易成型，所以，渐渐不再使用。介于板条与石棉瓦之间的填料主要是水泥网格填料和塑料网格填料，该填料系点滴薄膜式填料，热力性能比板条填料好，无毒副作用，得到了一定程度的应用，但是水泥网格的缺点是加工质量不易保证，重量大，塑料网格填料的造价较高。由于石化工业的发展，塑料淋水填料在20世纪六七十年代就已经出现，该填料重量轻，易加工成型，有较好的热力性能，一出现就受到人们重视，但受当时工业技术的限制，塑料填料具有造价高、易老化、易燃烧等缺点，一直未能得到广泛使用。随着塑料工业技术的进步，到20世纪80年代，塑料淋水填料才得到了广泛使用。如今用于电厂循环水的冷却塔，包括海水冷却塔都采用了塑料淋水填料。

我国淋水填料的发展，同样也经历了一个过程。1960年之前冷却塔使用的淋水填料主要是木材材质的点滴式填料。随着经济建设的发展，优质木材的供给常常影响冷却塔的需要。另外，木材填料使用5~7年后由于水滴冲蚀和生物化学的腐蚀而损坏，所以，常出现木材短缺影响冷却塔运行的现象。自从1956年我国有了第一台自行设计制造的200MW机组，与之配套的冷却塔淋水填料的研究与开发就提到议事日程，20世纪60年代国家科学技术委员会和水利电力部制定的"电力工业10年发展规划"中有5个中心问题，其中之一就是淋水填料的材质研究和热力特性测试。西北电力设计院、西北电力中试所、灞桥电厂及西北电建四公司共同组成研究小组，对冷却塔的淋水填料进行了分阶段的研究。1963年他们在灞桥电厂建立起了两座完全相同的模拟试验冷却塔，如图7-1所示。1964年开始第一阶段工作，主要内容是采用石棉板来代替木材，共有4个型号，分别为TSs-85°-40×50（见图7-2）、TSs-85°-215×52（见图7-3）、TSs-85°-215×50、TSs-77°-215×50（见图7-4）。1965年开始第二阶段工作，主要工作内容是对不同形状的水泥板条填料（如矩形板条、梯形板条的不同布置方式，见图7-5）和纸蜂窝型填料（见图7-6）进行试验。1966年开始第三阶段工作，进行了塑料波纹（见图7-7）和纸波纹填料（见图

7-8）试验。1967 年、1968 年对宝鸡电厂、新乡电厂、抚顺电厂、太原第二电厂、西固电厂1 号塔、郑州热电厂等机械通风冷却塔进行了工业测试。与此同时，东北电力设计院在东北也开展了纸蜂窝填料的研制与系统试验，试验塔如图 7-9 所示。20 世纪 70 年代开发出了水泥网格填料，到 20 世纪 80 年代大量的塑料填料发展起来，斜波纹、折波（1983 年）、塑料梯形波（1984 年）、组合波（梯形波与折波组合使用，1985 年）、人字波（1985 年）、轻质陶瓷（1989 年）、双向波（1990 年）、差位正弦波（1990 年）、斜梯波（1990 年）、陶瓷格网（1990 年）、台阶波（1991 年）、陶瓷横凸纹（1991 年）、S 波（1991 年）、全梯波（1991 年）、双斜波（1991 年）等填料相继开发出来，丰富了冷却塔填料的设计选型。

图 7-1　灞桥电厂模拟试验塔

图 7-2　TSs-85°-40×50 填料

图 7-3　TSs-85°-215×52 填料

图 7-4　TSs-77°-215×50 填料

横流式冷却塔比逆流式冷却塔的焓差低，所以效率比逆流式冷却塔低。但是冷却塔的发展早期，淋水填料的种类较少，多是杆、棒、网状的点滴式淋水填料，这种类型填料的热力特性较差，往往要安装很大的体积才能满足冷却的要求。采用逆流式冷却塔尽管换热优于横流式冷却塔，但填料组装的体积仍然很大，由此带来冷却塔供水扬程过高。横流式

图 7-5　梯形板条填料

图 7-6　纸蜂窝填料

图 7-7　塑料波纹填料

图 7-8　纸波纹填料

冷却塔可将填料沿平面布置，优于逆流式冷却塔，而得到发展。横流式冷却塔技术开发较好的有美国的马利公司、日本的东洋公司和栗田公司，这些公司的横流式冷却塔于 1970 年随我国从国外引进的大化肥装置进入我国。这些横流式冷却塔均为机械通风横流式冷却塔，日本公司提供的横流式冷却塔填料为石棉瓦波纹板薄膜式填料；马利公司提供的填料为棒式填料，如 M 型填料，后改进为 Ω 型填料，如图 7-10 所示。20 世纪 70 年代末我国电力行业也开始了横流式冷却塔的研究和应用，如开封电厂、金竹山电厂，所采用的填料为水泥板条。20 世纪 80 年代开始，我国冷却塔生产厂家和科研单位开始研发横流塔填料，有针对马利横流塔填料冬季容易冻冰损坏进行改进的，也有另开新途的。图 7-11 为 20 世纪 80 年代末开发的 DC 型和半软型横流塔填料，图 7-12 为 20 世纪 90 年代华北电力设计院为电厂横流塔开发的齿型填料，图 7-13 为水科院和中南电力设计院为电厂横流塔开发的塑料板条式填料。

图 7-9　东北电力设计院模拟试验塔

图 7-10　Ω 型填料

图 7-11　DC 型点滴填料与半软型点滴填料

图 7-12　齿型横流塔填料

图 7-13　塑料板条式填料

153

二、喷溅装置与收水器的发展

早期的冷却塔的喷溅装置是配水槽或管下置溅水碟，水碟与喷水嘴是分体的，水碟需放置于专门设置的梁上，结构复杂、溅水效果不佳，经常出现水碟位置错位，使水不能溅散的现象。到了 20 世纪 80 年代，随着塑料工业技术的发展，研发了喷嘴与溅水碟结合为一体的喷溅装置，极大地简化了冷却塔的结构，而且使塔内的配水均匀化。

目前，在用的喷溅装置分为 3 种：反射型喷溅装置、旋转型喷溅装置和上喷型喷溅装置。我国最常用的是前两种，后者在德国基伊埃（GEA）公司生产的冷却塔中有使用，但由于其喷水方向是向上，配水管在喷头下方，管下不易喷溅到水，溅洒到配水管的水会集中流向填料，使配水不均匀，不适合于大型自然通风冷却塔。反射型喷溅装置有反射Ⅰ型、反射Ⅱ型、反射Ⅲ型、RC 型、TP-Ⅱ型和细齿花篮式等，旋转型喷头有马利公司生产的旋流冲击式、XPH 型、马利螺旋靶式、单旋流和双旋流型等。反射Ⅰ型、螺旋靶式喷头主要用于横流式冷却塔，细齿花篮式多用于机械通风逆流式冷却塔，其他形式的喷头在自然通风逆流式冷却塔和机械通风逆流式冷却塔中均有采用，如图 7-14 所示。

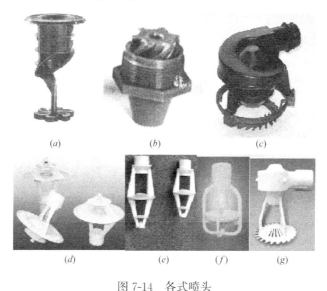

(a) (b) (c)

(d) (e) (f) (g)

图 7-14　各式喷头

（a）马利螺旋靶式喷头；（b）单旋流型喷头；（c）旋流冲击式喷头；（d）细齿花篮式喷头；

（e）三层盘式喷头；（f）多层流型喷头；（g）XPH 型喷头

早期的冷却塔不安装收水器，冷却塔对周围的环境造成不利影响，在寒冷地区还使塔周围地面结冰，后来人们在配水管上方增设了收水器。国外 20 世纪 50 年代开始在自然通风冷却塔中使用收水器，20 世纪 60 年代已经很普遍。英国先在自然通风冷却塔中装设了木质双层百叶式收水器，取得了防止飘滴逸出的较好效果，并将这两种收水器纳入英国冷却塔设计规范（BS-4485）条文中。苏联、美国等国是 20 世纪 70 年代以来开展对收水器的试验与研究工作的，其收水器形式多为百叶式和弧型，材质有木质、塑料、石棉、水泥及金属板等。我国自 1977 年开始，在水利电力部电力规划设计院的组织下，集科研、设计、电厂及生产厂共同协作，对收水器的材质、形式及收水器的理论、计算方法、测试方法与手段、安装方式等一系列问题进行大量研究工作并取得了显著成果，基本解决了自然通风冷却塔的漂滴危害。中国水利水电科学研究院与河南电力设计院及金坛塑料二厂，从1980年起对10多种片型不同间距组合，31种方案进行研究筛选，优化研制了波160-45型和波170-50型两种收水器片型，1980年11月在唐山电厂开始应用，后在电力部门及其他工业部门也得到广泛使用。当时收水器的材质为玻璃钢，由于玻璃钢在湿热环境中易老化，使用一段时间后出现收水器片分层、变形及强度降低，影响冷却塔的通风，收水效率也下降了。到了20世纪90年代，收水器改用PVC材质，克服了玻璃钢材质的缺点。

三、国外塔芯材料现状

国外较著名、有影响、有实力的冷却塔制造公司有德国的基依埃（GEA）公司、德国巴克杜尔（Balcke-Dourr）公司、比利时的哈蒙（Hamon）公司及美国的马利（Marley）公司等，各公司的塔芯情况分述如下。

1. 德国GEA公司

德国GEA公司的淋水填料使用高度一般为0.9～1.8m，填料的类型有塑料薄膜式填料、点滴式填料及组合式填料，每一工程的淋水填料都根据工程特点进行选型，塑料填料多为斜波，斜波角度为60°，间距为19mm，填料的层高约300mm，如图7-15所示，同一冷却塔采用不同填料。淋水填料材质采用聚乙烯，填料片厚度为0.35～0.40mm左右。填料的比表面积为150m²/m²，填料对水质的要求为长期连续运行，循环水的悬浮物浓度不大于70mg/kg，短时间（10h）内不大于100mg/kg。

对于悬浮物浓度较大的水质采用格栅形填料，如图7-16所示，该填料的比表面积为125 m²/m²，片厚度为1.8mm，长期连续运行，要求循环水的悬浮物浓度不大于300mg/kg，短时间（10h）内不大于500mg/kg。

图7-15　德国GEA公司斜波纹薄膜式填料　　　图7-16　德国GEA公司格栅形填料

用于海水的填料与淡水相同，主要看海水的悬浮物浓度，冷却塔二次循环的海水水质的控制是一套自动监测与处理系统。

喷溅装置多用上喷型喷头，也有用下喷型，取决于用户，如图7-17所示，下喷型喷头的喷嘴口径为22～30mm，上喷型喷头的喷嘴口径为22～34mm。海水对工程塑料材质的喷头并无腐蚀作用，所以，海水冷却塔的喷头与淡水冷却塔无区别。

收水器为折线型收水器，材质为PVC或PP，收水器片距为30～45mm，片厚1.8mm，收水器的单跨度为2500mm。如图7-18所示。

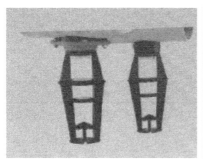

图 7-17　德国 GEA 公司喷溅装置（右侧为上喷型）

图 7-18　德国 GEA 公司 PVC 型收水器

2. 美国 SPX 公司和 Hamon 公司

Marley 公司与 Balcke-Dourr 公司并购成为美国上市的斯皮克（SPX）公司，用于冷却塔的淋水填料主要有 3 种类型：薄膜式淋水填料（薄膜式填料按波的角度还可分为直波型与斜波型）、格栅型及板条型。薄膜式淋水填料具有较好的冷却效果，填料片高为 1.22m，片间距为 19mm，如图 7-19 所示。Hamon 公司的淋水填料为复合波，填料的片距为 20mm，填料片厚度为 $0.35\sim0.40$mm，填料的层高为 500mm。

格栅型填料为 14mm×14mm 菱形网格型，垂向通道形状为三角形，填料块高度为 450mm，重 42kg/m³。用于海水冷却塔的填料形式可根据海水的水质而定。

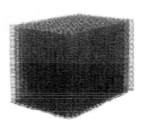

图 7-19　美国 SPX 公司生产的淋水填料

喷溅装置主要有 3 种：反射型、旋转型、密集型，如图 7-20 所示。其中密集型喷头

图 7-20　美国 SPX 公司的喷溅装置

口径小于 20mm。Hamon 的喷头为反射型喷头。

收水器有两种，一种是传统的弧型填料，收水器的收水效率达到 0.01%；另一种是蜂窝型，如图 7-21 所示。收水器的收水效率可达 0.005%。

3. 其他国家的填料

俄罗斯使用的淋水填料多为斜波（VNIIG Co. Ltd.（St. Petersburg）和 TEP Police Co. Ltd.（Moscow）生产），PVC 材质，片距 31mm，波与水平夹角 45°，填料片高 700mm，长 1600mm，填料重量 17kg/m³。经过多年的发展，俄罗斯也开发了多种淋水填料，以适应不同的水质要求，如图 7-22 和图 7-23 所示。

图 7-21 美国 SPX 公司生产的蜂窝型收水器

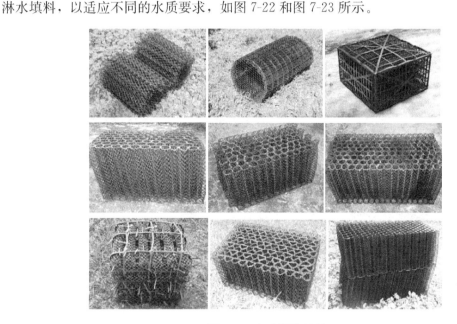

图 7-22 各式网状填料

塑料填料在英国电力系统的应用是从 1985 年开始的。由于塑料填料的经济性原因，好多冷却塔都进行了填料的更换改造。但所有填料都存在不同程度的污垢现象，填料表面的结垢由薄到厚，使其从有利于提高填料性能，到加大填料重量，影响通过能力，降低运行效果，甚至威胁填料的整体结构。进行水质处理后，这种现象基本不再出现。

英国自从 20 世纪 60 年代大规模建设电厂后，到 20 世纪 80 年代电厂建设规模已经很小，20 世纪 60 年代用的填料是木条或石棉板，这些填料的寿命至 20 世纪 80 年代中已经到期。更换为塑料淋水填料可带来出塔水温 3℃降幅，对于一个 2000MW 机组的电厂，每年可达到节约 2M 英镑燃煤的效果。

4. 小结

目前，在用的冷却塔淋水填料可分为薄膜式的斜波与直波塑料填料、格栅填料。对于悬浮物浓度低于 100mg/kg 的循环水质，采用薄膜式填料较合适。海水冷却塔的塑料淋水填料与淡水塔相同，但选型时要考虑海水的悬浮物浓度。

图 7-23　各式薄膜式填料

　　不论是斜波型，还是直波型，薄膜式填料的片距都控制在 20mm 以内，填料的片厚度取 0.35～0.40mm 为宜，填料片的高度控制在 500mm 左右，多层布置。

　　喷头使用较多的形式为反射型与旋转型，喷头的喷嘴口径较小。

收水器的形式分为 3 种：弧型、折线型及蜂窝型，材料一般为 PVC。收水效率达到 0.01%～0.005%。

四、国内塔芯材料状况

我国电力行业的冷却塔大多为自然通风冷却塔，冷却塔的塔芯材料由专门生产厂供货。目前，生产塔芯材料的厂家约有二三十家，较为常用的淋水填料有 10 多种。

1. 淋水填料

淋水填料有很多种形式，其中在电力行业应用最广泛的是：S 波、双斜波、斜折波、双向波（见图 7-24 和图 7-25）及复合波等，双向波与复合波波型相似，双向波的片距大，复合波由于片距较小，单位体积的填料重量大，热力性能未有明显增大，因而市场竞争能力低，近年来工程选用相对少些。常用填料的品种与 20 世纪 90 年代初出现的 20 多种相比已经减少了许多，由此说明经过多年的实践，上述几种常用片型具有其自身优点而被市场认可。这些片型经过多年实塔运行未见有结垢堵塞现象发生，说明这些片型对于电力行业的淡水冷却塔是适合的。这几种片型从波型上可以分为两类：斜波类（S 波、双斜波及斜折波）与直波类（双向波与复合波）。各种填料的片型特征如表 7-1 所示，填料组装后的组装块的特性参数见表 7-2。几种填料的片间距除双向波为 25mm 外，其余填料都达到 30mm 或以上，与国外使用的淋水填料相比，我国使用的淋水填料的片间距增大 25%～50%，说明国内填料的通过能力比国外填料大，而热力性能与比利时哈蒙（Hamon）公司的复合波相当，或稍高，由此说明国内填料的研发与生产水平已经超过国外公司。几种填料的单位体积重量差别不大，以 S 波单位体积重量最小，双向波最大，两者相差不到 2kg。

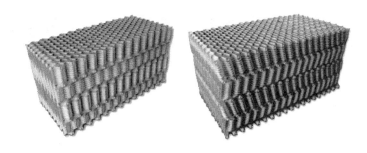

图 7-24 双向波（左）与双斜波淋水填料（右）

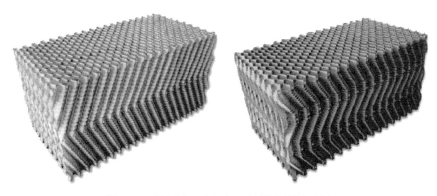

图 7-25 斜折波（左）与 S 波淋水填料（右）

填料片型特征参数　　　　　　　　　　　　　　　　　　　表 7-1

填料名称	斜波波距（cm）	斜波波长（cm）	角度（与垂直方向夹角，°）	直波波距（cm）	直波波长（cm）
双向波	0	0	0	72.5	500
S波	50	120	30	60	175
双斜波	55	85	12.5	55	160
斜折波	45	245	22.5	45	53

组装块特征参数　　　　　　　　　　　　　　　　　　　表 7-2

填料名称	1m宽组装块片数	片距(mm)	重量(kg/m³)	比表面积
双向波	40	25	23.0	1.29
S波	33	30	21.2	1.46
双斜波	33	30	22.5	1.44
斜折波	33	30	23.0	1.77

2. 喷溅装置

目前，国内自然通风冷却塔采用的喷溅装置为反射Ⅲ型、多层流型、TPⅡ型、RC型与 XPH 型喷头，见图 7-26。这些喷头按工作原理可分为两类：反射型与旋转型。除 XPH 为旋转型外，其余均为反射型。反射型喷头的喷嘴口径一般为 26～34mm，旋转型喷头的喷嘴口径一般为 32～44mm。与国外使用的喷嘴口径相比，国内使用的平均喷嘴口径大 25%，主要原因是考虑凝汽胶球的通过问题与不易堵塞。

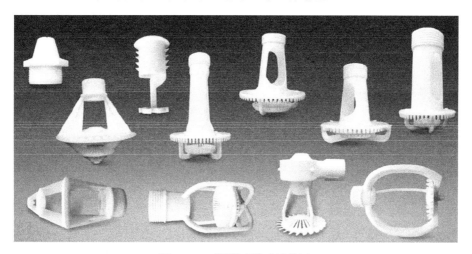

图 7-26　不同类型的喷溅装置

反射型喷头中，最早使用的是反射Ⅱ型，后改进成反射Ⅲ型，但由于反射Ⅲ型的结构本身存在缺陷，使用中经常出现喷头溅水盘脱落，使冷却塔的效率急降，如图 7-27 所示。为此中国水利水电科学研究院对反射Ⅲ型进行了改进，形成了多层流型喷头。TP-Ⅱ型与 RC 型反射型喷头系哈蒙公司喷头或变种，RC 型结构强度差，以 TP-Ⅱ型代之。

3. 收水器

国内在用的收水器有玻璃钢弧型收水器、PVC 弧型收水器及加肋型 PVC 弧型收水器，如图 7-28 所示。收水器的片距与片宽不同，收水效率也不同。

图 7-27 反射Ⅲ型喷头的损坏情况

图 7-28 PVC 波形收水器

4. 塑料淋水填料在海水冷却塔中的使用

海水冷却塔已经在国内开始使用，既有机械通风冷却塔也有自然通风冷却塔。深圳福华德电力有限公司 V94.2 机组配 5 台逆流式机力通风塔，其中 1 台为备用。冷却塔由江苏海鸥冷却塔股份有限公司设计、制造，该冷却塔按淡水水质设计，经过两年多正常运行后，由于淡水资源紧缺，从 2004 年 6 月起补充水改为海水，即由原来的淡水冷却塔改为海水冷却塔，海水取自深圳的大鹏湾。改为海水冷却塔后，对循环水质进行了处理，冷却塔采用的淋水填料为斜波类填料，填料片距为 31mm。大鹏湾海水的总含盐量为21803mg/kg，pH 值为 7.8，循环水按浓缩倍数 2 运行。经过 1 年多的运行，于 2005 年

的夏季进行了测试，测试中对淋水填料的结垢情况进行了观察，未发现有结垢与结污的现象，见图 7-29，说明塑料淋水填料用于深圳大鹏湾的海水冷却塔是可行的。或者说对于悬浮物浓度不大的海水冷却塔，目前淡水冷却塔的塔芯材料是适用的。浙江宁海电厂二期 1000MW 机组与天津北疆电厂的 1000MW 机组配套使用了淋水面积 12000m² 以上的自然通风海水冷却塔，已经分别于 2007 年和 2008 年

图 7-29 经过一年的海水循环运行的 PVC 填料

投产使用，现场测试结果表明淋水填料性能与运行状况良好。

第二节 冷却塔淋水填料性能试验

淋水填料是冷却塔的核心部件，完成冷却塔冷却任务的 70%～80%，所以，淋水填料热力特性的好坏是判别填料好坏的主要指标。淋水填料结垢是经常发生的事，无论是国内还是国外都有发生，如图 7-30 所示，淋水填料不阻燃将会给冷却塔带来较大的危害，如图 7-31 所示，不阻燃的淋水填料遇火后会成片燃烧，造成较大损失，阻燃填料在明火移去后仅是局部损失。所以，淋水填料的通过能力、易不易结污，即填料的结污能力、阻燃能力、填料的刚度及散水能力等也是影响填料性能的重要因素。

图 7-30　淋水填料结污垢示意图

图 7-31　阻燃与不阻燃填料的区别

图 7-32　淋水填料结污程度原型观测
试验中填料试样示意图

不同类型的淋水填料结污后的性能降低程度不同，法国电力公司（EDF）对于淋水填料的结污进行过多年、多组的试验。他们从原型冷却塔中取其中一块，不定时称重，以确定填料的结污状况，如图 7-32 所示，他们的观测结果如图 7-33 所示，结污的增加对冷却水温影响还是比较大的，类似的研究在英国也曾进行过。

我国水科院对目前最常用的 4 种淋水填料进行了除热力阻力性能以外的其他性能的试验对比研究，以综合判定填料的优劣。

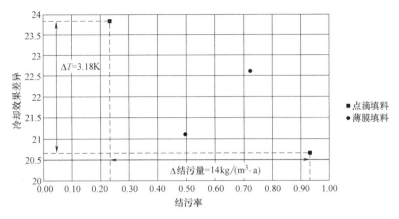

图 7-33　结污填料性能变化

一、淋水填料的通过能力

淋水填料的通过能力是指填料组装块通过污物的能力。循环水系统的滤网损坏时，污物会进入冷却塔内，造成填料的堵塞，使填料的配水与通风不畅，影响填料的性能，严重时造成冷却塔性能下降。除污物外，电厂循环水系统中还有凝汽器清洗胶球可能进入冷却塔中，经过填料时，如果不能通过将滞留于填料中，使填料堵塞。因此，淋水填料的通过能力主要以胶球通过能力来判别。

1. 试验装置

采用水科院的逆流式室内模拟冷却塔，如图 7-34 所示。试验系统由蓄水池、供水泵、控制阀、喷头、填料装置、接水池、三角形量水堰等组成。研究者对填料单层 0.5m、双层 1.0m（同向和交叉）、1.5m 两层和三层（同向和交叉）布置进行试验。

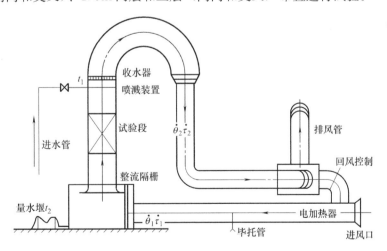

图 7-34　水科院逆流式冷却塔淋水填料试验装置示意图

2. 试验结果

填料上的淋水密度按冷却塔的常用淋水密度进行模拟。试验时，将胶球均匀地撒在填料顶面上，胶球的直径为 26mm，淋水一定的时间，然后统计胶球的通过率。试验结果见

表 7-3 与表 7-4。

胶球通过率统计（%）   表 7-3

填料形式		双向波	S 波	双斜波	斜折波
0.5m		86	83	21	6
1.0m	同向	76	75	5	1
	交叉	60	30	5	0

1.5m 高度填料的胶球通过率（S 波）   表 7-4

填料布置方式	两层		三层	
	同向	交叉	同向	交叉
通过率(%)	20	19	9	7

试验结果表明：

（1）目前在用的淋水填料的胶球通过能力都不能达到 100%。

（2）500mm 高的淋水填料的胶球通过能力反映了填料本身的通过能力，通过能力以双向波最大，S 波次之，两者都达到 80% 以上，双斜波与斜折波的通过能力较差，都在 21% 以下。

（3）1000mm 高的淋水填料的胶球通过能力反映了填料组装块的通过能力，同样双向波与 S 波的通过能力最大，都在 75% 以上，与填料本身通过能力相比降低约 10%，原因是填料交叉处减小了填料的通道孔尺寸，双斜波与斜折波的通过能力不到 10%。通过填料层间加隔板可提高填料的通过能力，隔板高度大于等于填料的片距。

（4）同一种填料片型，相同填料高度，采用不同片高度，片高者胶球通过能力较低者通过能力高约 10%。

二、填料的结污能力

当循环水水质差，特别是补充水中含有海泥时，会有污垢沉积于填料表面，根据相关资料，处于良好管理状态的循环水，填料的表面结污是一个动态过程，当污垢结至一定厚度后，将保持相对稳定。污垢集结量的多少与填料的片型有关，因此，可以通过人为加大循环水的悬浮物含量来模拟填料片型的结污能力。

1. 试验装置

试验系统由蓄水池、供水泵、供水管路、控制阀、淋水池、填料装置、接水池等组成，试验装置见图 7-35。试验的填料断面为 600mm×600mm，试验时向水中添加煤粉，煤粉的中值粒径为 0.03mm，循环水的煤粉浓度为 1.8%。

试验时，通过动水重量变化来反映填料表面结污量的大小。

2. 试验结果

对常用的双斜波、S 波、斜折波和双向波 4 种逆流塔塑料填料进行试验，视填料的动水重量变化，每种填料连续冲淋 3~5d，直至其动水重量达到基本平衡，淋水密度按工程中常用值来模拟。

不同填料的结污随时间变化关系如图 7-36~图 7-39 所示。

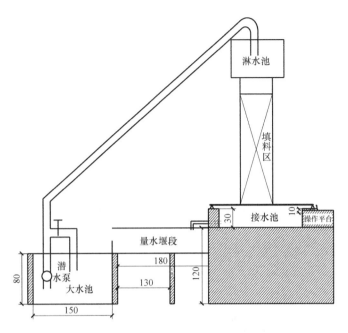

图 7-35 填料结污能力试验装置

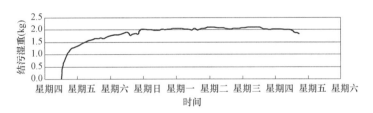

图 7-36 双斜波淋水填料结污与时间关系

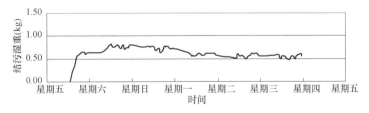

图 7-37 S波淋水填料结污与时间关系

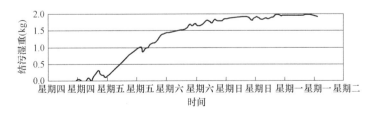

图 7-38 斜折波淋水填料结污与时间关系

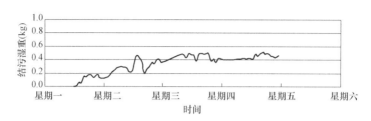

图 7-39　双向波淋水填料结污与时间关系

由图 7-36～图 7-39 可知，各种填料表面结污随时间在变化，在开始时结污重量变化较快，然后变慢，最后趋于稳定。双斜波与 S 波的结污量在初始阶段的变化比双向波与斜折波大。片型不同，结污相对稳定的结污量也不同，几种填料的最终平均结污量（湿重）见表 7-5。

比较片型的结污情况，双向波与 S 波填料的结污量较小，双斜波与斜折波相对较大。这是片型本身特性所决定的，双向波与 S 波的波型通道相对畅通，污物不易留存，斜折波与双斜波的通道有相互交错处，所以，比前两者易存污。

各种填料结污增加的动水平衡重量　　　　　　　　　表 7-5

填料形式	双向波	S 波	双斜波	斜折波
重量(kg/m³)	1.31	1.53	5.42	5.44

三、填料的散水性能试验

在冷却塔中，循环水是通过喷溅装置将热水喷洒至填料顶面的，喷头喷洒在填料顶面的水是不完全均匀的，经过填料时可将水进一步均化，不同的填料其对布水的均化能力不同，因此，实际冷却塔有不同的冷却效果。在极端情况下，即喷头损坏或堵塞时，填料均化的能力对冷却塔效果的影响更为突出。所以，填料对淋水的均化性能也是填料的重要特性之一。

1. 试验装置

试验系统由蓄水池、供水泵、控制阀、填料支架、回水池等组成。试验时，将集中的一柱水冲向填料，然后观察填料底部淋水的扩展情况，根据扩展情况好坏来判别填料散水性的好坏。填料的平面断面尺寸为 600mm×600mm，对不同的填料高度（按 0.5m 和 1.0m）、摆放方式（按同向和交叉）及填料类型，以相同的水柱量来试验观察。

2. 试验结果

试验按相同水量进行，对不同填料的底部淋水面积进行分析，试验结果见表 7-6 与表 7-7，散水状态见图 7-40～图 7-42。

4 种填料底部的散水面积　　　　　　　　　表 7-6

填料形式		双向波	S 波	双斜波	斜折波
0.5m		10cm×38cm	10cm×29cm	10cm×38cm	6cm×40cm
1.0m	同向	15cm×40cm	13cm×36cm	14cm×42cm	10cm×45cm
	交叉	32cm×27cm	32cm×30cm	34cm×26cm	48cm×40cm

相同填料高度不同层数的填料底部淋水面积　　表 7-7

填料布置方式	同向	交叉
两层	13cm×50cm	32cm×35cm
三层	20cm×45cm	30cm×50cm

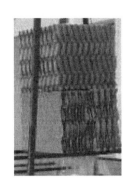

图 7-40　斜折波与双斜波填料散水性能　　　　图 7-41　双向波与 S 波填料散水性能

由表 7-6 和表 7-7 及图 7-40～图 7-42 可看出，集中的水柱经过淋水填料后被散宽，由于填料片间不能透水，同向布置时，集中的水只能沿片扩展。当填料交错布置时，集中的水柱被第一层填料沿片间散宽后，进入下层填料在另一方向散宽。为比较填料散水性的好坏，引入散水角概念，即同向布置时，由水柱与填料接触点及填料下水宽形成的三角形的顶角或交错布置时填料下散水面积等效为圆与水柱同填料接触点形成的圆锥角，如图 7-43 所示。

图 7-42　相同高度不同层数填料的散水性能

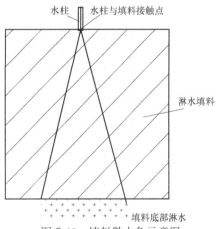

图 7-43　填料散水角示意图

不同填料类型与布置的散水角列于表 7-8 与表 7-9，相同高度的淋水填料，同向布置散水角比交叉布置大，这是由于填料片阻挡了水在片的垂向的扩散，相同的水量仅在一个方向扩散，自然会宽些，同向布置的填料的散水角与高度有关，高度大，散水角就大。交叉布置水量要沿两个方向扩散，但从散水的面积看还是交叉布置大，一般填料布置都是交叉布置，试验给出同向布置仅是说明散水角的不同布置的变化。4 种填料的散水角基本相当，以斜折波与双斜波稍大。同一种填料相同高度，填料层数不同，散水角也有差别，层数多，散水角大。

不同填料类型与布置的散水角（°） 表 7-8

填料形式		双向波	S 波	双斜波	斜折波
1.0m	同向	11.3	11.6	11.9	12.1
	交叉	9.4	9.9	10.2	11.9
0.5m		8.0	8.3	10.8	11.3

相同填料高度不同层数的散水角（°） 表 7-9

填料布置方式	同向	交叉
两层	5.5	6.7
三层	6.4	8.3

四、淋水填料的热力阻力特性试验

1. 逆流式冷却塔淋水填料热力阻力特性

我国生产的淋水填料的热力阻力特性大多来自水科院室内的小型逆流式冷却塔模拟装置和西安热工研究院的模拟试验装置。水科院的试验模型塔为抽风式逆流塔，塔体试验段高 3m，淋水面积 0.6m×0.6m，最大尾高 1.8m。试验装置系统见图 7-34。模拟塔主要由水循环和空气循环两个系统组成，各系统分别介绍如下：

水循环系统：水由电热箱加热后送到蓄水池循环加热，待蓄水池内水温达到试验所需温度后，用水泵送至配水装置，配水装置为 3 根直径为 25mm 的压力水管，每根管上等距离安装 3 个淋水喷头，热水由淋水喷头均匀喷洒到填料顶表面，经填料进行水气热质交换后，分别流入主壁流集水槽汇集，经各自的量水堰返回蓄水池循环利用，淋水密度可调范围为 4000～25000kg/(m²·h)。

空气循环系统：由试验装置尾部的离心式抽风机从进风口吸入外界空气，经安装在进风管内的电加热器加热，以控制进塔的干湿球温度，达到试验所控要求，然后进入塔的试验段从风管排出，一部分排出室外，另一部分通过进风管，调节进口空气湿球温度，风量用变频改变电机的转速控制。

西安热工研究院的试验装置为鼓风式，如图 7-44 所示，淋水面积为 1m×1m，试验装置的空气直接取自大气，温湿度无法调节。

通过调节试验装置的进塔空气量和温湿度、进塔水温、水量来模拟淋水填料不同的运行工况，同时测量填料上下的压力差、进出塔水温、进出塔空气干湿球温度、大气压、风量和水量。将各工况的试验参数整理成淋水填料的热力阻力特性，其中冷却数按式（6-15）计算。填料的热力特性用冷却数表示，整理为与气水比的如式（6-31）和式（6-32）所示的关系曲线。填料的阻力特性整理为与风速和淋水密度的关系式。

$$\frac{\Delta p}{\gamma} = A_p \upsilon^M \tag{7-1}$$

式中　Δp——淋水填料阻力，Pa；

　　　γ——空气的重力密度，N/m³；

　　　υ——通过淋水填料的风速，m/s；

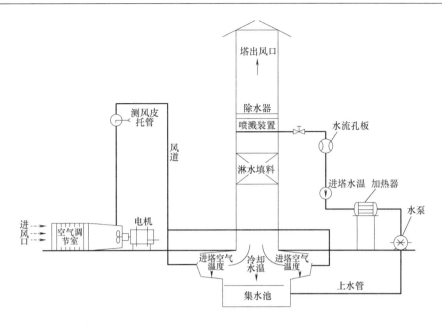

图 7-44　西安热工研究院鼓风式填料模拟试验装置示意图

A_p、M——阻力公式系数和指数，表示为式（7-2）和式（7-3）。

$$A_p = A_x q^2 + A_y q + A_z \tag{7-2}$$

$$M = M_x q^2 + M_y q + M_z \tag{7-3}$$

式中　　　　　　　　　　q——淋水密度，$10^3 \mathrm{kg/(m^2 \cdot h)}$；

A_x、A_y、A_z、M_x、M_y、M_z——试验数据整理出的系数。

附录 L 给出了水科院多年来测试的淋水填料的试验数据，数据中淋水密度一般为 6～15 t/（$\mathrm{m^2 \cdot h}$）、填料段试验风速为 1～2.5m/s、进塔空气的湿球温度为 22～26℃、水温为（41±1）℃。

2. 横流式冷却塔淋水填料热力阻力特性

横流式冷却塔淋水填料与逆流塔相比，发展要缓慢得多。横流式冷却塔填料主要是以杆、棒等点滴式填料为主，薄膜式由于阻力偏大用的少。横流塔淋水填料的热力阻力特性的数据来源以水科院模拟试验装置为多。水科院横流式模拟冷却塔试验装置如图 7-45 所

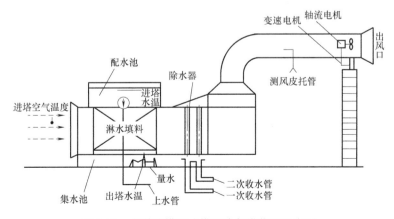

图 7-45　水科院横流式模拟冷却塔装置示意图

示，装置为抽风式，进风面尺寸为 1m×2m，淋水断面尺寸为 1m×2.5m，风速可调节范围为 1.0～3.0m/s，淋水密度可调节范围为 10～40t/(m²·h)，进塔的空气参数无法调节，进塔水温一般为（41±1）℃，试验结果整理采用焓差近似解析法，填料特性整理为式（6-31）、式（6-32）和式（7-1）的形式，附录 M 为水科院横流式模拟冷却塔的部分试验结果。

第三节　喷溅装置性能试验

喷溅装置试验设备如图 7-46 所示，试验设备由水库、水泵、管路系统、配水池、径向等距接水槽、测压管、孔板、三角堰组成。水库的水由水泵提升至管路系统，然后经喷溅装置进入集水池。

喷头的工作压力用测压管测量，在配水管末端将水引出至玻璃测压管读取喷头工作压力，喷溅装置流量采用孔板测量。

径向水量分布采用 2m 的接水槽测量。水槽共分为 10 格，每格尺寸为 200mm×200mm×400mm（长×宽×高），测量喷洒水滴在径向范围内的水量分布情况。水量分布按相同时间内各接水格的接水量占总接水量的百分比表示。各接水格的接水量采用称重法测量。

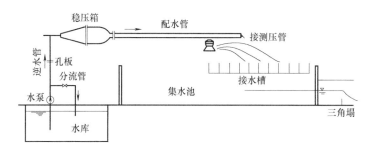

图 7-46　喷溅装置水力试验设备示意图

喷溅装置是将循环水均匀地喷洒在填料的顶面上，喷溅装置喷水的均匀性对于冷却塔的整体性能影响很大，好的喷溅装置可将循环水均匀喷洒在填料的顶面，填料才可以发挥其应有的作用，喷洒不均时，将使填料的一些表面没有布水，这部分填料将失去散热作用，另外也使空气流向无水处，从而使热交换不充分，降低冷却塔的效率。所以，喷溅装置的好坏的主要判别是看其喷洒在填料表面的淋水密度均匀程度，可用不均匀系数表示：

$$\xi = \frac{1}{A}\iint \left|\frac{q_i - q}{q}\right| \mathrm{d}A \tag{7-4}$$

式中　q_i——填料表面某点的淋水密度，t/(h·m²)；

q——整个填料顶面的平均淋水密度，t/(h·m²)；

A——填料顶面积，m²。

电力行业自然通风冷却塔常用的喷头形式有多种，水科院对其中常用的 TP-Ⅱ 型、反射Ⅲ型及蜗壳旋流型喷溅装置的不同喷嘴直径、不同出水水压及至填料顶面不同距离的组合工况进行了喷溅装置的水力特性试验。根据室内的试验结果，可以计算出按喷头相同出水量时，喷头布置组合后填料顶面的淋水密度的不均匀系数，结果整理如图7-47～图7-49所示。

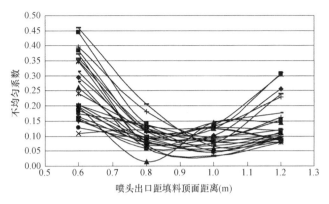

图 7-47　旋转型喷溅装置不同喷头口径、不同工作水头的不均匀系数

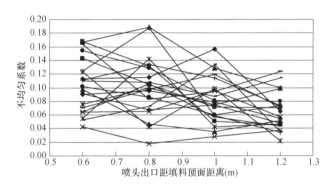

图 7-48　反射Ⅲ型喷溅装置不同喷头口径、不同工作水头的不均匀系数

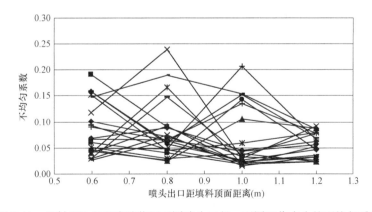

图 7-49　反射 TP-Ⅱ型喷溅装置不同喷头口径、不同工作水头的不均匀系数

试验结果表明，旋转型喷溅装置不同口径、不同工作水头的不均匀系数在 0.03～0.45 之间，当喷溅装置喷嘴出口距填料顶面的距离为 0.8～1.0m 时，不均匀系数小于0.15，因此，旋转型喷头使用时，喷嘴出口至填料顶面的距离宜控制在 0.8～1.0m 之间。反射型喷溅装置不同口径与工作水头的不均匀系数大多小于 0.2，喷嘴出口至填料顶面的距离，对不均匀系数影响不大，可取 0.6m。从配水均匀的角度看，反射型均匀性稍好，

反射型喷头的不同类型的配水均匀性差别不大。

第四节 收 水 器

收水器的主要功能是减少或收回出塔空气中挟带的微小水滴，所以，收水器的性能有两个指标：一是反映收水能力的收水率；另一个是对空气形成的阻力的阻力系数。

收水器的收水率指标测试有多种方法，室内模拟装置上常采用二次收水法、硅胶吸湿法、毫米微波法和冻结法等，室外原型塔常采用滤纸称重法和滴谱法等。收水器的阻力特性一般通过室内模拟试验装置测量。

一、收水率的室内测试方法

1. 二次收水法

二次收水法是在室内模拟试验冷却塔装置放置与不放置被测试的收水器，试验装置上高效收水装置所收集水量的比值。

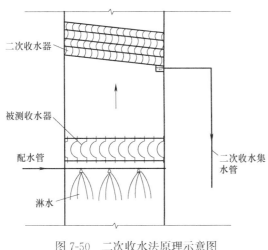

图 7-50　二次收水法原理示意图

如图 7-50 所示室内模拟试验冷却塔二次收水示意图，在配水管上部放置被测试的收水器，在配水管气流下游远处设置一个高密度高效收水装置。该装置系由尺寸间距均较小的波纹板构成，波纹板沿空气流向有一定的厚度（大于 300mm），波纹板组装成块体倾斜安装于试验装置内，在波纹板的低端有收水槽将收水装置收集的水由管引出，供称量重量。对于特定的工况条件，首先称量不放置收水器的收水装置的收集水量 W_1，然后将被测收水器放置于配水管上方再测同样工况条件下的收水装置的收

集水量 W_2，按式（7-5）计算收水器的收水率。

$$\eta_e = \frac{W_1 - W_2}{W_1} \times 100\%$$ （7-5）

2. 硅胶吸湿法

硅胶吸湿法是利用硅胶遇水吸湿的特性，根据其吸湿的质量变化来计算确定收水器的收水效率。试验时在收水器的上下分别放置硅胶，由收水器上下硅胶的增湿量来计算收水器效率：

$$\eta_e = \frac{W_1 - W_2}{W_1} \times 100\%$$ （7-6）

式中　W_1、W_2——收水器下与上的硅胶吸湿量，g。

这种方法简单易操作，但实际测试时要注意不要使硅胶过早饱和，否则测量结果就不准确了。

3. 毫米微波法

毫米微波法是利用毫米微波经过挟带小水滴的气流有极微量的衰减，通过微差比较电路显示出来。最后经过理论计算和标定，将其换算成气流挟带水滴量（g/m³），原理如图7-51所示。

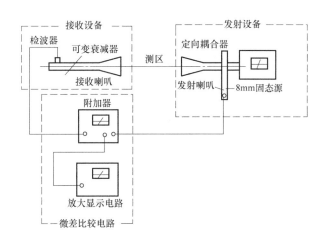

图7-51 毫米微波法原理示意图

根据毫米微波测量有无收水器塔内气流的水滴挟带量来计算收水效率，收水效率计算公式同式（7-6），式中 W_1、W_2 为无收水器和有收水器时毫米微波的测量结果。

4. 冻结法

冻结法是将长200mm、直径20mm的紫铜棒置于冷箱中，冻到−40℃取出，送入塔内放在收水器效率测区的测点上。测点高度在除水器上方0.5m处。同一工况有、无收水器各测一组，每组在测区内测6个点。低温铜棒在测点上停放一定时间后，在铜棒水平投影面内的上飘水滴遇棒即被冻结。然后用天平称出铜重量增量即为上飘水滴质量。

二、冷却塔原型收水器收水率测试方法

1. 滴谱法

为了对冷却塔中除水器上方和下方飘移水滴进行定量统计和滴谱分析，测试可使用QX-1型滴谱仪。

滴谱仪是用激光全息摄影的方法分析塔内飘滴的一种装置。全息摄影采用红宝石激光器。用于模拟塔时摄影部位在塔截面的中央，高程位置在除水器上方和下方，距除水器约0.55m。取截面3cm×3cm，长度8cm的棱柱体拍录。底片洗出后，以氦氖激光器为光源，放大20倍重现，进行滴谱数据处理。

滴谱仪用于工业塔测试时，取样高度位

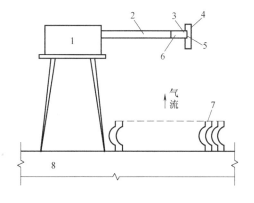

图7-52 滴谱仪法原理示意图

1—滴谱仪；2—导光筒；3—快门；4—暗盒；
5—底片；6—激光束取样单元；7—除水器；
8—配水槽

于收水器上方 1～5m 处。在有或无除水器的情况下，分别对取样单元进行全息摄影，如图 7-52 所示。

2. 滤纸吸湿法

滤纸吸湿法是原型观测所规定的方法，该方法操作简便易行。试验前将滤纸烘干密封称重量，测试时将滤纸取出，用框架固定放置在冷却塔出口的位置，使出塔的气流与滤纸垂直，气流中的小水滴便落在滤纸上，经过一定时间后，将滤纸取下密封，再称重。滤纸前后称重的质量差即为吸湿量，也就是滤纸面积内的飘滴水量。

滤纸吸湿冷却塔的原型观测，只测量冷却塔安装收水器的飘滴损失率，而与室内试验的相对收水率表示方法不同，飘滴损失率既能反映收水器产品本身性能，也是冷却塔节水和对环境影响的一个指标，更具有实用意义。飘滴损失率或飘滴率以 Δ 表示，按下式进行计算：

$$\Delta = \frac{\Delta W'}{Q} \tag{7-7}$$

其中：

$$\Delta W' = \Delta M \times \frac{D_2^2}{d'^2} \times \frac{1}{t} / 1000 \tag{7-8}$$

$$\Delta M = \frac{1}{n} \times \sum_{i=1}^{n} (M_{2_i} - M_{1_i}) \tag{7-9}$$

式中　$\Delta W'$——飘滴水量，kg/s；

　　　　Q——循环水流量，kg/s；

　　　　ΔM——滤纸吸收的水量，g；

　　　　D_2——塔风筒出口直径，m；

　　　　d'——滤纸的直径，m；

　　　　t——取样时间，min；

　M_{1_i}、M_{2_i}——滤纸吸湿前后的质量，g。

三、国外飘滴测量方法

上文中所叙述的方法都有不同的缺点，除了滴谱仪外，所有方法要么不能完全反映出塔气流的水滴挟带量，要么因为测量器械的原因对出塔的气流形成干扰，使得测量不准确。美国在冷却塔的飘滴测试方面处于领先地位。美国对冷却塔的飘滴损失的重视是从 20 世纪 90 年代开始的。经过 1990～1994 年对飘滴损失的测试经验积累，1995 年美国制定出冷却塔飘滴损失的测试标准 ATC-140。之前，美国对冷却塔飘滴损失的测试也使用滤纸称重的办法。而滤纸称重的办法的采样是滤纸面对冷却塔出塔气流，使气流中的水滴碰到滤纸后，由滤纸吸收，然后再测滤纸的重量。这种方法的好处是简单易行，但是最大的缺点是，取样对原出塔气流产生了扰动，所以，测试结果的精度受到了限制。而 ATC-140 所要求的测试系统克服了滤纸取样对原气流扰动的缺点，采用了等动力采样的示踪剂分析法。该方法测试冷却塔飘滴损失较为准确，已被大多数国家所接受。等动力采样示踪剂分析法的测试系统包括：遥控数据收集系统 HP34970A、系统及采样软件、静压和分压变送器、真空泵、可控流量表和控制阀、温度感应器、速度感应器、加热和加热循环控制、桨式气象表、采样器硬件、玻璃水滴收集管和过滤器。采样器与温度、速度感应器同时置于冷却塔出口气流中，采样器有圆管形的吸入口，采样器的速度、温度感应器将塔出口的温度速度值传回数据系统，系统给采样器下达采样入口的速度与塔出口气流速度大小方向一致后，开始采样。采样器吸口后便是吸收采样中水滴的吸收器（吸收器温度较高，水滴遇上后即蒸发，水中的示踪剂被粘留在吸收器中），再经过过滤等将空气排出，最后以吸水器所吸收的示踪剂的量来计算飘滴损失率。

四、收水器的型号与特性

目前，国内普遍采用的收水器按材质可分为玻璃钢和PVC两种，按形状分为波型与弧型两种。经过多年的实践，收水器的材质趋于采用PVC，因为PVC湿热老化的性能优于玻璃钢材料。收水器的品种也已经有很多种，图7-53为部分逆流式冷却塔的收水器尺寸示意图，图7-54为部分横流式冷却塔的收水器尺寸示意图，表7-10为不同形式的收水器收水效率的测试结果。

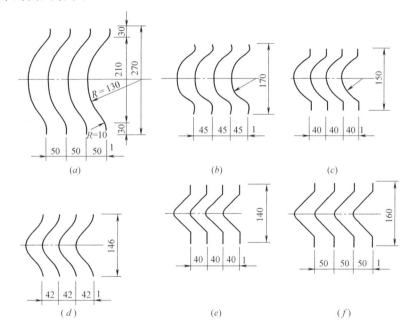

图 7-53 部分逆流式冷却塔收水器尺寸示意图

(*a*) 弧 270-50；(*b*) 弧 170-45；(*c*) 弧 150-40；(*d*) 波 146-42；

(*e*) 波 140-40；(*f*) 波 160-50

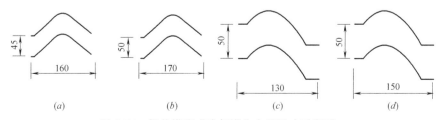

图 7-54 部分横流式冷却塔收水器尺寸示意图

(*a*) 波 160-45；(*b*) 波 170-50；(*c*) HC-50/130；(*d*) HC-50/150；

收水器的收水效率测量结果　　　　　表 7-10

序号	收水器型号	风速 (m/s)	收水率 (%)	风速 (m/s)	收水率 (%)	风速 (m/s)	收水率 (%)	阻力系数
1	波 170-50			1.5	95.4	2.0	99.0	1.30
2	波 160-45			1.5	95.4	2.0	99.0	1.10
3	弧 270-50	1.2	78.3	1.6	88.5	2.0	95.8	1.23
4	弧 150-40	1.2	79.7	1.6	88.2	2.0	96.7	1.23
5	弧 170-45	1.2	79.1	1.6	83.4	2.0	95.1	1.23
6	波 146-42	1.2	72.9	1.6	89.4	2.0	95.5	$1.56/v^{0.2}$
7	波 140-40	1.2	77.6	1.6	85.7	2.0	94.7	$1.60/v^{0.16}$
8	波 160—50	1.2	78.8	1.6	86.0	2.0	96.1	$2.10/v^{0.31}$

除上述的收水器外，国内还有多维收水器、加筋型波型收水器，其中后者经过多个工业冷却塔的原型测试，飘滴损失率低于十万分之五。由表 7-10 可看出，波型收水器的收水效率是较高的，加筋型波型收水器虽未进行过室内测试，但其波型与波 160-45 相仿，具有同样的收水效果。

第五节　淋水填料的特性规律分析

一、填料的类型

淋水填料按材质分有塑料淋水填料、玻璃钢淋水填料、水泥淋水填料、陶瓷淋水填料、木材淋水填料、石棉淋水填料和竹片淋水填料等；按热交换方式可分为点滴式淋水填料、薄膜式淋水填料和点滴薄膜式淋水填料。

点滴式淋水填料顾名思义，主要是靠水滴与空气之间进行热质交换，填料的热力性能好坏在于将热水溅散为水滴的表面积总和的大小。常用的点滴式淋水填料有水泥弧型板、木板条、M 板、欧米加板条填料、塑料棒或管等。

薄膜式淋水填料是将热水在填料上扩展为水膜与空气进行热质交换，填料的性能主要取决于填料的有效展开面积。展开面积大，散热性能好；展开面积小，散热性能差，则填料热力性能低。常见的薄膜式淋水填料有 S 波、双斜波、斜折波、复合波、双向波、梯形波、Z 字波、折波、人字波、玻璃钢斜波纹、塑料斜波纹、石棉瓦、纸蜂窝等。

点滴薄膜式淋水填料介于点滴式与薄膜式之间，热交换主要是通过点滴与薄膜两种方式进行。常用的点滴薄膜式填料有水泥网格板、塑料网格板、竹片格网、陶瓷格网、球型填料等。

三类填料各有特点，薄膜式填料的热力性能较好，点滴膜薄式填料次之，点滴式较差；但薄膜式填料对水质要求高，点滴式填料对水质要求低。因此，填料的选用不可一概而论。对于水质较差而对水温要求不严格的工艺系统中的冷却塔淋水填料，可采用点滴式填料或点滴薄膜式填料，如钢铁企业中的浊环水系统；而对于水质较好的、冷却塔出塔水温影响工艺生产的系统，冷却塔淋水填料应采用热力性能较好的薄膜式填料，如钢铁工业的鼓风机站、电力工业的冷却水系统等；对于浊水且水温要求较高的系统中的冷却塔的淋水填料，可采用点滴薄膜式淋水填料。

二、填料的热力特性

淋水填料的热力性能是指填料的散热性能，一般通过室内试验取得。填料的散热性能整理方法应与冷却塔的热力计算方法相一致，这样才能较好地应用于冷却塔的设计。

我国有关规范规定了淋水填料与冷却塔的热力计算方法为焓差法，因此，填料的热力特性资料整理应按焓差法进行，即应采用式（6-15）进行整理，结果以式（6-31）和式（6-32）的形式表示。

三、影响填料热力性能的因素

式（6-32）中的试验常数，与填料的形式、体积、水温及气候条件等因素有关，当这些条件变化时，试验常数也有所变化。这些常数与这些因素是什么关系，国外有许多学者进行过试验研究，我国学者赵振国在分析国内外试验资料的基础上进行了理论分析，说明了影响填料热力特性的因素及关系。

1. 大气湿球温度对填料散质系数的影响

对于逆流式冷却塔，考虑如图 6-1 所示的逆流塔水气流动，可写出逆流式冷却塔中的传热传质的微分方程：

$$g\frac{\mathrm{d}i}{\mathrm{d}z}=q\frac{c_\mathrm{w}\mathrm{d}t}{\mathrm{d}z}=\beta_{xv}(i''-i) \tag{7-10}$$

式中　g——重量风速，$\mathrm{kg/(h \cdot m^2)}$；

　　　q——淋水密度，$\mathrm{kg/(h \cdot m^2)}$；

　　　i''——与水温 t 相应的饱和空气焓，$\mathrm{kJ/kg}$；

　　　i——空气的焓，$\mathrm{kJ/kg}$。

式（7-10）的边界条件为：

$z=0$ 时，$i=i_1$

$z=h$ 时，$i''=i''_{t_1}$

式（7-10）中与水温相应的饱和空气焓是水温的函数，如图 6-4 所示，将该函数关系作线性化处理，也就是在冷却塔冷却水温范围内，将与水温相应的饱和蒸汽焓表示为水温的线性关系。即：

$$i''=A+Bt$$

式中　A、B——常数。

令　　　　　$\zeta=\dfrac{i''-i_1}{i''_{t_1}-i_1},\eta=\dfrac{i-i_1}{i''_{t_1}-i_1},x=\dfrac{z}{h}$。

则式（7-10）可变换为：

$$\frac{g}{h}\frac{\mathrm{d}\eta}{\mathrm{d}x}=\frac{c_\mathrm{w}q}{hB}\frac{\mathrm{d}\zeta}{\mathrm{d}x}=\beta_{xv}(\zeta-\eta) \tag{7-11}$$

边界条件变化为：

$$x=0时,\eta=0 \atop x=1时,\zeta=1。 \tag{7-12}$$

式（7-11）中当 q、g、h、B 不变时，只要 β_{xv} 不变，无论 i_1 如何变化，式（7-11）的解不变，也就是填料的散质系数 β_{xv} 与进塔的空气湿球温度无关。

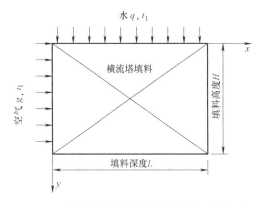

图 7-55　横流式冷却塔水气流动情况示意图

关于空气湿球温度与散质系数的关系，凯利（Kelly）、葛冈常雄、手塚俊一等人进行过试验，这些试验采用了不同的填料形式与一定范围的湿球温度的变化幅度。试验结果指出，空气的湿球温度对填料的散质系数没有什么影响。

对于横流式冷却塔，也可得出同样的结论。如图 7-55 所示横流式冷却塔水气流动情况，横流塔的热质交换为二维，即各参量变化不能简化为随一个坐标而变化。根据式（5-49）和式（5-81），在横流塔中的热质交换区内，可写出横流塔热质交换微分方程：

$$g\frac{\partial i}{\partial x}=-c_w q\frac{\partial t}{\partial y}=\beta_{xv}(i''-i) \tag{7-13}$$

边界条件为：

$$\begin{aligned}x=0时,i=i_1\\y=0时,t=t_1,i''=i''_{t_1}\end{aligned} \tag{7-14}$$

以上式中符号意义同前。

令　$\xi=\dfrac{i''-i_1}{i''_{t_1}-i_1}$，$\eta=\dfrac{i-i_1}{i''_{t_1}-i_1}$，$X=\dfrac{x}{L}$，$Y=\dfrac{y}{H}$

$i''=A+Bt$

式（7-13）可变化为：

$$\frac{g}{\beta_{xv}L}\frac{\partial\eta}{\partial X}=-\frac{C_w q}{B\beta_{xv}H}\frac{\partial\xi}{\partial Y}=\zeta-\eta \tag{7-15}$$

边界条件变化为：

$$\begin{aligned}X=0时,\eta=0\\Y=0时,\zeta=1\end{aligned} \tag{7-16}$$

式（7-15）中，当 q、g、H、L、B 不变时，只要 β_{xv} 不变，无论 i_1 如何变化，式（7-15)的解不变，这说明填料的散质系数 β_{xv} 与进塔的空气湿球温度无关。

国内外对于湿球温度对横流塔填料散质系数的影响也进行过许多试验，图 7-56 为我国学者赵振国、许玉林的试验结果。由图可见，湿球温度对横流塔填料的冷却数或散质系数没有什么影响，试验用的填料为石棉弧形板。

2. 进塔水温对填料散质系数的影响

在推导式（7-11）和式（7-15）时，都将与水温相应的饱和空气焓与水温的关系作了线性化处理，在式（7-11）与式（7-15）中都包含了水温与水温相应的饱和空气焓线性关系的直线斜率，即系数 B，对于不同的进塔水温，将有不同的 B。要保证式（7-11）与式（7-15）的解不变，对于确定的填料高度、深度及形式，则散质系数与 B 之间不能相互独

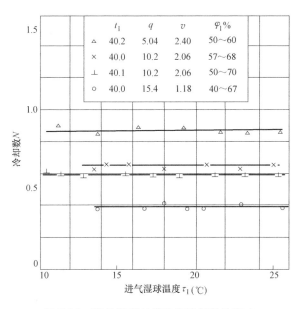

图 7-56 湿球温度对横流塔冷却数的影响

立，所以，散质系数受 B 的影响，也就是受进塔水温的影响。

对于进塔水温如何影响散质系数，可作出如下推导。

水温与水温相应的饱和蒸汽焓的关系可以较准确地以二次曲线表示，即：

$$i'' = at^2 + bt + c \tag{7-17}$$

式中 a、b、c——常数。

内田秀雄给出的关系为：

$$i'' = 0.0254t^2 - 0.241t + 8.265 \tag{7-18}$$

水温在 $20 \sim 40^\circ\!C$ 范围内（冷却塔通常运行的水温）时，式（7-18）的误差小于 1%。

以式（7-17）代替与水温相应的饱和空气焓，式（7-11）与式（7-15）可写为：

$$\frac{g}{h}\frac{\mathrm{d}\eta}{\mathrm{d}x} = \frac{c_w q}{h(2at+b)}\frac{\mathrm{d}\zeta}{\mathrm{d}x} = \beta_{xv}(\zeta - \eta) \tag{7-19}$$

$$\frac{g}{\beta_{xv}L}\frac{\partial \eta}{\partial X} = -\frac{c_w q}{(2at+b)\beta_{xv}H}\frac{\partial \zeta}{\partial Y} = \zeta - \eta \tag{7-20}$$

式（7-19）和式（7-20）可显示出散质系数与水温之间的关系，所以，式（6-32）可表示为：

$$\beta_{xv} = Bg^m \left(\frac{q}{2at+b}\right)^n = Bg^m q^n (2at+b)^{-n}$$

或

$$\beta_{xv} = B'g^m q^n \left(\frac{2at+b}{2at_0+b}\right)^{-n} \tag{7-21}$$

当水温大于 $20^\circ\!C$ 时，由式（7-18）可知，$2at > b$。忽略 b 的影响，用进塔水温代替水温，式（7-21）可改写为：

$$\beta_{xv} = B'g^m q^n \left(\frac{t_1}{t_0}\right)^{-n} \tag{7-22}$$

式中 t_0——获取淋水填料热力特性数据时的热水温度，$^\circ\!C$；

t_1——冷却塔的进塔水温，℃。

由式（7-22）可看出，当冷却塔的进塔水温低时，填料的散质系数会增大。

关于进塔水温对填料散质系数影响的试验有多个，日本的手塚俊一、中村隆哉在逆流式冷却塔中对铁管式填料进塔水温在 $30\sim50$℃范围内进行了试验，试验结果为：

$$\beta_{xv}=B'g^{0.53}q^{0.45}t_1^{-0.4} \tag{7-23}$$

我国学者赵振国、许玉林在横流式冷却塔中对进塔水温在 $35\sim50$℃范围内进行了试验，试验的填料为石棉水泥弧形板，填料的高、深分别为 3.0m 和 4.5m。试验结果为：

$$\beta_{xv}=0.57g^{0.35}q^{0.56}\left(\frac{t_1}{40}\right)^{-0.54} \tag{7-24}$$

比较试验结果式（7-23）、式（7-24）与理论分析结果式（7-22），基本是一致的。

3. 横流塔填料高度与深度对填料散质系数的影响

横流塔的淋水填料高度可达到 10m 多，深度也变化较大。而横流塔填料数据取得主要是靠室内试验，或已经实测到的数据，填料高度与深度同要设计应用的塔的填料尺寸不一致，这时就需要了解填料的高度与深度变化时，填料的散质系数是否发生变化。

（1）横流塔填料深度变化对散质系数的影响。

式（7-15）中的水气可以看作是对等的，即 $c_w q$ 与 g 是对等的地位，比照式（6-32），可得：

$$\frac{\beta_{xv}H}{c_w q/B}=A'\left(\frac{g}{c_w q/B}\right)^m \tag{7-25}$$

则冷却数为：

$$N=\frac{\beta_{xv}H}{q}=\frac{c_w^{1-m}A'}{B^{1-n}}\left(\frac{g}{q}\right)^m=\frac{A}{B^{1-m}}\left(\frac{g}{q}\right)^m \tag{7-26}$$

式（7-25）与式（7-26）中的 B 为饱和空气焓线性化的系数，即图 6-4 中直线的斜率。

当填料的深度变大时，水量与气量不变，出塔水温将变高，B 将变大，冷却数变小。关于填料深度对散质系数的影响，赵振国与许玉林进行过试验，试验的填料高度为 3.0m，深度变化为 2.5m、3.0m、3.5m、4.0m 和 4.5m，进塔水温为 40℃，湿球温度为 25℃，通风填料断面的空气流速分别为 1.0m/s、1.5m/s、2.0m/s 和 2.5m/s。试验结果为：

$$N=0.71\left(\frac{L}{4.5}\right)^{-0.23}\lambda^{0.46} \tag{7-27}$$

式中　L——填料深度，m；

　　　λ——气水比。

式（7-27）说明当填料深度增大时，填料的散质系数将变小，与式（7-26）的结论一致。

（2）横流塔填料高度变化对散质系数的影响。

由于水气的对等地位，与分析填料深度对散质系数影响的方法一样，填料高度变化时，可写出：

$$N'=\frac{\beta_{xv}L}{g}=A'\left(\frac{q/B}{g}\right)^n=\frac{A}{B^n}\left(\frac{q}{g}\right)^n \tag{7-28}$$

当填料的高度增大时，出塔水温变低，相应式（7-28）中的 B 将变小，所以，填料的散质系数将变大。

第八章 机械通风冷却塔

第一节 机械通风冷却塔的构成与设计

机械通风冷却塔按通风方式分为机械通风逆流式冷却塔、机械通风横流式冷却塔、鼓风式机械通风冷却塔等。无论是哪种形式都包含有风机、风机出口的导风筒、进风口、填料、配水系统、收水器等组件。小型的民用冷却塔各制造商已经将冷却塔做成了标准系列，制造商有自己独特的设计风格，这里不作介绍。工业冷却塔往往循环水流量较大，进出塔水温随工艺系统不同而变化，所以，一般对具体工程或项目要进行具体设计或构件选用。本节主要介绍机械通风冷却塔部件构成、特性和设计要点。

一、风机

轴流风机具有风量大、静压头低、效率高和价格便宜等优点，已经广泛用于机械通风冷却塔。冷却塔的风机一般采用抽风式安装方式，如图 1-2 和图 1-6 所示，在特殊条件下，采用鼓风式安装方式，如图 1-16 所示。抽风式冷却塔与鼓风式冷却塔相比，抽风式冷却塔的淋水填料断面风速分布均匀，塔的冷却效果好。抽风式冷却塔的热空气回流率比鼓风式低，这是因为抽风式冷却塔的出口热空气流速较高，一般达到 6～10m/s，离开冷却塔出口后这部分湿热空气流仍可保持向上 10～12m 的高度，这就极大地降低了热空气回流的可能性。而采用鼓风式冷却塔时，塔出口热空气流速较低，通常为 2～4m/s，冷却塔的入口即风机吸入口的空气流速高，若遇弱的自然风时就可能将热空气吹向底部塔的入口，形成热空气回流使冷却塔效率降低。鼓风式冷却塔进风口高，循环水泵扬程大，鼓风式冷却塔冬季防冻性能也不如抽风式。在冬天鼓风式风机叶片上容易结冰，抽风式总遇到经过换热后的热空气不易出现叶片结冰。尽管鼓风式风机安装方式有很多缺点，但在遇有腐蚀性的循环水质、冷却塔有抗震和防飞射物等特殊要求的应用条件时，鼓风式冷却塔还是可表现出比抽风式更大的优势。在循环水有腐蚀性时，鼓风式冷却塔的风机与循环水接触的机会远小于抽风式，所以，腐蚀风机的可能性较小。对于核电站重要厂用水系统，循环水流量不大但对冷却塔的安全性要求很高，鼓风式风机的抗震防护要比抽风式容易的多，遇有飞射物时也可以很好地进行防护。

轴流式风机一般由风机叶片、轮毂、机壳、电机以及传动连接部件组成。风机与电机的连接方式有直连式、皮带连接、减速箱直连与减速箱轴连等方式。直连式和皮带连接的风机叶片转速比较高，适用于小直径的风机，如图 8-1～图 8-4 所示。风机叶片可由铝、钢、不锈钢或玻璃钢材料制成，因为玻璃钢材料有可塑性强、质量轻、强度大和抗腐蚀等优点而被工业冷却塔或大直径风机（直径大于 4.7m）采用，小型冷却塔和民用冷却塔多采用铝质、钢质风机叶片。工业冷却塔所用的风机已经形成系列，主要有 LF47、LF60、

LF70、LF77、LF85、LF92、LF98、LF100 等规格，主要性能参数见表 8-1。

风机的有效功率为：

$$N_e = \rho G \Delta p \tag{8-1}$$

风机的轴功率为：

$$N = \frac{N_e}{\eta} \tag{8-2}$$

式中　N_e，N——风机的有效功率和轴功率，W；

　　　　ρ——空气的密度，kg/m^3；

　　　　G——空气的流量，m^3/s；

　　　　Δp——风机的全压，其值为风机的静压与动压之和，Pa；

　　　　η——风机的总效率。

考虑电动机可能超载以及传动方式不同所带来的效率差别，电动机配备功率可按下式计算：

$$N_d = \frac{KN}{\eta_t} \tag{8-3}$$

式中　N_d——电动机功率，W；

　　　　η_t——传动效率，直连时可取 1，三角皮带连接时可取 0.92，齿轮减速取 0.95；

　　　　K——电动机的安全系数，功率大于 5kW 时取 1.15。

由式（8-1）~式（8-3）可看出，风机的能耗与风机的风量、全压和风机本身结构有关。风机本身结构是风机制造商设计确定的，冷却塔设计选用时，在保证风量的前提下，

图 8-1　直连式风机

图 8-2　皮带连接方式

图 8-3　减速箱直接连接方式

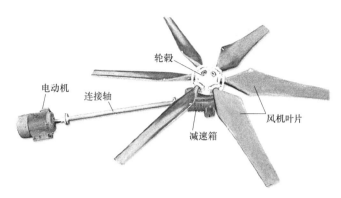

图 8-4　减速箱轴连方式

大直径风机的静压与小直径相同，但动压低，风机的能耗也低。一般希望风机的静压与全压比不大于 0.9 且不宜小于 0.6，可使电动机功率较小。选用风机时除性能外，风机的噪声也是一个要考虑的重要指标，一般来说叶片宽、叶片数量多和转速低的风机噪声小。对于叶片末端较宽的风机，叶片的末端形状做成圆弧状优于直线状，可减小叶片末端与风筒的间隙。

冷却塔用主要轴流风机性能表

表 8-1

风机型号	直径 (m)	叶轮转速 (r/m)	叶片安装 角度(°)	叶片数量 (片)	风量 ($10^4m^3/h$)	全压 (Pa)	效率 (%)	轴功率 (kW)	电机功率 (kW)
LF-47	4.7	240	12.5	4	60	127.5	83.3	25.5	30
LF-47Ⅱ	4.7	220	12.0	4	60	128.7	84.9	25.3	30
LF-47Ⅲ	4.7	238	19.0	4	78	137.0	78.1	38.0	45/15
LF-47F	4.7	240	12.5	4	60	127.5	83.3	25.5	30
LF-55Ⅱ	5.5	165	14.0	6	76	127.5	86.8	31.0	37
LF-60Ⅱ	6.0	165	13.0	6	100	132.3	85.5	43.0	55
LF-70	7.0	149	12.0	4	140	155.0	82.6	73.0	90
LF-77Ⅱ	7.7	149	6.0	4	135	127.0	83.8	57.0	75
LF-77Ⅲ	7.7	149	6.0	4	135	127.0	83.8	57.0	75
LF-80Ⅱ	8.0	149	12.0	6	255	167.0	86.0	127.3	160
LF-80Ⅳ	8.0	149	12.0	6	255	167.0	86.0	127.3	160
LF-85Ⅱ	8.5	149	9.0	6	273	152.0	85.6	135.0	160
LF-85Ⅲ	8.5	149	9.0	6	273	152.0	85.6	135.0	160
LF98	9.8	109	12.5	10	290	178.4	84.0	170.6	200
LF100	10.0	109	11.0	10	323	167.2	87.0	175.6	220

二、风筒

风筒是抽风式冷却塔的风机出口构件，主要功能是保证风机正常运行和减小风机出口动能的损失，同时可减少冷却塔排出湿热空气回流到进风口。大直径风机本身无机壳，而是由风筒来替代形成气流通道,如图8-5所示。风筒出口直径大于风机叶片直径,这样风筒出口动能小于风机的动压。风筒的材质有玻璃钢、钢筋混凝土或钢,连接风筒出口与叶片断面的风筒壁形线有多种,最为简单的是直线,还可做成折线或曲线。各种风筒如图8-6~图8-9所示。

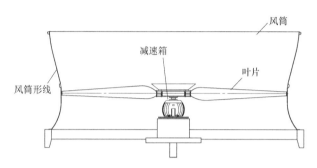

图8-5 风筒与风机关系示意图

图8-6 钢筋混凝土直线形风筒

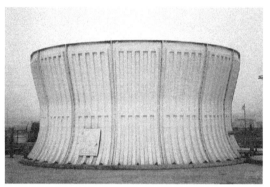

图8-7 玻璃钢曲线形风筒

图8-8 玻璃钢直线形风筒

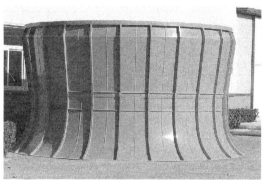

图8-9 玻璃钢模压折线形风筒

风筒的工艺性能主要由两个参数来反映:一是风筒的动能回收率;二是风筒与风机叶片的间隙。风机叶片与风筒的间隙直接影响风机的效率,大的间隙可使风机的效率降低。

要做到小间隙，就要对风筒的加工精度和加工质量提出较高的要求，风机叶片末端与风筒的间隙不宜大于 30mm。风机的动能回收主要与风筒的形线有关，风筒对于风机出口气流来讲，就是一个扩散筒。只有扩散筒中的流体与风筒不发生分离才能起到回收动能的作用。由流体试验可知，扩散筒的扩散角设计为 $14°\sim18°$ 流体可不发生分离，所以，直线形风筒的形线与垂直线夹角常控制在 $7°\sim9°$。实际上风筒内的气流流动非常复杂，风筒形线采用直线原因是制作加工简单，但不符合气流流线，所以，要提高风筒的动能回收效率，风筒形线应加工为曲线形，从风机出口形线与垂直线夹角为 0° 逐渐加大，到风筒顶达到最大，但仍应控制形线与垂直线夹角为 $7°\sim9°$。风筒内的气流沿风筒向塔外流动，速度随风筒高度的增高而减小，动能回收率也提高，由于风筒内气流本身也有阻力，所以，动能回收率与风筒高度是非线性变化关系，从经济角度考虑，风筒高度取风机叶片直径的 0.5 倍较为合理。风筒的动能回收率可按下式估算：

$$\varepsilon = 1 - \frac{k_1}{\left(1 + \dfrac{2h}{D}\tan\theta\right)^4} \tag{8-4}$$

式中　ε——风筒回收的动能与风机出口动能比，100%；

$\quad\quad h$——风筒自风机叶片至风筒出口的垂直距离，m；

$\quad\quad D$——风机叶片直径，m；

$\quad\quad \theta$——风筒形线按直线计算的形线与垂直线的夹角，(°)；

$\quad\quad k_1$——综合反映风筒内气流不均匀性的系数，大于等于 1，风筒出口断面流速越均匀 k_1 越接近于 1，综合反映风筒形线设计水平。

由式（8-4）可看出，风筒的动能回收率与扩散角、风筒形线和高度均有关，所以要设计好的风筒要从这 3 个方面入手。

三、进风口

1. 逆流式冷却塔的进风口

逆流式冷却塔的进风口为矩形进风口，根据冷却塔所处的位置和数量不同可有不同的设计。对于单格或单台冷却塔从进风的气流流动条件来看，冷却塔设计为圆形或接近圆形的多边形较为合理。冷却塔在不同的气流条件下的气流阻力系数变化见表 8-2，由表可见，若以八角形冷却塔空气阻力系数为 100%，正方形两侧进风时增加 10%～15%，边长比变为 4:3 时阻力系数增加 30%～48%，边长比变为 2:1 时阻力系数增加 53%～64%。所以，多格冷却塔采用正方形或矩形，边长比不大于 4:3。对于两侧进风的冷却塔，随进风口高度增大，进风口阻力减小，如图 8-10 所示。因为进风口高度增大带来循环水泵扬程加大，造成能耗增加，所以，一般单侧进风时进风口与淋水面积比取 0.35～0.45；双侧进风时取 0.4～0.5；三侧进风时取 0.45～0.55；四侧进风时取 0.5～0.6。

冷却塔的进风口上沿可设置导流板，试验研究表明设置导流板可减少进风口上部填料断面回流区，冷却塔阻力系数可降低约 1，如图 8-11 所示。

对于多格冷却塔布置的塔排，处于两端的冷却塔的进风条件不对称，在进风口边壁处会产生涡流，增加导流墙后可消除涡流，如图 8-12 所示。

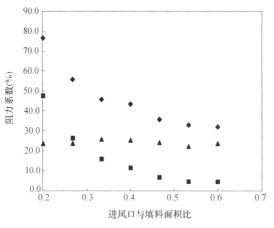

图 8-10　空气阻力与进风口面积的关系

不同进风条件下冷却塔气流阻力系数变化　　　　　表 8-2

塔平面图 （箭头表示气流方向）	边长比	阻力系数(%)
	—	100
	1∶1	110～115
	1∶1	120～130
	4∶3	130～148
	3∶2	140～150
	2∶1	153～164

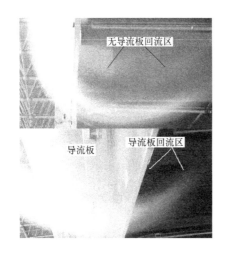

图 8-11　进风口设置导流板的作用示意图

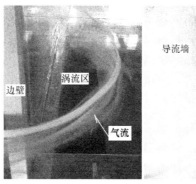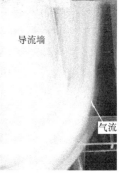

图 8-12　端头冷却塔导流墙的作用示意图

2. 横流式冷却塔的进风口

横流式冷却塔的进风口正面是矩形,侧面是一个斜面,如图 1-6 所示。这是因为横流塔中的热水会在进入横流塔的气流作用下向塔内倾斜,使塔的下层淋水填料不起作用,所以,横流塔的填料布置时,下层填料逐渐向里收,使填料布置从侧边看是一个平行四边形,填料迎风面与水平夹角为 78°~85°,与使用填料形式有关,点滴式填料倾角取小些,薄膜式取大些。这样横流式冷却塔进风口宜设置向下倾斜的导风百叶板,百叶板与水平夹角可选为 30°~50°,常选为 40°,当横流式冷却塔风机不运行时,循环水将流落在百叶板上导向塔内,流入塔的集水池,另一个作用是对进塔空气进行导流,以使进入填料的风速均匀。

3. 鼓风式冷却塔的进风口

鼓风式冷却塔的进风口就是风机的进风口,如图 8-3 和图 1-16 所示,风机的鼓风口未设导流段,风机直接从环境吸空气吹进冷却塔内,好处是进口无气流阻力。当风机需要防护时,风机进口前建有防护建筑,如图 8-13 所示,风机被置于钢筋混凝土防护体内,防护体一端为进风口,进风口处设置有防护格栅。

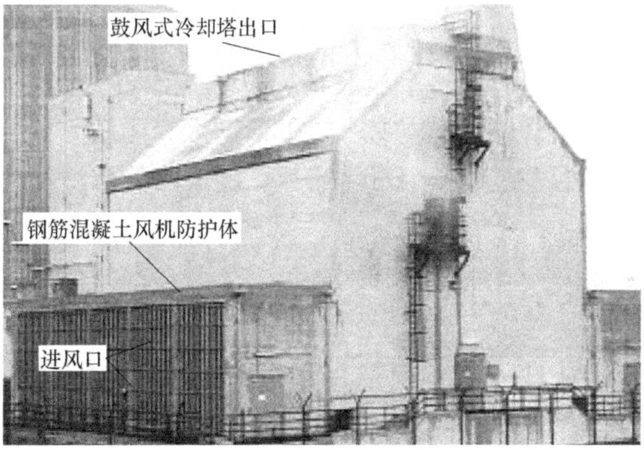

图 8-13 鼓风式冷却塔进风口

四、填料

无论逆流式冷却塔还是横流式冷却塔,淋水填料的形式选择取决于循环水水质,特别是循环水的悬浮物浓度。当悬浮物浓度低于 50mg/L 时,逆流式冷却塔可采用填料片距较小(约 20mm)的薄膜式高效填料;当悬浮物浓度大于 50mg/L 且小于 150mg/L 时,逆流式冷却塔可选择具有抗堵塞能力的薄膜式填料;当悬浮物浓度大于 150mg/L 时,可选用点滴式填料。

逆流式冷却塔的设计淋水密度与淋水填料的形式有关,当采用高效小间距填料时,建议淋水密度不大于 15t/(m²·h),当采用抗堵塞型填料时,淋水密度不大于 18t/(m²·h)。

横流式冷却塔的淋水填料以点滴式为主,淋水密度可达 40t/(m²·h),当选择薄膜式填料时,淋水密度不宜大于 30t/(m²·h),填料的高度与深度比根据填料形式不同取为 1.3~3。横流式冷却塔的棒型点滴式填料在北方地区应用时,冬季常因结冰而损坏,可采用进风口侧安装薄膜式填料,里侧采用点滴式填料,这种方式在实践中证实可有效减少冬季因结冰造成的

图 8-14 横流塔的防冰填料安装方式

填料损坏，如图 8-14 所示。

五、配水

1. 逆流式冷却塔的配水

机械通风冷却塔的配水方式有多种，槽式、管式、管网式、槽管结合式等，槽式配水多用于早期的冷却塔设计中，槽式配水主要对于水质较差，经常堵塞的情况比较适合，随着冷却塔运行水平的不断提高，循环水质有了较大的改善，堵塞已经不是主要问题。槽式配水施工较复杂、挡风面积大、通风阻力大及布置困难等缺点突显出来，现在新设计的冷却塔基本全部采用了管式配水的方式。管式配水的管道有钢管、玻璃钢管和 PVC 管 3 种材质，以 PVC 管应用最广。

配水管的布置方式有母管式、主干管环网式以及树枝式等，如图 8-15～图 8-17 所示。母管式，即上塔的循环水管，接一根配水母管，母管上接配水管；主干管环网式是在配水管的尾端设置一根连通水管平衡配水管的压力差，达到配水均匀的目的；树枝式配水是将母管分为多级以减少母管流速，使配水管水流量均匀。

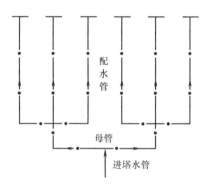

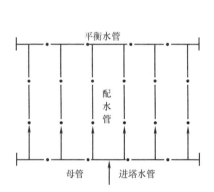

图 8-15　主干管环网式配水管布置方式

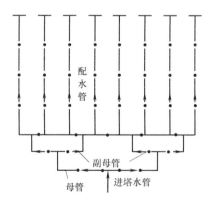

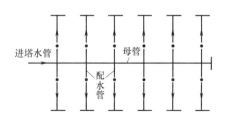

图 8-16　母管式配水管布置方式

图 8-17　树枝式配水管布置方式

管式配水与槽式配水相比，配水系统的气流阻力减小，施工、安装、加工简单，但是由于母管置于冷却塔内阻挡一部分过风面积，各配水管的压力不易均匀，影响配水的均匀性。为克服管式配水这一缺点，可采用槽管结合式配水系统，单竖管中循环水首先进入置于冷却塔外的配水槽，再由配水槽均匀地分配至冷却塔的每一根配水管中，配水管的尾端配制一个稳压槽，置于冷却塔的外壁。这种配水方式的好处：一是塔内去除了母管存在所带来的气流阻力；二是配水槽中水流较为稳定，再由稳水槽作用使各配水管水流量分配较为均匀。配水主槽的一端设溢流管，遇系统流量变化较大时，将多余水量导流至集水池中，如图 8-18 所示。

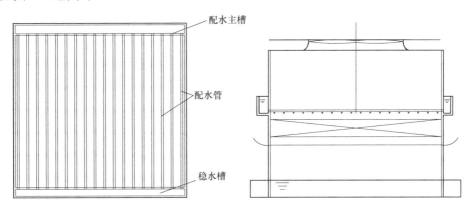

图 8-18　槽管结合式配水方式

配水管的间距根据喷头的特性、喷嘴口径、压力和水量来确定，一般为 0.8～2.0m；喷头的间距以正方形方阵和等腰三角形交错布置为多，喷头间距一般为 0.6～1.2m。

对于非槽管结合的配水方式，配水管的高点处一般设通气孔，以使配水管内的空气可以排出确保配水稳定运行。

2. 横流式冷却塔的配水

横流塔的配水多采用池式配水和管式配水，对中小型横流塔常采用池式配水，将配水池分为多个小水池，每个水池有一根供水管并设置阀门控制配水量，配水池下接横流塔专用喷头。根据淋水密度进行喷头的口径和间距的选择计算。对于大型横流塔可采用管式配水，喷头口径、间距由计算确定。对于民用小型横流塔还可采用盘式配水，即在水盘下打孔配水的方式，如图 8-19 所示。

图 8-19　盘式配水

六、收水器

收水器可采用弧型收水器，也可采用多维收水器。多维收水器气流阻力较大，更适用于机械通风逆流式冷却塔。收水器的安装在冷却塔中是一个很重要的环节，往往比形式更重要，一个好的收水器安装时，稍有间隙所造成的飘滴远大于收水器形式造成的收水量的差别。

横流式冷却塔收水器在布置时要与填料控制一定的间距，以防淋水直接溅淋到收水器而飘出塔外。小型民用横流式冷却塔的收水器可与薄膜式填料设计为一体，即填料的出风口一段的波型即是收水器波型。

七、框架结构与围护

民用机械通风冷却塔的主体结构均为钢结构或玻璃钢结构，外围为玻璃钢板或金属板。工业冷却塔的主体结构可设计为钢结构加玻璃钢围护，也可设计为钢筋混凝土框架，玻璃钢板围护，也有采用木结构，更多是主体框架和围护均为钢筋混凝土结构。无论采用何种结构与材料，要求塔内部与淋水填料之间不应存在间隙，尽量做到内部气流通过处的结构呈流线型。

第二节　机械通风逆流式冷却塔的热力阻力计算

机械通风冷却塔的设计计算包含空气动力与热力计算两部分内容。

一、冷却塔的通风量计算

机械通风冷却塔的通风量主要取决于冷却塔风机，冷却塔的风机在风机叶片角度确定后，其运行曲线也是确定的，即一定的风机全压对应一定的通风量，如图 8-20 所示。图中给出了风机直径 9140mm，风机叶片安装角度分别为 6°、9°、12°、15°和 18°情况下，风机风量与全压关系曲线以及风量与轴功率曲线。

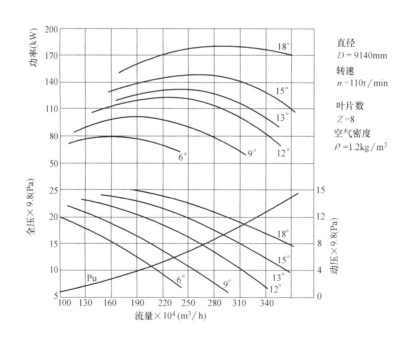

图 8-20　风机性能曲线图

设计计算首先要计算出机械通风冷却塔的风机全压，也就是整个冷却塔的气流阻力。阻力为冷却塔各部分阻力之和，即冷却塔进风口阻力 P_1、气流进入冷却塔后转向和淋水

的阻力 P_2、淋水填料的阻力 P_3、配水系统阻力 P_4、收水器阻力 P_5、风机进风口阻力 P_6、风机出口风筒阻力 P_7、风筒出口阻力 P_8 等。整塔阻力为：

$$P_t=P_1+P_2+P_3+P_4+P_5+P_6+P_7+P_8 \tag{8-5}$$

研究表明，冷却塔各部件的阻力是相互影响的，但对塔的综合研究不够，所以，一般设计计算仍采用式（8-5）。除淋水填料外，其他部分的气流流态可按阻力平方区处理，即该处的阻力可用阻力系数与动能的积表示，即：

$$P_i=\xi_i\frac{1}{2}\rho_i v_i^2 \tag{8-6}$$

式中　ξ_i——某部件阻力系数；

　　　ρ_i——通过某部件的空气密度，kg/m^3；

　　　v_i——通过某部件的空气流速，m/s。

1. 进风口

进风口不加导流设备时，进风口的阻力系数为：

$$\xi_1=0.5$$

若加导流设备，该系数应再加上导流设备阻力系数。

2. 气流转向与淋水

目前，一般采用苏联全苏水利工程科学研究院的试验结果：

$$\xi_2=(0.1+0.000025q)L \tag{8-7}$$

式中　q——淋水密度，$kg/(h\cdot m^2)$；

　　　L——气流的流动长度，双侧进风冷却塔为进风口至中间，单侧进风冷却塔从进口取至另一侧，m。

进风口的高低与冷却塔阻力、塔内气流分配等有关。进风口设计过高会造成水泵扬程偏大，加大能耗；进风口过低，则气流阻力过大，影响塔内通风量。一般取进风口面积与淋水面积比为 0.4~0.5，但填料阻力系数大时，该值可取小于 0.4。冷却塔的边长比值不宜大于 4：3。

3. 淋水填料

气流进入淋水填料有一个收缩过程，从淋水填料出来有一个扩散过程，该过程存在气流阻力，它与填料的阻力是分不开的，不单独计算，原因是填料阻力一般比收扩的阻力大的多，可不计收扩阻力。另外，填料阻力数据取得时也存在收扩过程，填料的阻力数据中已经包含了这部分阻力。填料的阻力系数可表示为：

$$\xi_3=\rho_1 g(A_x q^2+A_y q+A_z)v^{(M_x q^2+M_y q+M_z)}/\left(\frac{1}{2}\rho_3 v_3^2\right) \tag{8-8}$$

4. 配水系统

配水系统有两种方式：一种是槽式配水，另一种是管式配水。阻力系数没有系统的试验结果，可参考格栅等类似情况的阻力系数。

管式配水：

$$\xi_4=\left[\sqrt{\xi_0(1-\overline{f})}+(1-\overline{f})\right]^2\frac{1}{\overline{f}^2} \tag{8-9}$$

式中　$\overline{f}$——过流面积（扣除配水管所占的面积）与总面积比；

$$\xi_0 = 18.16\left(\frac{r}{d_\Gamma}\right)^2 - 5.59\left(\frac{r}{d_\Gamma}\right) + 0.473;$$

r—— 配水管半径，m；

d_Γ—— 4 倍水力半径，值可取为 2 倍配水管间距，m；

$\dfrac{r}{d_\Gamma}$—— 取值适用范围为 0.01～0.16。

槽式配水：

$$\xi_4 = \left(\xi_0 + \lambda\frac{l}{d_\Gamma}\right)\frac{1}{\overline{f}} \tag{8-10}$$

式中　$\overline{f}$—— 过流面积与总面积比；

　　　l—— 配水槽高度，m；

　　　λ—— 摩阻系数，对于水泥槽，可取为 0.026；

　　　d_Γ—— 2 倍配水槽间距，m。

$$\xi_0 = (0.5 + \tau\sqrt{1-\overline{f}})(1-\overline{f}) + (1-\overline{f})^2$$

$$\tau = -1.153\left(\frac{l}{d_\Gamma}\right)^2 - 0.1727\frac{l}{d_\Gamma} + 1.3358, \frac{l}{d_\Gamma}\leqslant 0.7$$

$$\tau = 3.4758\mathrm{e}^{-2.5763\left(\frac{l}{d_\Gamma}\right)}, 0.7 < \frac{l}{d_\Gamma}\leqslant 2$$

$$\tau = 0.0, \frac{l}{d_\Gamma} > 2$$

5. 收水器

收水器的阻力系数 ξ_5，一般由试验资料给出，收水器的阻力与风速有关，通常表示为：

$$\frac{\Delta P}{\gamma_a} = A_\mathrm{e}v^{M_\mathrm{e}} \tag{8-11}$$

收水器阻力系数为：

$$\xi_5 = A_\mathrm{e}v^{M_\mathrm{e}}\rho_1 g / \left(\frac{1}{2}\rho_5 v_5^2\right) \tag{8-12}$$

式中　g—— 重力加速度，m/s^2。

在无试验资料时可参考表 7-10 取值。

6. 风机进风口

逆流塔风机的进风口距淋水填料的距离不宜太小，距离过小将造成塔内淋水填料内气流速度分布极不均匀。通常风机中心与配水管的距离不小于以风机中心为顶点、配水管断面为底、顶角不大于 90°的三角形的高。风机进口一般都做成圆弧形或椭圆形，如图 8-21 所示。风机进口的阻力系数可从表 8-3 中查出，也可由下面的近似公式计算：

$$\begin{aligned}\xi_6 &= 393.9\kappa^4 - 259.9\kappa^3 + 65.4\kappa^2 - 8.2\kappa + 0.5, \kappa\leqslant 0.2\\ \xi_6 &= 0.03, \kappa > 0.2\end{aligned} \tag{8-13}$$

式中　$\kappa = r/D$。

风机进口阻力系数　　　　　　　　　　　　　　　　　　表 8-3

r/D	0.00	0.01	0.02	0.03	0.04	0.05	0.06	0.08	0.12	0.16	0.20
ξ_6	0.50	0.43	0.36	0.31	0.26	0.22	0.20	0.15	0.09	0.06	0.03

7. 风机出口

风机出口一般安装导风筒，目的是回收一部分风机的动能。风筒的高度按设计规定一般取风机直径的 $0.4\sim0.5$ 倍，扩散角 $7°\sim9°$。风筒出口如图 8-22 所示，风筒的阻力系数按下式计算：

$$\xi_7=\xi'\left(1-\frac{v_2^2}{v_1^2}\right) \qquad (8\text{-}14)$$

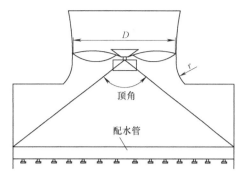

图 8-21 风机进口示意图

式中　v_1——风机叶片断面平均风速，m/s；

　　　　v_2——风筒出口断面平均风速，m/s；

　　　　ξ'——与风筒扩散角有关的系数，其值见表 8-4。

与风筒扩散角有关的系数　　　　　　　　　　　　　　表 8-4

$\alpha(°)$	2	5	10	12	15	20	25	30	40
ξ'	0.03	0.04	0.08	0.10	0.16	0.31	0.40	0.49	0.60

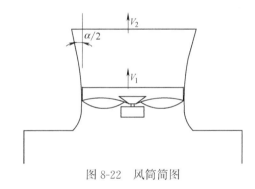

图 8-22 风筒简图

8. 风筒出口

风筒出口的气流动能将全部损失，所以，风筒出口的阻力系数为：

$$\xi_8=1 \qquad (8\text{-}15)$$

二、机械通风逆流式冷却塔的热力计算

由式（6-36）可得逆流式冷却塔热力计算公式为：

$$A\lambda^{m_1}=\int_{t_2}^{t_1}\frac{c_\mathrm{w}\mathrm{d}t}{i''-i}=\frac{c_\mathrm{w}\Delta t}{6K}\left(\frac{1}{i''_{t2}-i_1}+\frac{4}{i''_\mathrm{m}-i_\mathrm{m}}+\frac{1}{i''_{t1}-i_2}\right) \qquad (8\text{-}16)$$

式（8-16）的右侧为冷却任务，即冷却塔工作的工作参数决定，而左侧是填料的热力特性。右侧给定不同的风量，可计算出冷却塔的冷却任务冷却数，气水比变大，冷却数变小，而式（8-16）的左侧为填料的热力特性，冷却数却随气水比的增大而增大，如图 8-23 所示，两条曲线有一个交点，即冷却塔的工作点。

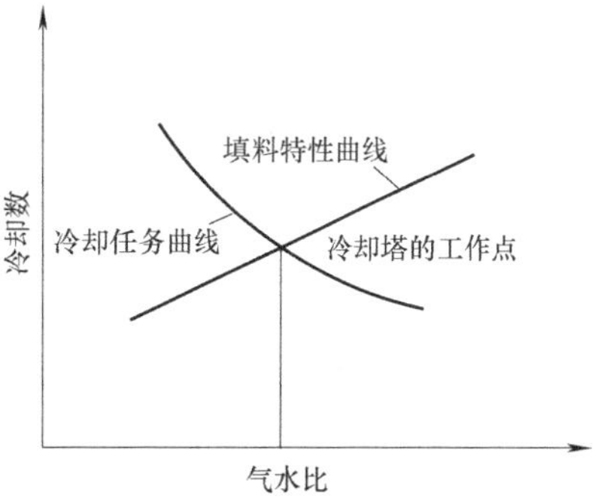

三、机械通风逆流式冷却塔设计计算

机械通风逆流式冷却塔的设计有两种情况：一

图 8-23 冷却塔的工作点

种情况是根据已知的冷却任务，即冷却水量、进出塔水温、进塔空气的干、湿球温度（或干球温度和相对湿度）和大气压，进行冷却塔的设计；另一种情况是已知某确定的冷却塔，即已知冷却塔的尺寸、填料热力阻力性能、风机性能等，计算出塔水温。

第一种情况的计算步骤如下：

（1）初步确定冷却塔的尺寸，尺寸的确定应以已有的经验或设计规范作指导。初步确定冷却塔的平面尺寸时，塔的淋水密度不宜大于 16t/（h·m²）。

（2）选定淋水填料的形式与高度。对于机械通风冷却塔，一般填料高度可稍高些，这样可减小冷却塔的尺寸；对于常用的塑料薄膜淋水填料，可取高度为 1.5m，点滴式填料还应再高些。

（3）根据冷却塔的平面尺寸，确定立面尺寸及风机的直径，风机直径的确定应与风机供货型号一致，即参考风机生产厂的样本。

（4）在初步确定以上条件的基础上，假定一个风量按式（8-6）进行塔的总阻力计算，根据总阻力即风机全压，查风机性能曲线图，确定新的风机风量，再计算塔的总阻力，直到风机的全压与塔的总阻力相等或差值小于某规定值。计算风量时，空气不同部位的密度可以按进出塔空气的平均密度进行计算，出口空气温度可取进出塔水温的平均值。

（5）给定不同的风机叶片角度，重复第（4）步可计算出风机叶片角度与风机风量的关系曲线图，如图 8-24 所示。

（6）给定不同的风量，即给定不同的气水比，按式（8-16）可计算出如图 8-22 所示的冷却任务的冷却数与气水比的关系曲线，找到与填料特性曲线的交点，即得到工作点。

（7）根据工作点要求的风量，从图 8-24 中可查得风机叶片安装角度，从风机特性曲线进一步查得风机的轴功率，确定配套电机的型号。

（8）至此，一个冷却塔基本设计完成了。根据已经确定的风机、塔体尺寸、填料高度等作局部调整，然后重复第（1）～（5）步骤，综合各种因素进行优化，达到经济目的。

第二种情况的计算步骤如下：

（1）按给定的水量，可计算出冷却塔的通风量，根据冷却塔所选用的填料热力特性曲线，可确定塔的冷却数。

（2）以相同的气水比，给定不同的出塔水温、进塔水温（为出塔水温加上冷却任务要求的进出塔水温差），按式（8-16）计算冷却数，所计算的冷却数按式（7-22）修正到填料热力特性数据取得时的进塔水温。

（3）将不同出塔水温与对应的冷却数绘成曲线，如图 8-25 所示。

（4）该曲线与塔的冷却数相交的点，即是冷却塔的运行水温。

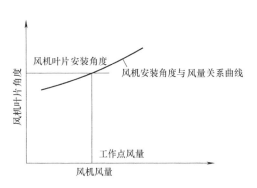

图 8-24　风机叶片角度与风机风量关系

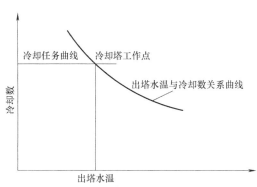

图 8-25　冷却数与出塔水温关系

第三节　机械通风横流式冷却塔的热力阻力计算

一、空气动力设计计算

机械通风横流式冷却塔如图 8-26 所示，空气的流程包括了进风口、百叶窗、填料、收水器、风机进口、风筒及出口。塔的总阻力为各部分阻力之和，即：

$$P_t = P_1 + P_2 + P_3 + P_4 + P_5 + P_6 + P_7$$

(8-17)

除淋水填料外，其他部分的气流流态可按阻力平方区处理，即该处的阻力可用阻力系数与动能的积表示，即：

$$P_i = \xi_i \frac{1}{2} \rho_i v_i^2$$

(8-18)

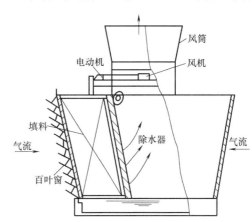

图 8-26　机械通风横流式冷却塔示意图

式中　ξ_i——某部件阻力系数；

ρ_i——通过某部件的空气密度，kg/m^3；

v_i——通过某部件的空气流速，m/s。

1. 进风口

进风口的阻力系数与逆流塔相同：

$$\xi_1 = 0.5$$

(8-19)

2. 百叶窗

一般横流塔都安装进风百叶窗，也有些薄膜式填料的横流塔不安装。百叶窗的作用有两个：一是起导流作用，使通过横流塔的气流分配均匀；二是在风机不运转时防止淋水溅散到塔外。

百叶窗的阻力与百叶窗叶片角度、间距、填料安装倾角及填料的阻力有关，一般当填料阻力较大时，百叶窗阻力变小。若有百叶窗试验资料时，百叶窗阻力系数取试验值；当没有试验资料时，可按下式计算：

$$\xi_2 = 4.00 - 0.02\xi_f - 0.064\alpha - 0.074\beta$$

(8-20)

式中　ξ_f——填料阻力系数；

α——填料与水平的安装倾角，变化范围为 $65° \leqslant \alpha \leqslant 85°$；

β——百叶窗叶板与水平夹角，变化范围为 $30° \leqslant \beta \leqslant 50°$。

3. 填料、收水器

填料与收水器的阻力系数用式（8-8）与式（8-12）计算即可。

4. 风机进口

与逆流塔不同，横流塔的气流进入风机前是由水平向转为垂向再进入风机的，阻力系数可参考相近的汇流阻力系数计算：

$$\xi_5 = 1 + \frac{1}{4} \left(\frac{A_f}{A_0} \right)^2$$

(8-21)

式中 A_f——风机进口面积，m^2；

    A_0——横流塔的单侧通风面积，m^2。

5. 风筒与风筒出口

风筒与风筒出口的阻力系数可采用逆流塔计算公式（8-14）与式（8-15）。

二、热力计算

横流塔热力计算方法采用焓差近似解析法，即采用式（6-96）~式（6-99）进行计算。

设计的横流式冷却塔的填料安装尺寸与提供填料数据的填料安装尺寸不同时，要对填料的容积散质系数试验数据按式（7-26）和式（7-28）进行修正。

三、横流式冷却塔设计计算

与机械通风逆流式冷却塔的设计计算相同，机械通风横流式冷却塔设计计算也有两种情况：一种情况是根据已知的冷却任务，即冷却水量、进出塔水温、进塔空气的干、湿球温度（或干球温度和相对湿度）和大气压，进行冷却塔的设计；另一种情况是已知某确定的冷却塔，即已知冷却塔的尺寸、填料热力阻力性能、风机性能等，计算出塔水温。

第一种情况的计算步骤如下：

（1）初步确定横流式冷却塔淋水填料的高度、深度等尺寸，选定风机直径，尺寸的确定应以已有的经验或设计规范作指导。

（2）选定淋水填料的形式。

（3）在初步确定以上条件的基础上，假定一个风量按式（8-18）进行塔的总阻力计算，根据总阻力（即风机全压），查风机性能曲线图，确定新的风机风量，再计算塔的总阻力，直到风机的全压与塔的总阻力相等或差值小于某规定值。计算风量时，空气不同部位的密度可以按进出塔空气的平均密度进行计算，出口空气温度可取进出塔水温的平均值。

（4）给定不同的风机叶片角度，重复第（3）步可计算出风机叶片角度与风机风量的关系曲线图，如图 8-24 所示。

（5）先假定填料的容积散质系数，用式（6-97）或式（6-98）求出 η_m，然后根据式（6-99）计算一个出塔水温 t_2。若出水温度设计要求 t_2' 和计算值 t_2 满足条件 $|t_2-t_2'| < 0.001℃$，则认为开始假定的容积散质系数满足冷却要求。否则，采用牛顿迭代法，重复上述过程，直至 $|t_2-t_2'| < 0.001℃$。

（6）比较冷却要求和填料具有的容积散质系数，若二者不一致，通过调整风量，使二者一致。这时由图 8-24 可确定风机叶片安装角度，若通过风量调整仍不能满足要求，则对填料的类型和填料尺寸重新设计后返回第（3）步。

（7）根据已经确定的风机、塔体尺寸、填料高度等作局部调整，然后重复第（1）~（5）步骤，综合各种因素进行优化，达到经济目的。

第二种情况的计算步骤如下：

（1）按给定的水量，可计算出冷却塔的通风量，根据冷却塔所选用的填料热力特性曲线，可确定横流塔的容积散质系数。

（2）先假定出塔水温，由式（6-97）或式（6-98）计算 η_m，再由式（6-99）计算出塔水温，比较计算值与假定值，若两者相差较大则重新假定，反复计算最后可得到出塔水温，计算时要对填料的容积散质系数按式（7-26）和式（7-28）进行修正。

第四节　鼓风式机械通风冷却塔的热力阻力计算

鼓风式机械通风逆流式冷却塔的热力计算、设计计算方法与抽风式机械通风逆流式冷却塔相同，不同的是空气阻力计算。笔者及其团队曾通过物理模型试验和3D数值模拟方法对核电厂配套使用的鼓风式逆流塔进行过研究，研究结果可供参考。

1. 进风口

鼓风式机械通风逆流式冷却塔的进风口有两种形式：一是直接进风，二是通过进风室进风。

直接进风如图8-3所示，阻力系数为：

$$\xi_1 = 0.55 \tag{8-22}$$

通过进风室进风，如图8-27所示，进风室格栅的主要作用是拦异物，栅的间距比栅尺寸大2倍以上，格栅的阻力系数为：

$$\xi_g = [0.5(1-\overline{f}) + (1-\overline{f})^2]/\overline{f}^2 \tag{8-23}$$

式中　$\overline{f}$——过流面积（扣除格栅所占的面积）与总面积之比。

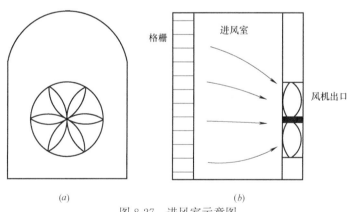

图 8-27　进风室示意图

（a）正面图；（b）侧面图

空气从进风室至风机入口阻力系数：

$$\xi_j = 2.1 \tag{8-24}$$

通过进风室进风的进口阻力系数为：

$$\xi_1 = \xi_g + \xi_j \tag{8-25}$$

2. 风机出口

风机出口冷却塔进口空气阻力系数为：

$$\xi_2 = 0.47 \tag{8-26}$$

3. 气流转弯与淋水

$$\xi_3 = 1.3 + (0.1 + 0.000025q)L \tag{8-27}$$

式中　q——淋水密度，$kg/(h \cdot m^2)$；

L——气流的流动长度，m。

4. 填料

填料阻力系数可按式（8-8）计算。

5. 收水器

收水器阻力系数可按式（8-11）计算。

6. 出口前收缩

对于核电鼓风式冷却塔热空气排出前，收缩并改向，如图 8-28 所示，阻力系数与塔几何尺寸相关，计算公式如下（其中 HC_0 为填料顶标高加 3m）：

$$\zeta_6 = 0.0357\zeta_f + 136.72 \times \left(\frac{HC}{HC_0}\right)^2 - 288.95 \times \frac{HC}{HC_0} + 155.7 \tag{8-28}$$

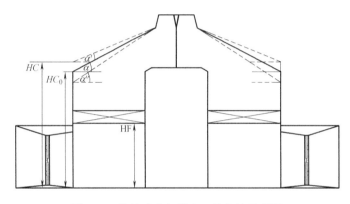

图 8-28 鼓风式冷却塔出口前收缩示意图

对于普通鼓风式冷却塔热空气直接排出，该阻力系数为 0。

7. 出口

出口的阻力系数为：

$$\xi_7 = 1 \tag{8-29}$$

第五节 机械通风冷却塔的运行曲线

冷却塔的运行曲线由冷却塔供应商提供，作用有两个：一是便于用户了解冷却塔在非设计工况点下冷却塔的出塔水温，并据此来调节冷却塔的运行水量、风量以及塔的运行台数；二是用来考核冷却塔是否达到设计要求。

运行曲线是一簇能够反映冷却塔偏离设计工况点运行特性的曲线，偏离设计工况点的变量有：水量、气温、进出塔水温差等。由于冷却塔是按设计水量配备喷溅装置的，所以，冷却塔的运行水量与设计水量的偏离不能太大，一般认为正负偏差不大于 10% 时，冷却塔应能在设计特性保证区内工作，超出这个范围冷却塔将无法保障其性能。机械通风冷却塔的风量是靠风机强制通风的，受气象条件影响不大，所以，仅将气象条件中的湿球温度作为一个变化量，变化范围应视用户所在地区来确定。进出塔水温差的变化范围虽然不影响冷却塔的运行特性，但在冷却塔设计选用时，考虑了经济性和可靠性，所以，一般不超出设计值的±20％。

　　冷却塔运行曲线由 3 簇曲线组成，如图 8-29～图 8-31 所示。当冷却塔处于非设计工况点运行时，根据实际运行的水量、湿球温度、水温差可查 3 张图找出实际工况点上下的曲线上的运行点，冷却塔的运行水温可通过插值求出。为保障曲线的精度，美国 CTI 对曲线的坐标进行了规定，坐标的最小刻度不大于 0.2℃，主刻度不大于 1℃，曲线图上应标明冷却塔的气温、水温差、水量、气水比和风机轴功率等。

　　运行曲线的计算程序为：

　　第一步：给定要计算的水量、湿球温度（湿度按设计点相对湿度）、大气压、进出塔水温差；

　　第二步：假定风机风量，计算冷却塔的阻力和风机全压；

　　第三步：由风机运行曲线可得到风机风量，与假定风量对比，若差值在控制偏差范围内，进入下一步计算，若超出偏差，修改风量返回第二步；

　　第四步：假定出塔水温，由进出塔水温差计算进塔水温，由热力计算公式计算冷却数；

　　第五步：计算的冷却数与填料在该运行气水比时的冷却数相比，偏差在控制偏差范围内，返回第一步进行下一个工况点计算，若偏差超出控制要求，修正出塔水温返回第四步；

　　第六步：将计算结果绘制成如图 8-29～图 8-31 的图，完成冷却塔运行曲线编制。

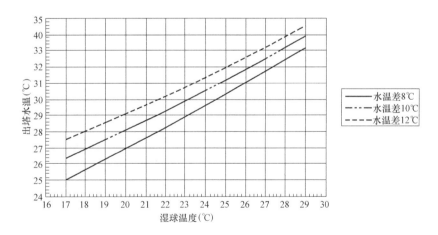

图 8-29　100％冷却塔循环水量运行曲线

　　除运行曲线外，还有一组表征冷却塔性能的特性曲线，该曲线是一组在设计水流量、湿球温度和温差条件下由不同逼近度的冷却任务曲线与冷却塔热力特性组成的。这组曲线既是冷却塔的设计特性曲线，也可用于考核冷却塔的冷却能力。对于冷却塔的变工况运行，同理可绘制出冷却塔不同运行工况下的特性曲线簇。图 8-32 为某冷却塔在设计工况下的特性曲线。

　　特性曲线的计算程序为：

　　第一步：将要计算的水量、湿球温度（湿度按设计工况相对湿度）、大气压、进出塔水温组合为不同的运行工况；

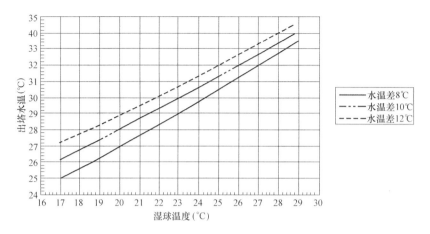

图 8-30　90％冷却塔循环水量运行曲线

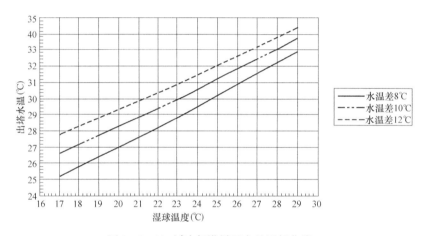

图 8-31　110％冷却塔循环水量运行曲线

第二步：针对不同的运行工况，进行不同气水比的冷却数计算；

第三步：对不同的运行工况绘制冷却任务曲线；

第四步：将淋水填料的热力特性曲线绘制于冷却任务曲线上，完成特性曲线绘制。

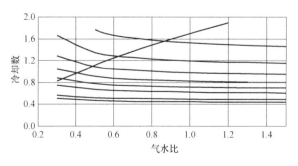

图 8-32　冷却塔特性曲线

冷却塔的特性曲线宜绘制在对数坐标下。

第六节 机械通风冷却塔的布置

机械通风冷却塔的布置与建筑物对冷却塔进风的影响、冷却塔自身热空气回流率和塔与塔之间的相互干扰有关。

一、建筑物对冷却塔进风的影响

进入冷却塔的空气从塔的周边流向进风口，当建筑物与冷却塔的进风口相距较近时，进入冷却塔的空气就须绕过建筑物进入冷却塔，这时空气的能量就因绕流而损失，加大了冷却塔的通风阻力。阻力的大小与绕过建筑物时的风速有关，风速越小阻力也就越小。也就是说建筑物离开冷却塔进风口一定距离后，建筑物对冷却塔的进风基本无影响。这方面的研究工作不多，苏联学者对淋水面积 $400m^2$ 圆形冷却塔进行过模型试验，试验研究了有自然风和无自然风条件下，建筑物对冷却塔进风口风速分布的影响，试验在风洞中完成。图 8-33 为试验结果，塔与塔之间及塔与建筑物墙之间变化距离为 $0.5 \sim 2$ 倍进风口高度。试验表明，当间距大于 2 倍进风口高度时，塔的进风是稳定不受影响的；当间距缩短到 0.5 倍进风口高度时，进风口的速度降低约 25%。

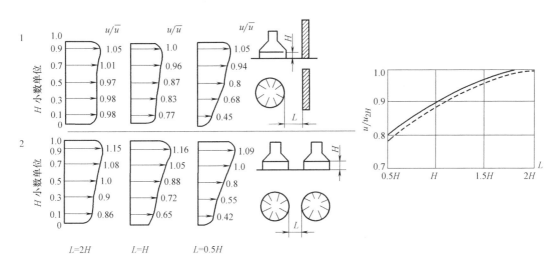

图 8-33 进风口处的速度无量纲分布与建筑或塔距离的关系

1—冷却塔布置在墙壁附近（图中实线所示）；2—冷却塔布置在相邻冷却塔附近（图中虚线所示）

进入冷却塔的空气流速随与进风口距离减小而增大，进风口处达到最大，对于单格冷却塔，进入冷却塔的空气流速与进风口距离以及塔型的关系可用近似关系表示。

单台圆形冷却塔的关系式为：

$$v_a = \frac{v_t}{\left(\dfrac{0.5\pi}{h} + \dfrac{2}{D}\right)s + 1} \tag{8-30}$$

式中 v_a——距离塔进风口 s 处的空气流速，m/s；

v_t——进风口平均流速，m/s；

  h——进风口高度，m;

  D——冷却塔的直径，m;

  s——距离塔进风口距离，m。

对于多格矩形两侧进风口的冷却塔关系为：

$$v_{a}=\frac{2hLv_{t}}{4\pi s^{2}+\pi(4h+L)s+2hL}$$

(8-31)

式中 L——塔排的长度，m。

笔者及同事曾经对自然通风逆流式模型冷却塔的进风口附近的空气流速进行过测量，测量结果如图8-34所示。将式（8-30）和式（8-31）绘制成曲线，如图8-35所示，图8-35表明近似关系与实测结果基本吻合。由图8-35可看出，当距离进风口2倍其高度距离后，空气的流速变化很小，对于矩形塔排空气的流速仅为进风口平均风速的0.16倍。

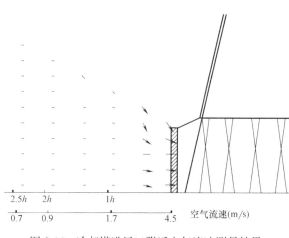

图8-34 冷却塔进风口附近空气流速测量结果

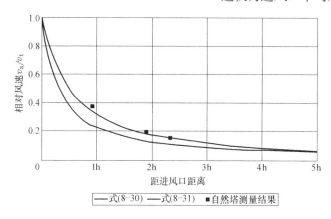

图8-35 进风口前空气流速的变化与距进风口距离的关系

综合几个试验结果可得出，塔与建筑物之间的距离大于进风口高度2倍后对塔的进风影响不大，冷却塔与塔之间间距宜大于4倍进风口高度。

二、冷却塔之间相互干扰和热空气回流率

在无风的条件下机械通风冷却塔的自身热空气回流率是很小的。出口空气动量远大于进风口空气动量，出口空气离开冷却塔后在一定距离内受出口动量作用，是向上运动的，当动量渐小后，空气温度高于周边空气温度，在浮力作用下仍会向上运动，所以，无自然风和其他干扰的条件下，机械通风冷却塔自身热空气回流很难发生。但当冷却塔周边有建筑物或有自然风时，出口空气流动受到干扰，将会发生热空气回流，如图8-36和图8-37所示。

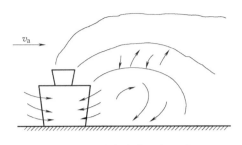

图 8-36　冷却塔热空气回流

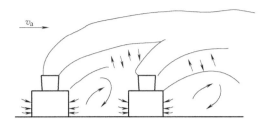

图 8-37　冷却塔相互干扰示意图

冷却塔的塔排与单个塔相比，冷却塔的进风相互干扰，改变了进风口空气动量及进塔空气流动路径，会导致部分热空气流进塔的进风口。

美国 CTI 推荐的冷却塔的热空气回流率计算公式为：

$$R_a = \frac{G_h}{G} 100\% = \frac{0.073 \times 3.281L}{1 + 0.004 \times 3.281L}\% = \frac{0.24L}{1 + 0.013L}\% \tag{8-32}$$

式中　G_h——回流至进风口的热空气流量，kg/s；

　　　G——进塔空气流量，kg/s；

　　　L——塔排的长度，m。

式（8-32）是根据冷却塔试验将测量的数据关联形成的，其应用范围为塔排长度小于 105m。

日本也给出了经验公式：

$$R_a = \frac{0.22L}{1 + 0.012L}\% \tag{8-33}$$

式（8-32）与式（8-33）虽然形式不同但计算结果差别不大，所以两式计算冷却塔的回流率均可。

三、塔排布置与冷却塔进塔空气条件的修正

当多个冷却塔塔排布置在一起时，冷却塔出口热空气在自然风的作用下会进入到别的冷却塔塔排的进风口里，形成热空气相互干扰，影响塔的冷却效果，如图 8-37 所示。当自然风风向与冷却塔塔排一致时，迎风的第一排塔受风影响小些，在自然风作用下热空气向自然风下游弯曲，下风侧的塔排冷却塔进风口将吸入热空气，在下风侧的塔排会越来越多地吸入热空气，所以，塔排长轴布置一定不能与夏季主导风向垂直。为减少塔排之间的相互干扰，应按图 8-38 的方式进行塔排的合理布置。

英国的规范规定冷却塔合理布置如图 8-39 所示，规范要求塔排的长宽比小于或等于 5。

按图 8-38 和图 8-39 的要求进行冷却塔布置需要很大的场地，但有时受场地限制，无法进行布置，此时塔排间距小于要求的距离，将带来冷却塔效率的下降，可在冷却塔设计时予以考虑。

英国规范认为冷却塔塔排的热空气回流率为 3%～20%，最大干扰回流发生在自然风速 2～5m/s，风向与塔排长轴中心线夹角在 20°～70°之间。冷却塔设计只能是要求布置方式按夏季湿球温度最高时的主导风向来布置冷却塔排，即使通过布置优化防止最大回流的

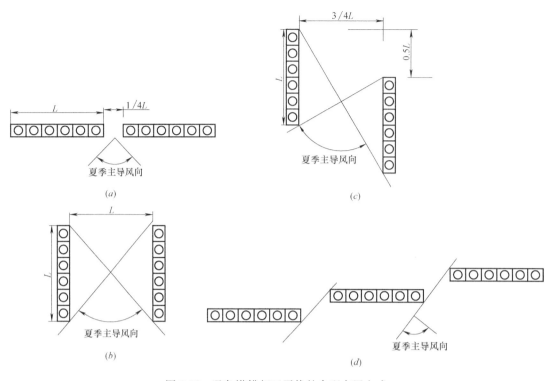

图 8-38　避免塔排相互干扰的合理布置方式

（a）塔排直线布置方式；（b）塔排并列布置方式；（c）塔排错位布置方式；

（d）多塔排错位布置方式

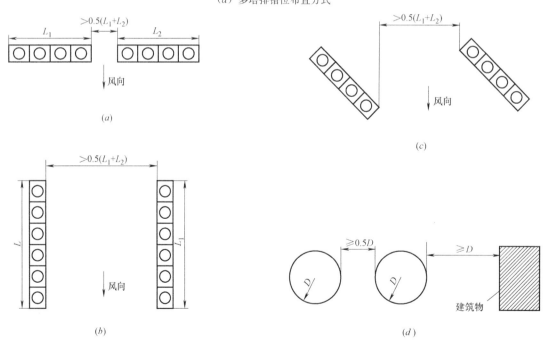

图 8-39　英国设计规范的塔排布置要求

（a）塔排直线布置方式；（b）塔排并排布置方式；（c）塔排错位布置方式；

（d）塔与塔及建筑物间距

发生，但仍有回流是允许的，允许的比例是最大回流的 60％，此时冷却塔的进塔空气湿球温度应按图 8-40 和图 8-41 的曲线进行修正。图中的曲线是基于湿球温度 17℃ 绘制的，对于其他湿球温度每降 1℃ 回流率增大 4％，或湿球温度每增大 1℃ 回流率减少 4％。

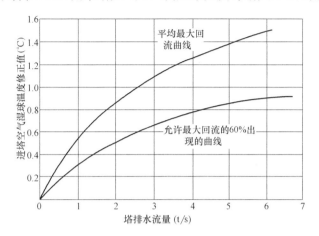

图 8-40　塔排循环水流量对回流率的影响

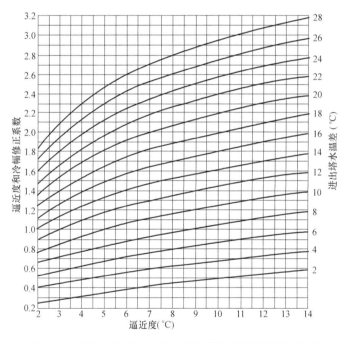

图 8-41　塔的进出塔水温差和逼近度对湿球温度修正的影响

图 8-40 和图 8-41 的使用可通过一个例子说明。一个冷却塔需要处理的水量为 $3.33\text{m}^3/\text{s}$，进塔水温为 38℃，出塔水温为 22℃，湿球温度为 15℃。求考虑回流冷却塔的设计湿球温度？

从图 8-40 中可以查到允许最大回流率 60％ 的湿球温度修正值为 0.69℃，从图 8-41 可以查到逼近度 7℃ 和冷幅 16℃ 的修正系数为 1.64，湿球温度 15℃ 较图 8-40 绘制标准 17℃ 低 2℃，回流率增加 8％，则冷却塔的设计湿球温度增加应为：$1.64 \times 0.69 \times 1.08 = 1.22$℃。冷却塔设计湿球应为 16.22℃。

苏联学者通过试验给出了图 8-42 所示塔排布置方式的进塔空气湿球温度的修正计算公式：

$$\tau = \tau_0 + 0.2B[1 + K(n-1)\sin\theta] \tag{8-34}$$

式中 τ、τ_0——修正后的进塔湿球温度和环境空气的湿球温度，℃；

n——顺风向塔排的序数；

θ——风向与塔排长轴的夹角，°；

B——塔排长度影响系数（当塔间距小于进风口高度的 2 倍时），取值见表 8-5；

K——塔排间距影响系数，取值见表 8-6。

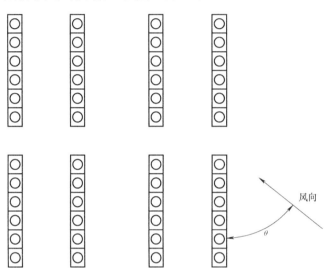

图 8-42　式（8-34）适用的冷却塔布置方式

塔排长度影响系数　　　表 8-5

塔排长度(m)	100	75	50	25	10
B	1.0	0.8	0.5	0.2	0.1

塔排间距系数　　　表 8-6

塔排间距(m)	20	25	30	35	40
K	1.00	0.48	0.32	0.20	0.10

式（8-34）可计算出不同塔排的湿球温度修正值，全部塔排可取所有塔排的平均值。公式适用范围为淋水面积 $64 \sim 192\text{m}^2$，布置方式如图 8-42 所示，塔排长度不大于 100m，塔排间距 $20 \sim 40$m。

第九章　自然通风湿式冷却塔

第一节　自然通风湿式冷却塔的构成与布置

自然通风湿式冷却塔是一种靠塔内外的空气密度差形成的抽力使空气产生运动进行换热的冷却装置，由通风筒、收水器、配水系统、淋水填料及支撑结构组成。

一、自然通风湿式冷却塔的构成

1. 通风筒

自然通风湿式冷却塔热水在填料区和雨区与空气发生传热传质后，空气温度升高、湿度增大、密度减小，在浮力作用下，向上运动。若湿热空气没有通风筒时，便与周边的冷空气相互掺混，很快湿热空气与周边的空气密度就接近或相同了，根据阿基米德浮力定律，浮力的大小与排开流体的体积成正比，所以，产生的浮力就很小，通风量也就很小。冷却塔通风筒的作用就是将湿热空气与周边的冷空气隔离，不让湿热空气与周边空气进行换热，那么，抽力大小就与通风筒的高度成正比。

通风筒的形状、尺寸、设计方法和施工技术水平有关，由简单到复杂经历了一个发展过程，如图 9-1 所示，早期通风筒为圆柱形，塔壳形线基本均为直线，后塔壳适应空气动力特性，设计为双曲线型，塔壳的形线也可有不同的设计方案，如塔的上半段为双曲线型，下半段为直线型，还可设计为折线状等。目前的设计水平与施工技术已经有很大的进步，塔壳的高度已经超过 200m，形状也可设计的更为复杂。

通风筒还可以有很多设计方案，主要取决于结构技术与经济比较的结果。图 9-2 给出了不同的通风筒设计

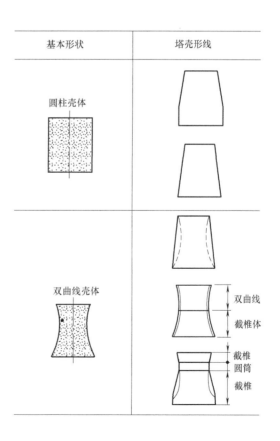

图 9-1　塔壳的形状示意图

方案，图 9-2（a）为钢索网外敷软性的材料（如帆布等）；图 9-2（b）为杆件与架构方案，图 1-9 玻璃钢自然通风冷却塔便是其中一个例子；图 9-2（c）是采用薄膜结构充气形成的通风筒。图 9-3 为澳大利亚昆士兰大学提出的气球式冷却塔通风筒方案，无论哪种方案只要能将经过热交换的塔内热空气与周边冷空气隔离开又能安全稳定即可，读者可发挥想象力给出更多新概念的通风筒。

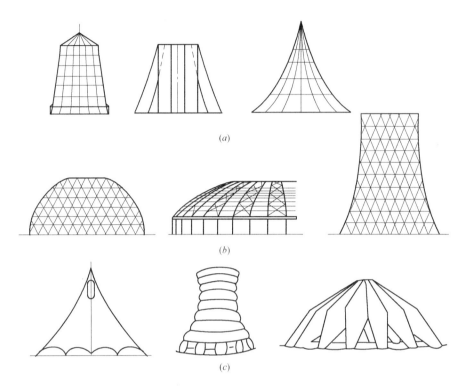

图 9-2　冷却塔通风筒的各种设计方案
（a）钢索网方案；（b）杆件和架构方案；（c）薄膜结构和充气结构

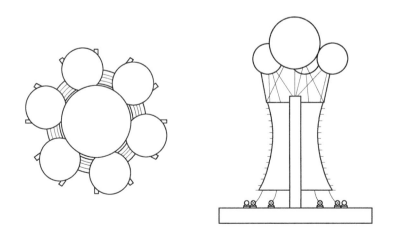

图 9-3　气球式冷却塔通风筒

2. 收水器

自然通风冷却塔最早是不安装收水器的，随着冷却塔容量的增大，在北方一些地区冬季在冷却塔周边形成冰冻，影响了人们的正常生活，冷却塔开始安装收水器。早期的收水器如图 9-4 所示，是比较简单的板的组合，后来发展了很多更有效的收水器，如图 7-53 和图 7-54 所示，这些收水器具有空气阻力小、收水率高的优点，适合于自然通风冷却塔。

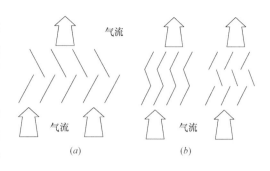

图 9-4　早期的收水器
(a) 两排式；(b) 三排式

3. 配水系统

冷却塔的配水系统是冷却塔的重要组成部分，配水系统设计的好坏直接影响冷却塔填料热力特性的发挥。自然通风逆流式冷却塔的配水早期为槽式配水。由于管式配水对塔内的气流构成的阻力比槽式小，设计布置方便等，已经被广泛地采用。管式配水通常是循环水通过母管送到冷却塔进水竖井，由竖井向主配水槽、管配送，槽再配送至配水管，配水管上安装有喷头，将水洒向填料顶面。喷头主要分为两类：一是反射型喷头；二是旋喷型喷头。对于采用反射型喷头的方案，淋水面积不大于 25000m² 的冷却塔可采用单根中央竖井；采用旋喷型喷头时，淋水面积大于 12000m² 的冷却塔应采用多竖井方案，以确保配水的均匀性。

4. 淋水填料

应根据水质来选择填料的形式，参见本书第七章第二节。自然通风冷却塔的抽力相对于机械通风冷却塔小很多，所以，要求淋水填料空气阻力小，填料的设计安装高度与塔的面积高度应匹配。采用薄膜式填料淋水面积 5000m² 以下时，填料高度不宜大于 1m；淋水面积 5000～9000m² 时，填料高度 1.25m；淋水面积 9000～14000m² 时，填料高度 1.5m；淋水面积 14000～16000m² 时，填料高度可考虑 1.5～1.75m；淋水面积大于 18000m² 时，填料高度可取 2.0m。电厂配套的自然塔可通过冷端优化确定填料高度和形式。

5. 支撑结构

塔内的支撑结构用于支撑塔壳和淋水填料、配水装置和收水器等，塔芯材料的支撑是由柱梁构成的支撑系统，梁柱间距按一定模数设计，模数与配水管距相联系，设计时尽量减小梁柱尺寸，以免影响冷却塔的换热。塔壳的支撑有 3 种形式：人字柱、一字柱和 X 形柱，因支柱处于冷却塔进风口的空气高流速区，所以要求柱设计为流线型，如椭圆形或圆形。

二、冷却塔的布置

自然通风逆流式冷却塔的布置涉及两个问题：一是多个塔布置在一起时，塔与塔的相互影响；二是塔与周围建筑的相互影响。周围建筑对塔的工艺的影响有两方面：一是产生热空气回流；二是对塔进风条件产生影响。对于自然通风逆流式冷却塔由于塔的出口与进口相距很远，所以，热空气回流不会存在问题，而仅是进风条件的影响。

这方面的研究工作有很多，赵振国等人通过图 9-5 所示的半塔模型，采用图 9-6 对称性原理研究了两塔、三塔和塔周围设墙的布置对进风口条件的影响。

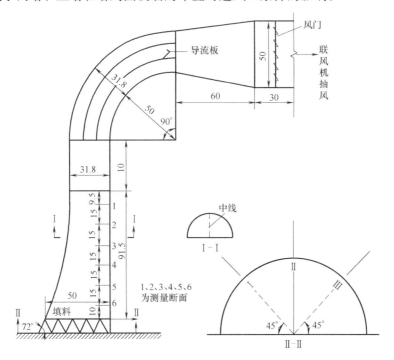

图 9-5 半塔模型系统

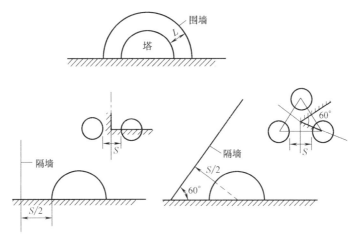

图 9-6 塔与塔、塔与墙的影响处理

通过对布置间距 S 取 0.4D、0.6D 和 0.8D 的布置测量计算塔的阻力系数变化结果，见表 9-1，单塔时塔的阻力系数为 19.5，多塔布置时塔的阻力系数增大，但是阻力系数增大并不多。

为防止自然风对冷却塔进风的不利影响、防止沙土吹入集水池及冷却塔产生噪声影响环境，冷却塔周围常修建围墙，试验给出了不同围墙高度和距离下冷却塔的阻力系数的变化，如表 9-2 所示。

塔群相互影响阻力系数测量结果　　　　　　表 9-1

塔布置间距 S	0.4D	0.6D	0.8D	无穷大
两塔	20.4	19.9	19.9	19.5
三塔	20.4	20.2	20.1	19.5

围墙对冷却塔进风的影响（h 为进风口高度）　　　　表 9-2

墙高度	1/2h	1/3h	1/5h
距进风口 1h	21.2	20.5/19.9	20.0
距进风口 2h	19.9	—	—

赵振国等人还通过数值计算的方法对塔的布置对塔外流场的影响进行了研究，并与模型试验结果进行了比对，结论一致。

英国冷却塔设计规范对塔的布置间距有专门条文，规定塔与塔之间的净距离不小于塔的半径（塔壳底部处），结合上述试验结果，认为英国规范规定是合理的。若塔周围有高大的墙体或建筑时，塔进风口到建筑或墙体的间距不宜小于 2 倍的进风口高度；若修筑塔周围墙时，可参考表 9-2 的试验结果，若围墙较高（如消噪声墙）且与进风口距离较近时，宜通过模型试验或数值模拟计算进一步核验对进风的影响。

第二节　自然通风逆流式冷却塔的热力阻力计算方法及适用范围

自然通风冷却塔一般用于电力行业的冷却水系统中。在发电厂的发电工艺中，冷却塔的热负荷取决于发电机组的发电量。通常是循环水流量、气象条件、进出塔水温差为已知，要求确定冷却塔的面积与出塔水温。自然塔是靠风筒来抽风的，如图 9-7 所示，塔外的空气密度为 ρ_1，经过雨区的热质交换，空气密度变化为 ρ_1'，由于雨的换热效率低，所以，该区的空气密度与塔外相差不大，再经过填料区与喷淋区，空气含湿量增大接近饱和，温度升高，密度降低为 ρ_2，由塔筒出口排向大气。塔内外的空气密度差形成抽力，抽力可用式（9-1）进行计算：

$$F_d = H_e g (\rho_1 - \rho_2) \tag{9-1}$$

式中　F_d——抽力，Pa；

　　　H_e——有效高度，m；

　　　g——重力加速度，m/s²；

　　ρ_2、ρ_1——塔内外空气密度，kg/m³。

对于塔的有效高度有不同取值意见，第一种认为应取配水喷嘴以上至塔顶；第二种认为应取进风口上檐到塔顶。各种取法都有一定的道理，取值意见不同主要是对空气吸热升温的理解不一致造成的。实际计算应以国家规范为准，即有效高度应从淋水填料一半高处至塔顶，如图 9-7 所示。

1. 塔内通风阻力

自然通风冷却塔的阻力包含了塔进风口、雨区、淋水填料、配水系统、收水器及塔出口等部分。为计算方便，将塔的阻力表示为塔的阻力系数与填料断面的速度头的积。即：

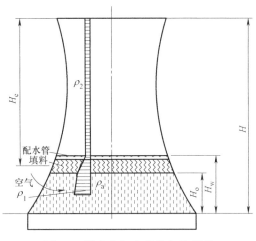

图 9-7　塔内空气密度分布示意图

$$P=\xi\frac{1}{2}\rho v_{\mathrm{f}}^{2} \tag{9-2}$$

式中　P——塔的总阻力，Pa；

ξ——塔的总阻力系数；

ρ——平均空气密度，$\rho=\dfrac{\rho_1+\rho_2}{2}$，kg/m^3；

v_{f}——填料断面的空气流速，m/s。

关于自然塔的阻力系数，国内外很多学者进行过较多的研究。过去我国冷却塔设计常用的公式为：

$$\xi=0.156\left(\frac{D_1}{H_0}\right)^2+0.32D_1+\left(\frac{A_0}{A_1}\right)^2+\xi_{\mathrm{f}} \tag{9-3}$$

式中　D_1——冷却塔进风口平均直径，m；

H_0——进风口高度，m；

A_0——淋水填料处塔的面积，m^2；

A_1——冷却塔出口面积，m^2；

ξ_{f}——填料的阻力系数，$\xi_{\mathrm{f}}=(A_xq^2+A_yq+A_z)v^{(M_xq^2+M_yq+M_z)}\Big/\left(\dfrac{v_{\mathrm{f}}^2}{2g}\right)$。

式（9-3）中等号右边的第一项代表了进风口的阻力系数，第二项与塔的直径有关，代表了雨区气流的水平阻力系数，却又与淋水密度无关；第三项为出口阻力系数；第四项为填料阻力系数。

有研究表明，冷却塔雨区的阻力占冷却塔总阻力相当大的比重，而式（9-3）却不能很好地与雨区的阻力相关，水科院于 20 世纪 90 年代进行了自然通风冷却塔通风阻力研究，研究给出了自然通风冷却塔的总阻力系数计算公式为：

$$\xi=\xi_1+\xi_2+\left(\frac{A_0}{A_1}\right)^2 \tag{9-4}$$

$$\xi_1=(1-3.47\varepsilon+3.65\varepsilon^2)(85+2.51\xi_3-0.206\xi_3^2+0.00962\xi_3^3) \tag{9-5}$$

$$\xi_2=6.72+0.654D+3.5q+1.43v_{\mathrm{f}}-60.61\varepsilon-0.36v_{\mathrm{f}}D \tag{9-6}$$

$$\xi_3=\xi_{\mathrm{f}}+\xi_{\mathrm{e}}+\xi_{\mathrm{w}} \tag{9-7}$$

式中　D——填料底部塔内直径，m；

ε——塔进风口面积（按进风口上沿直径的进风环向面积）与进风口上缘塔内面积之比；

q——淋水密度，t/(m$^2\cdot$h)；

ξ_{e}——收水器阻力系数，可按式（9-8）计算；

ξ_{w}——配水系统阻力系数，可按式（8-9）和式（8-10）计算。

式（9-4）为《工业循环水冷却设计规范》中的计算公式。

$$\xi_{\mathrm{e}}=\frac{2\Delta p}{\rho_2 v_{\mathrm{f}}^2} \tag{9-8}$$

$$\Delta p = \rho_2 C_1 \left(\frac{A_f}{A_s} v_f \right)^{C_2} \tag{9-9}$$

式中 A_s——收水器层的塔筒断面面积，m^2；

C_1、C_2——收水器阻力系数试验常数，在无试验资料时可参考表 7-10 进行取值。

2. 热力计算

自然通风冷却塔的热力计算采用焓差法，计算公式与机械通风冷却塔相同，即采用式 (8-16)。也可采用波普方法进行计算，即采用式（6-26）～式（6-30），采用波普方法时，若淋水填料热力特性是采用冷却数方法整理的数据，淋水填料的冷却数宜增大 9%。要进行抽力计算首先要计算出出塔空气的密度。采用波普方法可直接计算出出塔空气的含湿量、气温及密度。

采用冷却数法或换热数-效率法时，假定自然通风冷却塔内的空气经过热交换后，空气含湿量基本达到饱和，一般假定出塔空气相对湿度为 98% 或 100%，很多自然塔的实测结果已经证明这种假定是正确的。根据这个假定有以下几种方法可求出出塔空气温度和出塔空气密度。

（1）出塔空气焓试算法

通过热量平衡可由式（6-18）计算得到出塔空气的焓 i_2，由式（5-24）可通过试算法求出出塔空气温度 θ_2 和含湿量 x_2，再由式（5-15）计算出出塔空气的密度 ρ_2。

（2）假定水温法

冷却塔中热质交换过程如图 9-8 所示，与水温相应的饱和空气焓由 B 降低至 A，空气的热焓由 C 升高至 D。若假定热交换是在平均进出塔水温条件下发生的，那么与平均水温相应的饱和空气焓就是直线，延长与空气的热焓线相交便是对应的进出塔平均水温。由直线 CD 便可有以下关系式：

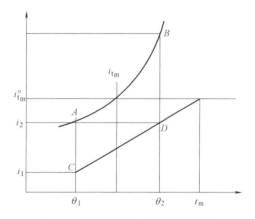

$$\frac{\theta_2 - \theta_1}{t_m - \theta_1} = \frac{i_2 - i_1}{i''_{t_m} - i_1} \tag{9-10}$$

$$\theta_2 = \theta_1 + (t_m - \theta_1) \frac{i_2 - i_1}{i''_{t_m} - i_1} \tag{9-11}$$

图 9-8 空气温度与水温焓的关系图

式中 θ_1、θ_2——进、出塔空气温度，℃；

i_1、i_2——进、出塔空气焓，kJ/kg；

t_m——进、出塔水温的均值，℃；

i''_{t_m}——与 t_m 相应的饱和空气焓，kJ/kg。

式（9-11）便是冷却塔设计规范中求出塔空气温度的计算公式，由公式推导中的假定不难看出公式本身具有一定的近似性和局限性。因为假定了塔内整个冷却过程水温不发生变化，仅靠蒸发来冷却水，忽略了接触传热，所以，式（9-11）仅在夏季而且进出塔水温差不大情况下近似使用，不适合用于自然通风冷却塔。

（3）近似法

冷却塔中的热交换有接触传热和蒸发传热两部分，水失去的热量等于空气获得的热量，由式（5-41）～式（5-49）可整理出冷却塔的整体热质交换量。

接触传热使空气温度升高：

$$\alpha\,(t-\theta)_{\mathrm{m}}F=Gc_{\mathrm{pa}}(\theta_2-\theta_1) \tag{9-12}$$

式中 θ_1、θ_2——进、出塔空气温度，℃；

F——接触传热面积，m^2；

G——空气流量，kg/s；

c_{pa}——空气的定压比热，kJ/（kg·℃）；

t——水面温度，℃；

$(t-\theta)_{\mathrm{m}}$——水气的平均温差，℃。

水蒸发的热量等于空气含湿量的增加：

$$\beta_{\mathrm{p}}\,(p_{\mathrm{t}}''-p_{\mathrm{v}})_{\mathrm{m}}F=G(x_2-x_1) \tag{9-13}$$

式中 x_1、x_2——进、出塔空气的含湿量，kg/kg（DA）；

p_{t}''——与水温相应的饱和蒸气压，Pa；

p_{v}——空气的水蒸气分压力，Pa；

$(p_{\mathrm{t}}''-p_{\mathrm{v}})_{\mathrm{m}}$——塔中与水温相应的饱和蒸气压与空气的水蒸气分压力平均差，Pa。

式（9-12）比式（9-13）可得到：

$$\frac{\alpha}{\beta_{\mathrm{p}}}\frac{(t-\theta)_{\mathrm{m}}}{(p_{\mathrm{t}}''-p_{\mathrm{v}})_{\mathrm{m}}}=c_{\mathrm{pa}}\frac{\theta_2-\theta_1}{x_2-x_1} \tag{9-14}$$

整理可得：

$$\theta_2=\theta_1+Le_{\mathrm{f}}(x_2-x_1)\frac{(t-\theta)_{\mathrm{m}}}{(p_{\mathrm{t}}''-p_{\mathrm{v}})_{\mathrm{m}}} \tag{9-15}$$

式中 Le_{f} 为路易斯系数可近似取为 0.9，式（9-15）可变化为：

$$\theta_2=\theta_1+0.9(x_2-x_1)\frac{(t-\theta)_{\mathrm{m}}}{(p_{\mathrm{t}}''-p_{\mathrm{v}})_{\mathrm{m}}} \tag{9-16}$$

若将与水温相应的饱和蒸汽压力与温度的关系近似为线性关系，如图 6-2 所示，那么，温差与蒸汽压力差的平均值即是它们的算术平均值，式（9-16）可变化为：

$$\theta_2=\theta_1+0.9(x_2-x_1)\frac{t_1+t_2-\theta_1-\theta_2}{p_{\mathrm{t}_1}''+p_{\mathrm{t}_2}''-p_{\mathrm{v}_1}-p_{\mathrm{v}_2}-2\delta p} \tag{9-17}$$

式中 $\delta p=\dfrac{p_{\mathrm{t}_1}''+p_{\mathrm{t}_2}''-2p_{\mathrm{t}_{\mathrm{m}}}''}{2}$；

p_{t_1}''、p_{t_2}''——与进、出塔水温相应的饱和蒸气压力，Pa；

$p_{\mathrm{t}_{\mathrm{m}}}''$——与进出塔平均水温相应的饱和蒸气压力，Pa。

p_{v_1}''、p_{v_2}''——进出塔空气的水蒸气分压力，Pa。

式（9-17）可通过试算法求得出塔空气温度。

（4）解析法

由式（5-49）、式（5-63）和式（5-81）替换整理可得：

$$\frac{\mathrm{d}\theta}{\mathrm{d}i}=\frac{t-\theta}{i_{\mathrm{t}_1}''-i} \tag{9-18}$$

将式（6-18）代入上式有：

$$\frac{c_{\mathrm{w}}\mathrm{d}t}{\lambda(i_{\mathrm{t}}''-i)}=\frac{\mathrm{d}\theta}{t-\theta} \tag{9-19}$$

令
$$\Omega = \frac{1}{\lambda} \int_{t_2}^{t} \frac{c_w dt}{i''_t - i} = \int_{\theta_1}^{\theta} \frac{d\theta}{t - \theta}, \psi = t - \theta$$

则式（9-19）变化为：

$$\frac{d\psi}{d\Omega} = (t - \theta) \frac{d(t - \theta)}{d\theta} = \frac{dt}{d\Omega} - \psi \tag{9-20}$$

上式两边同乘 e^{Ω} 得：

$$e^{\Omega} \frac{d\psi}{d\Omega} + \psi e^{\Omega} = e^{\Omega} \frac{dt}{d\Omega} \tag{9-21}$$

$$\frac{d(\psi e^{\Omega})}{d\Omega} = e^{\Omega} \frac{dt}{d\Omega} \tag{9-22}$$

上式积分得：

$$\psi_2 e^{\Omega_2} = \int_{t_2}^{t_1} e^{\Omega} dt + \psi_1 e^{\Omega_1} \tag{9-23}$$

将边界条件代入上式，即 $t = t_2$，$\theta = \theta_1$，得 $\psi = \psi_1 = t_2 - \theta_1$，$\Omega_1 = 0$，上式变化为：

$$\psi_2 = t_1 - \theta_2 = e^{\Omega_2} \left(\int_{t_2}^{t_1} e^{\Omega} dt + \psi_1 \right) \tag{9-24}$$

所以，

$$\theta_2 = t_1 - e^{\Omega_2} \left(\int_{t_2}^{t_1} e^{\Omega} dt + \psi_1 \right) \tag{9-25}$$

式（9-25）可通过辛普森方法对积分进行求解，其中 Ω 也需通过辛普森方法求解。

3. 热力阻力计算步骤

自然通风逆流式冷却塔遇到的问题，一般可归结为求解出塔水温的问题。如已知塔体参数、填料特性、循环水流量、进塔空气的干球温度、湿球温度（或相对湿度）、大气压、进塔水温，求出塔水温。若仅知道进出塔水温差，便可给定系列进塔水温，计算出塔水温，得到一个出塔水温与水温差的关系曲线，可直接查出。出塔水温无法直接求出，可用试算的方法进行求解。计算步骤如下：

（1）假定一个填料断面的风速，也就是假定冷却塔的通风量。

（2）假定多个出塔水温，可以计算相应的冷却数，即可得到一条出塔水温与冷却数的关系曲线。

（3）根据已知的填料特性，可得到冷却数，由此冷却数，查出塔水温与冷却数关系图，可得到出塔水温。

（4）按式（9-25）或出塔空气焓试算法计算出出塔气温，再按式（5-15）计算出塔空气密度。

（5）按式（9-2）计算塔的总阻力系数。

（6）按式（9-1）计算抽力。

（7）按阻力与抽力相等，由抽力和总阻力系数反算风速。

（8）比较计算出的风速与第（1）步假定值接近程度是否满足要求，不满足要求，以计算的风速为填料断面风速值，重复第（2）～（7）步，直到满足为止。

4. 热力阻力计算公式的局限

阻力计算公式（9-5）和式（9-6）分别为冷却塔进风口区域（除雨区）和雨区的通风阻力，前者是采用模型试验的方法获得的；后者是在对不同雨区高度（最大高度为6m）

模拟试验的基础上，通过二维数值模拟的方法计算出雨区的阻力系数，并拟合而成的。

式（9-5）模型试验结果，适用范围为塔进风口面积（按进风口上沿直径的进风环向面积）与进风口上缘塔内面积之比 ε，大于或等于 0.35 且小于或等于 0.4。

式（9-6）是 20 世纪 90 年代初水科院在雨区模拟试验的基础上，采用数值模拟方法，通过计算不同填料断面风速、淋水密度、进风口与淋水面积比以及不同的淋水面积参数组合的雨区阻力系数结果拟合得出来的，其适用范围与这些计算参数的计算范围有关。塔底壳直径最大不超过 100m，淋水密度 6～8t/(m²·h)，填料断面风速 1.0～1.2m/s，这些参数的范围就是式（9-6）的适用范围，超出这个范围将可能出现雨区阻力系数错误。

冷却塔的热交换分 3 个区域：一是喷头至填料顶面的喷淋区；二是填料区；三是填料底面至集水池的雨区。3 个区对散热的贡献率是不同的，一般认为喷淋区约占 8%～10%；填料区约占 75%～80%；雨区约占 15%。冷却塔的冷却效果由 3 个部分组成，不同淋水面积的冷却塔的填料区和喷淋区的高度相差不大，而雨区差别较大。冷却塔设计时应该分别对不同的雨区、填料区和喷淋区进行换热计算才更为精确合理，热力计算公式（8-16）或璃普法式（6-26）～式（6-30）均没有将雨区换热计算与填料区和喷淋区分离开来，对于淋水面积不大的冷却塔这种做法误差不大，但对于淋水面积较大（大于 7000m²）的冷却塔将会带来较大的误差。

第三节　外区配水的热力阻力计算方法

自然通风冷却塔的循环水流量大小随季节不同而变化，即：冷季循环水流量小，热季循环水流量大。冬季小水流量运行时，北方地区气温低，冷却塔容易结冰，为减缓结冰，需将冷却塔的配水分区，使冷却塔内部区域不淋水，以保证外部淋水区域的淋水密度较大，保持一定的循环水温度，使塔内不易结冰。仅外区配水的冷却塔的运行水温预报对于冷却塔设计和冷端优化均有一定的意义。第二节的计算方法显然不适合于外区配水的热力阻力计算。

一、一维外区配水热力计算方法

通过数值模拟可以对塔内流场进行分析，空气从冷却塔进风口进入冷却塔后，一部分进入有淋水的外区，较多的部分直接进入塔中心无淋水的内区，在填料层以上，空气向上运动。除外区的空气受塔壁的影响有向中心运动的速度，塔中心内区的空气流基本是垂直向上运动的。将流场中增加流线后这种流动特征就更明显了，图 9-9 和图 9-10 为双向波填料高度 1.0m 和 1.5m 冬季与春秋季外区运行塔内流场。

冷却塔外区运行时，由于内外区填料的阻力不同造成塔内的空气在填料层以上呈垂直向上的运动流态，可以认为内外区的空气存在一个有热交换的"壁面"，内区的空气在一个不断加热的"筒壁"内运动，空气温度逐渐升高，密度逐渐减小；外区空气在一个非绝热的套筒内运动，"内筒壁"向内区空气散热，外区空气温度逐渐降低，密度逐渐变大。所以，可以做如下基本假定。

假定一：塔内的空气在填料断面以上呈垂直向上的流动，内外区的空气可单独视为一种流体在塔内流动；

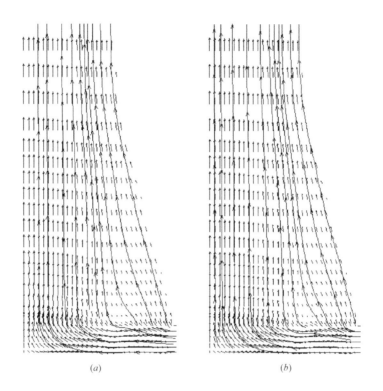

图 9-9　双向波淋水填料冬季外区运行塔内流场图

(*a*) 填料高度 1.0m；(*b*) 填料高度 1.5m

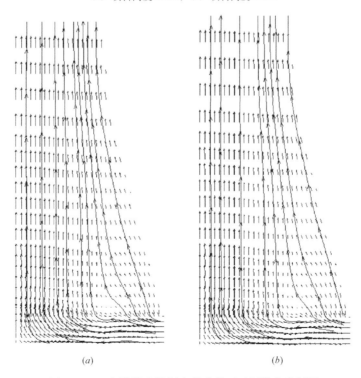

图 9-10　双向波淋水填料春秋季外区运行塔内流场图

(*a*) 填料高度 1.0m；(*b*) 填料高度 1.5m

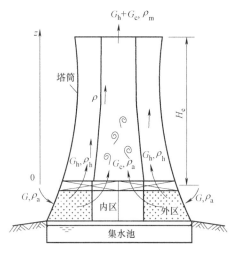

图 9-11　外区配水运行工况冷却塔
塔内气流流动示意图

假定二：经过雨区进入内外区的空气，在填料断面的能量损失相同；

假定三：塔内外区的空气密度沿塔高度方向呈线性变化。

1. 抽力的计算公式

自然通风逆流式冷却塔全塔配水运行工况，塔内气流运动是由于塔内外空气密度差所产生的抽力引起的，配水层以上由于塔筒阻隔了与外界空气的热交换，塔内的气流可近似看作密度均匀，抽力按式（9-1）计算。

在外区配水运行工况中，经过外区填料区的热质交换后的外区空气，温度升高、密度减小，在浮力作用下向上运动，在配水层以上，与经过内区温度较低的空气发生掺混和热交换，使其空气温度降低，同时，密度增大，根据基本假定一，可以认为外区的空气与内区空气之间存在可以透热的壁，外区空气沿一个套筒向上运动。取淋水填料 1/2 高度为 z 轴 0 点，如图 9-11 所示，沿 z 轴，不同高度处气流所受到的浮力为：

$$\mathrm{d}H_\mathrm{D} = g(\rho_\mathrm{a} - \rho)\mathrm{d}z \tag{9-26}$$

根据基本假定三，塔内热空气的密度沿 z 轴线性变化，忽略填料 1/2 高度至配水层的空气密度变化，则式（9-26）可改写为：

$$\mathrm{d}H_\mathrm{D} = \left(\rho_\mathrm{a} - \rho_\mathrm{h} - \frac{\rho_\mathrm{m} - \rho_\mathrm{h}}{H_\mathrm{e}}z\right)g\,\mathrm{d}z \tag{9-27}$$

对式（9-27）积分可得到外区配水运行工况的冷却塔抽力计算公式：

$$H_\mathrm{D} = \int_0^{H_\mathrm{e}} g\left(\rho_\mathrm{a} - \rho_\mathrm{h} - \frac{\rho_\mathrm{m} - \rho_\mathrm{h}}{H_\mathrm{e}}z\right)\mathrm{d}z = H_\mathrm{e}g(\rho_\mathrm{a} - \rho_\mathrm{h}) - \frac{1}{2}(\rho_\mathrm{m} - \rho_\mathrm{h})gH_\mathrm{e} \tag{9-28}$$

比较式（9-28）与式（9-1）可知，非全塔配水冷却塔比全塔均匀配水冷却塔抽力计算公式，多了一个减数项，所以，抽力值减小了。

2. 阻力计算公式

根据基本假定三，可以确定内外区通风量的分布，余下的是如何对已有的阻力公式进行修正的问题。

全塔配水的自然通风冷却塔的阻力计算公式为式（9-2）～式（9-8）。

在外区配水运行工况中，塔内沿填料断面直径方向空气的流动速度都不为零，但是由于内区无水，流速沿径向的分布与全塔配水时有差别，如果忽略这种差别，则式（9-5）仍适用计算进入冷却塔的气流转向、柱和填料的阻力系数。该系数本身是试验数据的平均值，因此，忽略外区配水与全塔配水对于阻力系数的计算影响不会太大。但由于整塔中内区无水，内外区填料相同时，填料沿径向的阻力系数不同，再用式（9-5）时，应采用两个区的阻力加风量权的平均值。

设冷却塔的内区通风量为 G_c、外区通风量为 G_h、内区填料阻力系数为 ξ_c、外区填料

阻力系数为 ξ_h，则淋水填料的平均阻力系数为：

$$\overline{\xi_f} = \frac{G_h \xi_h + G_c \xi_c}{G_h + G_c} \tag{9-29}$$

同样，在外区配水运行工况中假定雨区的风速分布与全塔配水基本相同，可按式 (9-6) 计算雨区阻力系数，但由于内区并无雨滴阻力，所以，实际雨区阻力系数比式 (9-6) 计算值小。雨区的阻力系数是整个雨区每个水滴对空气流的阻力求和后平均计算出来的，水滴对空气的阻力与水滴的密度、速度及空气流速有关。若认为沿径向空气的流速分布均匀，则雨区阻力大小与淋水体积成正比。所以，外区配水的雨区阻力系数可按淋水体积占冷却塔雨区体积比例进行修正。

修正后的阻力系数可按下式计算：

$$\xi_a = (1 - 3.47\varepsilon + 3.65\varepsilon^2)(85 + 2.51\overline{\xi_f} - 0.206\overline{\xi_f^2} + 0.00962\overline{\xi_f^3}) \tag{9-30}$$

$$\xi_b = (6.72 + 0.654D + 3.5q + 1.43V_f - 60.60\varepsilon - 0.36V_fD)\frac{F_o}{F_f} \tag{9-31}$$

式中　q——外区淋水密度，$t/(m^2 \cdot h)$；

$\quad F_f$——冷却塔内外区淋水面积之和，m^2；

$\quad F_o$——外区淋水面积，m^2。

由式 (9-29) ～式 (9-31) 即可计算外区配水的冷却塔阻力系数了。在计算内外区风量分配时，内区的空气受到雨滴的水平方向阻力，该阻力的大小与风速、淋水密度、冷却塔进风口高度等有关，计算时可近似取雨区阻力系数的 50%，即认为水平向与垂直向阻力相等。

3. 热力计算公式

热力计算公式与上节相同。外区配水运行工况与全塔均匀配水运行工况相比，在配水层以上的空气流动存在温度密度相差较大的区域。经过外区的空气温度高、密度小、含湿量大，而经过雨区的空气温度低、密度大、含湿量小。两种空气在配水层以上进行掺混，这两种不同量、不同温度、不同湿度与不同密度的空气之间掺混是一个非常复杂的过程，如图 9-11 所示。假定冷热空气至冷却塔出口密度均匀，忽略冷热空气掺混过程中的相互变化引起的密度变化（空气平均密度为热空气与冷空气混合后的密度，热空气与冷空气混合，接近饱和的热空气遇冷空气后，部分水汽凝结为水放热，冷空气与热空气混合后温度升高，可接纳更多水分），则塔出口的空气密度可简单地以两种空气流量的加权平均来计算：

$$\rho_m = \frac{\rho_h G_h + \rho_c G_c}{G_h + G_c} \tag{9-32}$$

式中　G_h、G_c——外区、内区的干空气流量，kg/s；

$\quad \rho_h$、ρ_c——外区、内区的湿空气密度，kg/m^3。

4. 计算方法

由式 (9-28) ～式 (9-32) 就可进行外区配水运行工况冷却塔的热力计算了。由于出塔水温与塔内通风量为隐式函数关系，计算须采用试算法。具体步骤如下：

第一步：先假设外区的通风量；

第二步：计算出塔水温与配水层上方的空气密度；

第三步：给定内区的一个通风量计算抽力与阻力；

第四步：通过阻力与抽力平衡可确定外区的通风量；

第五步：如果内区抽力与阻力之差不小于某给定的小量，返回第一步，否则，计算结束，此时的通风量与出塔水温即为非全塔配水冷却塔的出塔水温与通风量。

二、外区配水的一维热力计算方法的验证

按上述方法对山东邹县电厂四期工程 12000m² 冷却塔的实测外区配水运行工况进行出塔水温的计算，来验证计算方法的可靠性。

1. 实测的外区配水运行工况数据

邹县电厂四期工程于 2007 年 8 月由西安热工研究院对 7 号塔进行了热力性能试验，共测试了 3 个运行工况，一机三泵全塔配水运行工况、一机两泵全塔配水运行工况及一机两泵外区配水运行工况。其中一机两泵外区配水运行工况的主要参数测试数据见表 9-3。

一机两泵外区配水运行工况实测数据 表 9-3

工况编号	大气压 （hPa）	干球温度 （℃）	湿球温度 （℃）	循环水流量 （m³/h）	进塔水温 （℃）	实测出塔水温 （℃）
1	1000	25.68	24.15	66501	38.98	30.40
2	1000	25.44	24.00	66501	38.93	30.29
3	1000	25.57	24.07	66501	38.72	30.35
4	1000	25.44	24.00	66501	38.93	30.29
5	1000	25.42	23.92	66501	38.86	30.13
6	1000	25.39	23.88	66501	38.74	30.15
7	1000	25.32	23.87	66501	38.56	30.17
8	1000	25.35	23.87	66501	38.36	30.12
9	1000	25.28	23.82	66501	38.17	30.10
10	1000	25.25	23.75	66501	38.08	29.99

冷却塔填料为塑料填料，共 3 层，每层高 0.5m，上中下 3 层填料安装成正交式，层间用塑料间隔条隔开，填料为双向波填料。

冷却塔为一座双曲线自然通风逆流式冷却塔，冷却面积 12000m²，单个竖井，管槽内外区均为压力配水，XPH 型喷头。除水器型号为波 145-42。冷却塔采用内、外围配水系统，内、外围的面积比为 40.7：59.3。冷却塔的特征尺寸见表 9-4。

冷却塔特征尺寸 表 9-4

序号	项　　目	参数
1	塔面积（m²）	12000
2	有效抽风高度（m）	151.80
3	进风口高度（m）	11.64
4	1/2 进风口平均直径(m)	129.00
5	0m 处直径(人字柱中心) (m)	133.21

续表

序号	项　目	参数
6	塔面积/塔出口面积(m²)	2.38
7	塔总高度（m）	165.00
8	喉部直径(m)	75.21
9	塔出口直径(m)	80.08
10	喉部高度(m)	127.05
11	填料层高度(m)	13.95
12	塔壳底部直径(m)	124.79

2. 计算结果

按本节给出的计算方法对邹县外区配水运行工况水温进行计算，其结果见表9-5，结果表明一维外区热力计算方法计算的出塔水温与实测结果十分吻合，平均偏差为0.19℃。

计算结果与实测结果对比　　　　　　　　表9-5

大气压 (hPa)	干球温度 (℃)	湿球温度 (℃)	循环水流量 (m³/h)	进塔水温 (℃)	实测出塔 水温(℃)	计算结果 (℃)	与实测差 (℃)
1000	25.68	24.15	66501	38.99	30.40	30.20	−0.20
1000	25.44	24.00	66501	38.93	30.29	30.08	−0.21
1000	25.57	24.07	66501	38.72	30.35	30.12	−0.23
1000	25.44	24.00	66501	38.93	30.29	30.08	−0.21
1000	25.42	23.92	66501	38.86	30.13	30.03	−0.10
1000	25.39	23.88	66501	38.74	30.15	30.00	−0.15
1000	25.32	23.87	66501	38.56	30.17	29.96	−0.21
1000	25.35	23.87	66501	38.36	30.12	29.94	−0.18
1000	25.28	23.82	66501	38.17	30.10	29.88	−0.22
1000	25.25	23.75	66501	38.08	29.99	29.84	−0.15
平均				38.63	30.20	30.01	−0.19

第四节　双系统冷却塔的热力计算与设计

目前，我国火电厂中采用的自然通风逆流式冷却塔的冷却水系统多数为单元制，即一机一塔，对于冷却塔而言，只有一种热负荷，称之为单系统冷却塔。在一些工程中，由于场地限制，需要采用两台机共用一座冷却塔的冷却水系统，如图9-12所示。为检修方便，将冷却塔的配水系统分为两个相互独立的区域，每个区域负责一台机的循环水流量，每个区域有各自独立的竖井、塔芯和集水池，两个区域中间由分隔墙分离，当两台机组负荷不同时，冷却塔同时有两种不同的热负荷，称该冷却塔为双系统自然通风逆流式冷却塔，简称双系统冷却塔。当双系统冷却塔的两台机运行负荷相同时，该冷却塔的工作方式与单系统冷却塔相同，相应的热力计算方法也无需变化。当一台机检修或两台机的负荷差别大时，传统冷却塔的热力计算方法将不再适用。双系统冷却塔已经在我国工程实践中采用，但双系统冷却塔的热力计算如何进行，还未见有公开报道。随着土地资源的使用与供给矛盾的加剧，今后，将会有更多的双系统冷却塔出现。因此，建立双系统冷却塔的热力计算方法是十分必要的，对于双系统冷却塔的设计、运行调节及冷却塔的优化也具有一定的意义，笔者针对这种工况给出了热力阻力计算方法。

1. 抽力的计算公式

自然通风逆流式冷却塔的气流运动是由于塔内外空气密度差所产生的抽力引起的，在单系统冷却塔中，空气经过填料区的热质交换后，温度升高、密度减小，在配水层以上由于塔筒阻隔了与外界空气的热交换，塔内的气流可近似看作密度均匀，抽力计算公式为式（9-1）。

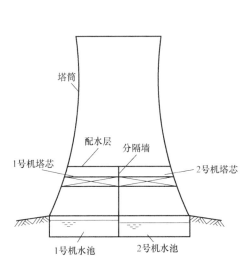

图 9-12 双系统冷却塔示意图

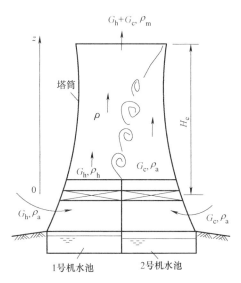

图 9-13 双系统冷却塔塔内气流流动示意图

在双系统冷却塔中，运行机组或热负荷大的机组空气经过填料区热质交换后，空气温度升高、密度减小，在浮力作用下，向上运动，在配水层以上，与不运行机组或负荷小的机组区域的温度低的空气发生掺混，使其温度降低、密度增大，最终形成冷热空气在塔内相互掺混的稳定流动，如图 9-13 所示。取淋水填料 1/2 高度为 z 轴 0 点，沿 z 轴塔，不同高度处气流所受到的浮力为：

$$\mathrm{d}H_\mathrm{D}=(\rho_\mathrm{a}-\rho)g\mathrm{d}z \tag{9-33}$$

假定塔筒内的热空气与冷空气在塔筒出口前掺混均匀，塔内热空气的密度沿 z 轴线性变化，忽略填料 1/2 高度至配水层的空气密度变化，则式（9-33）可改写为：

$$\mathrm{d}H_\mathrm{D}=\left(\rho_\mathrm{a}-\rho_\mathrm{h}-\frac{\rho_\mathrm{m}-\rho_\mathrm{h}}{H_\mathrm{e}}z\right)g\mathrm{d}z \tag{9-34}$$

对式（9-34）积分可得到双系统冷却塔的抽力计算公式：

$$H_\mathrm{D}=\int_0^{H_\mathrm{e}}\left(\rho_\mathrm{a}-\rho_\mathrm{h}-\frac{\rho_\mathrm{m}-\rho_\mathrm{h}}{H_\mathrm{e}}z\right)g\mathrm{d}z=H_\mathrm{e}(\rho_\mathrm{a}-\rho_\mathrm{h})g-\frac{1}{2}(\rho_\mathrm{m}-\rho_\mathrm{h})gH_\mathrm{e} \tag{9-35}$$

比较式（9-35）与式（9-1）可知，双系统冷却塔比单系统冷却塔抽力计算公式，多了一个减数项，所以，抽力值减小了。

2. 阻力计算公式

自然通风冷却塔的阻力计算公式为式（9-2）～式（9-8），塔的主要阻力来自于冷却塔的进风口区域（包括淋水填料）。式（9-5）与式（9-6）为模型试验与数值模拟计算所得，而模型试验本身就是在一个 1/2 冷却塔模型上进行的，因此，式（9-5）和式（9-6）仍适用于双系统冷却塔。冷却塔的各热力系统的阻力系数分别计算，计算阻力时，各热力系统采用各自相应的空气密度。出口阻力与单系统冷却塔不同，应将两个系统的空气流量叠加后计算。

各系统的出口阻力系数计算如下：

$$\xi_{\mathrm{eh}} = \left(\frac{G_{\mathrm{h}} + G_{\mathrm{c}}}{G_{\mathrm{h}}} \frac{F_{\mathrm{f}}}{F_{\mathrm{e}}} \right)^2 \tag{9-36}$$

$$\xi_{\mathrm{ec}} = \left(\frac{G_{\mathrm{h}} + G_{\mathrm{c}}}{G_{\mathrm{c}}} \frac{F_{\mathrm{f}}}{F_{\mathrm{e}}} \right)^2 \tag{9-37}$$

式中　ξ_{eh}、ξ_{ec}——分别为两个系统的出口阻力系数；

$\quad\quad$ F_{f}——两个系统淋水面积之和，m^2；

$\quad\quad$ F_{e}——塔出口面积，m^2。

3. 热力计算公式

双系统冷却塔与单系统冷却塔相比，仅是配水层以上的空气流动发生了变化，而配水层以下部分，受其上气流变化，半塔内的气流流速分布与单系统冷却塔有所不同，风速小的区域由于热负荷相同，热空气温度将比别的区域高，有利于空气向上流动，总体上可以准确看作与单系统冷却塔的热质交换相同，所以，单系统冷却塔热力计算公式同样适用于双系统自然通风逆流式冷却塔。

塔出口空气平均密度应为热空气与冷空气混合后的密度，热空气与冷空气混合，热空气（接近饱和）遇冷空气后，部分水汽凝结为水放热，冷空气与热空气混合后温度升高，可接纳更多水分，因此，可简单地以两种空气流量加权后的密度作为塔出口空气密度。

$$\rho_{\mathrm{m}} = \frac{\rho_{\mathrm{h}} G_{\mathrm{h}} + \rho_{\mathrm{c}} G_{\mathrm{c}}}{G_{\mathrm{h}} + G_{\mathrm{c}}} \tag{9-38}$$

式中　G_{h}、G_{c}——分别为两个系统的干空气流量，$\mathrm{kg/s}$。

4. 计算实例与讨论

（1）计算方法

双系统冷却塔的热力计算具体步骤如下：

第一步：先假定系统 1 的一个通风量；

第二步：计算出塔水温与配水层上方的空气密度；

第三步：给定系统 2 的一个通风量，计算抽力与两个系统阻力；

第四步：通过阻力与抽力平衡可确定系统 2 的通风量；

第五步：如果系统 1 的抽力与阻力之差不小于某给定的小量，返回第一步，否则，计算结束，此时的通风量与出塔水温即为双系统冷却塔的出塔水温与通风量。

（2）计算实例

某电厂两台 300MW 燃煤机组共用一座 9000m^2 双系统自然通风逆流式冷却塔，冷却塔进风口高度 10m、总高度 140m、出口直径 68m、塔壳底沿直径 110m、进风口平均直径 112m；淋水填料为高度 1m 的 S 波，冷却塔设计夏季 10％气象条件为干温度 33℃、湿球温度 27℃、大气压 100kPa，机组夏季满负荷运行的循环水流量为 9.5m³/s，进出塔水温差为 10℃，求两台机组满负荷、1 台机组满负荷另 1 台机组半负荷及仅 1 台机组运行时的冷却塔各系统的出塔水温与通风量。按上述方法计算的结果列于表 9-6。

不同运行工况冷却塔出塔水温计算结果 表 9-6

运行工况		半塔塔运行	系统 2 温差半负荷运行	系统 2 水量半负荷运行	双系统满负荷运行
系统 1	出塔水温(℃)	36.16	34.66	34.70	34.27
	水流量(t/s)	9.5	9.5	9.5	9.5
	进出塔水温差(℃)	10	10	10	10
	填料断面风速(m/s)	0.791	0.945	0.938	0.993
	配水层出口空气密度(kg/m³)	1.072	1.081	1.081	1.083
系统 2	出塔水温(℃)	—	34.73	32.85	34.27
	水流量(t/s)	0	9.5	4.8	9.5
	进出塔水温差(℃)	0	5	10	10
	填料断面风速(m/s)	0.808	0.942	0.947	0.993
	配水层出口空气密度(kg/m³)	1.124	1.094	1.095	1.083
塔外空气密度(kg/m³)		1.124	1.124	1.124	1.124
出口平均空气密度(kg/m³)		1.098	1.087	1.088	1.083
抽力(mmH₂O)		3.36	4.76	4.71	5.26

（3）分析讨论

由表 9-6 可以看出，双系统冷却塔在两个系统均为满负荷运行时，与单系统冷却塔出塔水温相同为 34.27℃；当遇检修情况时，冷却塔的出塔水温将比正常运行时高 1.9℃；当一个系统半负荷运行时，满负荷机组冷却塔出塔水温高 0.3℃，低负荷机组水流量减小，出塔水温低约 1.5℃，而水流量不降仅降水温差则出塔水温不降低。

前文中假定了冷却塔的出口空气掺混为均匀状态，若在冷却塔出口处冷热空气未能掺混均匀，假定塔内一部分靠近塔壁的冷空气有不运动现象，出塔水温将偏高，原因是塔出口流动面积减小而使出口损失增大，但塔的出口阻力系数仅占整塔的不到 5％。因此，对计算结果影响不大，折算到出塔水温不大于 0.4℃。

第五节　进风口安装防冻导风装置、挡风板及消噪声装置的阻力修正

一、防冻导风装置

在我国北方地区，冬季天气寒冷使得冷却塔运行容易结冰，特别是供热机组，结冰现象更为严重。为保障冷却塔的正常运行，通常在冷却塔的进风口加设挡风板，以减少进入冷却塔中的冷空气量，起到防止结冰的作用。传统的挡风板由木板、玻璃钢板或刚框架板

构成，装卸不便于电厂运行人员的操作，无专用工具时有一定操作难度。针对这种不方便，一种电动卷帘式的导风挡风装置应运而生。该装置可电动调节冷却塔的挡风板挡风高度，适合不同气温的冷却塔运行达到防止结冰的目的，防冻设施无须运行人员人工装拆，极大减轻了运行管理工作强度。

防冻设施结构及用于 $4000m^2$ 冷却塔的尺寸如图 9-14 和图 9-15 所示。防冻设施由设立于冷却塔进风口周圈圆形布置的支撑柱、进风口顶沿以上的圆形封闭板（顶棚）、支撑柱之间可以电动圈起的软性材料防风帘等构件组成。当冷却塔需要防冻时，可操作电动防风帘落下，将进风口遮挡；当气温高时，防风帘圈起到塔进风口上，此时防风帘的底沿与进风口的顶沿平齐。对于其他面积的冷却塔，本项目研究的防冻设施的实施要点：一是支撑柱的基础直径比冷却塔人字柱基础直径稍大；二是挡风帘收起后的底沿与进风口顶沿平齐。

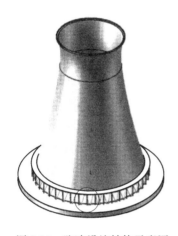

图 9-14　防冻设施结构示意图

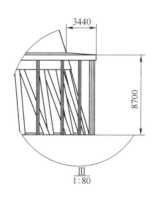

图 9-15　$4000m^2$ 冷却塔防冻设施局部尺寸示意图

防冻设施安装于冷却塔后，可以有效起到防止塔内结冰现象，在不结冰运行时，防冻设施的支撑柱、顶棚及收起的挡风帘等留存在冷却塔的进风口周围，那么这些设施对冷却塔的进风会不会产生较大的影响呢？笔者及同事采用 3D 数值模拟的方法对此进行了研究，结果表明 $4000m^2$ 冷却塔加装防冻设施后，防冻设施不运行时，不会对冷却塔的进风产生不利影响，相反对于进风口的速度分布可起到导流作用，阻力系数减小约 2，装置的支柱的阻力系数为 0.5，总体上冷却塔的进风量稍有增加，有利于冷却塔的运行。由于技术原因，防冻设施的支柱间距最大值受限，当淋水面积增大时，支柱的阻力会稍有增加，但变化不会太大。所以，冷却塔安装了防冻导风设施后在挡风帘完全收起时，冷却塔的热力阻力计算可不作修正。

二、挡风板及加挡风板或帘的阻力系数

北方地区冷却塔冬季运行的另一个有效防护措施就是进风口加挡风板。挡风板沿进风口高度分为若干层，如图 9-16 所示，根据外界气温的变化调整挡风板的安装高度。挂了挡风板或导风帘后，冷却塔的进风口面积将变小，此时不能再用式（9-5）计算进风口区域的阻力系数。

图 9-16　挡风板的安装

增加挡风板后，塔的进风口阻力系数可近似按圆柱型塔进流考虑，如图 9-17 所示。劳威（H. J. Lowe）于 1961 年给出了圆柱形进风口阻力系数为：

$$\xi = 0.167\left(\frac{D}{h}\right)^2 \qquad (9-39)$$

式中　D——圆柱直径，m；

　　　h——进风口高度，m。

加挡风板后塔的进风口阻力系数 ξ_l 变化为：

$$\xi_l = 0.167\left(\frac{D}{h_0}\right)^2\left(\frac{D_l}{D}\right)^4 \qquad (9-40)$$

式中　D——挡风板底沿处的塔直径或挡风帘的布置直径，m；

　　　h_0——加挡风板后的进风口高度或挡风帘下落后的进风口高度，m。

冷却塔热力计算方法与不加挡风板或帘相同，阻力计算中塔的阻力系数除式（9-5）由式（9-40）代替外，其他不变。

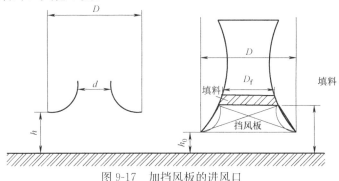

图 9-17　加挡风板的进风口

三、进风口带降噪声装置时的热力阻力计算

当冷却塔与居民生活区较近或对噪声有其他要求时，冷却塔须作降噪声处理。常用的方法有两种：一是在塔的进风口周边敏感区方向一段范围内加设降噪墙；另一种是在塔的进风口处或一段范围内设置降噪装置，如图 9-18 所示。

图 9-18　塔周降噪声墙

在冷却塔的周边设置降噪声墙，当墙与进风口的距离大于 2 倍的进风口高度时，热力阻力计算可不作修正；当墙与进风口的距离小于 2 倍的进风口高度时，可参考本章第一节表 9-2 适当修正。

当进风口设置降噪装置时，降噪装置的挡风面积较大，热力阻力计算时须考虑降噪的阻力。降噪装置系沿塔径向排列的消声板，如图 9-18 所示。

自然通风逆流式冷却塔进风口部分区域安装消声板片后，冷却塔会因消声板片的阻力使该区域的进风量减少，塔内的气流流动将不再按径向进入，如图 9-19 所示。由于冷却塔内不同区域的淋水填料的平均进风量也有差别，经过与空气发生热交换，空气的温度升高、密度减小，由于浮力作用向上运动，在塔筒内流动如图 9-20 所示。热空气向上的运

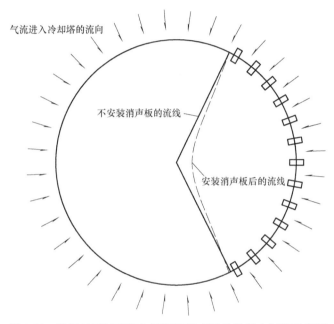

图 9-19　进风口区域安装与不安装消声板片的塔内气流示意图

动使塔内的压力低于塔外的压力，塔外的空气便流向塔内。塔内空气的流动与热交换是相当复杂的，为便于分析，作出以下基本假定。

假定一：塔内的空气在填料断面以上均匀掺混，忽略冷却塔进风口增加消声板片后由于不同区域换热引起的空气密度差别；

假定二：经过消声板片与未经过消声板片的空气再经过雨区后，在填料断面的能量损失相同；

假定三：忽略塔内气流由于增加消声板片后造成的流动方向的改变。

1. 抽力的计算公式

根据基本假定一，塔内的空气在填料断面

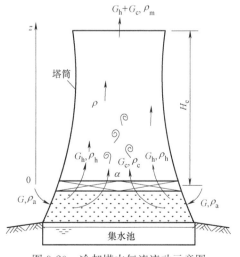

图 9-20　冷却塔内气流流动示意图

以上均匀掺混，忽略冷却塔进风口增加消声板片后由于不同区域换热引起的密度差别。则冷却塔的抽力仍可用不增加消声板片的计算方法。自然通风逆流式冷却塔全塔配水运行工况，塔内气流运动是由于塔内外空气密度差所产生的抽力引起的，塔内的气流可近似看作密度均匀，抽力一般表示为：

$$H_{\mathrm{D}}=gH_{\mathrm{e}}(\rho_{\mathrm{a}}-\rho_2) \tag{9-41}$$

式中　H_{e}——冷却塔有效高度，自冷却塔淋水填料的 1/2 高度处至塔顶的距离，m；

　　　g——重力加速度，m/s^2。

　　ρ_2、ρ_{a}——塔内、外的空气密度，kg/m^3。

2. 阻力计算公式

根据基本假定二和基本假定三，可以将增加消声板片的进风口区域和未增加消声板片的区域进入冷却塔的空气分别视为两个不同途径的气体在填料断面上混合，两个途径气流的阻力不同，气流的阻力可分别进行计算。未增加消声板片的气流阻力可按式（9-5）和式（9-6）计算，但公式中的填料断面风速按该区域空气量进行计算，而增加消声板片的气流阻力须对式（9-5）和式（9-6）进行修正。

增加消声板片后的冷却塔进风口区域的阻力系数计算作如下修正：

$$\xi'_{\mathrm{a}}=(1-3.47\varepsilon+3.65\varepsilon^2)(85+2.51\xi_3-0.206\xi_3^2+0.00962\xi_3^3)+\xi_x\frac{1}{\varepsilon^2} \tag{9-42}$$

$$\xi'_{\mathrm{b}}=6.72+0.654D+3.5q+1.43v'_{\mathrm{f}}-60.60\varepsilon-0.36v'_{\mathrm{f}}D \tag{9-43}$$

式中　ξ_x——消声板片的阻力系数；

　　　v'_{f}——增加消声板片区域的填料断面平均风速，m/s。

冷却塔的总阻力系数计算公式可变化为：

$$\xi=(\xi_{\mathrm{a}}+\xi_{\mathrm{b}})\left(\frac{v_{\mathrm{f}}}{\bar{v}_{\mathrm{f}}}\right)^2+\xi_{\mathrm{c}} \tag{9-44}$$

式中　$\bar{v}_{\mathrm{f}}$——冷却塔填料面平均风速，m/s；

　　　v_{f}——无消声板区域填料面风速，m/s。

3. 计算方法

由式（9-41）～式（9-44）以及式（8-16）就可进行增加消声板片的自然通风冷却塔的热力阻力计算了。由于出塔水温与塔内通风量为隐式函数关系，计算须采用试算法。具体步骤如下：

第一步：先假设未增加消声板片区域的通风量；

第二步：计算出塔水温与配水层上方的空气密度；

第三步：给定增加消声板片一个通风量，由式（9-42）和式（9-43）计算加消声板片区域进风口至填料顶面的阻力，并使之与不加消声板片区域阻力相同；

第四步：进行热力计算获得出塔气温、各区域的出塔水温，出塔水温为各区域出塔水温与该区域面积的加权平均值；

第五步：计算抽力并比较抽力与阻力，若二者之差不小于某给定的小量，返回第一步，否则，计算结束。

若本章第三节中所述邹县电厂 12000m^2 冷却塔安装了阻力特性如表 9-7 所示的消声板片，消声板片安装中心线与冷却塔零米柱中心线间距为 2.5m，如图 9-21 所示。求冷却塔进风口区域增加不同比例的消声板片后的出塔水温变化。

消声板片阻力特性 表 9-7

风速(m/s)	2	3	4	5	6	7
阻力(Pa)	37	82	156	228	336	442
阻力系数	6.23					

为便于比较，假设邹县电厂四期冷却塔不同区域安装消声板片，如图 9-21 所示。

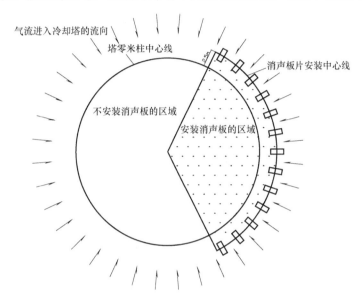

图 9-21　消声板片安装位置示意图

采用本节所述的计算方法通过计算机编程，分别对 10%、20%、30%、40% 和 50% 进风口区域设置消声板片后的冷却塔水温进行计算，结果如图 9-22 所示。当 30% 进风口区域设置消声板片时出塔水温增高 0.24℃，50% 进风口区域设置消声板片时出塔水温平均增高 0.42℃。

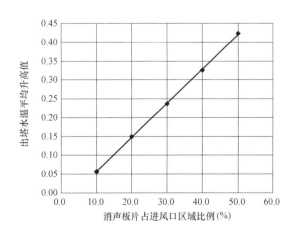

图 9-22　消声板片安装区域与出塔水温平均升高值的关系

第六节　超大型自然通风逆流式冷却塔的热力计算存在问题及修正

一、自然通风逆流式冷却塔热力阻力计算公式的发展历史

1. 热力计算公式

目前国内对于逆流式冷却塔的热力计算均是按一维均匀流考虑的，对水从喷嘴喷出至集水池水面之间笼统地作为水气之间的热质交换区处理。在逆流式冷却塔中冷却水与空气之间的热质交换空间，除填料区外，尚有填料以上至喷嘴之间的空间和填料底部至集水池水面之间的空间。前者称之为喷淋区；后者称之为雨区或尾冷区。在这两个区段内冷却水以水滴形式自由下落，其散热、散质系数的确定除与气、水流量有关外，还与水滴粒径及其级配有关。20 世纪 70 年代以来，冷却塔的热力计算普遍采用了焓差法，但是对于这 3 个换热区如何处理并没有统一的做法。英国、美国及欧洲冷却塔的测试和设计标准并未对此作出规定，而是将此事交由冷却塔制造商来解决，各冷却塔供应商根据自己的经验和试验数据进行塔的设计和运行曲线的编制，规范标准只规定了冷却塔供应商应提供的运行曲线要求，并以此作为能力考核的依据。有的冷却塔供应商，如比利时的哈蒙冷却塔公司，在进行冷却塔设计时将 3 个区分别计算。

我国冷却塔的设计、制造和试验研究是由多部门完成的，自然通风逆流式冷却塔设计及性能保证由设计院负责，20 世纪 80 年代冷却塔的设计将塔内的 3 个换热区看作一个区来处理。淋水填料的试验数据也包含了喷淋区、填料区和部分雨区（视模拟塔不同而雨区不同），冷却塔设计时将室内试验数据用一个综合系数方式来转换到工业塔。这种做法源自苏联维捷涅叶夫水利工程科学研究所建议，他们认为室内试验数据用至工业塔时，由于配风配水等方式不及室内试验，所以要有一个 0.85～1.0 的修正系数。20 世纪 80 年代经过工业塔的实测，建立了模拟塔与原型塔的相关关系，部分实测结果如表 9-8 所示，采用水科院的试验数据时，修正系数为 1，采用西安热工研究院的数据时，修正系数为 0.88～0.98。

模拟塔与工业塔相关性试验结果　　　　　　　　　　表 9-8

填料名称	测试单位	
	西安热工研究院	水科院冷却水研究所
Ⅰ型双斜波(SXB-Ⅰ)$H=1000mm$	0.94	1.0
复合波(ANCS)$H=1000mm$	0.98	1.0
S波 $H=1000mm$	0.88	1.0
Z波 $H=1000mm$	0.89	1.0

随着冷却塔淋水面积的增大，特别是超大型冷却塔（淋水面积大于 $10000m^2$）的进风口高度已经达到 12m 以上，将塔内 3 个换热区分别处理更为合适。

2. 阻力计算公式发展

自然通风逆流式冷却塔的阻力包括了空气进入冷却塔、塔壳支柱、淋水装置支撑柱、雨区、气流转弯、填料、配水装置、收水器和出口等部分。占阻力 80% 以上的是填料、雨区和冷却塔气流转弯支柱等进风口区域阻力，其中雨区和进风口区域阻力是自然塔研究的关键。

20 世纪 80 年代我国冷却塔总阻力系数计算公式为：

$$\xi = \frac{2.5}{\left(\frac{4h}{D_0}\right)^2} + 0.32D_0 + \left(\frac{A_f}{A_o}\right)_2 + \xi_f \tag{9-45}$$

式中　h——进风口高度，m；

D_o——进风口平均直径，m；

A_f——塔的淋水面积，m^2；

A_o——塔筒出口面积，m^2；

ξ_f——淋水装置的阻力系数。

式（9-45）中第一项代表进风口阻力，第二项代表雨区阻力。西安热工研究院、华北电力试验所和水科院冷却水研究所等单位对国内淋水面积为 $1500\sim7000m^2$ 的多座双曲线型风筒式自然通风冷却塔的实测资料表明，计算的总阻力系数约为按式（9-45）计算结果的 $60\%\sim90\%$，大部分为 $75\%\sim85\%$，实践表明该公式计算结果比实测值偏大，说明第一项 $\xi_1 = 2.5 / \left(\frac{4h}{D_0}\right)^2$ 和第二项 $\xi_2 = 0.32D_0$ 计算值与实际偏离较大。

1971 年瑞巴特（W. Zembaty）对一个与 120MW 机组配套的逆流式自然塔进行了模型试验，模型比例尺为 1：100，结果给出了公式（9-46）。这也是 1980 年西北电力设计院王良中根据对国外一些试验资料的分析，建议采用的计算公式。

$$\xi_1 = 0.117\left(\frac{D}{h}\right)^2 + 0.33\left(\frac{D}{h}\right) + 2.48 \tag{9-46}$$

$$\xi_2 = (0.1 + 0.025q)\frac{D^3}{256h^2} \tag{9-47}$$

式中　D——塔壳下缘直径，m。

式（9-46）为德国 W. Zembaty 等人通过室内模型塔试验给出的空塔进风口阻力系数，式（9-47）是王良中将式（8-7）转换为圆形塔时作的修正。

赵振国将式（8-7）转换为圆形塔时给出

$$\xi_2 = (0.1 + 0.025q)R \tag{9-48}$$

式中　R——塔半径，m；

q——淋水密度，$t/(m^2 \cdot s)$。（注：对照公式出处的原著，式（9-48）和式（9-47）淋水密度的单位应为 $t/(m^2 \cdot s)$ 而非 $m^3/(m^2 \cdot h)$）

1990 年在国际冷却塔和喷水池会议上苏霍夫等人发表了计算进风口和雨区的阻力系数公式：

$$\xi_1 + \xi_2 = \frac{(0.1 + 0.025q)R}{9.72\frac{h}{R} - 0.77} + \frac{1}{0.332\frac{h}{R} + 0.02} \tag{9-49}$$

以上两式主要反映了雨区的水平方向气流阻力，没有反映垂直向阻力，也没有反映风速对阻力系数的影响。

劳威（Lowe）1961 年给出了空塔的进风口阻力系数为

$$\xi_1 = 0.167\left(\frac{D}{h}\right)^2 \tag{9-50}$$

Rish. R. F 于 1961 年在国际传热会议发表的论文《自然通风冷却塔设计》中给出的淋

水阻力系数计算公式为：

$$\xi_1 + \xi_2 = 0.525\ (H_f + h)\ \left(\frac{1}{\lambda}\right)^{1.32} \tag{9-51}$$

式中　H_f——淋水填料高度，m；

　　　λ——气水比。

若填料阻力中已包括了淋水阻力，则可令 $H_f = 0$，式（9-51）可视为雨区阻力。

中国水利水电科学研究院冷却水研究所与东北电力设计院合作，研究了风筒式自然通风逆流式冷却塔的通风阻力，通过对装有模拟淋水装置（包括填料、配水装置和除水器）的模型塔进行不淋水的干塔试验和对不装淋水装置的模型塔进行淋水时的雨区阻力试验，并结合塔内流场计算，建立了冷却塔进风口与雨区的阻力系数计算公式（9-5）和式（9-6）。经过夏季实测吻合良好，如表 9-9 所示。

实测与计算总阻力系数比较　　　　　　　　　　　　　　表9-9

电厂名称	丰镇发电厂	白马发电厂	潍坊发电厂	江油发电厂
冷却塔淋水面积(m²)	3000	4500	5500	6500
测试时间	1990 年	1997 年	1994 年	1991 年
实测总阻力系数	63.80	61.79	73.20	78.00
计算总阻力系数	64.90	61.02	73.24	72.70

二、热力特性的修正

1. 雨区或喷淋区热力特性试验结果

关于冷却塔雨区和喷淋区前人曾经进行过很多工作，劳威（Lowe）和克利斯蒂（Christie）1961 年给出了喷淋区的热力特性试验结果：

$$N = M_e = 0.2 h_p \lambda^{0.5} \tag{9-52}$$

式中　h_p——喷淋区高度，m；

　　　λ——气水比。

格尔凡丁（R. E. Gelfand）等人给出的雨区（高度大于 5m）的热力特性试验结果为：

$$\beta_{pv} = \frac{0.15}{h_y} g^{0.3} q^{0.7} \tag{9-53}$$

式中　g——重量风速，kg/(m²·s)；

　　　q——淋水密度，kg/(m²·s)；

　　　h_y——雨区高度，m。

杯式喷头喷淋区（喷淋高度小于 1.5m）的热力特性为：

$$\beta_{pv} = 0.16 g^{0.3} q^{0.7} \tag{9-54}$$

水科院于 20 世纪 90 年代通过试验与数值模拟结合的方法给出了雨区的热力特性为：

$$N = M_e = (0.34 + 0.0762 h_y - 0.000367 h_y^2)\ \lambda^{0.6} \tag{9-55}$$

式（9-54）适用于雨区高度不大于 11m。

喷淋区可近似看作是逆流换热传质，重量风速与淋水密度按均匀分布考虑，则式（9-54）可变化为：

$$\frac{\beta_{pv} h_p}{q} = 0.16 h_p \lambda^{0.3} \tag{9-56}$$

喷淋区高度一般不大于 1.5m，式（9-54）将喷淋区的冷却数处理为一个与喷淋高度无关的关系式（9-52）是一个与喷淋高度相关的表达式，但二式的量值还算接近。

式（9-53）给出了雨区的散质系数，因为雨区的空气流动为二维，因此，式（9-53）要变化为冷却数方式表示需要将其在雨区积分。若将雨区内各点的淋水密度和重量风速近似看作均匀分布，则式（9-53）可变化为：

$$\frac{\beta_{\mathrm{pv}}h_{\mathrm{y}}}{q}=N=M_{\mathrm{c}}=0.15h_{\mathrm{p}}\lambda^{0.3} \tag{9-57}$$

显然式（9-53）所给出的结果与喷淋区式（9-54）相比偏低，而式（9-55）是在试验和计算的基础上给出的，具有一定的可靠性。

2. 冷却塔热力特性计算公式修正

喷淋区的热力特性与喷溅装置和喷淋高度有关，不同的型号对应不同的热力特性参数。填料室内试验的热力特性中包含了室内模拟试验塔的喷淋区，其高度与工业塔相近，喷淋区本身的冷却数与填料区相比是一个小量，所以，在喷淋区的热力特性资料和数据不多且精度不高的条件下，可不对喷淋区作修正。

超大型自然通风逆流式冷却塔与大中小型冷却塔的区别在于塔的淋水面积增大了，进风口高度加大了，而喷淋区并未变化。所以，超大型冷却塔只需对雨区的热力特性进行修正即可。修正可采用式（9-55）作为雨区的热力特性，冷却塔设计时需将室内模拟试验塔的试验数据扣除雨区热力特性值，热力计算公式（6-36）变化为：

$$\int_{t_2}^{t_1}\frac{c_{\mathrm{w}}\mathrm{d}t}{i''_{\mathrm{t}}-i}=A\lambda^{m_1}+(0.34+0.0762h_{\mathrm{y}}-0.000367h_{\mathrm{y}}^2)\lambda^{0.6}-A_{\mathrm{m}}\lambda^{m_{\mathrm{m}}} \tag{9-58}$$

式中　A_{m}、m_{m}——模拟试验塔雨区的热力特性系数，中国水科院模拟试验塔的系数为
$A_{\mathrm{m}}=0.27$，$m_{\mathrm{m}}=0.7$。

式（9-58）左侧为冷却任务，右侧为塔的热力特性。

三、阻力计算公式的修正

1. 进风口阻力公式比较

进风口区域除雨区外的阻力系数计算公式较多，主要来源是模型试验和理论分析。各个试验条件不同，所以，给出的计算公式有所差别，适用条件也不同。图 9-23 为不同公式计算结果的比较，式（9-5）与其他公式的计算结果相差稍大，但在常用的进风口面积与壳底面积比的范围（0.3~0.4）内各计算公式差别不大。所以，超大型冷却塔的进风口阻力系数计算公式可以拓延，但一定会产生误差。当塔的进风口面积与壳底面积比为0.35~0.4 时，采用式（9-5）没问题，但当面积比降低至 0.3 时，采用式（9-5）偏于保守，建议采用式（9-45）或式（9-46）或式（9-50）。

2. 雨区阻力计算公式修正

雨区的阻力是雨滴运行与塔内气流之间的动量相互作用的结果，阻力的大小与气流、雨滴速度、雨滴的数量、作用的空间尺度有关。即雨区的阻力系数与塔的进风口高度、直径、淋水密度和填料断面的平均风速有关，这些量中的一个发生变化，则雨区阻力系数也发生变化。图 9-24 为不同塔型、不同运行工况各公式计算的雨区阻力系数，由图可看出式（9-45）计算的雨区阻力系数仅与塔的面积有关而与淋水密度、通风量和雨区高度无关，显然不符合实际。式（9-47）和式（9-48）仅与淋水密度和雨区深度相关也不合理。式（9-51）与淋水密度和填料断面风速及雨区高度相关，公式只反映出雨区的垂直向阻力系数，却没有反映出塔的径向阻力系数，也不完美。式（9-6）能够全面反映影响雨区阻

力的各个因素，但公式应用范围有限，当填料断面风速较大时，阻力系数出现了负值，这是与物理现象相悖的。所以，对于超大塔的雨区阻力系数宜对式（9-6）进行完善扩充。

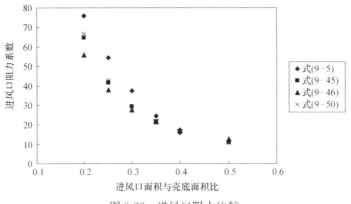

图 9-23　进风口阻力比较

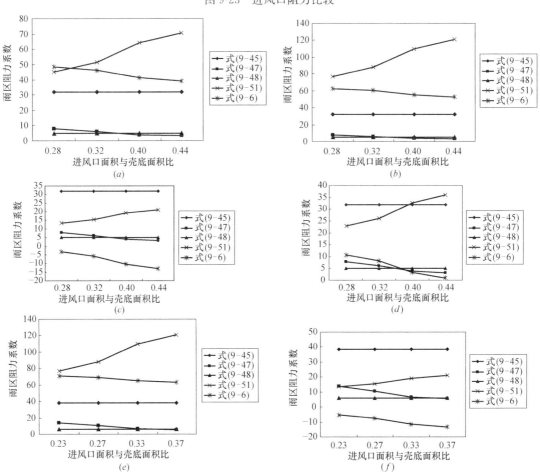

图 9-24　不同塔型和运行工况的雨区阻力系数比较（一）

（a）淋水密度为 8t/(h·m²)，填料断面风速 1m/s，壳底直径 100m；（b）淋水密度为 12t/(h·m²)，填料断面风速 1m/s，壳底直径 100m；（c）淋水密度为 8t/(h·m²)，填料断面风速 2.5m/s，壳底直径 100m；（d）淋水密度为 12t/(h·m²)，填料断面风速 1m/s，壳度直径 100m；（e）淋水密度为 12t/(h·m²)，填料断面风速 1m/s，壳底直径 120m；（f）淋水密度为 8t/(h·m²)，填料断面风速 2.5m/s，壳底直径 120m

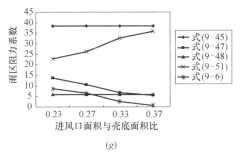
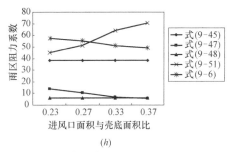

(g)　　　　　　　　　　　　　　　　　　(h)

图 9-24　不同塔型和运行工况的雨区阻力系数比较（二）

(g) 淋水密度为 $12t/(h\cdot m^2)$，填料断面风速 $2.5m/s$，壳底直径 $120m$；

(h) 淋水密度为 $8t/(h\cdot m^2)$，填料断面风速 $1m/s$，壳底直径 $120m$

式（9-6）是先进行局部的雨区模拟试验，通过二维数值模拟计算，求出模拟试验不同工况的雨区当量直径（二维计算时，将雨滴假想为刚性球），再将雨滴的当量直径用于计算不同运行工况条件和塔型的冷却塔的雨区阻力，并求出阻力系数。式（9-6）的适用条件是塔直径小于 100m、填料断面风速为 $1.0\sim1.2m/s$、淋水密度 $6\sim8t/(h\cdot m^2)$。作者采用同样的方法将公式的适用条件扩大，同样采用式（9-6）的模拟试验结果，仅是将填料断面风速扩大为 $0.8\sim2.2m/s$、淋水密度 $8\sim12t/(h\cdot m^2)$、塔的进风口面积与壳底面积比为 $0.3\sim0.4$、壳底直径扩大至 140m。因为式（9-6）的模拟试验的雨区高度仅为 6m，所以，用于超大塔仍会有误差，但不会出现图 9-24 中的负阻力系数的错误。经过计算分析和整理，可获得雨区的阻力系数计算公式为：

$$\xi_2 = 1.88e^{(0.0059D+\varepsilon)}v^{(-0.73\ln\varepsilon-1.93)}q + (0.0029D+0.024)\varepsilon^{(0.0039D-2.62)} \qquad (9-59)$$

第七节　高位收水冷却塔

一、高位收水冷却塔简介

早在 1978 年高位塔已经在罗马尼亚申请了专利，但一直未实施。

随着发电机组容量的增大，与其配套的冷却塔面积也越来越大，冷却塔的进风口高度随面积增大而增高，所需要的循环水泵的功耗也越来越大。若能将填料下的淋水直接收集起来，对于与 1300MW 核电机组配套的 12m 进风口高度的冷却塔，可节省循环水泵 10m 的静扬程。高位收水冷却塔的技术最初便是来自这种普素的想法。比利时哈蒙冷却塔公司和阿尔斯通（Alstom）的 SCAM 公司提出了高位收水冷却塔的设计，进行了大量的模型试验和模拟试验，并配套在法国电力公司的贝莱维拉（Belleville）、诺詹特（Nogent）核电站的 1300MW 机组上，冷却塔于 1987～1989 年建成投入运行；求斯（Chooz）B 厂的 1400MW 机组配套的高位塔于 1990～1992 年投入运行，同期阿尔斯通（Alstom）的 SCAM 公司（该公司后被哈蒙公司并购）建造了高菲（Golfech）1300MW 核电机组配套的高位

图 9-25　高位收水冷却塔的结构

收水冷却塔也投入运行。采用高位收水冷却塔后，循环水泵的静扬程可减少 40%，较大地节省了电厂的运行费用。实际运行结果也表明，该塔型具有一定的经济性。

高位收水冷却塔结构如图 9-25 所示，在淋水填料的下方布置系列收水板与收水槽，填料下方的淋水落在收水斜板上，汇集于收水槽中，再汇集到冷却塔的大集水槽（相当于循环水泵的前池），集水槽的水位与收水槽在一个水平，这样冷却塔集水池水位便抬高至填料底下方约 2～3m 处，若进风口高度为 12m，则可节省循环水泵扬程 9m。

图 9-26 为收水槽的结构示意图，收水槽悬挂于冷却塔的梁上，收水斜板与收水槽相连接，收水斜板上布置防溅水的材料，如图 9-27 所示。

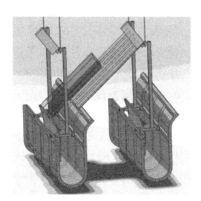

图 9-26　高位收水冷却塔的收水槽

图 9-27　高位收水冷却塔的防溅水材料

二、高位收水冷却塔的技术研究

哈蒙冷却塔公司的瓦詹折斯（M. E. Vauzanges）和阿尔斯通公司的詹克劳德（Jean-Claude）在 1982 年匈牙利布达佩斯召开的第三次国际冷却塔会议上分别介绍了高位收水冷却塔技术。

高位收水冷却塔的收水结构装置必须满足两个要求，一是不能形成溅水，二是不能阻碍塔内的气流。要同时做到这两条是很困难的，瓦詹折斯委托比利时的冯卡门研究所对收水装置进行了风洞试验。试验目的是优化收水装置，使其与填料的距离最小以节省更多循环水泵扬程；保障填料进风均匀，提高填料的冷却效果；使收水装置的空气阻力达到最小。试验得到收水槽宽与槽间距的比例为 3.5，如图 9-28 所示，采用这种布置时槽间的流速分布最均匀，如图 9-29 所示。

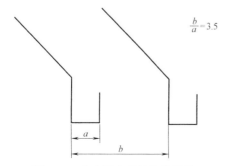

图 9-28　收水槽宽度的优化结果

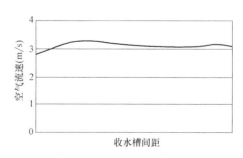

图 9-29　优化的收水槽间距槽间空气流速分布

设计好的收水装置在法国电力公司的兰特斯（Nantes）试验站建立了一个1∶1的模拟试验装置，如图9-30所示。该装置的目的是优化防溅装置的宽度；验证水流的流动情况；校正收水装置风洞试验给出的阻力系数；校正热力修正系数。

为保证工业应用的成功，有必要对填料下方至循环水泵进水管的水路进行设计修改和完善，这部分结构是非常规的。在法国夏都（Chatou）国家水力学试验室建立了两个水力模型。一个是1∶4的收水装置模型，模拟长度为50m；另一个是1∶20的包含收水装置、集水槽及圆形流道的模型。

在收水槽模型中，给出了安装集水导流器和不安装集水导流器的水槽水面线，如图9-31所示。

图9-30　高位塔的1∶1模拟试验装置

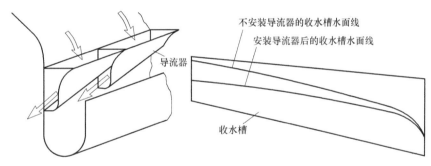

图9-31　收水槽中导流器的作用

1∶20模型试验了中心集水池与4个径向水槽连接的水力学特性，如在常规冷却塔中循环水泵启动时，集水池水位仅下降约20cm，而高位塔水池水面要降低约3～4m，这种状况要持续半个小时才能通过补充水达到正常水位。通过模型演示实际工程可能出现的各种状况，包括水流流态、槽的高度是否合理以及水泵如何将系统充水等。

该塔在1300MW核电机组上采用后，减少了循环水泵扬程8.5m，节省厂用电约5MW，噪声降低了约12dB。

詹克劳德等人在法国夏都的国家水力学试验室对塔的配水系统、收水槽以及集水池等水力连接处进行了水力学模型试验。目的是研究收水装置及相关沟槽在水力学方面的特性、测量估算水力损失和优化水流经过的建筑体型。共建立了两个模型：一个是1∶15的整体模型，包括了进塔水管，配水、收水装置，集水槽、池等；另一个是1∶10的收水装置模型，主要研究内容与哈蒙公司所进行的研究类同。

三、高位收水冷却塔与常规冷却塔的经济技术比较

法国电力公司的维里阿伯拉（Villeurbanne）于1986年对法国电力公司的冷却塔的选

用做了技术经济比较。至 1986 年初，法国运行和在建的核电机组共 28 台，配套冷却塔 30 座，冷却塔分为 4 种，如表 9-10 所示。

法国电力公司配套冷却塔的数量统计 表 9-10

塔的类型	常规逆流塔	自然通风横流塔	机械通风横流塔	高位收水塔
900MW 机组	12	2	4	0
1300MW 机组	0	4	0	6
1400MW 机组	0	0	0	2
合计	12	6	4	8

1980 年贝莱维拉（Belleville）和诺詹特（Nogent）的 4 台 1300MW 核电机组配套的冷却塔，承包商提供了 4 种类型供选择：常规逆流塔、高位收水塔、横流塔和双层填料横流塔。最后选择了高位收水冷却塔，原因是它的节能特性，同时也意味着横流塔因太高的循环水泵扬程而在大容量核电机组上采用的终结。4 种塔型中高位塔的扬程最低，为常规塔的约 50%，单层填料横流塔的扬程最高，为高位塔的 3 倍。

高位塔失去散热效率很低的雨区，但可以通过增高淋水填料的高度来补偿。

按法国电力公司的净利润优化原则，对冷却水系统采用高位塔一次投资增大约 25%，而高位塔的循环水泵节能收益却增大约 34%。

法国电力公司内部科研项目给出了高位塔底部的噪声较常规塔可降低约 13dB。

各项指标汇总于表 9-11，贝莱维拉的高位塔与常规塔相比费用降低约 10%～20%。

高位塔与常规塔比较 表 9-11

	项目	常规冷却塔	高位塔	常规塔-高位塔
投资	冷却塔	100	125.5	−25.5
	循环水泵	12.6	12.3	0.3
	场地	17.1	13.1	4.0
	噪声	5	0	5.0
小计		134.7	150.9	−16.2
运行	循环水泵	93.8	59.3	34.5
	补充水泵	8.8	11.4	−2.6
共计		237.3	221.6	15.7
没有纳入讨论的问题，正在研究中	冬季效率		有利	
	理想的防冻系统		有利	
	结冰风险		不利	
	自然风影响			不清楚
	可靠性		不利	

第八节　自然通风横流式冷却塔的空气动力计算

自然通风横流式冷却塔在国内应用不多，20 世纪 80 年代电力行业中有少量工程采用，逆流塔由于其占地省、填料效率高、管理方便等原因，新建冷却塔基本都采用了逆流式冷却塔。自然通风横流式冷却塔最大容量为 200MW 发电机组配套使用，国内使用的电厂有湖南金竹山电厂、河南开封电厂、唐山电厂及北京第三热电厂等。横流塔的使用经验较少，也是新建塔选用较少的一个原因。除此之外，横流式冷却塔的研究投入较少，技术落后，也是其中原因。20 世纪 80 年代在法国电力公司容量较小的机组有采用横流式冷却塔，但机组大于 1000MW 后，自然通风横流式冷却塔由于循环水泵扬程较高而终结使用。

自然通风横流式冷却塔的热力计算公式可采用式（6-100）～式（6-104），也可采用平均焓差法与逆流式冷却塔修正法，但所采用的方法应该与淋水填料数据整理采用的方法一致。自然通风横流式冷却塔的抽力计算公式与自然通风逆流式冷却塔公式（9-1）相同，横流式冷却塔有效高度为填料中部至塔顶。

如图 9-32 所示，自然通风横流式冷却塔气流经过进风口、百叶窗、填料、收水器、人字柱、转向进入塔筒、从塔出口排出。

与自然通风逆流式冷却塔相同，自然通风横流式冷却塔的空气是靠塔筒内外空气密度差所产生的抽力而流动的。冷却塔的气流阻力与抽力相等，气流处于稳定流动状态。

塔的总阻力为各部分阻力之和，可以表示为式（8-18）。各部分的阻力系数如下：

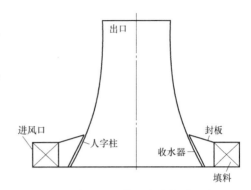

图 9-32　自然通风横流式冷却塔示意图

（1）进风口阻力系数取为 0.5，速度取进入塔的填料外边沿速度。

（2）百叶窗的阻力系数，用式（8-20）计算，风速与进风口相同。

（3）填料阻力系数仍可用式（8-8）计算，但计算时，如果已知填料数据获取的填料深度与塔的填料深度不一致时，将原试验值按比例缩放。沿填料深度方向空气的流速是变化的，计算时速度取填料中间深度处的速度：

$$\xi_5 = \xi_f L / L_m \tag{9-60}$$

式中　L、L_m——分别为填料安装深度和模拟试验时填料的安装深度，m；

　　　　ξ_f——按式（8-8）计算的填料阻力系数。

（4）收水器阻力系数与式（8-12）同，速度取收水器断面的平均风速。

（5）气流的转向阻力，不像逆流塔进行过系统研究，所以，没有较适合的计算公式，目前，设计时常用下式：

$$\xi_5 = 0.4 + 0.256 \frac{R_t^6}{h_f^2 R_0^4} \tag{9-61}$$

式中　R_t——塔的封板顶部塔筒半径，m；

　　　　R_0——塔筒底部半径，m；

　　　　h_f——填料的高度，m。

气流的速度采用塔封板断面的速度。

（6）出口阻力系数取 1，速度为塔出口平均速度。

自然通风横流式冷却塔的设计计算程序与逆流式冷却塔相同，当采用焓差近似方法时要对填料的高度、深度变化做修正。

第十章　大型自然通风冷却塔的二维、三维热力优化设计方法

第一节　冷却塔数值模拟优化设计的意义及发展

一、数值模拟热力优化设计的意义

我国现行的冷却塔热力设计计算方法是一维计算方法，这种方法只适合计算相同高度的淋水填料和均匀布水的工况。由于过去冷却塔尺寸不大，设计中总是假定塔内的气流速度为均匀分布，因此，在填料布置上整个塔采用同一高度，淋水处处均匀。实际上在塔内气流速度的分布并不均匀，有主流区，甚至有回流区，如塔内中心的流速较低，而且在靠近塔进风口处还会有局部的气流分离，在冷却塔雨区气流是二维流动。现在电力行业的主流机组容量为 600MW 及以上，相配套的冷却塔淋水面积达 8500m² 以上。对于 1000MW 容量的海水冷却塔的淋水面积达 13000m² 以上。进风口的高度也增大到 12m，冷却塔的雨区阻力与热质交换是不可忽略的，如此大淋水面积与进风口高度的冷却塔的热力计算还采用简化为均匀配风配水的一维计算，将产生较大的误差，也无法进行塔内配水及填料布置优化。采用二维数值模拟计算方法可对冷却塔进行配水、配风的优化设计计算，通过对冷却塔的优化设计，得到较优化的配风配水布置方案，提高冷却塔的冷却效率。优化计算可以在不改变冷却塔尺寸的情况下降低出塔水温，提高冷却效果，从而提高发电效率，或者在较小的冷却塔规模的情况下满足冷却效果，节约冷却塔的建设投资，因此，在冷却塔设计和建造前进行冷却塔塔型和内部结构的优化设计是十分必要的并有重要的经济意义。

冷却塔内的气流流动是三维流动，在无自然风时，可简化为二维轴对称流动。塔内的配水喷头的选择布置往往是相同喷头口径的区域非圆形，这时简化为二维只能把喷头口径相同区域等效为圆形，这与实际是有差别的。如果说用二维优化设计完善一维设计计算是进步，那么，三维优化设计计算更是精益求精。特别是对于有自然风时，研究冷却塔的热力阻力特性，三维数值模拟更具优势。

二、我国二维数值模拟的发展

我国是较早开始冷却塔二维数值模拟的国家，早在 1986 年，文建刚的硕士论文就开始了自然通风冷却塔的数值模拟。数值模拟采用了冷态模型，控制方程采用了纳维尔—斯托克斯（Navier-Stokes）基本方程组，基本方程组的求解采用了四边界等参元的标准伽辽金有限元法，由于当时的计算机水平有限，塔内的计算网格尺度较大，在塔的纵向分了 7 个网格，横向分了 4 个网格。计算给出了不同配水方案的出塔水温，由于计算精度低，计算结果只是参考，与实际实用有相当的距离。计算没有引进湍流模型，只作了层流状态的计算，没有建立雨区的热交换数学模型，是采用数值模拟方法研究冷却塔问题的开始和初

步探索。

1988 年笔者在文建刚研究工作的基础上，建立了雨区的热交换数学模型，流体基本方程中引入 SGS 湍流模型，克服了采用层流计算时气流速度限制，雨区的热力与阻力计算中分别引入了雨滴等量直径，由于缺少试验资料，雨滴等量直径为假定值。计算方法采用了交错网格离散变量，进行压力修正的迭代方法，与有限元法相比，计算简单、容易、实用。

1990 年刘永红在笔者研究工作的基础上，将研究工作又进了一步。他的改进工作是采用了相对较成熟的 $k-\varepsilon$ 湍流模型，计算方法与笔者的计算方法相同。

1992 年毛献忠在刘永红研究工作的基础上，将研究工作又向前推进了一步。他的改进点在于采用了非正交的曲线网格，克服了以前网格划分锯齿形状的近似，但湍流模型却采用了工程代数模型，与 $k-\varepsilon$ 相比精度稍差。

以上所述数值模拟工作的通风量都是人为给定，雨滴的等量直径采用一个假定值。

第一个引入冷却塔二维数值模拟优化设计的工程是上海吴泾电厂的 $9000 \mathrm{m}^2$ 自然通风逆流式冷却塔。计算采用了毛献忠的方法，对冷却塔的配风配水进行了研究，给出了优化的配水与填料布置。计算存在两个问题：一是雨区的阻力如何计算；二是雨区热交换中的雨滴当量直径如何取，计算中并未对此进行研究，仍是一个假定值。尽管是第一次用于工程设计优化，但是计算理论依据不充分，只能是一个工程设计的试验或探索。

对于解决雨区的热力阻力的研究一直没有停止，赵振国等人利用试验与数值模拟计算相结合的方式，确定了雨区阻力计算中的雨滴当量直径的取值问题，由于当时冷却塔的发展水平有限，所给的结果是基于淋水面积 $7500 \mathrm{m}^2$ 及以下的冷却塔。赵顺安将赵振国研究的当量直径用于自然通风冷却塔的二维设计计算，并进行了多个自然通风冷却塔的优化设计，通过优化设计计算，冷却塔的出塔水温可降低约 $0.5℃$。

三、冷却塔三维数值模拟及流体计算商业软件应用的发展

冷却塔塔内空气流动的三维特性一直是大家关注的问题，采用三维数值模拟技术进行冷却塔的传热传质特性研究一直在不断地深入中。早在 1986 年，迪谬恩（Demuren）和罗迪（Rodi）对冷却塔喷出的羽流在自然风作用下的扩散情况进行了三维数值模拟，采用 $k-\varepsilon$ 湍流模型模拟，该数值模拟结果与试验结果符合良好，由于计算中把塔体简化为空心圆柱，模拟结果不能全面真实地反映在双曲线型冷却塔中塔内外的流场及温度分布的情况。

英国著名计算流体力学专家斯波尔丁（Spalding）于 1988 年借助计算流体软件包，以焓差模型的基本理论为基础，建立了自然通风湿式冷却塔的三维数值模型，模型中采用代数湍流模型对控制方程进行封闭，并在环境侧风影响下对湿冷塔的流场及温度场做了数值模拟，雨区、填料区和喷淋区内的传热和传质系数均采用经验公式计算。

哈拉达（Hawlader）和刘（Liu）采用有限差分法求解控制方程，采用代数湍流模型，在模拟中将填料区的水相处理为连续相，雨区的水相按一维的拉格朗日方式处理，通过对控制方程添加相应的源项实现气一液两相间的质量与能量交换。热力计算采用 Merkel 模型，但是，该模型研究范围仅为塔内部分，边界条件通过平衡关系控制，模拟结果与实测结果差别较大。

奥维克迪（AL-Waked）和比莱（Behnia）于 2004 年使用流体计算软件 Fluent 对自然通风逆流湿式冷却塔的塔内及周围的流场进行了三维数值模拟计算，对气相和水相分别采用欧拉法和拉格朗日法进行模拟，该模型中仍采用 k-ε 湍流模型，填料区采用离散粒子模型模拟时，通过控制液滴速度来实现对填料区传热传质效果的模拟。

维拉穆荪（Williamson）和比莱（Behnia）利用商用软件 Fluent 对自然通风湿冷塔进行模拟，模型中，喷淋区和雨区中液相采用拉格朗日方法模拟，对气相的模拟采用欧拉法，将试验资料与软件对接以达到对气-液间的质量和能量交换量进行控制。对填料区的传质传热的模拟，热力计算模型采用了玻普模型。该模型中采用标准的 k-ε 湍流模式，并对填料高度以及配水进行了优化。

2006 年赵元宾等人借用 Fluent 软件对自然通风湿冷塔的传热传质过程进行数值模拟，对喷淋区和雨区采用离散粒子模型（DPM），采用 k-ε 湍流模型对控制方程封闭，但计算时的雨滴当量直径是一个人为给定值。

2009 年周兰欣等人基于 CFD 软件和冷却塔的玻普理论，开发了自然通风冷却塔的数值模型，在模拟时对雨区和喷淋区的水相采用 DPM 模型进行模拟，将淋水填料区简化为一维流动，对填料区添加自定义源项进行模拟。并用该模型分析了淋水密度、进塔水温以及环境条件对冷却塔的热力特性的影响。计算中淋水填料的热力阻力特性采用国外文献给定的参数，淋水填料的特性与填料的类型和形式紧密相关，稍有不同便有不同结果，进行冷却塔设计计算须采用填料的试验数据。

2011 年金台等开发了自然通风逆流湿式冷却塔三维热力计算程序，模型中依据填料区域传质系数计算公式和路易斯系数相关联来求解填料区内气-液两相间的传质传热量，对雨区与喷淋区的液相均采用离散相 DPM 模型模拟。该模型中仍未解决雨区热力当量直径与阻力当量直径不相同的问题，计算结果势必存在偏差。

2004 年以来，华北电力大学、北京大学、山东大学以及浙江大学的硕士、博士论文有多篇采用 Fluent 商业软件对自然通风逆流式冷却塔的传热传质进行了数值模拟。笔者等人于 2012 年，在总结各大学数值模拟的基础上针对数值模拟与冷却塔工程设计不接轨的问题进行了改进。他们基于麦克尔焓差理论建立了自然通风冷却塔三维数值模拟计算模型，通过编写相应的 UDF 实现了试验测得的填料区及雨区的热力特性与商用软件 Fluent 的对接。一种是采用 Fluent 的 DPM 模型自定义传热传质率，对填料区和雨区进行模拟；另一种是采用 DPM 模型法则六的自定义雨滴直径、温度和传质量进行填料区的模拟。雨区的模拟也可采用试验获得的雨滴热力、阻力当量直径进行，模拟结果与实测数据吻合良好，已经用于多个工程研究项目。

第二节　自然通风逆流式冷却塔的二维优化设计方法

一、基本方程

1. 塔内气流数学模型

自然通风冷却塔如图 10-1 所示，在无自然风时，塔内空气流场为轴对称的二维流动。冷却塔在稳定运行状态下，塔内空气流动为定常流，空气不可压缩。塔内填料顶面气流的

雷诺数可达 10^7，为湍流状态。流动符合轴对称定常不可压二维雷诺时均方程，采用 $k\text{-}\varepsilon$ 湍流模型对雷诺应力进行封闭。

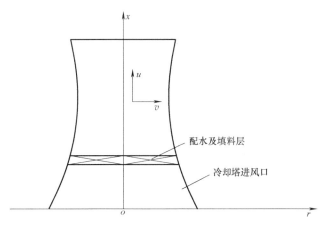

图 10-1　冷却塔及坐标系示意图

（1）连续方程

$$\frac{\partial u}{\partial x}+\frac{1}{r}\frac{\partial (vr)}{\partial r}=0 \tag{10-1}$$

（2）动量方程

$$\frac{\partial(\rho uu)}{\partial x}+\frac{1}{r}\frac{\partial(\rho uv)}{\partial r}-\frac{\partial}{\partial x}\left(\mu_e\frac{\partial u}{\partial x}\right)-\frac{1}{r}\frac{\partial}{\partial r}\left(\mu_e r\frac{\partial u}{\partial r}\right)=-\frac{\partial p}{\partial x}+\frac{\partial}{\partial x}\left(\mu_e\frac{\partial u}{\partial x}\right)+\frac{1}{r}\frac{\partial}{\partial r}$$

$$\left(\mu_e r\frac{\partial v}{\partial x}\right)-\rho g+F_x \tag{10-2}$$

$$\frac{\partial(\rho uv)}{\partial x}+\frac{1}{r}\frac{\partial(\rho vv)}{\partial r}-\frac{\partial}{\partial x}\left(\mu_e\frac{\partial v}{\partial x}\right)-\frac{1}{r}\frac{\partial}{\partial r}\left(\mu_e r\frac{\partial v}{\partial r}\right)=-\frac{\partial p}{\partial r}+\frac{\partial}{\partial x}\left(\mu_e\frac{\partial u}{\partial r}\right)+\frac{1}{r}\frac{\partial}{\partial r}$$

$$\left(\mu_e r\frac{\partial v}{\partial r}\right)-\frac{2\mu_e v}{r^2}+F_r \tag{10-3}$$

（3）κ 方程

$$\frac{\partial}{\partial x}(\rho uk)+\frac{1}{r}\frac{\partial}{\partial r}(\rho rvk)=\frac{\partial}{\partial x}\left(\frac{\mu_e}{\sigma_k}\frac{\partial k}{\partial x}\right)+\frac{1}{r}\frac{\partial}{\partial r}\left(r\frac{\mu_e}{\sigma_k}\frac{\partial k}{\partial r}\right)+G_k-\rho\varepsilon \tag{10-4}$$

（4）ε 方程

$$\frac{\partial}{\partial x}(\rho u\varepsilon)+\frac{1}{r}\frac{\partial}{\partial r}(\rho rv\varepsilon)=\frac{\partial}{\partial x}\left(\frac{\mu_e}{\sigma_\varepsilon}\frac{\partial\varepsilon}{\partial x}\right)+\frac{1}{r}\frac{\partial}{\partial r}\left(r\frac{\mu_e}{\sigma_\varepsilon}\frac{\partial\varepsilon}{\partial r}\right)+\frac{C_1 G_k\varepsilon-C_2\rho\varepsilon^2}{k} \tag{10-5}$$

$$G_k=\mu_T\left\{2\left[\left(\frac{\partial u}{\partial x}\right)^2+\left(\frac{\partial v}{\partial r}\right)^2+\left(\frac{v}{r}\right)^2\right]+\left(\frac{\partial u}{\partial r}+\frac{\partial v}{\partial x}\right)^2\right\} \tag{10-6}$$

式中　u、v——x、r 向的气流速度，m/s；

　　　　ρ——气流密度，kg/m³；

　　　　p——压力，Pa；

　　　　g——重力加速度，m/s²；

　F_x、F_r——x、r 向的填料及雨滴阻力，N/m³；

　　　　μ_e——有效黏性系数，N/(m² · s)；

　　　　x,r——坐标，m。

有效黏性系数按下式计算：

$$\mu_e = \mu_l + \mu_t = \mu_l + C_\mu \rho \frac{k^2}{\varepsilon} \tag{10-7}$$

C_μ、C_1、C_2、σ_k、σ_ε 为湍流模型常数，其值如表 10-1 所示。

湍流模型常数 表 10-1

C_μ	C_1	C_2	σ_k	σ_ε
0.09	1.44	1.92	1.0	1.3

2. 热交换数学模型

冷却塔的热质交换共有 3 个区域，热水从喷溅装置喷出后至淋水填料顶面；淋水填料；从淋水填料至冷却塔的集水池。淋水填料的热力性能由试验室测定，测定淋水填料性能时，资料整理方法采用焓差法，即式（6-15），因此，在使用填料的数据时，亦应采用资料整理方法：

$$dH = \beta_{xv}(i_t'' - i)dV \tag{10-8}$$

式中　dH——微单元体内的换热量，kJ/h；

　　　β_{xv}——填料或雨滴的容积散质系数，kg/(m³·h)；

　　　i_t''——与单元体内水温相应的饱和焓，kJ/kg；

　　　i——单元体内的空气焓，kJ/kg；

　　　dV——单元体积，m³。

由式（10-8）可以推出水温 t 与空气焓的方程：

$$\frac{\partial}{\partial x}(\rho u i) + \frac{1}{r}\frac{\partial}{\partial r}(\rho r v i) = \frac{\partial}{\partial x}\left(\frac{\mu_e}{\sigma_t}\frac{\partial i}{\partial x}\right) + \frac{1}{r}\frac{\partial}{\partial r}\left(r\frac{\mu_e}{\sigma_t}\frac{\partial i}{\partial r}\right) + \frac{\beta_{xv}(i_t'' - i)}{3600} \tag{10-9}$$

$$q c_w \frac{\partial t}{\partial x} = \frac{\beta_{xv}(i_t'' - i)}{3600} \tag{10-10}$$

式中　q——淋水密度，kg/(m²s)；

　　　c_w——水的比热，J/(kg·℃)；

　　　t——水温，℃；

其余符号意义同前。

3. 散质系数的取值

要利用式（10-9）及式（10-10）进行换热计算，须首先确定淋水填料和雨区雨滴的容积散质系数。目前，我国试验室给定的填料的容积散质系数是包含了模拟试验塔的喷淋、填料及尾部的热力性能的综合结果，不同的试验单位有不同的尾部高度，在用一维计算方法进行热力计算时，采用不同单位的试验结果时，应乘以不同的经验系数，但是，这样做并不科学。为此，水科院提出了更为科学的方法。一般喷溅装置的喷淋区高度，模拟塔与原型差别不大，可作为一个区考虑，只需将试验室数据去除尾部的冷效作为填料的散质系数，而雨区的容积散质系数取试验给出的公式，根据原型塔的高度、淋水密度及风速进行计算即可，雨区散质系数公式如下：

$$N = (0.34 + 0.00763h - 0.000367h^2)\lambda^{0.6}$$

$$\beta_{xv} = 3600\frac{Nq}{h} \tag{10-11}$$

式中　h——雨区高度，m；

λ——气水比；

β_{xv}——雨区的平均容积散质系数，$kg/(m^3 \cdot h)$。

4. 雨区数学模型

（1）雨区雨滴数学模型

雨滴在冷却塔中的运动是一个十分复杂的过程，计算时将雨滴简化为相同直径的刚性球。在此基础上按牛顿第二定理可列出雨滴的运动方程。

$$m \frac{du_w}{dt} = m \frac{du_w}{dx} \frac{dx}{dt} = mu_w \frac{du_w}{dx} = -mg + f_x \tag{10-12}$$

$$m \frac{du_r}{dt} = m \frac{du_r}{dr} \frac{dr}{dt} = mu_r \frac{du_r}{dr} = f_r \tag{10-13}$$

式中　m——雨滴的质量，kg；

u_w——雨滴速度，m/s；

t——时间，s；

f_x, f_r——空气对雨滴在两个坐标方向的作用力，N；

其余符号意义同前。

根据赵振国、赵顺安等人的研究成果，空气对雨滴的作用力可按下式计算：

$$f_x = C_d Re \frac{\pi d_r \mu_l}{8} (u - u_w) \tag{10-14}$$

$$f_r = C_d Re \frac{\pi d_r \mu_l}{8} (v - u_r) \tag{10-15}$$

其中：

$$C_d = \frac{24}{Re} + \frac{6}{1 + \sqrt{Re}} + 0.4$$

$$Re = \frac{\rho d_r \sqrt{(v - u_r)^2 + (u - u_w)^2}}{\mu_l}$$

式中　μ_l——空气的动力黏性系数，$kg/(m^2 \cdot s)$；

d_r——等效的雨滴直径或雨滴当量直径，m。

雨滴当量直径的大小与淋水密度、冷却塔的直径、雨区高度等有关，取值是进风口高度、淋水密度和通风量的函数。

按牛顿第三定律，雨滴对塔内气流的作用力即式（10-2）与式（10-3）中的 F_x、F_r 按下式计算：

$$F_x = \frac{\sum_{\Delta V} f_x}{\Delta V} = \frac{6q}{\rho_w \pi |u_w| d_r^3} f_x \tag{10-16}$$

$$F_r = \frac{\sum_{\Delta V} f_r}{\Delta V} = \frac{6q}{\rho_w \pi |u_w| d_r^3} f_r \tag{10-17}$$

式中　ΔV——计算单元体积，m^3；

ρ_w——水的密度，kg/m^3；

其余符号意义同前。

淋水填料对气流的作用力为：

$$F_x = \frac{1}{2} \rho \xi |u| u / H_f \tag{10-18}$$

$$F_r = \frac{1}{2}\rho\xi|u|v/H_f \tag{10-19}$$

式中　ξ——填料的阻力系数；

　　　H_f——填料的高度，m。

（2）雨区热交换数学模型

与阻力计算相仿，雨区的热交换亦将雨滴简化为相同大小的球，球的面积散质系数计算公式为：

$$K = 0.514\rho D_C \left(\frac{\rho\sqrt{(u-u_w)^2+(v-u_r)^2}}{\mu_l}\right)^{0.5}$$

式中　D_C——湿空气的分子扩散系数，m/h。

D_C按下式计算：

$$D_C = \frac{0.0805}{P_a}\left(\frac{T}{273}\right)^{1.8} \times 9.8 \times 10^4$$

式中　P_a——大气压力，Pa；

　　　T——空气的绝对温度，K。

雨滴的散质系数为：

$$\beta_{xva} = K\frac{6q}{\rho_w u_w d_h} \tag{10-20}$$

式中　d_h——雨区热交换的雨滴当量直径，m。

雨区热交换的雨滴当量直径与雨区高度、淋水密度及风速等因素有关，确定其值时，先假定一个当量直径，按式（10-20）在雨区积分与式（10-11）进行对比，当二者相等时即为当量直径值。

5. 冷却塔抽力的模型

冷却塔的通风量计算是一个很重要的环节，抽力计算仍可采用常用的计算方法，并用二维计算的热交换结果进行修正。抽力计算公式为：

$$H_d = H_e g(\rho_1 - \rho_2) \tag{10-21}$$

式中　H_d——塔的抽力，Pa；

　　　H_e——塔的有效高度，m；

　　ρ_2、ρ_1——塔内外的空气密度，kg/m³。

冷却塔的阻力计算采用下列公式：

$$H_R = \xi\rho_m\frac{v_0^2}{2}; \xi = \xi_1 + \xi_2 + 1 + \left(\frac{F_f}{F_0}\right)^2$$

$$\xi_1 = (1-3.47\varepsilon+3.65\varepsilon^2)(85+2.51\xi_f - 0.206\xi_f^2 + 0.00962\xi_f^3)$$

$$\xi_2 = 6.72 + 0.654D + 3.5q + 1.43V_0 - 60.61\varepsilon - 0.36V_0 D \tag{10-22}$$

式中　V_0——填料断面平均风速，m/s；

　　　ρ_m——填料断面的空气密度，kg/m³；

　　　ξ——塔的总阻力系数；

　　　ξ_f——淋水填料及配水管的阻力系数；

　　　ε——进风面积与填料断面面积比；

　　　D——进风口上沿直径，m；

F_{f}、F_{o}——淋水面积与出口面积，m^2。

上式中的 ξ_2 为雨区的阻力系数计算公式，其适用条件较窄，它是通过二维数值模拟和试验获得的，在二维计算时，雨滴的阻力是直接模拟而不采用式（10-22）进行计算，这样做可以克服式（10-22）适用范围窄的缺点。

二、边界条件

在边界条件给定后，利用式（10-1）～式（10-22）即可进行冷却塔的热力计算了。边界条件确定如下。

1. 冷却塔进风口

进风口给定 p、u、v、k、ε、i_{a} 值，其中 p 为当地大气压力；u 取值为 0；i_{a} 为进塔空气焓，$\mathrm{J/kg}$；$k = 0.05v^2$、$\varepsilon = k^{1.5}(0.03 \sim 0.05)R$，$R$ 为进风口上沿半径（m），v 为进风口速度，风速分布按实测结果给定，如图 10-2 所示。

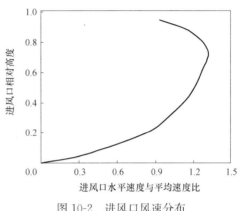

图 10-2　进风口风速分布

2. 出口的边界选在喉部

喉部塔内气流较均匀，可取第二类边界条件：

$$v = 0 \ ; \ \frac{\partial u}{\partial x} = 0 \ ; \ \frac{\partial k}{\partial x} = 0 \ ; \ \frac{\partial \varepsilon}{\partial x} = 0 \ ; \ \frac{\partial i_{\mathrm{a}}}{\partial x} = 0$$

3. 中心轴线

塔的中心线中沿径向的各参量的梯度为零，即：

$$v = 0 \ ; \ \frac{\partial u}{\partial r} = 0 \ ; \ \frac{\partial k}{\partial r} = 0 \ ; \ \frac{\partial \varepsilon}{\partial r} = 0 \ ; \ \frac{\partial i_{\mathrm{a}}}{\partial r} = 0$$

4. 壁面及水池

在塔壁面及水池上用光滑管边界层公式来给定壁相邻点的边界条件。即：

当 $Y^+ = \dfrac{\rho y_{\mathrm{p}} u^*}{\mu_l} < 11.6$ 时，计算点在黏性底层内，法向速度为 0，切向速度满足 $u_{\mathrm{p}} = y_{\mathrm{p}} u^*$；

当 $Y^+ = \dfrac{\rho y_{\mathrm{p}} u^*}{\mu_l} > 11.6$ 时，计算点在湍流区内，法向速度为 0，切向速度满足 $u_{\mathrm{p}} = u^* \ln(EY^+)/\kappa$。

式中：$u^* = \sqrt{\tau_{\mathrm{w}}/\rho}$；$E = 9.0$；$\kappa$ 为卡门常数，值为 0.4；y_{p} 为邻边界点至边界的距离，m；ν 为空气运动黏性系数，m^2/s；ρ 为空气密度 $\mathrm{kg/m}^3$；τ_{w} 为壁面切应力，$\mathrm{kg/(m \cdot s^2)}$；$p$ 点的耗散为 $\varepsilon_{\mathrm{p}} = C_{\mu}^{3/4} k^{3/2}/(\kappa y_{\mathrm{p}})$；$k$ 由方程求出。

邻边界点的压力、空气焓为第二类边界条件，即 $\dfrac{\partial i}{\partial n} = 0$。

5. 水温的边界条件

在进水水温及淋水密度给定，塔中心线与及壁面为第二类边界条件，即 $\dfrac{\partial t}{\partial r} = 0$，

$$\frac{\partial t}{\partial n} = 0 。$$

三、计算方法

式（10-1）～式（10-5）和式（10-9）可以归纳成一个统一的方程形式，设求解参数为 ϕ：

$$\frac{1}{r}\left[\frac{\partial}{\partial x}(\rho u r\phi) + \frac{\partial}{\partial r}(\rho r v\phi) - \frac{\partial}{\partial x}\left(r\Gamma_\phi \frac{\partial \phi}{\partial x}\right) - \frac{\partial}{\partial r}\left(r\Gamma_\phi \frac{\partial \phi}{\partial r}\right)\right] = S \qquad (10-23)$$

式（10-23）中各参数的意义见表 10-2。

计算参数表　　　　　　　　　　　　　　　表 10-2

方程	ϕ	Γ_ϕ	S
连续方程	1	0	0
x 向动量方程	u	μ_e	$-\frac{\partial p}{\partial x} + \frac{\partial}{\partial x}\left(\mu_e \frac{\partial u}{\partial x}\right) - \frac{1}{r}\frac{\partial}{\partial r}\left(\mu_e r \frac{\partial v}{\partial x}\right) - \rho g + F_x$
r 向动量方程	v	μ_e	$-\frac{\partial p}{\partial r} + \frac{\partial}{\partial x}\left(\mu_e \frac{\partial u}{\partial r}\right) - \frac{1}{r}\frac{\partial}{\partial r}\left(\mu_e r \frac{\partial v}{\partial r}\right) - \frac{2\mu_e v}{r^2} + F_r$
k 方程	k	μ_e/σ_k	$G_k - \rho\varepsilon$
ε 方程	ε	μ_e/σ_ε	$\dfrac{C_1 G_k\varepsilon - C_2\rho\varepsilon^2}{k}$
空气焓方程	i_a	μ_e/σ_t	$\dfrac{\beta_{xv}(i''_t - i_a)}{3600}$

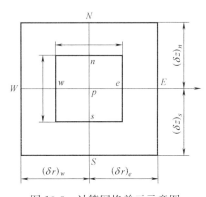

图 10-3　计算网格单元示意图

将式（10-23）在如图 10-3 所示的交错网格内积分可以得到式（10-23）的离散化方程：

$$a_P\phi_P = a_E\phi_E + a_W\phi_W + a_S\phi_S + a_N\phi_N + b \qquad (10-24)$$

采用交错网格时将标量放在网格节点上，而将速度分量分别放在 W、S 面上，如图 10-3 所示。并将方程的源项 S 线性化为：

$$S = S_C + S_P\phi_P \qquad (10-25)$$

那么：$b = S_C r \cdot \Delta r \cdot \Delta x$

$a_P = a_E + a_W + a_S + a_N - S_P r \cdot \Delta r \cdot \Delta x$

$a_E = D_e A(|P_e|) + [|-F_e, 0|]$

$a_W = D_w A(|P_w|) + [|F_w, 0|]$

$a_S = D_s A(|P_s|) + [|-F_s, 0|]$

$a_N = D_n A(|P_n|) + [|F_n, 0|]$

$D_e = \dfrac{\Gamma_e r_e\Delta x}{(\delta r)_e}$，$D_w = \dfrac{\Gamma_w r_w\Delta x}{(\delta r)_w}$，$D_s = \dfrac{\Gamma_s r_s\Delta r}{(\delta x)_s}$，$D_n = \dfrac{\Gamma_n r_n\Delta r}{(\delta x)_n}$

$F_e = (\rho v)_e r_e\Delta x$，$F_w = (\rho v)_w r_w\Delta x$，$F_s = (\rho u)_s r_s\Delta r$，$F_n = (\rho u)_n r_n\Delta r$

$P_e = F_e/D_e$，$P_w = F_w/D_w$，$P_s = F_s/D_s$，$P_n = F_n/D_n$

$A(|P|) = [|0, 1 - 0.5|P||]$

符号 $[|A, B|]$ 表示取 A、B 中较大者。

对于式（10-1）～式（10-5）和式（10-9），按式（10-24）采用 SIMPLE 方法迭代求解，迭代采用欠松弛，通过调试松弛因子使迭代收敛，收敛的控制条件是所有计算点所有方程的余额的和与塔的流入量之比小于 0.01%。而雨滴运动方程式（10-12）、式（10-13）和换热方程式（10-9）、式（10-10）系常微分方程，采用四阶龙格-库塔法求解。

具体求解程序如下：

（1）初步计算阻力和抽力，求得冷却塔风量；

（2）用 SIMPLE 法求解空气流场；

（3）用龙格-库塔法求解雨滴速度；

（4）判别流场是否收敛，若不收敛返回第（2）步；

（5）计算确定雨区当量直径；

（6）用龙格-库塔法求解水温；

（7）用迭代法求解空气焓；

（8）判别焓方程是否收敛，若不收敛返回第（6）步；

（9）计算出塔空气密度，重新计算风量；

（10）判别风量是否收敛，若不收敛返回第（2）步；

（11）输出计算结果。

例 10-1 某工程发电机组容量为 1000MW，配用 13000m² 自然通风海水冷却塔，海水的悬浮物浓度小于 80mg/kg，海水的总含盐量为 20000mg/kg，循环水按浓缩倍数 2 运行。循环水量 98000t/h，循环水温升 9.6℃，年均气温 16.4℃，相对湿度 82%，大气压 103kPa，凝汽器的冷凝管为 $\phi 25 \times 0.5$ 钛管，凝汽器面积 54000m²，冷凝管根数 51696。循环水泵效率 85%，发电成本 0.23 元/度，机组年运行时间 5500h。冷却塔的总高度 177m、喉部直径 80m、出口直径 82m。汽轮机微增功率曲线如图 10-4 所示，海水填料的热力特性折减修正系数与海水浓度成正比，按下式计算：

$$A_s = 1.00 - 5.53 \times 10^{-2} C \tag{10-26}$$

初步确定淋水填料为 S 波与双斜波，要求进行冷却塔配风配水优化设计。

二维优化设计在冷却塔的规模确定后进行，主要是对塔内的配风、配水、填料布置、喷头口径选择等给出一个优化结果。

解：

（1）塔芯材料的特性参数

海水冷却塔的填料性能比淡水差，一般试验室数据多为淡水数据，应用时应按海水冷却塔的运行浓缩倍数与含盐量，按式（10-26）对填料数据进行修正。本例中有 S 波与

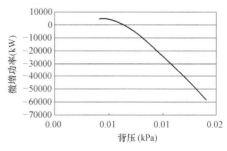

图 10-4 汽轮机微增功率曲线

双斜波不同高度的淡水试验数据，应用式（10-26）进行修正，含盐量为 40000mg/kg，相当于浓缩倍数 1.14 的标准海水，修正系数为 0.938，结果如表 10-3 所示。

（2）配水系统

海水的悬浮物浓度小于 80mg/kg，说明海水是比较清洁的，塔的配水方式可以采用管式配水。由于冷却塔的面积为 13000m²，配水层的塔筒直径达 66m。采用单竖井的配水

方案，以配水管最大口径 400mm 计算，无论如何布置，总有配水管的管内流速超过规范允许流速 1.5m/s，另一方面由于管内流速大，将造成配水不均。因此，采用双竖井配水布置方案。喷头的口径选择要考虑到通过能力，根据凝汽器的胶球直径，一般不考虑采用口径小于 26mm 的喷嘴。

填料的热力阻力特性　　　　表 10-3

填料名称	高度(m)	淡水 A	海水 A	n	A_x	A_y	A_z	M_x	M_y	M_z
S波	1.00	1.60	1.50	0.66	-1.00×10^{-4}	2.83E-02	0.60	-1.00×10^{-4}	-1.09×10^{-2}	2.00
S波	1.25	1.86	1.74	0.66	8.00×10^{-4}	1.22E-02	0.74	-1.50×10^{-3}	1.52×10^{-2}	2.00
S波	1.50	2.17	2.04	0.70	2.10×10^{-3}	-2.40E-03	0.83	-2.00×10^{-3}	2.14×10^{-2}	2.00
双斜波	1.00	1.61	1.51	0.66	8.00×10^{-4}	3.45E-02	0.59	$-1.10E-03$	-1.48×10^{-2}	2.00
双斜波	1.25	1.90	1.78	0.66	-1.50×10^{-3}	5.03E-02	0.82	7.00E-04	-1.98×10^{-2}	1.97
双斜波	1.50	2.08	1.95	0.72	-4.00×10^{-5}	2.78E-02	0.88	3.00E-04	-1.11×10^{-2}	2.00

（3）配水与填料组合

冷却塔的配水分为两个区，各区的喷头口径不同；填料布置可考虑不同高度及不同高度的组合。不同的配水与填料的布置方案进行组合。如将配水分区按两种布置考虑，第一种内区占 47%，外区占 53%；第二种内区占 51%，外区占 49%。内外区的喷头口径布置见表 10-4，填料布置见表 10-5。

喷头优化组合　　　　表 10-4

内区(mm)	28	28	26	28	30
外区(mm)	30	32	32	34	34

填料的布置　　　　表 10-5

方案代号	分区数	填料体积(m³)	第 1 区		第 2 区		第 3 区	
			边界半径(m)	填料高度(m)	边界半径(m)	填料高度(m)	边界半径(m)	填料高度(m)
1	1	13561	65.7	1.00				
2	1	16951	65.7	1.25				
3	1	20341	65.7	1.50				
12	2	16096	33.0	1.00	65.7	1.25		
23	2	19486	33.0	1.25	65.7	1.50		
12a	2	15499	43.0	1.00	65.7	1.25		
123	3	18542	21.0	1.00	43.0	1.25	65.7	1.50

（4）塔芯布置优化计算

将两种配水分区与表 10-4 中 5 种内外区喷头布置及两种淋水填料分别按表 10-5 的 7 种填料布置进行组合，共计 120 个塔芯材料布置方案。按上述的二维计算方法计算各种组合方案的出塔水温，并计算不同方案组合的竖井水位，按表 10-5 的填料布置可确定各种布置方案的竖井水位差，进一步可计算出相应的循环水泵的运行功率差。将各组合方案的出塔水温计算端差，计算排汽温度及背压，由图 10-4 可得出微增功率。考虑填料的价格为 280 元/m³，投资回收率为 10%，可得出各种方案组合的年费用。将各种布置方案按年费由小到大排列，以费用最小的为基准，费用较小的前 15 名列于表 10-6，从优化结果可得出内区面积为 51%，内外区喷头口径分别为 30mm、34mm，塔内 33m 以内的填料高度取 1.25m，以外取 1.50m 的组合年费用最低。与排名第 15 位比，年费用可减少约 17 万元。

不同布置方案年费用较小的 15 种方案　　　　　　　表 10-6

名次	填料布置编号	填料用量（m³）	配水	内区（mm）	外区（mm）	填料波型	年均条件下出塔水温（℃）	年费用差别（万元）
1	23	19486	分区方案 2	30	34	S 波	23.14	0.00
2	23	19486	分区方案 1	30	34	S 波	23.23	1.47
3	23	19486	分区方案 2	30	34	S 波	23.15	2.96
4	23	19486	均匀			S 波	23.23	4.16
5	3	20341	分区方案 2	28	34	S 波	23.19	5.45
6	123	18542	分区方案 2	30	34	S 波	23.30	7.13
7	3	20341	分区方案 1	28	34	S 波	23.20	8.17
8	23	19486	分区方案 1			S 波	23.36	9.09
9	23	19486	分区方案 2	28	32	S 波	23.23	10.29
10	3	20341	分区方案 2	28	32	S 波	23.13	10.79
11	12	16096	分区方案 2			S 波	23.37	13.01
12	12	16096	分区方案 2	28	32	S 波	23.24	13.05
13	23	19486	分区方案 1	28	32	S 波	23.14	13.54
14	3	20341	均匀			S 波	23.33	14.92
15	123	18542	分区方案 1	30	34	S 波	23.38	16.66

第三节　冷却塔的三维数值模拟方法

一、塔内气流运动及气流阻力的数学模型

1. 空气流动数学模型

自然通风湿式冷却塔中，湿空气运动过程中所满足的控制方程包括：动量守恒方程、质量守恒方程、组分输运方程、能量守恒方程以及气体状态方程。

质量守恒方程：

$$\nabla \cdot (\rho \vec{V}) = S_{\mathrm{m}} \tag{10-27}$$

动量守恒方程：

$$\nabla \cdot (\rho \vec{V} \vec{V}) = -\nabla \cdot p + \nabla \cdot (\bar{\bar{\tau}}) + \rho g + \vec{F} \tag{10-28}$$

能量守恒方程：

$$\nabla \cdot (\rho i \vec{V}) = \nabla \cdot \left(\frac{\mu_{\mathrm{t}}}{\sigma} \nabla T - \sum i_j \vec{J} \right) + S_{\mathrm{h}} \tag{10-29}$$

组分输运方程：

$$\nabla \cdot (\rho Y_j \vec{V}) = -\nabla \cdot \vec{J}_j + S_j \tag{10-30}$$

气体状态方程：

$$\rho = \frac{p}{RT \sum_j \dfrac{Y_j}{M_{\mathrm{w},j}}}$$

k 方程：

$$\nabla \cdot (\rho K \vec{V}) = \nabla \left[\left(\mu + \frac{\mu_{\mathrm{t}}}{\sigma_{\mathrm{k}}} \right) \nabla \cdot K \right] + G_{\mathrm{k}} + G_{\mathrm{b}} - \rho \varepsilon \tag{10-31}$$

ε 方程：

$$\nabla \cdot (\rho \varepsilon \vec{V}) = \nabla \left[\left(\mu + \frac{\mu_t}{\sigma_\varepsilon} \right) \nabla \cdot \varepsilon \right] + C_{1\varepsilon} \frac{\varepsilon}{K} (G_k + C_{3\varepsilon} G_b) - C_{2\varepsilon} \rho \frac{\varepsilon^3}{K} \qquad (10\text{-}32)$$

$$C_{3\varepsilon} = th\left(\frac{w}{\sqrt{u^2 + v^2}} \right) ; \ \overline{\overline{\tau}} = \mu_t \left[(\nabla \vec{V} + \nabla \vec{V}^T) - \frac{2}{3} \nabla \vec{V} I \right] \qquad (10\text{-}33)$$

其中： $\mu_t = \rho C \mu \dfrac{K^2}{\varepsilon}$ ；$i = \sum i_j Y_j + \dfrac{p}{\rho}$ ；$i_j = \displaystyle\int_{T_{ref}}^{T} c_{p,j} dT$

式中　　ρ ——密度，kg/m^3；

$\quad\quad\vec{V}$ ——速度矢量，m/s；

$\quad\quad\overline{\overline{\tau}}$ ——应力，kg/m^2；

$\quad\quad p$ ——压强，Pa；

$\quad\quad g$ ——重力加速度，m/s^2；

$\quad\quad\vec{F}$ ——侧体力，kg/m^2；

$\quad\quad I$ ——单位矢量；

$\quad\quad\varepsilon$ ——湍动能耗散率；

$\quad\quad K$ ——湍动能；

$\quad\quad i$ ——焓，J/kg；

$\quad\quad\sigma$ ——Prandtl 数；

$\quad\quad J_j$ —— j 组分的扩散通量；

$\quad\quad i_j$ —— j 组分的焓，J/kg；

$\quad\quad Y_j$ —— j 组分的质量分数；

$\quad\quad S_j$ —— j 组分的产生率；

$\quad\quad c_{p,j}$ —— j 组分的定压比热容，$J/(kg \cdot ℃)$；

$\quad\quad M_{w,j}$ —— j 组分的分子量，g/mol；

$\quad\quad S_b$ ——源项；

$\quad\quad T_{ref}$ ——参考开尔文温度，K；

$\quad\quad T$ ——当前开尔文温度，K；

$\quad\quad R$ ——摩尔气体常数，$J/(mol \cdot K)$；

$\quad\quad\mu$ ——空气的动力黏性系数，$kg/(m^2 \cdot s)$；

$\quad\quad\sigma_k$ —— k 方程的湍流 Prandtl 数；

$\quad\quad\sigma_\varepsilon$ —— ε 方程的湍流 Prandtl 数；

$\quad\quad\mu_t$ ——湍流黏性系数，$N/(s \cdot m^2)$；

$\quad\quad G_k$ ——由平均速度梯度引起的湍动能生成项；

$\quad\quad G_b$ ——由浮力引起的湍流动能；

C_μ、$C_{1\varepsilon}$、$C_{2\varepsilon}$、σ_k、σ_ε ——湍流模型常数，取值见表 10-1，$C_{1\varepsilon}$、$C_{2\varepsilon}$ 为表 10-1 的 C_1、C_2。

2. 塔内部件的阻力数学模型

冷却塔的配水系统、收水器、淋水填料及支撑结构对塔内的气流会形成阻力，阻力计算有两种方式，一是将配水系统、支撑结构等直接进行模拟，要求计算网格足够小，能够反映这些部件的几何形状阻力；另一种是将这些部件的阻力等效为阻力系数，将其阻力均匀作用于某断面或某区域，并将该面或区域设置为多孔介质，通过编写自定义功能（UDF）来模拟其对气流的阻力。

填料对气流的阻力以气流的压力损失的形式表现出来，它与填料的形状、高度、安装方式、淋水密度及风速有关，无法通过理论计算得到，一般从室内模拟塔试验中获得。

$$\frac{\Delta p}{\gamma_a} = A_p V^M \tag{10-34}$$

填料中的气流流态一般并未达到阻力平方区，式中的风速指数项不是常数，可以表示为淋水密度的二次多项式的函数，即：

$$A_p = A_x q^2 + A_y q + A_z$$
$$M = M_x q^2 + M_y q + M_z \tag{10-35}$$

淋水填料对气流的阻力可按下式计算：

$$F_x = \frac{1}{2}\rho\xi|u|u/H_f$$
$$F_r = \frac{1}{2}\rho\xi|u|v/H_f \tag{10-36}$$

填料阻力系数为：

$$\xi = \frac{2gA_p V^M}{V^2} \tag{10-37}$$

若将塔内其他结构件的阻力在填料区统一考虑则阻力系数变化为：

$$\xi_t = \frac{2gA_p V^M}{V^2} + \xi_e \tag{10-38}$$

式中 ξ_e——收水器、支撑结构及配水阻力系数之和。

也可将配水、收水器及支撑结构在各自位置所在面或区域分别处理，对最终结果影响不大。

3. 雨滴阻力

在自然通风逆流式湿式冷却塔中，热水脱离填料底层进入雨区时，以雨滴的方式下落至集水池。

雨区雨滴的运动过程是一个非常复杂的过程，计算时将雨区的雨滴简化为具有相同直径的刚性球，淋水雨区采用离散离子模型（DPM 模型），由牛顿第二定律有：

$$\frac{\mathrm{d}\vec{u_p}}{\mathrm{d}t} = F_D(\vec{V} - \vec{u_p}) + \frac{\vec{g_x}(\rho_p - \rho)}{\rho_p} \tag{10-39}$$

其中：

$$F_D = \frac{18\mu}{\rho_p d_p^2}\frac{C_D Re}{24} \tag{10-40}$$

$$C_D = \frac{24}{Re} + \frac{6}{1 + \sqrt{Re}} + 0.4 \tag{10-41}$$

根据牛顿第三定律，雨滴对气流的作用力可以按下式求得：

$$\vec{F} = -\frac{6q}{\rho_p \pi |u_p| d_p^3} F_D(\vec{V} - \vec{u_p}) \tag{10-42}$$

式中 d_p——雨滴阻力当量直径，m；

ρ_p——雨滴密度，kg/m^3；

$\overrightarrow{u_p}$——雨滴速度矢量，m/s；

其余符号意义同前。

因为雨区的雨滴并非刚性球，计算时直径取当量直径，即取该直径的刚性球计算所得的雨滴阻力与实际值相一致，该值很难通过理论演绎法获得，一种处理方法是通过研究雨区的雨滴量将其等效为一系列直径不同的刚性球来近似；另一种方法是通过模拟试验和计算对比，获得雨滴的当量直径。

二、喷淋区和雨区传热传质的数学模型与模拟方法

冷却塔内喷淋区和雨区的热传质是一个十分复杂的过程，热水从喷头喷出或离开填料在重力作用下，以雨滴的形式落入集水池。雨滴在下落的过程中与空气进行传热传质，雨滴的形状也是变化的，雨滴还会发生破裂或碰撞聚合等复杂的变化，在冷却塔数值模拟中无法直接对此进行准确的描述，通常将雨滴等效为刚性球进行模拟，即离散粒子模型。离散粒子模型是将雨滴视为刚性球，球表面与周围空气发生热量和质量的传递，如图 10-5 所示，连续项（空气）采用欧拉坐标系，而粒子采用拉格朗日坐标系，粒子与连续项之间的热量、质量和动量交换是通过检查计算单元内粒子进出的量差作为连续项的源项，由软件自动计入的。

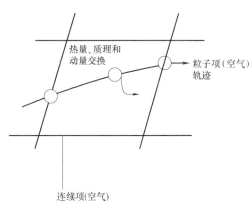

图 10-5　连续项单元与粒子轨迹及二者耦合示意图

动量模型为：

$$F = \sum \left(\frac{18\mu C_D Re}{\rho_p d_p^2 24} (u_p - u) + F_{other} \right) \dot{m}_p \Delta t \tag{10-43}$$

式中　μ——空气的动力黏性系数，$kg/(m^2 \cdot s)$；

ρ_p——粒子（雨滴）的密度，kg/m^3；

d_p——粒子的直径，m；

Re——粒子运行雷诺数；

u_p——粒子运动速度，m/s；

C_D——粒子运行阻力系数；

$\dot{m}_p$——粒子质量流率，kg/s；

Δt——粒子运行积分；计算的时间步长，s；

F_{other}——其他作用力，N；

u——空气的运动为速度，m/s。

热量模型为：

$$Q = (m_{pin} - m_{pout})[-H_{totref} + H_{pyrol}] - m_{pout} \int_{T_{ref}}^{T_{Pout}} c_{pp} dT + m_{pm} \int_{T_{ref}}^{T_{pin}} c_{pp} dT \tag{10-44}$$

式中　m_{pin}——粒子（雨滴）进入连续项计算单元的质量，kg；

　　　m_{pout}——粒子（雨滴）离开连续项计算单元的质量，kg；

　　　c_{p_p}——粒子（雨滴）的定压比热，J/(kg·K)；

　　　H_{pyrol}——粒子热解挥发产生的热，在冷却塔的模拟中该项为零；

　　　H_{latref}——雨滴在计算单元条件下的汽化潜热，J/kg；

　　　T_{pout}——粒子（雨滴）离开连续项计算单元时的温度，K；

　　　T_{pin}——粒子（雨滴）进入连续项计算单元时的温度，K；

　　　T_{ref}——计算空气焓的基准温度，K。

质量模型为：

$$M = \frac{\Delta m_p}{m_{p,0}} \dot{m}_{p,0} \qquad (10\text{-}45)$$

式中　M——粒子（雨滴）向连续项传递的质量，kg/s；

　　　Δm_p——粒子（雨滴）质量的变化量，kg；

　　　$m_{p,0}$——粒子（雨滴）进入连续项计算单元时的质量，kg；

　　　$\dot{m}_{p,0}$——粒子（雨滴）进入连续项计算单元时的质量流率，kg/s。

DPM 模型中粒子与连续项的质量和热量交换有 6 种法则，适合于描述冷却塔热质交换的法则为蒸发法则，两相间的热量传递模型为：

$$m_p c_p \frac{\mathrm{d}T_p}{\mathrm{d}t} = hA_p(T_\infty - T_p) + \varepsilon_p A_p \sigma(\theta_R^A - T_p^A) \qquad (10\text{-}46)$$

式中　c_p——粒子（雨滴）的比热，J/(kg·K)；

　　　A_p——粒子（雨滴）的表面积，m²；

　　　T_∞——连续项（空气）的温度，K；

　　　h——粒子与连续项之间的对流传热系数，W/(m²·K)；

　　　ε_p——粒子的发射率，当忽略不计辐射传热时，可取该项为 0；

　　　σ——Stefan-Boltzmann 常数，值为 5.67×10^{-8} W/(m²·K⁴)；

　　　θ_R——发射温度，K。

两项之间的质量传递模型为：

$$N_i = k_c(G_{i,s} - G_{i,\infty}) \qquad (10\text{-}47)$$

式中　N_i——雨滴与空气的传质率，kgmol/(m²·s)；

　　　k_c——传质系数，m/s；

　　　$C_{i,s}$——雨滴表面的水蒸气浓度，kgmol/m³；

　　　$C_{i,\infty}$——连续项中的水蒸气浓度，kgmol/m³。

其中：

$$G_{i,s} = \frac{P_{sat}(T_p)}{RT_p} \qquad (10\text{-}48)$$

$$G_{i,\infty} = X_i \frac{P}{RT_\infty} \qquad (10\text{-}49)$$

式中　$p_{sat}(T_p)$——与雨滴水温相应的饱和蒸气压力，Pa；

　　　R——通用气体常数，值约为 8.31447 J/(K·mol)；

X_i——水蒸气与空气的摩尔比；

p——计算单元中的空气压力，Pa。

采用 DPM 模型对喷淋区和雨区的传热传质进行模拟有直接模拟法和间接模拟法。直接模拟法中雨滴当量直径有 3 种给定方法：一是人为给定雨滴当量直径；二是试验拟合雨滴当量直径；三是通过试验研究雨滴大小量的分布并将其等效为一系列当量直径，称为当量粒径谱法。

目前较多的文献是采用人为给定当量直径法，较少采用当量粒径谱法。水科院采用试验拟合雨滴当量直径给定法和间接模拟法。

间接模拟法是将雨区换热按填料区的方法进行模拟，计算时给定雨区的散质系数或冷却数。

三、填料区的传热传质的模拟方法

Fluent 是个功能强大的流体计算商业软件，它具有一定的通用性和扩展性。因为它要具有通用性，所以它不是冷却塔热力计算的专业软件，无法直接采用软件进行冷却塔的热力计算。软件可计算空气流动、传热、传质、蒸发、凝结、燃烧、两相流等各种与流体流动相关的物理现象。在填料区内水与空气之间既发生传热又发生传质，传热传质方式与填料的类型有关，薄膜式填料以水膜换热为主，点滴式填料以雨滴换热为主。Fluent 无法直接计算填料内的水气运动、传热传质等过程，软件中既能描述传热又能描述传质的模型只有离散粒子（DPM）模型和两相流模型，两相流模型很难用于冷却塔填料区的模拟，所以，冷却塔的填料模拟都是借用了 Fluent 的 DPM 模型的接口，通过软件的用户自定义功能实现填料区的换热与传质的模拟。

填料区的模拟方法可分为 4 种，填料区一维简化修改源项法、雨滴等效填料 DPM 蒸发法则法、DPM 模型自定义法则法和用户自定义传热传质率法。

1. 填料区一维简化修改源项法

冷却塔内填料区的水气流动基本是上下单向流动的，将淋水填料区简化为一维运动不会带来大的误差。如图 10-6 所示，将填料区的计算单元划分为柱状体，柱状体内分为若干层，

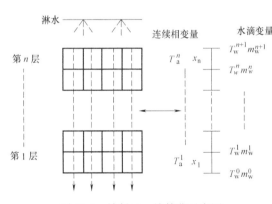

图 10-6　填料区一维简化示意图

每层代表一个节点。

第 n 层水的蒸发量为：

$$m_{ev}^n = \beta_{xv} \Delta V(x''_t|_n - x^n) \tag{10-50}$$

式中　β_{xv}——填料的容积散质系数，$kg/(m^3 \cdot s)$；

$x''_t|_n$——第 n 层与水温相应的饱和空气含湿量，kg/kg（DA）；

x^n——第 n 层计算单元中的空气含湿量，kg/kg（DA）；

ΔV——第 n 层计算单元的体积，m^3。

第 n 层出口水的质量流率为：

$$m_w^n = m_w^{n+1} - m_{ev}^n \tag{10-51}$$

式中　m_{ev}^n——第 n 层水的蒸发率，kg/s。

水的换热量计算方法视采用的热力计算模型不同而不同，见第五章第四节。如采用麦克尔焓差模型，则为：

$$q^n = \beta_{xv}(i''_t \big|_n - i^n)\Delta V \tag{10-52}$$

$$i_j = \int_{T_{ref}}^{T} c_{p,j}\,dT$$

式中　i^n——第 n 层计算单元中的空气焓，J/kg（DA）。

第 n 层出口水温变化量由热平衡可求出：

$$T_w^n = T_w^n - \frac{q^n}{c_{pw}m_w^{n+1}} \tag{10-53}$$

式中　c_{pw}——水的定压比热，J/(kg·℃)。

单位体积空气相的质量附加源项为：

$$S_m^n = \frac{m_{ev}^n}{\Delta V} \tag{10-54}$$

单位体积空气相的能量附加源项为：

$$S_q^n = \frac{\left\{ c_{pw}(m_w^{n+1}T_w^{n+1} - m_w^n T_w^n) - m_{ev}^n\left[\left(\frac{T_w^{n+1} + T_w^n}{2} - T_{ref}\right)c_{pv} - \gamma_w\right]\right\}}{\Delta V} \tag{10-55}$$

式中　c_{pv}——水蒸气的定压比热，J/(kg·℃)；

　　　γ_w——第 n 层与水温相应的汽化潜热，J/kg。

2. DPM 模型自定义法则法

Fluent 的 DPM 模型中连续相（空气）与粒子相（雨滴）之间相互作用，自带有 6 个相互作用的法则，通过开关功能进行选择。其中法则六是用户自定义雨滴的质量和温度。通过编程将填料的热质交换按选定热力计算模型（见第五章第四节）的热力计算公式，计算出雨滴的质量和温度变化，再通过 DPM 源项修改与连续项进行耦合。

如采用麦克尔焓差模型时，传热与传质的计算公式为：

$$m_p^n = \frac{\beta_{xv}(x''_t - x)\Delta V}{\dot{m}}m_p^{n-1} \tag{10-56}$$

$$T_p^n = T_p^{n-1} - \frac{\beta_{xv}(i''_t - i)\Delta V}{\dot{m}c_w} \tag{10-57}$$

式中　m_p^n、m_p^{n-1}——水粒子第 n 次和第 $n-1$ 次计算步长的质量，kg；

　　　T_p^n、T_p^{n-1}——水粒子第 n 次和第 $n-1$ 次计算步长的温度，K；

　　　β_{xv}——填料的散质系数，kg/(m³·h)；

　　　ΔV——计算单元体积，m³；

　　　$\dot{m}$——单元中粒子流率，kg/s；

　　　x''_t、x——对应于计算单元的粒子温度的饱和含湿量和空气的含湿量，kg/kg；

　　　i''_t、i——对应于计算单元的粒子温度的饱和焓和空气的焓，kg/kg；

　　　c_w——水的比热，J/(kg·℃)。

源项的计算公式为式（10-44）和式（10-45）。

3. 用户自定义传热传质率法

Fluent 软件自身可以通过用户自定义编程对雨滴的传热传质率进行修改，下面给出采用麦克尔热力计算模型的计算公式。

单位体积内冷空气与热水之间的热交换量为：

$$\frac{\mathrm{d}Q}{\mathrm{d}V} = \beta_{\mathrm{xv}}(i''_{\mathrm{t}} - i'')\Delta V \tag{10-58}$$

式中　Q——换热量，$J/(s \cdot m^3)$；

　　　V——气相体积，m^3；

　　　ΔV——控制单元体积，m^3。

单位体积内热水的蒸发量：

$$\frac{\mathrm{d}W}{\mathrm{d}V} = \beta_{\mathrm{xv}}(x''_{\mathrm{t}} - x) \tag{10-59}$$

式中　W——热水蒸发量，kg/s。

由于单元体内的散热量和蒸发量相等，然后将散热量平均分配给每个粒子，可知每个雨滴在穿过控制体内时的散热量为：

$$\frac{\Delta Q}{\Delta t} = \beta_{\mathrm{xv}}\Delta V \Delta i \frac{m}{qs\Delta t} \tag{10-60}$$

式中　m——雨滴质量，kg；

　　　q——淋水密度，$kg/(m^2 s)$；

　　　s——控制体的底面积（面的法向为雨滴运动方向），m^2；

　　　Δt——雨滴通过控制体的时间，s。

$$\Delta i = i''_{\mathrm{t}} - i \tag{10-61}$$

$$\beta_{\chi v} = \frac{Nq}{h} \tag{10-62}$$

式中　N——冷却数；

　　　h——填料厚度或雨区高度，m。

$$\frac{\Delta Q}{\Delta t} = \frac{N\Delta V\Delta hm}{hs\Delta t} \tag{10-63}$$

根据上述 3 个公式，可知雨滴单位时间内的温降为：

$$\Delta T_{\mathrm{w}} = \frac{N\Delta V\Delta h}{hsc_{\mathrm{wp}}} \tag{10-64}$$

由上式可知，经过单元体后水温的变化与焓差、控制体体积及底面积有关，而没有涉及雨滴的直径。

单元体内每个雨滴在单位时间内的质量变化为：

$$\frac{\Delta m}{\Delta t} = \beta_{\chi v}\Delta V \Delta x \frac{m}{qs\Delta t} \tag{10-65}$$

$$\Delta x = x''_{\mathrm{t}} - x \tag{10-66}$$

因此雨滴通过单元体后的质量变化为：

$$\Delta m = \beta_{\chi v}\Delta V \Delta x \frac{m}{qs} \tag{10-67}$$

四、用户自定义程序如何访问求解器

喷淋区、填料区和雨区的传热传质数学模型是通过 Fluent 软件的用户自定义功能实现的，用户编制的程序再通过 Fluent 提供的各种用户自定义接口（宏）来访问软件内核和求解器。与上文中所述相关的用户自定义用到的宏如下：

1. 雨滴运动的修正

雨滴受到的力可以修改，修改时用户按要修正的内容需自己编制程序，由 DPM 模型的 DRAG 宏访问求解器。

2. 填料区一维简化修改源项法

当采用填料区一维简化修改源项法对填料区的传热传质进行模拟时，需编制水相的温度、质量变化的计算程序，通过 DPM 的 INJECTION INIT 宏连接三区的水相参数；通过 SOURCE 宏将水相与气相的传热传质量以源项的方式，增加至气相的相应方程中参与求解，完成两相的耦合。

3. DPM 模型自定义法则法

当采用 DPM 模型的自定义法则时，将填料区的水与空气的换热传质量换算成雨滴的温度、质量的变化，编制程序后由 DPM 模型的 LAW 宏访问求解器，将计算值传递给求解器，通过 DPM 模型的 DPM SOURCE 宏对空气相增加源项，实现两相间的耦合。三区之间的连接由 DPM 模型的 SWICH 宏进行数据的访问。

4. 用户自定义传热传质率法

采用用户自定义传热传质率法时，用户给出填料区的传热传质率并编制程序，通过 DPM 模型的 HEATMASS 宏访问求解器和 Fluent 内核。

第四节　冷却塔数值模拟方法的相关问题

一、热力计算模型及其优缺点

冷却塔热力计算模型在第六章的第四节已经作过比较，模型本身有精度的差别，但与模型使用不一致所带来的偏差是第二位的。所以，工程技术问题采用哪种模型都可以，主要取决于输入参数获得时所采用的模型。工程技术问题采用麦克尔模型已经足够，而当需要研究传热传质机理等理论问题时，研究对象是物理现象的本质，那么采用精细的模型更能反映和贴近物理现象。

总之，热力计算模型都可以采用，但数据采用的整理方法和设计计算须是同一模型。

二、二维数值模拟冷态与热态计算方法比较

冷却塔的二维数值模拟计算方法有两种：一种是热态方法；另一种是冷态方法。

热态计算方法依靠传热传质计算获得塔内外的空气密度变化，动量方程中垂直于地面方向将产生密度差的浮力项，推动塔内空气运动。这种计算方法与冷却塔的物理现象符合较好。这种方法的缺点是塔内浮力计算相对合理，但对于阻力计算却存在一定的问题，因

为塔内的空气阻力由多项构成，塔壳支持柱、淋水装置支撑柱、梁柱、配水系统、收水器和填料等，填料阻力相对容易计算，要在热态中计算其他部件阻力相对较难。若阻力计算不准确，那么最终的出塔水温等就要产生误差。

冷态计算方法通过热力计算获得抽力，通过计算阻力得到塔内通风量，二维计算时，给定进风口的风速值，进行塔内各空间点的传热传质计算。这种方法相对于热态方法而言较为简单，塔内的通风量控制的较好，计算结果相对稳定可靠。不足之处是对塔内气流流动现象的解释不够准确。

两种方法原理不同，所以二维计算的区域不同。冷态方法可取塔的进风口至塔的喉部；热态方法则不能取进风口至喉部或出口。

两种方法在工程实际中都有采用，无论哪种方法首先要对模型进行验证使计算结果与实测接近和吻合。

三、计算区域与边界条件的确定

在流体问题研究中经常会遇到研究不能包含所有流体流动整体区域的情况，这时需取流体的一部分区域进行研究，那么如何选取边界是一个既需要理论也需要经验的事情。对于流体计算而言就是为描述流体运动的偏微分方程组如何选取边界？边界条件如何设置？若这两个问题解决不好，将可能使方程组得不到定解或得到错误的解。

边界条件分为 3 类：

第一类边界条件也称狄里克莱（Dirichlet）条件，这类边界条件是定值边界条件，也就是这个计算边界线或面的待求量是已知的。

第二类边界条件也称诺依曼（Neumann）条件，这类边界条件待求量的边界法向导数为 0 或定值。

第三类边界条件也称洛平（Robin）条件，这类边界条件给出待求量在边界上的值和外法向导数的线性组合。

1. 二维计算区域与边界条件

三类边界条件的选取要求是不同的，第一、第三类是已经知道某边界线或面的值或值和法向导数，它可以取任何一个流体运动的线或面，只要你有足够理由说明你给定的值是合理和正确的；第二类边界条件也一样，要选取的边界线或面，要求流体在该线或面的法向导数值为 0，比如选择流体的收缩断面，就是一个沿流动方向导数为 0 的面。

对于冷态的二维计算合理的计算区域如图 10-7 (a) 所示，计算区域选择冷却塔的进风口断面、塔筒壁、水池面、中心线、喉部断面为边界，其中边界 2 和边界 3 为流体流动自然边界，边界 1、边界 4 和边界 5 为人为边界，是人为选取的。边界 1 为进风口断面，该断面设置为第一类边界条件，给定风速的分布值，风速分布规律来自于原型观测，所以，人为选取该断面为边界是合理的。边界 4 为冷却塔的喉部断面，它是第二类边界条件，该断面是塔内气流由收至扩变化的一个断面，该断面必然为均匀流动，该断面各量的法向导数均为 0，所以人为选择该断面是合理的。边界 5 为塔内流动的对称中心线，该线上各量的法向导数均为 0，所以选择该线作为第二类边界条件也是合理。边界 2 和边界 3 为固壁，流体在该面的流速等均为 0，可作为第一类边界条件，其他量在固壁边界也可处理为第三类边界条件。

　　若将边界 4 取为塔的出口，那么边界 4 的边界条件将无法给出，因为边界 4 为塔的出口断面，流体处于扩散流动状态，在该面的法向导数不为 0，所以给定第二类边界条件是错误的，给定第一类或第三类边界条件无法给出，因为该处的值是待解值。

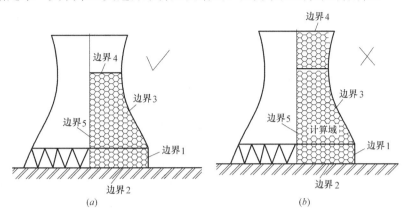

图 10-7　二维冷态计算方法计算区域示意图
(a) 正确的边界条件；(b) 错误的边界条件

　　对于热态的二维计算合理的计算区域如图 10-8 (a) 所示，以冷却塔的中心线为一个边界，取计算域远大于冷却塔内流动区域，因为边界 1、边界 2 已经远离冷却塔的进风口与出口，在该边界上流速、压力等量的变化微弱，可近似取为第二类边界条件，近似的边界条件对我们关注的塔内流动影响较小。相反若选取图 10-8 (b) 所示的计算域，热态计算方法在边界 1 和边界 2 无法给定第一类边界条件，只能给定第二类边界条件。但是边界 1 和边界 2 两个断面为非均匀流，所以给定第二类边界条件是不对的，若视为近似，又因其与塔内流动紧连，边界条件对塔内流动的计算结果影响较大，可能得出错误的计算结果。边界 2 为塔的出口断面，流体处于扩散流动状态，在该面的法向导数不为 0，所以给定第二类边界条件是错误的，给定第一类或第三类边界条件无法给出；同样边界 1 为冷却塔的进口，气流处于急变之中，该处取第二类边界条件显然不合理，对紧邻的塔内雨区、填料区的流动影响很大，所以计算结果的偏差也很大。

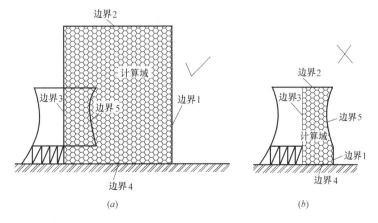

图 10-8　二维热态计算方法计算区域示意图
(a) 正确的计算区域；(b) 错误的计算区域

2. 三维计算区域与边界条件

与二维计算相似，三维热态计算模型计算域要远大于冷却塔壳体，只有这样才能消除边界近似对塔内流动的影响。计算域的大小可根据经验确定，一般通过计算区域敏感性分析确定。即通过给定不同大小的计算域，分析冷却塔进风口和填料断面风速分布的变化，当计算域增大到风速分布不变时为止。计算域可选取圆形区域，也可选取矩形区域，如图10-9和图10-10所示。计算域的外边界选取第二类边界条件，即Fluent软件中所说的压力边界条件。当有自然风时，在塔的上风向边界取第一类边界条件，即给定上风向边界面的流速为自然风风速分布，下风向和出口方向取第二类边界条件。

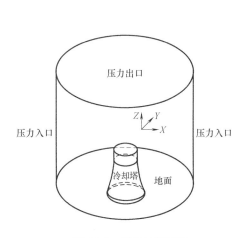

图10-9　圆形计算区域

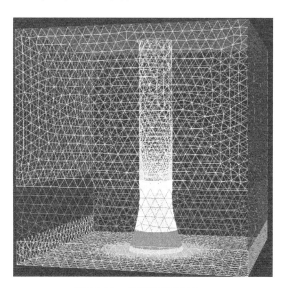

图10-10　矩形计算区域

四、三维数值计算的热力阻力边界条件

代数方程求解时，只有未知量的数目与方程数相等时，代数方程才定解，而微分方程和偏微分方程求解时，不仅要求方程数与未知量数量相等，还要求给定未知量的边界才可定解。所以，边界条件给定的正确与否直接影响解的正确性。

冷却塔的三维数值模拟的计算域的外边界和固壁的边界条件较容易给定，如前所述。而热力阻力计算的边界给定就比较复杂，有时给定的边界条件得到的解是方程组的解，但不是冷却塔的解。这是因为数学模型中有很多假定条件，其中最大的假定条件便是雨滴的刚性球假定，假定了刚性球必然就给定球的当量直径。球的直径便是计算必须给出的边界条件，无论是阻力计算还是热力计算都如此。

1. 阻力计算的雨滴当量直径

雨滴在塔中下落对空气造成阻力，尽管雨滴下落过程复杂，但很容易分析出雨滴的阻力与哪些因素有关，雨滴阻力与淋水密度及空气的相对速度有关，进一步分析可得出，与空气的相对速度相联系的是冷却塔进风口高度和空气流量。所以，雨滴当量直径应该是淋水密度、空气流量和进风口高度的函数。

即：

$$d_r = f(q,v,H) \tag{10-68}$$

这种关系只能通过试验获得，若没有此关系，假定一个当量直径所得到的解，从理论上讲仅是方程组的一个解，而非冷却塔的解。

2. 热力计算的当量直径

与雨滴阻力相对应，雨滴的换热当量直径也是与冷却塔的进风口高度、淋水密度和通风量有关，即使是同一个冷却塔，若淋水密度变化了或气象条件变化了，换热当量直径也必然不一样。若只给定假设值或经验值，无法从理论上说明所得到解的正确性。

$$d_h = f(q,v,H) \tag{10-69}$$

3. 热力与阻力耦合问题

由于雨滴运动过程的复杂性，阻力当量直径和热力当量直径是不一致的，原因是阻力与热力计算的方程不具有相似性。但是可以通过技术手段将二者很好地耦合，方法之一是在雨区采用用户自定义传热传质率法，该方法不涉及雨区当量直径；方法二是在雨区采用DPM自定义法则法，对阻力当量直径进行换热传质的修正。

4. 冷却塔换热分区问题

冷却塔内的热质交换包括 3 个区，喷淋区、填料区和雨区。模拟计算中按 3 个区进行计算从概念上比较清晰，似乎应该计算得更精确。但是，冷却塔的换热是 3 个区的综合结果，若喷淋区计算时不将填料的热力特性中扣除模拟塔的喷淋区，便有重复计算的问题，最终结果却没有好的解释。若要扣除模拟塔的喷淋区，该区的热力特性准确值尚未验证。鉴于此，也可以将冷却塔按两个区进行计算，即喷淋区和填料区作为一个区，另一个区是雨区。这样处理其实概念也是清晰的，冷却塔设计时喷淋区与填料的距离一般与模拟塔差别不大，模拟塔现在没有将喷淋区与填料区热力特性分开，所以，数值模拟计算时视为一体也是合理的。

两种处理方式就冷却塔工程设计而言并无好坏之分，随着测试手段的改进，将来室内模拟试验塔给出的结果为分区结果时，数值模拟再分区更好些。

第十一章　自然通风冷却塔的配水设计与计算

第一节　冷却塔配水方案

　　冷却塔的配水系统是将进入冷却塔中的热水均匀地淋洒在填料的顶面上，淋水的均匀性对冷却塔的冷却效果影响极大。无论哪种填料，如果淋不到水，那么这一部分填料就不能起到冷却作用。若填料是点滴式填料，空气在没有淋水的填料区通过的量比有水区大，降低冷却塔的效率是明显的；对于薄膜式填料，空气的重新分配不如点滴式填料明显，但通过无水的填料区的空气没有参与塔内的热交换过程，塔的效率也必然是下降的。对于自然通风冷却塔的影响，除上述外，还会减少冷却塔的通风量。即使填料都能够淋到热水，如果配水的均匀性不好，也会使冷却塔的效果变坏。有试验资料表明，对于 $4000m^2$ 的冷却塔不均匀系数由 0 增大到 0.2，水温升高 0.2℃；不均匀系数达 0.4 时，温度升高近 1℃；不均匀系数达 0.7 时，温度升高了 4℃。可见配水均匀性在冷却塔中所起的作用之大。

　　配水系统主要有两类：一类是开式水槽与喷头所组成的无压配水系统，也称为槽式配水；另一类是带有喷头或喷水器的管道所组成的压力式配水系统，也称之为管式配水。当循环水水质较好，悬浮物含量不多时，采用管式配水。这种配水方式运行比槽式配水简便得多，因为槽式配水系统中容易生长水藻，外界的污物（如泥沙、塔内脱落物等）容易进入配水系统，造成配水系统的淤积堵塞，所以要经常清理。而如果水质不好，水中的悬浮物很多，由于管式配水是封闭的，清理起来就相当困难，而且可能引起冷却塔长期在水量分布不均匀的状况下运行。

　　早期的冷却塔槽式配水的槽子是木材加工的，当时没有喷溅装置，而是在槽底安装一个导管，将水落在其下方的溅水碟上，由碟再将水溅散开，如图 11-1 所示。冷却塔运行一段落时间后发现下方的水碟的位置与导水管出的水不易配合或水碟的位置有移动，使配水变坏。后来，人们将下方的水碟与导水管用一个杆连接在一起，如图 11-2 所示，这就

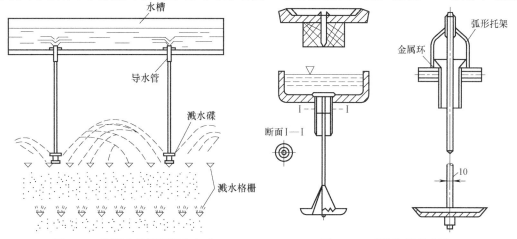

图 11-1　早期冷却塔的配水方式　　　　　图 11-2　喷溅装置的改进

是最初的喷溅装置或喷头。经过反复实验才发展出了现在的喷头的各种形式，如图 11-3 所示。

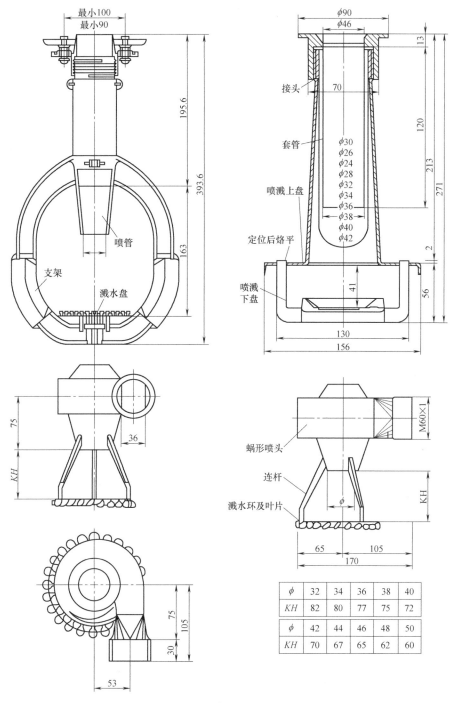

图 11-3　目前在用的喷溅装置

自然通风冷却塔的配水方式经历了一个发展过程。早期的自然通风冷却塔的配水系统多为槽式配水，槽子由钢筋水泥制作。后来随着冷却塔面积的不断增大，塑料材质部件在冷却塔中得到使用，从 20 世纪 80 年代后期，自然通风冷却塔开始使用塑料管，此时，塑料的材料价格已经具有优势，由于其具有防腐能力强、耐湿热老化、容易加工、安装方便、通风阻力小等优点，很快就成了自然通风冷却塔配水管的主流管材。

自然通风冷却塔的水量一般较大，热水送入冷却塔的钢管直径可达 3.0m。因为冷却塔中的湿热环境，塔内不宜采用钢管，进入冷却塔后，一般采用钢筋混凝土圆管或方管，再由一根垂直的钢筋混凝土管送到配水层，这根垂直的钢筋混凝土管又称为竖井。在配水层，竖井将热水分配到主配水槽里。主配水槽中的水再由主配水槽分配到工作水槽（槽式配水系统）或工作配水管（管式配水系统）中。在大型自然通风冷却塔的配水系统中，竖井的热水不可能直接通过塑料管进行分配，因为自然塔的水量较大，要求塑料管径也大，如 9000m² 冷却塔的主水槽面积达到 5m²，则塑料管的直径需达到 2.5m，这是不可行的，而用钢筋混凝土制作成压力方型槽、管就容易的多。下面介绍槽式和管式（也叫槽管结合式）配水系统。

一、槽式配水

槽式配水系统在我国应用较多。1990 年前的自然通风冷却塔的配水系统基本上都采用了槽式配水的方式。配套发电机组的容量达到 330MW，冷却塔的淋水面积达到 6000m²。槽式配水又分为单竖井和多竖井配水方式。

图 11-4 为单竖井辐射状槽式配水系统，热水进入布置在冷却塔中央的钢筋混凝土竖井，竖井向外布置辐射状的主配水槽，配水槽中间布置工作配水槽，工作配水槽下方安装喷溅装置。这种配水方式在淋水面积不大的冷却塔中常用，如我国的淋水面积 1500m² 的自然通风冷却塔就常用这种配水方式。配水系统的水槽布置呈对称形状，工作水槽呈环状，工作配水槽与主配水槽及竖井相互连通，整个冷却塔配水槽内水位均匀。但也有一定的缺点：首先，由于塔形为圆形，工作配水槽不能制作为圆形，而只能制作为多边形，工作槽的间距不易布置均匀，中心区水槽的间距只能较大；其次，工作配水槽下方的喷头不易布置均匀，喷头的间距与槽间距很难相配，造成配水不均匀；再次，整个配水系统只能是一个运行方式，水流量变化时，不能分区配水运行，在北方冬季容易结冰；最后，由于塔的运行水量全年是变化的，夏季水量大，冬季水量小，要维持配水正常，水槽的高度就较大，不利于冷却塔通风。我国早期小型发电机组的循环水一般不作处理，悬浮物含量大，这种槽式配水方式适合了当时的实际状况，也是当时冷却塔发展水平的标志。

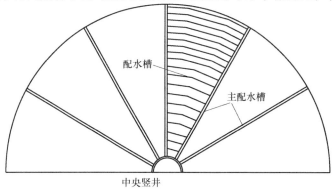

图 11-4　单竖井辐射状槽式配水系统

单竖井配水还可设计为鱼骨状，如图 11-5 所示。中央竖井将热水送至配水层，在配水层内布置了主配水槽，主配水槽接分配水槽，分配水槽接工作配水槽，工作配水槽下方接喷溅装置。这种布置方式与辐射状布置相比，好处是喷头容易布置均匀，整塔的配水均匀性可以得到提高。但是，主配水槽与分配水槽的连接角度不利于主配水槽水进入分配水槽，该接口处水流阻力大。水槽连接点水流阻力不仅受多种因素影响，而且钢筋水泥槽的制作存在尺寸的误差，连接点水流阻力很难计算准确，常出现主水槽与分水槽接口处溢水或漏水现象，影响配水的效果。

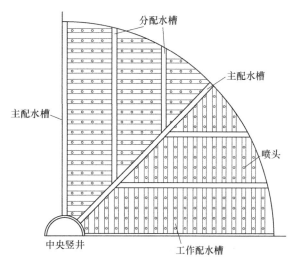

图 11-5　单竖井鱼骨状槽式配水系统

　　单竖井的槽式配水系统，用于淋水面积不大的冷却塔，对于较大的淋水面积，由于水量大，水槽的尺寸也须加大，则水槽的挡风面积也增大。所以，多竖井的配水方式就出现了。图 11-6 为一个 5 竖井的槽式配水系统布置图，中央竖井负责中心区域的配水，周围区域的配水由周边 4 个竖井供给。周边的 4 个竖井之间由环状主配水槽连接，主配水槽上接工作配水槽，工作配水槽下方布置喷头。这种配水系统的优点有两个：第一个是配水系统可以分区运行；第二个是周围 4 个竖井之间用环形槽连接，可消除由于竖井水量分配不均带来的配水槽水位差。由图 11-6 可看出，配水系统也有不足之处，在周边一些地方无法布置到工作水槽，使整塔的配水均匀性受到影响。

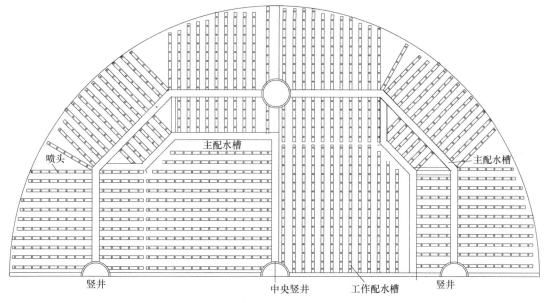

图 11-6　多竖井槽式配水系统

267

二、管式配水系统

随着冷却塔淋水面积的不断增大，采用槽式配水的种种弊端都显现出来，到 20 世纪 80 年代后期，管式配水渐渐变为大型自然通风冷却塔配水系统的主流。与槽式配水相仿，管式配水也分为单竖井与多竖井配水，上述的槽式配水的各种布置方案也可应用于管式配水。图 11-7 为单竖井管式配水系统。凝汽器出来的热水进入冷却塔中央竖井，在中央竖井上向四周辐射 4 条钢筋混凝土方形管，4 个方形管上直接连接工作配水管。工作配水管下接喷头，喷头有两种接法：一种是直接在管下接一个喷头，在这种接法中，喷头一般是反射型喷头，喷头的间距一般取 0.8～1.2m，配水管间距与喷头间距相同；另一种是水管下接三通，三通分出两个喷头，这种接法的喷头一般是旋流型喷头，喷头的间距一般为 1m，配水管间距为 2m。配水管为塑料管材，配水管有不同的规格，目前在用的管径分别为 160mm、200mm、250mm、300mm、350mm、400mm 6 种，一根工作配水管的管径沿水流方向逐渐缩小，可以节省投资，同时也可减小配水管的挡风面积，这种配水系统配套的冷却塔淋水面积已经达到 10000m² 以上。

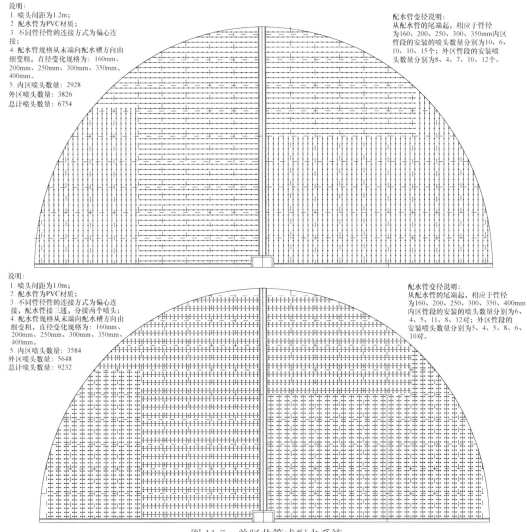

图 11-7　单竖井管式配水系统

多竖井管式配水系统的布置可有多种，如双竖井口字形布置、双竖井日字形布置、三竖井布置、4 竖井布置及 5 竖井布置等，图 11-8 为 5 竖井布置方案，图 11-9 为双竖井口字形布置方案，图 11-10 为双竖井日字形布置方案。

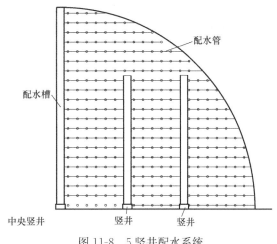

图 11-8　5 竖井配水系统

大型自然通风冷却塔在北方地区使用都要考虑冬季防冰要求，冷却塔冬季上塔水量小，冷却塔的配水应考虑能分区运行，一般将冷却塔的配水分为两个区，即内区与外区。冬季运行时关闭内区的水量，使所有水量都分配到外区运行，提高外区的淋水密度以利于防止结冰。实现分区配水的方法有多种，在单竖井配水中，钢筋混凝土压力水槽一般是双层槽，上下槽分别分管内外区配水。要实现上下层水槽分别供水，一种方法是将竖井制作成套筒

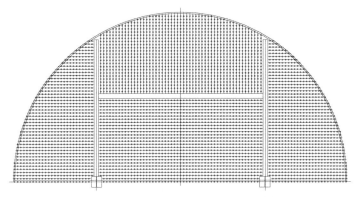

图 11-9　双竖井口字型配水系统

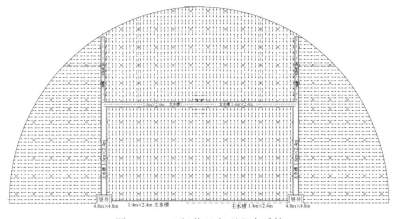

图 11-10　双竖井日字型配水系统

式竖井，套筒的水量分别来自不同的进水管，由进入塔前与进水管相连的水管阀门控制，不同竖井分管不同区的水量；另一种方法是在配水压力水槽入口设置闸门，冬季关闭闸门

实现分区配水；还有一种是水科院提出的虹吸式配水，通过竖井水位来控制分区配水。多竖井的分区配水一般是由不同竖井分管不同的配水区域达到的，由进入塔前的管道阀门控制竖井的水量。

双竖井管式配水布置方案中，口字形布置方案实现内外区的分区运行较麻烦，可用于不结冰的地区。对于北方寒冷地区，为解决冬季运行分区配水问题，在两个竖井之间增加一个连接配水槽，竖井制作为套筒式竖井，进塔前设阀门，由阀门可控制内外区的分区运行；或在连接水槽入口设闸门也可控制冬季的分区配水运行。

管式配水与槽式配水相比，具有通风阻力小、配水均匀、运行管理方便等优点，是自然通风水冷却塔配水方案的首选，已经工程设计广泛采用。

经过多年的发展，自然通风冷却塔的配水已经形成标准规格，管材采用聚氯乙烯（PVC）塑料，配水管的规格如表 11-1 所示。

冷却塔塑料配水管标准规格　　　　　　　　　　　表 11-1

配水管公称外径(mm)	壁厚(mm)		
	公称压力 0.6MPa	公称压力 0.8MPa	公称压力 1.0MPa
160	4.7	5.6	7.0
180	5.3	6.3	7.8
200	5.9	7.3	8.7
225	6.6	7.9	9.8
250	7.3	8.8	10.9
280	8.2	9.8	12.2
315	9.2	11.0	13.7
355	9.4	12.5	14.8
400	10.6	14.0	15.3

喷溅装置的安装方式有两种：一种是安装于配水管下方，配水管中的水在压力和重力作用下从喷溅装置出口向下方的填料顶面喷洒；另一种是安装于配水管的上方，配水管中的水在压力作用下向配水管上方喷射，在重力作用下，落洒在填料顶面上，如图 7-17 所示。两种方式在工程上都有采用，尽管上喷方式所需循环水泵静扬程小，但是作者还是认为下喷方式优于上喷方式。上喷式喷头一般置于支撑梁上方，喷头喷出的水落在配水管和支撑梁上后，将形成水流集中落于填料顶面，造成配水不均匀，另一方面上喷式喷头要喷洒均匀，需要比下喷式喷头更大的压力。

配水管与配水混凝土压力沟槽直接相连接，为检修方便可在配水管与压力沟槽布置阀门，如图 11-11 所示。

图 11-11　配水管与压力沟槽的连接

三、槽式与管式配水的实测实例

例 11-1 单竖井辐射形槽式配水方案

浙江巨化集团自备电厂的 6 号、7 号自然通风冷却塔的配水系统采用了单竖井辐射形槽式配水方案。配套机组容量为135MW，淋水面积1500m²，塔高60m，进风口高度3.8m，环形水槽布置间距在900～1200mm之间，喷头间距在750～1200mm之间，变化较大，填料高度为1.5m薄膜式填料，经过2006年夏季测试，冷却能力仅达设计能力的73%，塔的总阻力系数为51。原因是槽式配水通风阻力大，开式的配水槽堵塞严重。冷却塔内壁的防腐材料脱落后，落入环形配水槽中，使整个环形配水槽失去配水能力，如图11-12所示。

图11-12　环形槽式配水的堵塞问题

例11-2　单竖井鱼骨形槽式配水布置

广东云浮电厂125MW机组配套3500m²的自然通风冷却塔，冷却塔采用单竖井鱼骨形槽式配水布置方案，塔的总高度90m、进风口高度5.6m、配水喷头间距1.2m、填料为水泥网格板。测试时发现，循环水量变化时，水槽水深变化较大，大流量时，钢筋混凝土水槽接口溢水，小水量时，有些水槽水流不到槽端已经没有水了，使部分区域淋不到水。最终冷却塔的冷却能力仅为设计能力的78%。

例11-3　竖井槽式配水布置

成都江油电厂一号200MW的发电机组，配一座淋水面积4500m²的自然通风逆流式冷却塔，塔的配水采用了如图11-6所示的5竖井槽式配水方案，塔的总高度105m、进风口高度7.8m、填料为高度1.55m的水泥网格板，配水槽间距1250mm、喷头间距750mm。经过实测，冷却塔的冷却能力为设计能力的93%，经过对淋水密度的测量发现，沿塔的半径方向，淋水密度的均方差达到0.55。同样存在水量变化时，水槽内的水位变化大的问题，影响冷却塔配水的均匀性。与此相同，北京石景山热电厂采用了同样的配水方式，经过实测，冷却能力也未达到100%，水槽接口溢水严重。

例11-4　单竖井管式配水

山东聊城电厂600MW机组配套一座8500m²自然通风冷却塔，塔高度145m、进风口高10m、填料为薄膜式填料、喷头采用XPH旋流式喷头、喷头间距1m。实测结果表明，冷却塔配水均匀、塔内清洁，水量切换顺利，没有出现配水不均现象，冷却塔的冷却能力达102%。管式配水类似的测试结果还有很多，所得的结论也类似，即配水均匀，塔的冷却能力达100%以上。如山东的莱城电厂8500m²冷却塔、山东邹县9200m²冷却塔等。

第二节　槽管结合配水水力计算方法

对单竖井槽管结合式配水系统的水力计算进行研究，涉及的配水方式具有一定的代表性，其他配水方式可参照。

一、计算公式与阻力系数

冷却塔配水水力计算的主要任务是准确计算和确定配水系统中各管（槽）段的水头损失，确定各喷头的水量。管（槽）水头损失有 2 种：一种是沿程损失；另一种是局部损失。对于竖井槽管结合方式的配水系统，局部损失可归为 3 种：一是由中央竖井进入主水槽（槽管）的局部损失；二是槽管结合部的局部损失；三是配水管分流至喷头的局部损失。如图 11-13 所示，喷头的水头损失由喷头试验解决，即喷头的流量系数。有关冷却塔配水的专门研究工作不多，可以参照相近的情况，选择适用的计算公式。

根据前人作的工作，沿程损失的计算公式为：

$$\Delta p = \xi \rho \frac{V^2}{2} \tag{11-1}$$

$$\xi = \lambda \frac{l}{D} \tag{11-2}$$

式中　λ——摩擦系数；

　　l——管（槽）道长度，m；

　　V——流速，m/s；

　　ρ——水的密度，kg/m³；

　　D——管道直径，m。

在稳定流动和完全紊流状态，摩擦系数可按阿利特舒利公式计算：

$$\lambda = 0.11 \left(\bar{\Delta} + \frac{68}{Re} \right)^{0.25} \tag{11-3}$$

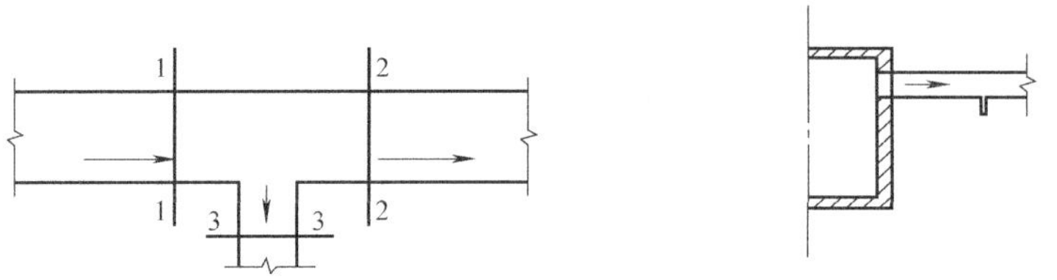

(a) 配水管至喷头的分流　　　　　　　　(b) 配水槽与配水管连接分流

	断面 1	断面 2	断面 3
面积(m²)	A_1	A_2	A_3
流速(m/s)	V_1	V_2	V_3
流量(m³/s)	Q_1	Q_2	Q_3

说明：1. 水槽中流速为 V_∞，面积为 A_∞；
　　　2. 配水管中流速为 V_0，面积为 A_0。

图 11-13　配水槽管局部连接示意图

配水管与钢筋混凝土水槽结合部的阻力系数可以按式（11-4）计算：

$$\xi_0 = \frac{\Delta p}{\rho \dfrac{V_0^2}{2}} \tag{11-4}$$

其中 ξ_0 的取值见表 11-2。

槽管接合局部阻力系数　　　　　表 11-2

V_∞/V_0	0.0	0.5	1.0	1.5	2.0	2.5
ξ_0	0.50	0.56	0.62	0.66	0.70	0.70

配水管分流的局部阻力系数，目前还没有专门配水管分流试验研究，但相近情况的研究资料较多。经比较，选用 Cardel 公式的结果较为合理。

根据 BHRA 的资料中整理的 Gardel 公式如下：

分流阻力系数：

$$\xi_{1-3} = \frac{\Delta p}{\rho \frac{V_3^2}{2}} = 0.95\ (1-q)^2 + q^2 \left[1.3 \mathrm{ctg}\ (180 - \theta)/2 + (0.4 - 0.1a)/a^2 - 0.3 \right]$$

$$+ 0.4q(1-q)(1+1/a)\mathrm{ctg}(180-\theta)/2 \tag{11-5}$$

式中：$q = Q_3/Q_1$，$a = A_3/A_1$。

分流后阻力系数：

$$\xi_{1-2} = \frac{\Delta p}{\rho \frac{V_1^2}{2}} = 0.03\ (1-q)^2 + 0.35q^2 - 0.2q\ (1-q) \tag{11-6}$$

式中：$q = Q_2/Q_1$，$a = A_2/A_1$。

配水槽与竖井的连接局部阻力系数取为 0.5。

二、计算方法

冷却塔槽管结合的配水方式是主水槽与竖井相连，支水槽与主水槽相连，配水管与支水槽或主水槽相连，配水管下接一个喷头或接一个三通分至两个喷头。设某配水槽共 n 个配水管，每根配水管上有 m 个配水连接三通或喷头，H_w 为喷头出口与竖井水位标高差，在没有局部和沿程水头损失时，该差即为喷头的工作水头；$H_{i,j}$、$V_{i,j}$、$q_{i,j}$ 为 i 根水管第 j 个三通前的总水头（相对于喷头出口）、管道流速和该三通水量，根据伯努利方程有以下关系式：

主水槽的总水头（相对于喷头出口）为：

$$H_1 = H_w - \xi_w \frac{Q^2}{2gA^2} \tag{11-7}$$

$$H_{i,1} = H_1 - \xi_0 \frac{V_{i,1}^2}{2g} \qquad (i=1,\ \cdots,\ n;\ 共 n 个方程) \tag{11-8}$$

$$H_{i,j} = H_{i,j-1} - \xi_2 \frac{V_{i,j}^2}{2g} \qquad (i=1,\ \cdots,\ n;\ j=2,\ \cdots,\ m;\ 共有\ n\ (m-1)\ 个方程)$$

$$\tag{11-9}$$

$$V_{i,j} = \frac{\sum_{k=1}^{m-j+1} q_{i,m-k+1}}{A_g} \qquad (i=1,\ \cdots,\ n;\ j=1,\ \cdots m;\ 共有\ mn\ 个方程) \tag{11-10}$$

$$q_{i,j} = n_p \Lambda_p \mu \sqrt{2g\ \left(H_{i,j} - \xi_3 \frac{V_{i,j}^2}{2g} \right)}\ (i=1,\ \cdots n;\ j=1,\ \cdots m;\ 共有\ mn\ 个方程) \tag{11-11}$$

$$Q = \sum_{i=1}^{n} \sum_{j=1}^{m} q_{i,j} \tag{11-12}$$

式中　Q——水槽水量，$\mathrm{m^3/s}$；

　　A——水槽面积，m^2；

　　ξ_0——槽管结合处的局部阻力系数；

　　ξ_2——包含沿程摩阻和分流后的阻力系数；

　　ξ_3——三通分流局部阻力系数；

　　ξ_w——竖井流入配水槽时的局部阻力系数；

　　n_p——三通下接喷头数量；

　　A_p——喷头出口面积，m^2；

　　A_g——管道过流面积，m^2。

当配水管道、喷头等设备材料选定后，在某竖井水位时，上式中的未知数为 $q_{i,j}$、$V_{i,j}$、$H_{i,j}$、H_1 和 Q 共 $3mn+2$ 个未知数，式（11-7）～式（11-12）共有方程式 $2+n(m-1)+n+2mn=2+3mn$ 个。解以上的联立方程即可求出每个喷头的水量、总水量、配水管水流速和水头。

以上的方程组为一组非线性方程，无法直接求解，计算时须通过迭代求解。迭代过程如下：

（1）假定各喷头的流量（可按总水量除以喷头的总数）；

（2）计算管内各段流速、水头损失；

（3）计算各喷头的压力；

（4）判别本次计算的各喷头水量与上次计算值差异是否满足要求，如不满足要求，以新计算的喷头水量，返回（2）再迭代；

（5）输出计算的结果。

冷却塔的配水计算可单独进行，当冷却塔的配水形式、材料、尺寸选定后，根据冷却塔的水量与塔的竖井水位存在一定的关系，如上所述，可以给定不同的竖井水位计算塔的水量，从而得到一条水量与塔竖井水位的关系曲线。竖井水位的高低影响水泵的扬程，因此，也可以和循环水系统进行耦合计算，求出系统的流量和水泵扬程。

初步设计估算时，可以不考虑管路系统的水头损失，那么式（11-7）～式（11-12）可以简化为：

$$\Delta H = Q_{in}^2 / (2g \sum (\mu_{in} A_{in})^2) \qquad (11\text{-}13)$$

$$\Delta H = Q_{ou}^2 / (2g \sum (\mu_{ou} A_{ou})^2) \qquad (11\text{-}14)$$

$$Q = Q_{in} + Q_{ou} \qquad (11\text{-}15)$$

式中　ΔH——喷嘴压头，m；

　　Q_{in}——内区水量，m^3/s；

　　Q_{ou}——外区水量，m^3/s；

　　Q——总水量，m^3/s；

　μ_{in}，μ_{ou}——内区与外区的喷头流量系数；

　A_{in}，A_{ou}——内区与外区喷嘴出水口面积和，m^2。

按上述方法可以求解出整个冷却塔每个喷头的水量，根据每个喷头的水量可以计算冷却塔各喷头水量的均方差，亦称均布系数，作为配水均匀性的判别标准。不同形式的喷头有不同流量系数，其喷水均匀性也不同，对于单个喷头的均匀性，由喷头试验给出的喷头均布系数判别。

三、配水均匀性计算公式

配水系统均布系数计算公式如下：

$$\sigma = \sqrt{\dfrac{\sum\limits_{i=1}^{n}\left(q_i/\overline{q}-1\right)^2}{n}} \tag{11-16}$$

式中　σ——配水系统均布系数；

　　　$\overline{q}$——喷头的平均水量，m^3/s；

　　　n——喷头的总数量，个；

　　　q_i——第 i 个喷头的水量，m^3/s。

第三节　虹 吸 配 水

一、自然通风冷却塔配水分区运行的实现

电厂中的自然通风冷却塔的循环水量，在不同季节往往需要变流量运行，即冷季循环水量小，热季循环水量大。冬季小水量运行时，北方地区冷却塔容易结冰，为减缓结冰，需将冷却塔的配水分区，使冷却塔部分区域不淋水，以保证淋水区域的淋水密度较大，不易结冰。实现冷却塔分区配水的方法有 3 种：闸门式分区配水、套筒式竖井分区配水及虹吸配水。

闸门式分区配水是在竖井与配水槽连接处设闸门，由闸门控制内外分区配水。图 11-14 为单竖井管式配水内外分区结构示意图，循环水由循环水管送入冷却塔的中央竖井，水向上

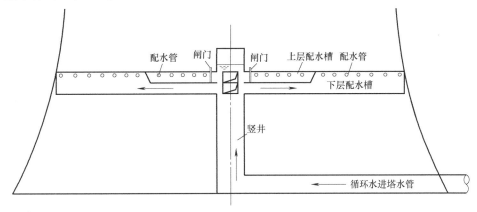

图 11-14　（管槽结合式配水）闸门式分区配水示意图

流动至分层的配水槽，一般下层配水槽负责外区配水，上层配水槽负责内区配水，当需分区配水时，将闸门关闭，上层配水槽中就无水，上层配水槽负责的内区塔的淋水面积内将无淋水。图 11-15 为多竖井管式配水内外分区结构示意图，循环水进入一个竖井中，竖井的周围连接多个配水槽，其中的一个水槽负责内部区域，此水槽上安装闸门，当分区配水时，此闸门关闭，相应的区域将无淋水。槽式配水的情况与管式配水的竖井结构方式相同，只是将配水管替换为配水槽。闸门式分区配水切换方式的优点是结构简单和投资低，但是，闸门式分

区配水给冷却塔的管理带来很大不便，运行人员要进入冷却塔中操作闸门方能实现分区配水。另外，冷却塔内的湿热环境往往使闸门锈蚀，造成无法启闭。所以，有很多设置了闸门的配水槽实际并未使用。

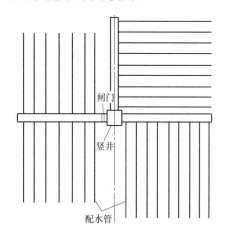

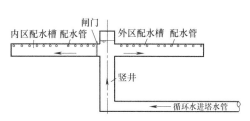

图 11-15 多竖井管槽结合式配水
闸门式分区配水示意图

套筒式竖井分区配水与闸门式分区配水方式不同，有些冷却塔的内外区配水设计为套筒式分区配水的方式。图 11-16 为单竖井套筒式分区配水系统结构示意图，中央竖井制作成套筒式竖井，内竖井负责内区配水，外竖井负责外区配水。循环水在进入冷却塔前分为两个进水管，水管分别接入竖井的内外套筒，每个进塔水管上安装阀门，控制相应区域的水量。当只在外区配水时，关闭内区竖井进水管的阀门。图 11-17 为多竖井套筒式分区配水结构示意图，竖井的做法有两种：一种是将竖井从中间分隔形成两个竖井，两个竖井分别由不同进水管供水，进水管上设阀门控制水量，适用于一个竖井仅接两个水槽；另一种是与单竖井套筒竖井相同，适用于接多个水槽。套筒式分区配水方式的好处是管理运行方便，内外区水量的切换可以通过阀门启闭来完成，但是，由于内外区水量的分配除与喷头的口径有关外，还与进水管和阀门阻力有关，在实际运行时，内外区的水量分配与设计值常有出入，影响冷却塔的

冷却效果。另外，因为要求增加阀门和套筒竖井，工程造价较高。

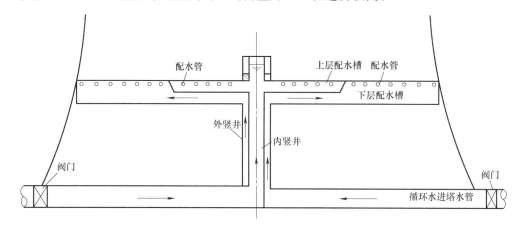

图 11-16 单竖井套筒式分区配水系统结构示意图

水科院从电厂运行管理方便与克服上述两种分区配水结构的缺点出发，设计了虹吸式配水，虹吸式配水适用于单竖井管式配水布置。

二、虹吸配水的原理

图 11-18 为虹吸配水的竖井结构示意图，当一台水泵启动后，竖井的水位上升，负责外区配水的下层水槽先进水，外区喷头出水。由于未达到满负荷水量，竖井的水位低于堰顶高度，内区不配水。当另一台水泵启动后，水量加大，竖井水位上升超过堰顶，负责内区的上层水槽进水，当内区流量渐渐变大后，竖井水位低于堰顶，形成虹吸，这时为全塔配水。当冷却塔在满负荷水量运行时，关闭一台水泵，由于还是全塔配水，竖井水位下降，降至虹吸帽底沿时，虹吸帽进气，虹吸破坏，内区不再配水，形成分区配水，这样便可实现内外区配水的自动切换，方便了电厂的运行管理。

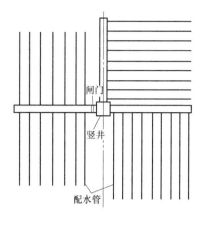

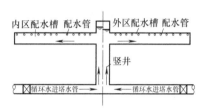

图 11-17　多竖井管槽结合式套筒式分区配水示意图

三、虹吸配水的模型试验结果与设计

要使虹吸配水实现分区配水的正常切换，关键是要准确确定不同运行水量的竖井水位，水位计算准确，则虹吸配水便可较好地运行。要准确计算竖井水位，则需进行虹吸配水虹吸结构（又称虹吸头）的水流阻力系数和喷头的流量系数试验。

喷头的流量系数由喷头的产品性能试验取得，而虹吸头的水流阻力系数可以通过模型试验取得，同时也可通过模型观察不同水量内外分区的切换。虹吸配水模型试验系统如图 11-19 所示，模型按重力相似设计，配水槽、竖井及虹吸头按比例缩小，用多孔盒模拟喷头，孔径与孔数按冷却塔内外区的喷溅装置的系统流量与水头关系曲线确定。多孔盒与配水槽之间用软管连接；模型由水泵、水库、平水箱组成恒定的供水系统。模型中不同位置布置测压管可确定不同部位的水位损失。模型试验确定了虹吸头的阻力系数

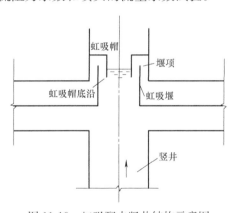

图 11-18　虹吸配水竖井结构示意图

后，便可通过水力计算给出不同运行工况、全塔与外区配水的竖井水位，根据这些水位可确定堰顶标高与虹吸帽底沿标高。堰顶高程应高于冬季小水量仅外区运行时的竖井水位，低于全部水量都在外区运行时的竖井水位。虹吸帽的底沿的高程，应低于全水量外区运行时的竖井水位，高于冬季水量全塔运行的竖井水位。

为保证虹吸配水的不同水量切换的可靠性，上述几个水位之间的差别应大些。要使竖井水位在不同水量时差别较大，就要求喷头的流量系数小。所以，虹吸配水的喷头一般都采用蜗壳式旋流喷头。旋流式喷头的流量系数比反射型喷头小约 1 倍。

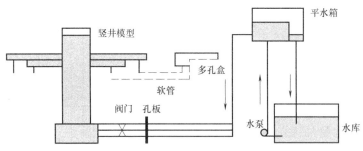

图 11-19 虹吸配水模型试验系统示意图

例 11-5 某 600MW 机组配一座 8500m² 逆流式自然通风冷却塔，每塔有两台水泵供水，两泵总水量为 19m³/s，热季运行两台水泵，冬季为防结冰运行一台水泵仅外区配水，冬季水量为 12m³/s。

该冷却塔的尺寸为：塔总高为 140m，进风口高为 10m，填料顶面直径为 105m，填料高为 1m，中央竖井平面尺寸为 6m×6m，下水槽断面为 1.5m×1.0m，上水槽断面为 1.5m×1.5m，进水管为 3m×3m 混凝土方管，塔集水池水面高程为 −0.3m。下层水槽的底标高为 9.0m，上水槽底标高为 11.9m，配水管中心标高为 13.0m，喷头出口标高为 12.7m，如图 11-20 所示。塔分内外区，内区面积为 4000m²，外区面积为 4200m²，总面积为 8200m²。经过试验，堰顶与帽顶的距离为 400mm 的上水槽阻力系数为 $\xi_{上}=9.5$，下水槽阻力系数为 $\xi_{下}=0.8$。

内区水量与喷头上平均水头关系曲线为：

$$Q_{内}=5.40\sqrt{\Delta H} \tag{11-17}$$

外区水量与喷头上平均水头关系曲线为：

$$Q_{外}=12.75\sqrt{\Delta H} \tag{11-18}$$

式中 ΔH——喷头出口为零的平均喷头测压管水头，m。

要求确定虹吸配水的堰顶标高与虹吸帽底沿标高。

当全塔内外区都布水运行时，竖井相对于喷头出口标高的水位 $H_{井}$ 按下式计算：

$$H_{井}=\Delta H_{内}+(1+\xi_{上})\frac{V_{上}^2}{2g} \tag{11-19}$$

$$H_{井}=\Delta H_{外}+(1+\xi_{下})\frac{V_{下}^2}{2g} \tag{11-20}$$

$$Q_{内}=5.40\sqrt{\Delta H_{内}} \tag{11-21}$$

$$Q_{外}=12.75\sqrt{\Delta H_{外}} \tag{11-22}$$

$$V_{上}=\frac{Q_{内}}{1.5\times1.5} \tag{11-23}$$

$$V_{下}=\frac{Q_{外}}{1.5\times1.5} \tag{11-24}$$

$$Q_{内}+Q_{外}=Q_{总} \tag{11-25}$$

式（11-17）~式（11-25）中阻力系数为已知数，循环总水量已知，式（11-19）~式（11-25）7 个方程中，有 7 个未知数 $H_{井}$、$V_{上}$、$V_{下}$、$\Delta H_{内}$、$\Delta H_{外}$、$Q_{内}$、$Q_{外}$，求解方程组有：

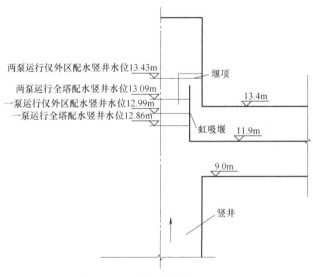

两泵运行时的竖井相对于喷头出口水位为 $H_{井}=0.33$m，竖井水位为 $12.7+0.33=13.03$m；

一泵运行时的竖井相对于喷头出口水位为 $H_{井}=0.13$m，竖井水位为 $12.7+0.13=12.83$m。

当仅外区配水时，式（11-20）、式（11-22）、式（11-24）和式（11-25）及内区水量等于零，5 个方程，5 个未知数 $H_{井}$、$V_{下}$、$\Delta H_{外}$、$Q_{内}$、$Q_{外}$，也可求解出竖井水位。

两泵运行时仅外区配水的竖井相对于喷头出口水位为 $H_{井}=0.73$m，竖井水位为 $12.7+0.73=13.43$m；

一泵运行时仅外区配水的竖井相对于喷头出口水位为 $H_{井}=0.29$m，竖井水位为 $12.7+0.29=12.99$m。

为使虹吸配水在水量发生变化时能自动切换水位，堰顶标高应在两泵仅外区配水竖井水位以下，两泵全塔配水的竖井水位以上，可确定为 13.2m；虹吸帽底标高应在一台泵仅外区配水的竖井水位以上，可以考虑为 13.0m，竖井的顶标高应在两泵仅外区配水的竖井水位以上，可确定为 14.50m。这样虹吸配水就可在冷却塔水量变化时自动进行切换，实现分区配水了。

图 11-20　竖井及水槽布置图

从以上的计算可以看出，几个水位值相差并不是很大，若用流量系数较高的反射型喷头，则相差更小，会给设计带来困难。实际工程设计时，在虹吸帽处设置了通气管，引至冷却塔外，安装阀门来控制虹吸的形成与破坏。

四、虹吸配水应用情况

虹吸配水自 20 世纪 90 年代末期提出后，已经在多个工程中采用。运行实践证明，虹吸配水存在很多问题有待解决。

1. 塔内主配水沟槽集水严重

虹吸配水系统在水泵启动或关闭时，虹吸形成和未形成之际或虹吸系统不严密有进气时，主配水沟槽的压力将出现较大的波动。沟槽的排气管将出现短时的喷水现象，造成主配水沟槽顶面集水。模型试验中可以重演通气管的排水现象，当配水系统启动和虹吸不严密时出现排气管的喷水现象，而且水喷出很高，如图 11-21 所示。

图 11-21　模型试验的排气管喷水现象

塔内主配水沟槽集水严重影响了检修运行管理人员对冷却塔管理和观察。

2. 虹吸罩损坏

虹吸罩最先采用钢或不锈钢制成，有一定的强度和刚度，后一些厂家研制出了塑料虹吸罩和玻璃钢虹吸罩，厚度也越做越薄，运行不长时间便出现虹吸罩损坏现象，如图 11-22 所示，造成内外区配水极不均匀，冷却塔的出塔水温升高可达 4～5℃，使汽轮机背压升高，影响正常的发电生产。

图 11-22　虹吸罩损坏实例

3. 虹吸配水系统机组背压高的原因

虹吸配对施工、水力计算精确度和运行管理要求很高，这几方面一个出现问题都会使冷却塔的出塔水温升高 0.5～4.0℃ 不等。当虹吸罩不严密有空气进入时，内区的配水量将比设计水量小，视进气量不同水量减小程度不同。这就造成内外区配水严重的不均匀，使冷却塔的出塔水温升高较大。北方地区春秋季电厂为了节省厂用电，经常仅开一台循环水泵，此时虹吸配水系统因水量小而无法正常运行，一种是形不成虹吸，竖井水位高过堰顶溢流至内区；另一种是有虹吸但掺气。两种情况都造成内区水量少，外区水量大，出塔水温高。

4. 虹吸配水系统的改造或完善

已经配制了虹吸配水系统的冷却塔，若虹吸配水系统不能正常运行或机组背压高，冷却塔在没有防冻问题的条件下，可拆除虹吸，重新对冷却塔的内外区喷头进行核算；对于有防冻要求的冷却塔，可考虑将虹吸罩改造成为不锈钢材质，考核堰顶是否与循环水泵匹配，重新设置堰顶。

第四节 配水不均匀对冷却塔热力特性影响的估算

皮特（Peter）等人对配水的均匀性和填料的麦克尔数之间的关系进行了研究，认为填料在试验室均匀配水条件测定的冷却数，在工业冷却塔配水条件下常常降低 $15\%\sim20\%$，通过工业塔配水的重新设计可使塔的效率提升约 10%。所以，配水的均匀性对于冷却塔的热力特性影响至关重要，不可忽视。

为了反映工业冷却塔的配水均匀性，引入配水不均匀度，它反映了冷却塔的配水均匀好坏，计算公式如下：

$$\sigma_A = \frac{1}{A}\iint \frac{|q_{local}-\bar{q}|}{\bar{q}}dA \tag{11-26}$$

式中 A——设计相同淋水密度的区域的面积，m^2；

q_{local}——计算区域某微小面积的淋水密度，$t/(h\cdot m^2)$；

$\bar{q}$——区域 A 上的平均淋水密度，$t/(h\cdot m^2)$。

配水的不均匀性可分 3 种淋水情况及 3 种淋水的组合，第一种是在区域中存在部分完全配不到水的干区；第二种是整个区域都能配到水，仅是配水不均匀，并不存在水流集中的区域；第三种是整个区域都能配到水，但是配水不均匀，存在一定量的热水量集中，得不到冷却现象。

当冷却塔内的气流量、热水量、进出塔水温差和填料上下面压差不变时，便可以通过麦克尔数法计算不同区域不同淋水密度的出塔水温及综合冷却数降低量。

例 11-6 某冷却塔无配水不均匀，出现热水集中现象，集中区域的淋水密度为 $110t/(h\cdot m^2)$，其他区域为干区。计算区域的平均淋水密度为 $11t/(h\cdot m^2)$，进出塔水温差 $10℃$，干球温度 $15℃$，相对湿度 70%，大气压为 $100kPa$，通过填料的气流质量流速与阻力和积为 $150W/m^2$，所采用的淋水填料的热力特性为：

$$N=1.78\lambda^{0.68} \tag{11-27}$$

阻力特性为：

$$\Delta p=(12.0+0.5q)V^2 \tag{11-28}$$

由式（11-28）可计算出不同淋水密度区的风速，再通过冷却数法可计算出不同淋水密度区的出塔水温，再将不同区域出塔水温加权平均，可得到冷却塔的出塔水温。

计算结果可表示为图 11-23 和图 11-24。

图 11-23 和图 11-24 中 d 是热水集中量与总水量比，若用干区面积与总面积比，那么图 11-23 和图 11-24 可转化为图 11-25 和图 11-26。

从计算结果可以看出，如果填料顶部无干区，热水集中造成的配水不均匀度达到 0.1 时，出塔水温升高 $0.1℃$，冷却数降低约 1.2%；配水不均匀度不宜大于 0.2，因为此时出塔水温升高达到了 $0.3℃$，冷却数降低约 5%；若存在较小的区域配不到水，如 5%，当不均匀度为 0.1 时，出塔水温升高 $0.6℃$，冷却数降低约 10%；热水集中比起出现干区对冷却效果影响小，但也值得注意。上面计算中假定了水流在填料内不运动，实际上热水在填料中的横向扩散是存在的，不同的填料对热水的扩散能力不同，由第七章第二节介绍的填料的散水角决定，由于填料的散水性，填料顶面的不均匀度值可放宽至 0.3。

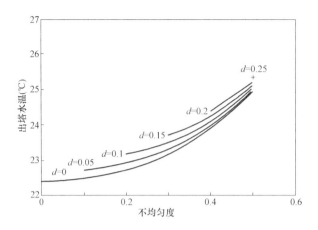

图 11-23　不均匀度对出塔水温的影响

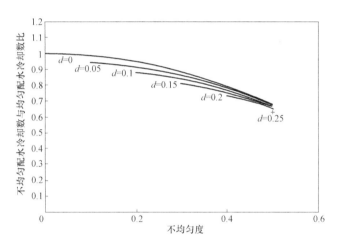

图 11-24　不均匀度对冷却数的影响

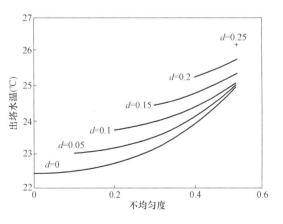

图 11-25　不均匀度对出塔水温的影响

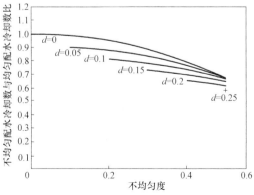

图 11-26　不均匀度对冷却数的影响

配水不均匀度对冷却塔热力特性的影响可近似按下式估算：

$$\frac{N}{N_0}=1-1.31\sigma_A^2-(0.93-1.53\sigma_A)(d_s+2d_d) \tag{11-29}$$

式中　N_0——理想均匀配水时的冷却数；

　　　　N——不均匀度 σ_A 时的冷却数；

　　　　d_s——集中热水量与总水量比；

　　　　d_d——干区面积与总面积比。

配水的不均匀度与喷头的形式、压力和布置有关，喷头的喷溅范围、水量的分布可通过室内模拟试验测得。冷却塔采用时常布置为等间距或等三角形的形式，可以假定喷头间水流相互不干扰，计算出填料顶面的各个小正方形面积的淋水量，正方形的尺寸与填料的散水角有关，边长宜取为：

$$b=\frac{1}{2}\tan\left(\frac{\theta}{2}\right)h_f \tag{11-30}$$

式中　h_f——淋水填料高度，m；

　　　　θ——填料的散水角，（°）

当散水角为零时，边长取 5cm。

如图 11-27 所示，计算时将计算区域内各周边相关喷头的水量都计入，最终以式（11-26）计算出不均匀度，再根据统计结果计算 d_s 和 d_d，热水集中的判别可以淋水密度大于平均淋水密度的 10 倍为界。当有了各小正方形的水量后，可按例 11-6 的方法计算冷却数的降低或出塔水温的升高，也可采用式（11-29）对冷却数降低进行估算。

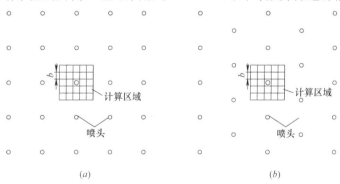

图 11-27　不同布置方式的不均匀度计算方格划分

(a) 等间距正方形布置；(b) 等间距三角形布置

第五节　横流式冷却塔配水设计与计算

横流式冷却塔的配水有管式配水和池式配水两种方式。管式配水是循环水进入冷却塔后，将热水分配给填料顶部的环形干管，干管上设置阀门可控制横流塔的某区域配水，干管与配水管连接，配水管上安装喷头将水洒在填料顶面。配水管与填料之间设置隔板，以防止空气出现短路现象，隔板留孔使配水管上的喷头可伸下隔板，将热水喷洒在填料顶面。横流塔的喷头与填料之间距离应尽量减小，特别是采用薄膜式填料时，可在填料顶部安装一层 250mm 斜交错填料，促使热水在填料顶面均匀分布。

池式配水还可分为两种：一种是循环水送达冷却塔后，由配水干管将水送至不同区域的配水池中，每个区域的热水设置阀门可控制配水量也方便检修，干管的热水在进入配水池前要进行消能处理，使干管的热水在水池分布均匀，配水池底部安装喷头或底部设置成多孔板，如图 11-28 所示；另一种池式配水方式是循环水送达冷却塔后，分配至不同高度层的水池，一级水池通过一部分由池底喷头或多孔板将水喷洒在填料顶面，多余的水从池口流入下一级配水池，如图 11-29 所示。

图 11-28　池式配水方式 1

图 11-29　池式配水方式 2

管式配水的计算方法与逆流式冷却塔相同，可采用式（11-1）～式（11-15），干管的起始管流速控制不大于 1.5m/s，配水管径喷头间距要根据所选择喷头的水力特性通过计算优化确定，一是配水要均匀，二是喷头与填料顶间距尽量小。

池式配水干管的水力计算方法与逆流式冷却塔相同，进行干管的直径选择时要控制起始管流速不大于 1.5m/s。池水深与所选择的喷头形式或多孔板的孔径有关，可按下式计算：

$$n = \frac{Q}{a\mu\sqrt{2gh}} \tag{11-31}$$

式中　n——喷头的数量或多孔板的孔数量，个；

　　　Q——某配水区域的水流量，m^3/s；

　　　a——喷头的出口面积，m^2；

　　　μ——喷头的流量系数，由室内试验测得，若是多孔板，流量系数取 0.67；

　　　g——重力加速度，m/s^2；

　　　h——水池的水深，当水流量为设计流量的 80% 时，水深不宜小于喷头口径或多孔板孔径的 6 倍，当水流量为设计流量的 110% 时，水池水深应保证不出现溢流，m。

多孔板设计时，孔口径不宜小于 10mm，孔口过小容易堵塞，影响配水，同时造成溢流。孔间距不宜大于孔径的 5 倍，间距过大将造成填料顶面水不能喷洒溅散，影响塔的冷却效果。

第六节　配水的防冻设计与核电无阀门系统冷却塔配水设计

一、冷却塔的防冻

在寒冷的冬季，冷却塔会出现结冰现象，对冷却塔的运行安全构成威胁。在运行时除采用挡风板、自动挡风帘外，冷却塔的配水宜做出特别设计。

1. 进风口顶设置化冰环管

进风口上缘设置向塔内喷射热水的防冻环形喷水管，喷射热水的总量可取为冬季进塔总水量的 20%～40%，在自然通风逆流式冷却塔的进风口上缘内壁设挡水檐，檐宽采用0.3～0.4m，它一方面将阻止冷空气沿塔壁淋水强度弱的区域向上运动，形成结冰，另一方面将塔周边的水由檐导下，不易结冰。这些是我国北方地区冷却塔均采用的措施。化冰管可以将填料下部结的冰柱块切断，保证淋水填料的安全。采取这一措施可以在进风口内形成一道热水幕，增大进风阻力，减少进入冷却塔的空气量，提高进塔冷空气的温度，并可以使进风口上缘的结冰受热水冲融，不致造成大量结冰。设计时要注意控制化冰管的水流量和喷水口尺寸不要过小，否则，喷射水量较少（约为进塔水量的 10%～15%），喷水口尺寸较小，孔易被杂物堵塞，不能形成较强的热水流，非但不能防冰，反而加剧了结冰。

2. 进风口设置金属网形成冰幕

在冷却塔的进风口设置金属网，如图 11-30 所示，金属网的网格尺寸为 250mm×100mm，垂向丝的直径为 5mm，水平丝的直径为 4mm，进风口高度为 11.2m，网的高度为进风口高度的 62%，若进风口高度高或金属网超过 7m 时需要对金属网的强度进行核算。进风口上沿处设置有结冰水管、化冰管以及金属网安装高度 1/2 处设置带有喷嘴的化冰管。进风口冷却塔正常运行时，金属网不对进塔空气流形成阻力，冬季寒冷结冰时，将结冰管阀门打开，金属网结冰形成冰幕，如图 11-31 所示，若水池水温偏高或冰幕过厚时，打开带喷嘴的化冰管化冰，如图 11-32 所示。冷却塔的水池水温还可以通过第九章第五节的方法进行计算，根据计算预报水温对冰网的高度做调整。设置金属网形成冰幕后冷却塔的运

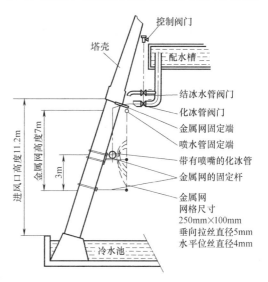

图 11-30　进风口设置金属网示意图

行水温，在冬季可使冷却塔集水池的水温达到 10℃以上。

3. 分区配水

分区配水也是我国北方地区冷却塔防冰设计与运行的措施之一，冷却塔的配水通常设置成内区和外区两个区，冬季运行循环水量偏小，冷却塔中仅有外区配水，此时外区的淋

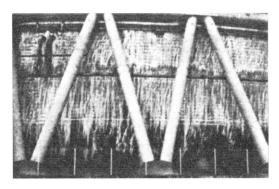

图 11-31 形成冰幕的冷却塔进风口

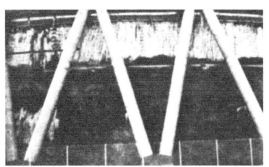

图 11-32 化冰后的冷却塔进风口

水密度较大（一般设计大于 $9t/(m^2 \cdot h)$），不容易结冰，也阻碍了空气进入塔内。但是仅靠外区配水的方式并不能做到冷却塔不结冰，还应辅以挡风板或帘或冰幕的方式来提高塔内温度防止结冰。国外也采用分区配水方式防止结冰，将配水分为内外两个区或多个配水区，冬季运行可仅让中心区配水，此时冷空气从外区流出塔外，参与填料区换热的空气少，所以，中心区的气温和水温都高也不易结冰，这种方式特别适合于高位收水的冷却塔，但设计分区时除配水分区外，填料区也应在配水分区的对应区域设置分隔板，以确保分区运行时不发生配水区的水流至不配水区中，形成结冰。

4. 旁路系统

在冷却塔的进水干管上设旁路水管，管上设置阀门可控制部分或全部循环水不进入塔的配水系统，而直接流入集水池，控制冷却塔水池的水温达到 $12\sim14℃$。这项措施在美国、英国、法国、比利时等国家的冷却塔内已普遍实施，并作为成熟的经验写入美国冷却塔协会的设计规范和英国冷却塔规范。

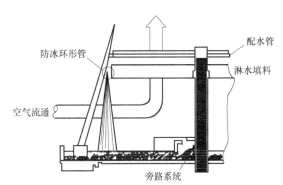

图 11-33 旁路系统与化冰管示意图

发电机组在冬季启动或停运的初期，循环水系统将在没有或只有少量热负荷的情况下运行，如果水喷淋到淋水填料上，将导致淋水填料大面积结冰。严重时造成淋水填料全部挂冰，有的大冰柱从填料底直达集水池水面，可造成淋水填料的损坏和支承结构也受到不同程度的破坏。近年东北地区的一些电厂的自然通风冷却塔均设有旁路水管。运行实践表明，在冬季循环水冷态运行中开启旁路水管对于防止淋水填料结冰是有效的。

二、核电站无阀门系统冷却塔配水设计

在核电设计中为了减少核电各系统出现故障，冷却水系统常设计成无冷门系统。比如一台机组配制两台循环水泵，每个水泵对应一个凝汽器，当低负荷时或其他原因只需一台泵运行时，要保证一泵正常运行，冷却塔的设计也应与之相匹配。冷却塔的每一台泵对应一个竖井才能使这种运行方式正常，每泵对应的竖井之间的水流不能掺混。这样冷却塔的配水可采用分区方式，即一个竖井控制一部分冷却塔的淋水面积，这种方式可行，但会造成冷却塔的效率下降，影响发电量。所以，对应这种冷却水系统，冷却塔的配水应能保证在一台循环水泵运行时做到全塔配水。

图 11-34 为无阀门核电冷却塔的配水管布置示意图，核电冷却塔为两泵系统，配水管每间隔一个配水管为一台水泵的配水管，当一台水泵运行时，冷却塔配水管为隔一个管有水，喷洒至填料顶面，整个冷却塔都能配到水。两台水泵都运行时每一个配水管都配水，全塔均匀配水。

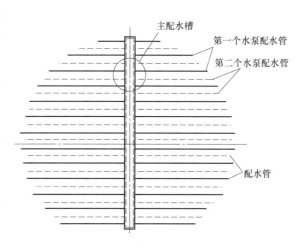

图 11-34 无阀门核电冷却塔配水管设计

冷却塔的进水沟及竖井与各自的水泵管路相连接，如图 11-35 所示。

配水管的连接方式如图 11-36 所示，需要每隔一根配水管将配水管延长至另一台水泵的主配水槽中。

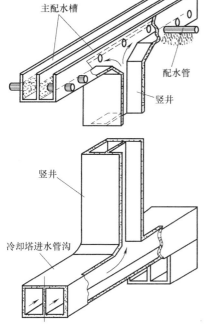

图 11-35 无阀门核电冷却塔
的竖井与主配水槽

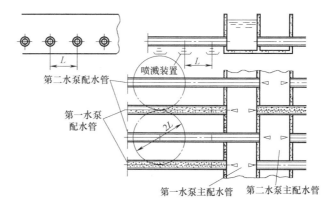

图 11-36 无阀门核电冷却塔主配水槽与
配水管连接示意图

第十二章 自然通风冷却塔的塔型优化

第一节 自然通风冷却塔塔型设计原理

一、影响塔型的因素

自然通风冷却塔的塔型主要包括冷却塔的壳体形线、高度与直径的比例关系、进风口高度、出口直径、喉部直径以及材料结构形式等，冷却塔的主要尺寸取决于冷却工艺要求，冷却塔的横断面的几何尺寸取决于冷却塔的荷载受力，冷却塔的材料与结构则与冷却塔的施工工艺有关。一个好的塔型设计要考虑到各因素之间的相互影响，如表 12-1 所示。

冷却塔塔型与各相关因素关系　　　　　　　　　　　　　表 12-1

塔型变化内容	影响程度			
	工艺性能	力学性能	稳定性	振动特性
细长比	很大	大	大	大
子午线形状	很小	很大	大	很小
边缘构造	大	很小	大	很大

冷却塔的细长比也就是高径比对冷却塔的冷却效率影响很大，它与以下因素有关：
(1) 投资。投资与冷却塔壳体的表面积成正比；
(2) 美学效果。随高径比的增大美学效果增加；
(3) 换热所需要的淋水面积。
冷却塔的面积和高径比最终是一个经济问题，可通过冷端优化来确定。
冷却塔的形状对工艺效率的影响主要是影响塔内气流流动和气流阻力，主要包括：
(1) 塔内气流的不规则性；
(2) 气流阻力；
(3) 进出口阻力。

二、塔的进出口阻力与形状

1. 塔的进风口阻力

冷却塔的进风口阻力与以下因素有关:

(1) 进风口的边缘形状;

(2) 进风口的相对高度,即进风口面积与塔壳底面积比;

(3) 进风口周边的建筑物影响;

(4) 壳体支柱以及防冻设施对气流的扰动。

进风口的边缘形状可以通过进风口区域设置各种导风设施来减小气流阻力,如图 12-1 所示,进风口高度太小会造成塔内气流分布的严重不均匀,影响效率。一般进风口高度变化范围按进风口面积与壳底面积比不小于 0.3 来确定,进风口相对高度增大进风口阻力减小,塔内通风量增大,塔的冷却能力增大,但与此同时循环水泵的静扬程增大,运行费用亦增大。所以,进风口的相对高度在一定的范围内变成了经济问题,可通过冷端优化的方法确定。20 世纪 60 年代斯帕尔丁(Spalding)、别尔曼(Berman)等人通过试验认为图 12-1 的各种导风设施可减小进风口的阻力达 50%,这些导风装置可与防冻或防风装置结合,使一个设施得到多种用途。

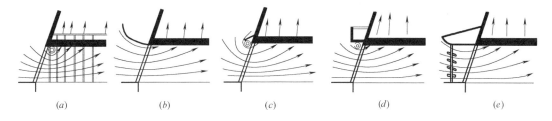

图 12-1　冷却塔进风口导流设施方案

(a) 尖的进风口上线;(b) 弧形导风装置;(c) 导风板;(d) 矩形导风装置;(e) 固定和旋转式导风板

冷却塔进风口周边布置建筑物时,要考虑对进风口的气流影响,必要时通过模型试验或数值模拟计算确定影响程度,根据影响程度确定是否要增大淋水面来弥补。

2. 塔的出口阻力

冷却塔的出口阻力与塔的出口直径有关,出口阻力系数可表示为:

$$\xi_{\mathrm{c}} = \left(\frac{D_{\mathrm{f}}}{D_{\mathrm{c}}}\right)^4 \qquad (12\text{-}1)$$

式中　D_{f}——填料顶面塔筒内径,m;

　　　D_{c}——冷却塔出口直径,m。

式(12-1)表明冷却塔的出口大小对阻力有一定程度的影响,出口直径越大出口阻力越小,但是随出口直径的增大,喉部后的气流扩散也会产生阻力,阻力可按图 12-2 曲线进行计算。当塔

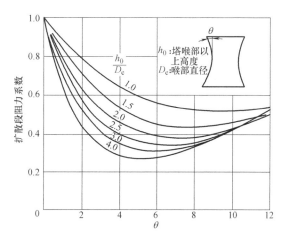

图 12-2　冷却塔喉部以上扩散段阻力系数

出口直径增大至一定程度后，塔出口气流及塔内气流将出现不稳定现象，塔外的冷空气从塔的出口会进入塔内，称为冷空气倒流。此时冷却塔的出口阻力将不能采用式（12-1）计算，所以，冷却塔出口直径的优化确定不仅要考虑出口阻力还须考虑塔内及出口的气流形态。

三、塔筒壁阻力

冷却塔塔筒在热空气满流的条件下，塔筒的阻力仅是沿程摩擦阻力，其值很小，仅占塔阻力的 $0.1\% \sim 0.2\%$，可忽略不计。但是出现塔内气流不稳定后塔筒的阻力将不再仅是摩擦阻力，所以，塔型尺寸对于保证塔内气流稳定是十分重要的。

第二节　大型自然通风冷却塔塔型曲线推导

冷却塔填料以上的气流可近似为密度均匀的湿热空气，如图 12-3 所示，气流流动符合伯努利方程，即：

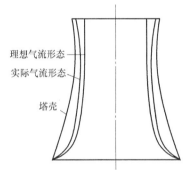

图 12-3　冷却塔内不同气流流态示意图

$$z + \frac{p}{\gamma} + \frac{v^2}{2g} = c \tag{12-2}$$

式中　p——压力，Pa；

z——高度，m；

v——气流流速，m/s；

c——代表了气流的压能、势能和动能的总和，当气流为理想流时 c 为常数，实际流动，应考虑能量损失；

γ——湿热空气重力密度，N/m^3。

式（12-2）可变化为：

$$\frac{\mathrm{d}p}{\mathrm{d}z} = -\rho v \frac{\mathrm{d}v}{\mathrm{d}z} - \rho g \tag{12-3}$$

大气压力沿高度变化可表示为：

$$\frac{\mathrm{d}p}{\mathrm{d}z} = -\rho_0 g \tag{12-4}$$

式中　ρ_0——塔外空气密度，kg/m^3；

ρ——塔内空气密度，kg/m^3；

g——重力加速度，m/s^2。

冷却塔稳定运行时，塔内的气流流量为常数，即：

$$v\pi D^2 \frac{1}{4} = c_1 \text{ 或} \frac{\mathrm{d}v}{v} = -2\frac{\mathrm{d}D}{D} \tag{12-5}$$

式中　D——冷却塔的 z 高度的直径，m。

合并式（12-3）、式（12-4）和式（12-5）有：

$$\frac{\mathrm{d}D}{\mathrm{d}z} = -\frac{\Delta\rho g D}{2\rho v^2} \tag{12-6}$$

式（12-6）即为理想气体的塔内运动方程，右侧可表示为阿基米德数的函数，阿基米德数为 $A_r = \frac{\Delta\rho g D}{\rho v^2}$。

式（12-6）为理想气体的塔内运动方程，沿高度升高气流流速增加，面积将逐渐变小，如图 12-3 所示。

实际塔内的气流由于黏性作用，沿高度运动时将有能量损耗，气流的动能变小，沿高程气流的断面面积比理想气流大，气流动能的减小正好弥补气流沿高度运动能量的损失。

按喷嘴出流理论，流体压力损失可由动能减小来补偿，可最大限度降低能量损耗，即不产生分离和旋涡，按此可以推导出能量损耗的变化方程，即：

$$\frac{\mathrm{d}E}{\mathrm{d}z} = -\frac{-8\varepsilon}{D}\frac{\rho v^2}{2} \tag{12-7}$$

式中 E——某断面的能量；

  ε——湍流掺混系数，也是流体沿程的扩散率，即气流扩散角的正切值，ε 可通过试验求得。

通过试验还可确定，当 ε 不大于某值 ε_0 时，流体不会产生分离。莫尔（Moore）给出了 $\varepsilon_0=0.1$；莫顿（Morton）给出了 $\varepsilon_0=0.12$。我国设计规范规定塔筒出口扩散角为 $6°\sim8°$，相当于 $\varepsilon_0=0.1\sim0.14$。

塔内湿热空气的流动应该考虑气流的沿程能量损失，合并式（12-3）、式（12-7）与式（12-4）有：

$$\frac{\mathrm{d}p}{\mathrm{d}z} = -\rho v\frac{\mathrm{d}v}{\mathrm{d}z} - \rho g - \frac{4\varepsilon_0}{D}\rho v^2 = -\rho_0 g \tag{12-8}$$

将式（12-5）代入式（12-8）有：

$$\frac{\mathrm{d}D}{\mathrm{d}z} = \frac{-\Delta\rho g D^5}{2\rho C^2} + 2\varepsilon_0 \tag{12-9}$$

其中 C 为常量，$C=VD^2$。

对式（12-6）积分考虑实际流体的能量损失引起的断面流速减小，则：

$$D = D_0\sqrt[4]{\frac{1}{1+\frac{2\Delta\rho g h}{\rho V_0^2}}} + 2\varepsilon_0 h \tag{12-10}$$

式中 D_0——塔壳底部填料断面直径，m；

  V_0——填料断面平均流速，m/s；

  h——填料断面以上塔的高度，m。

式（12-10）还可写为：

$$\frac{D}{D_0} = \sqrt[4]{\frac{1}{1+\frac{2\Delta\rho g h}{\rho V_0^2}}} + \frac{2\varepsilon_0 h}{D_0} \tag{12-11}$$

式（12-11）即为塔型的基本比例关系。

当 $\frac{D}{D_0} \leqslant \sqrt[4]{\frac{1}{1+\frac{2\Delta\rho g h}{\rho V_0^2}}} + \frac{2\varepsilon_0 h}{D_0}$ 时，塔内气流是稳定流动，反之将出现分离，造成塔内气流能量过多地损失，影响塔内的气流流动和通风量。由式（12-11）可以看出，随塔高度增加，式（12-11）右侧第一项变小，第二项变大，当塔高增加到一定的高度后，第二项能量耗散与第一项的和大于1，塔的直径由小变大，这就是塔体为什么要设计成双曲线型的原因。式（12-10）与式（12-11）是假定了塔内气流均匀分布的理论推导结果，塔内实际气流并不均匀，因此，塔的曲线不能完全按式（12-10）和式（12-11）来确定。但是，它所反映的塔内气流的流动趋势是正确的。

第三节　自然通风冷却塔塔内气流流态和塔型优化

一、冷却塔型线与塔内气流流态

冷却塔风筒的型线对气流乃至冷却效果都有影响，要使冷却塔达到最佳冷却效果，应使塔筒横断面上均匀分布的气流不受扰动。主要的扰动是塔出口气流流态设计不当时会出现塔出口冷空气倒流至塔内的现象。如图 12-4 所示，塔出口流态设计不当时，在外界自然风等扰动下塔的出口满流出流变化为部分出流，这时一小部分冷空气从出口进入塔内，造成冷却塔出口阻力增大；再发展冷空气从塔出口倒流至更深的塔内，并在塔筒内形成涡流，此时塔筒的阻力将不仅是摩擦阻力，塔内冷空气与热空气相互掺混被热空气带出塔外，再达到出口全断面出流，塔内的气流会形成循环倒流排出再倒流现象。

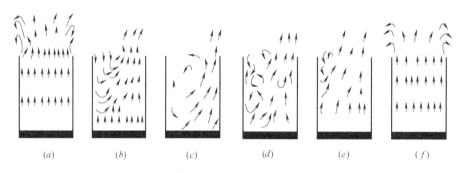

(a)　　(b)　　(c)　　(d)　　(e)　　(f)

图 12-4　塔出口冷空气倒流至塔内的现象

二、出口气流流态试验结果

冷却塔出口的气流流态可分为 3 种，即扩散型出流、垂直型出流（临界状态）和收缩型出流。如图 12-5 所示。

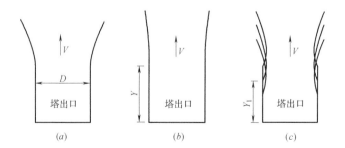

(a)　　　　　　(b)　　　　　　(c)

图 12-5　冷却塔出口流态示意图

(a) 扩散型出流；(b) 垂直型出流；(c) 收缩型出流

冷却塔出口的 3 种流态中第一种为扩散型出流，冷却塔出口前塔内的压力大于外界压力，出口的能量损失有两部分，一是出口动能，二是压能；第二种是垂直型出流，出口前塔内压力等于外界压力，出口损失为出口的动能，它处于临界状态，不稳定；第三种是收缩型出流，出流前的塔内压力低于外界压力，在出口形成附加抽力，是一种理想的出口流动状态，但设计不当时出现气流在塔出口前与塔壁分离状态，当出现分离后，将使一段塔壳失去作用造成有效高度降低出口阻力加大。

关于冷空气倒流现象，1980 年在洛杉矶召开的第二届国际冷却塔会议上进行了专门讨论，得出结论：为避免冷空气倒流现象，冷却塔出口密度佛氏数应控制在 0.5～0.7。之后莫尔又进行模型试验，他在资料分析时定义了一个无量纲数，如式（12-12）所示。

$$\phi \equiv \varepsilon F_\Delta^2 = \frac{\varepsilon V_e^2}{\dfrac{\Delta \rho}{\rho} g D_e} \tag{12-12}$$

式中　V_e——冷却塔出口气流速度，m/s；

　　　D_e——塔出口直径，m；

　　　$\Delta \rho$——塔内外空气密度差，kg/m³；

　　　ρ——塔内气流密度，kg/m³；

　　　ε——湍流掺混系数，一般为 0.1；

　　　F_Δ——出口密度佛氏数。

ϕ 大于等于 1/8 时为强的羽流，即扩散型出流流态；小于 1/8 时为羽流，即收缩型出

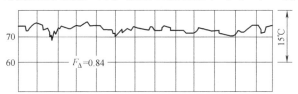

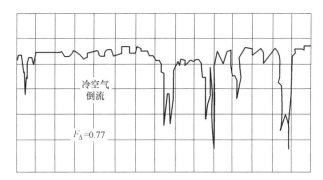

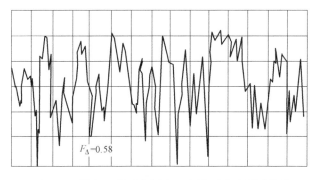

图 12-6　塔出口附近内周边温度模型试验测量结果

流流态。如图 12-5 所示，当 ϕ 变小时，气流与塔壁的分离点就会向下延伸，由于气流与塔壁分离，冷空气倒流，一部分塔壳将失去作用，有效高度降低。

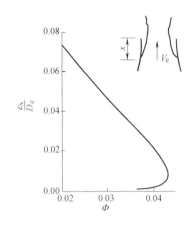

图 12-7　冷空气进入冷却塔
出口深度的试验结果

莫尔的模型试验结果如图 12-6 所示，图中给出了冷却塔出口边壁附近测量的温度结果，当出口密度佛氏数小于 0.77 时，冷空气进入。测量结果还显示，出口密度佛氏数小于 0.58 时，冷空气进入塔内 1/3 的出口直径。试验给出了不同的 ϕ 时的冷空气倒流深度的试验结果关系，如图 12-7 所示。建议 ϕ 大于 0.043，即扩散系数取 0.1 时出口密度佛氏数应大于 0.66，才不会出现冷空气倒流现象，塔的抽力才是安全的。考虑各种情况后，莫尔认为出口密度佛氏数大于 0.6 可以保证抽力不受冷空气倒流的影响，该值为巴兹（Bartz）建议值的中间值。

冷却塔出口流态受横向自然风影响较大，提高冷却塔出口气流速度，可降低自然风对冷却塔的运行影响，同时塔出口气流速度提高会造成出口损失增大，因此，对于多风地区可适当加大出口的密度佛氏数，以减缓自然风对冷却塔出口气流的影响。

里斯特（Richter）于 20 世纪 60 年代也曾经通过试验分析了塔型与冷空气倒流现象，他认为塔内是否会出现冷空气倒流现象可通过阿基米德数 Ar 来判断。

当 $Ar<3$ 时，无冷空气倒流；

当 $3<Ar\leqslant6$ 时，有部分冷空气倒流；

当 $Ar>7$ 时，冷空气倒流可至淋水填料层。

为避免冷空气倒流，冷却塔的出口尺寸一定要得到控制，他认为出口直径与淋水填料顶面直径比的临界值为：

$$\left(\frac{D_e}{D_f}\right)_{临界}=1.5\sqrt[5]{\frac{H_e}{\xi D_f}} \tag{12-13}$$

式中　H_e——冷却塔的有效抽风高度，m；

　　　D_e——塔出口直径，m；

　　　D_f——淋水填料顶面直径，m；

　　　ξ——冷却塔的总阻力系数。

图 12-8 给出了不同的阿基米德数对应的塔型，阿基米德数越大意味着塔出口流速越小，出口气流动量低很易受到塔出口微小的自然风影响而发生不稳定流动，塔的形状呈矮胖型；相反阿基米德数越小，塔呈瘦高型，也不易发生冷空气倒流现象。

三、进风口区域模型试验结果

冷却塔进风口高度一般按进风口面积与淋水面积比值约 0.4 进行设计，对于大型机组配套的冷却塔，如 1000MW 机组配套的冷却塔进风口每提高 1m，将增加循环水泵运行电耗约 330kW；反之，如果能将冷却塔进风口高度降低 1m，可节约厂用电 330kW。

进风口高度优化是冷却塔中较难也是最重要的一部分，原因是整个冷却塔的阻力在进

风口区域占了绝大部分，不仅影响
整塔阻力，还影响塔内风速分布，
一般单靠计算无法确定，因此，对
大型冷却塔的进风口区域阻力进行
了模型试验，如水科院针对国内目
前最大淋水面积的（13000m²）冷
却塔，进行了 3 种不同高度（即
10m、12m 和 14m）、不同填料阻力
系数 $\xi_f = 8 \sim 25$ 的组合试验，试验
给出了不同进风口高度、不同填料
阻力的填料断面风速分布的均方差
及塔的总阻力系数变化。结果如图
12-9～图 12-11 所示。

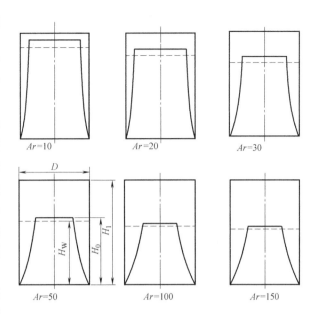

图 12-8 不同阿基米德数的对应塔型

从图 12-9 可以看出，进风口高
度由 12m（进风口面积与淋水面积
比为 0.37）变为 10m（进风口面积
与淋水面积比为 0.31），塔的阻力系数增大幅度较大，由 12m 加大至 14m，阻力系数减小

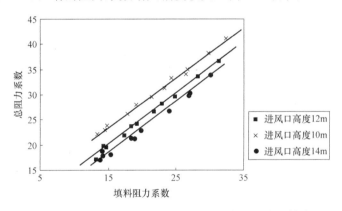

图 12-9 不同进风口高度、填料阻力系数与总阻力系数关系

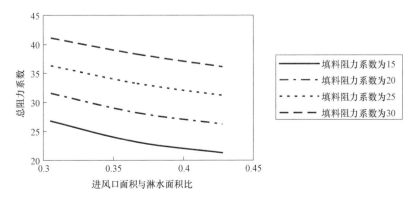

图 12-10 不同进风口面积与淋水面积比与总阻力系数关系

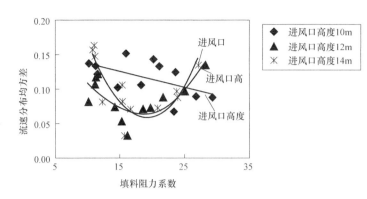

图 12-11   不同填料阻力系数情况下的填料断面流速均匀性

的幅度不大；从填料断面的风速分布看，对于常用填料，进风口高度 12m（进风口面积与淋水面积比为 0.37）与 14m（进风口面积与淋水面积比为 0.41），填料断面的风速分布稍均匀。结合图 12-10 综合来看，冷却塔的进风口面积与淋水面积比可取 0.37。

四、冷却塔塔型优化

从影响冷却塔塔型的因素看，冷却塔的塔型优化涉及工艺、结构和美学，但主要是前二者。所以，冷却塔塔型的优化是工艺专业先对影响冷却塔工艺性能的关键尺寸进行优化，给出严格控制的参数，同时也要给结构专业进一步优化提供边界条件。

冷却塔的工艺对塔型的要求是：塔型要保证塔内气流分布均匀，无分离现象；冷却塔的阻力小；塔的出口流态不出现冷空气倒流现象。而与之相关的塔型参数有进风口相对高度、塔高度、出口直径以及喉部上的扩散筒。

冷却塔的进风口相对高度和塔高度通过综合投资、冷却塔效率和循环水泵运行费的年费用作为目标函数进行优化，以年费用最低者为佳，优化时进风口设计变化范围可取进风口面积与壳底面积比为 0.3～0.45 之间，塔的高度满足高径比在设计规范规定的范围之内。

在塔高度和进风口高度确定的基础上，进行塔的出口直径优化。冷却塔在实际工程设计时，不同的气象条件、热负荷、淋水面积，相应的塔型是不同的。在式（12-11）和式（12-13）计算的基础上，应综合设计规范、出口密度佛氏数和阿基米德数的要求，确定冷却塔的出口直径。

工艺专业确定塔的淋水面积、高度、进风口高度和塔的出口直径等关键塔型尺寸，将这些尺寸提供给结构专业从塔的受力、壳体稳定和振动特性及工程量进行塔的喉部高度和直径的优化，喉部直径和高度优化时要满足塔筒扩散角不大于 8°。

第四节   塔型与热力特性的关系

为便于理解冷却塔塔型和热力特性之间的关系，采用第十章第二节介绍的二维数值模拟方法对不同塔型尺寸变化进行模拟计算。

自然通风冷却塔的塔型对冷却塔的热力特性的影响有两方面，一是塔型的不同引起塔内气流场的变化，特别是填料断面的空气流动的变化，进而影响冷却塔的热力特性和出塔水温；二是塔型不同引起塔内气流阻力（如进风口高度降低，出口冷空气倒流等都可引起阻力增大）或抽力变化进而影响冷却塔的热力特性和出塔水温。

一、自然通风冷却塔塔内流场特性

大型冷却塔特别是超大型冷却塔的底部直径达百米以上，即使填料断面的风速为0.5m/s，塔内的空气流动雷诺数也达10^6以上，为湍流状态。首先，通过数值模拟的手段了解在没有淋水填料条件下塔内的空气流场的情况。图 12-12 为不同填料断面平均风速时填料断面的无量纲风速分布，可以看出 3 条风速分布曲线完全吻合，说明在没有填料的情况下，塔内的流动是稳定和相似的。

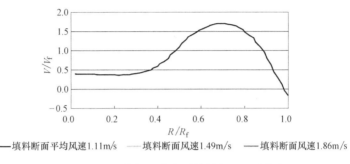

图 12-12　无填料无淋水时填料断面风速分布

其次了解增加填料后塔内的流场分布状态，图 12-13 为不同淋水填料条件下的填料断面无量纲风速分布，由图可以看出，填料断面的风速分布随填料阻力系数的增加而趋于均匀，这是由于，空气进入冷却塔后，由于填料的阻力使塔内填料断面下的空气流动的能量分布得到重新分配。

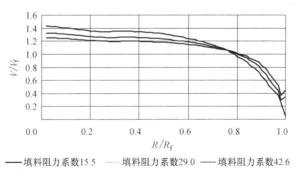

图 12-13　有填料无淋水时填料断面风速分布

上述两种情况都未考虑淋水的阻力，淋水后雨区的空气受雨滴的作用，塔内的流场也将发生变化。图 12-14 为不同淋水密度条件下塔内填料断面的无量纲风速分布，由图可见，随淋水密度增大，填料断面的风速分布逐渐变化，由无淋水的风速分布情况逐渐变化为有淋水时的靠近塔进风口风速大，塔中心风速小的分布。这说明，淋水对进入塔内的空气有较大的径向阻力，使空气的主流区域移向塔的外围，各种变化的平均风速点约在$0.7R$ 处。

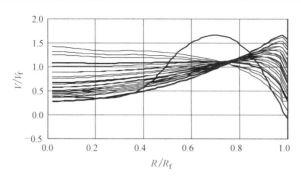

图 12-14　不同淋水密度与不同风速条件下填料断面风速分布的变化

在常规的淋水密度 6～15t/(h·m²) 范围内，当填料断面平均风速在 0.75～1.86m/s 范围时，填料断面的风速分布变化如图 12-15 所示，中心区最小的风速为平均风速的 0.3～0.6 倍，最大风速发生在靠近进风口处，变化范围为平均风速的 1.3～1.7 倍。

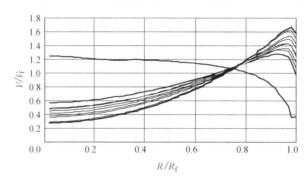

图 12-15　淋水密度 6～15t/(h·m²) 与填料断面平均风速 0.75～1.86m/s
时填料断面风速分布的变化

由以上的分析可知，塔内无填料等阻力时，塔内的流动有涡流存在，淋水填料的阻力使塔内的流场得到均化，淋水的阻力使填料断面的风速分布形成外高内低的分布，淋水密度越大、填料断面中心风速越小，雨区的阻力系数越大，这种内外的风速差也越大。

二、塔的喉部高度与直径对热力特性的影响

塔喉部高度与直径是冷却塔塔型的主要参数之一，喉部高度与直径的确定主要与冷却塔的运行状态及所处地区是否有自然风的影响有关。根据第三节的有关试验结果，冷却塔的喉部直径与高度的确定应该满足出口佛氏数不小于 0.6 以确保不发生冷空气倒流的现象。在保证了塔出口流态的条件下，喉部高度与直径对于冷却塔的热力特性影响：一是通过影响冷却塔的阻力通风量，进而影响冷却塔的出塔水温；二是通过对填料断面风速分布的影响来影响冷却塔的热力特性。

图 12-16 为不同的喉部直径与喉部高度对冷却塔出塔水温的影响。随喉部面积的增大，出塔水温降低，这主要是由于喉部的变化，按塔扩散角要求造成的出口阻力系数的变化引起的。图 12-17 为喉部高与总高比 0.8 时填料断面的风速分布。

总之冷却塔的喉部高度与直径在规范规定的范围内变化对于冷却塔的热力特性和填料断面风速分布影响不大，可忽略不计。

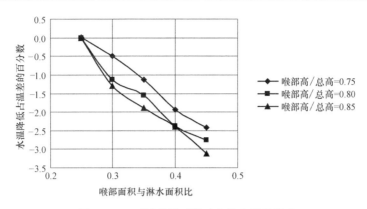

图 12-16　不同喉部面积对出塔水温的影响

由图 12-17 可看出，塔高度与零米直径比 1.3，喉部直径与总高比 0.8 时，不同喉部面积与淋水面积比，不同的填料断面风速条件下，填料断面的风速分布是没有什么变化的。

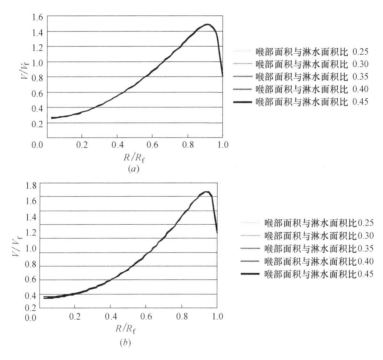

图 12-17　相同高度冷却塔不同的喉部面积淋水填料断面风速分布
（a）春秋季填料断面风速分布；（b）热季填料断面风速分布

三、塔的高度对热力特性的影响

塔高对热力特性的影响也可归为两方面，一是对通风量的影响；二是对填料断面风速分布的影响。随塔高增高，塔的有效高度增大，抽力增大通风量亦变大；风量增大，塔的总阻力系数与塔内空气流场的分布也有变化，从而影响塔的冷却效果。

图 12-18 为不同运行季节的出塔水温度降低和进出塔温差的百分数变化的关系，由图可看出，冷却塔的出塔水温的降低值占其对应的温差百分数与塔高是相关的，塔高与零米

299

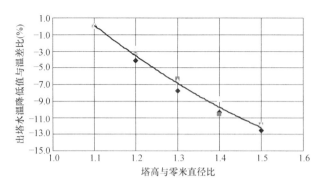

图 12-18 塔高与出塔水温降低的关系

直径比由 1.1 增大至 1.5，出塔水温降低值占冷却水温差的约 12%。

　　冷却塔水温降低反映冷却塔的热力特性变好，原因是冷却塔的抽力增加，通风量增加。由于塔内的通风量变化，塔内填料断面的流速分布也发生很小的变化，图 12-19 为不同季节、不同塔型填料断面流速分布，由图可看出，填料断面的风速分布变化较小，除春秋季的填料断面风速分布稍有变化外，其他气象条件下的塔内风速分布变化很小，说明塔高变化对填料断面的风速分布影响不大，可以认为塔高的变化主要是增加冷却塔的抽力，

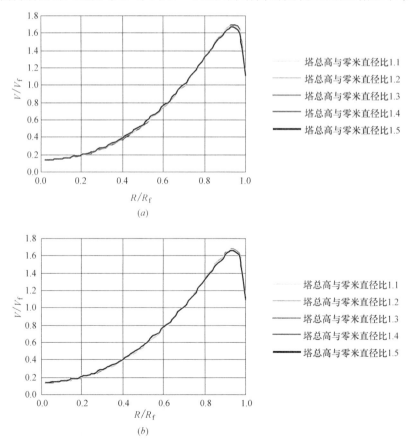

图 12-19　不同季节不同塔高填料断面风速分布（一）
（a）夏季 10% 不同塔高的填料断面风速分布；（b）热季不同塔高的填料断面风速分布

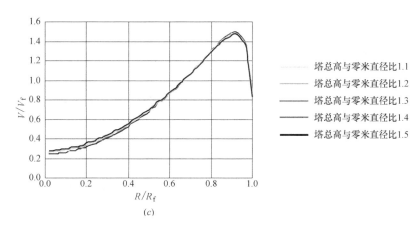

(c)

图 12-19　不同季节不同塔高填料断面风速分布（二）

(c) 春秋季不同塔高的填料断面风速分布

提高通风量来提高冷却塔的热力特性的，填料断面的风速变化较小可忽略不计。

四、进风口高度对热力阻力特性的影响

自然通风冷却塔的阻力主要集中在冷却塔的进风口区域，进风口高度是影响进风口区域气流阻力的主要塔型参数。进风口高度的合理取值，对冷却塔的气流阻力和塔内填料断面的风速分布都会产生影响，从而影响整个冷却塔的热力特性。

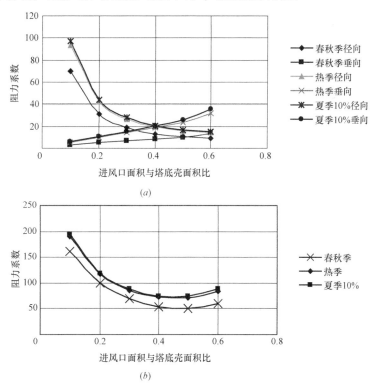

图 12-20　进风口高度对冷却塔阻力系数的影响

（a）雨区阻力系数；（b）总阻力系数

以邹县电厂四期工程 12000m² 冷却塔为例，保持其进风口区域以上的塔体尺寸不变，研究不同进风口高度对出塔水温与阻力系数的影响（进风口面积与塔底壳面积比从 0.1 变化到 0.6 观察冷却塔的阻力变化）。

将冷却塔的总阻力系数与进风口面积与塔底壳面积比的关系进行整理，如图 12-20 所示，由图可看出，随进风口高度的增大，冷却塔的总阻力系数减小，当进风口面积与塔底壳面积比接近 0.4 时，总阻力系数减小变缓，大于 0.4 后再增大。这是由于随冷却塔的进风口高度增大，雨区中的径向阻力减小，而垂向阻力增加，当径向减小值小于垂向增大值时，雨区的阻力系数开始变大，使冷却塔的总阻力系数增大，如图 12-20 所示。所以，单从工艺角度看，冷却塔的进风口高度并非越高越好，从阻力系数的变化趋势看，冷却塔的进风口面积与塔底壳面积比不宜大于 0.4（进风口高度与塔底壳直径比不宜大于 0.1）。由图 12-20 还可看出，运行季节不同进风口高度与阻力系数的关系变化稍有区别，所以，不同地区运行的冷却塔，进风口高度是有区别的。

进风口高度的变化必然引起填料断面的风速分布变化。图 12-21 为进风口面积与塔底

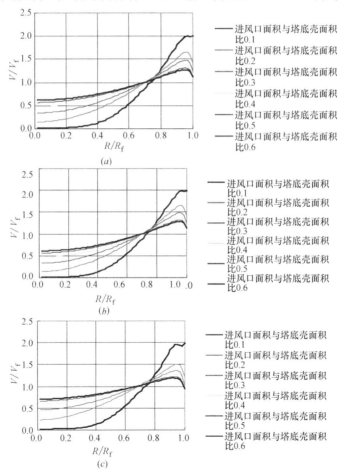

图 12-21　进风口高度对填料断面风速分布的影响
(a) 不同进风口高度热季工况填料断面风速分布；(b) 不同进风高度夏季 10％工况填料断面风速分布；
(c) 不同进风口高度春秋季工况填料断面风速分布

壳面积比为 0.1、0.2、0.3、0.4、0.5 时的填料断面风速分布，由图可看出，进风口面积与塔底壳面积比为 0.1 时，塔内的风速分布最不好，中心区基本没有风，无风范围可达淋水半径的 30%，当进风口面积与塔底壳面积比大于 0.4 时，填料断面风速分布改善减缓，小于 0.3 时不均匀程度加剧较大。从填料断面风速分布的角度看，进风口面积与塔底壳面积比宜为 0.3～0.4。

不同进风口高度的冷却塔出塔水温见图 12-22，从图可以看出，当进风口面积与塔底壳面积比大于 0.4 时，出塔水温基本不再下降，面积比在 0.3～0.4 之间有缓慢下降，小于 0.3 升高快。所以，冷却塔进风口的面积与塔底壳的面积比应控制在 0.3～0.4 之间。

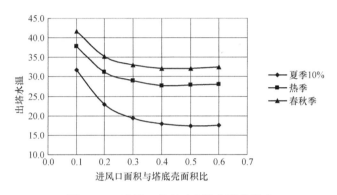

图 12-22　进风口高度对出塔水温的影响

五、淋水面积与填料高度关系

对双斜波和 S 波两种典型波型、1～2m 高度、淋水面积 18000～24000m² 的冷却塔不同气象条件进行出塔水温计算，结果如图 12-23 和图 12-24 所示。由图可以看出，出塔水温随淋水填料高度增加而降低，淋水面积越小，变化越明显，如填料为双斜波时，18000m² 冷却塔 2.0m 高填料比 1.0m 高填料出塔水温降低 12%，21000m²、24000m² 分别降低 8%、7%；1.5m 高填料比 1.0m 高填料出塔水温降低 7%，21000m²、24000m² 分别降低 5%、4%；其他填料规律相同。

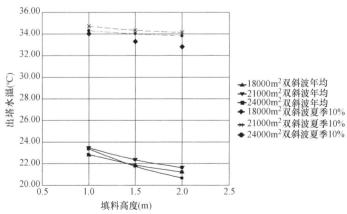

图 12-23　不同淋水面积冷却塔出塔水温随填料高度的变化（双斜波）

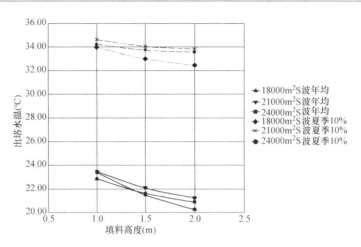

图 12-24 不同淋水面积冷却塔出塔水温随填料高度的变化（S 波）

第五节 冷却塔结构计算相关的流体力学问题

冷却塔的塔型不同受力特性便不同，所以，冷却塔的塔型确定要与力学分析相结合。自然通风冷却塔塔壳设计时，考虑的荷载包括结构自重、不同方向的风荷载、温度作用、不同方向的地震作用、地震、施工荷载和基础位移引起的荷载，其中与流体相关的荷载是风荷载。

一、冷却塔的风压

自然风在经过冷却塔时流速发生变化，引起冷却塔塔内外壁面和四周受到的空气压力大小不等，形成冷却塔的风荷载。总体上迎风面大于背风面，所有力的作用结果就是冷却塔对流体形成的阻力。流体力学中对圆柱绕流研究过很多，如图 12-25 所示，圆柱对流体形成的阻力可表示为：

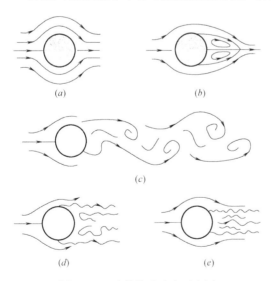

$$F = C_D A \frac{1}{2} \rho V^2 \qquad (12\text{-}14)$$

式中　F——阻力，N；

ρ——流体（空气）的密度，kg/m^3；

V——流体（空气）流速，m/s；

A——圆柱体的迎风面积，m^2；

C_D——圆柱绕流的阻力系数。

图 12-25　流体绕流流态示意图

圆柱受到的力与流体流动状态有关，即圆柱绕流的阻力系数与流体的流动状态有关，阻力系数的变化如图 12-26 所示。

当流体流动的雷诺数 $Re \leqslant 1$ 时，流场中的惯性力与黏性力相比居次要地位，称为低雷诺数流动或蠕动流，几乎无流动分离，流动图案上下游对称，如图 12-25（a）所示。阻力以摩擦阻力为主，且与速度的 1 次方成比例。

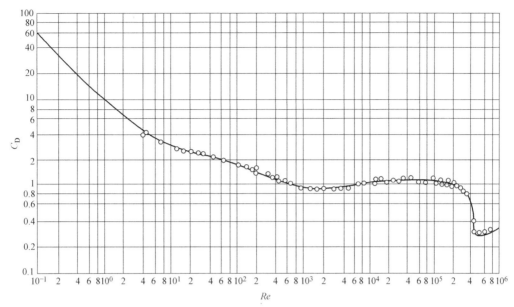

图 12-26　圆柱流阻力系数与雷诺数的关系

当 $1 < Re \leqslant 500$ 时，有流动分离。当 $Re = 10$ 时，圆柱后部有一对驻涡，如图 12-25 (b) 所示。当 $Re > 100$ 时从圆柱后部交替释放出旋涡，组成卡门涡街，如图 12-25 (c) 所示。阻力由摩擦阻力和压差阻力两部分组成，且大致与速度的 1.5 次方成比例。

当 $500 < Re \leqslant 2 \times 10^5$ 时，流动分离严重，大约从 $Re = 10^4$ 起，边界层甚至从圆柱的前部就开始分离，如图 12-25 (d) 所示，涡街破裂成为湍流，形成很宽的分离区。阻力以压差阻力为主，且与速度的 2 次方成比例，即阻力系数 C_D 几乎不随 Re 数变化。

当 $2 \times 10^5 < Re \leqslant 5 \times 10^5$ 时，层流边界层变为湍流边界层，分离点向后推移，阻力减小，C_D 变小，至 $Re = 5 \times 10^5$ 时，$C_D = 0.3$ 达最小值，此时的分离区最小，如图 12-25 (e) 所示。

当 $5 \times 10^5 < Re \leqslant 3 \times 10^6$ 时，分离点又向前移，C_D 增大。

当 $Re > 3 \times 10^6$ 时，C_D 与 Re 无关，称为自模区。

圆柱的表面压强分布如图 12-27 所示，无黏性流体绕流圆柱时的流线如图 12-27 中的 a 虚线所示。A、B 点为前后驻点，C、D 点为最小压强点。AC 段为顺压梯度区，CB 段为逆压梯度区。压强系数分布沿 AB 线和 CD 线均呈对称。实际流体绕流圆柱时，由于有后部发生流动分离，圆柱后表面上的压强分布与无黏性流动有很大差别。后部压强不能恢复到与前部相同的水平，大多保持负值。实验

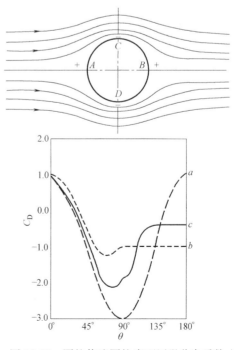

图 12-27　圆柱绕流圆柱表面压强分布系数

305

测得的圆柱表面压强系数，如图 12-27 中 b、c 线所示，两条线分别代表不同 Re 数时的数值。b 为边界层保持层流时发生分离的情况，分离点约在 $\theta = 80°$ 左右；c 为边界层转换为湍流后发生分离的情况，分离点约在 $\theta = 120°$ 左右。沿圆柱面积分的压强合力，即压差阻力，以 b 线最大，以 c 线最小。说明圆柱受到的力与流体绕圆柱流动的分离点有关，分离点越靠前受的力越大。

冷却塔为圆形横断面非柱体，自然风绕流现象要比圆柱绕流复杂得多，双曲线自然通风冷却塔沿高度方向塔的横断面是变化的，自然风本身沿高度方向也是变化的，自然风沿高度方向的变化可由下式计算：

$$V_z = V_{10} \left(\frac{z}{10} \right)^{\alpha} \tag{12-15}$$

式中 V_z——地面高度为 z 的自然风速，m/s；

  V_{10}——地面高度为 10m 的自然风速，m/s；

  z——地面高度，m；

  α——由地面粗糙度决定的系数，平地、草原取 0.12，森林取 0.28，一般城市建筑取 0.35，周围有高大建筑取 0.5。我国规范将粗糙度系数分为 A、B、C、D 四类，A 类指近海面、沙漠平坦区域，取值 0.12；B 类指田野、乡村、丘陵和近城市郊区，取值 0.16；C 类指拥有密集建筑群的城市市区，取值 0.22；D 类指有密集建筑群且有高大建筑的大城市，取值 0.3。

自然风绕过冷却塔，塔的表面各点所受到的风压力是不同的，可表示为：

$$p_z(\theta, z) = C(\theta, Z) q_{\infty}(z) - p_z \tag{12-16}$$

式中 $p_z(\theta, z)$——冷却塔在高度 z，角度 θ 的壁面风压力，Pa；

  $q_{\infty}(z)$——自然风在高度 z 的动压头，值为 $\frac{1}{2} \rho V_z^2$，Pa

  p_z——自然风在高度 z 的静压力，Pa；

  $C(\theta, z)$——风压分布系数。

在冷却塔的结构计算中将冷却塔风压分布系数沿高度取平均值，以高度 10m 的自然风动压为基本风压，对高度方向进行修正，那么，冷却塔所受到的风荷载变化为：

$$w(\theta, z) = C_p(\theta) \mu_z w_0 \tag{12-17}$$

式中 $w(\theta, z)$——塔表面的风荷载，Pa；

  $C_p(\theta)$——平均风压分布系数；

  w_0——基本风压，地面 10m 高度的自然风动压，Pa；

  μ_z——风压高度变化系数。

式（12-17）并没有考虑自然风的脉动引起的压力变化，流体处于湍流时，风速可表示为时均风速和脉动风速，即：

$$V(t) = V + V'(t) \tag{12-18}$$

式中 $V(t)$——瞬时风速，随时是变化的，m/s；

  V——时均风速，m/s；

  $V'(t)$——脉动风速，m/s。

由此可计算出瞬时风压为：

$$P(t)=\frac{1}{2}\rho[V+V'(t)]^2=\frac{1}{2}\rho V^2+\frac{1}{2}\rho[2VV'(t)+V'(t)^2]$$
$$=P+P'(t) \tag{12-19}$$

式中 P——时均风压，值为 $\frac{1}{2}\rho V^2$，Pa；

$P'(t)$——脉动风压，值为 $\frac{1}{2}\rho[2VV'(t)+V'(t)^2]$，Pa。

为了计算方便将脉动风压以风振系数的方式等效为时均风压，即：

$$\beta=1+\frac{P'(t)}{P} \tag{12-20}$$

式中 β——风振系数，其值与空气的湍动有关。

冷却塔的风荷载式（12-17）变化为：

$$w(\theta,z)=\beta C_p(\theta)\mu_z w_0 \tag{12-21}$$

由式（12-21）可看出，只要能够得到冷却塔的平均压力分布系数和风振系数便可进行冷却塔的风荷载计算了。风压分布系数获得的方法有 3 种，风洞模型试验、原型观测及数值模拟的方法。

图 12-28 为德国 20 世纪 50～60 年代测得的风压分布曲线，其中曲线 3 是西德工业标准 1055 中的曲线，曲线 4 和曲线 5 分别为舒仁测出的表面粗糙和光滑的风压分布，比较曲线 4 和曲线 5 可看出，表面粗糙的风压比表面光滑的低。这就是有些自然通风冷却塔表面加肋的原因，如图 12-29 所示。

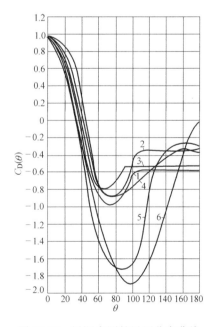

图 12-28 风洞实测的风压分布曲线

图 12-29 表面加肋增加粗糙度的冷却塔

我国于 1983 年对茂名 3500m² 自然塔进行了实测，获得了茂名 3500m² 冷却塔的风压分布和阵风响应，后又进行了模型试验，获得了冷却塔的风压分布曲线，如图 12-30 所示。

图 12-30 中有 3 条曲线，"修正"曲线就是茂名冷却塔的实测结果再考虑误差和安全

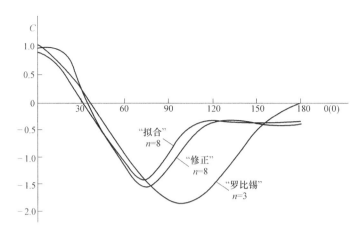

图 12-30　我国冷却塔设计采用的风压分布曲线

修正后的曲线，"拟合"曲线是模型试验和茂名实测结果拟合而成的曲线，"罗比锡"曲线为中国、苏联和民主德国 1973 年前使用的风压分布曲线。我国目前规范采用"拟合"曲线。通常将风压分布曲线用一个多项式表示：

$$C_p(\theta) = \sum_{k=0}^{m} \alpha_k \cos(k\theta) \tag{12-22}$$

风压分布曲线采用 8 项式，"修正"曲线的系数为 $\alpha_0 = -0.4675$，$\alpha_1 = 0.2708$，$\alpha_2 = 0.7852$，$\alpha_3 = 0.5623$，$\alpha_4 = -0.0022$，$\alpha_5 = -0.1499$，$\alpha_6 = 0.0105$，$\alpha_7 = 0.0332$。"拟合"曲线的 $\alpha_0 = -0.4426$，$\alpha_1 = 0.2451$，$\alpha_2 = 0.6752$，$\alpha_3 = 0.5356$，$\alpha_4 = 0.0615$，$\alpha_5 = -0.1384$，$\alpha_6 = 0.0014$，$\alpha_7 = 0.0650$。

二、风振系数

风振系数是考虑自然风的脉动风压引起的风压力，该脉动压力作用于冷却塔时，冷却塔会产生位移、速度和加速度的响应，即薄壳结构的冷却塔视为弹性体。真正作用于冷却塔体的脉动压力是自然风脉动与冷却塔体动力响应共同作用的结果。当冷却塔作为刚体考虑时，采用式（12-20）即可考虑计算冷却塔的风振系数来等效自然风的脉动作用力，该作用力仅与自然风的湍流程度有关而与冷却塔本身尺寸无关，这不完全符合实际情况。所以，冷却塔应按弹性体考虑，风振系数应该能够同时考虑自然风的脉动产生的压力和冷却塔塔体的动力响应共同作用，此时采用位移响应来综合自然风脉动和塔体振动（共振）共同作用，塔体的最大位移表示为：

$$U_{\max} = \overline{U} + g\sigma_u \tag{12-23}$$

那么，风振系数则可表示为：

$$\beta = \frac{\overline{U} + g\sigma_u}{\overline{U}} \tag{12-24}$$

式中　$\overline{U}$——冷却塔在脉动风压作用下的平均位移，m；

　　　g——峰值因子，一般取为 3.5；

　　　σ_u——位移均方根。

风振系数就是自然风的脉动强度和塔体共振特性的一个综合结果，自然风的脉动与大气的边界层湍动有关，通过测试可以获得不同地区（A、B、C、D类地区）的自然风的特性，也称为风谱。通过试验或有限元计算可获得不同冷却塔塔体的自有的共振频率。在此基础上，可进行冷却塔的风振系数研究。

风振系数可通过风洞模型试验、原型观测和有限元模拟计算得到。表12-2为不同淋水面积自然通风冷却塔的最小固有频率，表12-3为不同地区不同面积冷却塔的风振系数计算结果。

无肋双曲线冷却塔的最小固有频率　　　　　　　表 12-2

冷却塔面积（m²）	3500	4500	6000	7000	8000	9000
最小固有频率（Hz）	0.94	0.84	0.83	0.67	0.65	0.59

注：未计入自重影响。

不同面积冷却塔风振系数计算值　　　　　　　表 12-3

地形地貌类别	α	K	$\sigma_{(v)}/\bar{v}_{10}$	$\bar{v}_{10}$	β					
					3500	4500	6000	7000	8000	9000
A	0.12	0.002	0.18	30	1.749	1.739	1.726	1.1719	1.713	1.705
B	0.16	0.005	0.25	30	2.114	2.096	2.075	2.060	2.047	2.031
C	0.22	0.010	0.32	30	2.492	2.467	2.435	2.409	2.386	2.361

注：1. 支柱条件为弹性固定，计算点为进风口上缘；
　　2. 表中 α——风速剖面幂指数；
　　　　　K——地面粗糙度；
　　　　　$\sigma_{(v)}$——脉动风速均方根；
　　　　　$\bar{v}_{10}$——地面上 10m 高处平均风速，m/s；
　　　　　$\sigma_{(v)}/\bar{v}_{10}$——湍流度。

经过多方面工作我国规范确定的冷却塔的风振系数如表12-4所示。

规范确定的风振系数　　　　　　　表 12-4

地形地貌类别	A	B	C
风振系数 β	1.6	1.9	2.3

三、风洞模型试验与数值模拟计算

1. 风洞模型试验

（1）模型相似准则

风洞模型试验分为刚性模型试验和气弹性模型试验，刚性模型试验是将冷却塔体考虑为刚性体，气弹性模型试验是将冷却塔模型考虑为气弹性体，在空气动力作用下产生动力响应。

风洞模型试验的模型设计应符合雷诺相似原则，即要求模型和原型冷却塔几何相似且雷诺数相等，符合下式：

$$Re_r = \frac{Re_p}{Re_m} = \frac{\dfrac{V_p D_p}{v_p}}{\dfrac{V_m D_m}{\nu_m}} = 1 \tag{12-25}$$

式中　Re_p，Re_m——原型和模型雷诺数；

　　　V_p，V_m——原型和模型的风速，m/s；

　　　D_p，D_m——原型和模型的塔体直径，m；

　　　ν_p，ν_m——原型和模型的流体运动黏性，当模型和原型流体不同时此值不同，m^2/s。

气弹性模型试验，还要求模型冷却塔的质量、刚性和阻尼比，原型与模型之间应具有特定的比值，因此气弹性模型的制作和试验的难度相当大。尽管难度大，但是气弹性模型能综合反映自然风脉动和塔体共振共同作用产生的动力作用，所以，气弹性模型还是必要的。有时可考虑将冷却塔的某一部分制作成气弹性模型来获取风压等信息。

（2）模型准则的利用

冷却塔原型的自然风风速一般考虑 20m/s 以上，此时的流动雷诺数约为（塔淋水面积大于 $10000m^2$）$Re_p = 20 \times 100/1.5 \times 10^5 = 3 \times 10^8$，处于自模区，若完全按式（12-25）考虑模型比尺 1：100 时，要求模型的风速要达到 2000m/s，实际做不到。但冷却塔的流动处于自模区，压力分布已经与雷诺数没有关系，所以，只要模型的雷诺数能够达到自模区也就完全可以模拟原型的流态，可以得到与原型一样的风压分布。

风洞模型试验的风速要求：

1）模型风速达到自模区

要达到自模区，要求雷诺数达到 $Re_m = 3 \times 10^6$，若模型比尺为 1：100，那么，模型要求模拟的自然风速为：

$$V_m = \frac{\nu Re_m}{D} = \frac{3 \times 10^6 \times 1.5 \times 10^{-5}}{1.0} = 45m/s$$

一般的环境风洞难以达到 45m/s，航空风洞可达到，但航空风洞为短风洞，难以模拟大气的边界层。

2）粗糙度变态模拟

要达到自模区的另一种方法是人为对冷却塔模型加糙，加糙后使模型冷却塔的气流与塔体分离点与原型吻合，也可以正确反映冷却塔的风压分布。此时应采取的方法是制作一个原型有观测结果的相同比尺的模型塔，通过加糙使模型测得的风压分布与原型相同，以同样的加糙方式进行被测冷却塔的表面加糙，再进行试验便可反映原型的风速分布了。

（3）冷却塔部件的模拟

冷却塔中的风速较大（风速大于 20m/s）时，冷却塔的出口空气动量（约 4m/s）远小于自然风的动量，自然风在塔顶形成流体绕流现象，会形成塔负压额外增大冷却塔的附加通风量。风洞试验时需考虑由此产生的风量。附加通风量大小与冷却塔的气流阻力有关，所以，风洞模型试验中还应考虑冷却塔的淋水填料区的阻力相似。

2. 数值模拟计算

风洞模型试验的方法可以研究冷却塔及塔群的风压分布及动力特性，但是，风洞模型试验具有成本高、周期长、效率低等缺点，由于缩尺问题，试验时常遇到难以满足低雷诺数的问题。而流体的数值模拟计算可以克服风洞试验的缺点，但是，流体计算由于计算机的内存和CPU的限制，计算网格无法做到很小。而自然风与塔的相互作用与响应是个非常复杂的问题，流体本身的湍流也是一个未完全解决的问题，所以完全用流体计算代替风洞模型试验目前还不现实。但是可在风洞模型试验的基础上再采用流体计算的方法对风洞模型试验进行补充，以达到经济高效的目的。

（1）数值模拟方法

数值模拟计算最常采用的是流体计算软件 Fluent，该软件对于空气动力计算较为适合。采用该软件重点是选择确定适合于计算问题的湍流模型，目前还没一个湍流模型对所有问题都普遍适用，现有的湍流模拟方法总体有 3 类，时均参数法、大涡模拟和直接模拟。风对建筑物影响的工程计算中常采用时均法中的双方程模型。

数值模拟计算的另一个重点是划分计算网格，因为计算风与塔的作用，所以，要求在靠近塔壁面附近计算网格应有较小的尺度，同时采用壁面函数法进行模拟。

（2）冷却塔和塔群的风压分布模拟

首先对软件模型与设置参数进行校核，通过对风洞已有试验结果或有原型试验结果的冷却塔进行同等条件的模拟计算，获得与试验结果相同的风压分布曲线。在此基础上再进行冷却塔的风压模拟计算。计算域的上方侧给定第一类边界条件，下方侧及出口侧给定压力边界条件。上方侧给定风速的分布和湍流强度。

（3）脉动风压与冷却塔动力响应的模拟计算

对冷却塔的结构采用有限元建模，将塔体结构离散化，在相应的单元节点上作用风荷载，由有限元计算塔体结构在随时变化的动风荷载作用下的位移、速度和加速度沿时间的变化，通过测定结构响应参数随时间的变化，获得塔体的风振反应特性和风振系数，风的动力荷载模拟可采用实测的脉动风速谱。

四、多塔相互干扰的风压

冷却塔塔群的相互干扰是在 1965 年英国渡桥（Ferry Bridge）热电厂发生倒塔事件后引起人们的重视的。1965 年渡桥热电厂处于下风口的 3 座冷却塔在五年一遇的大风中发生了倒塔事故，如图 12-31～图 12-33 所示。事后人们对事故原因进行了分析认为：

图 12-31　渡桥热电厂倒塔现场

图 12-32　一个塔突然倒向地面

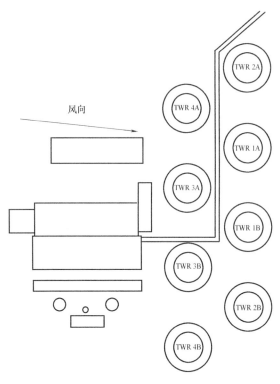

图 12-33　渡桥热电厂冷却塔群布置

（1）设计中并没有采用规范中规定的设计风速，塔顶的设计风速较规范低了 19%；

（2）基本风速为时均风速，实际建筑物很容易受到阵风袭击；

（3）风荷载取值是基于单塔情况下的风洞模型试验结果，对于塔群情况的相互干扰未作考虑。实际上处于下风向的 3 个塔由于上游塔对气流的扰动，导致了上游两塔之间气流加速，使下方塔受到更大的风荷载而发生倒塔。

经过大量风洞模型试验和数值模拟计算，规范给定了冷却塔的布置间距要求，当冷却塔的间距能满足塔中心距离与平均直径（喉部与底部直径均值）之比为 4 时，可以不考虑塔群对风压的影响。当多个冷却塔构成的塔群其间距小于此值时，就有可能随风向的改变而互相干扰，产生"通道"或"屏蔽"或"窄缝"效应，从而改变了塔表面的风压分布及大小，尤其是风压分布引起结构应力的变化较明显。我国规范以加大风压的方式来考虑塔群布置的干扰效应，结构计算时，在单塔风压基础上乘以一个塔间干扰系数，我国规范规定的干扰系数如表 12-5 所示。塔群的干扰还可根据工程条件通过风洞模型试验或数值模拟计算确定。

塔间干扰系数　　　　　　　　　　　　表 12-5

L/d_m	1.6	2.5	4.0
C_g	1.25	1.1	1.0

注：1. L 为邻近 2 座冷却塔的中心距离；

2. d_m 为冷却塔壳底直径和喉部直径的平均值；

3. C_g 中间数值线性内插得到；

4. 表中的系数用于多于 2 座冷却塔的塔群，塔群为串列或方阵布置。

第十三章　海水冷却塔

第一节　海水的物理特性

海水的主要成分是水，水占海水总量的 96% 以上。除水外，海水中含有已测定发现的 80 多种元素。这些元素有的以离子、离子对、络合物或分子状态存在，有的以悬浮颗粒、胶体或气泡等形式存在。海水中的常量元素（元素含量大于 0.05mmol/kg）仅为 12种，它们是钠、镁、氯、硼、碳、氧、氟、硫、钾、钙、溴、锶。按成分则为钠、镁、钙、钾和锶 5 种阳离子，氯根、硫酸根、碳酸氢根（包括碳酸根）、溴根和氟根 5 种阴离子，还有硼酸分子，它们共占海水中溶质总量的 99.9% 以上，如表 13-1 所示。

海水中的主要溶解成分（总含盐量约 35g/kg）

表 13-1

主 要 成 分	存 在 方 式	含量（g/kg）
Na^+	Na^+	10.76
Mg^{2+}	Mg^{2+}	1.294
Ca^{2+}	Ca^{2+}	0.4117
K^+	K^+	0.3991
Sr^{2+}	Sr^{2+}	0.0079
Cl^-	Cl^-	19.35
SO_4^{2-}	$SO_4^{2-}.NaSO_4^-$	2.712
HCO_3^-	$HCO_3^-.CO_3^{2-}.CO_2$	0.142
Br^-	Br^-	0.0672
F^-	$F^-.MgF^+$	0.0013
H_3BO_3	$B(OH)_3.B(OH)_4^-$	0.0256

早在 1819 年，Marcet 就向英国皇家学会呈交了一篇论文，论文中根据全世界各大洋不同海域的海水分析结果，提出"全世界所有的海水水样都含有同样种类的成分，这些成分之间具有非常接近的恒定比例关系，而这些水样只有含盐量总值不同的区别"。后来，Dittmar 仔细地分析和研究了英国"挑战者"号调查船在环球海洋调查航行期间从世界各大洋中不同深度所采集的 77 个海水水样，证实了 Marcet 观测的普遍真实性。这就是海洋化学上著名的 Marcet-Dittmar 恒比规律。

海水的含盐总量一般都在 35‰ 左右，海洋中发生的许多现象都与盐度的分布和变化有密切关系，所以，含盐量或盐度是海水的基本特性。有些海区如红海，由于日照相当强烈，蒸发量大，盐度可高达 40‰ 以上；而降雨量大、河流注入较多的波罗的海北部的波的尼亚湾里，盐度可低至 3‰。即使同一海区，海水的盐度在水平方向和垂直方向上都有不同的变化。世界大洋盐度平均值以大西洋最高，为 34.90‰；印度洋次之，为 34.76‰；太平洋最低，为 34.62‰。随地域不同及与岸边相距长短不同，盐分含量也不同。海水的含盐量的变化还与季节有关，例如：我国东海附近的象山湾不同时间海水水质化验结果如

表 13-2 所示，盐类含量随时间变化可表示为图 13-1，近岸地区海水含盐量的变化是由于近海区域淡水汇入海洋的量的变化引起的，在枯水期含盐量大，丰水期含盐量小，海水中各种元素含量比例与表 13-1 很接近。由图 13-1 可看出，海水的含盐量在 6 月、7 月、8 月份的汛期最低，海水的氯化钠含量与总含盐量变化规律相同，占总含盐量相当大的比重。

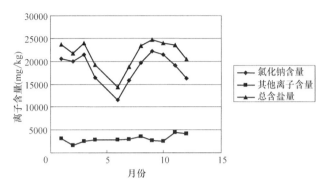

图 13-1　象山湾海水的含盐量随时间变化情况

象山湾海水成分变化表　　　　　　　　　　　　　　　　　　　　表 13-2

编号	日期 项目	1994 年 4 月	1994 年 6 月	1994 年 7 月	1994 年 8 月	1994 年 9 月	1994 年 10 月	1994 年 11 月	1994 年 12 月	1995 年 1 月	1995 年 2 月	1995 年 3 月
1	pH 值	7.92	7.53	7.77	8.35	8.34	7.98	8.03	7.66	8.36	8.14	7.85
2	悬浮固体 (mg/L)	4995.80	15.00	113.20	928.00	286.20	1139.40	4974.50	54.35	602.00	559.00	1139.40
3	溶解固体 (mg/L)	26898.40	9973.65	25786.60	28322.00	24847.60	23154.60	22980.00	25283.25	12518.15	26028.50	23154.60
4	电导率 (25℃) (μS/cm)	9800	33000	31800	32000	38000	32000	29000	27000	29000	32000	32000
5	总硬度 (mg-N/L)	91	690	90.2	98	102	108	103	91	90	91	108
6	总碱度 (mg-N/L)	2.05	1.64	2.00	2.12	2.08	1.94	2.02	2.00	1.80	1.80	0
7	游离二 氧化碳 (mg/L)	1.25	34.20	0.24	1.50	0.67	1.00	1.10	0.77	1.58	1.25	0.72
8	全硅 (mg/L)	9.00	296.30	49.30	37.50	4.60	12.20	28.75	2.20	19.00	17.75	12.20
9	溶硅 (mg/L)	0	0	0	0	0	0	0	0	0	0	0
10	COD_{Mn} (mg/L)	6.32	7.68	9.04	8.80	10.72	16.32	9.00	10.00	11.52	10.28	5.80
11	K^+ (mg/L)	826.13	437.36	631.74	850.40	42.88	44.12	1202.70	680.22	1705.20	43.50	44.12
12	Na^+ (mg/L)	3400	1800	2600	3500	6900	7100	4950	2800	6600	7000	7100

续表

编号	日期项目	1994年4月	1994年6月	1994年7月	1994年8月	1994年9月	1994年10月	1994年11月	1994年12月	1995年1月	1995年2月	1995年3月
13	Ca^{2+} (mg/L)	316.28	481.95	394.90	376.10	307.56	315.71	412.15	800.50	300.31	323.71	315.71
14	Mg^{2+} (mg/L)	445.39	274.37	567.80	568.60	811.47	735.86	870.21	334.90	426.70	420.47	735.86
15	Fe^{3+} (μg/L)	90.90	0	48.63	114.20	7.12	3.26	63.88	23.50	186.80	575.40	3.26
16	Al^{3+} (μg/L)	4809.10	6100.00	10451.40	11385.80	1292.88	4896.74	16186.12	10176.50	29313.20	15424.40	4869.74
17	Cl^- (mg/L)	13000	9700	13200	16200	15200	14350	14100	13500	13900	13000	14350
18	SO_4^{2-} (mg/L)	1180.22	1318.32	1282.40	1768.00	1419.92	1416.28	1858.03	2249.90	617.12	864.50	1416.28
19	HCO_3^- (mmol/L)	125.09	100.04	128.74	124.40	117.12	118.38	123.22	122.00	107.39	109.83	118.38
20	NO_3^- (mg/L)	0	0	0	0	0	0	0	0	0	0	0

在海水冷却塔的设计中，海水的含盐量不应简单取为某一值，而应具体情况具体考虑。如在选择冷却塔规模时，应考虑冷却塔控制气象条件对应时间的含盐量，而进行冷却塔运行水温计算时则宜考虑按相应的月均值计算。

关于海水含盐量的设计取值，目前还没有标准，有些工程取年平均值作为工程设计标准。由于海水冷却塔的效率低，采用年平均含盐量，则夏季冷却塔运行时比设计的水温要低，冬季则水温高些。海水的含盐量与该地区的径流汇入量有关，所以，不能单看一年的资料来确定工程设计时的含盐量标准，要至少 5 年的资料进行分析为好。

由于海水内含有盐类离子，作为冷却塔介质的海水，随时间的延长，由于循环蒸发的作用，冷却塔中的海水含盐量变大，浓度增高。海水及浓缩海水的一些基本特性，如密度、比热及导热系数等，也都与淡水不同，随盐度的变化而变化，这些参数可表示为与海水的含盐量的关系，以 34.5‰ 的含盐总量为一个标准海水浓度，各参数与海水含盐浓度的关系如图 13-2～图 13-4 所示。不同水质的海水特性可从图中插值求得。与淡水相比其物理特性有以下几方面的不同：

（1）海水及浓缩海水密度比淡水大，且与淡水一样随温度的增大而减小。在 20℃ 时，海水（含盐总量为 34.5‰）的密度比淡水大 2.6%，浓缩 2 倍的海水（即浓缩倍数为 2）密度比淡水大 5.3%。

（2）海水及浓缩海水的比热较淡水低，海水（含盐总量为 34.5‰）的比热比淡水平均低 4.6%，浓缩倍数达到 2 时，比热平均下降约 8.1%。在浓缩倍数小于 2 时，海水的比热随温度变化不明显，当浓缩倍数达到 2 时，随温度增加，海水的比热也增大。

（3）海水及浓缩海水的导热系数较淡水低，随着温度增高，导热系数也变大。海水导热系数降低的幅度与比热相比要小，20℃ 时浓缩倍数为 2 的海水的导热系数降低约 3.6%。

（4）海水及浓缩海水的黏性较淡水低，表面张力较淡水小。

（5）除上述特性差异外，海水的沸点比淡水高，但冰点比淡水低，用于北方地区，冷却塔不易结冰。

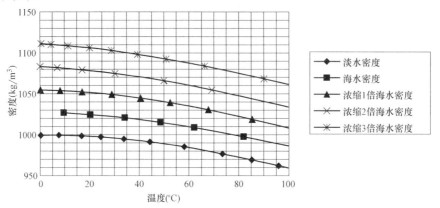

图 13-2　不同浓缩倍数的海水的密度

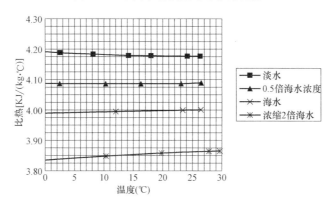

图 13-3　不同浓缩倍数的海水的比热

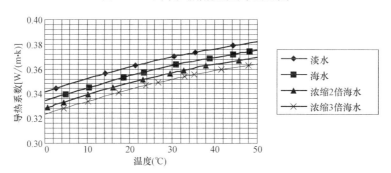

图 13-4　不同浓缩倍数的海水的导热系数

第二节　海水冷却塔的特点

一、海水的腐蚀性

海水中含有大量的盐分，所以，海水对冷却塔的第一个影响就是腐蚀。

首先，最容易受腐蚀的是冷却塔及冷却水系统中的金属零部件。我国天津的大港电厂采用的是海水直流冷却系统，很多金属部件都使用了不锈钢材料，如拦污栅、循环水泵、旋转滤网等，腐蚀现象不严重。而使用碳钢材料的部件腐蚀较为严重，如循环水泵出口的钢管、凝汽器进出口的钢管、凝汽器的水室等，都发生了较严重的腐蚀。凝汽器进出口的钢管的腐蚀速度达 4mm/a，水室的局部腐蚀速度可高达 13mm/a。

其次，海水也腐蚀冷却塔的结构材料，包括钢筋混凝土的塔体结构。

导致混凝土腐蚀的因素主要分为 5 类，即钢筋锈蚀、冻害、化学腐蚀、结晶压力及海洋微生物作用等。

1. 钢筋锈蚀

Cl^- 是造成钢筋锈蚀的主要原因，而海洋环境又富含 Cl^-。试验研究结果表明，在混凝土的液相中，当 $Cl^-/HO^->0.61$（浓度比）时，钢筋开始锈蚀，并以此作为"临界值"。水泥水化的高碱性使混凝土内钢筋表面产生一层致密的钝化膜。Cl^- 是极强的去钝化剂，Cl^- 吸附于局部钝化膜处，使该处的 pH 值迅速降低，从而破坏钢筋表面钝化膜。铁基体作为阳极受到腐蚀，大面积钝化膜区域作为阴极。由于是大阴极对应小阳极，腐蚀速度很快。钢筋锈蚀体积膨胀，可超过原体积的 6 倍，是混凝土开裂的主要原因。

2. 冻害

在寒冷气候中，海水通常不会结冰，混凝土的抗渗性是对抗冻性有很大影响的控制因素。有学者指出，混凝土破坏原因，按重要性递减顺序排列是：钢筋锈蚀、冻害、物理化学作用。可见冻害也是使混凝土破坏的重要因素。

3. 化学腐蚀

海洋环境对混凝土的化学腐蚀因素很多，概括起来可分为：Cl^- 侵蚀、碳化作用、镁盐侵蚀、硫酸盐侵蚀及碱—骨料反应。Cl^- 侵蚀前面已经介绍了，除此之外还有 3 种因素。一是碳化作用，混凝土的碳化过程是指工程所处环境中的 CO_2 气体，通过混凝土内部孔隙进入混凝土中，与混凝土中的 $Ca(OH)_2$ 发生化学反应，生成 $CaCO_3$ 和水的过程。混凝土碳化以后，pH 值急剧下降，破坏了钢筋的钝化膜赖以生存的环境。混凝土完全在海水中碳化并不严重，这是由于水下 CO_2 含量不充分的缘故，而冷却塔的支撑结构区则不同；二是镁盐及硫酸盐侵蚀，由于海水渗入，海水中的镁盐、硫酸盐和水泥石中的 $Ca(OH)_2$ 反应生成 $Mg(OH)_2$。$Mg(OH)_2$ 是一种白色松软的不定型物质，会使水泥结构遭到破坏。钙矾石，一种针状结晶体，其绝对体积比铝酸钙大，一旦生成可在混凝土内引起很大的内应力，致使混凝土膨胀和开裂。硅酸镁水化物，对硅酸钙水化物的取代反应使混凝土强度下降并变脆；三是碱—骨料反应，碱—骨料反应是混凝土中某些活性矿物集料与混凝土孔隙中的碱性溶液之间发生的反应。必备的 3 个条件是：活性矿物集料（活性二氧化硅、白云质类石灰岩或黏土质页岩等）、碱性溶液和水。温度、湿度和含盐量对其有促进作用。处于海水冷却塔湿热环境中的混凝土结构，碱—骨料反应不能忽视。

4. 结晶压力

在多孔结构的混凝土中，过饱和溶液中盐类的结晶压力所产生的应力足以使混凝土开裂和脱落。海水在混凝土中可因毛细作用而上行，蒸发区段一般在水平面以上 0.3～0.5m。水平构件表面存在的凹凸不平，也会生成盐类结晶。因此，应该充分重视混凝土的表面平整。

5. 海洋微生物作用

高温使腐蚀速度加快,能大大缩短钢筋脱钝的时间。冷却塔内温度常年较高,有助于腐蚀反应的发生。北方地区温差变化大,冬季气温正负变化,混凝土孔隙内水反复发生冻融循环。微生物腐蚀硫杆菌能将硫、硫化硫酸盐、亚硫酸盐等氧化成硫酸盐,最终转化成对混凝土有强腐蚀性的硫酸;硫酸盐还原菌能将硫酸盐还原为强腐蚀性硫化氢,但高 pH值、高密实度及不易渗透的混凝土对其是免疫的。

二、冷却塔的热力性能

由上文叙述可知,海水的物理特性与淡水相比发生了变化,因此,必然影响冷却塔的热力性能,该部分内容将在下一节详述。

三、海水冷却塔对环境的影响

海水冷却塔对环境的影响主要包括两方面,一是冷却塔的飘滴;二是冷却塔的排污水。

无论是冷却塔热空气出口的飘滴,还是塔的污水排放,都包含了浓缩了的各种有害化学成分。冷却塔安装收水器后,飘滴水量已经大大减少,但还是有一定量的循环水随空气飘走,飘滴量约 0.002%~0.2%。这些飘滴的循环水落于建筑物或设备上将造成建筑物或设备的腐蚀损坏,图 13-5 为我国"十五"海水水循环冷却技术建立的 14000t/h 示范工程的小型海水冷却塔附近的金属件腐蚀状况。冷却塔的循环海水当其浓缩至一定的倍数后必须排污,污水中包含了海水补充水中各种离子的浓缩,还包含了循环水过程中的一些有毒金属等,另外还有维持循环运行的水质稳定剂中的有毒物质。这些浓缩的污水排入海洋或环境水域中,都会造成环境污染。国外已经确定了海水浓缩倍数的一个上限标准,海水冷却塔排污时不能超出此标准。如美国浓缩倍数不大于 2,欧洲一些国家为 1.5。我国还没有制定关于海水塔的浓缩倍数的标准。

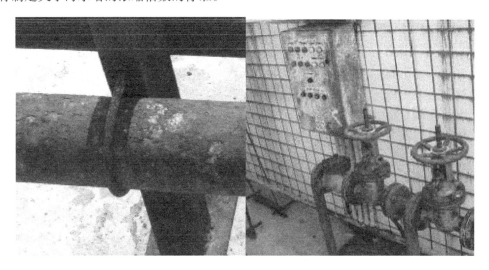

图 13-5　海水冷却塔附近部件的腐蚀

四、海水冷却塔的结污

海水循环中垢的形成有硬垢和污垢。硬垢是水中一些溶解盐类物质结晶析出所形成的固相沉积物。污垢是海水中的海泥和海生物的沉积物黏附在冷却塔的填料表面及塔体结构面上形成的。在海水循环过程中，重碳酸盐浓度随着蒸发浓缩而增加，当其浓度达到过饱和状态时，或者在经过换热器表面水温升高时，在换热器传热表面会发生 $CaCO_3$ 沉积，形成致密的碳酸钙水垢，水垢若结在换热器上，换热器传热效率下降，结在淋水填料上阻挡空气的流通，影响冷却塔的效率。因此，防垢是海水冷却塔需要解决好的一个问题。结垢控制从以下几个方面着手：

1. 控制浓缩倍数

在海水循环过程中，要根据海水水质控制适宜的浓缩倍数，保证排污量。一般情况下，海水含盐量高，浓缩倍数不会很高。英国的海水循环冷却技术，采用的浓缩倍数一般控制在 $1.5\sim2.0$ 倍。美国海水循环冷却技术，控制浓缩倍数也在 $1.5\sim2.0$ 倍。德国的循环浓缩倍数一般控制在 1.5 左右。

2. 投加阻垢分散剂

在海水循环冷却中控制结垢的最重要的技术措施是投加阻垢分散剂，抑制垢的形成。通过静态阻垢试验以及动态模拟试验确定合适的阻垢分散剂，使阻垢率和污垢热阻在允许范围之内。目前海水阻垢分散剂已由传统的有机膦酸、膦羧酸以及有机羧酸聚合物向低磷或无磷且有较好生物降解性能的环保型绿色阻垢剂的方向发展，例如聚环氧琥珀酸、聚天冬氨酸等。

3. 选择适当的淋水填料

淋水填料是冷却塔的核心部件，一般为 PVC 塑料模压成型，填料表面形成较多的凸纹有利于散热，但同时造成填料容易结污。所以，海水冷却塔在填料选择上要求填料具有防止结污的能力或填料不易结污的能力。

第三节　海水与淡水散热特性比较

一、蓄热能力的区别

海水的比热比淡水低，含盐量为 34500mg/kg 的海水的比热比淡水平均低约 5%，降低了蓄热能力，海水的密度比淡水大，有利于蓄热。当水温 30℃时，比热降低了约 5%，密度增大了 2.5%。综合来看海水蓄热能力下降了。

例 13-1　某冷却塔的循环水量为 9000t/h，平均水温为 35℃，水温差为 10℃。比较淡水与含盐量为 50000mg/kg 的浓缩海水的热力性能差别。

由图 13-2 与图 13-3 可查出淡水与含盐量 50000mg/kg 的海水的密度和比热如下：

	淡水	50000mg/kg 海水	差别（%）
密度（kg/m³）	994.4	1031.7	增大 3.75%
比热（kJ/kg）	4.177	3.930	降低 5.91%

水的蓄热量按下式计算：

$$H = QC_w \Delta t$$

淡水的蓄热量为：

$$H_{淡} = QC_w \Delta t = 9000 \times 994.4 \times 4.177 \times 10 = 3.738 \times 10^8 \text{kJ/h}$$

海水的蓄热量为：

$$H_{海} = QC_w \Delta t = 9000 \times 1031.7 \times 3.930 \times 10 = 3.649 \times 10^8 \text{kJ/h}$$

海水的蓄热量比淡水降低 $0.089 \times 10^8 \text{kJ/h}$，即降低了 2.4%。

在发电厂或其他很多的循环水系统中要排放的热量是不变的，采用海水后，循环水量将增大，例 13-1 中与淡水相比，海水的循环水量需增大 2.4%。

二、蒸汽压力的区别

液体的蒸汽压力是指在一定的温度下液体表面蒸发与凝结达到平衡时空气中的该液体蒸汽分压力，即式（5-22）中的 p''_v。海水是水和盐类的溶液，如图 13-6 所示，与淡水相比，盐水中的一部分表面被盐离子占据，阻碍了水分子的蒸发，因此，海水的蒸发量比淡水小，也就是说海水的蒸汽压力比淡水低。按照 Raoult 定律："在一定温度下，难挥发非电解质稀溶液的蒸汽压下降与溶质的摩尔分数成正比或稀溶液的蒸汽压等于纯溶剂的蒸汽压与溶剂摩尔分数的乘积。"海水可看作一种盐溶液，蒸汽压可表示为：

$$p''_s = p''_v \times X_n \tag{13-1}$$

$$X_n + X_s = 1 \tag{13-2}$$

式中　p''_s——海水的蒸汽压力（饱和蒸汽压力），Pa；

　　　p''_v——纯水（或淡水）的饱和蒸汽压力，Pa；

　　　X_n——水在海水中的摩尔分数，%；

　　　X_s——盐在海水中的摩尔分数，%。

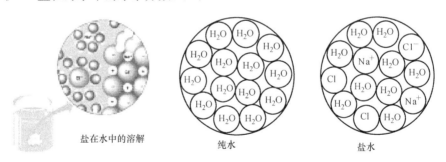

盐在水中的溶解　　　　　　纯水　　　　　　盐水

图 13-6　海水与淡水结构示意图

由式（13-1）可看出，在相同条件下，海水的饱和蒸汽压力比淡水低，海水的蒸发量比淡水少，散热能力比淡水差。蒸汽压力的降低与海水中的盐分含量成正比，海水中含盐量越高，蒸汽压降低就越多，散热能力也就越低。

以含盐量为 35000mg/kg 的海水为例，将表 13-1 中的各物质含量变为摩尔分数，如表 13-3 所示。

由表 13-3 可看出，水在含盐量为 35000mg/kg 的海水中的摩尔分数为：

$$X_n = \frac{53.61}{54.74} = 97.9\%$$

海水中各元素的摩尔量　　　　　　　表 13-3

主 要 成 分	含量(g/kg)	分 子 量	摩 尔 量
Na^+	10.76	22.99	4.68×10^{-1}
Mg^{2+}	1.294	24.31	5.32×10^{-2}
Ca^{2+}	0.4117	40.09	1.03×10^{-2}
K^+	0.3991	39.10	1.02×10^{-2}
Sr^{2+}	0.0079	87.62	9.02×10^{-5}
Cl^-	19.35	35.45	5.46×10^{-1}
SO_4^{2-}	2.712	96.06	2.82×10^{-2}
HCO_3^-	0.142	61.02	2.33×10^{-3}
Br^-	0.0672	79.90	8.41×10^{-4}
F^-	0.0013	19.00	6.84×10^{-5}
H_3BO_3	0.0256	61.84	4.14×10^{-4}
水	965	18.02	53.61
合计	1000		54.74

按 Marcet-Dittmar 恒比规律，海水中的各元素的比例关系是恒定的，只有浓淡之分，可将这些元素综合视为盐类，则该盐类的等效分子量可按表 13-3 的关系计算如下：

表 13-3 中海水各种元素的含量和为：

盐类含量＝35g/kg

盐类摩尔量＝54.74－53.61＝1.13mol/kg

盐类等效分子量＝$\dfrac{35}{1.13}$＝31g/mol

海水中的盐分主要是氯化钠，若以氯化钠来代替海水中的盐类，即完全以氯化钠盐溶液来替代海水进行分析与研究，结果与用海水进行分析与研究是否有差别呢？下面分析含盐量为 35000mg/kg 盐水中的水的摩尔分数：

氯化钠分子量为 58.44g/mol

水的分子量为 18.02g/mol

氯化钠含量为 35g/kg

水的含量为 965g/kg

则：

氯化钠摩尔数为$\dfrac{35}{58.44}$＝0.60mol/kg

水的摩尔数为$\dfrac{965}{18.02}$＝53.55mol/kg

水的摩尔分数为 $X_n = \dfrac{53.55}{0.60+53.55} = \dfrac{53.55}{54.15} = 98.9\%$

以上计算表明，氯化钠的分子量比海水中各种盐类的综合分子量大，所以，相同含盐量的氯化钠溶液的水的摩尔分数高，单以氯化钠溶液代替海水，有一定的误差。西安热工研究院采用了氯化钠盐溶液给出海水填料的特性，与真正海水的填料特性是有一定差别的。

下面来分析海水的蒸汽压力的变化。按式（13-1）与式（5-10）计算在 35℃及标准大气压下，海水不同浓缩倍数下的蒸汽压力变化。蒸汽压力计算结果见表 13-4，含盐量为 35000mg/kg 时海水的蒸汽压力降低了 2.1%，含盐量达到 70000mg/kg 时降低了约 4.2%。由式（5-6）可知海水的蒸发量也相应降低。

不同含盐量盐水的蒸汽压力比较 表 13-4

含盐量 (mg/kg)	水的摩尔数	盐的摩尔数	水的摩尔分数	盐的摩尔分数	淡水蒸气压力 (Pa)	海水蒸气压力 (Pa)	差值 (Pa)
35000	53.55	1.13	97.94	2.06	5623	5507	116
52500	52.58	1.69	96.88	3.12	5623	5449	174
70000	51.61	2.26	95.81	4.19	5623	5389	234
87500	50.64	2.82	94.72	5.28	5623	5329	294

三、海水的沸点与冰点

从热力学可以得知，含有非挥发性溶质的溶液的沸点总高于纯溶剂的沸点。对于稀溶液：蒸汽压随温度升高而增大，当蒸汽压等于大气压时，液体开始沸腾，这时的温度为该液体的沸点。在相同温度下，溶液的蒸汽压低于纯溶剂的蒸汽压，所以，溶液的蒸汽压要达到 1.01325×10^5 Pa，则必须提高温度，如图 13-7 所示。沸点升高值与溶液中溶质的质量摩尔浓度成正比。这就是说海水的沸点会由于含盐而比纯水高。

$$\Delta T_b = K_b m \tag{13-3}$$

式中 ΔT_b——溶液的沸点升高值，℃；

$\quad\quad\ K_b$——沸点升高常数，与溶剂有关；

$\quad\quad\ m$——溶质的摩尔浓度，mol/kg。

溶液的凝固点下降。含有少量溶质的溶液，凝固点的温度低于纯溶剂的凝固点温度，叫凝固点下降。海水在 273K 不冻结，因为海水中含盐。凝固点是指溶液中的蒸汽压与冰的蒸汽压达平衡时的温度，如图 13-8 所示。难挥发非电解质稀溶液的凝固点下降与溶液的溶质摩尔浓度成正比，而与溶质本身无关。

$$\Delta T_f = K_f m \tag{13-4}$$

式中 ΔT_f——溶液的凝固点下降值，℃；

$\quad\quad\ K_f$——凝固点降低常数，与溶剂有关；

$\quad\quad\ m$——溶质的摩尔浓度，mol/kg。

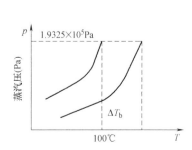

图 13-7 溶液沸点升高值与蒸汽压的关系

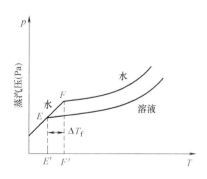

图 13-8 溶液凝固点下降值与蒸汽压的关系

这就是说海水（一种盐类的溶液）的沸点比纯水高，同样压力下，海水的沸腾需比纯水更高的温度。或者说在同温同压下，海水与纯水比不易蒸发。海水的凝固点比纯水降低了，即海水的冰点比纯水低，在北方使用，有利于防冰。

可以通过相关文献查得水的沸点上升常数为 $K_b=0.515K \cdot kg/mol$；冰点下降常数为 $K_f=1.853K \cdot kg/mol$。按式（13-3）与式（13-4）可计算出海水在不同含盐量下的沸点与冰点，见表 13-5。

海水的沸点与冰点　　　　　　　　　　　　　　　　　表 13-5

含盐量 （mg/kg）	浓缩倍数	盐类的摩尔浓度 （mol/kg）	沸点上升值 （K）	冰点下降值 （K）	沸点 （℃）	冰点 （℃）
35000	0	1.13	0.58	2.09	100.58	−2.09
52500	1.5	1.69	0.87	3.14	100.87	−3.14
70000	2.0	2.26	1.16	4.18	101.16	−4.18
87500	2.5	2.82	1.45	5.23	101.45	−5.23

第四节　海水冷却塔热力特性评价

由于海水的导热比淡水低，蒸汽压力随含盐量增加而降低，所以，海水冷却塔的热力性能较淡水冷却塔低。海水的导热低，使海水内的热传导减缓，使海水的内外温差较淡水大，不利于换热，但是，在淋水填料上，海水被溅散为很薄的水膜，且处于流动中，水膜表面内外的温差不大，可忽略不计。也就是说由于海水的导热低引起的热力性能降低可忽略，主要影响冷却塔效率的因素就是蒸汽压力的降低。下面给出海水冷却塔效率下降的估算方法。

一、以夏季为例给出海水冷却塔散热总量降低的估算

夏季冷却塔热交换量的 80% 为蒸发散热，海水蒸气压力的下降是海水含盐量（或海水浓度）的函数。海水在 $10\sim65℃$ 不同浓缩倍数下的蒸汽压力如表 13-6 所示。

不同海水浓缩倍数的蒸汽压力　　　　　　　　　　　表 13-6

海水浓缩倍数	10.0℃（50℉）		37.7℃（100℉）		65.6℃（150℉）	
0（0mg/kg）	1226Pa	0.178psia	6546Pa	0.950psia	25769Pa	3.74psia
1（34500mg/kg）	1199Pa	0.174psia	6380Pa	0.926psia	25149Pa	3.65psia
2（69000mg/kg）	1171Pa	0.170psia	6235Pa	0.905psia	24529Pa	3.56psia
3（103000mg/kg）	1137Pa	0.165psia	6063Pa	0.880psia	23840Pa	3.46psia

海水的蒸汽压力下降了约 2.5%，浓缩倍数为 2 时蒸汽压力下降了约 5.0%，浓缩倍数为 3 时蒸汽压力下降了约 7.5%。在 $10\sim65℃$ 范围内蒸汽压力的下降与温度无关，仅与海水的含盐量有关。为说明海水冷却塔的热力性能的下降，可用某一组冷却塔的数据来分析，计算结果见表 13-7。

海水冷却塔的热力参数计算结果　　　　　　　表 13-7

参　　数	淡　　水	海水(含盐 50000mg/kg)
水温(℃)	35.0	35.0
气温(℃)	30.6	30.6
相对湿度(%)	60	60
液体蒸汽压力(Pa)	5615	5416
空气蒸汽压力(Pa)	2625	2625
蒸汽压力差(Pa)	2990	2790
蒸汽压差(%)	100.0	93.3

若考虑蒸发散热占 80%，海水冷却塔的散热量比淡水下降约 $0.8\times(1-0.933)=0.054=5.4\%$

马利公司也认为海水的导热下降对塔的散热量影响不大，给出了马利公司海水浓缩倍数为 2 时的海水冷却塔与淡水冷却塔的修正曲线，如图 13-9 所示，图中的横坐标为水气比，纵坐标为修正系数。当水气比为 1 时修正值为 1.07，随水气比的加大即气量的减小，修正系数也减小。

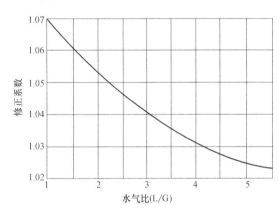

图 13-9　海水浓缩倍数为 2 的热力特性修正曲线

上述估算是在假定了蒸发散热占总散热 80% 的情况下的一个特例，而实际冷却塔的计算需要考虑不同的运行条件。

二、海水冷却塔热力特性研究结果

在冷却塔的焓差法计算中，海水的蒸汽压已经用与海水水温相应的饱和焓来代替，海水的蒸汽压力降低，反映为邻近水面的饱和空气焓的降低，由式（5-26）可进行计算。在标准大气压下，与不同海水水温相应的饱和焓计算结果见表 13-8 与图 13-10。计算结果表明含盐量高的海水焓降低大于含盐量低的海水，相同含盐量的海水，温度高时焓降低的幅度大。海水的含盐量小于 35000mg/kg 时，焓的降低小于 2%，海水含盐量大于等于 70000mg/kg 时焓的降低大于 3%。

不同含盐量盐水在不同温度下液面近处饱和焓　　　　　　　表 13-8

含盐量(mg/kg)	水的摩尔分数	盐水温度(℃)	淡水蒸气压力(Pa)	溶液蒸汽压力(Pa)	淡水饱和焓(J/kg)	盐水饱和焓(J/kg)	焓差(J/kg)	相对差(%)
35000	0.979	25.0	3154	3089	77.8	76.7	1.1	1.4
35000	0.979	30.0	4226	4138	101.8	100.2	1.6	1.6
35000	0.979	35.0	5601	5485	131.9	129.8	2.1	1.6
35000	0.979	40.0	7348	7197	170.0	167.1	2.9	1.7
52500	0.969	25.0	3154	3056	77.8	76.1	1.7	2.2
52500	0.969	30.0	4226	4094	101.8	99.4	2.4	2.4
52500	0.969	35.0	5601	5426	131.9	128.7	3.2	2.4
52500	0.969	40.0	7348	7119	170.0	165.6	4.4	2.6

含盐量 (mg/kg)	水的摩 尔分数	盐水温度 (℃)	淡水蒸气 压力(Pa)	溶液蒸汽 压力(Pa)	淡水饱和 焓(J/kg)	盐水饱和 焓(J/kg)	焓差 (J/kg)	相对差 (%)
70000	0.958	25.0	3154	3022	77.8	75.5	2.3	2.9
70000	0.958	30.0	4226	4049	101.8	98.6	3.2	3.1
70000	0.958	35.0	5601	5366	131.9	127.6	4.3	3.2
70000	0.958	40.0	7348	7041	170.0	164.1	5.9	3.4
87500	0.947	25.0	3154	2988	77.8	74.9	2.9	3.7
87500	0.947	30.0	4226	4003	101.8	97.8	4.0	3.9
87500	0.947	35.0	5601	5305	131.9	126.5	5.4	4.1
87500	0.947	40.0	7348	6961	170.0	162.6	7.4	4.3
105000	0.936	25.0	3154	2953	77.8	74.3	3.5	4.5
105000	0.936	30.0	4226	3956	101.8	97.0	4.8	4.7
105000	0.936	35.0	5601	5244	131.9	125.3	6.6	5.0
105000	0.936	40.0	7348	6880	170.0	161.1	8.9	5.2

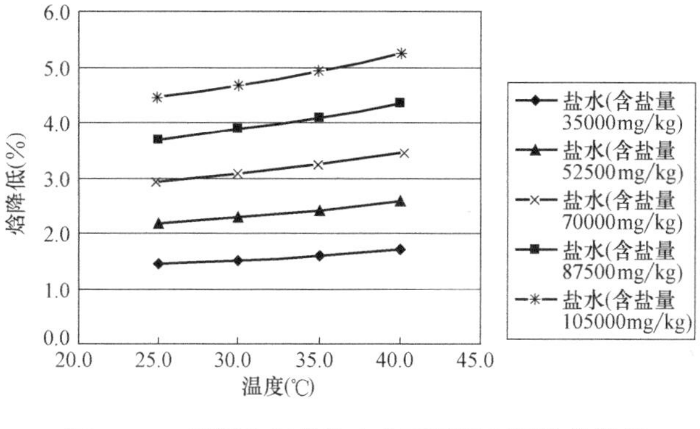

图 13-10　不同盐度的盐水在不同温度下焓的降低

式（5-81）可以改写为：

$$dH = \beta_{xv}(i'' - i)dV$$
$$= Q\rho_s C_s dt \qquad (13-5)$$

式中　β_{xv}——以焓差为动力单位体积内的散质系数，$kg/(h \cdot m^3)$；

　　　Q——循环水的体积流量，m^3/h；

　　　C_s——海水的比热，$kJ/(kg \cdot ℃)$；

　　　ρ_s——海水的密度，kg/m^3。

考虑海水引起与水温相应的饱和焓的降低效应，式（13-5）可写为：

$$\beta_x(i'' - i)dF = \beta_{xv}(i'' - i - \Delta i'')dV$$
$$= C(t)\beta_{xv}(i'' - i)dV = Q\rho_s C_s dt \qquad (13-6)$$

式（13-6）中 $C(t)$ 为海水影响的修正系数（或折减系数），值为：

$$C(t) = 1 - \frac{\Delta i''}{i'' - i} \qquad (13-7)$$

式中　$\Delta i''$——温度 t 时的海水与淡水的饱和焓差，kJ/kg；

　　　i''——与水温 t 相应的淡水的饱和焓，kJ/kg；

　　　i——空气焓，kJ/kg。

将式（13-6）积分，并引用柯西定理有：

$$\int_V \frac{\beta_x C(t) C_w}{C_s Q o_s} \mathrm{d}V = \int_{t_2}^{t_1} \frac{C_w}{i'' - i} \mathrm{d}t = \frac{C(t')\beta_{xv} V}{Q_s} = N_s \qquad (13\text{-}8)$$

其中 t' 为 t_1 与 t_2 之间的一个值，比热与密度综合一起考虑采用海水流量（kg/h）。

式（13-8）中 N_s 即为表征海水冷却塔热力特性的冷却数，与淡水冷却塔的冷却数 N 比较，海水冷却塔的冷却数增加了一项修正系数，相互关系为：

$$N_s = C(t')N \qquad (13\text{-}9)$$

式（13-7）中空气焓是随水温的降低而升高的，可近似表示为水温的线性关系。对于一般夏季冷却塔降温情况，如进塔空气焓为 78J/kg，水温由 30℃ 变化至 45℃，气水比为 0.6、0.8、1.0，式（13-7）计算的修正系数结果如图 13-11 所示。不同的含盐量的修正系数不同，水温低时冷却塔热力特性降低的幅度比水温高时大，修正系数随水温的变化可以准确地用二次曲线表示，如图 13-11 所示。对于冷却塔的热力计算可以近似地以进出塔水温的平均值 t_m 点的热力特性修正系数来代替。式（13-9）可写为：

$$N_s = C(t_m)N \qquad (13\text{-}10)$$

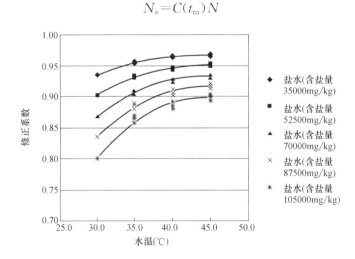

图 13-11　不同盐度的盐水在不同温度下热力特性修正系数

例 13-2　某电厂夏季运行工况取 $t_m = 37.5℃$，年均匀工况 $t_m = 22.5℃$，则海水冷却塔的热力性能降低见表 13-9。由表可看出，热季的海水冷却塔热力特性降低比冷季小，热季热力特性降低约 3%～10%；冷季降低 5%～15%。

<table>
<tr><td colspan="4">不同含盐量盐水在不同温度下液面近处饱和焓　　　　　　　　　表 13-9</td></tr>
<tr><td>含盐量（mg/kg）</td><td>气　水　比</td><td>修正系数</td><td>季　　节</td></tr>
<tr><td>35000</td><td>1.0</td><td>0.966</td><td rowspan="5">热季</td></tr>
<tr><td>52500</td><td>1.0</td><td>0.948</td></tr>
<tr><td>70000</td><td>1.0</td><td>0.930</td></tr>
<tr><td>87500</td><td>1.0</td><td>0.912</td></tr>
<tr><td>105000</td><td>1.0</td><td>0.894</td></tr>
</table>

含盐量(mg/kg)	气 水 比	修 正 系 数	季 节
35000	1.0	0.951	
52500	1.0	0.927	
70000	1.0	0.902	冷季
87500	1.0	0.876	
105000	1.0	0.850	

第五节　海水冷却塔填料热力特性试验

对不同含盐浓度的海水进行了不同类型填料与高度的室内试验，试验装置见图 7-34。

一、试验用海水水样配制

试验循环水用海盐稀释配制的海盐溶液来代替海水，这样可保持与海水具有相同的元素，试验循环水质分析指标见表 13-10。可见基本组成与海水的基本组成含量大体相同，海盐稀释的水溶液可以反映海水的特性。为使试验更具代表性，试验进行了多组不同含盐量的试验工况。

试验水样各项离子含量（mg/kg）　　　　　　表 13-10

含盐量(mg/kg)	与标准海水含盐量比	K+	Na+	Ca2+	Mg2+	Cl-	SO42-	HCO3-
21726.0	0.62	636.5	4866.7	405.0	633.8	13662.5	1403.2	118.3
32589.0	0.93	954.8	7300.0	607.5	950.7	20493.8	2104.8	177.4
43452.0	1.24	1273.0	9733.3	810.0	1267.6	27325.0	2806.5	236.5
54315.0	1.55	1591.3	12166.7	1012.6	1584.5	34156.3	3508.1	295.7
65177.9	1.86	1909.6	14600.0	1215.1	1901.3	40987.5	4209.7	354.8
86903.9	2.48	2546.1	19466.7	1620.1	2535.1	54650.0	5612.9	473.0
108629.9	3.10	3182.6	24333.4	2025.1	3168.9	68312.5	7016.2	591.3

试验中共配制了 7 种海水水样，同时进行了淡水的试验。试验选取了多种常用的不同波型填料，如 S 波、双斜波、双向波、斜折波等。

二、试验结果

试验给出了不同的填料高度，如 1.0m、1.25m、1.5m，不同海水浓缩倍数，如 0.62、0.93、1.24、1.55、1.86、2.48、3.10 的试验结果，同时也进行了相同填料不同布置方式的热力阻力特性试验。

在室内逆流式模拟塔上进行上述试验工况热力阻力特性试验，热力与阻力的试验结果按式（6-31）和式（7-1）～式（7-3）进行整理。试验结果列于附录 N。

现在用两种代表性填料来分析海水塔的热力特性与淡水塔的区别与修正。一种是斜波类填料的代表双斜波，另一种是直波类填料的代表双向波。分别取高度为 1.0m 和 1.5m 结果进行分析，结果列于表 13-11。

不同盐度双斜波与双向波填料热力性能试验结果　　　　　　　表 13-11

填料	填料高度（m）	海水的浓缩倍数	冷却系数 $N=A\lambda^{m_1}$		海水塔的热力修正系数	海水塔热力性能降低（%）
			A	m_1		
双斜波	1.0	0.00	1.612	0.664	1.000	0.0
双斜波	1.0	0.62	1.578	0.660	0.979	2.1
双斜波	1.0	0.93	1.539	0.683	0.955	4.5
双斜波	1.0	1.24	1.512	0.678	0.938	6.2
双斜波	1.0	1.55	1.467	0.679	0.910	9.0
双斜波	1.0	1.86	1.438	0.666	0.892	10.8
双斜波	1.0	2.48	1.350	0.643	0.838	16.2
双斜波	1.0	3.10	1.284	0.640	0.796	20.4
双斜波	1.5	0.00	2.076	0.723	1.000	0.0
双斜波	1.5	0.62	2.006	0.752	0.966	3.4
双斜波	1.5	0.93	1.985	0.744	0.956	4.4
双斜波	1.5	1.24	1.962	0.732	0.945	5.5
双斜波	1.5	1.55	1.926	0.712	0.928	7.2
双斜波	1.5	1.86	1.863	0.691	0.897	10.3
双斜波	1.5	2.48	1.708	0.679	0.823	17.7
双斜波	1.5	3.10	1.613	0.703	0.777	22.3
双向波	1.0	0.00	1.369	0.689	1.000	0.0
双向波	1.0	0.62	1.323	0.670	0.966	3.4
双向波	1.0	0.93	1.301	0.679	0.951	4.9
双向波	1.0	1.24	1.282	0.659	0.937	6.3
双向波	1.0	1.55	1.263	0.656	0.923	7.7
双向波	1.0	1.86	1.242	0.669	0.907	9.3
双向波	1.0	2.48	1.210	0.622	0.884	11.6
双向波	1.0	3.10	1.170	0.645	0.855	14.5
双向波	1.5	0.00	1.753	0.685	1.000	0.0
双向波	1.5	0.62	1.730	0.733	0.987	1.3
双向波	1.5	0.93	1.664	0.713	0.949	5.1
双向波	1.5	1.24	1.647	0.714	0.940	6.0
双向波	1.5	1.55	1.603	0.717	0.915	8.5
双向波	1.5	1.86	1.575	0.683	0.899	10.1
双向波	1.5	2.48	1.478	0.672	0.843	15.7
双向波	1.5	3.10	1.348	0.661	0.769	23.1

　　由表 13-11 可以看出，淋水填料的热力特性表达式中系数 A 随海水浓度增加而降低，气水比的指数基本与海水浓度无关。以淡水的填料冷却数为基准，参照式（13-9）与式（13-10）的方式给出海水冷却塔热力特性修正系数，结果见图 13-13。将两种填料的所有试验结果中偏离较大的点去除进行拟合，可给出海水冷却塔的热力特性折减系数关系式：

$$A_s = 1.00 - 5.53 \times 10^{-2} C \tag{13-11}$$

式中　　A_s——海水冷却塔热力计算时的填料特性修正系数；

　　　　C——海水的浓缩倍数（含盐量相对于含盐量 35000mg/kg 的倍数）。

同样可拟合出海水填料热力特性下降的关系式：

$$A_d = 5.53C - 0.41 \quad (\%) \tag{13-12}$$

由图 13-12 和图 13-13 与式（13-12）可看出，海水（含盐量为 35000mg/kg）的热力特性下降 5.2%；循环浓缩倍数达到 2 时，热力特性降低约 11.8%。

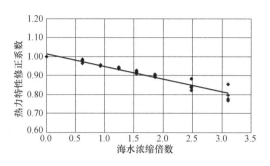

图 13-12 不同海水浓缩倍数填料热力
特性折减系数

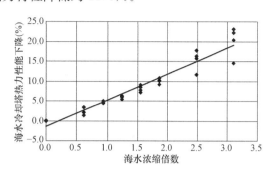

图 13-13 不同海水浓缩倍数填料热力
性能下降百分数

三、海水冷却塔热力特性修正

上节对海水冷却塔与淡水冷却塔从理论分析与模拟塔试验进行了研究，理论分析给出了海水冷却塔的修正计算公式（13-10），试验给出了海水冷却塔的热力特性折减系数关系式（13-11）。式（13-11）与式（13-12）为试验总结公式。由于试验误差等方面的原因，有一定的近似性，如当浓缩倍数为零时，式（13-11）计算的修正值并不为 1，式（13-12）计算的热力性能下降也不为零，但作为冷却塔计算其精度是足够的。现在通过一个计算实例来说明。

例 13-3 某地区冷却塔的负荷为进塔水温 42℃、空气干球温度 31℃、湿球温度 26℃、大气压 100000Pa、循环水量 500t/h、冷风机风量 480000m³/h，填料淡水冷却数为 1.5。用理论分析与经验公式求在海水浓缩倍数为 1.0、1.5、2.0、2.5、3.0 下的填料冷却数与出塔水温。

按式（13-11）推算不同海水浓缩倍数下填料的冷却数，如表 13-12 所示。

不同海水浓缩倍数的填料冷却数与出塔水温　　　　　　　　　　　　表 13-12

海水浓缩倍数	0	1.0	1.5	2.0	2.5	3.0
修正系数[式(13-11)]	1.0	0.945	0.917	0.889	0.862	0.834
冷却数	1.5	1.417	1.376	1.334	1.293	1.251
出塔水温(℃)	30.3	30.5	30.6	30.8	30.9	31.1
修正系数[式(13-10)]	1.0	0.951	0.926	0.901	0.875	0.849
冷却数	1.5	1.427	1.389	1.351	1.313	1.274
出塔水温(℃)	30.3	30.5	30.6	30.7	30.9	30.9

计算结果表明式（13-10）的计算结果与试验结果十分接近，两种方法计算的出塔水温差值小于 0.1℃。

第十四章　排烟冷却塔

第一节　排烟冷却塔产生背景与发展

一、采用排烟冷却塔的背景

20 世纪 80 年代初期，德国（西德）注意到了由于空气污染引起的德国森林减少，观测表明德国 8% 的森林受到影响。于是，德国于 1983 年颁布了《大型燃烧设备条例（Large Combustion Plant Ordinance）》法令，该条例规定了已经建成的和新建的燃煤电厂的二氧化硫与氮氧化物的排放标准。大型燃煤电厂二氧化硫排放不能超过 $400mg/m^3$，二氧化氮排放不能超过 $200mg/m^3$，对已经运行的电厂规定了须在 5~6 年的时间进行改造。要求二氧化硫须于 1988 年 7 月 1 日达标，二氧化氮于 1989 年底达标。

较常用的脱硫方法是石灰石湿法脱硫（wet scrubbing with lime or limestone），脱硫过程将烟气的温度降至 100℃ 以下，致使在不进行再加热的情况下，用烟囱排放于方式，扩散不能满足条例规定的地面硫化物浓度要求。这时，需要增加一套用于加热烟气的系统，即 GGH 系统，将脱硫降温后的烟气加热至排放要求的温度。在 GGH 系统中，脱硫与未脱硫烟气直接接触，系统容易产生腐蚀，同时增加了系统的运行费用，使电厂运行成本增加。因此，人们就注意到很早就已经有的一些概念与专利（早在 1918 年德国就有一个专利（Germany patent n 347 141）提出了烟气从冷却塔排出，之后有很多发明家提出了更好的想法。1973 年 9 月匈牙利的公司（Transelektro Magyar villamosagi kulk-creskedelmi）档案中有一个专利（E c 2174）提议一个有多个气体排放口的冷却塔；美国 1974 年 5 月的一个专利（3 965 672 Westinghouse）描述了一个带有多个排气通道的冷却塔）。如将烟气从塔底部通入塔内，可利用比烟气流量大 10 倍的热气流量获益，如图 14-1 所示。后经过风洞模型试验确认由冷却塔将废气排入大气，硫化物的扩散比烟囱排放更有效。造价比较也表明这是一个经济的方案。利用自然通风冷却塔排放烟气是一项既可减少投资与运行费用，又可较好满足环保标准的技术，这一技术在德国得到广泛应用。

冷却塔的羽流本身就存在减弱阳光的光照时间、增加降雨量和形成雾的概率、增加露和霜的发生以及盐分与微生物的排出污染，所以，采用排烟塔，首先环保部门会担心将会使冷却塔的羽流问题更加严重。20 世纪 80 年代初德国指定废热排放委

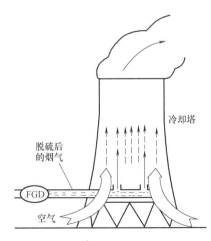

图 14-1　排烟冷却塔示意图

员会进行了相关研究工作，消除了人们对于采用排烟塔环境更糟的后果疑虑，但同时排烟塔由于含大量热的羽流有良好的扩散条件，而使电厂附近的有害物浓度低于烟囱的优势受到保护部门质疑。因为这在当时仅是一个理论说法没有实践检验。最后，北莱因威斯特伐利亚州环保部决定协调先付诸实施四个电厂，这是因为环保部门收到了同样具有创新的技术方案解决排烟的问题，而这些方案还更环保。也避免 14 个区的 6000MW 褐煤机组实施脱硫系统延误（担心当电厂已经被批准采用排烟塔解决方案时，不达标时得不到运营许可，必然造成大面积延误发生）。

环保部门提出了试图要求通过修改高大的烟囱，将污染空气排向更远的方案，受到了景观人士的激烈批评，排烟塔的方案满足排放高度的限制而不恶化电厂附近空气的污染物浓度，就成了首先选择的方案。环保部门进行了大量的协调工作，使 4 个电厂排烟塔方案最终付诸实施。环保部门于 1984 年召开了 6 次协调会议，参加会议的有运营申请商、众多专家、运营许可部门等。会议确定了检验考核的步骤和专家的任务，所取得的结果随时讨论。1984 年秋这些工作使排烟塔方案获得全面通过，排烟塔比环保部门提出的更高的烟囱方案更有效得到认可。4 个厂的许可程序在此基础上于 1985 年完成，不久建造工作，脱硫系统安装立即展开。在 4 个工程许可程序中，申请运营商（电厂）的申请文件公开 2 个月，供任何公众人员查阅。2 个月内任何关于工程、脱硫和排烟塔方案的反对意见都会被重视沟通。4 个厂址中，一个在许可过程中没有反对意见，在其他 3 个许可过程中，都收到了反对意见，反对意见特别指向排烟方案的，但反对的理由是他们不喜欢，后进行了沟通处理。

在排烟塔得到实施的过程中，回答排烟塔方案是否达到环保要求是一个至关重要的事，如果不能达到环保要求，该方案将不能实施。在满足环保要求后，还要回答排烟塔的排烟和排烟设施会不会对冷却塔的运行产生影响，如何影响等问题。电厂烟气的温度和烟量与电厂的负荷、燃料及脱硫工艺有关，当设计确定后，这些参数也就确定了。由锅炉排出的烟气一般可达 120～140℃，经过湿法脱硫后烟气温度降至 40～60℃，排入冷却塔内的烟气相对湿度一般为 100% 或接近饱和状态。烟气排入冷却塔后与冷却塔中的湿热空气混合，气流的温度、湿度及密度都发生变化。此外，排烟管放置于冷却塔中，必然对塔内的气流产生阻力，同时烟气与塔内气流的相互混合，其结果如何也是排烟冷却塔设计所须考虑与解决的问题，所以，进行排烟冷却塔热力阻力计算方法研究具有重要意义，排烟塔排烟管阻力模型试验研究是排烟塔热力阻力计算方法研究中的必不可少的一环。

二、排烟冷却塔的发展

1. 佛林根电厂排烟冷却塔

世界上第一个采用排烟塔的电厂是德国的佛林根（Völklingen）电厂，采用的是脱硫设备置于横流塔中。机组的功率为 230MW，锅炉蒸汽量为 147kg/s。冷却塔循环水量为 4600kg/s，进出塔水温差为 13℃，塔高度 100m，底部直径 100m，出口直径 40m。设计点的冷却塔的湿热空气量为 5800kg/s。脱硫设备约 31m×18m 大小，在 40m 标高处有 4 个直径 3m 的排出烟管，布置于横流式冷却塔内。脱硫前的烟气量为 240kg/s，烟气温度为 180℃；脱硫后的烟气温度为 55℃，硫含量小于 400mg/m³（环保标准要求值）。

佛林根电厂原本是一个带有排烟塔研究色彩的试验性电厂，在德国脱硫工艺强制实施前，Saarbergwerke AG and Saarberg-Hölter Umwelttechnik GmbH 开发出的一个脱硫国际专利，称为 SHU 脱硫工艺。SHU 也是湿法脱硫，专利点在于工艺过程中使用了少量的单碱或多碱羧酸，就是通常说的甲酸（化学式 HCOOH，分子式 CH_2O_2，分子量 46.03），俗名蚁酸，是最简单的羧酸。加入的蚁酸加速或催化了二氧化硫的转化吸收，保证石灰石等试剂对二氧化硫的高效吸收。在 SHU 工艺中吸收的化学当量比为 1.03~1.05，而其他工艺方案为 1.15~1.4，而添加的蚁酸的成本仅增加 0.5%~0.7%。SHU 是 20 世纪 70 年代开发的，这个方案经过了运行反馈设计修改的过程，1977 年获准进入商业建设。佛林根电厂 230MW 机组于 1982 年便采用了 SHU 脱硫工艺，脱硫工艺设备被放置在横流式冷却塔中，正好是排烟冷却塔实施前，可进行相关问题试验和验证，如图 14-2 所示。

2. 自然通风逆流式排烟冷却塔

早期对于排烟塔排烟气的认识是让冷却塔的强大羽流将烟气带走，扩散的更高更远，使居民生活区域的污染物浓度达标。成功的关键有两点，冷却塔具有强大的气流，烟气与塔内的热气能够很好地掺混均匀，使冷却塔出口的污染物浓度相对更低。1994 年前的所有排烟塔都设计有排烟设施，目的是将烟气与塔内热空气混合均匀。自然通风逆流式排烟冷却塔的结构如图 14-3 所示，经过脱硫的烟气由大直径管道输入塔内的收水器断面以上，烟气由排烟器排出，排烟器是在输烟气管道上方布置的侧向排烟窗，脱硫后的烟气从排烟窗水平排出，以使烟气与塔内热空气混合均匀。最具代表性的工程为德国尼德毫森（Niederaussem）电厂排烟冷却塔，该排烟冷却塔于 1987 年投入使用。

图 14-2　世界上第一个排烟塔（德国佛林根电厂）

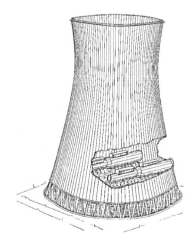

图 14-3　自然通风逆流式排烟冷却塔

3. 空冷排烟塔

1990 年匈牙利的伊季埃（EGI）公司提出了空冷排烟冷却塔，认为空冷塔也适合于排放烟气，并探讨了脱硫烟气由空冷塔排放的可行性，给出了烟气排放管的布置方式，如图 14-4 所示。第一次提出排烟塔中烟气的集中单点排放的方式，认为烟气之所以要与塔内气流掺混均匀，是为了改善冷却塔的运行效果，经过估算对于塔的热力改善结果仅 0.1 个百分点，可忽略不计。鉴于此，放弃使烟气与塔内热气掺混均匀的烟气排放方式，而改用单点集中排放，可省去烟气排放器和掺混器，烟气在塔出口不能扩散至塔体壳处，如图14-5 所示。1992 年伊季埃公布了其所进行的模型试验，试验着重关注烟气的排放方式对冷却塔冷却效果和塔体壳受烟气腐蚀是否减轻的问题，得到了肯定的结论。目前空冷排烟塔已经在多个电厂实施，有间接空冷机组的三塔合一，如图 14-6 所示。

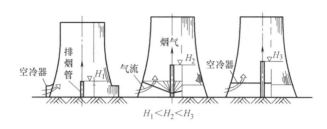

$$H_1 < H_2 < H_3$$

图 14-4　空冷排烟塔

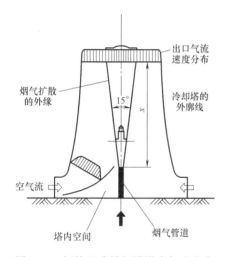

图 14-5　间接空冷排烟塔塔内气流流态

图 14-6　间接空冷排烟塔

4. 黑泵（Schwarze pumpe）电厂的排烟冷却塔

　　1993 年德国黑泵电厂两座冷却塔开始建造，冷却塔的热力及工艺部分是德国基伊埃（GEA）公司中标，GEA 将空冷排烟塔的单点集中排放技术第一次移置于湿式自然通风冷却塔，冷却塔于1996 年 10 月通过验收，之后排烟冷却塔的烟气皆采用了集中排放的方式。GEA 公司对黑泵电厂排烟塔提出了双烟管的技术方案，

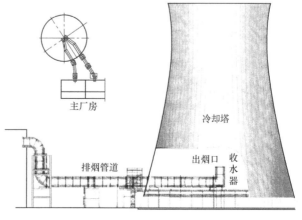

图 14-7　黑泵电厂冷却塔的布置方案

如图 14-7 所示，实施后的冷却塔如图 14-8 所示。

图 14-8　黑泵电厂排烟冷却塔

黑泵电厂排烟塔配套机组容量为 800MW，冷却塔设计点循环水量为 18240kg/s（65664t/h）、进塔水温 26.4℃、出塔水温 18℃、进塔气温 9.2℃、进塔湿球温度 7.2℃；烟气量为 $3.9 \times 10^6 m^3/h$，烟气温度为 70℃。冷却塔零米直径 104m、壳底直径 98.34m、喉部直径 61.12m、出口直径 61.12m、塔总高 141m、进风口高度 7.3m、噪声墙高 15m、噪声墙内径 134m。烟气由两根 6.5m 玻璃钢管道在标高 17m 处送入塔内。

三、排烟塔在我国的应用

国内第一个排烟塔建成于华能高碑店电厂，排烟塔于 2006 年 9 月投入运行。高碑店电厂排烟塔是我国 2008 年奥运会前的环境治理的一个脱硫技改项目，电厂为供热电厂，排烟塔按四炉一塔的方案由德国基伊埃公司完成工艺设计，华北电力设计院负责结构设计，如图 14-9 所示。排烟塔淋水面积 3000m²、塔总高度 120m、进风口高度 6.5m、底部直径 67m、喉部直径 39m、出口直径 42m，烟气由两根直径 7m 的玻璃钢管道送入塔内。

图 14-9　北京华能高碑店电厂排烟塔

国内第一个自主设计的排烟冷却塔是三河电厂二期的排烟冷却塔，三河电厂担负着北京地区的冬季供热任务，机组容量为 300MW。排烟冷却塔淋水面积 4500m²、塔总高120m、进风口高度 7.8m、底部直径 83m、喉部直径 44m、出口直径 47m，烟气由一根直径 5.2m 的玻璃钢管道在标高 39m 处送入塔内，如图 14-10 所示。之后一批热电厂的排烟冷却塔方案开始实施，如：天津东北郊电厂 5000m² 排烟塔、哈尔滨第一热电厂 3850m² 排烟冷却塔、辽宁锦州热电厂 4000m² 排烟塔、天津军粮城 5000m² 排烟塔、大连甘井子电厂 4000m² 排烟塔等。2010 年 7 月江苏徐州彭城电厂三期 2×1000MW 机组投运，将排烟冷却塔推进到了百万级，2011 年 12 月宝鸡第二发电有限公司 6 号机组的投运成功，标志着间接空冷机组的脱硫塔、间接空冷塔和烟囱的三塔合一技术达到了 660MW 级。

图 14-10　三河电厂排烟塔

第二节　排烟冷却塔的排烟特性

排烟冷却塔是针对燃煤机组脱硫工艺排烟问题而提出的一个经济可行的解决方案，相关的工艺问题至少有 3 个部分。一是排烟塔能否满足环保对烟气排放的要求，主要是烟气通过冷却塔排放扩散后对人居的影响程度能否满足要求；二要达到环保要求对冷却塔的要求是什么？如何达到？三是排烟冷却塔的热力阻力特性有何变化。

德国汉堡大学的舒兹曼受德国北伐尼亚莱因电力公司（Rheinisch-Westfalische Elekt-rizitaswerke AG）委托对冷却塔排放脱硫烟气的扩散特性进行了研究。

冷却塔出口羽流的动量小于烟囱出口烟气的动量，而塔出口处的风速一般大于冷却塔出口气流速度，这样可能引起塔羽流的下洗。利用冷却塔排放烟气在大风下洗条件下，能否保证地面有害物浓度满足环保要求是排烟塔方案的关键，研究问题也包括多塔相互作用以及塔与周边建筑的相互作用后是否能满足排放烟气的地面有害物浓度的要求。

舒兹曼对尼德毫森（Niederaussem）电厂的排烟塔进行了风洞模型试验研究，之后他及卡什（Karlsruhe）大学又对其他 4 个工程进行了同样的研究。

图 14-11　尼德毫森电厂鸟视图

一、排烟塔的工程情况

尼德毫森电厂如图 14-11 所示，8 台机组装机容量为 2700MW，其中第 7、8 号机组分别配套高 103m 和 126m 的自然通风逆流式冷却塔。第 4～8 号机组的脱硫烟气由两台自然通风冷却塔排放，而第 1～3 号机组配套的是机械通风冷却塔，采用烟气再加热的方式由烟囱排放。

二、模型相似律

排烟冷却塔烟气排放扩散特性的各影响因素及相互关系如图 14-12 所示，模型研究范围包括排烟冷却塔、锅炉等建筑，电厂处于大气边界层中，大气的自然风速的垂向分布为：

$$\frac{u(z)}{u(\delta)} = \left(\frac{z}{\delta}\right)^n \tag{14-1}$$

式中　$u(z)$——高度 z 处的自然风速，m/s；

　　　$u(\delta)$——高度 δ 处的自然风速，m/s；

　　　n——与地面粗糙相关风速分布指数。

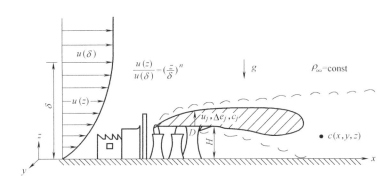

图 14-12　模型研究工作的各因素

污染物的浓度与排放口浓度、位置、排烟塔高度、直径、出口流速、自然风速等因素有关，可表示为：

$$\frac{c}{c_j} = f(x,y,z,H,D,l_1,l_2,\cdots,l_n,n,g,u(H),u_j,\Delta\rho_j,\rho_\infty,\mu_j,\mu_\infty) \tag{14-2}$$

式中　　　c——污染物在坐标位置（x，y，z）处的浓度，mg/m³；

　　　　　c_j——污染物在排放口处的浓度，mg/m³；

　x、y、z——空间位置坐标，m；

　　H、D——排烟塔或烟囱的高度与直径，m；

l_1、l_2、l_n——各相关建筑物的特征尺寸，m；

　　　　　g——重力加速度，m/s²；

$u(H)$、u_j——高度 H 处的自然风速和污染物排出速度，m/s；

　$\Delta\rho_j$、ρ_∞——排出烟气混合气体与环境大气的密度差，环境空气密度，kg/m³；

　μ_j、μ_∞——排出烟气混合气体与环境大气的动力黏性，kg/(s·m)。

对上式进行量纲分析，可将各相关量进行无量纲化有：

$$\frac{c}{c_j} = f\left[\frac{x}{D},\frac{y}{D},\frac{z}{D},\frac{H}{D},\frac{l_1}{D},\frac{l_2}{D},\cdots,\frac{l_n}{D},n,\frac{\delta}{D},\frac{u(H)}{u_j},\frac{u_j}{\sqrt{gD\frac{\Delta\rho}{\rho_\infty}}},\frac{\Delta\rho}{\rho_\infty},\frac{Du_j\rho_j}{\mu_j},\frac{Du(H)\rho_\infty}{\mu_\infty}\right]$$

$$\tag{14-3}$$

式中 $\dfrac{u_j}{\sqrt{gD\dfrac{\Delta\rho}{\rho_\infty}}}$ 为密度佛氏数，表征烟气混合气体的抬升能力，$\dfrac{Du_j\rho_j}{\mu_j}$，$\dfrac{Du(H)\rho_\infty}{\mu_\infty}$ 为自

然风与烟气混合气体的雷诺数，表征二者运动的流态。δ 为大气边界层厚度，一般要达到几百米。

模型试验要相似，除要求模型与原型的各物体的几何相似外，还要求密度佛氏数相

等、自然风速与排放口气流速度比相等，同时考虑气体运行的雷诺数达到一定的量值，使模型与原型的流态相似。

最终选择了 1∶1000 模型比尺，在断面为 1.0m×1.5m、长度 16m 的环境风洞中进行了研究，风洞如图 14-13 所示，模型如图 14-14 所示。

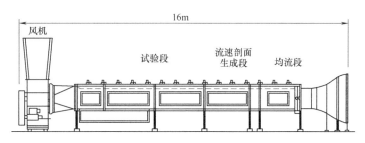

图 14-13 试验用环境风洞示意图

图 14-14 尼德毫森电厂模型布置示意图

模型试验中要保持密度佛氏数相等，则要求模型速度比原型低 $\sqrt{1000}$ 倍，这样会带来模型雷诺数过低的问题，试验中采用了氦气与空气的同时，采用加大密度差使模型的速度提高，同时对模型进行加糙，以保证模型与原型的自然风绕流相似，加糙后的冷却塔的风压分布与原型一致，如图 14-15 所示。

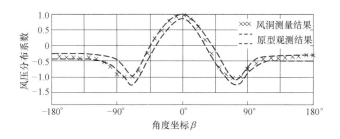

图 14-15 风洞与原型观测的风压分布系数对比

三、试验结果

尼德毫森电厂的 8 台机组的主要参数如表 14-1 所示，脱硫后的烟气二氧化硫含量小于 400mg/m³。试验时自然风的方向取了 4 个，自然风在最高冷却塔（126m）处的风速为 10 m/s、20 m/s、30 m/s 和 40m/s。风洞中可测量羽流的中心线位置，可以确定在自然风条件下是否会发生羽流的下洗流动，试验结果证明下洗没有发生，即使在自然风速达到 40m/s 时亦如此，如图 14-16 所示。

尼德毫森电厂排烟塔相关参数   表 14-1

机组编号	1、2	3	4	5、6	7、8
塔高(m)	38	38	117	103	126
排放流速(m/s)	7	7	3.6	4.15	3.94
出口直径(m)	26	26	51	46	67
空气密度(kg/m³)	1.22	1.22	1.2195	1.2445	1.2445
羽流密度(kg/m³)	1.18	1.18	1.1296	1.1306	1.1323
密度佛氏数	2.4	2.4	0.59	0.64	0.51
机组容量(MW)	150	300	300	300	600

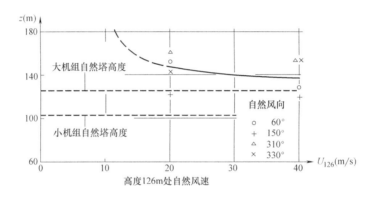

图 14-16 羽流中心线的高度变化（距离电厂 350m）

图 14-17 为地面二氧化硫的浓度分布测量结果，由图可看出最大浓度并不是发生在排放点，而是其后一段距离。该图为一个风向时的二氧化硫的浓度分布，而环保考核二氧化硫浓度需要结合当地自然风发生的频率来评估，图 14-18 为不同自然风速、不同风向最大二氧化硫浓度值与发生频率估算结果，左侧纵坐标为超过某风速值发生的频率，右侧纵坐标为某特定位置的地面二氧化硫浓度。如在 150°方向大于 20m/s 的风速的地面二氧化硫浓度值最大达到 0.8mg/m³，但其发生频率不到 0.01%。德国环保要求地面浓度 98% 的时间小于 0.4mg/m³，实测结果表明尼德毫森电厂的排放可以满足环保的要求。

冷却塔排放烟气与烟囱排放烟气比较如图 14-19 所示，当 10m 高度自然风速小于 8m/s 时，冷却塔排烟的最大地面二氧化硫浓度都低于烟囱排烟方式。这是由于当自然风速较大时，冷却塔的羽流的抬升力可以忽略。当 10m 高度自然风速为 5m/s 时，烟囱排放烟气的地面最大二氧化硫浓度为排烟塔的 3.5 倍。

四、原型观测结果

1984 年 11 月～12 月和 1985 年 5 月～6 月对佛林根电厂的排烟塔和烟囱排烟进行了现场观测，目的是了解羽流运动的特性及羽流扩散和周边的二氧化硫的沉落情况。

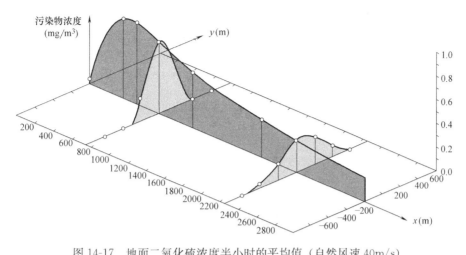

图 14-17　地面二氧化硫浓度半小时的平均值（自然风速 40m/s）

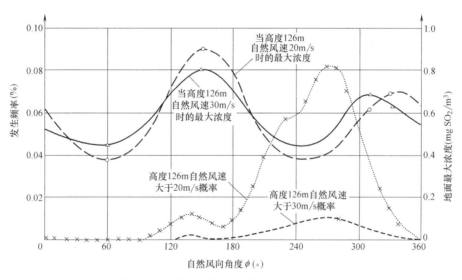

图 14-18　地面二氧化硫最大浓度与发生频率

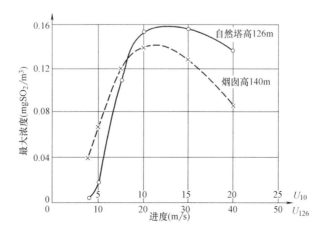

图 14-19　烟囱与冷却塔排放地面二氧化硫浓度比较

观测期间大气条件为气温 0～28℃，相对湿度 35％～100％；冷却塔的飘滴远低于 50mg/L（这是塔排放限制值）。观测结果没有出现有硫地区二氧化硫浓度更糟的情况，观测还对塔体的混凝土和塔内壁预埋塑料收集样品并进行检验。观测结论为烟气与塔的羽流在塔出口混合均匀，混合的羽流能够升高到比烟气自身更高的大气空间，混合的羽流能够克服逆温层，至少可以升至逆温层，地面的硫浓度小于烟气单独排放，如图 14-20 所示。

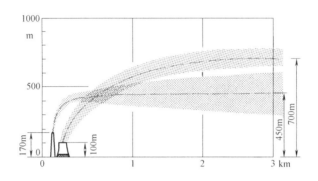

图 14-20　排烟塔与烟囱排烟气的扩散高度比较

第三节　排烟冷却塔排烟器与热力阻力特性研究

一、排烟器的研究

早期人们对排烟塔排烟特性研究中认为烟气与塔内的热气须掺混均匀，一是降低了冷却塔排出气体的二氧化硫的浓度；二是使烟气在大气中能够较好地扩散；三是提高了塔内气体的温度，可增大冷却塔的抽力。哈蒙冷却塔公司承接了尼德毫森电厂的排烟冷却塔项目，为使塔内排烟混合均匀及了解脱硫设施对冷却塔工艺和结构的影响，专门委托法国里昂中央理工学院（Ecole Centrale de Lyon）对尼德毫森电厂冷却塔及周边建筑进行风洞模型试验，委托比利时冯·卡门研究所进行了排烟器的模型与模拟试验。

哈蒙公司认为烟气中含水量较大，在烟管中必然产生冷却而发生凝结形成水滴，水滴为酸雨。所以在进入冷却塔后，排口的流速要控制小于 4m/s（这是收水器的高效除水风速）。为此，排放器排放方向为水平，以 4m/s 排出烟气。排出烟气前，先对烟气进行除水器收水。希望烟气与塔内的热气沿直径方向和高度方向掺混均匀。

冯·卡门研究所在试验室进行了不同烟气混合方式和不同排放口的系统试验，目的是确认烟气与塔内热气的混合质量和对冷却塔运行的影响。试验时用空气模拟烟气，测量了排烟系统的阻力系数及系数受塔内排烟结构和排烟风速的影响。掺混均匀性通过各种手段，包括激光测计照相等方式在塔出口测量。最后获得排放器形式，使出口量的均匀系数达到了 85％以上（哈蒙公司与尼德毫森签证的保证值是 75％）。后还委托德国卡什（Karlsruhe）大学对如何通过排烟器的收水器获得烟气均匀流动进行了试验，并得到较理想的收水器是百叶板，百叶板既可反射除水也可使烟气均匀流动，排烟器结构如图 14-21 所示。

二、排烟塔热力阻力特性研究

排烟塔与常规冷却塔不同的是，烟塔内布置了排烟管，烟管中的烟气具有较塔内热气温度还高的温度，排出口具有约 10m/s 的气流动量。塔内的排烟管道和烟气对冷却塔的热力阻力特性的影响包括了排烟管道和烟气流形成的塔内气流的阻力和由此引起淋水填料断面风速变化造成的热力特性的变化。笔者等人对不同淋水面积及不同布置方式的烟道进行了模型试验。

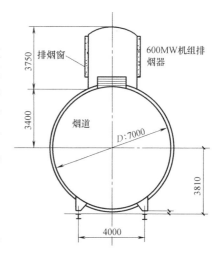

图 14-21　排烟器示意图

1. 模型规划设计

排烟冷却塔可适用于湿法脱硫的采用循环冷却系统的不同容量发电机组，较常采用的机组容量为 300MW、600MW 和 1000MW，一般是一机配一座自然通风逆流式冷却塔。对于较小容量的供热机组，冬季运行时，塔内热负荷降低，采用一机一塔的排烟方式，将不能满足环保要求，此时，采用多机一塔的排烟方式。为具有广泛的代表性，将取 300MW 机组配一座 4500m² 塔、1000MW 机组配一座 13000m² 塔和两台 300MW 机组共用一座 4500m² 塔的情况进行概化。

将 13000m²、4500m² 和常用的 8500m²（与 600MW 配套）、10000m²（与 600MW 或 900MW 配套）冷却塔塔壳以塔壳底直径为基准进行无量纲化处理，结果列于表 14-2 与图 14-22。

不同淋水面积冷却塔特征尺寸　　　　　　　　　　表 14-2

淋水面积(m²)	4500	8500	9500	10000	13000	模型
进风口高度(m)	7.80	9.80	9.80	10.96	12.00	0.078
壳底直径(m)	77.64	105.51	113.50	116.62	133.36	0.768
总高度(m)	117.65	140.75	156.11	158.38	175.95	—
喉部高度(m)	90.34	105.79	119.83	120.82	141.15	0.903
喉部直径(m)	44.28	62.00	65.36	67.08	77.95	0.441
进风口高度与壳底直径比	0.100	0.093	0.086	0.094	0.090	0.102
喉部高度与壳底直径比	1.164	1.003	1.056	1.036	1.058	1.176
喉部直径与壳底直径比	0.570	0.588	0.576	0.575	0.585	0.574
总高度与壳底直径比	1.515	1.334	1.375	1.358	1.319	—

由表 14-2 可看出，不同淋水面积冷却塔的进风口高度与塔壳底直径比变化较小，最小的为 0.086，最大的为 0.102，而喉部直径与塔壳底直径比在 0.57～0.59 之间，也较接近。由图 14-22 可看出，几种塔的壳体形状经过无量纲化处理后，形线十分接近。从图 14-22 也可看出，模型塔的塔型曲线，喉部以下与原型吻合良好。

2. 模型相似律

排烟冷却塔内填料以上部分的气流包含了两部分，在冷却塔内填料区经过热质交换后

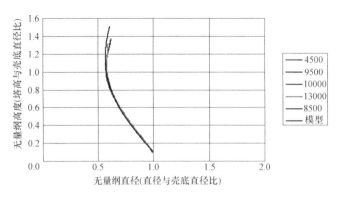

图 14-22　不同淋水面积冷却塔的塔型无量纲曲线

的气温约 38℃的湿热空气与温度约 40～60℃的烟气。两种气流之间存在着热量与动量的传递。要保证模型与原型的相似，首先要求几何相似，但淋水填料片距的几何尺寸较小无法做到几何相似，试验中以阻力相似来处理，即做到原、模型的阻力系数相等或接近。第二要求气流运动相似，要求满足模型与原型的雷诺数、密度佛氏数以及烟气与湿热空气流速比相等。即：

$$(Re)_r = \left(\frac{VD}{\nu}\right)_r = 1 \tag{14-4}$$

$$(F_\Delta)_r = \left(\frac{V}{\sqrt{\frac{\Delta\rho}{\rho}gH}}\right)_r = 1 \tag{14-5}$$

$$(a)_r = \left(\frac{V_s}{V_a}\right)_r = 1 \tag{14-6}$$

式中　Re——雷诺数；

　　　F_Δ——密度佛氏数；

　　　a——烟管出口烟气流速与烟管所在处塔壳断面的平均空气流速比；

　　　$(\ )_r$——表示原型值与模型值之比；

　　　V——塔内填料断面平均气流速度，m/s；

　　　V_s——排烟管出口平均气流速度，m/s；

　　　V_a——排烟管所在断面塔内湿热空气平均气流速度，m/s；

　　　D——塔的特征尺寸，取填料断面直径，m；

　　　ν——气流运动黏性系数，m^2/s；

　　　g——重力加速度，m/s^2；

　　　$\Delta\rho$——塔内湿热空气与烟气的密度差，kg/m^3；

　　　ρ——塔内湿热空气的密度，kg/m^3；

　　　H——塔的高度，m。

　　要同时完全满足式（14-4）～式（14-6）是不可能的。因为，要满足式（14-4）要求模型气流速度大于原型；而式（14-5）则要求模型气流速度小于原型。因此，应根据试验的目的，对上述三式有所取舍。

　　3. 排烟管阻力研究

排烟管阻力系流体局部阻力问题，黏性和几何形状起主导作用，而气流的浮力效应起次要作用。所以，雷诺数是主要相似准则数，应满足其原、模型相等。

自然通风冷却塔填料断面风速一般为：0.8～1.5m/s。

排烟管断面的风速：0.8～1.6m/s

冷却塔原型的排烟管断面气流雷诺数为：

$$Re=\frac{DV}{\nu}=\frac{(77\sim126)\times(0.8\sim1.6)}{17.6\times10^{-6}}=(3.5\sim11.5)\times10^{6}$$

以排烟管为特征尺寸的气流雷诺数为：

$$Re=\frac{DV}{\nu}=\frac{(6\sim10)\times(0.8\sim1.6)}{17.6\times10^{-6}}=(2.7\sim9.1)\times10^{5}$$

模型比尺选为：1∶100（200）；

模型淋水断面处直径为：0.76m；

模型塔高：0.91m；

排烟管直径：50mm。

要使排烟管处气流雷诺数与原型相等，则要求相应的流速为：

$$V=\frac{Re\nu}{D}=\frac{(2.7\sim9.1)\times17.6\times0.1}{0.05}=95\sim320\text{m/s}$$

显然模型试验很难做到模型雷诺数与原型完全相同，考虑到阻力系数的自模特性，试验时只需使气流雷诺数基本进入阻力平方区即可。此外，由前人研究成果可知，局部阻力系数进入阻力平方区的雷诺数较沿程摩擦系数约低一个数量级，因而试验中使模型做到阻力相似是可以实现的。

4. 烟气在塔内扩散特性

塔内湿热空气运动及热量传递主要是受浮力与气流流态的影响，此时浮力为不可忽略的因素。因此，要求模型与原型的密度佛氏数相等和烟气出口流速与其相应断面的湿热空气平均流速比相等，并使模型的雷诺数尽可能大，以保证塔内的气流流态基本相似。

在标准大气压下，塔内湿热空气按饱和计算，气温在38℃时的密度约为1.162kg/m³，经过脱硫后的烟气温度50℃时的密度约为1.142kg/m³。

冷却塔原型的塔内气流密度佛氏数为：

$$F_{\Delta}=\frac{V}{\sqrt{\frac{\Delta\rho}{\rho}gH}}=\frac{0.8\sim1.5}{\sqrt{\frac{0.02}{1.162}\times9.8(110\sim170)}}=0.15\sim0.35$$

模型比尺选为：1∶100（200）；

模型塔高：0.91m。

模型中将15℃的空气加热升温6℃来模拟烟气，则模型内气流、烟气的密度分别为1.229kg/m³与1.206kg/m³，基本能保证模型与原型的密度佛氏数相似。

模型的塔内填料断面流速为：

$$V=F_{\Delta}\sqrt{\frac{\Delta\rho}{\rho}gH}=(0.15\sim0.35)\sqrt{\frac{0.023}{1.229}\times9.8\times0.92}=0.06\sim0.14\text{m/s}$$

模型的塔内喉部断面气流雷诺数为：

$$Re=\frac{VD}{\nu}=\frac{(0.06\sim0.14)\times0.76\times3}{17.6\times10^{-6}}=(0.8\sim18)\times10^{4}$$

5. 模型系统

为了减小环境物体的影响，试验间四周无墙体，顶部不封闭，仅用工字钢作一"十"字架支撑，用来固定风机，可使空气自由流动，如图 14-23 所示。

试验塔体尺寸根据试验目的、相似律要求以及设备情况，基本以三河电厂冷却塔为原型，模型比尺为 1：100，建立模型冷却塔。若推广其他冷却塔则比尺变小，如以 13000m² 冷却塔为原型则模型比尺约为 1：200。

冷却塔的气流阻力主要集中在进口区域（包括进风口、填料配风区、淋水等），出口部分主要是动能损失。所以，模型试验模拟对象为冷却塔喉部以下的部分，而塔的喉部以上部分则模拟增加的出口损失即可。模型中以风机作为塔内气流运行的动力，风机安装在喉部以上，风机的风量通过变频电机调节。

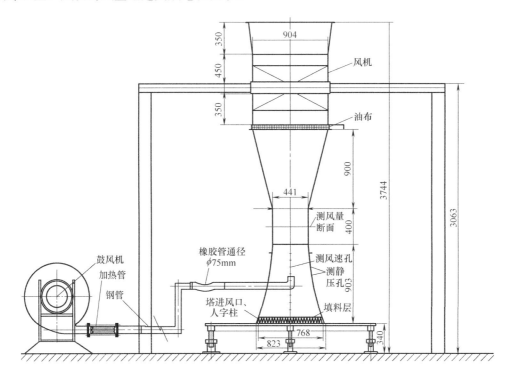

图 14-23　冷却塔排烟道模型试验示意图

为了便于观测，模型塔体用无色透明有机玻璃制成。塔体曲线根据三河电厂的自然通风冷却塔的塔内曲线按比例缩小而得。在塔体互相垂直的 4 个方向及塔的 9 个不同高度的塔壁上布置观测孔，用来测量塔内的气流速度及压力或温度，如图 14-24 所示。测量时将仪器探头由某一孔伸入，其余测孔封闭。用 1 台小型风机来模拟烟气通过烟管吹入塔内，小风机出风管道中安装可调节温度的加热器，烟气量通过变频电机来调节。

6. 试验结果

首先对烟管对塔内气流形成的阻力进行测量，结果见表 14-3，表中的工况 1、2、3 分别代表烟管的布置高度为 43m、31m 和 19m。结果表明烟管布置在塔内所形成的阻力很小，可忽略。随烟管布置高度的增加，阻力系数变大，是由于随烟管布置高度增加，烟管在塔内的挡风面积增加，阻力也随之增大。

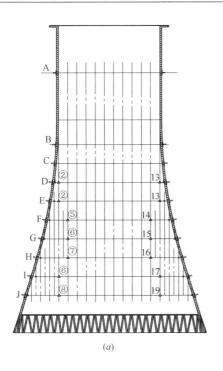
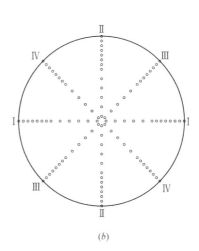

(a)　　　　　　　　　　　　　(b)

图 14-24　测量断面与测点布置示意图

(a) 塔内垂向测量断面布置示意图；(b) 塔内平面测点布置示意图

单烟管不同布置高度阻力系数比较　　　　　　　　　表 14-3

填料断面风速	工况 1 至喉部阻力系数	工况 2 至喉部阻力系数	工况 3 至喉部阻力系数	无烟管至喉部阻力系数	工况 1 阻力系数增加 *	工况 2 阻力系数增加 *	工况 3 阻力系数增加 *
3.00	42.68	42.40	42.26	42.15	0.53	0.24	0.11
3.10	42.46	42.28	42.04	41.91	0.55	0.37	0.13
3.20	42.31	42.24	41.89	41.73	0.58	0.51	0.16
平均	42.48	42.30	42.07	41.93	0.55	0.37	0.13

当烟管排烟时，冷却塔的阻力系数减小，如图 14-25 所示。其原因是烟气排出的气流动量比周边塔内气流动量大的多，两者相互作用传递使塔内气流获得一部分能量。

不同高度烟气在塔内气温的扩散测量结果如图 14-26 所示，随高度增加，烟气的温度沿径向扩散。烟气对冷却塔抽力的影响，应从两方面去考虑：第一方面是烟气高动能与湿空气掺混，使塔内空气获得能量，提高了塔的抽力，同时由于其占据塔内的过流断面，形成阻力。这部分综合起来，可通过有烟的阻力系数考虑；第二方面是较高温度烟气的热量扩散使塔内湿热空气温度升高，密度减小后提高的抽力。由图 14-26 可看出烟气的温度沿高度增加，最

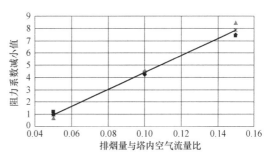

图 14-25　排烟塔的阻力特性

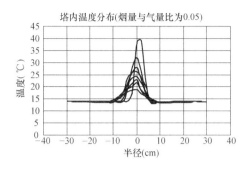

图 14-26　排烟塔内不同高度烟气温度的扩散

大温升值减小，温升的范围扩大，即烟气的部分热量已传给周围空气，同时还可看到，沿高度的增加烟气的动量也逐渐减小，即传递给了周围热空气。从图 14-26 可看出，喉部断面的温升分布与速度分布范围很接近，但升值幅度变化较大，平均温升最大的为排烟出口温升的 25％，而该断面的中心速度升高却是周边速度的 1.6～2.6 倍。以 4500m² 冷却塔为例，烟气温度升高 12℃，密度较周边的空气密度减小约 0.02kg/m³，则烟气的附加抽力增加 2Pa。

而若填料断面风速为 1m/s，忽略烟气密度与其周围的密度差别，喉部断面中心烟气的动能与周边的湿热空气的差别为 $\frac{1}{2}\rho V_{烟}^2 - \frac{1}{2}\rho V_{空}^2 = \frac{1}{2}\times 1.12\left[(1.6\sim 2.6)\times 3.03)^2 - 3.03^2\right]$ ＝8.0～29.6Pa。计算表明，在喉部由动量和密度引起的抽力约差一个量级，因此，密度引起的附加抽力可忽略不计，仅计算动量掺混带来的附加抽力即可。

第四节　排烟冷却塔的热力阻力计算方法修正

一、湿式逆流式冷却塔排烟塔的计算方法修正

湿式自然通风冷却塔的热力阻力计算方法见第九章第二节和第六节，排烟塔与常规塔不同之处在于其烟管和烟气对塔内气流的作用。因此，排烟塔热力阻力计算时只需考虑烟管和烟气的作用即可。烟管和烟气的综合作用可通过对冷却塔阻力系数修正来计入，式 (9-2) 中阻力系数增加排烟阻力的修正项为

$$\xi_s = \xi' + 2.48 - 68.8\eta + \left(\frac{F_f}{F_o}\right)^2\left(\frac{G+G_s}{G}\right)^2 \tag{14-7}$$

式中　η——排烟量与塔内空气流量（不含烟气）比；

$\quad\ \xi'$——常规冷却塔不包含出口损失的其他阻力系数之和；

$\quad\ F_f$——淋水填料断面面积，m²；

$\quad\ F_o$——冷却塔出口面积，m²；

$\quad\ G_s$——烟气流量，m³/s；

$\quad\ G$——冷却塔内热空气流量，m³/s。

二、间接空冷热力阻力计算方法的修正

间接空冷中布置脱硫装置或将烟气由空冷塔排放，水科院进行过多个工程项目的研究，认为在间接空冷塔内布置脱硫装置或排烟管，对空冷塔内的气流形成的阻力可忽略不计，而烟气对冷却塔的热力特性改善，可通过修正间接空冷塔的阻力系数来考虑。即采用式 (14-7) 对间接空冷塔热力阻力计算进行修正。

第十五章　自然风对自然通风冷却塔的影响与防治

第一节　自然风对冷却塔的影响

一、自然风对湿式自然通风冷却塔的影响

早在 20 世纪 70 年代人们就开始注意到在自然风作用下，自然通风逆流式冷却塔的冷却效果降低的现象。法国电力公司（EDF）在 1300MW 核电机组配套的超大型冷却塔考虑了自然风的影响，于 1974 年启动了对运行的机组进行一系列的原型观测试验和室内模型研究。1976～1977 年 EDF 对卡丹尼（Gardanne）电厂 250MW 机组配套的自然通风逆流式冷却塔和卡林（Carling）电厂 340MW 机组配套的自然通风横流式冷却塔进行了原型观测，之后开展了波季（Bugey）电厂、丹皮尔（Dampierre）电厂、圣劳伦（Saint-Laurent）电厂、希农（Chinon）电厂和德国的埋喷（Meppen）电厂的自然通风冷却塔的原型观测试验。

自然风对冷却塔运行影响程度可从原型观测的资料中得到一个概念性的说明。卡丹尼电厂观测的结果表明，自然风使塔的冷却数稍有提升，原因是雨区换热有所加强。当 11m 高度的自然风速达到 4m/s，塔顶达到 8m/s 时，卡丹尼电厂的逆流塔出塔水温升高约 0.5℃，横流塔升高为 1.2℃。对德国埋喷电厂单塔进行了测试，实测结果显示自然风使冷却塔的运行效果变差，特别是当自然风速为 4～10m/s 时，冷却塔的出塔水温升高约 1～2℃，如图 15-1 所示。

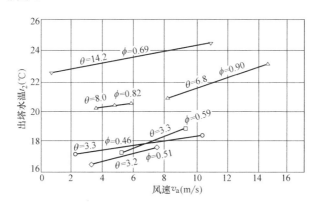

图 15-1　德国埋喷电厂自然风影响冷却塔效率的原型观测结果

波季电厂的原型观测传感器布置 262 个，观测冷却塔为 4 个，冷却塔与波季电厂 900MW 核电机组配套，塔的高度 127m、底部直径 101m、进风口高度 11m、喉部直径 96m。冷却塔的布置及气象观测站如图 15-2 所示。气象观测桅杆高 140m，传感器安装高

度分别为 11m、30m、45m、75m、105m 和 140m。观测数据选择无雨、雾，平均风速在 11m 高度处低于 9m/s，自然风的风向在 240°～360°之间，这就使得 1 号或 2 号塔不受其他 3 个塔对自然风的改变影响；气温变化范围为 2～23℃，其中气温变化每小时小于 1.5℃。观测结果如图 15-3 所示，图的横坐标为 11m 高度处的自然风速，风向在 240°～360°之间，纵坐标为冷却塔实测出塔水温与运行曲线给出的出塔水温之差，当风速不大于 3m/s 时，冷却塔的出塔水温与曲线值差随自然风速变化不明显，当自然风大于 4m/s 后冷却塔运行水温随风速增大而升高，与埋喷电厂观测情况基本一致。

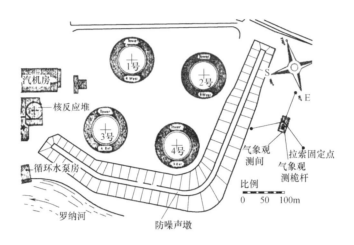

图 15-2　波季电厂冷却塔布置示意图

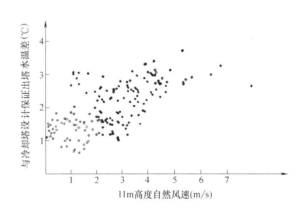

图 15-3　波季电厂冷却塔观测结果

不同电厂的原型观测结果整理后的结果见图 15-4，圣劳伦电厂冷却塔为横流式冷却塔，其余均为自然通风逆流式冷却塔。由图可看出，自然风对湿式自然通风冷却塔的影响还是比较大的，不同的电厂由于冷却塔的自身尺寸不同、运行条件不同、所处位置不同、塔的出口形状不同以及设计运行曲线不同，导致观测结果规律不一样。除波季电厂外，其他几个电厂的观测资料在 11m 高度自然风速为 1～4m/s 的变化规律是比较接近的，当风速为 4m/s 时，冷却塔的出塔水温升高接近 1℃，风速为 3m/s 时，冷却塔的出塔水温升高约 0.5℃。除去卡丹尼电厂，当自然风速增大时冷却塔的出塔水温逐渐升高，在其观测的自然风速范围内，冷却塔的运行水温与自然风速呈单边增大关系，横流式冷却塔受自然风影响大于逆流式冷却塔。

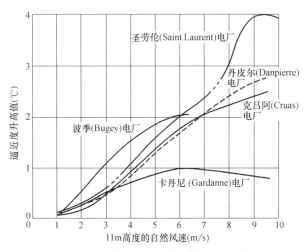

图 15-4　不同电厂湿式冷却塔原型观测结果

二、自然风对自然通风空冷塔的影响

自然风不仅会使自然通风湿式冷却塔运行效果恶化，也会对自然通风空冷塔产生较大的影响，不同空冷机组受自然风影响的观测结果见图 15-5 和图 15-6，与湿冷塔相比，空冷塔更易受自然风的影响。当自然风速为 $0 \sim 10 m/s$ 时，空冷塔的初始温差升高 $1 \sim 7℃$。各电厂空冷塔受自然风影响的程度与空冷塔的空冷器布置方式、空冷塔的位置等诸多因素有关。观测到的初始温差的升高在自然风速为 $6 m/s$ 时，不同电厂观测结果差别不大，当大于 $6 m/s$ 后英国的拉吉利（Rugeley）电厂、南非格莱佛雷电厂的空冷塔与加加林电厂空冷塔受自然风影响程度出现分化，这是由于散热器的布置方式不同造成的。格莱佛雷电厂 5 号塔的散热器冷却三角以矩形布阵方式水平布置在塔内，受自然风影响小，对风的敏感程度低于散热冷却三角垂直布置于塔进风口周边。

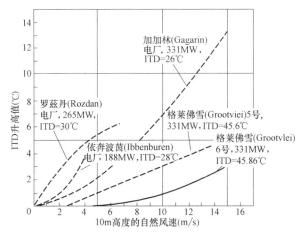

图 15-5　自然风对自然通风空冷塔的影响

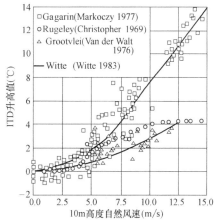

图 15-6　自然风对空冷塔的影响测试结果

第二节　自然风对逆流式冷却塔影响的研究

国外于 20 世纪 80 年代开展了大量的自然风对冷却塔效率影响的研究工作，研究工作采用的方法有理论分析、数值模拟计算、冷态模型试验、热态模型试验、风洞试验及水槽试验等手段，研究思路基本是将进风口区域与出口的影响分别研究。经过对冷热态研究方法比较，得出结论是冷态模型更适合于研究逆流式冷却塔，可提供定量的数据，热态模型可进行各种塔的自然风影响研究，可大量用于比较防风措施，但很难预测、量化自然风对某一塔的影响。

一、理论分析

自然风对自然通风冷却塔的影响可分解为两个部分：一是对进风口气流动力特性的影响；二是对冷却塔出口气流动力特性的影响。

冷却塔在自然风条件下运行时，各相关参数如图 15-7 所示，由能量守恒可得到以下关系：

$$p_f + \frac{1}{2}\rho_2 V_f^2 + \Delta p_f + \Delta p_{wf} + g\rho_m \Delta z_1 = p \qquad (15\text{-}1)$$

$$p_f - g\rho_2 H_e - \rho_2 \frac{V_o^2 - V_f^2}{2} - \Delta p_2 - \Delta p_{wo} = p - g\rho_m(\Delta z_1 + H_e) \qquad (15\text{-}2)$$

式中　p_f，p——塔内填料断面上压力、塔外压力，Pa；

　　　V_f、V_o——塔内填料断面、塔出口流速，m/s；

Δp_{wf}、Δp_{wo}——自然风引起的塔进风口、出口的压力变化，Pa；

　　　　Δp_f——塔进风口至填料顶断面压力差，Pa；

　　　　Δp_2——塔内填料顶断面至塔出口的压力差，Pa；

ρ、ρ_2、ρ_m——塔外、配水层上及塔内外平均空气密度，kg/m³；

　　　　H_e——塔的有效高度，m；

　　　　Δz_1——进风口 1/2 处至填料 1/2 处的高度差，m；

　　　　g——重力加速度，m/s²。

式（15-1）、式（15-2）与无自然风比较，多出两个参数，即 Δp_{wf} 和 Δp_{wo}，若能知道这两个参数便可进行冷却塔的空气动力计算，进风口区域压力的变化就是自然风流过冷却塔的能量损失，那么能量损失或绕流阻力可表示为速度头的关系式：

$$\Delta p_{wf} = \xi_i \frac{1}{2}\rho u^2 \qquad (15\text{-}3)$$

式中　ξ_i——绕流阻力系数，也称为冷却塔进风口附加阻力系数；

　　　u——塔进风口的自然风速，m/s。

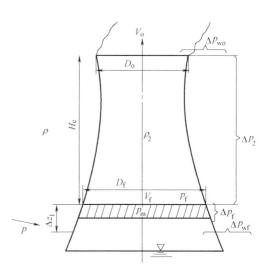

图 15-7　冷却塔内空气流动相关参数

若将冷却塔近似为圆柱，那么绕流阻力系数约为0.7。冷却塔的出口在有自然风时，受自然风横向动量作用，冷却塔出口羽流出现弯曲、压缩，加大了出口动能造成出口阻力，同时自然风绕过塔出口在出口处形成负压，形成附加抽力。所以，出口阻力与出口处的塔出口流量、出口高度处的自然风速、塔出口直径及形状等有关，仿式（15-3）可表示为出口阻力系数与出口处自然风速速度头的积。

$$\Delta p_{wo} = \xi_o \frac{1}{2} \rho u_o^2 \tag{15-4}$$

式中 ξ_o——自然风造成的塔出口阻力系数，也称为出口附加阻力系数；

u_o——塔出口处的自然风速，m/s。

塔出口附加阻力系数为相关参数的函数：

$$\xi_o = f\left(\frac{u_o}{V_o}, \frac{\rho - \rho_2}{\rho}, D_o, \cdots\right) \tag{15-5}$$

自然风对冷却塔的热力特性影响有两方面：一是通过塔内通风量的变化引起工作点的移动而改变塔的热力特性；二是自然风引起填料断面风速分布变化导致热力特性曲线的移动而改变塔的热力特性。前者可通过进风口和出口附加阻力系数进行估算，而后者需要了解自然风引起塔内风速分布变化造成的热力特性改变，可通过修正系数方式进行估算。

$$N_o = C_{wn} N \tag{15-6}$$

式中 N_o，N——冷却塔在有、无自然风时的冷却数；

C_{wn}——自然风对冷却塔热力影响修正系数。

自然风对冷却塔热力特性影响系数只能从原型观测中获得，通过对原型观测资料分析可得到冷却塔热力特性冷却数在有无自然风时的比值，如图15-8和图15-9所示。由图可看出，有无自然风冷却塔的热力特性是有变化的，横流式冷却塔受的影响较逆流式冷却塔大；横流式冷却塔的热力特性变差，逆流式冷却塔的冷却数稍好，这是因为有自然风时，逆流式冷却塔的雨区换热得到加强。

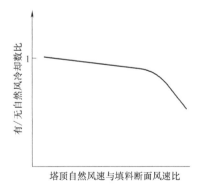

图15-8 卡林电厂横流式冷却
塔冷却数原型观测结果

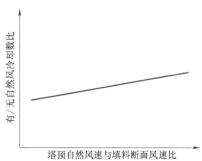

图15-9 卡丹尼电厂逆流式冷却
塔冷却数原型观测结果

二、风洞模型试验

自然风对湿式冷却塔的影响进行过多个模型试验研究，法国电力公司组织进行了卡丹尼和卡林电厂逆流塔和横流塔室内自然风影响模型试验。他们在风洞中进行了冷态和热态模型试验。模型试验以卡丹尼电厂的逆流塔和卡林电厂的横流塔为原型,并与实测资料进行对比,在此基础上对与1300MW机组配套的冷却塔进行模型试验了解自然风的影响。模型试验研究将冷态模型分为进风口区域和出口区域两部分分别进行研究,同一个模型研究出口时,塔内通风量从底部吹入;研究自然风对进风口影响时,塔内的通风从顶部吸出。冷态模型由比利时冯·卡门研究所于1979年完成,模型比尺为1:200。

热态模型试验由法国圣西尔空气动力研究院(Saint-Cyr Institute Aerotechnique)于1979年和1980年完成,热态模型共建了3个,一个是卡丹尼电厂逆流式自然塔,模型比尺为1:79;一个是卡林电厂横流式冷却塔,模型比尺为1:100;一个是与1300MW机组配套的横流式自然塔,模型比尺为1:205。

1. 卡丹尼电厂逆流塔试验结果

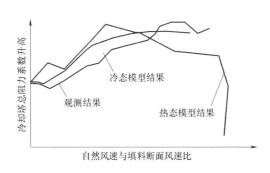

图15-10 卡丹尼电厂逆流塔的热态模型试验结果

卡丹尼电厂的自然通风逆流式冷却塔1:79热态模型和1:200冷态模型试验结果如图15-10~图15-12所示,热态模型综合反映了冷却塔进风口与出口受到的自然风影响,由图可看出自然风对逆流式冷却塔的影响可分为3个阶段,当自然风与填料断面风速比值较小时,自然风的影响可忽略;当比值达到某一个范围时,冷却塔的阻力增大,冷却塔运行效果变差;当比值大于某值后,冷却塔的阻力会变的比无自然风时还低,自然风有利于提升冷却塔冷却效果。

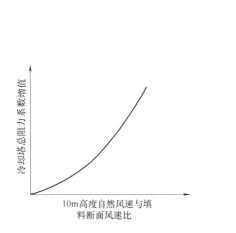

图15-11 卡丹尼电厂逆流塔
进风口阻力试验结果

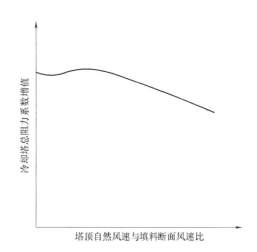

图15-12 卡丹尼电厂逆流塔出口阻力试验结果

冷态模型试验结果分别说明了进风口和出口受自然风影响的变化规律,进风口随自然风速的增大,阻力系数变大;塔出口由于自然风绕过塔顶会产生附加抽力,所以,随自然风速的增大产生的附加抽力增大,当自然风速大到一定程度后,将克服进风口产生的阻力而使塔的通风量较无风时还大。

2. 卡林电厂横流式冷却塔试验结果

卡林电厂横流式冷却塔 1：100 热态模型试验结果如图 15-13 和图 15-14 所示，热态模型试验结果得到综合横流式冷却塔进风口与出口自然风的影响，变化规律与逆流式冷却塔相仿，随自然风速变化对塔的综合影响可分为 3 个区间，当自然风速与填料断面风速比值较小时（1～3）自然风影响可忽略；当比值在 7～12 之间时冷却塔的综合效果变差；当比值达到 10～20 时塔的综合效果变好。横流塔受自然风的影响，不同扇区的进风量受到的影响较大，随自然风速的增大，迎风侧扇区的进风量比无风时可增大 2 倍，背风侧和与风平行侧扇区的进风量减小约 1 倍。

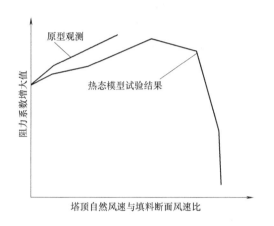

图 15-13　卡林电厂横流塔热态试验结果

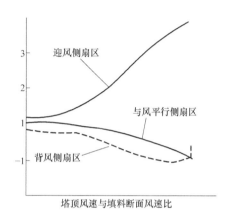

图 15-14　卡林电厂横流塔热态模型试验结果

三、水槽（洞）模型试验

法国国家水力学试验室曾在水槽（洞）模拟了卡丹尼电厂冷却塔受自然风的影响，模型比尺为 1：380，由水流模拟自然风和塔内空气流动，模型为热态模型。模型在冷却塔的配水层布置了 40kW 电热丝模拟塔内的换热。试验和原型观测结果对比如图 15-15 所示，二者吻合良好。

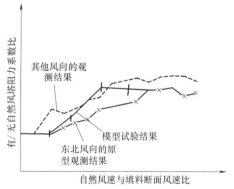

图 15-15　卡丹尼电厂冷却塔模型与原型观测结果对比

笔者等人采用水槽模型试验的方法对自然风对自然通风逆流式冷却塔进风口区域的阻力系数影响进行了研究，研究中考虑了不同雨区的阻力系数，给出了不同雨区阻力系数的自然风对进风口区域阻力系数影响结果计算公式：

$$\xi_{进口区增大}=1.0704\alpha^2+(4.4852-0.057\xi_{雨})\alpha+0.036\xi_{雨}-2.4317 \tag{15-7}$$

式中　α——自然风速与冷却塔填料断面平均风速比；

　　　$\xi_{雨}$——冷却塔雨区阻力系数。

试验中冷却塔的雨区阻力采用了多层丝网模拟，如图 15-16 所示，这种模拟方式与雨区的雨滴阻力有一定的差别，雨滴的阻力是分布在雨区整个空间的，而丝网的阻力在雨区仅是垂面不连续的存在；雨滴阻力有横向还有垂向，丝网主要模拟了横向。

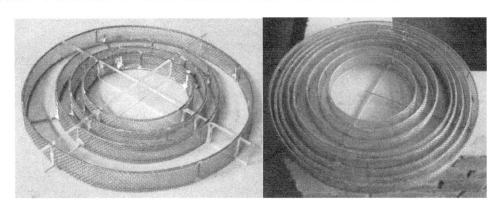

图 15-16　淋水填料与雨区阻力的模拟方式

四、自然风对自然通风冷却塔性能影响的三维数值模拟研究

笔者等人采用三维数值模拟进行了自然风影响研究。流场采用 FLUENT 通用流体计算软件，通过自定义程序将冷却塔的传热传质计算相衔接。计算以某 12000m² 冷却塔的几何尺寸和配套的热量为基本条件，计算工况包括了对地面 10m 高度不同自然风速（3m/s、6m/s、8m/s、10m/s、15m/s、20m/s）与不同填料高度均匀布置和不同高度填料组合布置、不同的气象条件和循环水量与温差进行组合。

将计算结果中进风口区域的阻力系数与无自然风时进行对比，如图 15-17 所示，图中结果表明随着自然风速的增大冷却塔进风口区域的阻力增大，同样的自然风速，冷却塔通风量大时受到的影响小。塔周边的流动由自然风和塔内空气流动共同构成，所以，进风口区域的阻力变化与冷却塔的通风量必然有关。当塔内无淋雨时，自然风增大至一定程度后，自然风将从迎风面流至背风面，由于淋雨阻力的作用对自然风穿过冷却塔的雨区的流动形成阻碍，所以，自然风对进风口区域的影响也与淋水有关系。

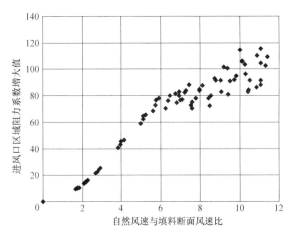

图 15-17　自然风对自然通风逆流式冷却塔进风口区域阻力系数的影响

计算结果还表明，冷却塔出口处的静压大小受自然风的影响较大，将不同运行工况冷却塔有无风时出口的静压变化与自然风速与出口风速比的关系绘成图 15-18。由图可看出，当自然风速较小时，即自然风速（出口处）与出口平均风速比小于 2 时，对冷却塔基本没有影响，大于 2 时塔出口静压随自然风速的增大而降低，可以增加冷却塔附加抽力，提高冷却塔的通风量，有利于冷却塔的性能提高。这是由于自然风从冷却塔顶部出口处经过时加速，而使压力降低。

将式（15-7）绘于图 15-17 中，可得到图 15-19，由图可看出，式（15-7）与计算结果总的趋势一致，即进风口区域阻力系数都是随自然风速增大而增大，但当自然风速与填料断面风速比大于 6 后式（15-7）与计算结果出现分离较大。原因是式（15-7）是由试验获得的，试验中的雨区阻力的模拟与雨滴阻力有一定的差别。因为式（15-7）中包含了无淋水阻力的试验结果，因此，可进行条件完全一致的对比，可计算一组无淋水阻力的自然风的影响结果，对比结果如图 15-20 所示，表明试验结果与计算结果吻合非常好。

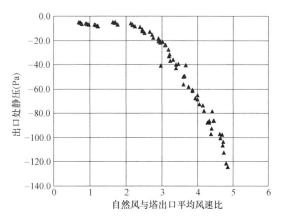

图 15-18 不同运行工况冷却塔出口静压与自然风速关系

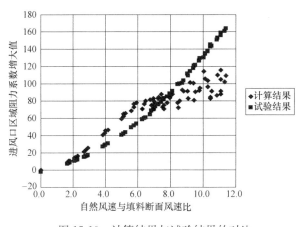

图 15-19 计算结果与试验结果的对比

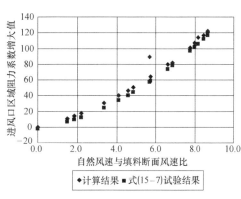

图 15-20 试验与计算条件完全相同时结果对比

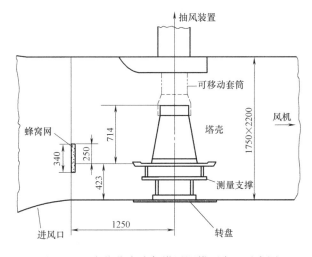

图 15-21 高位收水冷却塔风洞模型布置示意图

五、自然风对高位收水自然通风冷却塔性能的影响

阿尔斯通公司于 20 世纪 80 年代中期对高位收水冷却塔受自然风影响进行了风洞模型试验，风洞模型布置如图 15-21 所示，冷却塔为一个冷态模型，塔内空气流动由布置于风洞外的抽风装置产生，冷却塔的底部提高便于参数测量。高位收水装置的模型加工如图 15-22 所示，淋水填料由多孔模拟，收水装置采用缩尺模型。

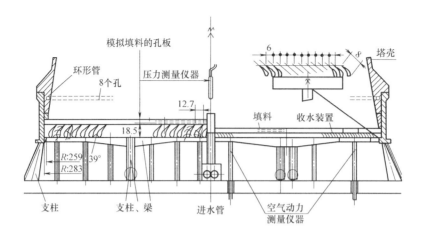

图 15-22　高位收水冷却塔模型示意图

风洞试验断面为 1.75m×2.2m，最大风速为 40m/s，风洞为吸风式，空气入口段有收缩喇叭口，试验中自然风速与填料断面风速比变化范围为 0～15。试验对于进风口区域设置如图 15-23 所示不同方案的挡风墙进行了对比试验。

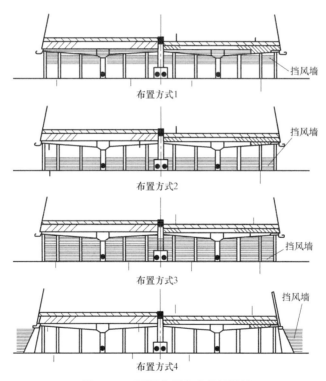

图 15-23　不同布置方式的挡风墙

试验结果如图 15-24 所示，有挡风墙后可减缓自然风对高位收水冷却塔的进风口空气动力特性影响，当自然风的风向与收水装置布置方向一致时，即风向与收水装置长轴平行时，自然风对进风口空气动力特性影响大于风向与收水装置长轴垂直时。从进风口区域阻力系数变化的量值看，布置挡风墙可较大减缓自然风影响。

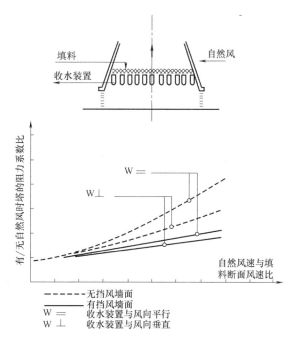

图 15-24　自然风对高位收水冷却塔影响试验结果

试验中也发现，当自然风速与填料断面风速比大于 5 时，将会出现挡风墙导致的进风口区域回流现象，如图 15-25 所示。当冷却塔处于停运状态时，很可能发生大风将填料吹动而造成冷却塔的损失。

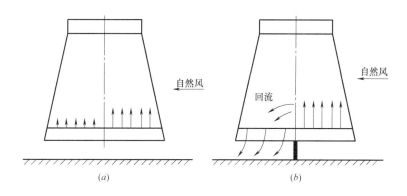

图 15-25　挡风墙引起的进风口区域回流现象
(a) 不设置挡风墙面；(b) 设置挡风墙面

通过试验认为高位收水冷却塔进风口区域不设置挡风墙为宜，收水装置的布置应与厂址的主导风向垂直。

不设置挡风墙时高位收水冷却塔进风口区域的阻力系数的增大值，可按下面公式估算。

当风向与收水装置长轴平行时：

$$\xi_{进口区} = \xi_{进口区无风}(0.0142\alpha + 0.0712\alpha + 0.953) \tag{15-8}$$

当风向与收水装置长轴垂直时：

$$\xi_{进口区}=\xi_{进口区无风}(0.0079\alpha^2+0.0578\alpha+0.953) \tag{15-9}$$

式中　α——自然风速与冷却塔填料断面平均风速比。

第三节　自然风条件下自然通风冷却塔的热力阻力计算修正

前文中已经论述了自然风对冷却塔的作用机理，自然风使冷却塔进风口区域的阻力增大，出口可产生附加抽力，对逆流式冷却塔的热力特性影响较小。所以，在有自然风条件下自然通风冷却塔的热力阻力计算可对冷却塔的阻力计算进行修正，便可估算自然风对自然通风冷却塔的冷却效果的影响。

一、自然通风逆流式冷却塔阻力计算公式修正

1. 冷却塔进风口的阻力修正

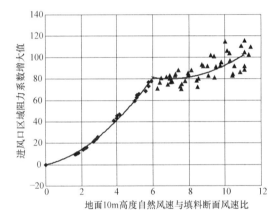

图 15-26　冷却塔进风口区域阻力系数增大值与自然风速的关系

将图 15-17 中的数据拟合出其变化规律曲线，如图 15-26 所示。进风口区域阻力系数的增大值可按下式计算。

$$\xi_i=1.58\alpha^2+4.07\alpha-0.15;\alpha\leqslant6 \tag{15-10}$$

$$\xi_i=1.34\alpha^2-18.62\alpha+144.68;\alpha>6 \tag{15-11}$$

式中　α——10m 高度自然风速与冷却塔填料断面平均风速比。

2. 塔出口阻力系数的变化

塔出口阻力系数可由图 15-18 进行修正计算，也可采用酷哥（Kröger）等人的经验公式计算。

$$\xi'_o=-0.405+1.07\frac{1}{\alpha_v}\left(\frac{A_o}{A_t}\right)^{-1.65}+1.8\log\left[\left(\frac{\alpha_v}{2.7}\right)\left(\frac{A_o}{A_t}\right)^{1.65}\right]\left(\alpha_v\left(\frac{A_o}{A_t}\right)^{1.65}\right)^{-2}$$

$$+\alpha_v^{-0.7}\left[-1.04+1.702\left(\frac{A_o}{A_t}\right)-0.662\left(\frac{A_o}{A_t}\right)^2\right] \tag{15-12}$$

$$\xi_o=\xi'_o\alpha^2;\alpha_v=\alpha\frac{A_f}{A_t}\left(\frac{H}{10}\right)^\gamma \tag{15-13}$$

公式适用范围为：

$1.8\leqslant\alpha\frac{A_o}{A_t}\left(\frac{H}{10}\right)^\gamma\leqslant24$，当 $A_t=A_o$ 时；

$1.8\leqslant\alpha\frac{A_o}{A_t}\left(\frac{H}{10}\right)^\gamma\leqslant12$，当 $0.893\leqslant\frac{A_o}{A_t}\leqslant1.232$ 时。

式中　A_o、A_t、A_f——冷却塔的出口、喉部和淋水面积，m^2；

H——冷却塔高度，m；

γ——自然风剖面分布指数，与当地地形条件有关，无资料时可取 0.19。

当对有自然风的自然通风逆流式冷却塔进行热力阻力计算时，将无风时的阻力公式中增加进风口区域自然风引起的阻力系数增大值，同时将无风时的原计算公式中的出口阻力系数以式（15-13）代替即可。

二、哈蒙式间接空冷塔阻力修正

哈蒙式间接空冷塔的散热器布置在冷却塔内，与笔者等人的水槽试验条件非常相似，因此，哈蒙式间接空冷塔在有自然风时，进风口区域阻力增大可采用式（15-14）估算，即：

$$\xi_{\text{进口区增大}} = 1.0704\alpha^2 + 4.4852\alpha - 2.4317 \qquad (15\text{-}14)$$

空冷塔的出口阻力变化可采用式（15-13）进行估算。

三、高位收水冷却塔阻力计算修正

高位收水冷却塔进风口区域的阻力系数变化可采用阿尔斯通公司的水槽模型试验结果，按式（15-8）或式（15-9）估算，出口阻力变化仍可采用式（15-13）进行估算。

四、横流式冷却塔和海勒式间接空冷塔热力阻力计算

自然通风横流式冷却塔和海勒式间接空冷塔以及斯卡尔系统和斯克斯空冷系统的间接空冷塔的进风口区域的自然风影响较为复杂，如图 15-13 和图 15-14 所示，自然风对冷却塔不同扇区的通风量影响较大，使得冷却塔的热力特性在有自然风条件下变化较大，如图 15-8 所示。目前现有的研究资料不足以对横流式冷却塔或海勒式间接空冷塔进行自然风影响的预报，但可通过图 15-14 和图 15-8 对冷却塔进风区域的通风量及热力特性进行估算，塔出口的阻力变化可采用式（15-13）进行估算。

第四节　降低自然风对冷却塔特性影响的措施研究

自然风对自然通风冷却塔的影响分为进风口区域和出口两部分，所以，减缓自然风对冷却塔运行效果的影响也须从这两方面进行研究。自然风对冷却塔进风口区域的影响总是不利的，因此，减缓自然风影响的措施重点在冷却塔的进风口区域。

一、横流塔或海勒式间接空冷塔防风措施

大同第二发电厂是我国较早采用海勒式空冷塔的电厂，2 台 200MW 空冷机组各配套一座散热器垂直布置于塔进风口周边的自然通风空冷塔，机组投入运行后，发现当外界自然风速大于 5m/s 时便不能满发，仅自然风影响造成机组的年均煤耗多 3～4g/(kWh)。

为减缓类似大同第二发电厂自然风引起的空冷塔机组效率下降，内蒙丰镇电厂在扩建同样的空冷机组时，委托水科院对自然风影响防治进行了研究。赵振国等人采用了热态风洞模型试验对海勒式间接空冷塔的防风措施进行了研究，机组容量为 200MW、空冷塔底部直径 97.2m、出口直径 58.6m、散热器进风口高度 16.64m、塔壳支柱高度 18.5m、散热器水量 2200t/h、进出塔水温差 12℃、冷却塔通风量 48150t/h、设计环境气温 26.5℃、塔内外温差 22.93℃，共布置 107 个冷却三角，空冷塔进风阻力系数（包含百叶窗、散热

器、塔壳支柱和进风口等）为21。

先后进行了比尺1∶400和1∶180两个模型试验。1∶400小模型以电阻丝代替散热器产生塔内空气流动，由于塔内空气流动很不稳定，难以测量，后改为1∶180的大模型。1∶180的模型采用热水加热，热水通过紫铜管外套散热片来模拟。风洞的试验断面尺寸为2.4m×1.8m×8m。

试验对5种防风措施进行了试验，5种防风措施如图15-27所示。

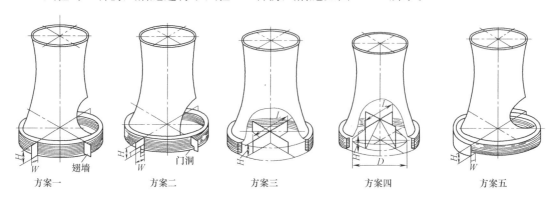

方案一　　　　　方案二　　　　　方案三　　　　　方案四　　　　　方案五

图15-27　不同防风方案

方案一为在冷却塔的进风口外设置四片翅墙，两片与风向平行两片与风向垂直，翅片尺寸为16.5m×10m；方案二在方案一的翅墙上留3m×8m的孔洞；方案三是塔内设置十字墙，墙高18m，墙长63m；方案四是在塔内设置十字墙圆锥，锥高34m，底部直径63m；方案五是在塔的背风侧设置聚风室，聚风室高16.5m，宽10m，顶部封闭。

模型试验中进入冷却塔的水温约为98℃，可以比较不同方案测量得到的出塔水温来判别防风的效果。表15-1为原型自然风速为10m高度9.27m/s的条件下，不同防风方案的模型出塔水温升高结果。在无防风措施时模型出塔水温平均升高1.24℃，各种防风方案均可起到减缓自然风影响的效果，其中方案一、方案二的效果明显，方案三和方案四效果稍差。

不同方案的防风措施模型试验结果　　　　　　　　　　　表15-1

模型散热器编号	无措施	方案一	方案二	方案三	方案四
1	2.55	3.03	2.63	3.90	3.06
2	3.04	2.08	2.26	2.63	2.44
3	2.81	3.74	3.51	3.31	2.61
4	1.04	−1.99	−1.41	0.25	−0.61
5	−2.38	−5.03	−5.14	−4.50	−5.60
6	0.40	−2.97	−2.46	−0.64	−0.55
平均	1.24	−0.19	−0.10	0.83	0.23

方案五对于自然风风向确定且风频较大时是一个很好的防风方案，但当无自然风时反而造成冷却塔的效率下降，具有一定局限。

唐革风曾就间接空冷塔防风进行过数值模拟研究，也比较了类似方案，最终也证实方案一的效果最好。方案一对于确定的自然风方向可有较好的效果，一般这种厂址很少，所以，作为方案一的修正方案可在塔周布置多个翅墙，如每 30°布置一片。

二、逆流塔或哈蒙式间接空冷塔防风措施

自然通风逆流式冷却塔与哈蒙式间接空冷塔以及高位收水冷却塔在结构形式上类同，受风影响的机理相近，所以，防风措施可互用。

1. 8 翅墙防风措施

澳大利亚悉尼大学于 20 世纪 90 年代采用冷态模型试验的方法研究了 660MW 自然通风冷却塔防风措施，模型比尺为 1∶1000，试验在风洞中进行，风洞模型布置如图 15-28 所示，试验中冷却塔的空气流动是通过设置在风洞外的风机产生的，风洞为吹风式风洞。试验研究了有无防风措施的塔进风口区域的流动变化，

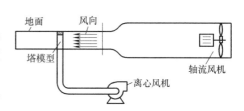

图 15-28　风洞模型布置示意图

通过至喉部阻力系数的变化来评价防风措施的效果，至喉部阻力系数可表示为：

$$\xi_n = \frac{\Delta P}{\frac{1}{2}\rho V_f^2} = f\left(\frac{V}{V_f}\right) \tag{15-15}$$

式中　ΔP——冷却塔外上游 500mm 远，10mm 高度处与塔喉部的全压差，Pa；

V_f——模型中填料断面的风速，m/s；

V——模型中相当于地面 10m 高度的自然风速，m/s；

ρ——空气密度，kg/m³。

研究给出了 8 片翅墙的防风措施，试验中对 3 种布置方案进行了比较，3 种方案如表 15-2 所示。

翅墙布置方案　　　　　　　　　　　　　　　　　　　　　表 15-2

8 片翅墙	方案一	方案二	方案三
	$r=1.5h$　$3h$　$3h$	$3h$　$3h$　$r=1.5h$	$3h$　$r=h$　$3h$

注：h 为进风口高度。

试验结果如图 15-29～图 15-34 所示，从图中可直观看出增加防风措施后，进风口区域的阻力系数基本不随自然风速的增大而变化，说明防风措施可以起到减缓自然风对冷却塔的影响。从试验结果也可看出 3 个方案的防风效果没什么差别，这是因为模型小，很多因素无法反映，如淋水填料、淋雨等。另一方面因为模型小，要使模型达到湍流，塔内的风量较大，这就限制了自然风速与填料断面风速比值，不能反映自然风速较大时的防风效果，试验结果仅可作为参考。

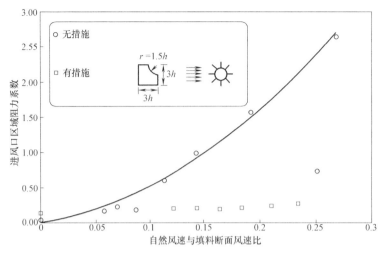

图 15-29　方案一的阻力系数试验结果

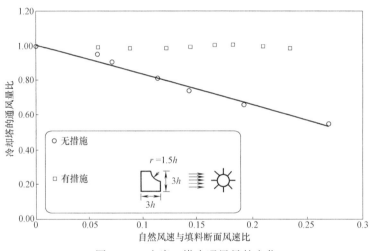

图 15-30　方案一塔内通风量的变化

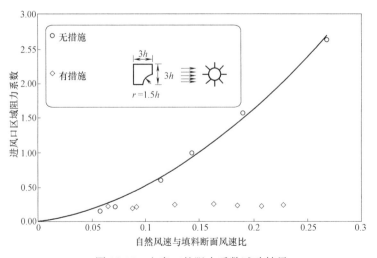

图 15-31　方案二的阻力系数试验结果

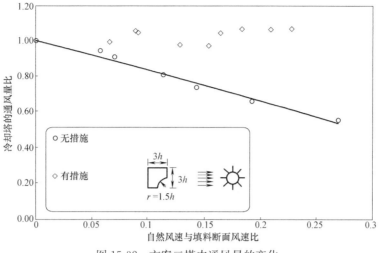

图 15-32　方案二塔内通风量的变化

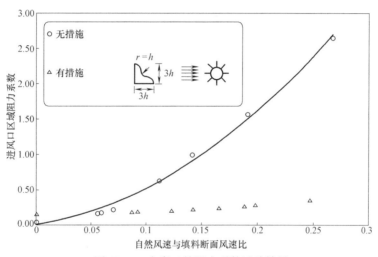

图 15-33　方案三的阻力系数试验结果

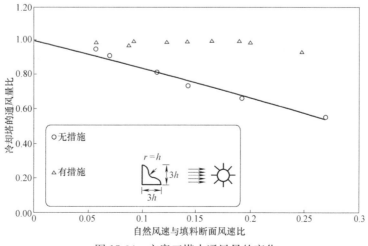

图 15-34　方案三塔内通风量的变化

2. 多片翅墙防风方案

笔者等人通过水槽模型试验模拟了不同角度不同大小的翅墙对逆流式冷却塔的防风效果。试验研究以一个与 600MW 机组配套的 6500m² 自然通风冷却塔为研究对象，建立 1：200 的冷却塔模型，水槽与模型布置如图 15-35 所示，冷却塔的塔内通风量由外接水泵产生，水泵抽取的水量用电磁流量计进行测量，水槽的水流速度采用毕托管测量。模型研究重点是进风口区域加设多片翅墙方案对进风口区域阻力的影响。

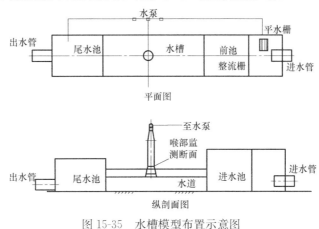

图 15-35　水槽模型布置示意图

翅片墙的布置及尺寸如图 15-36 所示，翅片为平行四边形，翅片与冷却塔的径向夹角在模型中可调整。试验对于雨区采用了如图 15-16 所示的丝网模拟，填料采用多孔板模拟。

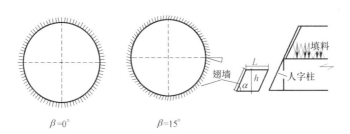

图 15-36　多翅片的布置

试验对 4 种多片翅墙进行了试验，试验方案如表 15-3 所示，不同方案的试验结果如图 15-37 所示，翅墙与冷却塔径向有夹角的效果比与径向平行布置差，88 片翅墙比 44 片翅墙布置方案效果好。

多片翅墙试验方案 　　　　　　　　　　　　　　　　　　表 15-3

方案编号	翅墙片数	翅墙安装角度 $\beta(°)$	翅墙高度与冷却塔进风口高度之比 (h/H)	冷却塔进风口高度 H (mm)	翅墙高度 h (mm)	翅墙边长 L (mm)	翅墙邻边夹角 $\alpha(°)$
1	0	—	—	—	—	—	—
2	88	0	0.8	8111	6489	6718	75
3	44	0	0.8	8111	6489	6718	75
4	88	15	0.8	8111	6489	6718	75
5	44	15	0.8	8111	6489	6718	75

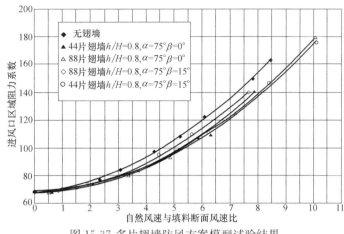

图 15-37 多片翅墙防风方案模型试验结果

三、自然通风冷却塔出口形状（收口、扩口及直口）对防风的作用

自然通风冷却塔的出口形状对于冷却塔的运行有一定的影响，当冷却塔的出口设计不当时会造成冷空气倒流，使冷却塔的出口阻力增大。当塔顶有自然风时也会使塔出口气流出现不满流现象，如图 15-38 所示，增大了冷却塔的出口动能损失。所以，冷却塔的出口设计形状与出口自然风干扰有一定的关系。冷却塔出口设计为何形状有利于防风呢？也就是冷却塔出口设计为收口形还是扩口形？这个问题曾引起人们的广泛争论，后来对此进行了多个模型试验研究。

1. 哈蒙公司关于收口、扩口塔的论述

哈蒙公司结合原型观测、模型试验，认为冷却塔的出口由于羽流存在会产生附加抽力，附加抽力与塔的出口形状、自然风速有关。哈蒙公司委托比利时冯·卡门研究所针对尼德毫森电厂冷却塔以 1：200 的模型比尺进行了模型试验，试验采用冷态模型，研究冷却塔的出口阻力时，冷却塔内的空气气流由安

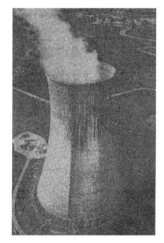

图 15-38 冷却塔出口流态

装于塔底部的风机提供。试验得到附加抽力如图 15-39 所示，当无自然风时，塔出口附加抽力为负，是出口的动能损失引起的，当有小的自然风时塔出口出现不满流加大了出口动能损失，附加抽力再下降。随着自然风速的增大，很快附加抽力变化为正值，有利于冷却运行。

扩口形的冷却塔的出口附加抽力与自然风速的关系如图 15-40 所示。自然通风冷却塔出口的附加抽力由两部分组成，第一部分是塔出口羽流浮力引起的附加抽力，第二部分是出口空气气流流动引起的附加抽力。当无自然风时，塔出口空气气流不产生附加抽力，仅是动能损失；当自然风出现并逐渐增大时，塔出口的气流速度因出流断面收缩而加大，出口动能损失增大，所带来的附加抽力为负值，在自然风作用下，塔出口的羽流附加抽力减小，两者综合作用使冷却塔出口损失加大。但是当自然风速增大到一定值后，自然风绕过塔顶产生气流运动的附加抽力大于由于气流断面收缩而加大的动能损失，塔的综合附加抽力逐渐增大为正值。

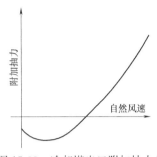

图 15-39　冷却塔出口附加抽力与
自然风速的关系

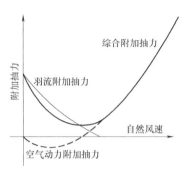

图 15-40　扩口形冷却塔出口附加
抽力与自然风速的关系

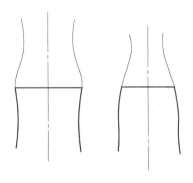

图 15-41　收口塔与扩口
塔出口气流流态

收口形冷却塔的出口断面面积小于其气流上游塔筒面积，在无自然风的条件下，两种塔出口形状的出口气流流态如图 15-41 所示，扩口冷却塔的出口损失为塔出口气流的动能损失，而收口塔的出口损失，经过测量比扩口塔大约 4 倍。综合浮力产生的附加抽力及收口塔的附加抽力随自然风速变化如图 15-42 所示。

收口塔在无自然风时，出口气流速度大，所以，出口损失能量大，综合附加抽力为负值，随自然风速的增大，出口羽流附加抽力逐渐减小消失，而空气气流流速较扩口塔大，所以可以抗风干扰，出口阻力先减小，综合附加抽力也有微小的增大，很快出口气流的损失增大，出口气流产生的附加抽力开始减小，综合附加抽力减小，综合效果变为随自然风速变化一直不利。尽管收口塔对于塔出口微风的抗干扰能力强，但大风时却远不及扩口塔有利，所以，综合比较后认为扩口塔优势多于收口塔，大风时能产生有利于塔运行的效果。

2. 中国水科院模型试验结果

为解决收口塔和扩口塔的争论，赵振国等人利用水槽模型试验进行了研究比较，水槽模型布置如图 15-43 所示，水槽分为上下两层，塔内空气流动由下层水流提供，冷却塔模

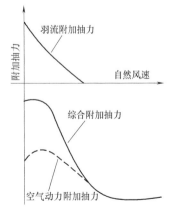

图 15-42　收口塔的附加抽
力与自然风速的关系

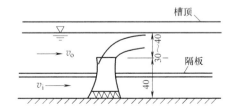

图 15-43　冷却塔出口流态水槽模型试验布置

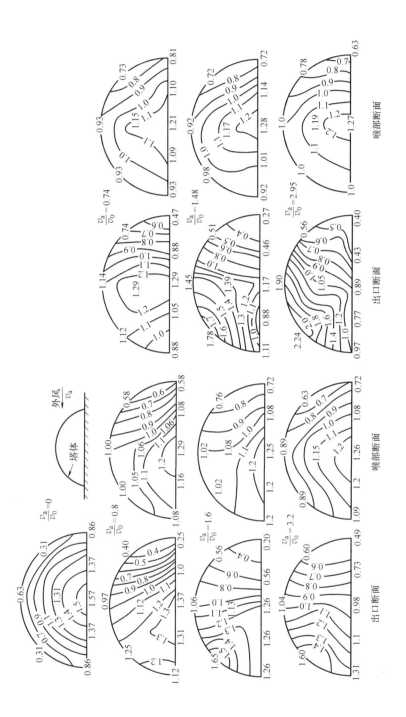

图 15-44 扩口塔流速分布试验结果

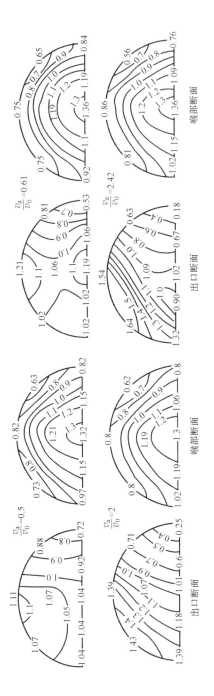

图 15-45　收口塔流速分布试验结果

型设计为半塔模型便于测量观察，填料采用多孔板模拟。试验对扩散角为 9.6°、8.0°、6.5°三种扩口塔和收缩角为 18.75°、11°收口塔进行了试验。

试验测得塔内不同断面在不同自然风速条件下的流速分布如图 15-44 和图 15-45 所示，试验中观察到扩口塔在有自然风时会出现冷空气倒流现象，而收口塔未出现。扩口塔随着自然风速的增大，出口流速分布愈不均匀，喉部却趋向均匀。

在自然风的作用下收口塔的流速分布如图 15-45 所示，从喉部流速分布可看出，自然风对收口塔内流动的影响远小于扩口塔。而收口塔的喉部压力却随自然风速增大而增大，如图 15-46 所示，说明塔的出口阻力随自然风速的增大而增大，并未有减小的趋势。

3. 德国汉堡大学试验结果

德国汉堡大学于 1983~1984 年采用风洞模型试验方法研究了塔的出口形态在自然风作用下对干式冷却塔热力特性的影响，冷却塔的模型尺寸如图 15-47 所示，塔的底部直径 440mm、塔壳高度 430mm、进风口高度 74mm、出口直径 303mm、喉部直径 273mm。

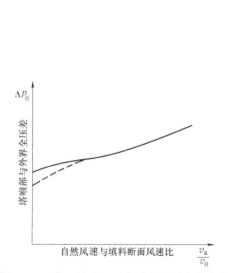

图 15-46　收口塔出口阻力随自然风速的变化

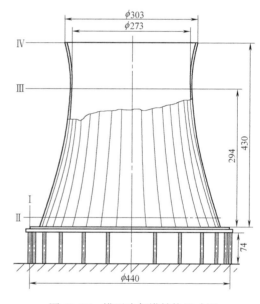

图 15-47　模型冷却塔结构尺寸图

试验给出了扩口塔、收口塔和垂直出口塔（简称直口塔）的出口断面压力系数的变化结果，如图 15-48 所示。当自然风速增大时，扩口塔的出口断面压力系数增大较收口塔和直口塔大，扩口塔的出口断面与喉部断面压力系数比为 1.23、直口塔为 1.0、收口塔为 0.893，即扩口塔的受力条件比收口塔与直口塔差。

试验给出了塔顶检修平台布置在塔外的出口断面压力系数的变化，如图 15-49 所示，出口检修平台半径与出口半径比值越大，塔的出口断面压力系数越大。

试验还给出了不同的散热器布置方式受自然风的影响程度，如图 15-50 所示，散热器水平布置在塔内受自然风的影响最小，垂直布置在塔外受自然风的影响最大，即海勒式间接空冷塔比哈蒙式间接空冷塔受自然风影响程度大。

由试验测得的自然风对冷却塔的进出口的影响结果，可反算出冷却塔的循环水温升，如图 15-51 所示，所得到的规律与哈蒙公司的论述具有相同的规律。

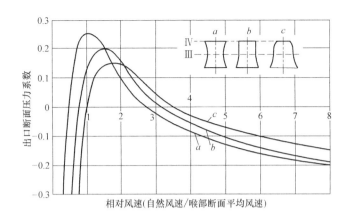

图 15-48　不同塔出口断面的出口断面压力系数

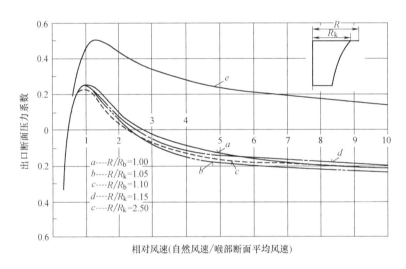

图 15-49　出口检修平台尺寸对塔受力影响

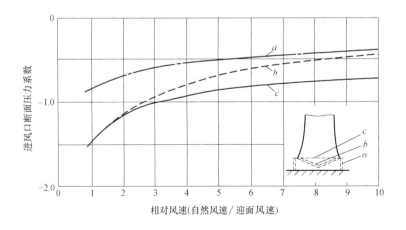

图 15-50　空冷器布置方式与自然风影响程度关系

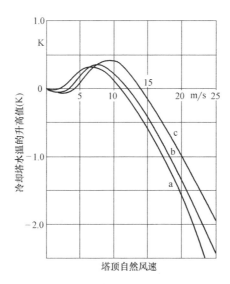

图 15-51　自然风影响造成的冷却塔水温的升高

第十六章 干/湿式冷却塔（消雾冷却塔）与闭式冷却塔

第一节 干/湿式冷却塔概述

一、干/湿式冷却塔的功能

空冷机组投资大、发电煤耗高、夏季往往不能满发，湿冷机组虽然没有空冷机组的这些问题，但湿冷机组却要消耗大量的淡水资源，在缺水地区无法大量采用。既有空冷机组的节水性，又能提高机组效率的干湿联合冷却系统便应运而生。干湿联合冷却系统有 4 种模式，如图 16-1 所示。第一种是干/湿混合系统。机组循环水系统的冷却水由凝汽器通过热交换，再通过干/湿式冷却塔将热量通过传热和传热传质的方式交换给大气，干/湿式冷却塔在冷却塔中同时存在带空冷散热器的干式散热区和淋水填料的湿式散热区。通过干式散热区的热量将不产生蒸发，可达到节约用水的目的，同时湿式散热区又具有高效散热的性能，如图 16-1 (a) 所示。第二种是干湿冷串联系统。如图 16-1 (b) 所示，从凝汽器出来的热水先经过干式空冷塔，然后再进入湿式冷却塔，与第一种不同的是空冷与湿冷塔单独布置。第三种是间接空冷附加湿冷系统。这种冷却系统是将间接空冷系统的凝汽器与湿冷凝汽器同时布置，气温低时运行空冷系统，气温高时运行湿冷系统，这种系统的凝汽器是上两种系统的 2 倍。第四种是直接空冷附加湿冷系统。这种系统是直接空冷岛下方布置湿冷的凝汽器，如图 16-2 所示，在气温高时湿冷系统运行，气温低时直接空冷系统运行，可起到节约水资源的作用。

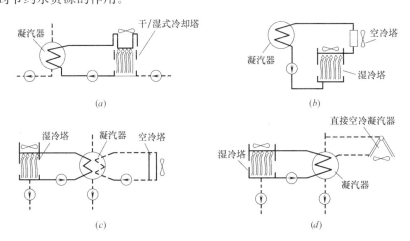

图 16-1 干湿联合冷却系统

(a) 干/湿混合系统；(b) 干湿冷串联系统；

(c) 间接空冷附加湿冷系统；(d) 直接空冷附加湿冷系统

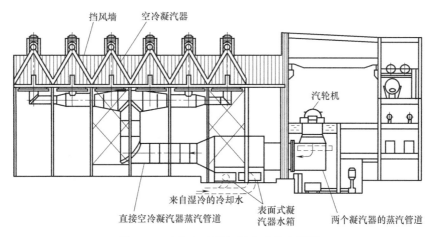

图 16-2　直接空冷附加湿冷系统布置图

4 种方式中除第一种方式外，均为空冷塔与湿冷塔和系统凝汽器的组合，而第一种方式的冷却塔是集空冷与湿冷于一体的干/湿式冷却塔。干/湿式冷却塔具有节水的作用，同时也有消除冷却塔羽雾的作用。常规冷却塔特别是在冬天容易产生可见的羽雾，这是由于进入冷却塔的空气，经过传热传质后，在空气从冷却塔排出时，空气处于近饱和或过饱和状态，与塔外的冷空气掺混后为过饱和状态，便形成羽雾。羽雾可导致冷却塔周边地区降雨、雾、结冰、腐蚀以及影响景观等人们不喜欢的现象。干/湿式冷却塔可避免或减缓这些不利现象的出现，因为干/湿式冷却塔的干冷区的热交换后的空气温度升高但含湿量并未增加，与湿冷区的湿热空气混合后排出冷却塔外，混合后的空气处于非饱和状态。所以，干/湿式冷却塔也称为消雾塔，或干/湿式消雾节水冷却塔。干/湿式冷却塔不仅可以用于发电厂的干/湿冷混合系统，而且可用于石油、化工、冶金等各行各业中对冷却塔的节水和环境景观有要求的场合。

二、干/湿式冷却塔布置方式、消雾原理与组成

干/湿式冷却塔按空气流动方式可分为并联式干/湿式横流塔、串联式干/湿式逆流塔、并联式干/湿式逆流塔（干/湿式冷却塔）；按消雾效果可分为少雾型和零雾型，少雾型冷却塔是指在大于等于设计消雾气温气象条件下，允许冷却塔出口上方 15m 范围内有少量可见雾气团；而零雾型是指在大于等于设计气温条件下，冷却塔出口附近很小范围内也不允许有可见雾气团存在。干/湿式冷却塔的非蒸发散热区段称为干区，蒸发散热区段称为湿区。

1. 并联式干/湿式横流塔

并联式干/湿式横流塔是指干/湿式冷却塔的干区和湿区的空气流动是相互独立地进入冷却塔中，经过换热的空气在塔内掺混，然后排出塔外。进入干区的空气与散热器中的热水流动方向相互垂直，进入湿区的空气与湿区中的热水流动方向也是相互垂直的，如图16-3 所示。

冷却塔一般由抽风装置、配水装置、干/湿区的散热装置、空气调节装置和空气混流装置组成。抽风装置包括风机、电机、传动器及风筒等；配水装置是横流式冷却塔的配水

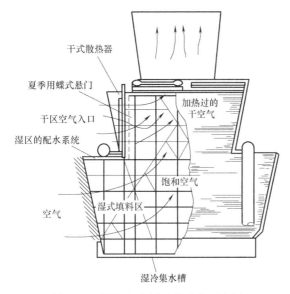

干式散热器

夏季用蝶式悬门

干区空气入口

湿区的配水系统

加热过的
干空气

饱和空气

空气

湿式填料区

湿冷集水槽

图 16-3　并联式干/湿式横流塔示意图

系统，将由干区散热后的热水均匀配洒在湿区淋水填料上；干区的散热装置是安装在干区的空冷器或翅片管或散热管，湿区的散热装置是湿区的淋水填料；空气调节装置是指控制进入干/湿区空气流量的调节装置，当夏季时关闭干区的空气流量，可提高冷却塔的效率，冬季减小湿区进气量可提高消雾效果；空气混流装置是将塔内的干区热空气与湿区湿热空气掺混均匀的装置，经过掺混，冷却塔出口空气的温度、湿度相对均匀，可保证塔出口处不出现可见的雾气团。

并联式干/湿式横流塔的消雾原理如图 16-4 所示，A 点为气象条件点，进入湿区的空气经过传热传质，温度升高、含湿量增大，空气的状态变为 B 点，若无干区塔出口的空气状态参数便是 B 点参数，出塔后与周边空气掺混，由 B 点逐渐过渡至 A 点，AB 线有很大一段是过饱和状态，必然出现可见的雾气团；当干区工作后进入干区的空气经过传热后，空气温度升高，含湿量不变，此时空气的状态变化为 C 点，在塔内具有 B 点空气参数的湿区湿热空气与具有 C 点空气参数的干热空气相互掺混，掺混后在出塔前空气的状态参数变化为 D，以具有 D 点空气参数的湿热空气排出塔外与周边空气掺混，最终至 A 点，由图可看出 AD 线变化过程不存在过饱和状态，所以不会出现可见的雾气团。

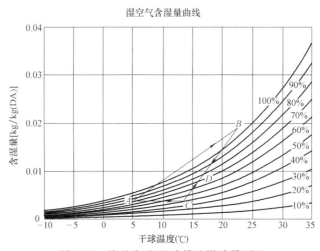

湿空气含湿量曲线

图 16-4　并联式干/湿式横流塔消雾原理

2. 并联式干/湿式逆流塔

并联式干/湿式逆流塔是指干/湿式冷却塔的干区和湿区的空气流动是相互独立地进入冷却塔中，经过换热的空气在塔内掺混，然后排出塔外。进入干区的空气与散热器中的热水流动方向相互垂直，进入湿区的空气与湿区中的热水流动方向平行但方向相反，如图16-5所示。

干/湿式逆流塔一般由抽风装置、配水装置、干/湿区的散热装置、空气调节装置和空气混流装置组成。抽风装置与并联式干/湿式横流塔相同；配水装置是湿区部分的配水系统，将干区散热后的热水由配水管喷头均匀地喷洒在湿区淋水填料顶面；干区的散热装置是安装在干区的空冷器或翅片管或散热管，湿区的散热装置是湿区的淋水填料；空气调节装置是安装于干区的进风百叶窗，百叶调整可控制进入干/湿区空气流量；空气混流装置也称混流器，是将塔内的干区热空气与湿区湿热空气掺混均匀的装置。

并联式干/湿式逆流塔的消雾原理与并联式干/湿式横流塔相同，如图16-4所示。

3. 串联式干/湿式逆流塔

串联式干/湿式逆流塔是指干/湿式冷却塔的干区和湿区的空气流动是先进入湿区，经过传热传质后再进入干区。经过干区传热后直接排出塔外。进入干区的空气与散热器中的热水流动方向相互垂直，进入湿区的空气与湿区中的热水流动方向相反但流线平行，如图16-6所示。

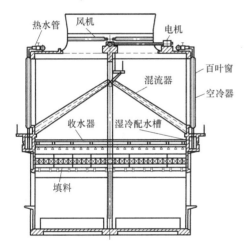

图 16-5　并联式干/湿式逆流塔示意图

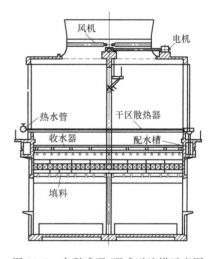

图 16-6　串联式干/湿式逆流塔示意图

串联式干/湿式逆流塔也是由抽风装置、配水装置和干/湿区的散热装置等组成。与并联式不同的是，串联式不需要混流器和空气调节装置，结构简单。但是这种布置方式无论是消雾运行工况，即干湿区同时运行，还是仅湿区运行，干区的空气阻力始终存在，运行费用高。另外由于通过干、湿区的空气流量相同，在散热器面积固定后消雾效果无法通过空气流量再调整。干式散热器总处于湿热环境中，易受到腐蚀，所以，尽管串联式干/湿式逆流塔具有结构简单、塔体高度低等优点，但工程采用还是较少。

串联式干/湿式逆流塔的消雾原理如图16-7所示，A点为大气的空气参数点，进入湿区的空气经过传热传质，温度升高、含湿量增大，空气的状态变为B点，进入干区后与散热器进行热交换，空气温度升高，含湿量不变，此时空气的状态变化为C点，然后排出冷却塔。以具有C点空气参数的湿热空气排出塔外与周边空气掺混，最终至A点，由图可看出AC线变化过程不存在过饱和状态，所以不会出现可见的雾气团。

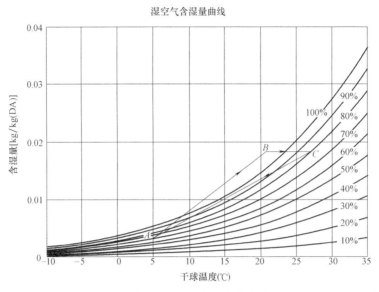

图 16-7 串联式干/湿式逆流塔消雾原理

三、RP 型消雾冷却塔

RP 型消雾冷却塔是由哈蒙公司提出的一种低雾横流式冷却塔，其核心是 RP 型淋水填料，该种填料具有独特的结构形式，如图 16-8 所示。淋水填料为片状填料，填料片隆起成波纹状，片与片之间形成通道。填料片在顶面处每两片之间封闭，不让热水流入，此时填料片之间便形成两种通道。干通道由两片顶面封闭的填料片形成，由于无热水进入，该通道仅可通过干空气，干空气与填料片进行传热，使空气加热为干热空气；湿通道内则可通过空气和水，空气和水发生传热传质，产生湿热空气。两个通道出来的干热空气和湿热空气在出填料后混合，生成不饱和湿热空气排出冷却塔外，不产生白雾，其原理如图 16-4 所示。RP 型消雾塔结构与实际工程，如图 16-9 和图 16-10 所示。

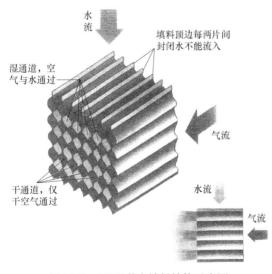

图 16-8 RP 型淋水填料结构示意图

四、干/湿式消雾冷却塔的关键问题

与常规冷却塔相比，消雾冷却塔增加了干冷区、干/湿冷空气混流器。要达到较好的消雾效果，须做好干冷区的散热器与混合器的设计。

1. 干区的设计

干区的散热器设计是消雾冷却塔设计成败的关键，干冷区的散热器设计，除选择散热面积、散热器形式外重点是优选干区的散热量。对于给定的设计条件，可计算出不产生白雾的干区的散热量，图 16-11 为德国 BASF 的 150MW 消雾冷却塔散热量与气温的关系，由图可看出随气温的降低，

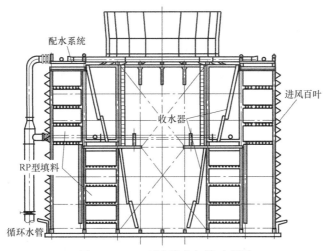

图 16-9　RP 型消雾冷却塔示意图

干区的散热量需增大，按此曲线设计的冷却塔除雾效果对比如图 16-12 所示，图中干区运行时，冷却塔的出口白雾不见了，而干区不运行的冷却塔出口白雾十分明显。

　　干区采用金属散热器在干/湿冷却塔湿热环境中运行，腐蚀是一个很大的问题，散热器的管材可考虑采用塑料材质。图 16-13 为不同管材的传热系数比较，PE 材质的传热性能优于 PP 和 PVC。

图 16-10　RP 型消雾冷却塔工程应用

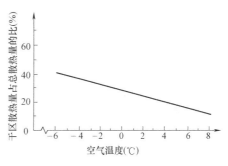

图 16-11　干区散热量与气温的关系

图 16-12　消雾冷却塔的消雾效果对比

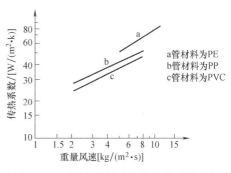

图 16-13　不同塑料材质管的传热系数比较

2. 混流器设计

混流器的设计是零雾型冷却塔的设计关键，冷却塔出口空气气温、含湿量不均可导致塔出口一定范围内存在可见的雾气团，影响消雾效果，所以，塔内的干热空气与湿热空气需要通过混流器掺混。混流器的形式与干/湿式冷却塔形式有关，并联式干/湿式冷却塔的混流器可设计为如图 16-14 所示的漩涡发生器，漩涡发生器的尺寸与安装角度与干/湿空气的流率有关，可通过试验或计算确定。经过漩涡发生器掺混的塔出口空气状态对比如图 16-15 所示，图中的结果表明，掺混后塔出口空气参数分布均匀，掺混效果显著。

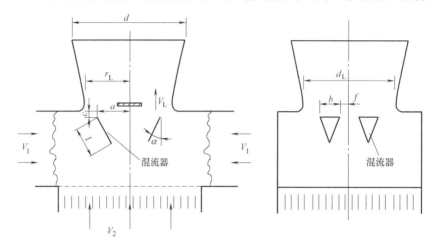

图 16-14　混流器结构示意图

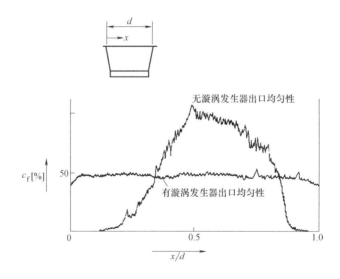

图 16-15　漩涡发生器混流效果对比

其他干/湿式冷却塔还可采用管道使空气掺混，如德国的乃克威斯姆（Neckarweth-eim）电厂 2 号塔是一个干/湿式冷却塔，结构布置如图 16-16 所示。冷却塔为机械通风冷却塔，干区的干热空气通过不同长度的管道通向塔内，与湿区的湿热空气依靠管道产生的管后涡流和干热空气对流进行掺混，掺混后塔出口空气参数分布均匀，除雾效果对比如图 16-17 所示。

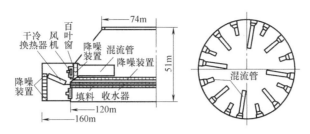

图 16-16　管道掺混布置示意图

图 16-17　管道掺混效果对比

第二节　干/湿式冷却塔设计计算

一、干/湿式冷却塔的设计点

干/湿式冷却塔的消雾设计气象条件，为空气温度与湿度的一组组合。当气温大于设计点气温并且湿度小于设计点湿度时，消雾冷却塔表现为零雾型。消雾设计点是用户根据冷却塔的安装位置、当地气候条件和环境要求确定的。一般不选择冷却塔全年零雾，常以白昼时间发生可见雾的频率低于 15%～20% 的气象条件作为消雾设计点。设计点选取与冷却塔的规模关系紧密，设计点要求提高，冷却塔的干区能力（散热面积与通风量）就需要提高，冷却塔的投资也随之增加。

二、并联式干/湿式冷却塔热力阻力计算

1. 热力计算

冷却塔的热力计算干区与湿区可分别进行，干区的热力计算可按间接空冷塔计算公式（4-25）进行计算，即：

$$\varepsilon = 1 - e^{-(NTU)^{0.22}(e^{-C(NTU)^{0.78}}-1)/C} \tag{16-1}$$

式中 C 为热容流率比，值为：

$$C = \frac{Lc_{pa}}{qc_{pw}} \tag{16-2}$$

式中　L——干区的空气流量，kg/s；

c_{pa}——空气的定压比热，J/(kg·℃)；

c_{pw}——水的定压比热，J/(kg·℃)；

q——水流量，kg/s；

ε——温升效率，值为 $\varepsilon = \dfrac{\theta_2 - \theta_1}{t_s - \theta_1}$。$\theta_1$、$\theta_2$ 为进出干区的空气温度，t_s 为进干区的水温。

NTU 为干区的传热单元数：

$$NTU = \frac{KA}{Lc_{pa}} \tag{16-3}$$

式中 K——干区散热器的传热系数，J/(m²℃)；

A——散热器面积，m²。

当干区的散热器形式选定后，便可知道干区的传热系数；干区规模确定后便可知道散热器面积，当干区的通风量确定后，由进水量和式（16-1）便可求出干区的温升效率，由温升效率可求出干区空气的温升，再通过热平衡可求出干区冷却后的水温。即：

$$t_1 = t_s - \frac{Lc_{pa}(\theta_2 - \theta_1)}{qc_{pw}} \tag{16-4}$$

式中 t_1——干区的出塔水温，也是湿区的进塔水温，℃。

湿区的热力计算采用麦克尔模型或波普模型，采用冷却数法进行计算。由于麦克乐模型对于计算出口气温具有一定的近似性，所以，采用波普模型为佳。计算公式采用式（5-89）～式（5-97）以差分法求解。对于填料试验数据不是采用波普模型而是采用麦克尔整理获得的时，需要对冷却数进行修正。修正方法如下：

由淋水填料的试验结果式（6-35）可求得计算工况条件下的冷却数 N_M，即：

$$N_M = \Lambda\lambda^n \tag{16-5}$$

式中 Λ、n——填料的试验系数。

由式（6-36）可计算湿区运行工况条件下的出塔水温，以该工况条件按波普模型式（5-92）或式（5-96）计算波普模型的冷却数 N_P，由 N_P 和式（5-89）～式（5-97）采用冷却数法便可计算出湿区的出塔水温 t_2、出塔空气气温 θ_{s2} 和出塔空气的含湿量 x_2。

有了干区的出塔空气温度 θ_2、湿区出塔气温 θ_{s2} 和出塔空气的含湿量 x_2 以及干湿区的干空气量，便可计算出塔混合气体的温度 $\overline{\theta_2}$ 和出塔空气的含湿量 $\overline{x_2}$，计算公式如下：

$$\overline{\theta_2} = \frac{L_d(c_{pd} + c_{pv}x_1)\theta_2 + L_{sd}(c_{pd} + c_{pv}x_2)\theta_{s2}}{(L_d + L_{sd})(c_{pd} + c_{pv}\overline{x_2})} \tag{16-6}$$

$$\overline{x_2} = \frac{L_d x_1 + L_{sd}x_2}{(L_d + L_{sd})} \tag{16-7}$$

式中 L_d、L_{sd}——干区、湿区的干空气流量，kg/s；

c_{pd}——干空气的定压比热，J/(kg·℃)；

c_{pv}——水蒸气的定压比热，J/(kg·℃)；

x_1——进塔空气的含湿量，kg/kg（DA）。

2. 阻力计算

并联式干/湿式冷却塔的特点是空气分两通道分别经过干区、湿区换热后进入塔内，再经过掺混后排出塔外。

干区空气经过干区进风口、风量调节百叶、散热器、混流器至塔风机进口；湿区空气经过进风口、进风口空气流量调节器（可选择部件）、气流转弯与淋水雨区（横流塔无此部分）、填料、收水器、气流转弯（横流塔、逆流塔无此项）、混流器至风机进口。

为便于干/湿式冷却塔空气动力计算，定义两个风速，一个是淋水填料断面风速 V_f，值为湿区的通风量除以淋水面积；另一个是散热器的迎面风速 V_d，值为干区的通风量除以散热器迎风面积。

（1）干区的阻力计算公式为：

$$\Delta P_d = \frac{1}{2}\xi_d \overline{\rho_d} V_d^2 \tag{16-8}$$

式中　ΔP_d——干区空气至塔风机进口的阻力，Pa；

$\overline{\rho_d}$——干区散热器前后空气密度平均值，kg/m³；

ξ_d——干区阻力系数。

$$\xi_d = \sum \xi_{di} \tag{16-9}$$

式中　ξ_{di}——干区各阻力件的阻力系数。

1）进风口阻力系数

进风口阻力系数可取为：

$$\xi_{d1} = 0.5 \tag{16-10}$$

2）干区百叶窗进风阻力系数

进风口百叶窗的阻力与其设计尺寸开合角度有关，不同的塔采用不同形式的百叶窗，阻力系数宜在模型或风洞中实测获得。在无资料的情况下，可参考下 45°开合角的试验结果，百叶窗结构尺寸如图 16-18 所示。

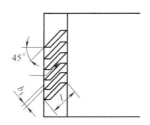

图 16-18　百叶窗示意图

$$\xi_{d2} = 0.65\left[2.625\left(\frac{1}{\overline{f}}\right)^2 - 2.856\frac{1}{\overline{f}} + 1.092\right] + 0.5\left[11(1-\overline{f}) - \frac{l}{b_1}\right] \tag{16-11}$$

式中　l、b_1——百叶窗尺寸，如图 16-18 所示，m；

$\overline{f}$——百叶窗过风面积与总面积比，值为 $\dfrac{Bb_1 n}{F_d}$，n 为百叶窗的叶片数，B 为进风高度，F_d 散热器迎风面积。

3）散热器阻力系数

散热器的阻力系数与散热器形式有关，一般表示为：

$$\xi_{d3} = A_d V_d^{m_d} \tag{16-12}$$

式中　A_d、m_d——试验常数。

若采用冷却三角作为散热器，阻力系数按第四章空冷器阻力系数计算公式计算；若采用管束或翅片管束时，还可按式（3-49）进行估算。

4）混流器阻力系数

混流器的阻力系数与混流的两股空气流量、混流器尺寸及安装角度有关，宜通过试验获得：

$$\xi_{d4} = f(V_d, V_f, l, a, b, t, \alpha) \tag{16-13}$$

式中　l、a、b、t、α——混流器的特征尺寸和安装角。

（2）湿区的阻力计算公式为：

$$\Delta P = \frac{1}{2} \xi \bar{\rho} V_f^2 \tag{16-14}$$

式中　ΔP——湿区空气进口至塔风机进口的阻力，Pa；

　　$\bar{\rho}$——湿区进出塔空气密度平均值，kg/m³；

　　ξ——湿区阻力系数。

$$\xi = \sum \xi_i \frac{A_f^2}{A_i^2} \tag{16-15}$$

式中　ξ_i——湿区各阻力件的阻力系数。

湿区为逆流塔时，阻力包括进风口、进风口风量调节装置、淋雨区与气流转弯、填料、收水器、配水及支撑梁、柱和混流器等。

1）进风口

进风口的阻力系数与干区相同。

2）进风口风量调节装置

湿区进风口风量调节若采用百叶窗的方式，阻力系数可采用式（16-11）计算。

3）气流转弯和淋雨区

气流转弯与淋雨区阻力系数可采用式（8-7）计算。

4）填料

填料的阻力系数采用式（8-8）计算。

5）收水器

收水器的阻力系数可采用式（8-11）计算。

6）配水及支撑梁、柱

配水系统以及支撑梁、柱的阻力系数可用式（8-9）和式（8-10）进行计算。

7）混流器

混流器阻力系数与干区是相互关联的，仅是所依据的速度头不同，阻力系数通过试验获得。

湿区为横流塔时，2）项阻力系数按式（8-20）计算，3）和6）项为零，从横流塔收水器出来的气流转弯阻力系数按下式计算：

$$\xi_8 = 1 + \frac{1}{4}\left(\frac{A_f}{A_0}\right)^2 \tag{16-16}$$

式中　A_f——进入混流器断面的水平方向过流面积，m²；

　　A_0——横流塔的单侧通风面积，m²。

（3）冷却塔总阻力

风机进口阻力系数 ξ_f 按式（8-13）计算，速度头为风机喉部断面风速。

冷却塔的总阻力，也就是风机的全压，按下式计算：

$$P_f = \frac{1}{2}\xi_d\,\overline{\rho_d}V_d^2 + \frac{1}{2}(\xi_f+1)\rho_2\left(\frac{4(L_d+L_{sd})}{\rho_{d2}\pi D_f^2}\right)^2 \tag{16-17}$$

或者：

$$P_f = \frac{1}{2}\xi\overline{\rho}V_f^2 + \frac{1}{2}(\xi_f+1)\rho_2\left(\frac{4(L_d+L_{sd})}{\rho_{d2}\pi D_f^2}\right)^2 \tag{16-18}$$

式中　ρ_2——出塔空气密度，kg/m^3；

　　　ρ_{d2}——出塔气温下的干空气密度，kg/m^3；

　　　D_f——风机直径，m；

其余符号意义同前。

干区和湿区的通风量关系为：

$$\xi\overline{\rho}V_f^2 = \xi_d\,\overline{\rho_d}V_d^2 \tag{16-19}$$

三、串联式干/湿式冷却塔热力阻力计算

1. 热力计算

串联式干/湿式冷却塔的通风量与并联式相同，热力计算公式也与并联式相同，不同之处是湿冷的出塔气温是干冷的进塔气温，关系为：

$$t_1 = t_s - \frac{Lc_{pa}(\overline{\theta_2}-\theta_2)}{qc_{pw}} \tag{16-20}$$

式中　t_1、t_s——干冷散热器出、进口水温，干区的出塔水温也是湿区的进塔水温，℃；

　　　θ_2、$\overline{\theta_2}$——湿冷、干区的出塔气温，℃。

因为干区的进塔气温是湿区的出塔气温，而湿区的出塔气温与进塔水温有关，所以，热力计算不能直接计算，而是要通过试算来求解。

计算步骤为：

第一步：假定湿区的出塔气温；

第二步：进行干区的换热计算，得到干区的出塔水温；

第三步：湿区以干区计算的出塔水温为进塔水温进行湿区传热传质计算；

第四步：比较湿区计算的出塔气温与假定值的差是否满足要求，若不满足要求，以新计算的湿区出塔气温为干区的进塔气温，返回第二步，直到符合要求为止。

2. 阻力计算

串联式干/湿式冷却塔的阻力计算公式为：

$$\Delta P = \frac{1}{2}\xi_i\rho_iV_f^2 \tag{16-21}$$

式中　ξ_i——各部件的阻力系数；

　　　ρ_i——不同区段的空气密度，从塔进风口至收水器上为塔外与湿区出口空气的平均密度；干冷散热器阻力计算时密度为湿区出塔与干区出塔空气密度的平均值；风机进口与塔出口的阻力计算时取出塔空气密度，kg/m^3。

串联式干/湿式冷却塔的阻力部件包括逆流塔的进风口、气流转弯和淋雨区、填料、收水器、配水及支撑梁、柱、干冷散热器、风机进口和塔出口。

各部件的阻力系数取值，可参考并联式干/湿式冷却塔相同的部件。

四、干/湿式冷却塔的节水效果计算

干/湿式冷却塔由于干区的散热没有水分蒸发，所以，相对于全部采用湿冷方式散热是节水的，节水的多少取决于干区的散热量。当干区的热源不是来自循环水时，冷却塔不节水。节水率约等于干区冷却热量占总热量的百分比，计算公式如下：

$$\eta_w = \frac{t_s - t_1}{t_s - t_2} \times 100\% \tag{16-22}$$

式中 η_w——节水率，%；

其余符号意义同前。

第三节 干/湿式冷却塔消雾运行曲线

一、干/湿式冷却塔的消雾运行曲线

根据美国CTI标准"CTI-150"的要求，冷却塔的制造商应提供一簇干/湿式冷却塔的消雾特性曲线，用于判别冷却塔的消雾性能。每簇曲线对应同一个风机叶片安装角度，包括9组曲线，分别是设计降温幅度为80%、100%、120%时，水流量为设计循环水量的90%、100%、110%时的性能曲线组合。每组曲线应当包含4条或更多的相对湿度曲线，整组曲线应当体现出空气温度（湿球温度及湿度或干球温度及湿度）、进出塔水温差和循环水流量对消雾性能的影响。

消雾特性曲线可由两种不同的方式来表示。分别称为"出塔空气特征曲线"和"冷却塔空气出口空气最大湿度曲线"。

1. 出塔空气特征曲线

曲线组以出塔空气温度（湿球和干球）为纵坐标，进塔空气湿球温度为横坐标。一条曲线给出出塔空气湿球温度，再以相对湿度作变量给出出塔空气的干球温度的一组曲线。

曲线图的标度应当是增量坐标，以确保曲线读取的精度。最小温度精度为每毫米0.2℃。进气相对湿度的增量应等于或小于20%，或至少保证4条湿度曲线（100%、80%、60%、40%）。图16-19为消雾塔所保障的出塔气温的曲线，横坐标为进塔空气的湿球温度，纵坐标为出塔空气的干、湿球温度。当知道进塔气温的湿球温度和相对湿度后，可由图查出出塔空气的干湿球温度，即由湿球温度曲线查出出塔空气的湿球温度，再由相对湿度曲线查出出塔空气的干球温度，此时出塔空气的相对湿度是保障不出现可见雾的相对湿度，只要实际冷却塔的出口相对湿度小于该湿度便不会出现可见的雾气团。

2. 冷却塔空气出口空气最大湿度曲线

曲线组以出塔空气最大相对湿度为纵坐标，进塔空气干球或湿球温度为横坐标。不同的进塔空气相对湿度可得到一组曲线。

曲线图的标度应当是增量坐标，以确保曲线读取的精度。横坐标的最小温度刻度为每毫米0.2℃，纵坐标的最小刻度为每毫米0.5%。进气相对湿度的增量应等于或小于20%，或至少保证4条湿度曲线（100%、80%、60%、40%）。图16-20为某并联式干/湿式消雾冷却塔在干区全部投入运行时的冷却塔出口最大湿度曲线，横坐标为进塔空气干

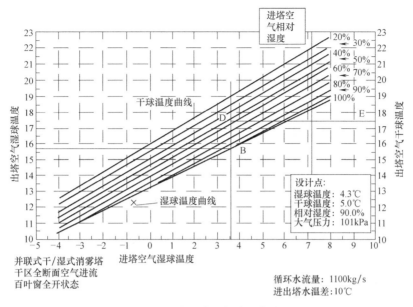

图 16-19　出塔空气特性曲线

球温度，纵坐标为出塔空气的最大相对湿度，图中曲线分别对应不同的进塔空气的相对湿度，当知道进塔空气的干球温度和相对湿度后，便可从图中查得出塔空气的最大相对湿度，只要消雾塔的实际出塔空气的相对温度小于该值便不会出现可见的雾气团。

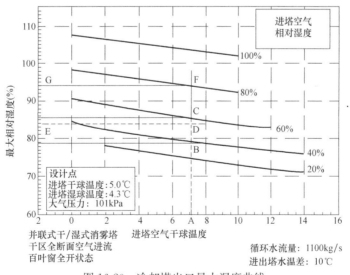

图 16-20　冷却塔出口最大湿度曲线

二、消雾运行曲线的绘制

消雾冷却塔的曲线绘制前，首先要进行消雾塔的设计计算。消雾塔的设计分为干区和湿区两部分，消雾塔夏季气温高，塔出口不易生成可见的雾气团。那么夏季可按湿区全部运行干区不运行进行冷却塔淋水填料、冷却塔的平面设计，并初步确定冷却塔的风机风量，此时的控制条件是冷却塔在夏季设计气象条件下能保障出塔水温满足工艺装置要求。

设计方法可参考第八章机械通风冷却塔相关部分内容，冬季气温低冷却塔的出塔水温比工艺装置要求的出塔水温低得多，但冷却塔出口会出现可见的雾气团，此时干区须投入运行，干区的通风量、散热器面积需要通过计算不同的冷却出口空气状态来优化确定。一是要保障消雾塔排出的空气状态参数消散在大气中时不会出现过饱和状态，如图16-4所示；二是要校核出塔水温是否满足工艺要求。

干区设计步骤如下：

第一步：首先根据湿区的夏季设计要求，初步选择风机型号；

第二步：假定一个干区的散热器面积，按式（16-1）～式（16-19）中相关公式进行消雾塔的热力阻力计算，获得消雾塔的出塔空气状态参数；

第三步：绘制出塔空气参数与环境空气状态参数图，如图16-4所示，判别是否满足消雾和工艺装置对出塔水温的要求；

第四步：若不满足要求，调整干区散热器面积，重复第二、三步直到满足要求为止；

第五步：重新校核夏季冷却塔运行水温是否满足工艺装置要求，若不满足，调整风机叶片角度或风机型号返回第一步。

当干、湿区分别按消雾和降温要求设计完成后，可进行冷却塔的消雾运行曲线计算，计算步骤如下：

第一步：给定不同的进塔湿球温度（最大相对湿度曲线给定干球温度），固定进塔空气的相对湿度；

第二步：按式（16-1）～式（16-19）中相关公式进行消雾塔的热力阻力计算，获得消雾塔的出塔空气状态参数；

第三步：改变进塔空气的相对湿度，返回第一步，直到需要计算的相对湿度点数量满足要求；

第四步：整理对应于进塔空气湿球温度的出塔空气湿球温度；

第五步：整理对应于进塔湿球温度、不同相对湿度的干球温度；

第六步：整理对应于不同干球温度和相对湿度的冷却塔出口相对湿度；

第七步：将整理的数据按图16-19和图16-20的格式绘制成图。

第四节　闭式蒸发冷却塔（器）

一、闭式蒸发冷却塔的原理与构成

闭式蒸发冷却塔是将热水通过散热器间接通过蒸发与传热的方式传给大气的一种冷却塔，如图16-21所示，热水的热量首先传给散热器，散热器传给其表面的淋水，淋水与空气通过接触传热和蒸发传质将热交换给空气。闭式蒸发冷却塔一般由风机、散热器（盘管）、自循环水泵、配水系统（喷水系统）、收水器、塔体结构、填料（有的塔没有填料）和闸阀等部件组成。闭式蒸发冷却塔也称为密闭式冷却塔或简称闭式塔，当散热器内的热水为其他介质时，称为蒸发冷却器；当散热器中的水或介质有相变时，称为蒸发冷凝器。与闭式塔对应，非闭式的湿式冷却塔也称为开式冷却塔。

闭式蒸发冷却塔的热水为闭式循环不与空气接触，可以保障循环水质的清洁，可保障主设备高效运行并提高主设备的使用寿命，外界气温低时，可以关闭自循环的喷淋系统，使闭式蒸发冷却塔变为空冷工况运行，起到节省水资源的效果，符合中国的节能减排节水政策，近十多年在钢铁、冶金、电力、电子、机械加工、食品、化工、空调系统得到了广泛采用。

二、闭式冷却塔的发展

对闭式冷却塔的研究国内外都起步较晚。最早是 20 世纪 50 年代开始应用于化工和冶金行业，20 世纪 80 年代以来灾难性的气候对人们生存构成威胁认为与制冷有关后，蒸发式冷却塔利用自然条件取得冷量的被动式供冷技术得到迅速发展。美国为此成立相关的技术委员会制定了相关的标准。随着对环境和节能工作的重视，

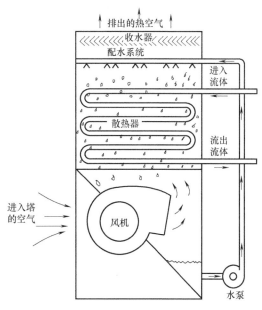

图 16-21　闭式蒸发冷却塔/器示意图

市场对闭式蒸发冷却塔的需求增长迅猛，近二十多年中国就涌现出了几十家闭式塔的生产厂家，市场也达到了十几亿元或更大的规模。

蒸发冷却技术和理论研究工作很早已有开展，但对于闭式蒸发冷却塔的研究却是 20 世纪 50 年代后的事。1962 年帕克（Parker）等人研究了蒸发式冷却器的管内介质传热传质性能，阐明了蒸发式冷却器的传热、传质机理，他们给出的计算方法由于受当时计算机容量和速度的限制，对于蒸发传热传质过程采用了麦克尔的近似假定。该方法的最大特点是考虑了流入散热器的自循环水温的变化，另外假定了空气饱和焓与温度成线性关系。1968 年米诸什那（Mizushina）采用了与帕克类似的方法，只是积分采用了计算机数值求解，他们导出了一些很有用的光管三角形布置传热系数。由于 20 世纪 50～60 年代工业对节水要求不高，蒸发冷却器和蒸发冷却塔没有得到广泛应用。直到 20 世纪 70 年代由于有节水等方面的要求，闭式冷却塔的理论研究才有了进展。1982 年威儿舍（Vilser）阐述了水蒸发进入空气的非绝热过程的数学模型，并提出了带有翅片管传热传质系数的实验结果。同年凯雷德（Kreid）等人研究了翅片管冷却器，提出了建立在对数平均温差基础上的近似计算方法。1984 年维伯（Webb）提出了统一的冷却塔、蒸发式冷却器的理论模型，采用不同的相关数来区分水膜的传热系数和水膜与空气的传质系数。1988 年，艾伦斯（P. J. Erens）对比几种不同蒸发冷却器壳体内芯性能，发现增加淋水填料能显著增强光滑圆管蒸发冷却器的传热性能，可替代部分成本较高的翅片管。20 世纪 90 年代皮特森（Peterson）通过数值模拟的方法对闭式蒸发冷却器进行研究，帕斯卡·斯太倍（Pascal Stabat）引入了效率单元数法进行闭蒸发冷却塔的计算。1998 年淮台克（U. Wittek）等人研究分析了蒸发冷却器结构设计对蒸发冷却器的性能影响。包瑞斯（Boris Halasz）以质量、动量、能量平衡为基础，分析了蒸发冷却器内传热传质及流动阻力，提出了蒸发冷却器数学模型。2000 年后，中国的朱冬生、李永安、章立新、蒋常建、唐伟杰、谭文胜、刘

乃玲和研究生蒋翔、刘晶、陈伟、李兰、郑伟业、刘力健、谢卫以及笔者等人，从试验、原型观测、数值模拟和理论分析等方面对闭式蒸发冷却塔的传热传质特性进行了分析研究。

三、闭式蒸发冷却塔的种类

闭式蒸发冷却塔有两种：一种是塔内布置有淋水填料；另一种是塔内无淋水填料。按闭式冷却塔的外壳材质可分为镀锌钢板闭式冷却塔、镀铝锌板闭式冷却塔、不锈钢闭式冷却塔、玻璃钢闭式冷却塔和混凝土闭式冷却塔。按散热器的材质可分为钢管闭式塔、不锈钢管闭式塔、碳钢管闭式塔、钛管闭式塔和铝管闭式塔。按风机的类型可分为抽风式闭式塔、鼓风式闭式塔等。按水气的流动方式又可分为横流式闭式塔和逆流式闭式塔。各类闭式塔之间可以交汇重叠，比如横流式闭式塔可采用铜管散热器或不锈钢管散热器，外壳可采用不锈钢也可采用玻璃钢。

常用的无淋水填料的闭式塔的散热器和通风布置也有两种方式，一种是水气为逆流式，另一种是横流式。

1. 抽风式逆流闭式塔

无填料逆流闭式蒸发冷却塔中的第一种是水气流动为逆流式，风机为抽风式的闭式塔，如图16-22所示。外界冷空气由进风栅进入闭式塔内，与淋水、散热器（盘管）上的水膜进行传热传质，经过淋水装置和收水器由风机排出塔外；热水或冷却介质由散热器的入口进入将热量由散热器传给淋水和空气后从出口流出；塔内的淋雨由自备水泵将水送入淋水装置，淋水装置将自循环的水喷洒在散热器上，经过与散热器的传热以及与空气的传热传质后落入集水箱供自循环使用。集水箱安装有自动补水阀门，当自循环的集水箱因蒸发水位下降至某位置时，阀门开启自动补水。

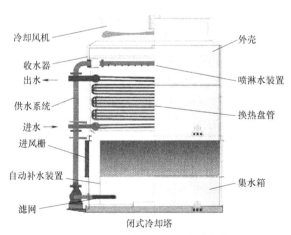

图16-22 无填料逆流闭式冷却塔

2. 鼓风式逆流闭式塔

无填料逆流闭式蒸发冷却塔中的第二种是水气流动为逆流式，风机为鼓风式的闭式塔，如图16-23所示，这类塔以马利公司的MC型闭式塔最具代表性。外界冷空气由风机从进风口吸入冷却塔内，与淋水、散热器（盘管）上的水膜进行传热传质，经过淋水装置和收水器排出塔外；热水或冷却介质由散热器的进水口进入，将热量由散热器传给淋水和空气后从出水口流出；塔内的淋雨由自备水泵将水送入淋水装置，淋水装置将自循环的水喷洒在散热器上，经过与散热器的传热以及与空气的传热传质后落入集水箱供自循环使用。集水箱安装有自动补水阀门，当自循环的集水箱因蒸发水位下降至某位置时，阀门开启自动补水。这种冷却塔采用了鼓风式通风，风机为离心式最大的特点是噪声小。

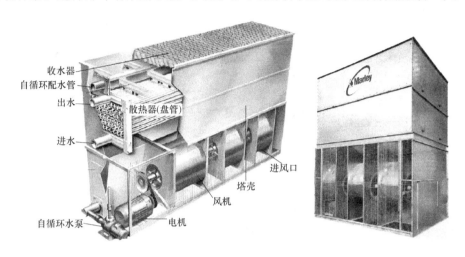

图 16-23　MC 型闭式冷却塔

3. 横流式闭式塔

在无填料闭式塔中，淋水与空气的流动为交叉时称为横流式闭式塔，如图 16-24 所示。热水从进水口进入散热器，经过与自循环水和空气的换热后从出水口流出，散热器布置在横流塔的淋水填料区，自循环水泵将自循环水送入淋水装置，淋水将水洒向散热器上；空气从进风百叶窗进入塔内散热器与淋水和散热器传热传质后，经过收水器由风机排出塔外。

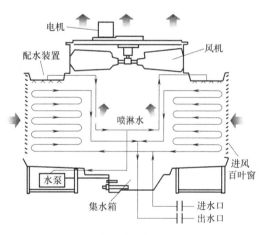

图 16-24　横流式闭式塔

4. 有填料横流式分区冷却闭式塔

有淋水填料的闭式塔一般为横流式闭式塔，其中第一种是自循环水淋于散热器发生换热后再进入淋水填料区，与空气发生传热传质冷却后落入集水池进入自循环，即自循环与散热器分区冷却，如图 16-25 所示。这种闭式塔以 BAC 公司的 FXV 型闭式塔为代表，其中散热器的布置可分为单边和双边布置。

5. 有填料横流式闭式冷却塔

与横流式分区冷却闭式冷却塔不同，在横流塔的填料区中分层布置散热器和淋水填料的冷却塔，如图 16-26 和图 1-22 所示。自循环的水由自循环水泵送入闭式塔的淋水装置，经过淋水填料冷却、散热器（盘管）换热、填料冷却、散热器（盘管）换热等多层传热传质后落入集水箱供自循环使用。空气从进风百叶进入塔内，分配至散热器与淋水填料中进

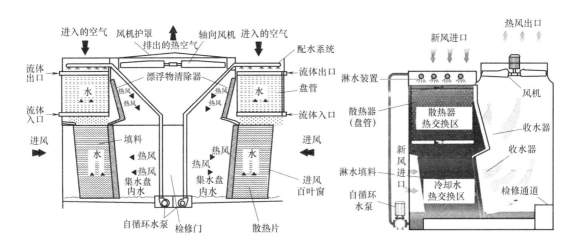

图 16-25　横流式分区冷却闭式塔

行换热后，经过收水器后由风机排出塔外，这类型的冷却塔以大连斯频德的 CUF 型闭式塔最具代表性。

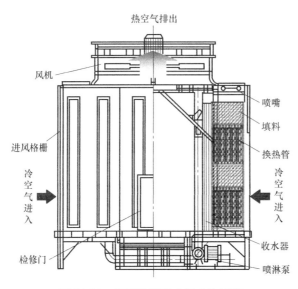

图 16-26　有填料横流式闭式冷却塔

第五节　闭式蒸发冷却塔（器）的热力计算方法

　　闭式冷却塔的散热器中的流体、空气及自循环水的流动及传热传质状态如图 16-27 所示，淋水在盘管外形成水膜，离开盘管后以水滴形式落在下一层盘管上再形成水膜，水膜将盘管的热量通过传热传质方式传给空气。

　　对于图 16-21 所示的逆流式闭式冷却塔，自循环的水喷向散热器的盘管，与上升的气流相互发生传热传质的热交换。为推导逆流式闭式蒸发冷却塔（器）的传热传质控制方程进行如下假定：

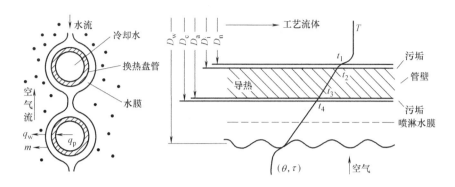

图 16-27　闭式冷却塔冷却过程原理示意图

（1）水膜在整个换热器中为平均的水膜温度，并保持不变。这是因为自循环的水进入散热器时的水温与出散热器的水温是相同的；

（2）水膜的表面积近似等于盘管的表面积，即认为水膜非常薄；

（3）自循环水被平均地分布于不同的管排上，每一根盘管的表面都有水膜；

（4）路易斯数等于 1，不考虑蒸发损失。

如图 16-28 所示的散热器盘管单元的示意图，根据能量守恒原理，可列出相关守恒方程。

工艺流体或热水将热量传给盘管外的水膜，传热方程为：

$$dQ = K_1(T-t)dA \tag{16-23}$$

式中　dQ——微小单元的传热量，W；

$\quad\quad K_1$——工艺流体或热水向水膜传热的传热系数，W/(m² · ℃)；

$\quad\quad T$——工艺流体或热水的温度，℃；

$\quad\quad t$——自循环水膜的温度，℃；

$\quad\quad dA$——盘管微小单元表面积，m²。

盘管可视为薄壁管，其传热系数可表示为：

$$K_1 = \cfrac{1}{\cfrac{1}{\alpha_i} + \cfrac{(D_i - D_n)}{\lambda_g} + \cfrac{\delta}{\lambda} + \cfrac{(D_c - D_o)}{\lambda_g} + \cfrac{1}{\alpha_w}} \tag{16-24}$$

式中　　α_i——盘管内流体传热系数，W/(m² · ℃)；

$\quad\quad\quad \lambda_g$——水垢的导热系数，W/(m · ℃)；

$\quad\quad\quad \lambda$——盘管的导热系数，W/(m · ℃)；

$\quad\quad\quad \delta$——盘管的厚度，m；

$\quad\quad\quad \alpha_w$——水膜的对流传热系数，W/(m² · ℃)；

D_i、D_o、D_n、D_c——分别为盘管的内外径和盘管结垢后的内外径，m。

上式中不太确定的是水膜的对流传热系数，其值与水膜的状态和厚度有关，也与自循环水量、风速及盘管直径和布置尺寸有关。即：

$$\alpha_w = f(q, V, D_o, P_1, P_t) \tag{16-25}$$

式中　q——自循环的淋水密度，kg/(m² · s)；

V——通过盘管断面的平均空气流速，m/s；

P_1、P_t——盘管布置的间距，m。

根据假定（2），可得到水膜与空气之间的传热量为：

$$dQ=\beta'_x(i''_t-i)dA'=\beta_x(i''_t-i)dA \tag{16-26}$$

式中 β'_x——以水膜面积为基准的含湿差为推动力的散质系数，kg/（$m^2 \cdot s$）；

β_x——以盘管表面积为基准的含湿差为推动力的散质系数，简称散质系数，kg/（$m^2 \cdot s$）；

i''_t——与水温 t 相应的饱和空气焓，J/kg；

i——空气的焓，J/kg（DA）；

dA——盘管的微小单元表面积，m^2。

上式中散质系数为一个未知参数，需通过试验获得，该参数值与淋水量、空气的流速以及盘管的布置有关，可表示为：

$$\beta_x=f(q,V,D_o,P_1,P_t) \tag{16-27}$$

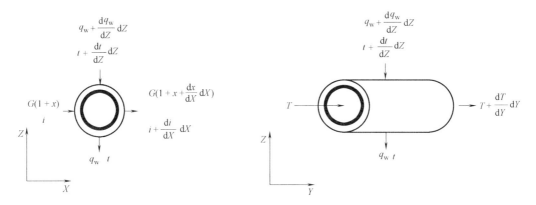

图 16-28 散热管单元示意图

空气焓的增加等于微单元内的换热量比空气量：

$$di=\frac{\beta'_x(i''_t-i)dA}{G} \tag{16-28}$$

式中 G——干空气的质量流速，kg/（$m^2 s$）。

自循环水温的变化等于空气与工艺流体的能量变化和，即：

$$dt=\frac{Gdi+q_p c_{pp}dT}{q_w c_{pw}} \tag{16-29}$$

式中 q_p——盘管中的介质或水，kg/s；

q_w——自循环的水量，kg/s；

c_{pp}、c_{pw}——盘管中的介质和水的比热，J/（kg·℃）。

由式（16-23）可得：

$$dT=\frac{-K_1(T-t)dA}{q_p c_{pp}} \tag{16-30}$$

根据第（1）个假设，那么方程式（16-29）为零，可忽略。

对式（16-28）整理后有：

$$\frac{\mathrm{d}i}{i''_{t}-i}=\frac{\beta'_{x}\mathrm{d}A}{G} \tag{16-31}$$

注意到 i''_{t} 是与水膜水温相应的饱和空气焓，水温按第（1）假定为常量，所以，该焓亦为常量，对式（16-31）积分可得到

$$i_{2}=i''_{t}-(i''_{t}-i_{1})\mathrm{e}^{-M_{w}} \tag{16-32}$$

式中　i_1——进入闭式塔的空气焓，J/kg（DA）；

　　　i_2——排出闭式塔的空气焓，J/kg（DA）。

其中 M_w 称为水膜的面积冷却数，值为：

$$M_{w}=\frac{A\beta_{x}}{G} \tag{16-33}$$

同样注意到水膜水温不变的假定，对式（16-30）积分可得到：

$$T_{2}=t+(T_{1}-t)\mathrm{e}^{-NTU} \tag{16-34}$$

式中　T_1——进入闭式塔的工艺介质或热水温度，℃；

　　　T_2——流出闭式塔的工艺介质或热水温度，℃。

其中 NTU 称为蒸发冷却塔（器）的传热单元数，值为：

$$NTU=\frac{AK_{1}}{c_{pp}q_{p}} \tag{16-35}$$

闭式蒸发冷却塔（器）的传热量为（假定（4）中忽略自循环水的蒸发损失）：

$$Q=G(i_{2}-i_{1})\approx c_{pp}q_{p}(T_{1}-T_{2}) \tag{16-36}$$

将式（16-32）、式（16-34）代入式（16-36）可得到：

$$G[i''_{t}-(i''_{t}-i_{1})\mathrm{e}^{-M_{w}}-i_{1}]=c_{pp}q_{p}[T_{1}-t-(T_{1}-t)\mathrm{e}^{-NTU}] \tag{16-37}$$

$$t=T_{1}-\frac{G(i''_{t}-i_{1})(1-\mathrm{e}^{-M_{w}})}{q_{p}c_{pp}(1-\mathrm{e}^{-NTU})} \tag{16-38}$$

由式（16-38）便可通过迭代的方法求出水膜水温或自循环水温。

上式在推导过程中并未特别针对逆流式，所以，上式对于横流式闭式塔也适用。有填料的闭式冷却塔的自循环水温低，可将填料的传热效果等价至散质系数中，然后按上式进行热力计算。

当知道闭式塔的传热系数和散质系数后便可由式（16-38）计算自循环水温，有了自循环水温，由式（16-32）和式（16-34）可计算出工艺流体冷却后的温度和排出闭式冷却塔的空气热焓。

以上的方程还可用于闭式冷却塔的试验数据整理，试验中可测出工艺流体的进出口温度、空气的进塔干湿球温度、空气流量、自循环水量等参数，由这些参数便可由式（16-34）计算出传热单元数，由式（16-32）可计算出水膜面积冷却数，进一步计算可获得闭式塔的传热系数和散质系数。

第六节　闭式蒸发冷却塔（器）的热力特性

一、盘管与管外水膜换热参数的试验结果

式（16-24）中包含了管内的工艺流体或热水的对流传热系数、水垢和盘管壁的传热

系数，后二者可查相关材料导热系数计算出传热热阻，而管内流体的对流传热系数可由式（2-27）计算，对于盘管与水膜的对流传热系数不同的试验者给出了不同结果。

1. 帕克（Parker）试验结果

帕克等人针对外径 19mm 的错排布置的管束，在假定饱和空气焓与水温线性相关的基础上，给出了管壁与淋水之间的换热系数。

$$\alpha_t = 704(1.39 + 0.22t)\left(\frac{q_b}{D_o}\right)^{1/3} \tag{16-39}$$

式中 q_b——单位宽度的淋水量，kg/(m·s)；

t——淋水的温度，℃。

对于盘管布置如图 16-29（a）方式的单位宽度的淋水量按下式计算：

$$q_b = \frac{q_w}{4L\left(\frac{B}{P_t} - 1\right)} \tag{16-40}$$

式中 B、L——管束的宽度和长度，m；

其余符号意义同前。

对于盘管布置如图 16-29（b）方式的单位宽度的淋水量，也就是盘管长度一半管的自循环水量，按下式计算：

$$q_b = \frac{q_w}{2L\left(\frac{B}{P_t} - 1\right)} \tag{16-41}$$

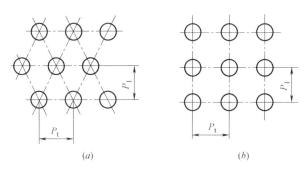

图 16-29 盘管的布置方式
(a) 三角形错列；(b) 正方形直列

式（16-39）的适用范围为：

$1.4 < \dfrac{q_b}{D_o} < 3$；

$15℃ < t < 70℃$。

2. 米诸什那（Mizushina）试验结果

米诸什那对逆流式蒸发冷却器进行了系列试验，试验中采用了 12.7mm、19.05mm 和 40mm 三种管径，试验得到的管壁与淋水的对流换热系数结果为：

$$\alpha_t = 2100\left(\frac{q_b}{D_o}\right)^{1/3} \tag{16-42}$$

上式的适用范围为：

$0.2 < \dfrac{q_b}{D_o} < 5.5$。

3. 尼述（Niitsu）试验结果

尼述等人对大量光管和带肋片的管束进行了试验，光管管束的管外径为 16mm，错排布置的试验结果为：

$$\alpha_t = 990 \left(\frac{q_b}{D_o} \right)^{0.46} \tag{16-43}$$

4. 朱冬生试验结果

朱冬生等人对于直径 16mm，壁厚 0.5mm 的紫铜管按正三角形排列，三角形边长为 38mm 组成纵横各 16 排的管束进行试验，得到的水膜对流传热系数计算公式为：

$$\alpha_t = 542.38 \left(\frac{q_b}{D_o} \right)^{0.294} \tag{16-44}$$

上式的适用范围为：

$1.5 < \dfrac{q_b}{D_o} < 3.8$。

二、水膜与空气换热系数试验结果

1. 帕克试验结果

对于盘管以水平三角形错排布置的方式，水膜与空气的散质系数有不同的经验公式，帕克等人提出的计算公式为

$$\beta_x = 0.049 G_{max}^{0.905} \tag{16-45}$$

式中　G_{max}——散热器中最大空气质量流速，即散热器中最小断面处的空气质量流速，kg/(m² · s)。

上式适用于 $0.68 < G_{max} < 5$。

2. 米诺什那试验结果

米诺什那的试验结果整理获得的水膜与空气的散质系数，计算公式与管径、水膜流动的雷诺数和空气流动的雷诺数有关，表示为：

$$\beta_x = 1.006 \times 10^{-7} (Re_a)^{0.9} (Re_w)^{0.15} D_o^{-2.6} \left(\frac{P_t}{D_o} \right)^{-1} \tag{16-46}$$

式中　Re_a——空气流动的雷诺数，值为 $Re_a = \dfrac{D_o G_{max}}{\mu_a}$；

　　　Re_w——水膜流动的雷诺数，值为 $Re_w = \dfrac{4q_b}{\mu_w}$；

　　　D_o——盘管的外径，m；

　　　P_t——盘管布置的间距，m。

上式的适用范围为：

$1.2 \times 10^3 < Re_a < 1.4 \times 10^4$；

$50 < Re_w < 240$。

3. 尼述试验结果

尼述的试验结果为：

$$\beta_x = 0.076G_{max}^{0.8} \tag{16-47}$$

上式的适用范围为：

$1.5 < \dfrac{q_b}{D_o} < 5$；

$\dfrac{P_1}{D_o} = 2.38$，$\dfrac{P_t}{D_o} = 2.34$。

三、闭式冷却塔试验数据整理方法

刘力健利用小的逆流式模拟试验塔装置对直径 16mm、厚度 0.5mm 的铜管进行了试验，盘管的布置为三角形，间距为 1 倍的管径。实测的数据如表 16-1 所示，循环冷却水量为 1152kg/h。

闭式塔试验数据

表 16-1

风速 （m/s）	喷淋水量 （kg/min）	喷淋水温 （℃）	盘管出口温度 （℃）	盘管入口温度 （℃）	空气干球温度 （℃）	空气湿球温度 （℃）
3.2	4	31.37	41.07	37.73	29.46	28.58
3.2	6	32.32	41.04	37.52	30.17	29.04
3.2	8	32.48	40.94	37.22	30.20	29.07
3.2	10	32.48	40.66	36.68	30.07	28.98
3.2	12	32.17	40.13	36.01	29.80	28.94
3.2	14	32.02	39.55	35.36	29.77	28.85
3.2	16	31.65	38.84	34.62	29.52	28.48
4.8	4	29.22	37.88	34.49	25.94	25.15
4.8	6	28.79	36.92	33.15	26.01	25.09
4.8	8	28.52	36.55	32.73	25.79	24.93
4.8	10	28.52	36.35	32.34	25.79	24.93
4.8	12	27.41	35.97	31.83	25.29	24.29
4.8	14	27.84	35.17	30.97	25.45	24.50
4.8	16	27.87	35.01	30.78	25.60	24.71
7.1	4	27.07	35.66	32.14	24.47	24.76
7.1	6	26.83	35.37	31.52	24.66	23.94
7.1	8	25.73	34.56	30.53	23.89	23.15
7.1	10	26.25	34.01	29.82	24.35	23.55
7.1	12	26.46	33.71	29.36	24.41	23.65
7.1	14	26.46	33.12	28.55	24.32	23.52
7.1	16	26.43	32.73	28.12	24.47	23.70
7.75	4	27.87	38.65	34.92	27.47	24.32
7.75	6	27.47	37.02	32.91	24.32	23.86
7.75	8	26.68	35.72	31.25	24.32	23.73
7.75	10	26.65	35.88	30.94	24.66	23.92
7.75	12	26.80	35.73	30.75	24.90	24.19
7.75	14	26.16	35.17	30.17	24.69	23.98
7.75	16	26.68	35.37	30.35	24.99	24.30

由式（16-34）和式（16-35）可计算出各工况条件下的传热系数 K_1，以单宽流量 $\dfrac{q_w}{D_o}$ 为自变量，可整理盘管的传热系数关系曲线，如图 16-30 所示，数据规律性较好，相关系数可达到 0.87。

试验数据整理所得传热系数公式为：

$$\alpha_t = 726.9 \left(\frac{q_b}{D_o} \right)^{0.47} \qquad (16\text{-}48)$$

试验结果与尼述所得结果相近，但该试验淋水量范围较小，可比性差。

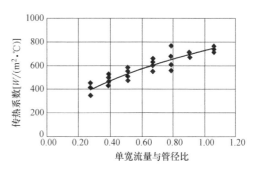

图 16-30　试验数据整理结果

四、盘管间布置淋水填料的影响

在散热器盘管间布置淋水填料可以提高闭式冷却塔的效率，即可以提高盘管的传热系数，高明等人对于淋水填料对传热系数的影响进行了试验证明了这一点。试验装置如图 16-31 所示，试验段为 300mm × 300mm × 300mm，断面风速为 0.8～3.0m/s，逆流部分的自循环淋水密度为 12～15t/(m² · h)，横流部分的淋水密度为 16～30t/(m² · h)，散热器盘管单宽流量（单边宽度的淋水量）为 0.028～0.069kg/(m · s)。试验中采用了直径 16mm 的盘管正方形布置，纵横各 3 排，管间距 70mm，淋水填料片平均片距 22.5mm。

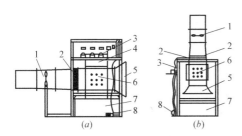

图 16-31　模拟试验装置

1—风机；2—收水器；3—仪表盘；4—横流式布水盆；
5—喇叭形风口；6—换热模块；7—集水箱；
8—水泵

横流模式下有填料与无填料的盘管传热系数对比如图 16-32 所示，散热器盘管传热系数随淋水密度的增大而增大，有填料比没有填料传热系数提高约 12%～20%。

逆流模式下有填料与无填料的传热系数对比如图 16-33 所示，随淋水密度的增大传热系数增大，有填料与无填料相比，传热系数提高了约 50%～90%。

在相同风速和气温条件下，横流模式与逆流模式的传热系数试验结果如图 16-34 所示，逆流模式的传热系数高于横流模式。

该试验由于盘管数量少，试验段有限，所以，该结果并不能直接用于大型塔上，但所

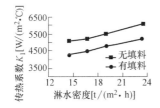

图 16-32　横流模式下有无填料的对比

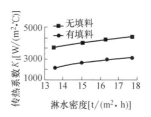

图 16-33　逆流模式下有无填料的对比

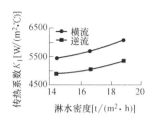

图 16-34　横流模式与逆流模式对比

给出的传热系数的变化趋势可供闭式冷却塔设计时参考。

第七节　闭式冷却塔的设计计算

闭式冷却塔的设计计算包括闭式冷却塔的热力和空气动力计算，设计计算目的是确定闭式冷却塔的散热器散热面积或计算闭式冷却塔的冷却能力。闭式塔的空气动力计算与横流式和逆流式机械通风冷却塔类似，计算公式和方法可参见第八章，不同的是常规塔的淋水填料换为散热器。

一、闭式冷却塔散热器阻力特性

冷却塔中的盘管的空气阻力与空冷器的空气阻力有所不同，因为闭式冷却塔的散热器盘管之间有淋水存在。盘管的阻力特性宜通过试验确定，相关的试验资料并不多，李永安等人通过试验给出了盘管以三角形布置时的阻力特性，盘管布置管心间距为 2 倍的管径。表 16-2 为管径 20mm 的阻力试验结果。

空气阻力实测记录　　　　　　　　　　　　　　　　　　　表 16-2

平均温度 （℃）	空气密度 （kg/m³）	运动黏度 （10^{-6}m²/s）	流速 （m/s）	空气阻力 （Pa）	Re 数	$\lg(Re)$	Eu 数	$\lg(Eu)$
23	1.18	15.97	7.1	59.5	8.89×10^3	3.95	2.07	0.31
24	1.18	16.06	7.0	57.8	8.72×10^3	3.94	1.94	0.29
25	1.17	16.16	7.2	60.7	8.92×10^3	3.95	2.03	0.31
26	1.17	16.25	6.0	42.1	7.38×10^3	3.87	1.39	0.14
27	1.16	16.34	6.2	44.6	7.59×10^3	3.88	1.47	0.17
28	1.16	16.43	6.1	43.2	7.43×10^3	3.87	1.41	0.15
29	1.15	16.52	5.4	33.5	6.54×10^3	3.82	1.09	0.14
30	1.15	16.61	5.5	34.8	6.62×10^3	3.82	1.12	0.05
31	1.15	16.71	5.3	32.3	6.34×10^3	3.80	1.03	0.01
32	1.14	16.81	4.8	26.3	5.72×10^3	3.76	8.36×10^{-1}	-0.08
33	1.14	16.91	4.5	23.1	5.32×10^3	3.73	7.23×10^{-1}	-0.14
34	1.13	17.01	4.7	25.0	5.53×10^3	3.74	7.82×10^{-1}	-0.11

李永安给出的空气阻力为：

$$Eu = 2.57 \times 10^{-8} (Re_a)^2 \left(\frac{P_{ra}}{P_{rw}} \right)^{0.25} \tag{16-49}$$

式中　Re_a——空气流动的雷诺数，值为 $Re_a = \dfrac{D_o V_{max}}{\mu_a}$；

P_{rw}，P_{ra}——水与空气的普兰特数；

　V_{max}——通风截面最小处的流速，m/s；

　D_o——盘管的外径，m。

盘管的阻力实际上与淋水量有很大关系，式（16-49）中并未能反映淋水的影响，对于闭式冷却塔设计也无需式（16-49）那么复杂，将表 16-2 中的数据按式（16-50）整理，可准确得到该布置条件下的阻力系数为 $\xi_p = 8.3$。

$$\Delta P = \xi_p \frac{1}{2}\rho \overline{V}^2 \tag{16-50}$$

式中　ξ_p——盘管的阻力系数；

　$\overline{V}$——通风断面的平均风速，m/s。

对于不同的布置方式和淋水量，通过试验可得到阻力系数的关系式：

$$\xi_p = f(D_o, P_t, P_l, q) \tag{16-51}$$

二、闭式塔设计计算

以下采用例题方式说明冷却塔的设计计算过程。

例 16-1　一个逆流式闭式冷却塔，散热盘管为外径 19.1mm、内径 15mm 的镀锌管，以三角形布置方式，布置 16 层，每层 31 根管，每层的管中心距离为 28.65mm。每层的间距为 24.81mm，管长度为 913mm。闭式塔的自循环水量为 1.845kg/s，通过与常规逆流式冷却塔类似的空气动力计算后得到的空气质量流量为 2.07kg/s。问在空气干球温度为 10℃、湿球温度为 8.45℃、大气压为 101.325kPa、冷却塔进口温度为 15.6℃、流量为 2.67kg/s 时闭式冷却塔的出塔水温是多少？自循环水温是多少？

解：

第一步：准备输入资料

查相关附表或资料可获得：

湿空气的比热：1005J/(kg·℃)

水蒸气的比热：1967J/(kg·℃)

水的比热：2500000J/(kg·℃)

水的导热系数：0.595W/(m·℃)

钢管的导热系数：45W/(m·℃)

盘管的散热总面积为：$0.913 \times 3.14 \times 0.0191 \times 16 \times 31 = 27.2 \text{m}^2$

最大空气质量流速：$\dfrac{2.07 \times 1000}{31 \times 0.913 \times (28.65 - 19.1)} = 7.66 \text{kg/(m}^2 \cdot \text{s)}$

盘管半边单宽流量：$\dfrac{1.845}{4 \times 31 \times 0.913} = 0.0163 \text{kg/(m} \cdot \text{s)}$

盘管与水膜对流传热系数可按式（16-39）计算：

$$\alpha_t = 704[1.39 + 0.22 \times (15.6 + 10) \times 0.5]\left(\frac{0.0163}{0.0191}\right)^{1/3} = 2808 \text{W/(m}^2 \cdot \text{℃)}$$

水膜散质系数可按式（16-45）计算：

$$\beta_x = 0.049 G_{max}^{0.905} = 0.049 \times 7.66^{0.905} = 0.3093 \text{kg/(m}^2 \cdot \text{s)}$$

盘管管内水流动的雷诺数：

$$Re = \frac{2.67 \times 0.015 \times 4}{1.148 \times 10^{-3} \times 3.14 \times 0.015^2 \times 31} = 6371$$

流动处于过渡区，管内的传热系数可按式（2-29）计算：

$$\overline{Nu} = K_0 (Pr)^{0.43} \left(\frac{Pr}{Pr_w} \right)^{0.25} C_1$$

$$= (-0.165Re^2 + 5.941Re - 9.732)8.092^{0.43} \left[-0.2337 \ln \left(\frac{0.913}{0.015} \right) + 1.853 \right]$$

$$= 47$$

$$\alpha_i = \frac{\overline{Nu}\lambda}{D_i} = \frac{47 \times 0.595}{0.015} = 1864 \text{W/(m}^2 \cdot \text{℃)}$$

忽略结垢的热阻，管壁的传热系数为：

$$\alpha_g = \frac{2\pi\lambda l}{\ln \left(\frac{r_2}{r_1} \right)} = \frac{45}{0.0096 \times \ln \left(\frac{19.1}{15} \right)} = 19500 \text{W/(m}^2 \cdot \text{℃)}$$

盘管的总传热系数，按式（16-24）计算可得：

$$K_1 = \frac{1}{\frac{1}{\alpha_i} + \frac{1}{\alpha_g} + \frac{1}{\alpha_t}} = \frac{1}{\frac{1}{2808} + \frac{1}{1864} + \frac{1}{19500}} = 1059 \text{W/(m}^2 \cdot \text{℃)}$$

第二步：计算传热单元数与水膜冷却数

传热单元数按式（16-35）计算：

$$NTU = \frac{AK_1}{c_{pp}q_p} = \frac{1059 \times 27.2}{4200 \times 2.67} = 2.569$$

水膜冷却数按式（16-33）计算：

$$M_w = \frac{\beta_r A}{G} = \frac{0.3093 \times 27.2}{2.07} = 4.064$$

第三步：计算自循环水温

按式（16-38）计算自循环水温，计算时可先假定一个自循环水温，由式（16-38）可计算出一个自循环水温，计算出的水温与假定值不同时，以此计算值为假定值重新按式（16-38）计算，直到假定值与计算值符合偏差要求。

假定自循环水温为 13℃，那么与之相应的饱和空气焓为 36586J/kg（DA），进塔空气的焓为 25852J/kg（DA），按式（16-38）计算的自循环水温为：

$$t = T_1 - \frac{G(i_t'' - i_1)(1 - e^{-M_w})}{q_p c_{pp} (1 - e^{-NTU})} = 15.6 - \frac{2.07 \times (36586 - 25852)(1 - e^{-4.064})}{2.67 \times 4200(1 - e^{-2.569})}$$

$$= 15.6 - 0.000196 \times (36586 - 25852) = 13.5℃$$

自循环水温的计算值为 13.5℃，相应的饱和空气焓为 37902J/kg（DA），重新按式（16-38）计算的自循环水温为：

$$t = 15.6 - 0.000196 \times (37902 - 25852) = 15.6 - 2.4 = 13.2℃$$

将计算出的自循环水温再重复上述计算，最终可得到自循环水温为 13.3℃。

第四步：计算冷却水出塔水温

有了自循环水温后，将该值代入式（16-34）有：

$$T_2 = t + (T_1 - t)e^{-NTU} = 13.3 + (15.6 - 13.3)e^{-2.569} = 13.4℃$$

例 16-2 以例 16-1 的闭式塔的空气动力特性和盘管以及气象条件为基础，求要使闭式冷却塔的进出塔水温差达到3℃，问若仅加大空气流量到多少可满足要求？若不加大空气流量仅增大盘管面积需增大至多少？若不增加盘管面积仅加大自循环水量是否可行？

解：

第一步：准备输入参数

输入参数见例16-1。

第二步：改变盘管面积计算自循环水温和出塔水温

式（16-34）为出塔水温的计算公式，以冷却单元数和自循环水温为自变量，出塔水温为函数，可绘制本例的出塔水温的变化趋势图，如图16-35所示。由图可看出，要降低出塔水温，须降低自循环水温，传热单元数对于出塔水温的敏感度很低。这是因为盘管的热阻相对于自循环水对空气的热阻小的多，在本例中不是控制因素，所以，改变盘管面积或传热数并不能改变水膜对空气的传热。将式（16-34）整理便可获得自循环水温的计算公式为：

$$t = \frac{T_2 - T_1 \mathrm{e}^{-NTU}}{1 - \mathrm{e}^{-NTU}}$$

以本例的参数代入公式同样可计算出自循环水温与传热单元数的关系，当传热单元数增大到一定值后，自循环水温将不再改变，传热单元数加大仅能缩小管内流体与自循环水膜的端差。

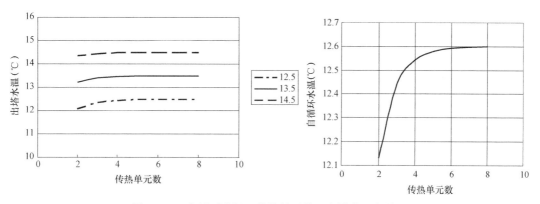

图16-35　自循环水温、传热单元数和出塔水温的关系

第三步：计算仅加大空气流量的出塔水温

先假定空气的质量流量为4kg/s，计算水膜冷却数：

$$M_\mathrm{w} = \frac{\beta_x A}{G} = \frac{0.3093 \times 27.2}{4} = 2.1$$

自循环水温的计算公式变化为：

$$t = T_1 - \frac{G(i_\mathrm{t}'' - i_1)(1 - \mathrm{e}^{-M_\mathrm{w}})}{q_\mathrm{p} c_\mathrm{pp}(1 - \mathrm{e}^{-NTU})} = T_1 - 0.000339(i_\mathrm{t}'' - i_1)$$

先假定自循环水温为12℃，计算自循环水温为：

$$t = 15.6 - 0.000339 \times (34048 - 25852) = 12.82℃$$

重复计算得到自循环水温为12.45℃，由此知空气质量流量须提高1倍方可使进出塔水温差达到3℃。

第四步：计算自循环水量增大后的出塔水温

　　仅增大自循环水量后，散热器的管壁与水膜的对流传热系数可变大，仅可改变传热单元数，由第二步分析可知，仅加大传热单元数对于改变自循环水温影响不大，所以，不能降低出塔水温。

　　本算例为一个特殊情况，在这个闭式塔配置中，传热热阻主要是自循环水与空气之间的热阻，当盘管面积不变时，要减小水膜与空气之间的热阻只能加大通风量。相反在另一些情况下，水膜与盘管之间的热阻为主要问题时，须加大传热面积或自循环水量。

第十七章　发电厂的冷端优化计算

第一节　发电厂发电工艺的冷端

一、蒸汽轮机发电过程

火/核电厂发电的原动机都是蒸汽轮机,蒸汽轮机是由煤燃烧或核反应堆裂变反应产生的热加热水,产生高温高压蒸汽进入蒸汽轮机使蒸汽轮机转动产生机械能,带动发电机转动而发电的。发电过程如图 17-1 所示,发电工艺过程可分为 3 个部分,锅炉部分(核电中是核岛部分)、汽轮发电机部分和供水系统部分,供水系统也称为冷却水系统。冷却水系统可有直流冷却(水冷却依靠江河湖泊或海)、循环水冷却塔或空冷塔。

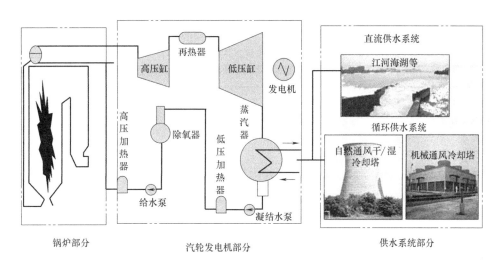

图 17-1　蒸汽轮机发电过程示意图

二、冷端优化的意义

蒸汽轮机发电的三大部分如图 17-1 所示,锅炉产生高温高压的蒸汽进入汽轮机,汽轮机的乏汽经过凝汽器冷却后凝结为水供再加热。汽轮机的功率除与锅炉产生的蒸汽初参数有关外,还与冷却汽轮机乏汽的凝结水温有关,与凝汽器凝结水相应的水蒸气压力就是汽轮机末端的蒸汽压力,称为汽轮机的背压。图 17-2 为汽轮机功率与背压的关系,当背压高时,汽轮机实际出力小于设计出力,如图 A 点所示;当背压降至 B 点时达到设计值,汽轮机按此背压进行设计,当背压再降低时,在其他参数不变时,汽轮机可额外多增加出力;当背压降至 C 点时,再降低背压已经不能增加汽轮机出力,因为此时背压的改变已

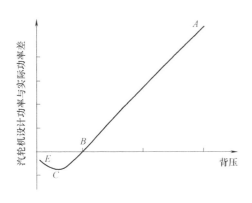

图 17-2 汽轮机功率与背压的关系

经无法改变末级蒸汽的流速，此背压也称为阻塞背压。当背压低于阻塞背压后，由于汽轮机功率不增大，而凝结水温变低，造成锅炉额外的凝结水加热的能耗，影响整体效率，使功率变小。此时汽轮机排出的蒸汽温度高于凝结水温度，二者差称为过冷度。

汽轮机的蒸汽初参数由锅炉部分产生，不同的机组锅炉产生的蒸汽参数也不同。

超超临界机组的蒸汽温度 600℃、压力 26.25MPa；

超临界机组的蒸汽温度 565℃、压力 23.52MPa 或蒸汽温度 538℃、压力 24.2MPa；

亚临界机组的蒸汽温度 550℃、压力 15.68～17.64MPa；

超高压机组的蒸汽温度 545℃、压力 11.76～13.72MPa；

高压机组的蒸汽温度 535℃、压力 5.88～9.8MPa；

中压机组的蒸汽温度 435℃、压力 2.94～5.88MPa。

核电机组的蒸汽参数取决于核岛的堆型，常用堆型的热力参数如表 17-1 所示。

不同反应堆的蒸汽参数 　　　　　　　　　　　　　　　　　　表 17-1

反应堆型	CPR1000	VVER1000	AP1000	EPR
额定热功率（MW）	2903	2994	3414	4613
额定蒸汽压力（MPa）	6.43	5.88	5.38	7.46
额定蒸汽温度（℃）	280	274	268	290

汽轮机的蒸汽末端参数由包括凝汽器在内的循环水管路、循环水泵、冷却塔或直流供水的水工工程组成系统确定，将这些部件构成的系统称为冷端设备。汽轮机背压低时，可多输出功率产生附加经济效益，背压的高低与冷端设备的规模有关，一般为 0.005～0.035MPa。在其他设备不变时，凝汽器面积越大，背压越低，投资越大；冷却塔面积增大，背压降低，投资增大；循环水量增大，背压降低，运行费增大；循环水管路增大，运行费降低，管路投资增大。所以，冷端设备如何配制更为经济合理，必须通过冷端优化确定。汽轮机的末级叶片长度不同，汽轮机的背压与功率或背压与热耗曲线不同，冷端优化的结果也不同，所以，在电厂初期可行性研究中也将汽轮机的末级叶片长度纳入冷端的范围进行优化，确定汽轮机的设备招标参数。

三、汽轮机运行工况

要进行冷端优化，应了解汽轮机的运行工况。大型凝汽式汽轮机典型工况是指那些能宏观上反映汽轮机主要热力性能及能对主辅机提出容量匹配要求的特定工况。目前各国对典型工况的名称、定义及设定的目的虽然未完全统一，但大多数大制造商已经趋于一致。典型工况主要有：经济连续运行工况、能力工况、最大连续运行工况、阀门全开工况等。

1. 经济连续运行（ECR）工况

经济连续运行工况，也称 ECR 工况，来自英文 Economical Continuous Rating condition 的第一个字母缩写。这个工况是热耗验收工况或热耗保证工况，机组正常投运后对此工况进行试验验收，国内称为 THA 工况。此工况也是设计工况，也称额定工况（此工况的各参数均为额定值），也称名牌工况（名牌上的各参数值均取自该工况）。这个工况不仅是一、二次汽参数及背压、功率为额定值，而且补给水为零，不带厂用汽，所有加热器均正常投入，汽轮机热耗最低。

THA 工况为设计工况，其他工况均为变工况。这一工况的目的是在给定初参数条件下，达到汽轮机热耗最低。为此配气设计力求使阀门开度处于最佳阀点，通流设计要求使级速比达到最佳，热力系统设计要求使给水温度、再热压力达到技术经济最佳。电厂在靠近该工况运行时，经济效益最佳。

2. 能力工况

新蒸汽参数、温度及再热温度均为额定值，背压为夏季指定高背压（小机组时常指 33℃水温下对应的凝汽器压力，约 11～11.8kPa），无厂用汽，加热器正常投入，补给水为 3%，并发足额定功率的工况，称为能力工况，即英文 Capability condition。也称为 TRL 工况，意思为汽轮机额定负荷工况，即在夏季汽轮机应保证达到的功率工况，也称为功率保证工况。

该工况是夏季背压高，为达到满发，蒸汽流量比 THA 工况大约 5% 来补偿背压高和 3% 蒸汽损失所带来的功率降低。

3. 最大连续运行（T-MCR）工况

最大连续运行工况，英文为 Maximum Continuous Rating condition，缩写为 MCR，该工况为保持 TRL 工况的运行条件，背压降至额定背压，补给水为零。此时汽轮机出力达到最大，又称为汽轮机最大连续工况，即 T-MCR 工况。

T-MCR 工况与 TRL 工况无本质区别，该工况反映了汽轮机微增能力的大小，即背压对功率的影响。

4. 阀门全开（VWO）工况

阀门全开工况的英文为 Valves Wide Open condition，缩写为 VWO。该工况是所有调节阀门全部满开，其余条件与 THA 工况相同。这个工况表明了汽轮机的最大通流能力，也就是不超压时的最大流量工况，即在额定进汽参数下汽轮机通过最大流量，背压降低不会使此流量增加。在额定初参数条件下，该工况相应的功率最大。此工况的流量约比 TRL 工况大 5%，比 THA 工况大约 10%。

5. 阀门全开超压 5%（VWO+5%）工况

该工况与 VWO 工况的区别仅是初参数提高了 5%。该工况的流量和功率比 VWO 大约 5%，相当于设计能力的 115%，该工况偶尔用于电网的尖峰负荷。

第二节　冷端优化的方法

冷端优化的目的是综合投资规模和获得的发电收益与运行费增减等诸因素，建立一个目标函数并求得极值。这个目标函数就是年费用，年费用是将工程的造价摊算为各年的年均投资额，加上各年平均的管理、运行、维修费用所得的总和。年费用最小的方法即是冷端优化的方法。

冷端优化时，以凝汽器（直接空冷中为空冷散热器面积）、循环水管路、冷却塔淋水面积（直流冷却方式是水工布置方案与取水温升，间接空冷中为散热器面积）以及汽轮机的末级叶片长等作为自变量，计算年费用，以最小者为优化结果。年费用计算公式如下：

$$NF = P(AFCR) + \mu_a \tag{17-1}$$

式中　NF——年费用值，万元；

　　　P——总投资现值，万元；

　$AFCR$——年固定分摊率；

　　　μ_a——年运行费，万元。

式（17-1）中年固定分摊率为：

$$AFCR = CR + MR \tag{17-2}$$

式中　CR——资金回收系数；

　　　MR——大修费率，《火力发电厂水工设计规范》DL/T 5339—2006 规定为 2.5%。

其中资金回收系数可按下式计算：

$$CR = \frac{i(1+i)^n}{(1+i)^n - 1} \tag{17-3}$$

式中　i——投资回收率，取电力工业投资回收率（可取 8%～10%）；

　　　n——工程的经济使用年限，《火力发电厂水工设计规范》DL/T 5339—2006 规定 $n=20$。

当工程的经济使用年限到期后，尚有残值可以考虑时，可以采用增加运行年限来解决，或按下式计算：

$$NF = (P-L)(AFCR) + \mu_a \tag{17-4}$$

式中　L——工程残值，万元。

当考虑物价因素时，年费用按下式计算：

$$NF = (P-L)(AFCR) + B\mu_a \tag{17-5}$$

价格系数按下式进行计算：

$$B = \frac{\dfrac{1+r}{1+i}\left[\left(\dfrac{1+r}{1+i}\right)^n - 1\right]}{\dfrac{1+r}{1+i} - 1} \times \frac{i(1+i)^n}{(1+i)^n - 1} \tag{17-6}$$

式中　r——物价上涨率，%；

　　　其余符号意义同前。

以上各式中，年运行费包括了循环水泵、风机等电费以及汽轮机的热耗或微增功率，循环水泵、风机的运行费为运行时间与功率和电价的积，其中电价为成本电价。成本电价包括了燃料、水费、材料费、基本折旧费、大修费、职工工资、职工福利和其他费用等，成本电价计算公式为：

$$P_e = \frac{发电总成本}{厂供电量} [元/(kW \cdot h)] \tag{17-7}$$

$$厂供电量 = 发电量(1-厂用电率) \quad (kW \cdot h/a) \tag{17-8}$$

$$发电量 = 机组容量 \times 设备年利用小时数 \quad (kW \cdot h/a) \tag{17-9}$$

对于汽轮机的运行费用可采用微增功率法或煤耗法两种方法进行计算计入年费用。

一、微增功率法

当汽轮机的进汽量不变，即煤耗不变时，汽轮机根据背压的不同发电量不同，与额定功率的差值为微增功率。背压低汽轮机发电量大，反之背压高汽轮机发电量少。微增功率以发电量的变化与电价的积的方式计入年费用，电价可取成本电价。

运行费用为：

$$\mu_a = U_1 + U_2 + U_3 + U_4 \tag{17-10}$$

式中　U_1——循环水泵的电耗，万元；

　　　U_2——微增功率收益，万元；

　　　U_3——水资源消耗费用，万元；

　　　U_4——维修费用，万元。

运行费用中 U_3 为水资源消耗费用，对于不同的冷却方式比较或直流冷却系统的不同水量比较才有意义；U_4 为维修费用，对不同的冷却方案作比较才变化，如机械通风冷却塔和自然通风冷却塔的维修费取值不同，一般确定了设备的前提下，维修费用变化不大，故在优化计算中不起作用。优化计算主要参数是前两项。

循环水泵的电耗按式（17-11）计算：

$$U_1 = N_p H_y P_e 10^{-4} \tag{17-11}$$

式中　N_p——循环水泵的总功率，kW；

　　　H_y——年利用小时数，h；

　　　P_e——成本电价，元/(kW·h)。

而循环水泵的总功率又是循环水量和冷却水系统水力损失的函数：

$$N_p = \frac{QH}{0.102\eta} \tag{17-12}$$

式中　Q——循环水量，t/s；

　　　H——循环水泵的扬程，是冷却水管路系统的水力损失与静扬程之和，m；

　　　η——循环水泵的效率，%。

汽轮机的微增功率与冷端配制方案所形成的汽轮机背压有关，按不同背压可通过相关机组的类似图 17-2 的背压与微增功率曲线获得微增功率 N'，微增功率按下式计入年费用。

$$U_2 = 10^{-4} C_e P_e \sum N_i' t_i \tag{17-13}$$

式中　N_i'——运行小时数 t_i 对应的微增功率，kW；

　　　t_i——机组不同季节或月份的利用小时数，$\sum t_i$ 为全年的利用小时数，h；

　　　C_e——微增功率电价折减系数，一般取为 0.8～0.9；

　　　P_e——成本电价，元/(kW·h)。

二、煤耗法

在最高允许背压之下，匹配的锅炉出力在最大连续出力条件下，汽轮机的出力是可以达到额定功率的，所以，微增出力实际不存在，这时仅是汽轮机的热耗发生变化，汽轮机的运行费用应该以热耗引起的燃料费用变化计算年费用。

煤耗法中循环水泵运行费用计算与式（17-11）相同，汽轮机的运行费可由汽轮机的热耗与背压曲线确定汽轮机的热耗，类似图 17-2 的曲线，热耗由下式转化为燃煤量。

$$CR = \frac{HR}{29.3\eta_b\eta_p(1-\varepsilon_c)} \tag{17-14}$$

式中　CR——供电的煤耗率，g/(kWh)；

　　　η_b——锅炉效率，%；

　　　η_p——管道效率，%；

　　　ε_c——厂用电率，%；

　　　HR——汽轮机的热耗，kJ/(kWh)；

　　　29.3——每克标准煤的发热量，kJ/g，相当于 7000kcal/kg。

汽轮机运行费用按下式计算：

$$U_2 = 10^{-10}P_c\sum t_i N_i CR_i \tag{17-15}$$

式中　N_i——运行小时数 t_i 对应的汽轮机功率，kW；

　　　t_i——机组不同季节或月份的利用小时数，$\sum t_i$ 为全年的利用小时数，h；

　　　CR_i——运行小时数 t_i 对应的供电煤耗率，%；

　　　P_c——标准煤价，元/t。

第三节　湿式冷却系统的冷端优化计算

湿式冷却系统分为直流冷却与循环冷却两种，直流冷却系统由引水水工建筑、循环水泵、管路、凝汽器、排水工程等组成；循环冷却系统由冷却塔、循环水泵、循环水管路、凝汽器组成。冷端优化的目的是确定经济合理的冷端各设备的配制，计算主要包括 3 部分，一是计算不同配制的初投资，二是计算循环水泵系统的运行费，三是计算汽轮机的背压，进而计算汽轮机运行费。主要计算任务分项为凝汽器的热力计算、冷却水系统的水力计算及各设备的工程量计算。

一、凝汽器的结构与分类

凝汽器是凝汽式汽轮机组的重要工艺设备之一，它的作用是将汽轮机的乏汽冷却液化为水并在汽轮机的出口形成和维持真空状态。凝汽器按布置位置、进水方式、流程、背压数等可分为多种，如表 17-2 所示。

凝汽器的分类　　　　　　　　　　　　　　　　　表 17-2

分类依据	类别	名称	定义	备注
与汽轮机排布位置关系	1	下向布置	布置在低压缸下面	多数采用
	2	侧向布置	布置在低压缸侧面	
	3	整体布置	与低压缸做成整体	
与汽轮机轴线的关系	1	横向布置	冷却管中心线与汽轮机轴线垂直	都可采用
	2	纵向布置	冷却管中心线与汽轮机轴线平行	

续表

分类依据	类别	名称	定义	备注
冷却水进水方式	1	单一制(单道制)	在同一壳体内冷却水通过单根进水管进入一个水室	多数采用2
	2	对分制(双道制)	在同一壳体内冷却水通过两根进水管进入带分隔板的一个水室或两个水室	
冷却水流程	1	单流程	冷却水在冷却管内只流过一个单程就排出	
	2	双流程	冷却水在冷却管内流过一个往返才排出	
凝汽器壳	1	单壳	采用单个壳体	
	2	多壳	采用多个壳体	
凝汽压力数	1	单背压	按单一背压设计	
	2	多背压	按多个背压设计	

尽管凝汽器按表 17-2 可分为多种类型,但是,凝汽器的热力计算主要与背压数有关,水力计算主要与流程数有关。

二、单背压凝汽器热力计算

在凝汽器内,冷却水与汽轮机的排汽进行热交换,水温升高,蒸汽温度下降,由于水与蒸汽之间是间接热交换,最终水和汽之间存在一个温差,这个温差也叫端差。凝结水温为:

$$t_s = t_{w1} + \Delta t + \delta t \tag{17-16}$$

式中　t_s——凝结水温度,℃;

t_{w1}——冷却水的供水温度,即进入凝汽器的冷却水温,℃;

Δt——冷却水的温升,即凝汽器进出口水温差,℃;

δt——端差,冷却水回水温度与凝结水温度差,℃。

冷却水供水温度取决于气象条件和供水方式,与凝汽器无关。供水温度越高,真空越低;供水温度越低,真空越高。冷却水的温升可以根据凝汽器的热量平衡求得:

$$D_c(h_c - h'_c) = D_w c_w \Delta t = D_w c_w (t_{w2} - t_{w1}) \tag{17-17}$$

式中　D_c——排气量,kg/h;

h_c——排气焓,kJ/kg;

h'_c——凝结水的焓,kJ/kg;

D_w——循环水量,kg/h;

c_w——水的比热,kJ/(kg·℃);

t_{w1}、t_{w2}——凝汽器进出口的冷却水水温,℃。

式(17-17)可改写为:

$$\Delta t = \frac{h_c - h'_c}{c_w \dfrac{D_w}{D_c}} = \frac{h_c - h'_c}{c_w m} \tag{17-18}$$

式中　m——冷却倍率,$m = \dfrac{D_w}{D_c}$。

冷却倍率反映了循环水量与排气量的倍数关系,其取值不同决定了冷却水的水量,影响循环水系统的投资规模，同时又影响汽轮机的背压，是优化计算中的一个重要参变量。现代的凝汽器的冷却倍率一般取值范围在 $50\sim120$，最佳的值需通过技术经济比较来确定，即优化计算确定。

h_c-h_c' 是单位质量蒸汽的凝结放出的热量，在凝汽式汽轮机通常排气压变化范围内，h_c-h_c' 变化很小，约为 2200kJ/kg（不同的机组值有所变化，对于小型机组为 2300kJ/kg），所以，式 (17-20) 可写为：

$$\Delta t=\frac{h_c-h_c'}{c_w m}=\frac{2200}{4.187m}=\frac{525}{m}\qquad(17\text{-}19)$$

端差 δt 与凝汽器冷却面积、换热量、传热系数等有关，传热越强，端差越小。蒸汽通过凝汽器将热量传给冷却水，传热量大小与冷却面积、传热系数和两相温差成正比，即：

$$H_t=D_w c_w \Delta t=F_c k\Delta t_m\qquad(17\text{-}20)$$

式中　H_t——凝汽器总传热量，kJ/h；

　　　F_c——凝汽器冷却面积，m^2；

　　　k——传热系数，$kW/(m^2\cdot℃)$；

　　　Δt_m——蒸汽与冷却水之间的平均传热温差，℃。

由传热学理论可以推导出平均传热温差为：

$$\Delta t_m=\frac{\Delta t}{\ln\dfrac{\Delta t+\delta t}{\delta t}}\qquad(17\text{-}21)$$

式 (17-23) 代入式 (17-22) 有：

$$\delta t=\frac{\Delta t}{e^{\frac{kF_c}{c_w D_w}}-1}\qquad(17\text{-}22)$$

由式 (17-22) 可计算凝汽器的端差，式中与凝汽器有关的参数是凝汽器的冷却面积和传热系数。传热系数与凝汽器的结构形式、材质、凝汽器的清洁程度、凝汽器中水的流速、进口水温等有关，表示为：

$$k=10^{-3}k_0\beta_c\beta_t\beta_m\qquad(17\text{-}23)$$

式中　k_0——基本传热系数，与凝汽器冷凝管的外径及管中的水流速有关，其值可查图 17-3 获取，$W/(m^2\cdot℃)$；

　　　β_c——凝汽器冷凝管的清洁系数，直流冷却水系统与清洁水取 $0.80\sim0.85$，循环冷却水系统和化学处理水取 $0.75\sim0.80$，污水和可能结垢沉淀的水取 $0.65\sim0.75$，新管取 $0.80\sim0.85$，具有连续清洗的凝汽器取 0.85，钛冷却管取 0.90；

　　　β_m——冷凝器管材与管厚度的修正系数，其值可查表 17-3 获取；

　　　β_t——冷却水进口温度修正系数，可按以下拟合公式计算。

$$\beta_t=-5.0\times10^{-5}t_{w1}^2+0.017t_{w1}+0.6686,t_{w1}\leqslant20℃\qquad(17\text{-}24)$$

$$\beta_t=-9.0\times10^{-5}t_{w1}^2+0.0112t_{w1}+0.8094,t_{w1}>20℃\qquad(17\text{-}25)$$

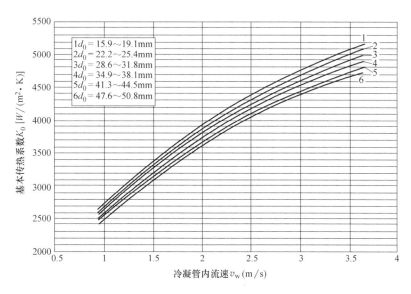

图 17-3　基本传热系数

冷凝管材与管厚度修正系数　　　　　　　　　表 17-3

管厚(mm)　冷凝管材料	0.5	0.6	0.7	0.8	0.9	1.0	1.2	1.5	2.0
HSn70-1	1.030	1.025	1.020	1.015	1.009	1.007	1.001	0.987	0.965
HA177-2	1.032	1.020	1.020	1.015	1.009	1.004	0.993	0.977	0.955
BFe30-1-1	1.002	0.990	0.981	0.970	0.959	0.951	0.934	0.905	0.859
BFe10-1-1	0.970	0.965	0.951	0.935	0.918	0.908	0.885	0.849	0.792
碳钢	1.000	0.995	0.981	0.975	0.969	0.958	0.935	0.905	0.859
TP304,TP316,TP317	0.912	0.889	0.863	0.840	0.818	0.798	0.759	0.712	0.637
TA1,TA2	0.952	0.929	0.911	0.895	0.878	0.861	0.828	0.789	0.724

由式（17-16）～式（17-25）就可以进行凝汽器的热力计算。上述的凝汽器为单背压凝汽器，对于双背压及多背压凝汽器，凝结水温计算方法略有不同。

三、双背压凝汽器热力计算

图 17-4（a）所示为一普通单背压凝汽器，各排汽口都在相同的压力 p_c 下运行，（b）为一个双背压凝汽器，即凝汽器中间用隔板分为两部分，冷却水的流程不作任何改变，此时，进入各汽室的水温不同，两个汽室的压力也不一样，即 $p_{c1} < p_{c2}$。同理凝汽器可设计为三背压、四背压或多背压。对于双背压凝汽器，各汽室的冷却面积各为总面积的 1/2，如果水量和汽量不变时，水温升与排汽压力将相应改变，如图 17-5 中的实线与虚线所示。双背压凝汽器的冷却水温比单背压低。两室的冷却水温升可由式（17-19）求得：

$$\Delta t_1 = \Delta t_2 = \frac{h_c - h_c'}{2m} = \frac{\Delta t}{2} \qquad (17\text{-}26)$$

同理可求出两室的端差：

$$\delta t_1 = \frac{\Delta t_1}{e^{\frac{k_1 F_c}{2c_w D_w}} - 1} \tag{17-27}$$

$$\delta t_2 = \frac{\Delta t_1}{e^{\frac{k_2 F_c}{2c_w D_w}} - 1} \tag{17-28}$$

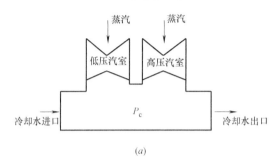

(a)

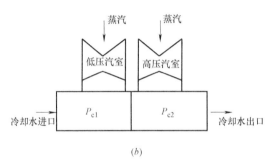

(b)

图 17-4 单背压与双背压凝汽器示意图

（a）单背压凝汽器示意图；（b）双背压凝汽器示意图

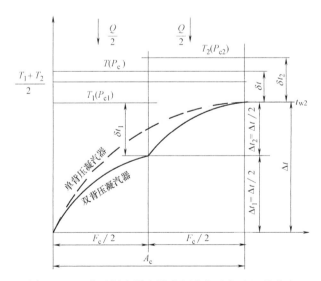

图 17-5 双背压凝汽器中排汽压力与冷却水温的分布

式中的 k_1 与 k_2 为两室内的传热系数，可由式（17-23）计算，但要注意两室的进口水温是不同的。

有了两室的端差就可计算两室的凝结水温和两室的背压。但两室的背压平均值不能代表双背压凝汽器的背压。两室的真正背压，应先计算各汽室的排汽温度，由各室排汽温度计算出平均排汽温度，由此温度计算背压：

$$(t_s)_r = \frac{t_{s1} + t_{s2}}{2} = t_{w1} + \frac{3}{4}\Delta t + \frac{\delta t_1 + \delta t_2}{2} \tag{17-29}$$

式中　$(t_s)_r$——平均排汽温度，℃；

　　　　t_{s1}——汽室一的排汽温度，℃；

　　　　t_{s2}——汽室二的排汽温度，℃。

四、多背压凝汽器热力计算

对于多个汽室的多背压凝汽器，如图 17-6 所示，可按双背压凝汽器的方式推导出其热力计算公式。由各室的排汽温度计算平均排汽温度，由此温度计算背压。

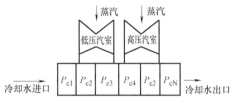

图 17-6　多背压与双背压凝汽器示意图

$$(t_s)_r = \frac{t_{s1} + t_{s2} + \cdots + t_{sN}}{N} \tag{17-30}$$

式中　　　$(t_s)_r$——平均排汽温度，℃；

　　　　　　N——背压数；

t_{s1}，t_{s2}，$\cdots$，t_{sN}——各汽室的排汽温度，℃。

各汽室循环水温升为

$$\Delta t_1 = \Delta t_2 = \cdots = \Delta t_N = \frac{h_c - h'_c}{Nm} = \frac{\Delta t}{N} \tag{17-31}$$

各汽室的端差为：

$$\delta t_i = \frac{\Delta t_i}{e^{\frac{k_i F_c}{N C_w D_w}} - 1} \tag{17-32}$$

式中　δt_i——第 i 汽室的端差，℃；

　　　k_i——第 i 汽室的传热系数，kW/(m²·℃)。

代入式（17-30）可得

$$(t_s)_r = t_{w1} + \frac{(N+1)\Delta t}{2N} + \frac{1}{N}\sum_{i=1}^{N}\delta t_i \tag{17-33}$$

由式（17-33）中右侧第二项可表示为 $\frac{(N+1)\Delta t}{2N} = (\frac{1}{2} + \frac{1}{2N})\Delta t < \Delta t$，说明该项值总是小于单背压，而第三项中各汽室的端差的差别仅取决于各汽室的传热系数，各汽室的传热系数差别仅由进水温度引起，而传热系数是随进水温度的升高而增大的，如图 17-7 所示，由式（17-32）可知，各汽室的端差是越来越小的，式（17-33）充分说明了多背压比单背压凝汽器背压低。

五、冷却系统的水力计算

冷却水系统的水力计算目的是计算循环水泵的扬程进而计算运行费用，循环水泵的扬程由 3 部分组成，静扬程、循环水管路和沟槽的局部阻力水头损失和沿程水头损失，包括

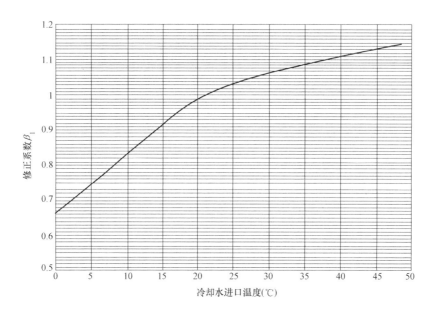

图 17-7 进水温度对传热系数的影响

凝汽器的水头损失。式（17-12）中的循环水泵扬程可表示为：

$$H = H_j + \sum_{i=1}^{M} \xi_i \frac{V_i^2}{2g} + \sum_{k=1}^{N} \lambda_k \frac{l_k}{D} \frac{V_k^2}{2g} \tag{17-34}$$

式中 H_j——循环水系统的水泵静扬程，如对于带自然通风冷却塔的循环冷却系统，就是冷却塔的竖井水面与集水池水面高差，m；

       ζ_i——循环水管路系统中第 i 个阻力件的局部阻力系数，如弯头、变径、阀门、伸缩节、管道分流与汇流、冷却塔集水池至前池之间的沟槽局部阻力、凝汽器的进出口局部阻力等；

       V_i——循环水管路系统中第 i 个阻力件的相应的流速，m/s；

       λ_k——循环水管路系统中不同直径或管材管段中第 k 段的管道摩阻系数，如冷却塔至前池为沟槽，循环水泵出口至母管的支管、母管、凝汽器进出端的支管等；

       V_k——不同管段中第 k 段的管道流速，m/s；

       M——循环水系统中局部阻力件数之和；

       N——循环水系统不同管径或材质的管段数目之和；

       g——重力加速度，m/s²。

摩阻系数可采用式（11-3）计算。

凝汽器的水力计算可采用简化计算和详细计算，简化计算可将凝汽器视为一个阻力件，按凝汽器制造商给定的水头损失计算出阻力系数；详细计算时，将凝汽器水阻分为 3 部分来计算，冷却水在冷却管内的沿程损失，由冷却管内的流速、冷却水流经冷却管的长度和冷却管管径决定，冷却水自水室空间流入冷却管及自冷却管流入水室空间的局部水损（简称管端损失，主要取决于冷却管内流速），冷却水自进水管流入水室空间以及自水室空间流入出水管时产生的水损（分别称为水室进口损失和水室出口损失）。在详细计算中，一定要区分凝汽器的流程数，流程数不同循环水在凝汽器中流经的长度不同，水头损失差别很大。根据流程数确定循环水在凝汽器中的过流面积和长度，过流面积等于所有冷却水管过流面积和除以流程数，循环水在凝汽器中的流经长等于冷却水管长度乘以流程数。

六、冷端优化计算

冷端优化的自变量有冷却塔的淋水面积（直流冷却系统为水工的取排水方案和取水温升）、循环水管径或管材、凝汽器面积以及循环水倍率。汽轮机末级叶片对优化结果影响较大，对于需要优化末级叶片直径时也要将不同的末级叶片直径对应的汽轮机性能曲线作为一个独立输入条件。计算前先由相关部门确定自变量的单位投资或造价，对不同的优化部件计算出各自的工程量和投资。

式（17-1）中的投资 P 按下式计算：

$$P_i = PT_j L_j + P_{ct} A_k + P_c AC_l \tag{17-35}$$

式中　P_i——第 i 个方案组合的投资，万元；

PT_j——循环水管路的单价，万元/m；

P_{ct}——冷却塔的单价，万元/m²；

P_c——凝汽器的单价，万元/m²；

L_j——第 j 个优化方案组合中循环水管路的总长度，m；

A_k——第 k 个优化方案组合中冷却塔的淋水面积，m²；

AC_l——第 l 个优化方案组合中凝汽器的面积，m²。

式（17-35）中若是直流冷却，将冷却塔的造价一项换为直流不同的水工方案投资。

冷端优化一般以汽轮机的 THA 工况进行优化，当以煤耗法计入汽轮机运行费时，可采用 TRL 或 T-MCR 工况进行优化。优化的气象条件采用年均气温，也可按每月的平均气温进行优化。后者较前者更能反映实际运行状况。

冷端优化计算工作量较大，一般通过计算机编程进行计算，流程如下：

第一步：准备输入资料和方案组合，如各部件的经济参数、各方案的布置方式、凝汽器的背压流程选择、汽轮机的性能曲线等；

第二步：按式（17-35）计算各方案的投资；

第三步：按第九章的方法进行冷却塔的热力计算，计算相应各气象条件、循环水量与温差条件下的出塔水温；

第四步：按式（17-33）进行凝汽器热力计算，并得出汽轮机背压；

第五步：按式（17-34）进行循环水系统的水力计算，确定水泵扬程，再按式（17-11）计算水泵的运行费；

第六步：根据汽轮机运行费的不同计入方法选择式（17-13）或式（17-15）计算汽轮机的运行费；

第七步：按式（17-1）计算各方案的年费用；

第八步：将各方案的年费用进行整理归纳，理出最小年费用即为优化结果。

第四节　直接空冷机组冷端优化计算

在空冷的热力计算中，空冷系统的循环水温度或凝结水水温在空冷系统规模、配制确定后，仅与空气的干球温度有关，所以，汽轮机背压对气温非常敏感。不仅不同季节背压差别比较大，而且一天之内由于地球转动昼夜气温相差也很大，所以，一天之内汽轮机的背压变化也很大。优化计算时就不能对气象条件取天、月平均值，而应将温度变化细化至度对应的小时数。

一、空冷系统的设计条件

干球温度的日变化、月变化及年变化都是比较大的，所以，空冷系统的设计条件与空气的干球温度以及其在一年中出现的小时数有关。现在我国还没有一个统一标准来确定空冷系统的设计条件，可参照企业标准来确定。

一般要结合厂址所在地的近5年或多年（近10年）气象按1~2℃温度段对全年出现的小时数进行统计。中国电力工程顾问集团公司的导则规定：先求多年（一般为近10年）平均气温，再求近5年每小时的气温算术均值，与多年均值接近者为典型年；中国华能集团公司的导则规定：用近10年年均气温、夏季三月气温确定典型年。优化计算以典型年的气温与出现小时数进行计算。

自然风对直接空冷影响也比较大，优化计算时应予以考虑。中国电力工程顾问集团公司的导则规定：自然风的获得为近10年全年、夏季和10min（平均大于3m/s、4m/s、5m/s），风频、风向、平均风速、最大风速制图表；中国华能集团公司规定为近10年全年、夏季和10min（平均大于3m/s、4m/s、5m/s和气温大于25℃），风频、风向、平均风速、最大风速图表。和空冷系统冷端优化相关的一些概念列于下文。

1. 设计气温

空冷系统的设计气温取值很重要，它是基于典型年的气温分布和预期机组运行小时数和负荷率来确定的。设计气温选取过高会造成机组初投资过大，选取过低会造成夏季不满发的时间过长。典型年的气温与所对应的小时数统计可绘制成图17-8所示的气温包络图，年最低气温以上的运行小时为全年小时数8760h。设计气温选取的方法有6000h法，该方法是从最低气温向高气温移动至6000h对应的气温；30%频率曲线法，从运行小时坐标向右移30%时间对应的气温；年平均气温法，在图17-8中，高温区面积A_1与低温区面积A_2相等的点与频率曲线交于B点对应的气温，或0℃以上面积与0℃以下面积相等点C对应的气温；年发电量最大法，即全年发电量最大时所对应的气温；+5℃以上平均气温

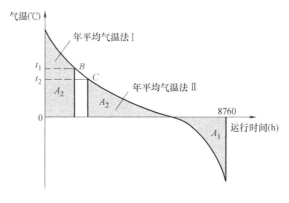

图17-8 空冷系统设计气温的取值

法，从+5℃至全年最高温度和对应的小时数加权平均得到的气温；+5℃以上全年气温加权平均法，+5℃以下按+5℃计算全年最高温度和对应的小时数加权平均得到的气温。中国华能集团公司导则规定采用+5℃以上平均气温加权平均取整；中国电力工程顾问集团公司的导则规定设计气温为+5℃以上全年气温加权平均法的对应气温取整。

2. 设计背压

通过优化确定的与设计气温对应的汽轮机背压。

3. 满发背压与满发气温

汽轮机在夏季某气温下 TRL 工况对应的背压为满发背压，此时的气温称为满发气温。中国华能集团公司导则规定直接空冷满发气温对应的小时数为 100~150h，间接空冷满发气温对应的小时数为 150~200h。

二、直接空冷的热力计算

直接空冷的总散热量为：

$$Q_d = A_d K \Delta t_m \tag{17-36}$$

式中　Q_d——直接空冷散热器的总散热量，kW；

　　　A_d——直接空冷散热器的总面积，m^2；

　　　K——散热器的传热系数，$kW/(m^2 \cdot ℃)$；

　　　Δt_m——对数传热温差，℃。

汽轮机乏汽的放热量

$$Q_k = D_k(i_k - i_c) \tag{17-37}$$

式中　Q_k——汽轮机乏汽的总放热量，kW；

　　　D_k——汽轮机的排气量，kg/s；

　　　i_k——汽轮机的排气焓，kJ/kg；

　　　i_c——凝结水的焓，kJ/kg。

冷端优化时，需给出汽轮机不同叶片长度对应的背压与排气焓的关系、背压与蒸汽量的关系，图 17-9 为某 600MW 机组的汽轮机在 T-MCR 工况条件下的性能曲线。

直接空冷的背压为凝结水温相应的饱和蒸汽压力与蒸汽从汽机出口到空冷器的压力损失 Δp_1 和位差引起的压力差 Δp_2 的和，即：

$$p_s = p_{ts} + \Delta p_1 + \Delta p_2 \tag{17-38}$$

式中　p_{ts}——与凝结水温相应的饱和蒸汽压力，Pa。

蒸汽从汽轮机出口至空冷器压力损失 Δp_1 等于蒸汽流经排气管路的沿程和局部阻力，按下式计算：

$$\Delta p_1 = \left(\lambda \frac{l}{d} + \sum \xi\right)\frac{V_v^2}{2g} \tag{17-39}$$

式中　λ——排气管路的沿程摩阻系数；

　　　l——排气管路的总长度，m；

　　　d——排气管道的直径，m；

　　　V_v——蒸气在管路中的平均流速，m/s。

蒸汽在管路中的平均流速可通过汽轮机的排气量计算：

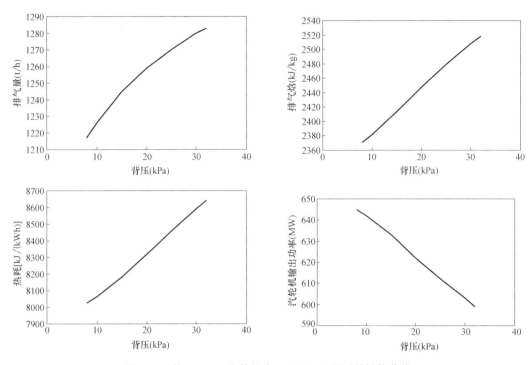

图 17-9 某 600MW 汽轮机在 T-MCR 工况下的性能曲线

$$V_v = \frac{4D_0}{\rho \pi d^2} \tag{17-40}$$

式中　D_0——汽轮机的排汽量，kg/s;

　　　ρ——排气密度，kg/m³。

汽轮机出口到凝汽器的位差引起的排气压力差 Δp_2 按下式计算:

$$\Delta p_2 = \rho \Delta H \tag{17-41}$$

式中　ΔH——水蒸气柱的高度，m。

水蒸气（排气）的密度可由状态方程计算:

$$\rho = \frac{p}{RT} \tag{17-42}$$

式中　p——压力，可取为背压，Pa;

　　　R——水蒸气的气体常数，值为 461.53J/(kg·K);

　　　T——排气的绝对温度，K。

三、投资与运行费计算

直接空冷的冷端优化变量为不同的初始温差（ITD）、迎面风速、散热器面积和与之对应的风机数量以及汽轮机的末级叶片长度。投资计算公式为:

$$P_i = P_{tu} + PF_j N_j + P_{cd} AC_j \tag{17-43}$$

式中　P_i——第 i 个方案组合的投资，万元;

　　　P_{tu}——汽轮机叶片长度不同的差价，万元/m;

　　　PF_j——第 j 组风机与散热器面积组合的风机电机及配套设施的单价，万元/台;

P_{cd}——散热器的单价，万元/m^2；

AC_j——第 j 组风机与散热器面积组合的散热器面积，m^2；

N_j——第 j 组风机与散热器面积组合的风机台数，台。

风机配套的电机一般设置为变频电机，这样可根据气温变化对风机的风量进行调节，即同一风机可以对应不同的迎面风速使运行更优化。一台风机对应一个冷却单元，迎面风速与风机风量的关系为：

$$L = AC \cdot V \tag{17-44}$$

式中　L——单台风机的风量，m^3/s；

V——迎面风速，m/s。

由式（4-27）可计算空冷器总阻力，即风机的全压 P_f，风机的运行功率为：

$$N_f = \eta_1 \eta_2 \eta_3 L P_f 10^{-3} \tag{17-45}$$

式中　η_1、η_2、η_3——风机、电机及机械传动效率，%。

当风机为变频工况时，对应于迎面风速 V_c 的风机运行功率可根据相似定律求得（假定效率不变）：

$$\frac{N_f}{N_{fc}} = \left(\frac{L}{L_c}\right)^3 \tag{17-46}$$

式中　N_{fc}、L_c——变频时风机运行功率与风量。

风机的运行费为：

$$U_f = 10^{-4} P_e N_f \sum N_i \tau_i \tag{17-47}$$

式中　P_e——成本电价乘以 0.8～0.9，元/(kWh)；

N_f——单台风机运行功率，kW；

N_i——对应第 i 小时段的风机运行台数，台；

τ_i——对应不同气温的运行小时数，h。

优化一般以煤耗法计算汽轮机的运行费用，对应于不同自变量和不同气温的汽轮机的热耗不同，将热耗按式（17-14）计算煤耗率，按式（17-15）计算燃料费 U_2，只是将原式中的 t_i 以 τ_i 代替。

直接空冷的年费用为：

$$NF = U_f + U_2 + P_i(AFCR) \tag{17-48}$$

四、冷端优化流程

直接空冷系统冷端优化内容包括初始温差、散热器面积、迎面风速、汽轮机叶片长等参数，优化计算一般采用计算机编程方法，计算流程如下：

第一步：准备输入资料，如空冷散热器的结构、特性参数、逆流顺流布置数量、风机配套数量、气象资料的划分整理、经济参数等；

第二步：将自变量进行组合，理出输入资料。如汽轮机对应不同长度的性能曲线、初始温差、迎风面积、迎面风速；

第三步：按式（4-17）、式（4-24）、式（17-36）～式（17-38）计算空冷散热器的散热量及汽轮机背压；

第四步：按式（17-47）计算风机运行费、按式（17-15）计算汽轮机运行费按式

(17-48)计算该工况组合的年费用；

第五步：将计算结果进行整理、输出，根据年费用、满发背压、满发小时数优化确定直接空冷系统的设计气温、汽轮机末级叶片、初始温差、迎面风速等参数。

第五节　间接空冷机组与核电机组的冷端优化计算

一、间接空冷系统冷端优化

间接空冷系统与湿冷机组优化方法相似，因为间接空冷的经济性也与空气的干球温度有关，所以，间接空冷系统中需要将运行气温与时段按直接空冷的方式进行整理。

在斯卡尔系统与斯克斯系统中，冷端优化内容均为初始温差、散热器面积、空冷塔的高度、汽轮机的末级叶片长度、凝汽器面积、循环水管路等。通过优化可获得设计背压、满发背压（对应汽轮机的末级叶片）、散热器面积和空冷塔的高度（对应不同的迎面风速）。

间接空冷优化中汽轮机的运行费采用煤耗法较为合理。

表凝式间接空冷系统的凝汽器热力计算与湿冷相同、水力计算可按第四章第八节方法计算，冷端优化的流程与直接空冷类同，散热器热力计算按第四章第六节方法进行计算。

混凝式间接空冷系统采用了混凝式凝汽器和水轮机或节流阀，凝汽器的热力计算方法与湿冷不同。因为混凝式凝汽器的端差非常小，一般按一个固定常数来进行凝汽器热力计算。

水轮机的节能可通过冷却水系统的水力计算，由式（4-68）确定水轮机水头，水轮机的节省能耗可折减循环水泵的运行功率，式（17-12）可变化为：

$$N_p = \frac{QH}{0.102\eta} - \frac{QH_t\eta_w}{0.102} \tag{17-49}$$

式中　H_t——水轮机水头，m；

　　　η_w——水轮机效率，%。

二、核电机组冷端优化

核电机组的冷端优化方法与湿冷机组相同，由于核燃料费并不因为汽轮机背压和负荷的变化而变化，所以，汽轮机的运行费宜采用微增功率计入。

对于微增功率的单价有不同的观点。有人认为核电机组发出的电全部可以卖出，所以，电价应以上网电价扣除税金后计入或税前来计入，也有人认为随着核电机组的增多，电网对核电的发电容量也会提出计划，这样微增功率就没有了，不应该计算微增功率。还有人提出微增功率的电价按上网电价乘以一个折减系数，但系数也并无公认数值。

第十八章 冷却塔与环境

第一节 冷却塔与环境的相互影响

冷却塔对环境的影响有两方面，一是冷却塔排出的湿热空气夹杂着小水滴逸出，进入大气会给周边环境和气候带来影响；二是冷却塔运行时的噪声给人们生活环境带来的影响。环境的不同也会影响冷却塔的运行特性，如大气出现逆温层时会影响自然通风冷却塔的效率，自然风会造成自然通风冷却塔的通风量改变、直接空冷塔和机械通风冷却塔的相互干扰及热回流。所以，冷却塔建设之初，须对这些影响进行评价和防治。

一、冷却塔对环境的影响

冷却塔运行时会排出湿热空气，空气中夹杂着冷却塔循环水微小水滴。由于节水的需要冷却塔的补充水可能是农业废水、城市污水处理水、含盐水，为了减少补给水，循环水中常常加入水质稳定剂以提高循环倍率，一些沿海地区淡水缺乏而使用海水作为循环介质，即海水冷却塔。由于收水器不可能做到100%消除排出空气中的水滴，所以，冷却塔排放的湿热空气中夹杂着的循环水滴逸出后形成羽流水滴落下后，会对冷却塔周边环境造成盐分、化学品和细菌的沉积污染。冷却塔排出的羽流会在空中飘移较长时间，在塔周边地面形成阴影，造成地面日照强度减弱，同时因为羽流含有大量的水蒸气会影响塔附近的局部气候形成降雨。空冷塔排出的热气虽然没有可见的羽流，但大量的热空气也会对局部气候造成影响。近年来越来越多的排烟冷却塔在工程中应用，烟塔排出的热空气或热羽流中还含有有害物，如二氧化硫等，进入大气环境当扩散不好时，便形成空气污染。

美国大于 25MW 机组的电厂有 75% 采用机械通风冷却塔，25% 采用自然通风冷却塔。由于机械通风冷却塔中飘滴出大的水滴和出风口高度低等原因，使机械通风冷却塔周边形成氯化钠、硫酸盐、铬酸盐及硼的沉积。1977 年美国肯萨斯的环境系统公司（ESC，即：Environmental Systems Corporation）对不同形式、不同使用年限、不同循环水量的机械通风冷却塔对周边环境影响进行了观测计算。他们观测到 3 种不同的冷却塔，羽流中的飘滴含量为 0.00034%～0.016%，飘滴的水滴直径为 10～3600μm。3 种塔型分别是：塔 A 为逆流塔，收水器为波纹型，使用年限大于 20 年，收水器的飘滴保证率为 0.2%；塔 B 为横流塔，收水器为蜂窝状，使用年限小于半年，收水器的飘滴保证率为 0.07%；塔 C 为横流塔，收水器为蜂窝状，使用年限为 1 年，收水器的飘滴保证率为 0.04%。3 种塔型的观测结果如图 18-1 所示，图中也给出了自然通风冷却塔的飘滴粒径分布。

将实测的机械通风冷却塔的飘滴粒径按不同的分布及量进行 3 种塔的下风向盐沉积量估算，结果如图 18-2 所示。对于新塔使用高效收水器，塔周围 1km 之外盐沉积量很微弱，而对于收水器效率不高的老塔，10km 之外盐沉积可忽略不计。

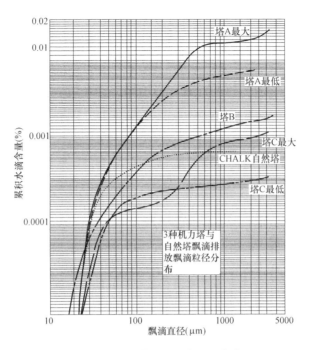

图 18-1　不同塔型的飘滴粒径分布

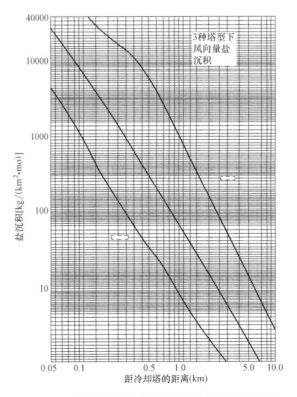

图 18-2　机械通风冷却塔下风向盐沉积量预报结果

　　法国电力公司（EDF）于 1977 年对埋喷（Meppen）电厂和 1979 年在波季（Bugey）电厂进行了羽流观测，他们观测了羽流的几何特征、垂向速度、温度分布、液体水的含量及水滴谱，并采用了气象学的方法进行统计研究，然后采用三维数值模拟进行预报。为对比冷却塔投运前后的影响，他们在波季电厂冷却塔 1979 年 7 月投运前进行了 1 年多的观测，与投运后进行了对比。在波季电厂观测的 1 年，每天 3 次观测读数，主要观测参数有：降雨、干和湿（露珠）点温度、总辐射、漫辐射、净辐射能及自然风速风向。通过观测他们掌握了冷却塔羽流的形态及出现的概率，如图 18-3 所示。

羽流形态	 ①	 ②	 ③	 ④	 ⑤	 ⑥
观测到的数量	50	213	108	38	54	31
占总量的百分比(%)	9	40	20	7	10	6

图 18-3　冷却塔羽流的形态分类

观测给出了冷却塔羽流的长度，小于 1km 的短羽流占 41%、长度在 1~5km 之间的中等长度羽流占 40% 和长度大于 5km 的长羽流占 7%。通过观测了解了冷却塔羽流阴影范围及对地面温度的影响，如图 18-4 所示。阴影部分为冷却塔羽流的阴影，移动气象站从 D 点开始，沿 E、F、G、H、I、H、G、F、E 各点检测 1 次，日照量和气温的变化如图中实线所示。日照量的影响比较大，从无阴影的约 500W/m² 降至有阴影的约 100W/m²，而气温的影响不大于 1℃。他们还观测给出了羽雾中的飘滴粒径为 8~12μm，1cm³ 中的飘滴雾滴数约为 200。自然云中，远处的层云中平均云雾中水滴粒径为 6μm，密集云的平均水滴粒径为 14μm。当羽流与自然云发生相互作用时，云中会出现两种粒径分布模

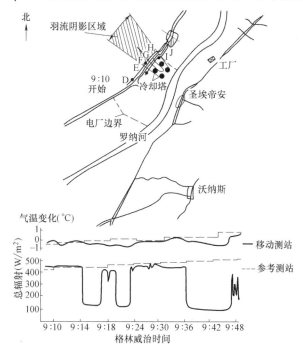

图 18-4　冷却塔羽流对气温和日照的影响

态。500多组观测数据中与云层发生相互作用的占14%，完全或部分与低层云或雾有作用的占21%，晴天或与气象现象不发生作用的占64%。

二、冷却塔的噪声

无论是自然通风湿式冷却塔还是机械通风冷却塔都会产生噪声，影响人们的生活，造成环境污染。

在自然通风冷却塔中，热水从喷嘴喷出后落在淋水填料顶面，水滴与填料的碰击会产生噪声，热水再从填料底部落至集水池，水滴与集水池水面发生碰击产生噪声。自然通风冷却塔的噪声的大小与淋水密度、淋水高度及冷却塔面积有关。图18-5为自然通风冷却塔噪声与淋水密度、淋水高度的关系。随着淋水密度的增大，噪声的强度增大，随着淋水高度的增大，噪声强度也增大，但高度6m后的强度增大幅度骤减，这是因为水滴在下落过程中由于空气阻力的原因，下落速度不再随高度增大而升高，落至集水池的动能基本不变化。自然通风冷却塔的空气流速对噪声强度也有一定的影响，如表18-1所示，随气水比的增大噪声有微弱的降低。噪声还与水温度有一定的关系，这是因为水温度影响水的黏性，进而影响水滴流速和密度。

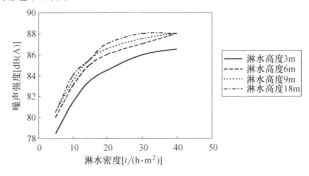

图18-5　自然通风冷却塔噪声与淋水密度及淋水高度的关系

自然通风冷却塔噪声强度与气水比的关系 　　　　　表18-1

淋水密度[t/(h·m²)]	气水比	淋水高度3m	淋水高度9m	淋水高度18m
	0.4	79.0	81.0	81.0
5	0.8	78.5	80.5	80.5
	1.2	78.5	80.0	80.5
	0.4	83.5	86.0	86.5
15	0.8	83.5	85.5	85.5
	1.2	83.0	84.5	84.5
	0.4	86.5	89.0	89.0
30	0.8	86.0	87.5	88.0
	1.2	84.0	85.5	85.5

机械通风冷却塔的噪声除了水滴下落引起的噪声外，主要是机械设备的噪声。主要噪声源有3部分，第一部分是水噪声，噪声强度与图18-5和表18-1相同；第二部分是通风的噪声，这部分噪声由塔内外的气流湍流和塔体运行中的共振引起；第三部分是机械设备

的运行噪声，包括风机的噪声和电机及电气设备的噪声。风机的噪声主要由机械噪声和流体噪声组成。风机的噪声强度与风机直径、转速和通风量有关，图 19-6 为轴流风机的噪声强度与风机直径、通风量的关系。在相同通风量条件下，风机的直径越大噪声越低，在相同的风机直径条件下，通风量大噪声也大。这是因为风机的噪声主要是流体噪声，与叶片及流体的相对速度成正比。

风机的噪声与淋水的噪声不同之处在于噪声的频率，图 18-7 为机械通风冷却塔不同位置所测的噪声声压与频率的关系图，曲线 1 是在进风口水池附近测得的噪声，曲线 2 是在收水器处测得的噪声，曲线 3 是在风机出口处测得的噪声。风机出口声压高的区域为低频率区，淋水噪声声压高的为高频区（为 500～16000Hz）。

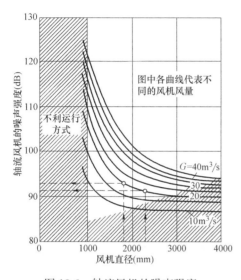

图 18-6　轴流风机的噪声强度

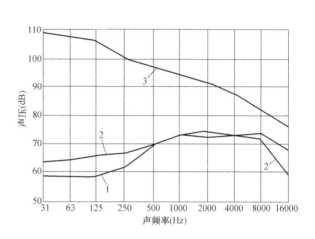

图 18-7　机械通风冷却塔的噪声压与频率的关系

三、逆温层、自然风对冷却塔的影响

地球表面的空气温度一般随高度增加而降低，大约每升高 100m，气温降低 0.6℃，就是说在数千米之内，总是低层大气温度高，高层大气温度低，显得"头重脚轻"。主要原因是对流层大气的主要热源是地面长波辐射，离地面愈远，受热愈少，气温就愈低。这种大气层结构容易发生空气的上下翻滚，即"对流"运动，可将近地面层的污染物向高空乃至更远方输散，从而使城市空气污染程度减轻。而有时却出现随着高度增加空气温度升高的现象，或者地面上随高度的增加，降温变化率小于 0.6℃，这种现象称为逆温现象。这种反常现象的空气结构呈"头轻脚重"，从而导致大气层结构稳定，它像一层厚厚的被子罩在城乡上空，上下层空气减少了流动，造成近地面层大气污染物"无路可走"，只好原地不动，越积越多，加重空气污染程度。对于靠浮力通风的自然通风冷却塔的效率会带来不利影响，一方面是逆温使自然通风冷却塔内外的空气密度差减小，另一方面是塔出口处的热气流不易排向高空，也影响冷却塔的抽力。两方面的作用使冷却塔的通风量减小，运行水温升高。

逆温对于机械通风冷却塔的运行影响不大，但由于逆温的存在也会使塔出口热气扩散受阻，有加大冷却塔空气热回流的现象。

自然风对冷却塔的影响及评价已经在第八章第六节和第十五章有所论述，这里不作赘述。

第二节　冷却塔对环境影响评价

一、冷却塔羽流对环境影响的计算

1. 伯克计算公式

伯克（Baker）从冷却塔出口湿热空气的饱和或过饱和状态，经过与周边大气掺混扩散，渐渐变化为不饱和空气羽流消失原理出发，给出了可见羽流长度的计算公式：

$$L_p = 1.74 \left(\frac{G}{334.4V_a}\right)^{1/2} \left(\frac{\theta_2 - \theta_1}{\theta_p - \theta_1} - 1\right)^{1/2} \tag{18-1}$$

式中　G——冷却塔的通风量，换算至标准大气压和20℃时的值，m^3/h；

V_a——冷却塔出口的自然风速，m/s；

θ_1、θ_2——冷却塔进出口处的气温，℃；

θ_p——可见羽流尾端气温，℃。

可见羽流尾端气温可按下式计算：

$$\theta_p = \frac{1}{2}(t_1 + t_2 + 0.7) \tag{18-2}$$

式中　t_1、t_2——分别为进出塔的循环水温度，℃。

公式计算结果与3个塔的7个实测点进行了对比，结果如表18-2所示，计算结果基本令人满意。

式（18-1）的计算结果验证　　表18-2

冷却塔验证点	羽流长度计算结果塔高,m	实测结果塔高,m
1(塔3)	0.1	0.60
2(塔3)	4.6	4.50
3(塔2)	4.6	4.75
4(塔3)	1.3	1.25
5(塔1)	0.8	1.00
6(塔2)	1.1	1.40
7(塔3)	0.3	0.75

2. 莫尔计算公式

莫尔（Moore）给出的计算公式可以计算羽流轴线轨迹，即高度、长度。

$$x_T = \frac{1200V_a}{\left[\Delta K + \left(\frac{120V_a}{19200 + 19.2H}\right)^2\right]^{1/2}} \tag{18-3}$$

$$L_p = \frac{x x_T}{(x^2 + x_T^2)^{1/2}} \tag{18-4}$$

$$z = 2.25 \left(\frac{\Delta\theta}{110} \right)^{1/8} \frac{Q_{\mathrm{h}}^{1/4} L_{\mathrm{p}}^{3/4}}{V_{\mathrm{a}}} \tag{18-5}$$

式中　z、x——羽流高度和离塔下风向的距离，m；

　　　　Q_{h}——羽流所带的热量，MW；

　　　　H——冷却塔的高度，m；

　　　　ΔK——塔顶以上大气的温度梯度，K/100m；

　　　　$\Delta\theta$——羽流超过周围空气的温度，℃。

莫尔计算公式也有实测资料进行了验证，结果如表 18-3 所示，数据量多时计算结果与实测均值还是比较接近的，说明莫尔羽流轨迹计算公式基本能够反映羽流运动特征。

莫尔轨迹计算公式的验证　　　　　　　　　　　表 18-3

x (m)	$\overline{Q_{\mathrm{h}}}$ (MW)	$\overline{V_{\mathrm{a}}}$ (m/s)	$\overline{\Delta K}$ (K/100m)	$\overline{z_{测}}$ (m)	$\overline{z_{算}}$ (m)	次数	分散度
250	54.5	5.8	0.62	53.5	56.6	150	0.089
500	55.1	6.4	0.58	84.1	82.2	72	0.079
700	39.3	3.2	0.66	112.9	124.7	18	0.093
1000	39.3	2.9	0.63	136.6	133.3	5	0.033
1250	39.4	2.5	0.62	93.0	142.8	1	—

3. 湍流射流法和扩散法

凯劳（Keylor）和皮特鲁（Petrillo）在范乐年和亚伯拉罕等人工作的基础上，将羽流看作是浮力射流提出了湍流射流法和扩散法来计算羽流的轨迹。

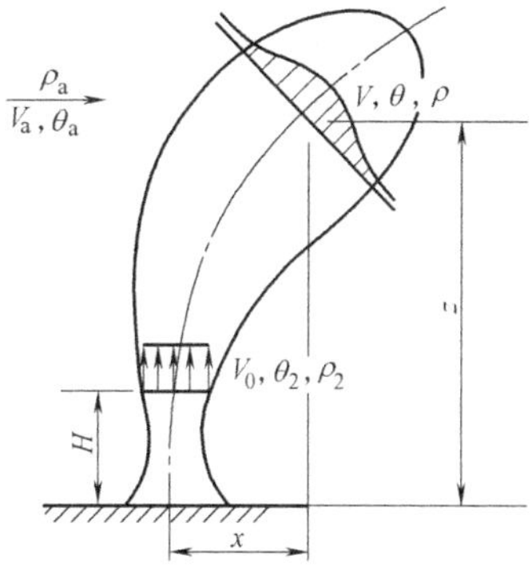

对于中低档自然风速采用湍流射流法来计算，计算中假设羽流的扩散等于掺混；热质量、密度与速度剖面符合高斯分布；射流中质量和动量守恒。羽流各参数如图 18-8 所示，羽流中各参数符合式（18-6）～式（18-10）。

连续方程为：

$$\frac{\mathrm{d}}{\mathrm{d}s} \left[b^2 (2V_{\mathrm{a}}\cos\beta + V) \right] = 2b(\alpha_{\mathrm{m}} + \alpha_{\mathrm{t}} V_{\mathrm{a}} \sin\beta\cos\beta) \tag{18-6}$$

图 18-8　羽流各参数示意图

动量方程为：

$$\frac{\mathrm{d}}{\mathrm{d}s} \left[\frac{b^2}{2} (2V_{\mathrm{a}}\cos\beta + V)^2 \cos\beta \right] = \frac{\sqrt{2}}{\pi} C_{\mathrm{d}} V_{\mathrm{a}}^2 b \sin^3\beta + 2b V_{\mathrm{a}} (\alpha_{\mathrm{m}} V_{\mathrm{a}} + \alpha_{\mathrm{t}} V_{\mathrm{a}} \sin\beta\cos\beta) \tag{18-7}$$

$$\frac{\mathrm{d}}{\mathrm{d}s} \left[\frac{b^2}{2} (2V_{\mathrm{a}}\cos\beta + V)^2 \sin\beta \right] = b^2 g \frac{\rho_{\mathrm{a}} - \rho}{\rho} - \frac{\sqrt{2}}{\pi} C_{\mathrm{d}} V_{\mathrm{a}}^2 b \sin^2\beta\cos\beta \tag{18-8}$$

能量方程为：

$$\frac{\mathrm{d}}{\mathrm{d}s} \left[b^2 (2V_{\mathrm{a}}\cos\beta + V)(\rho_{\mathrm{a}} - \rho) \right] = 0 \tag{18-9}$$

坐标关系为：

$$\frac{\mathrm{d}x}{\mathrm{d}s} = \cos\beta, \frac{\mathrm{d}z}{\mathrm{d}s} = \sin\beta \tag{18-10}$$

式中　z、x——羽流高度和离塔下风向的距离，m；

ρ_a、ρ、ρ_2——分别为大气、羽流和出塔空气的密度，kg/m^3；

V_a、V、V_0——分别为大气、羽流和出塔空气的流速，m/s；

b——特征宽度，m；

C_d——自然风通过羽流的阻力系数，可通过试验求得；

α_m、α_t——掺混系数，为常数；

θ_a、θ、θ_2——分别为大气、羽流和出塔空气的温度，℃。

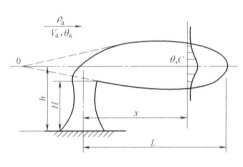

图 18-9　大风时的羽流流动形态

由式（18-6）～式（18-10）便可解算羽流的轨迹了，有了羽流的速度和密度，由羽流的高斯分布规律可解算出羽流的断面速度、温度和密度分布。

当自然风速较大时（自然风速比塔出口风速大得多时），塔出口的羽流不再是图 18-8 所示的流动形态，而是如图 18-9 所示流动形态。这时，冷却塔出口的动量与自然风的动量相比小得多，浮力可忽略，所以，计算时可忽略塔出口动量，羽流成为符合高斯分布规律的射流向下游流动，由塔出口前 0 点源放出的湿热空气流，流动中热量和含湿量守恒。

羽流各量可按下式计算：

$$\phi(x, y, z, h) = \frac{Q_\phi}{2\pi\sigma_y\sigma_z V_a}\left[e^{-\frac{1}{2}\left(\frac{z-h}{\sigma_z}\right)^2} + e^{-\frac{1}{2}\left(\frac{z+h}{\sigma_z}\right)^2}\right] \tag{18-11}$$

式中　$\phi(x, y, z, h)$——羽流的温度和含湿量等；

h——羽流的轴线高度，m；

Q_ϕ——0 处点源强度；

σ_y、σ_z——分布函数的均方差。

二、空冷塔及核电大容量冷却塔热量对局部气候的影响

瑞士联邦反应堆研究所和法国电力公司都对干式冷却塔排热对局部气候影响进行了研究，提出了边界层模型的三维计算方法，通过热源有无的对比来评价对局部气候的影响。

通用方程为：

$$\frac{\partial \Phi_i}{\partial t} + \vec{V}\nabla\Phi_i = \frac{\partial}{\partial z}\left(K_i\,\frac{\partial\Phi_i}{\partial z}\right) + A_i \tag{18-12}$$

大气运行方程：

$$\frac{\partial u}{\partial t} = -\vec{V}\nabla u + \frac{\partial}{\partial z}\left[K_m(Ri, z)\frac{\partial u}{\partial z}\right] + f(v - v_g) \tag{18-13}$$

$$\frac{\partial v}{\partial t}=-\vec{V}\,\nabla v+\frac{\partial}{\partial z}\Big[K_{\mathrm{m}}(Ri,z)\frac{\partial v}{\partial z}\Big]-f(u-u_{\mathrm{g}}) \tag{18-14}$$

$$\frac{\partial T}{\partial t}=-\vec{V}\,\nabla v+\frac{\partial}{\partial z}\Big[K_{\mathrm{e}}(Ri,z)\frac{\partial T}{\partial z}\Big]+\frac{\partial K_{\mathrm{e}}}{\partial z}+w\varGamma+\Big(\frac{\partial T}{\partial t}\Big)_{\mathrm{rad}}+S_{\mathrm{A_{T}}} \tag{18-15}$$

$$\frac{\partial q}{\partial t}=-\vec{V}\,\nabla q+\frac{\partial}{\partial z}\Big[K_{\mathrm{e}}(Ri,z)\frac{\partial q}{\partial z}\Big]+S_{\mathrm{A_{q}}} \tag{18-16}$$

$$\frac{\partial C}{\partial t}=-\vec{V}\,\nabla C+\frac{\partial}{\partial z}\Big[K_{\mathrm{e}}(Ri,z)\frac{\partial C}{\partial z}\Big]+S_{\mathrm{A_{p}}} \tag{18-17}$$

$$\frac{\partial p}{\partial z}=-g\rho;p=\rho RT_{\mathrm{v}};\nabla\cdot\vec{V}=0 \tag{18-18}$$

其中：

$$T_{\mathrm{v}}=T\Big(1+\frac{m_{\mathrm{v}}}{m_{\mathrm{d}}}q\Big);u_{\mathrm{g}}=-\frac{1}{f\rho}\frac{\partial p}{\partial y};v_{\mathrm{g}}=\frac{1}{f\rho}\frac{\partial p}{\partial y} \tag{18-19}$$

大地能量：

$$\frac{\partial T}{\partial t}=\frac{\partial}{\partial z}\Big[K_{\mathrm{s}}(z)\frac{\partial T}{\partial z}\Big] \tag{18-20}$$

相互作用方程：

$$R_{\mathrm{S}}(1-a)+R_{\mathrm{a}}-\sigma T_{1}^{4}-\gamma_{\mathrm{w}}E-H_{\mathrm{A}}-H_{\mathrm{W}}+S_{\mathrm{A_{T}}}=0 \tag{18-21}$$

式中　　z、x——高度和离塔下风向的距离，m；
Φ_{i}、A_{i}、K_{i}——通用变量、源和扩散系数；
u、v——空气的速度分量，cm/s；
u_{g}、v_{g}——地球自转的速度分量，cm/s；
w——速度的垂直方向分量，cm/s；
t——时间，s；
T——温度，K；
K_{m}、K_{e}、K_{s}——垂向动量、质量和大地的扩散系数，cm²/s；
Ri——瑞差得逊数（Richardson）；
$\Big(\frac{\partial T}{\partial t}\Big)_{\mathrm{rad}}$——太阳和红外辐射源项，K/s；
p——大气压，毫巴（millibar）；
f——柯氏力参数，1/s；
a——表面反照率；
$S_{\mathrm{A_{q}}}$——人类活动湿量源，冷却塔排出的湿量，g/(g·s)；
$S_{\mathrm{A_{T}}}$——人类活动热量物源，如冷却塔排出的热量，cal/(cm²·s)；
$S_{\mathrm{A_{p}}}$——人类活动污染物源，如冷却塔排出的有害物，g/(g·s)；
E——表面蒸发率，g(H₂O)/(cm²·s)；
γ_{w}——汽化潜热，cal/g；
q——空气的比湿度，g/g；
R_{s}——在界面上入射的太阳辐射能量，cal/(cm²·s)；
R——理想气体常数；
H_{A}——进入大气的热湍动通量，cal/(cm²·s·K)；

H_w——进入地面的热湍动通量，$cal/(cm^2 \cdot s \cdot K)$；

Γ——干绝热直减率，K/cm；

C——污染物浓度，$\mu g/m^3$；

g——重力加速度，cm/s^2；

σ——斯帝芬波斯温常数（Stefan-Boltzman）。

三、采用 CFD 软件评价冷却塔对环境影响

采用流体计算软件可以对冷却塔的逸出物的扩散进行模拟仿真计算，从而获得污染物在塔附近区域的沉积，可用于环境影响评估。较适合于冷却塔排放物模拟的软件为 Fluent 软件，它可以模拟湿式冷却塔的飘滴和排烟塔中的烟气对周边环境产生的影响。

大气运动的基本方程见第十章第三节，当计算排烟塔的烟气中有害物的扩散与沉积时，可在 Fluent 模型中增加一个组分，Fluent 可自动计算出该组分浓度变化及输移过程。当计算冷却塔的飘滴的扩散与沉积时，可采用 Fluent 中的 DPM 蒸发模型，在冷却塔的出口断面设置粒子源项。

两种计算可考虑不去模拟冷却塔内部的流动和传热传质，以减少模拟计算工作量。较简单的方法是先计算出冷却塔在不同自然条件下的通风量、出塔空气的温度、湿度及烟气有害物的浓度或飘滴量。Fluent 计算时只须设置塔出口边界即可，当飘滴的粒径为一系列粒径分布时，可设置不同粒径单独计算，然后根据各粒径的比例叠加至不同的沉积区中。

第三节 冷却塔的噪声与防治

一、声学基本知识

1. 频率、声速和波长

声音是介质波动作用于人耳的结果，声波是机械运动在弹性媒介中的传播过程。声波的基本特性包括了声波的强度、频率、波型、波速和波长等。波长、频率和波速的关系为：

$$\lambda = \frac{c}{f} \tag{18-22}$$

式中 λ——声波波长，m；

f——声波频率，Hz；

c——声波波速，m/s。

声音的传播速度与传播媒介特性有关，空气中声波的传播速度与空气温度相关，温度越高波速越大，可表示为：

$$c = 331.4 + 0.6\theta \tag{18-23}$$

式中 θ——空气的温度，℃。

2. 声压、声强和声功率

声波在空气中传播时，使原来各处压强均匀的空气产生压缩和膨胀的周期性变化，压缩时压强增大，膨胀时压强减小。这种增大或减小的压强值称为声压。声压与空气各处的

质点运动速度和声波传播速度有关，表示为：

$$p = \rho u c \qquad (18\text{-}24)$$

式中　p——声压，Pa；

ρ——空气密度，kg/m^3；

u——空气质点波动速度，m/s。

声强是声波传播中在传播方向上单位时间内通过单位面积的声能，声强越大听到的声音越响，声强是计量声音强弱的量。

$$I = \frac{p_e^2}{\rho c} \qquad (18\text{-}25)$$

式中　I——声强，W/m^2；

p_e——有效声压，声压是一个时刻都在变化的值，在一定的时间间隔中瞬时声压对时间求方均根值，即为有效声压，Pa。

声功率是指单位时间内发出的总能量，对于球面波声功率与声强的关系为：

$$W = IS \qquad (18\text{-}26)$$

式中　W——声功率，W；

S——球面波的球面积，当声源为空间点时，球面积为 $4\pi r^2$，若声源位于刚性反射面上时，球面积为 $2\pi r^2$，m^2。

由式（18-25）可看出，当声源功率确定后，离声源越远声强越小，即可听到的响度也越小。

3. 声级

声压的变化范围很大，人耳能听到的声音的声压为 2×10^{-5} Pa，又将此值称为听阈值；人耳膜感到疼痛的声压约为 20Pa，与听阈值差 100 万倍。因此，采用声压表示声音的大小不直观也不方便。而人耳对声音大小的感觉也并不与声压成正比，而与声压的对数相关。所以，人们引入了声级的概念，即：一个声音的声压级定义为这个声音声压与基准声压的比值取对数再乘以 20。

$$L_p = 20\lg\left(\frac{p}{p_0}\right) \qquad (18\text{-}27)$$

式中　L_p——声压级，dB；

p_0——基准声压，取人耳对 1000Hz 声音刚能听到的声压，即听阈值 2×10^{-5} Pa。

类似可以定义声强级和声功率级。

$$L_I = 20\lg\left(\frac{I}{I_0}\right) \qquad (18\text{-}28)$$

式中　L_I——声强级，dB；

I_0——基准声强，取人耳刚能听到的微弱声音，值为 10^{-12} W/m^2。

$$L_W = 20\lg\left(\frac{W}{W_0}\right) \qquad (18\text{-}29)$$

式中　L_W——声功率级，dB；

W_0——基准声功率，值为 10^{-12} W。

声压级、声强级和声功率级 3 个量在数值上基本相等，声强级比声压级小约 0.1dB。

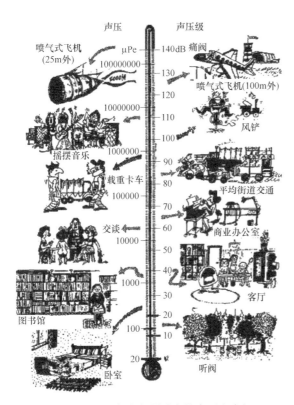

图 18-10　日常声音所对应的声压和声级

有了级的概念即可将日常人耳能听到的声音用 0～140dB 变化范围来表示，而用声压表示则为 0.02～10000Pa，如图 18-10 所示。

4. 噪声频谱和标准

噪声往往不是单频率的声音，而是由不同频率和声强共同组成。所以，认识噪声的频谱对于噪声治理非常有用。冷却塔的噪声可以通过噪声测量仪器将噪声不同频率的声强测量出来，给出冷却塔的噪声频谱，如图 18-5～图 18-7 所示。

声压级是一个客观的物理量，而人的耳朵对于高频声音要比低频声音敏感得多。人耳朵对 3 个纯音 4000Hz、声压级 52dB，1000Hz、声压级 60dB，63Hz、声压级 75dB 是一样的响，而 3 个声级相差很大。为使噪声评价接近人耳特性，对不同的频率采取不同的计算权，即将实测的不同频率的声级按不同的权进行修正。计权方式可分为 A 声级、B 声级和 C 声级，计权曲线如图 18-11 所示，目前常用的计权方式为 A 声级。

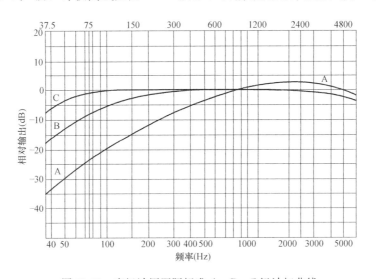

图 18-11　声级计用国际标准 A、B、C 级计权曲线

噪声不仅影响人们的休息，而且会破坏人体神经，使血管产生痉挛，加速毛细胞的新陈代谢，从而加快衰老期的到来。临床表现为整个人情绪不好，烦躁不安，说话声音很大；常见的病症是耳鸣、耳痛、听力下降、头昏、头痛和噪声性耳聋等。为此各国制定了

工业企业的噪声排放标准，以提高人们的生活质量。我国的环境噪声标准分为 4 类，如表
18-4 所示，其中 I 类区为文教居住为主的区域，II 类区为商业、工业、居住混杂的区域，
III 类为工业区。

环境噪声标准（等效声级 Leq (dB (A)))　　　　　　　　　　　表 18-4

类别	昼间	夜间
I	55	45
II	60	50
III	65	55
IV	70	55

二、冷却塔噪声传播的计算

1. 声级的叠加

不同声源发出的声音在某空间点的综合结果为两个声源声波传播到该点的声压、声强
和声功率的叠加。

声压为两个声源在该点产生的声压的平方根：

$$p=\sqrt{p_1^2+p_2^2} \tag{18-30}$$

声压级为：

$$L_p=20\lg\left(\frac{p}{p_0}\right)=10\lg(10^{0.1L_{p1}}+10^{0.1L_{p2}}) \tag{18-31}$$

对于有多个声源的声压级计算为：

$$L_p=10\lg(\sum_{i=1}^N 10^{0.1L_{pi}}) \tag{18-32}$$

对于多个噪声源，若噪声源产生的声压级相同，两个声源共同作用的声压级为：

$$L_p=10\lg(10^{0.1L_{p1}}+10^{0.1L_{p2}})=10\lg2+L_{p1}=3.01+L_{p1}$$

即两个声压级相同作用的结果是声压级增加 3dB，若两个声压级差 10dB 共同作用的
声压级为：

$$L_p=10\lg(10^{0.1L_{p1}}+10^{L_{p2}})=10\lg(10^{0.1L_{p1}}+10^{0.1(L_{p1}-10)})=10\lg[10^{0.1L_{p1}}(1+0.1)]$$
$$=L_{p1}+0.4$$

所以，当两个声源叠加时，若二者差值大于 10dB，可不考虑低声压级影响。不同差
值的声源叠加的修正曲线如图 18-12 所示。

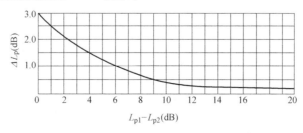

图 18-12　两个声源叠加声压级修正

433

2. 噪声的 A 声级计算

噪声是由不同频率的声波组成的，实际测量时一般将一频率连续变化的一个范围作为一个频带，用一个频率来代表，窄频带可以是几赫兹几十赫兹，常用的是倍频带宽，即上限与下限比是 1∶2 或 1∶3 或 1∶6，如 1400～2800Hz。不同频率测得不同的声压级，噪声的 A 声级计算公式如下

$$L_p = 10 \lg \left(\sum_{i=1}^{N} 10^{0.1(C_i + L_{pi})} \right) \tag{18-33}$$

式中　L_{pi}——对应噪声的不同频率的声压级，dB；

C_i——对应不同频率的声压级 A 计权的修正值，dB。

3. 声波的折射、反射、衍射、散射和驻波

人可听到的声音频率为 20～20000Hz，在空气中传播时的波长为 17m～17mm。声波遇到的物体比声波波长小或接近时便产生衍射。声波在空气中传播时遇到比空气弹性模量大很多的东西时会发生反射现象，声波在平面上的反射与光线相同，入射角等于反射角。遇到不规则表面时发生散射，凹面同样也会将声波聚焦形成焦点。声波反射或折射量与遇到物体特性阻抗有关，与空气比相差越大反射的能量也越大，当特性阻抗相同时，则被物体吸收不再发生反射或折射。

各种物质的特性阻抗如表 18-5 所示，反射系数为：

$$r = \frac{\text{反射波强度}}{\text{入射波强度}} = \frac{\rho_2 c_2 \cos\theta - \rho_1 c_1 \cos\varphi}{\rho_2 c_2 \cos\theta + \rho_1 c_1 \cos\varphi} \tag{18-34}$$

式中　ρ_1、ρ_2——两种声波媒介的密度，即空气与物体的密度，kg/m³；

c_1、c_2——两种声波媒介的声速，即空气与物体的声速，m/s；

θ、φ——入射角和折射角，(°)。

当入射角为 0°时，即声波传播方向与界面法线夹角为 0°时，反射系数变化为：

$$r = \frac{\rho_2 c_2 - \rho_1 c_1}{\rho_2 c_2 + \rho_1 c_1 \varphi} \tag{18-35}$$

不同物质的声波波速与特性阻抗　　　　　　　　表 18-5

媒质	声速 c(m/s)	特性阻抗 ρc[kg/(m² · s)]
空气(15℃)	340	410
水蒸气(100℃)	405	242
淡水(20℃)	1481	1.48×10⁶
海水(15℃)	1500	1.54×10⁶
蓖麻油(20℃)	1540	1.45×10⁶
铝棒	5150	13.9×10⁶
钢棒	5050	39.0×10⁶
玻璃	5200	12.0×10⁶
混凝土	3100	8.0×10⁶
松木	3500	1.57×10⁶

声波一般还可以像光波一样沿直线传播，成为声线（相当于光线）。遇到障碍、孔隙或棱角等时，就可以绕过去，即衍射，如图 8-13 所示。图中的箭头所示的线为声线，垂直于声线的面为波阵面。在声线受阻后形成的阴影区称为场影区，场影区的声强并不为零，可以通过计算算出。最多的情况是隔声屏障。声源 S 发出的声音经过隔声屏障的作

用，接受者 R 虽然由于衍射现象还能听到噪
声，但噪声的强度却小多了。通过增加隔声
屏障可降低噪声约 5～15dB，声源与接受者
距离与直线距离之差与半声波长之比越大，
即 $2(a+b-d)/\lambda$，降低的噪声越多，由此
可看出隔声屏障对于高频噪声非常有效。

两个相同频率的声波或者一个声波与它
的反射波遇在一起时将发生干涉，干涉的结
果形成强弱相间的驻波。

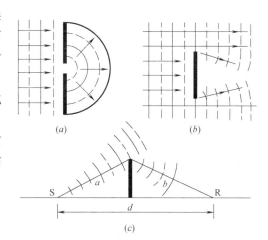

图 18-13 声波的衍射现象

(a) 小孔；(b) 障碍物；(c) 隔声屏障

三、机械通风冷却塔噪声特性与治理

1. 机械通风冷却塔的噪声

机械通风冷却塔的噪声主要由 3 部分组
成，机械、风机和水滴噪声。风机的噪声属
低中频，如图 18-7 的曲线 3 所示，频率变化范围约为 30～500Hz，噪声的大小可表示为：

$$L_f = dB_s + 10\lg(Gp_s^2) \tag{18-36}$$

式中　L_f——风机所产生的噪声，dB（A）；

dB_s——比噪声，由风机本身所决定的常数；

G——风机的通风量，m^3/h；

p_s——风机的静压，即冷却塔至风机的气流阻力，Pa。

电动机一般为三相异步电动机，噪声为：

$$L_m = 40 + 10\lg E + 10\lg(n \pm 5) \tag{18-37}$$

式中　L_m——电动机的噪声，dB（A）；

E——电动机的功率，kW；

n——电动机的转速，r/min。

齿轮噪声可按下式估算：

$$L_t = 75 + 10\lg(E \pm 10) \tag{18-38}$$

式中　L_t——电动机的噪声，dB（A）；

其余符号意义同前。

水滴的噪声从冷却塔的进风口传出，噪声强度为：

$$L_w = SPL + 10\lg A \tag{18-39}$$

式中　L_t——水滴的噪声，dB（A）；

SPL——水池边的噪声，dB（A）；

A——进风口面积，m^2。

2. 降低机械通风冷却塔的噪声源

机械通风冷却塔的噪声源治理是噪声治理的第一步，由式（18-36）中可看出，要减
少风机的噪声可通过几方面工作来实现。

第一措施：减小机械通风冷却塔整体的气流阻力，根据工艺和场地布置的要求，确定
冷却塔的形式，尽量加大气流的过流面积，气流所经过的各部件，应做到符合流体流动特

性，以达到使整个塔阻力减小的目的。

第二措施：选择低噪声风机，选择具有防噪声设计的风机叶片片型，以降低风机的比噪声 dB_s，选择低转速风机。

第三措施：电动机的噪声主要来自于电动机的风扇，采用单向风扇噪声可降低 4～12dB，还可选择双速电机，夜间气温低时低速运转，降低噪声。

第四措施：在冷却塔的集水池布置落水撞击材料（消声垫），减少水滴噪声，可选择软质的泡沫塑料。也可在塔的进风口淋雨区布置半软性点滴填料，减缓水滴的下落速度，降低噪声约 9～15dB，如图 18-14 所示。

第五措施：对于小型的机械通风冷却塔还可采用隔振措施，以减小冷却塔体的振动。风机为低频振动，安装在楼顶不采取隔振措施时，振动沿固体结构传播很远，此时可采用 ST 型阻尼隔振器，可起到很好的作用。

图 18-14　各式消声垫

3. 设置消声器

机械通风冷却塔的噪声发出位置有两个，一是进风口，二是风机出口。当对冷却塔的噪声源治理后还不能够满足要求时，可在冷却塔的进风口和出口设置消声器，出口布置消声器后出口噪声可降低约 20dB（A），进风口一般比出口噪声低 10dB（A），增设消声器后一般可满足要求，如图 18-15 所示。当出风口布置消声器后仍不能满足要求时，可将冷却塔的出风口作定向设计并加消声器，使出口噪声传播方向远离接受的敏感点，如图 18-16 所示。

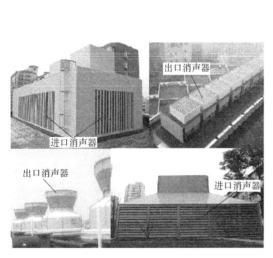

图 18-15　冷却塔进出风口消声器

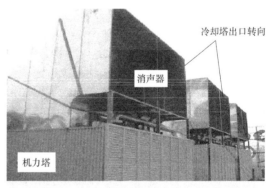

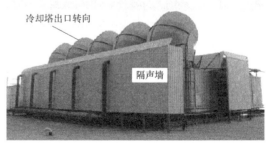

图 18-16　冷却塔风机出口定向设计

机械通风冷却塔增设消声器后，增大了气流阻力，需要对冷却塔的工艺条件进行核算，必要时须调整冷却塔的设计。

4. 设计隔声墙

在一些特殊的情况下，接受噪声的敏感点在冷却塔的一侧，这时可以通过设置隔声板的方式进行定向治理，如图 18-17 所示。

四、自然通风冷却塔噪声治理

自然通风冷却塔的噪声主要是水滴噪声和气流噪声，图 18-18 为某自然通风冷却塔在噪声为 84.2dB（A）时的频谱，噪声频率为 500～8000Hz，属高频噪声。高频噪声的特性

图 18-17　隔声墙定向降噪声

是衍射强度低，直线传播，衰减比低频快，传播距离近等，主要传播源在冷却塔的进风口。主要治理方式为：

1. 集水池设置消声材料

消声材料的原理是在水滴落下进入集水池前，先与消声材料以无声擦贴的方式进行消能，消能后落入集水池。通过这种方式可降低水滴的噪声约 9dB（A），如图 18-19 所示，但对于消声材料的设计要求也是比较高的，因为冷却塔内水滴下落的方向与通风量有关，或者说与季节有关，材料的倾斜角与落入角差别太大时，会造成水滴击打消声材料的噪声。消声材料还需要具有抗冲击、耐腐蚀、耐老化，不易破碎、堵塞和淤积等特性。

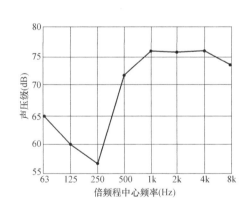

图 18-18　某自然通风冷却塔的噪声频谱

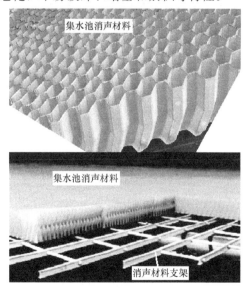

图 18-19　自然通风冷却塔集水池消声材料

2. 采用高位集水方式

采用高位集水冷却塔，可将水滴的势能高度限制在 3m 之内，噪声可降低约 12dB（A），如图 9-25 所示。

3. 设计进风口消声器

当噪声接受点与冷却塔的进风口较近时，可采用冷却塔进风口区域局部设置进风口消声器或消声栅。消声栅板的间距、长度可根据需要降低的噪声量进行特别设计，一般可降低 25dB，如图 18-20 所示。

4. 设计隔声墙或带

自然通风冷却塔周围种植树木、设置围墙可有效阻隔噪声的传播，当接受区或点的噪声不能达标时，可在冷却塔周边设置隔声屏障，如图 18-21 所示，屏障距离冷却塔进风口的距离不宜小于 1 倍进风口高度，屏障的高度可通过计算确定。冷却塔周围的绿化林带可以起到隔声屏障的作用，噪声通过绿化林带的衰减量与树林的高度及密集度有关，一般每增加 10m 衰减 1～dB（A），一般不超过 10dB（A）。

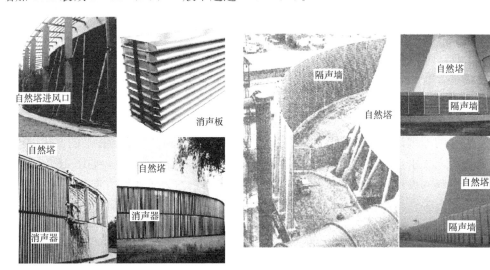

图 18-20　自然通风冷却塔进风口消声器　　　图 18-21　自然通风冷却塔周围的隔声墙

第四节　逆温层对冷却塔的影响

一、大气逆温分类

大气由干空气和水蒸气组成，两者可作为理想气体处理，符合气态方程式（5-12），大气温度随高度的变化可表示为：

$$\frac{dT}{dz} = -\frac{g}{R}\frac{n-1}{n} \tag{18-40}$$

式中　T——空气温度，K；

g——重力加速度，m/s^2；

R——气体常数，$287.1 m^2/(s^2 \cdot K)$；

n——常数。

在标准大气压海拔零米时，$n=1.235$，代入式（18-40）可得到：

$$\frac{dT}{dz} = -0.0065(K/m) \tag{18-41}$$

即大气每升高 100m 温度降低约 0.6℃。在绝热状态下，空气温度与高度的关系为

$$\frac{dT}{dz} = -\frac{g}{R}\frac{r-1}{r} \tag{18-42}$$

其中 $r=1.4$，式（18-42）变化为：

$$\frac{dT}{dz} = -0.01(K/m) \tag{18-43}$$

当大气中的温度分布随高度的变化率小于式（18-43）的值时，上层空气较下层空气轻，大气处于稳定状态，此时即出现逆温现象。反之，上层空气密度大，上层空气会下沉，大气处于不稳定状态。出现逆温现象的原因很多，形成机理也多种多样，主要由大气层中特殊的热力条件及动力条件作用而产生。逆温可以发生在大气底层，也可以发生在大气高空。主要逆温成因为辐射逆温、平流逆温、湍流逆温、下沉逆温、锋面逆温和地形逆温。

1. 辐射逆温

辐射逆温是夜间因地面、雪面或冰面、云层顶部等的强烈辐射冷却，使紧贴其上的气层比上层空气有较大降温而形成的。地面辐射逆温是最普遍的辐射逆温形式之一，在晴朗无风或微风的夜晚，地面很快冷却降温，贴近地面的大气层也随之降温。空气愈靠近地面，受地面的影响愈大，气温愈低，因而形成了自地面而上的逆温。

图 18-22 是晴朗天气下低层大气和土壤表层温度廓线的典型变化状态，白天由于地表面吸收太阳辐射而迅速增温，导致低层大气温度升高；夜晚由于地面长波辐射降温使近地空气层降温较快形成逆

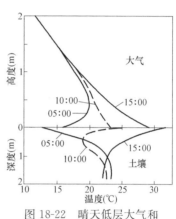

图 18-22　晴天低层大气和土壤表层温度变化

温层。这种逆温层的厚度从几米至几百米，第二天太阳出来前达到最强，太阳出来后地面很快升温，近地的空气温度也很快升高，逆温层消失。

2. 平流逆温

平流逆温是由暖空气平流到冷地面上，贴近地面的暖空气层受冷地面的冷却作用，比上层空气有较大的降温而形成。平流逆温的形成也是由地面开始逐渐向上扩展的。其强弱由暖空气和冷地面间温差的大小决定，温差越大，逆温越强。单纯的平流逆温没有明显的日变化特征，它可以在一天中的任何时刻出现，有时还可以持续好几个昼夜。

冬季，在中纬度的沿海地区，因海陆温差较大，当海上暖湿空气流到大陆上时，常出现较强的平流逆温。与辐射逆温不同，出现平流逆温时，不但不要求晴朗少云，而且风速也可以较大。暖空气流经冰、雪表面产生融冰、融雪现象，吸收一部分热量，使得平流逆温得到加强，这种逆温又称为"雪面逆温"。

3. 湍流逆温

湍流逆温，又称乱流逆温，是因低层空气的湍流混合作用而形成的逆温。湍流逆温的形成机理见图 18-23。

当气层的气温递减率小于干绝热直减率时，经湍流混合后，气层的温度分布逐渐接近

干绝热直减率。因湍流上升的空气按干绝热直减率降低温度。空气上升到混合层顶部时，它的温度比周围的气温低，混合的结果使上层气温降低；空气下沉时，情况相反，致使下层气温升高。这样就在湍流减弱层出现逆温。因乱流逆温出现在乱流混合层的顶部，所以其离地的高度随乱流层的厚薄而定；乱流强时，乱流层厚，它所在的高度就高；反之，高度就低。一般它都位于摩擦层的中上部。乱流逆温的厚度不大，一般不超过几十米。

4. 下沉逆温

因稳定气层整层空气下沉压缩增温而形成的逆温称为下沉逆温，下沉逆温又称为压缩逆温。下沉逆温的形成机理见图 18-24。

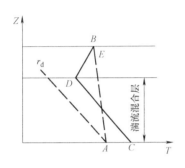

图 18-23 湍流逆温的形成机理

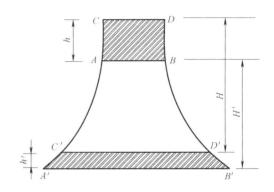

图 18-24 下沉逆温的形成机理

当某气层产生下沉运动时，因气压逐渐增大，以及由于气层向水平方向扩散，使气层厚度减小。若气层下沉过程是绝热过程，且气层内各部分空气的相对位置不变。这时空气层顶部下沉的距离比底部下沉的距离大（图中 $H > H'$），致使其顶部绝热增温的幅度大于底部。因此，当气层下沉到某一高度时，气层顶部的气温高于底部，而形成逆温。下沉逆温多出现在高压控制的地区，其范围广，逆温层厚度大，逆温持续时间长。

下沉逆温形成的有利天气条件是：极地冷高压或副热带高压控制下的晴好天气，高压中心附近有持久而强盛的下沉运动。下沉逆温出现在距地面 1~2km 以上的气层中，厚度可达数百米。

5. 锋面逆温

锋面是指冷暖气团之间狭窄的过渡带，暖气团位于锋面之上，冷气团在下。锋面逆温形成机理见图 18-25。

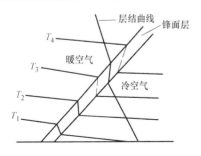

图 18-25 锋面逆温的形成机理

在冷暖气团之间的过渡带上，便形成逆温。这种逆温层随锋面的倾斜而呈倾斜状态。又由于锋线是从地面向冷空气方向倾斜的，因此，锋面逆温只能在冷气团所控制的地区内出现。而且，逆温的高度与观测点相对于地面锋线的位置有关，观测点距地面锋线愈近，逆温高度愈低。

6. 地形逆温

山坡上的冷空气沿山坡下沉到谷底，谷底

原来的较暖空气被冷空气抬挤上升，从而出现温度的倒置现象。这种在一定的地形条件下形成的逆温称为地形逆温。例如天山北坡从 12 月至次年 2 月在近地层存在一层深厚的地形逆温，逆温层厚度至少有 1500m。这种逆温在冬季青藏高原的东部和北部边缘也是普遍存在的。

二、逆温的强度和特性

逆温根据发生位置不同可以分为接地逆温、离地逆温和混合逆温 3 种表现形式。如图 18-26 所示。

接地逆温，又称贴地逆温，是指逆温层底部与地面相连，气温自地面开始向上逐渐升高，至某一高度处，逆温消失，温度又逐渐降低。辐射逆温及地形逆温一般多以此形式出现。

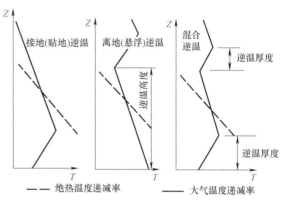

图 18-26　逆温发生类型

离地逆温又称脱地逆温或悬浮逆温，是指逆温层底部不与地面相接。一般由气流运动条件形成的逆温多以此形式发生。另外，辐射逆温在日出后至逆温完全消失前的时段也会以此形式表现出来。

混合逆温是指包含上述两种逆温形式的逆温。该逆温既可以是某种逆温自身发生变化过程形成，如辐射逆温的某个阶段，也可以是两种不同机理的逆温共同作用形成。因此变化比较复杂，规律性不明显。

逆温强度是指逆温发生范围内单位高度内的温度梯度变化大小，即温度增加值与逆温厚度的比值，一般是以℃/100m 来计。逆温根据不同强度可以分为强逆温、逆温和轻度逆温。在我国逆温强度级别的一般划分原则见表 18-6。

逆温强度划分原则

表 18-6

逆温强度	变化范围
强逆温	>1.5℃/100m
逆温	0.5～1.5℃/100m
轻度逆温	<0.5℃/100m

辐射逆温是最常见的逆温类型，特别是在 300～500m 以下的近地面层，气温受地面辐射冷却影响明显，辐射逆温发生十分普遍。例如在我国北方地区的冬季夜晚，气象条件特别有利于辐射逆温的形成和发展。当逆温发生时，大气处于稳定状态，使污染物不易通过空气流动向高空扩散，而在城市上空聚积。在我国北方冬季低空大气污染与逆温的明显相关性分析中也可以看出，辐射逆温是普遍存在的。

辐射逆温的大气层温度分布如图 18-27 所示。图中（a）是日落前正常气象条件下的温度变化曲线，气温随高度增加而降低，气温垂直递减规律明显；日落后，太阳辐射消失，地面快速冷却降温，进而使贴近地面的气温也迅速降低，逆温自地面开始向上形成，如图（b）所示；随着地面辐射冷却的加剧，逆温逐渐向上扩展，逆温高度和逆温强度均

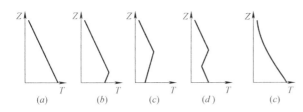

图 18-27　典型辐射逆温的生成及消失过程

不断增加，一般在黎明前达到最强，如图（c）所示；日出后，太阳辐射逐渐增强，地面很快增温，逆温便自下而上逐渐消失，此时逆温强度和厚度逐渐降低，如图（d）所示；随着太阳辐射和地面增温的增强，至 9 时左右，逆温全部消失，如图（e）所示；但有时，白天日照不足，地面增温缓慢，还会使逆温长期维持，使空气处于较长时间的相对稳定状态。

美国橡树岭地区 500m 高度内一昼夜的平均气温变化情况见图 18-28，说明了辐射逆温的规律。

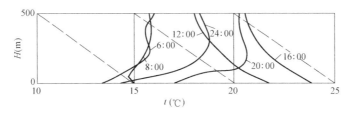

图 18-28　美国橡树岭地区 500m 高度内一昼夜的平均温度分布

从图中可见，在近地 500m 高度范围内，气温受地面温度影响比较明显，其中 200m 以下温度变化最为明显，200m 以上气温变化相对较小。当地辐射逆温的日变化规律如下：

（1）日落前 16：00 左右，温度垂直递减规律比较明显，在近地面大致呈线性变化；

（2）日落后地面温度迅速降低，逆温开始形成，至 20：00 厚度增加到 150m 左右，逆温也达到较大强度；

（3）至 24：00 左右，逆温厚度进一步增加，约 300m，同时温度梯度也增大，但受逆温厚度影响，逆温强度增大不明显；

（4）24：00 至日出前，温度降低速度减弱，逆温强度和厚度增大都不明显；

（5）日出后，逆温逐渐消失，至次日 12：00 温度分布又恢复到垂直递减规律状态；

三、大气逆温对冷却塔热力特性的影响评价

1. 逆温现象冷却塔热力简化修正

自然通风冷却塔的抽力计算公式为式（9-1），式中塔内空气密度为常数，塔外空气密度也为常数。该公式的导出是在假定了外界空气密度均匀的条件下得出的，冷却塔的出口处的大气压可表示为：

$$p_o = p_a - g\rho_1 H_e \tag{18-44}$$

式中　p_a——地面处的大气压力，Pa；

　　　ρ_1——空气的密度，kg/m³；

　　　g——重力加速度，m/s²；

　　　H_e——塔的有效高度，m。

塔内空气密度比塔外低为 ρ_2，冷却塔的出口压力与塔外空气压力相等，那么可以求得塔内填料断面上的压力为：

$$p_2 = p_o + g\rho_2 H_e = p_a - g\rho_1 H_e + g\rho_2 H_e \tag{18-45}$$

式中　p_2——塔内填料断面上的压力，Pa；

ρ_2——塔内空气的密度，kg/m^3。

冷却塔的抽力为：

$$F_d = p_a - p_2 = g(\rho_1 - \rho_2)H_e \tag{18-46}$$

式（18-46）就是式（9-1），当发生逆温时，空气的密度随高度增加而减小，塔外的空气密度不再是常数，那么塔出口处的压力变化为：

$$p_o = p_a - \int_0^{H_e} \rho g \, \mathrm{d}z \tag{18-47}$$

式中　z——高度，m。

在塔高范围内假定塔外空气密度变化与高度成线性关系，塔出口处的空气密度为 ρ_o，塔外空气密度可表示为：

$$\rho = \rho_1 - \frac{\rho_1 - \rho_o}{H_e} z \tag{18-48}$$

将式（18-48）代入式（18-47）可得：

$$p_o = p_a - g\left[\rho_1 - \frac{1}{2}(\rho_1 - \rho_o)\right]H_e \tag{18-49}$$

同理可求得填料断面上的压力为：

$$p_2 = p_o + g\rho_2 H_e = p_a - g\left[\rho_1 - \frac{1}{2}(\rho_1 - \rho_o)\right]H_e + g\rho_2 H_e \tag{18-50}$$

冷却塔的抽力变化为：

$$F_d = p_a - p_2 = g\left(\frac{\rho_1 + \rho_o}{2} - \rho_2\right)H_e \tag{18-51}$$

比较式（18-51）与式（18-46）可看出，当塔外空气密度不变时两式是一样的，当有逆温发生时，式（18-51）中的密度差总是小于没有逆温时的密度差，所以，冷却塔的抽力在逆温发生时变小了。抽力减小的程度与塔出口处空气密度减小值有关，即与逆温强度有关。由式（18-51）还可以看出，当塔出口的空气密度与塔内空气密度相等时，冷却塔的抽力减小至原抽力的 50%。

当发生逆温时塔出口的空气密度如何求呢？首先定义逆温的强度为：

$$\Gamma = \frac{\mathrm{d}T}{\mathrm{d}z} \tag{18-52}$$

逆温发生的判别条件是大气的气温沿高度变化符合式（18-43），即当 $\Gamma > -0.01$ 时就发生逆温。因为塔的高度相对于大气是很小的量，忽略密度变化引起的塔高度内的压力变化，那么，空气密度的变化由状态方程可知：

$$\frac{\rho_o}{\rho_2} = \frac{T_1}{T_o} = \frac{\theta + 273.15 - 0.01 H_e}{\theta + 273.15 + \Gamma H_e} \tag{18-53}$$

式中　θ——冷却塔进口空气温度，℃。

所以，逆温发生时塔出口空气密度为：

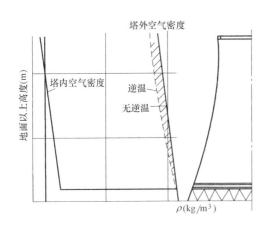

图 18-29 空气密度有无逆温时的变化

$$\rho_o = \frac{\theta + 273.15 - 0.01 H_e}{\theta + 273.15 + \Gamma H_e} \rho_2 \tag{18-54}$$

2. 大气不均质的逆温影响评价方法

我国学者赵振国认为大气的密度沿高度不是常量，而是随高度的增加发生变化，如图 18-29 所示，在无逆温时塔内外的空气密度沿高度都是变化的，有逆温发生时，塔外空气的密度再出现新变化，如图中阴影所示。

假定塔内的空气温度不随高度变化，由状态方程可得到塔内外的压力差为：

$$\Delta p = p_a e^{-\frac{gH}{T_1 R_1}} (e^{\frac{gH_e}{T_1 R_1}} - e^{\frac{gH_e}{T_2 R_2}}) \tag{18-55}$$

式中　T_2、T_1——塔内外空气的绝对温度，K；

　　　H、H_e——塔的总高与有效高度，m；

　　　R_2、R_1——塔内外气体常数，J/(kg·K)。

其中气体常数为：

$$R = \frac{287.14 + 461.53x}{1 + x} \tag{18-56}$$

式中　x——空气的含湿量，kg/kg（DA）。

塔顶处塔内外压力相等，由式（18-55）可得到填料中部断面的塔内外压力差，若认为填料中部以下塔外空气参数不沿高度变化，则可计算塔底部塔内外压力差为：

$$\Delta p_b = p_a (1 - e^{(\frac{gH_e}{T_1 R_1} - \frac{gH_e}{T_2 R_2})}) \tag{18-57}$$

以上各公式考虑了密度沿高度的变化，未考虑气温的变化。发生逆温时的逆温强度为 Γ 时，可求得填料中部断面上塔内外压力差为：

$$\Delta p = p_a \left[\left(\frac{T_e}{T_e + \Gamma_e(H - H_e)} \right)^{\frac{g}{\Gamma R_e}} - \left(\frac{T_2 + \Gamma_2 H_e}{T_2} \right)^{\frac{g}{\Gamma_2 R_2}} \left(\frac{T_1}{T_1 + \Gamma H_e} \right)^{\frac{g}{\Gamma R_1}} \right] \tag{18-58}$$

式中　T_2、T_1、T_e——塔内出口、塔内外地面空气的绝对温度，K；

　　　Γ_e、Γ_2、Γ——塔内、塔底部温度沿高度变化率和逆温强度，K/m；

　　　R_2、R_1、R_e——塔内出口、塔内外地面空气常数，J/(kg·K)。

塔底部内外压力差：

$$\Delta p_b = p_a \left[\left(\frac{T_e}{T_e + \Gamma_e(H - H_e)} \right)^{\frac{g}{\Gamma R_e}} \left(\frac{T_1 + \Gamma(H - H_e)}{T_1} \right)^{\frac{g}{\Gamma R_1}} - \left(\frac{T_2 + \Gamma_2 H_e}{T_2} \right)^{\frac{g}{\Gamma_2 R_2}} \left(\frac{T_1}{T_1 + \Gamma H_e} \right)^{\frac{g}{\Gamma R_1}} \right] \tag{18-59}$$

采用上述公式即可进行逆温的计算。

3. 逆温对自然塔出口附加抽力的影响

热空气从冷却塔出口排出后，受出口动量和浮力作用而上升，上升高度正比于动量和浮力，即：

$$H \propto \left(\frac{M}{N^2}\right)^{1/4} \left(\frac{B}{N^3}\right)^{1/4} \tag{18-60}$$

式中　M、B——塔出口的单位动量和单位浮力能量的初值。

其中：

$$N = -\frac{g}{\rho} \frac{\mathrm{d}\rho_a}{\mathrm{d}z} \tag{18-61}$$

式中　ρ——塔排出气流的密度，kg/m^3；

　　　ρ_a——大气环境空气密度，kg/m^3；

　　　z——高度坐标，m。

当塔出口发生逆温时，N 值增大，所以，排出塔的热气流上升高度变小。同时由于逆温的发生，出口气流的浮力减小，综合作用抵制了排出塔的气流上升到高空，上升到一定高度后便向四周扩散，严重时还会下降，逆温就像在塔顶加了一个盖子，影响气流上升，如图 18-30 所示。同时塔出口的附加抽力也消失，严重时还将导致出口的静压升高。

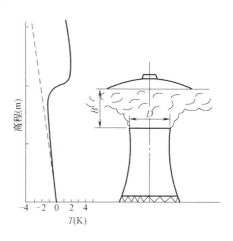

图 18-30　逆温对冷却塔出口影响

4. 逆温对冷却塔影响的工程实测

泰斯克（Tesche）给出了湿式和干式冷却塔受逆温影响的实测结果，如图 18-31 所示。横坐标为塔顶与地面的气温差，纵坐标为冷却塔水温的升高值，曲线 1～6 为湿塔的实测值，塔高度为 170m，进出塔水温差为 14℃；

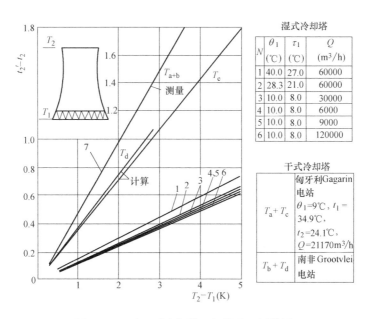

湿式冷却塔			
N	θ_1 (℃)	τ_1 (℃)	Q (m³/h)
1	40.0	27.0	60000
2	28.3	21.0	60000
3	10.0	8.0	30000
4	10.0	8.0	6000
5	10.0	8.0	9000
6	10.0	8.0	120000

干式冷却塔	
$T_a + T_c$	匈牙利Gagarin电站 $\theta_1=9℃$，$t_1=34.9℃$，$t_2=24.1℃$，$Q=21170m^3/h$
$T_b + T_d$	南非 Grootvlei 电站

图 18-31　逆温对冷却塔运行影响观测结果

曲线 7 为空冷塔实测值。结果表明，逆温对空冷塔影响比湿冷塔大，在逆温强度相同时，湿冷影响约 0.4℃，而空冷的影响达 1.5℃。

劳伦（Lauraine）等人对特兰珍（Tihange）和美国的盖文（Gavin）两个核电站进行了观测，结果如图 18-32 和图 18-33 所示。特兰珍核电站的冷却塔高度为 158.5m，循环水量为 127800m³/h，进出塔的水温差为 11.7℃；盖文核电站的冷却塔高度为 150m，设计循环水量为 136280m³/h，进出塔的水温差为 11.1℃。特兰珍核电站冷却塔的出塔水温升高与逆温强度成线性增大的关系，当逆温强度达到 $\Gamma=0.025$K/m 时，冷却塔出塔水温升高约 1℃。盖文核电站也有大约相同的温度升高量。

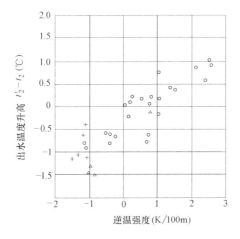

图 18-32　特兰珍核电站逆温影响观测结果

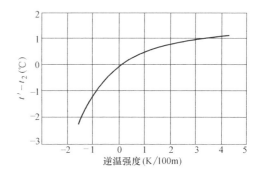

图 18-33　盖文核电站逆温影响观测结果

第十九章 冷却塔研究与试验

第一节 概 述

冷却塔是一门涉及水力学、空气动力学、传热学、材料学、声学以及机械学等学科的边沿交叉学科，冷却塔理论的完善与提高主要动力来自于生产实践的需要，主要依靠的是对冷却塔工艺原理和产品部件的研究与开发。冷却塔的工艺研究与水力学、流体力学等学科相仿，主要是通过理论分析、模型试验、数值模拟计算和原型观测等手段来进行，不同的是还需要进行必要的模拟试验。在过去近百年的冷却塔的发展过程中，模型试验、模拟试验和原型观测起着非常重要的作用，很多新的淋水填料、收水器、喷头及塔型等开发，都是先经过室内的模拟试验或模型试验成功后才推广应用到工业冷却塔，再通过工业冷却塔的原型实测进一步修改完善。

理论研究方法是通过对冷却塔内的气体、流体物理性质和流动特性以及传热传质过程的科学抽象（近似），提出合理的理论模型。对这样的理论模型，根据能量（机械能、热能等）、动量和质量守恒的普遍规律，建立控制流体运动的闭合方程组，将冷却塔的工艺过程转化为数学问题，在给定相应的边界条件和初始条件下求解。理论研究方法的关键在于提出理论模型，并能运用数学方法求出理论解，达到揭示流体运动规律的目的。

由于纯理论研究方法在数学上存在一定的困难，或有些问题暂时无法获得数学表达式，因此，亦采用数理分析法求解，即通过分析得到影响某量的主要因素和可能的表达式，再通过试验得到它们的关系，理论公式＋经验系数＝经验公式。就像应用水力学是一门理论和实践紧密结合的基础学科，它的许多实用公式和系数都是由实验得来的。工程中的许多问题，即使能用现代理论分析与数值计算求解，最终还要借助实验检验修正。冷却塔也是这样，需要通过实验的方法来解决冷却塔工艺未知的问题，比如冷却塔的气流阻力问题、冷却塔出口气体与自然风的相互影响、喷头的流量系数、填料的热力特性阻力特性、空冷散热器的热力阻力等。实验研究方法包括模型试验、原型观测和模拟试验。模型试验是根据要解决的冷却塔工艺问题的主要矛盾、主要影响因素按照一定的相似原理进行模型加工制作和室内的试验，通过对室内模型的研究来解决冷却塔的工艺问题的方法。原型观测则是对已经建造完成并投入使用的冷却塔进行调试和各主要相关参数的测量、分析来获得相关结果、规律或对设计的指标进行检验，是冷却塔研究的一个重要环节和检验手段。原型观测可获得第一手的实测资料，但要达到理想的控制条件有一定的难度，所以，工艺问题的规律性还需要通过理论分析和室内模型模拟试验获得。与模型试验不同，模拟试验是在室内建立模拟装置来模拟冷却塔某些部件的性能或测取某部件的性能参数，以作为冷却塔设计的输入条件。

数值模拟计算方法是在计算机应用的基础上，采用各种离散化方法（有限差分法、有限元法等），建立各种数值模型，通过计算机进行数值计算和数值试验，得到在时间和空间上许多数字组成的集合体，最终获得定量描述各量的数值解。近 20 年来，冷却塔的数值模拟计算随着计算流体力学的发展而不断前进，得到较大较快地发展，特别是近 10 多年，随着流体计算软件的完善与应用，越来越多的流体问题采用了数值模拟的技术进行研究。

第二节　模 型 试 验

一、模型相似律

冷却塔内流动着两种流体，水和空气，研究塔内流体的特性可以用模型试验的方法进行，模型试验的原理是相似原理，模型须按一定的相似律进行模型制作和试验，方能通过模型的结果来反映原型流体运行的规律。

模型与原型中两种流动的对应点上所表征流动的相应物理量维持各自的固定关系，则模型与原型中的流动是相似的。模型相似律可以通过量纲分析获得，也可通过描述流体流动的控制方程来推导。

冷却塔正常工作条件下的流体流动符合纳维-斯托克斯（Navier-Stokes）方程和连续方程。

$$\frac{\partial \rho u_j}{\partial x_j} = 0 \tag{19-1}$$

$$\frac{\partial}{\partial x_j}(\rho u_i u_j) = -\frac{\partial p}{\partial x_j} + \frac{\partial}{\partial x_j}\left[\mu\left(\frac{\partial u_j}{\partial x_i} + \frac{\partial u_i}{\partial x_j}\right)\right] - \frac{2}{3}\frac{\partial}{\partial x_i}\left(\mu\frac{\partial u_j}{\partial x_j}\right) + \Delta\rho_i g_i + \rho_i g_i \tag{19-2}$$

式中　u_i——i 坐标方向速度，m/s；

　　　　ρ——塔内的空气密度，kg/m^3；

　　　　ρ_0——环境气体密度，kg/m^3；

　　　　$\Delta\rho_i$——环境气体塔内气体的密度差（$\rho_0 - \rho$）在 i 坐标分量，kg/m^3；

　　　　p——静压，Pa；

　　　　x_i——坐标；

　　　　μ——运动黏性，$kg/(ms)$；

　　　　g_i——i 坐标方向重力加速度，m/s^2。

模型试验首先将冷却塔或相关部件按比例缩小，第一要做到模型与原型的几何相似，其次要保证模型与原型中的流体运动相似与动力相似，即模型与原型中的对应位置的各流体的主要物理量之间存在着一定的比例关系。要使模型与原型之间保持这种对应的关系，须使模型与原型的流体的流动由相同的方程来描述。

相似的模型与原型流体的各参数间的比例关系为：

$$\frac{L_p}{L_m} = L_r ; \frac{u_p}{u_m} = u_r ; \frac{p_p}{p_m} = p_r ; \frac{\nu_p}{\nu_m} = \nu_r ; \frac{g_p}{g_m} = g_r ; \frac{\rho_p}{\rho_m} = \rho_r \tag{19-3}$$

式中下标 p 和 m 分别表示原型与模型，L_r、u_r、p_r、ν_r、g_r、ρ_r 分别为几何比尺、速度比尺、压力比尺、运动黏性系数比尺、重力加速度比尺、密度比尺。由于模型与原型都处在地球的重力环境中，所以，重力加速度比尺为 1。对于模型与原型可分别写出如式（19-1）和式（19-2）的控制方程，将式（19-3）关系代入原型方程，并将模型标识下标去掉后有：

$$\frac{\partial \rho u_j}{\partial x_j} = 0 \tag{19-4}$$

$$\frac{\rho_r u_r^2}{L_r} \frac{\partial}{\partial x_j}(\rho u_i u_j) = -\frac{\partial p}{\partial x_j} \frac{p_r}{L_r} + \frac{\rho_r \nu_r u_r}{L_r^2} \left\{ \frac{\partial}{\partial x_j} \left[\mu \left(\frac{\partial u_j}{\partial x_i} + \frac{\partial u_i}{\partial x_j} \right) \right] - \frac{2}{3} \frac{\partial}{\partial x_i} \left(\mu \frac{\partial u_j}{\partial x_j} \right) \right\} + \Delta \rho_r g_r \Delta \rho g_i + g_r \rho_r g_i \rho_i \tag{19-5}$$

整理式（19-5）可得：

$$\frac{\partial}{\partial x_j}(\rho u_i u_j) = -(E_u)_r \frac{\partial p}{\partial x_j} + \frac{1}{(Re)_r} \left\{ \frac{\partial}{\partial x_j} \left[\mu \left(\frac{\partial u_j}{\partial x_i} + \frac{\partial u_i}{\partial x_j} \right) \right] - \frac{2}{3} \frac{\partial}{\partial x_i} \left(\mu \frac{\partial u_j}{\partial x_j} \right) \right\} +$$
$$\frac{1}{(F_\Delta)_r^2} \Delta \rho g_i + \frac{1}{(Fr)_r^2} \rho_i g_i \tag{19-6}$$

式（19-6）中出现了 4 个无量纲数，分别为：

雷诺数
$$R_e = \frac{uL}{\nu} \tag{19-7}$$

佛氏数
$$F_r = \frac{u}{\sqrt{gL}} \tag{19-8}$$

密度佛氏数
$$F_\Delta = \frac{u}{\sqrt{\frac{\Delta \rho}{\rho} gL}} \tag{19-9}$$

欧拉数
$$E_u = \frac{p}{\rho u^2} \tag{19-10}$$

由式（19-5）和式（19-6）可以看出，要使模型与原型的控制方程完全相同须使模型与原型的雷诺数、佛氏数、密度佛氏数和欧拉数 4 个无量纲数完全相等，即 4 个数的比尺等于 1。只有 4 个数完全相等才有模型与原型的完全相似，即模型与原型对应点的各物理量之间保持一定的比例关系。4 个无量纲数分别代表了不同的意义，雷诺数中包含了流体的流速、特征长度和黏性系数，表征着流体的惯性力与阻力的比值；佛氏数中包含了流体的流速、特征长度与重力加速度，表征着流体运动的惯性力与重力之间的比值；密度佛氏数包含了流的流速、相对密度差和特征长度，表征着流体运动惯性与浮力之间的比值；欧拉数包含了压力与流速，表征着压力或者作用力与惯性力之间的比值。

4 个无量纲数中，密度佛氏数适用于那些由于密度变化而存在的浮力的流动状态，当雷诺数与佛氏数满足要求时，欧拉数自然满足要求，所以要使模型与原型相似，只要满足雷诺数与佛氏数相等即可。在地球重力环境中，要使这两个无量纲数同时相等是不可能的，除非是几何比尺为 1，即原型为模型。由式（19-7）可知，模型的长度较原型小，按相似要求模型的速度应该较原型大；而式（19-8）却要求模型的速度较原型低，所以，不可能同时满足式（19-7）和式（19-8），对于浮力起作用时，同样存在不可能同时满足式（19-7）～式（19-9）的矛盾。所以，采用模型试验方法解决实际问题时，必须要分析所要研究问题的性质，也就是所研究问题的流体运动中，哪些力起控制作用，哪些力为次要的。

二、雷诺相似律的使用

冷却塔工艺相关问题中，很多涉及流体的阻力。流体的阻力主要是由流体运动的摩擦力和形状改变引起的阻力，运动中起主要控制作用的是黏性力，所以，涉及阻力的模型相似采用雷诺相似。即满足：

$$(Re)_r = (E_u)_r = 1 \qquad (19\text{-}11)$$

式（19-11）所表述的是雷诺和欧拉相似准则，还可写成准则方程 $E_u = f(R_e)$。

雷诺相似律是对流动状态起决定性作用的因素，但这种决定性作用在一定条件下将消失，因为当模型塔内气流的 Re 数超过某一临界值后，其流态、流速分布皆与原型彼此相似，而与 Re 数无关，即流体流动进入"阻力平方区"亦称"自模区"，模型在"自模区"内欧拉准则自行满足 $(E_u)_r = 1$。因此，模型试验中并非一定要模型与原型雷诺数相等才能满足气流运动相似，在"自模区"内模型的流速、压力差均与原型相似，各部件阻力系数相等。由于在"自模区"内没有雷诺准则的约束，因此，无比尺对应关系。坐标、流速、压差的相似关系都用无量纲数表达。

例 19-1 试述通过模型试验求自然通风冷却塔进风口区域阻力特性的步骤，如图19-1所示。

解： 分析研究目的和流体运动特性。塔内气流运动是由塔内外空气密度差引起的，主要控制力是浮力。塔内气流运动速度的大小与浮力有关，而塔内填料断面的风速一般达1.2m/s 以上，此时气流的阻力就可忽视浮力相似的要求，只考虑雷诺相似准则。所以，模型冷却塔中的气流可以采用强制通风的方式来实现。

了解气流处于什么流态。一般冷却塔淋水填料断面的风速为 1.2m/s 以上，塔的断面尺寸与淋水面积有关，如淋水面积为 5000㎡时，断面直径约80m，气温在 30℃时可计算气流的雷诺数为：

$$Re = \frac{VL}{v} = \frac{1.2 \times 80}{1.57 \times 10^{-5}} = 6.1 \times 10^{6}$$

说明气流处于湍流状态，模型的气流流态也应该是湍流状态。根据风机的风量大小和模型雷诺数来确定模型比尺，一般模型比尺为 100～350。

选择模型材料，根据模型比尺和表面粗糙度的要求选择模型的制作材料。

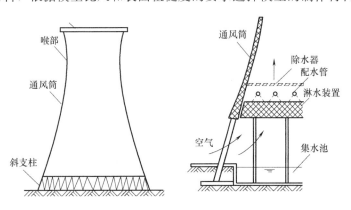

图 19-1　自然通风逆流式冷却塔

填料模拟。冷却塔进风口区域的气流阻力包括了气流进入冷却塔、斜支柱、支柱和淋水填料等。其中淋水填料的阻力占的比例较大，而气流经过填料时由于填料过流尺寸较小，约 30mm，所以，气流在填料中流动的雷诺数为：

$$Re=\frac{VL}{v}=\frac{1.2\times0.03}{1.57\times10^{-5}}=2293$$

填料中气流流态未达到湍流区，通过填料的气流阻力与雷诺数相关，另一方面，淋水填料若按比尺进行缩小，模型将无法制作。试验时可采用相当的阻力件来模拟填料的阻力，最常用的阻力件为孔板。此时模型中填料附近的局部流场并不相似，但填料采用了等效阻力件，所以，模型试验结果并不受此影响。

模型试验与测量。按相似要求可建立如图 19-2 所示的模型，通过测量填料顶断面的气流的全压来计算冷却塔进风口区域的阻力系数。试验中要对雷诺数进行敏感试验，改变不同的雷诺数，测量进风口区域的阻力系数，可获得模型中临界雷诺数，即大于此值后模型中的阻力系数与雷诺数不再相关，如图 19-3 所示。

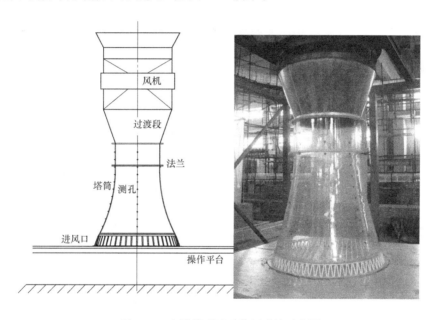

图 19-2　全塔模型试验装置系统示意图

这样就可以通过试验得到自然通风冷却塔进风口区域的阻力特性，试验中可以测定不同进风口部件条件下的冷却塔的阻力特性，如图 19-4 所示。上述模型为全塔模型，即模拟冷却塔的整个圆断面。由于冷却塔塔内气流是轴对称的，还可以仅模拟冷却塔的一个扇区，图 19-5 即为半塔模型，同样可求得冷却塔进风口区域的阻力特性。

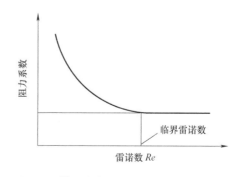

图 19-3　模型中实测阻力系数与雷诺数关系

451

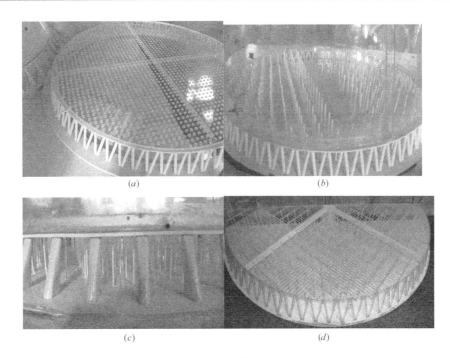

图 19-4　进风口区域部件的模型

(*a*) 填料（孔板模拟）；(*b*) 人字柱与支柱；(*c*) 一字柱；(*d*) 填料支撑梁

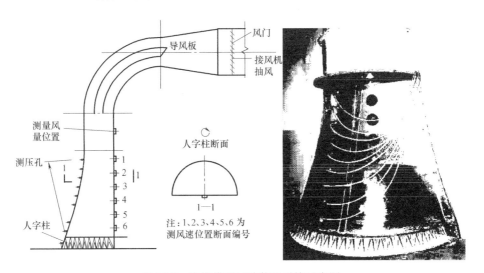

图 19-5　半塔模型试验装置系统示意图

为了便于观察和测试，模型塔筒和塔芯材料一般采用无色透明有机玻璃加工制成。塔筒支撑及塔内梁柱等可采用 PVC 制作。

三、密度佛氏相似律的使用

在自然通风冷却塔中塔内气流的流动是浮力产生的，所以要准确模拟塔内气流量，就需要采用密度佛氏数相似准则。在模型的设计中采用密度佛氏数相似准则，模型中的风速比原型小，这时模型中的雷诺数就比原型小得多，原型与模型流态不相似，模型中气流阻力是不相似的。所以试验结果为近似结果，应用准则时可根据研究的目的、对象进行取舍。

例 19-2 试述通过模型试验的方法研究直接空冷塔和间接空冷塔出口气流与自然风的相互作用特性的相似准则。

解： 直接空冷系统如图 4-31 所示，空冷塔平台散热器出口的气流的主要作用力是惯性力和浮力，在无自然风时，出口气流受的力在出口附近以惯性力为主，上升高空后渐以浮力为主。但是在有自然风作用时，出口惯性力比浮力大得多，由于自然风与出塔气流的相互作用，浮力基本消失，而出口气流由风机产生，受自然风影响较小。所以，直接空冷的出口气流与自然风的相互作用模型试验研究应以雷诺相似准则为依据，这样可以确保塔出口气流流态相似。因为要模拟自然风，模型一般在风洞或水槽中进行。除几何相似外，模型相似要求模型与原型流态相似、模型出口风速与自然风速比例相等。

自然通风空冷塔中的气流由塔内外空气密度差产生，塔出口气流所受的力主要是浮力，有自然风时，通过对自然通风冷却塔的进出口气流影响来影响通风量，所以，模型试验研究应以密度佛氏数相似准则为依据。除几何相似外要求模型中密度佛氏数相等、塔出口平均流速与自然风速比相等，同时要做到模型中的雷诺数尽量大，以使模型和原型的流态相近。试验可以在风洞中也可以在水槽中进行。

四、佛氏数相似律的使用

佛氏数主要反映惯性力与重力的比，研究气体时不考虑重力，所以，研究塔内气体流动时没有佛氏数相似律的问题。但在冷却塔中水的流动，特别是明槽中的水流动是受重力控制的。要研究塔内配水槽、集水槽等有自由表面的水的流动问题时，要采用佛氏数相似准则。模型设计时要求几何相似，同时要求原型与模型的佛氏数相等，同时尽量加大模型尺寸，使模型流态与原型相近，提高试验结果的精度。

第三节 模 拟 试 验

冷却塔是一门离不开试验的学科，通过室内模拟试验确定冷却塔各部件的热力阻力特性是模拟试验的主要内容。模拟试验的具体内容包括湿式冷却塔的淋水填料的热力阻力性能、喷溅装置的洒水均匀性和水力特性、空冷散热器的热力阻力特性、闭式塔盘管或散热器的热力阻力特性。只有掌握了这些基础数据才可进行冷却塔的设计与布置。

一、湿式冷却塔的填料模拟试验

1. 淋水填料室内模拟试验装置

在逆流塔中，无论淋水面积大小，淋水填料层的水气总是逆向流动，不同的仅是淋水密度与风速。因此，可以取其中的一个小面积的填料样品，通过室内模拟试验方式测量填料的热力阻力特性，用于冷却塔的设计。模拟试验装置应能够模拟冷却塔中的淋水、通风、热量和气温等。模拟装置一般由两个系统组成，如图 19-6 所示。循环水系统由热源、水泵、管路、喷水器、水流量量测计与水库（或水池）组成；通风系统由风机、新风进风口、热风回风管与调节阀门、空气加热器、进风管道、风量测量器等组成。

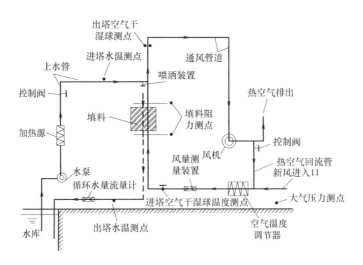

图 19-6　逆流式淋水填料模拟试验装置系统图

模拟试验装置的淋水面积根据所能提供的热源来确定，一般设计为方形，适合于淋水填料安装，边长可取 0.5～8m。淋水密度能力宜达到 20t/(h·m²)，进出塔水温差宜达15℃，模拟试验装置加热源容量可按下式计算：

$$Q_h = 20 \times 15 \times 4.2 \times 10^3 / 3600A = 350A \tag{19-12}$$

式中　Q_h——热源的供热量，kW；

　　　A——淋水面积，m²。

填料断面风速变化范围宜设计为 0.5～3.5m/s，风机的风量和全压按下式选取。

$$G = 3.5 \times 3600A = 12600A \tag{19-13}$$

式中　G——风机的风量，m³/h。

风机的全压可按下式计算：

$$\Delta P = \frac{1}{2} \times 1.25 \times 3.5^2 \left[50 + \sum \left(\frac{\lambda_i l_i}{D} + \xi_i \right) \left(\frac{A}{A_i} \right)^2 \right] = 383 + 7.66 \sum \left(\frac{\lambda_i l_i}{D} + \xi_i \right) \left(\frac{A}{A_i} \right)^2$$

$$\tag{19-14}$$

式中　ΔP——风机全压，Pa；

　　　A_i——各通风管道的面积，m²；

　　　l_i——各通风管道的长度，m；

λ_i、ξ_i——各通风管道的摩阻系数与局部阻力件如阀门、弯头等阻力系数。

2. 数据测量

试验装置需要测量模拟装置的淋水量、空气流量、进塔水温、出塔水温、进塔空气的干湿球温度、出塔空气的干湿球温度、大气压以及填料上下断面的全压差。

温度的测量可采用热电偶、热电阻或铂电阻温度计或水银温度计等，要求温度测量仪器精度为 0.2℃；循环水量可采用电磁流量计或三角堰、矩形堰或其他仪表，装置布置时应与测量仪表一同考虑，使布置满足仪表测量要求。风量一般采用毕托管与微压计进行测量，微压计的分辨率应达到 0.01mm，风速测量管道宜为圆形断面，且直管段宜大于15D。

3. 淋水填料热力阻力特性试验与资料整理方法

淋水填料试验与数据整理方法可参见《冷却塔淋水填料、除水器、喷溅装置性能试验方法》DL/T 933—2005，这里不作详述，部分淋水填料的模拟塔试验结果见附录 L。

二、冷却塔喷溅装置模拟试验方法

冷却塔喷溅装置的模拟试验目的是求得喷溅装置的流量系数与喷溅水量的分布，常用的试验方法为单喷头试验法和多喷头组合试验法。

1. 单喷头试验法

单喷头试验法是对一个喷头进行模拟试验，求得喷头的流量系数和沿半径方向的淋水量分布，然后再通过计算的方式获得喷头的组合均匀系数。

模拟试验装置如图 7-46 所示，系统由供水系统、收水系统和测量仪器组成。试验方法见第七章第三节。

2. 多喷头组合试验法

单喷头的淋水均匀性是通过单喷头试验的淋水沿半径分布，通过计算得到多个喷头不同布置方式的淋水不均匀性系数的。这种方法假定了喷头喷水相互不干扰，而实际上是相互干扰的，所以所得到的淋水不均匀系数有较大的偏差。针对此问题，可采用多喷头进行试验得到与实际符合的淋水均匀性评价。

试验时将根据喷头的类型和喷洒半径来确定多喷头的数量，确保在中心测量均匀性区域能够反映相关各喷头贡献情况。

图 19-7 给出了以高位水箱为供水源的多喷头模拟试验系统，水泵将水送入高位水箱，水箱可准确地控制配水管路的水头，水进入配水管后由喷头将水淋洒，各喷头喷洒水相互干扰后下落，在中心区域与喷头出口一定的距离处布置集水格收集测量系统，通过量测每格的收水量来评价喷头的均匀性。

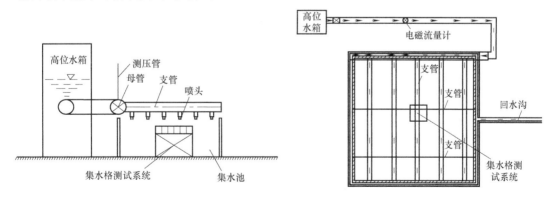

图 19-7　多喷头模拟试验装置示意图

图 19-8 给出了一种计量淋水均匀性的装置，它是将集水格的淋水量通过其下设置的流量测量仪表读出，将数据按式（7-4）整理计算获得不均匀系数。

三、空冷散热器室内模拟试验

空冷塔和干/湿式冷却塔都要用到翅片管散热器，散热器的传热性能和阻力特性是空

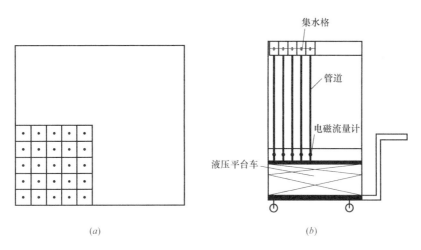

图 19-8　集水格测试系统

(a) 平面图；(b) 立面图

冷塔和干/湿式冷却塔设计所不可缺少的基础数据，尽管对于不同的翅片管不同的布置方式已经有人做过大量研究工作，得到了很多计算公式，但是由于散热器件的加工工艺、模具、工装等变化都会带来散热器的传热和阻力特性的变化，所以，一般需要对散热器元件进行室内的热力阻力性能试验。

1. 试验装置

散热器室内模拟试验是取散热器的一部分，模拟其实际工程的应用条件，获得散热器的热力阻力特性，供设计采用。模拟试验装置由 3 个系统组成，供热和管路系统、通风系统和测量系统，如图 19-9 所示。热源来自锅炉的蒸汽，将水箱的水加热到试验需要的温度，由水泵将水送入温度调节器，根据试验要求对水温作进一步调整，经过水流量测量仪表，送入散热试验元件，散热元件散热后将水回流至水箱，进入下一个循环。通风系统系一个小型的风洞，风从进风口进入后，由蜂窝整流，通过散热器被加热后，经过测温、测风速由风机排出。测量系统主要是测量进入装置的气温、经过散热器后的气温、进出散热元件的水温以及环境空气的湿球温度和大气压。模拟装置的试验断面不宜小于 300mm，

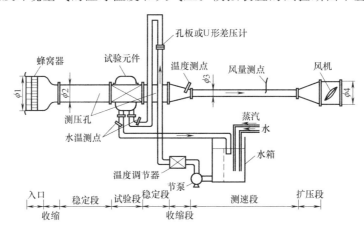

图 19-9　空冷器室内试验装置

试验段长度不宜小于 600mm，并可调节。

2. 试验工况

试验时通过风机变频来调整试验断面的迎面风速，风速变化可取 1.0m/s、1.5m/s、2.0m/s、2.5m/s、3.0m/s、3.5m/s、4.0m/s、4.5m/s 和 5.0m/s。

散热元件的进口水温可取 30℃、40℃、50℃ 和 60℃，或根据工程需要来设置。热水流量可取为 47H（t/h）、60H（t/h）、73H（t/h），H 为试验断面高度（m）。

3. 试验资料整理

根据实测的热水流量、进出散热元件的温度、通风量及经过散热元件的气温变化，可求得散热元件的散热量，散热量等于散热元件的传热系数、散热面积和对数温差的积。传热系数为：

$$K=\frac{c_{w}q(t_{1}-t_{2})}{3.6A\Delta t_{ln}}=\frac{c_{w}q(t_{1}-t_{2})}{3.6A(t_{2}-t_{1}+\theta_{1}-\theta_{2})}\ln\frac{t_{2}-\theta_{2}}{t_{1}-\theta_{1}} \tag{19-15}$$

式中　K——散热元件的传热系数，W/（m²·℃）；

　　　A——散热元件的总散热面积，m²；

t_{1}、t_{2}——进出散热元件的水温，℃；

θ_{1}、θ_{2}——经过散热元件前后的空气温度，℃；

　　　q——热水流量，t/h；

　　　c_{w}——水的比热，J/（kg·℃）。

通过系列工况组合试验，可将散热元件的传热系数整理成迎面风速的函数，表达式为：

$$K=C_{1}V^{C_{2}} \tag{19-16}$$

式中　V——迎面风速，m/s；

C_{1}、C_{2}——试验常数。

散热器的阻力可通过测压孔测量压力差，通过系列的工况组合试验可整理出散热元件的阻力特性表达式：

$$\frac{\Delta p}{\rho}=B_{1}V^{B_{2}} \tag{19-17}$$

式中　V——迎面风速，m/s；

B_{1}、B_{2}——试验常数，其中 B_{2} 大于 1 小于 2。

四、闭式塔（蒸发冷却塔）室内模拟试验

闭式塔（蒸发冷却塔）的盘管、水膜的传热系数以及淋水的散质系数是闭式冷却塔设计的重要依据，不同的自循环水量、不同的盘管布置、不同的淋水填料有不同的传热系数与散质系数，需要通过室内模拟试验获得。

1. 闭式塔模拟试验装置

闭式冷却塔模拟试验装置应能够模拟闭式塔的布置状况，模拟装置由 4 个系统组成。供热及热水管路系统、通风系统、自循环系统和数据测量采集系统。闭式塔室内模拟试验装置如图 19-10 所示，供热的热源输入到水箱，由水泵送至盘管（或散热器），经过换热后流回水箱，水量由泵出口阀门控制。新鲜空气从新风进口进入，根据需要与回流热风掺混，经过喷嘴后进入均流室，再进入通风管道，然后进入静压室经过整流后，进入试验

段。在试验段经过传热传质后由风机排出。自循环系统由自循环水泵将自循环水送入喷淋装置，淋洒在盘管或散热器上，与空气盘管等传热传质后落入集水池，进入下一个循环。模拟装置上布置温度、流量和风速测量仪器，分别测量进塔空气的干湿球温度、出塔空气的干湿球温度、进出盘管或散热器的水温、自循环水流量、热水流量和风速。

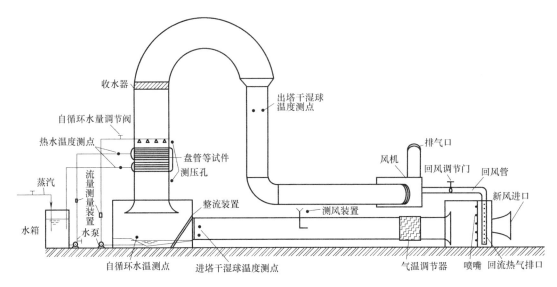

图 19-10　闭式塔室内模拟试验装置示意图

2. 试验工况

试验工况的选择要能够覆盖闭式冷却塔常用的自循环水流量、风速、气温等。一般气温控制湿球温度为 24～26℃，自循环水量按单宽流量与盘管直径比 $\dfrac{q_b}{D_o}$=0.2、0.8、1.5、2.5、3.5、4.5、5.5(kg/(m²·s))；进入盘管的温度一般在 15～80℃ 之间，试验时可取 45℃、50℃、55℃、65℃；试验段的风速可取 1.0m/s、1.5m/s、2.0m/s、2.5m/s、3.0m/s、3.5m/s。

3. 试验数据整理

由式（16-34）可求得传热单元数为：

$$NTU=\ln\frac{T_1-t}{T_2-t} \tag{19-18}$$

式中　T_1、T_2——进出盘管或散热器的水温，℃；

t——自循环水温度，℃。

由式（16-35）可求得传热系数为：

$$K_1=\frac{NTUc_wq_w}{A} \tag{19-19}$$

式中　K_1——传热系数，W/(m²·℃)；

A——盘管或散热器的总散热面积，m²；

q_w——热水流量，kg/s；

c_w——水的比热，J/(kg·℃)。

由式（16-32）可求得水膜面积冷却数为：

$$M_\mathrm{w} = \ln \frac{i_1 - i_\mathrm{t}''}{i_2 - t_\mathrm{t}''} \tag{19-20}$$

式中　i_1、i_2——进出塔的空气焓，J/kg(DA)；

i_t''——与自循环水温相应的饱和空气焓，J/kg(DA)。

$$\beta_\mathrm{x} = \frac{M_\mathrm{w} G}{A} \tag{19-21}$$

式中　G——干空气流量，kg/s。

将试验和工况所得到的试验数据按式（19-18）~式（19-21）进行计算整理，以单宽流量与盘管径比为自变量，可整理得到试验布置条件下的传热系数表达式为：

$$K_1 = C_1 \left(\frac{q_\mathrm{b}}{D_0} \right)^{C_2} \tag{19-22}$$

式中　q_b——单宽流量，计算公式参见式（16-40）和式（16-41），kg/(s·m)；

　C_1、C_2——试验常数；

　D_0——盘管外径，m。

水膜的散热系数可整理为迎面风速和单宽流量的函数：

$$\beta_\mathrm{x} = f(q_\mathrm{b}, V) \tag{19-23}$$

有了式（19-22）和式（19-23）便可进行闭式冷却塔的设计计算了。

第四节　原 型 观 测

一、原型观测的目的、程序和测试项目

1. 原型观测的目的

冷却塔的原型观测试验主要有 3 类，考核试验、性能试验和其他试验。

考核试验的目的是了解冷却塔的实际冷却能力是否达到了设计要求，在欧美一些国家，将制造商承诺的冷却塔能力作为商务条款的一部分，所以，用户和制造商对于考核试验都很重视，考核试验应在冷却塔投入运行后 1 年内进行。

性能试验是针对新塔型或新建塔内使用了新部件的一种拓展性试验，目的是了解冷却塔的热力阻力特性或部件的性能，如填料的热力阻力性能、散热器的传热系数和阻力系数等。性能试验一般与考核试验结合起来进行，是考核试验的拓展。与考核试验不同，性能试验不仅要了解设计工况点附近的冷却塔的冷却能力，还要了解远离设计点后的冷却塔性能的变化，对冷却塔进行全面的试验。试验结果将反馈至冷却塔的设计人员，设计人员据此对冷却塔的设计进行改进和完善，性能试验制造商更为关注。

其他试验比如：噪声测试、耗电量测试、防冻试验等，是根据不同的要求而进行的试验。

最常遇到的是考核试验，无论哪种试验都需要得到用户的大力配合方能完成，所以，原型观测试验前宜进行充分准备及与用户的沟通工作。

2. 原型观测的程序

原型观测试验工作开展前，测试方人员需要编制测试大纲，测试大纲中应该明确测试

工作依据的测试标准、测试项目、仪器、测试人员组成、测试时间、测试现场用户与制造商的配合工作等，测试大纲经用户与制造商同意后，方可实施。

试验人员在测试前应对测试中使用的仪器设备进行核准或标定或检定，以确保仪器处于正常工作状态。

测试前制造商与用户需要对冷却塔进行全面检查，消除缺陷，使冷却塔能在设计状况下工作。

进入现场后，在用户方人员配合下进行测试仪器的布置与安装，检查仪器设备正常后，由用户方人员将冷却塔调整至设计工况，然后进行各参数的测量，测量结束后，三方人员在试验数据上签字确认。

现场测试数据采集完成后，按相关规程规范进行数据的分析整理，编制冷却塔的测试报告，交给用户和制造商。

3. 测试项目

根据原型观测目的不同，现场观测的项目也不一样。对于考核试验视冷却塔型不同而不同，测试项目与常用仪器列于表 19-1。

不同试验需要测量的参数　　　　　　　　　　　　　　表 19-1

测 量 项 目	仪器	单位	精度	湿式塔	空冷塔	干/湿式消雾塔	闭式塔
进塔空气湿球温度	阿斯曼干湿温度计	℃	0.2	√	√	√	√
进塔空气干球温度		℃	0.2	√	√	√	√
环境空气湿球温度		℃	0.2	√	√	√	√
环境空气干球温度		℃	0.2	√	√	√	√
塔出口空气湿球温度		℃	0.2	√		√	√
塔出口空气干球温度		℃	0.2	√	√	√	√
出塔水温(湿区)	铂电阻温度计	℃	0.2	√		√	√
冷水温度(干区)		℃	0.2		√	√	√
热水温度(湿区)		℃	0.2	√		√	√
热水温度(干区)		℃	0.2		√	√	√
自循环水温度		℃	0.2			√	√
自循环水流量	超声波流量计或毕托管						√
循环水流量(湿区)		L/s	2%	√		√	
循环水流量(干区)		L/s	2%	√	√	√	√
风机轴功率(湿区)	功率表	kW	2%	√		√	
风机轴功率(干区)		kW	2%		√	√	√
塔出口气流速度	毕托管或风速表	m/s	0.2	√		√	
风机全压		Pa	±1	√			
风机风量		m/s	0.2	√			
环境风速		m/s	0.2	√		√	
大气压	大气压盒	kPa	0.2	√	√	√	
补充水温度	铂电阻温度计	℃	0.2	√			
排水温度		℃	0.2	√			
补充水流量	超声波流量计	L/s	5%	√			
排水流量		L/s	5%	√			

二、湿式冷却塔原型观测中几个问题

关于湿式冷却塔的原型观测试验，已经有很多资料和规范规程作出了规定，这里不再对湿式冷却塔的测试方法做详细描述，仅对原型观测中的一些问题提出讨论。

1. 关于测量参数

原型观测中一般测量进塔空气的干湿球温度、大气压、循环水流量、进出塔水温、出塔气温、通风量，机械通风冷却塔还要测量风机全压、风量和功率等。其中前 4 项最为重要，是所有试验必须测量的参数，按美国 CTI 冷却塔测试验收标准，由前 4 项和制造商提供的运行曲线便可对冷却塔的冷却能力进行评价。我国测试规程需要测量冷却塔的通风量，通过计算将实测工况换算到设计工况进行评价。在各项测量参数中，容易出现测量偏差和错误的是进塔湿球温度、出塔气温和风量。进行进塔空气干湿球温度测量时，测试人员往往忽视湿球纱布的浸湿及通风条件，有时纱布绑扎不当影响干湿球温度的通风，使湿球温度测量偏高；冷却塔的通风量是一个不容易测量准确的参数，在自然塔测试时，一般以测量出口气温通过热平衡换算通风量，出口气温测量不准确，则通风量也不准确；机械通风冷却塔的测量方法有两种，一是在风机喉部断面通过测量风速的方法计算通风量，二是通过测量风机功率的方法计算通风量。实际上风机喉部断面风速，在很多塔中不稳定，影响测量结果，通过测量功率换算风量要求冷却塔的空气动力设计和风机性能曲线准确，这一点往往难易做得到，所以风量不容易测准。

2. 出塔水温如何测量准确

出塔水温是冷却塔原型观测试验中最重要的参数，也容易产生分歧。自然通风冷却塔的出塔水流是由集水池汇集后流向循环水泵流道的，一般出塔水温测量点布置在集水池出水口，由于集水池的来流水温不均匀，所以，在此处测量需要在横深两个方向布置多个温度测点。而机械通风冷却塔的不同塔格的集水池往往是混合的，而且水温分布极其不均，所以，难以测量准确。一种方法是考核时对整个系统的多台塔整体考核，这样就可避免出塔水温测量不准确所带来的纠纷。若系统中的塔非相同型号和同一制造商，须对单个塔考核时，须按测试规程要求收集冷却塔淋水后测量，收集面积不小于 10%。

3. 自然塔出塔气温测量存在问题

自然通风冷却塔的塔内通风量是通过热平衡计算得到的，那么出塔气温测量的准确与否就直接影响了通风量的计算。因为大型冷却塔中出塔气温测点全断面布置困难，所以，往往布置在配水槽附近。因为配水槽高度很大，所以，集水槽下方无淋水。空气从塔进风口进来后，沿水槽附近流动的都是冷空气，在配水槽上方附近测量的出塔气温比其他区域偏低，若在此测量风速结果偏高。所以要测量准确，宜在配水槽 45° 方向布置测点。

三、直接空冷塔原型观测与评价

1. 测量参数与位置

为了评价直接空冷塔的性能，一般需要测量以下参数，位置如图 19-11 所示。

验收试验应测量排汽压力、大气压、环境气温、空冷器进口气温、环境风速风向、凝结水质量流量、凝结水温、风机电动机的功率和噪声等。

排汽压力测点不宜少于 4 个，大气压在空冷器附近测量即可，测量结果需换算到空冷

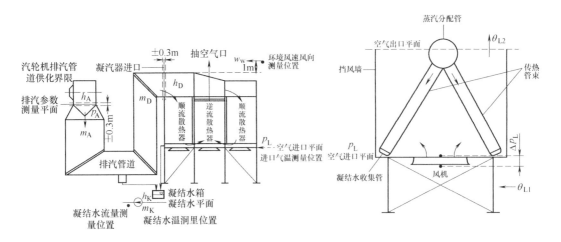

图 19-11　直接空冷系统及测点位置

器安装的标高处；环境气温可布置 4 个测站，位于空冷岛的四周，避开辐射热源；空冷器进口气温宜布置多个测点，以反映空冷散热器进风气温和回流影响，测量断面布置在风机桥架下 0.3～0.5m 处，每台风机进口宜有一个气温测点；环境风速风向测点应布置在空冷器边沿上方 1m 处，或在锅炉顶测量，然后换算到空冷器顶部；凝结水温度在凝结水箱出口管道上测量，每根管道布置一个测点；凝结水流量在凝结水泵出口测量；风机电动机的功率在电动机控制中心测量，扣除线损；噪声在空冷器保证值位置测量。各测点测量见图 19-11。

2. 制造商性能曲线对比评价方法

空冷塔的制造商一般会提供空冷系统的运行曲线或数据表，通常有 3 个变量，即排汽量、入口气温、排汽压力，如图 19-12 所示。

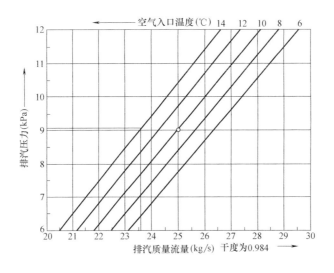

图 19-12　直接空冷运行曲线

制造商给出的运行曲线是在特定工况条件下给出的，如设计气温、大气压和排汽干度，而实测工况与设计条件往往存在差异，所以需要将实测工况换算到设计条件下方可直接对比。

排汽量换算为：

$$D_d = D_m \frac{\chi_m}{\chi_d} \tag{19-24}$$

式中　D_d——设计条件下的排汽量，kg/s；

　　　D_m——实测排汽量，kg/s；

　χ_d、χ_m——设计与实测的排汽干度。

由空气的状态方程可知，密度与大气压的关系为：

$$\frac{\rho_m}{\rho_d} = \frac{p_m}{p_d} \tag{19-25}$$

式中　ρ_d、ρ_m——设计与实测的空气密度，kg/m³；

　　p_d、p_m——设计与实测的空气大气压，Pa。

风机的频率影响风机转速，所以影响风机功率，在微小的变化范围内可以认为转速与频率成正比，而风机的功率与转速的三次方成正比，所以，风机在设计条件下功率修正为：

$$N_d = N_m \left(\frac{f_m}{f_d} \right)^3 \tag{19-26}$$

式中　f_d、f_m——风机的设计与实测频率，Hz；

　　N_d、N_m——风机的设计与实测功率，kW。

风机的体积流量取决于风机的性能，与转速成正比，在风机偏离设计性能较小时可以认为风机的效率不变，那么，风机的风量变化为：

$$\frac{G_m}{G_d} = \frac{V_m}{V_d} = \frac{N_m}{N_d} \frac{\Delta p_d}{\Delta p_m} \tag{19-27}$$

式中　N_d、N_m——风机的设计与实测功率，kW；

　　V_d、V_m——设计与实测的迎面风速，m/s。

　Δp_d、Δp_m——风机的设计与实测全压，Pa。

风机的全压等于总阻力系数与速度头的乘积，所以，式（19-27）可变化为：

$$\frac{G_m}{G_d} = \frac{V_m}{V_d} = \frac{N_m}{N_d} \frac{\rho_d}{\rho_m} \frac{V_d^2}{V_m^2} \tag{19-28}$$

整理式（19-27）有：

$$\frac{V_m}{V_d} = \left(\frac{N_m}{N_d} \right)^{\frac{1}{3}} \left(\frac{\rho_d}{\rho_m} \right)^{\frac{1}{3}} \tag{19-29}$$

在直接空冷凝汽器的运行压力范围内，压力与凝结水温可视为线性关系，如图 19-13 所示，所以，压力修正可表示为：

$$\frac{P_m}{P_d} = \frac{t_m}{t_d} \tag{19-30}$$

式中　P_d、P_m——设计与实测的压力，Pa；

　　t_d、t_m——设计与实测的凝结

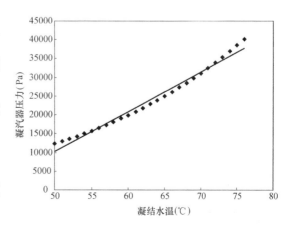

图 19-13　蒸汽压力与温度的关系

水温，℃。

将式（4-24）和式（4-17）代入式（19-30）有：

$$\frac{P_{\mathrm{m}}}{P_{\mathrm{d}}}=\frac{t_{\mathrm{m}}}{t_{\mathrm{d}}}=\frac{\theta_1+\dfrac{\Delta\theta_{\mathrm{m}}}{1-\mathrm{e}^{-(NTU)_{\mathrm{m}}}}}{\theta_1+\dfrac{\Delta\theta_{\mathrm{d}}}{1-e^{-(NTU)_{\mathrm{d}}}}} \qquad (19\text{-}31)$$

式中　$(NTU)_{\mathrm{d}}$、$(NTU)_{\mathrm{m}}$——设计与实测的冷却单元数；

　　　　$\Delta\theta_{\mathrm{d}}$、$\Delta\theta_{\mathrm{m}}$——设计与实测的空气温升，℃；

　　　　θ_1——实测气温，℃。

当 $\delta<1$ 时，指数函数可用线性表示，即 $1-\mathrm{e}^{-\delta}=\delta$，而当 $\theta_1\ll\dfrac{\Delta\theta}{1-\mathrm{e}^{NTU}}$ 时，式（19-31）可简化为：

$$\frac{P_{\mathrm{m}}}{P_{\mathrm{d}}}=\frac{t_{\mathrm{m}}}{t_{\mathrm{d}}}=\frac{\Delta\theta_{\mathrm{m}}}{\Delta\theta_{\mathrm{d}}}\frac{(NTU)_{\mathrm{m}}}{(NTU)_{\mathrm{d}}} \qquad (19\text{-}32)$$

将式（4-19）代入上式有：

$$\frac{P_{\mathrm{m}}}{P_{\mathrm{d}}}=\frac{\Delta\theta_{\mathrm{m}}}{\Delta\theta_{\mathrm{d}}}\frac{K_{\mathrm{m}}G_{\mathrm{d}}\rho_{\mathrm{d}}}{K_{\mathrm{d}}G_{\mathrm{m}}\rho_{\mathrm{m}}} \qquad (19\text{-}33)$$

式中　K_{d}、K_{m}——设计与实测的传热系数，W/(m²·℃)。

传热系数是迎面风速和空气密度的函数，一般表示为：

$$K\sim(\rho V)^m \qquad (19\text{-}34)$$

式中指数 m 为试验常数，由制造商提供，无资料时，可取 $m=0.45$。

在散热量修正后，空气温升的修正可按散热量相同处理，式（19-33）变化为：

$$\frac{P_{\mathrm{m}}}{P_{\mathrm{d}}}=\left(\frac{V_{\mathrm{d}}\rho_{\mathrm{d}}}{V_{\mathrm{m}}\rho_{\mathrm{m}}}\right)^{2-m} \qquad (19\text{-}35)$$

下面举例说明直接空冷系统的评价计算过程。

例 19-3　某直接空冷系统的性能曲线如图 19-12 所示，设计与实测参数见表 19-2，评价直接空冷系统的凝汽器压力是否达到设计要求。

直接空冷系统曲线对比评价法计算举例　　　　表 19-2

参　　数	设计值	实测值	修正值
大气压(kPa)	101.3	99	
进口气温(℃)	10	14	10
出口气温(℃)	28.9		
风机功率(kW)	180	164	174.65
风机频率(Hz)	50	49.5	
排汽压力(kPa)	9	9.5	
排汽流量(kg/s)	25	24.2	23.54
排汽干度	0.948	0.93	
凝结热(J/kg)	2397.9		
换热面积(m²)	92520		
传热系数[W/(m²·℃)]	32.5		

解：性能曲线的设计条件与实测不一致的参数需要修正。

实测排汽干度与设计不同，所以，宜对实测的蒸汽量按式（19-24）进行修正：

$$D_d = D_m \frac{\chi_m}{\chi_d} = 24.2 \times 0.93/0.948 = 23.74 \text{kg/s}$$

实测大气压与设计不同，所以，宜对空气密度按式（19-25）进行修正：

$$\frac{\rho_m}{\rho_d} = \frac{p_m}{p_d} = \frac{99}{101.3} = 0.9773$$

实测风机频率与设计不同，需按式（19-26）对实测条件下的风机设计功率进行修正：

$$N_d = N \left(\frac{f_m}{f_d}\right)^3 = 180 \times \left(\frac{49.5}{50}\right)^3 = 174.65 \text{kW}$$

迎面风速按式（19-29）修正，即：

$$\frac{V_m}{V_d} = \left(\frac{N_m}{N_d}\right)^{\frac{1}{3}} \left(\frac{\rho_d}{\rho_m}\right)^{\frac{1}{3}} = \left(\frac{164}{174.65}\right)^{1/3} \times 0.9773^{-1/3} = 0.9867$$

空冷器的压力按式（19-35）进行修正，其中 $m = 0.45$，即：

$$\frac{P_m}{P_d} = \left(\frac{V_d \rho_d}{V_m \rho_m}\right)^{2-m} = (0.9867 \times 0.9773)^{-2+0.45} = 1.06$$

由性能曲线可查出凝汽器的压力为 9.06kPa，修正后为 $1.06 \times 9.06 = 9.06$kPa，对比实测的压力 9.5，可得出空冷系统达到设计要求。

上述修正中将风机的功率按实测功率进行修正，实测功率低，所以，风量也就小，相应的压力就会升高。功率低的原因是制造商方面所造成，若仅考虑频率的因素，那么迎面风速修正变为：

$$\frac{V_m}{V_d} = \left(\frac{N_m}{N_d}\right)^{\frac{1}{3}} \left(\frac{\rho_d}{\rho_m}\right)^{\frac{1}{3}} = \left(\frac{174.65}{180}\right)^{1/3} 0.9773^{-1/3} = 0.9976$$

压力修正变化为：

$$\frac{P_m}{P_d} = \left(\frac{V_d \rho_d}{V_m \rho_m}\right)^{2-m} = (0.9976 \times 0.9773)^{-2+0.45} = 1.04$$

实测工况的设计压力为 $1.04 \times 9.06 = 9.42$kPa，与实测的值接近，但未达到。

四、干/湿式冷却塔（消雾节水塔）原型观测与评价

干/湿式冷却塔（消雾节水塔）原型观测可参照美国 CTI 的验收标准和中国机械工业协会冷却设备协会制定的标准进行试验。试验测试参数见表 19-1，试验时间一般应在冷却塔完工后 12 个月内进行。

1. 测试单元的选择

可仅对冷却塔的一个单元进行测试，以代表整塔性能。如果单独的单元无法代表整塔性能时，可对几个单元同时测试，这时测试结果将按照具有相同设计的塔应拥有相同性能的原则进行加权平均计算。各方代表应在测试前协商确定测试单元。本规程所提到的测试均是针对测试单元的，如果测试单元的水温和流量无法单独测量时，可以用整塔的数据代替。

2. 测试条件

验收试验应在自然风平均风速小于 3m/s 及 1min 内阵风风速小于 4.5m/s，且其他各测量参数与设计点的偏离不超过如下范围的条件下进行：

(1) 空气湿球温度：－0.0～＋8.5℃；

(2) 空气干球温度：－0.0～＋14℃；

(3) 进出塔水温差：±20％；

(4) 循环水流量：±10％；

(5) 大气压：±3.5kPa；

(6) 干区热载荷：±10％（仅适用于干湿两区热载荷相互独立的干湿塔）；

(7) 干区水流量：±10％（仅适用于干湿两区热载荷相互独立的干湿塔）；

(8) 风机轴功率：±10％。

多单元系统可能会要求关闭一个或多个单元，以确保测试的各单元内循环水流量满足测试规程要求。测试多个单元时须确保所有被测单元之间的运行参数设置偏差不大于±5％。对任何低于冰点设计条件，都应在环境空气湿球温度在0～8℃间进行。测试时循环水中的溶解物含量，不应超出5000mg/kg和设计浓度的±10％。

3. 测点布置

出塔空气温度测量应在塔的风筒出口断面或鼓风式干/湿式冷却塔出风口断面进行测量。测量仪表应采用机械通风干湿球温度计，要求通过温度传感器的空气流速不小于3m/s，并确保干球温度传感器不会接触到水滴。出口气温测量断面的位置应设置在离风筒出口断面或出风口断面垂直高度0.5m平面的等面积中心点上。被测断面上应划分成20个面积相同的区域来进行测点布置。圆形出口断面可划分为4条半径，每条半径布置5个点。小直径的出口断面测点可相应减少，但不得少于8个点。对于矩形的出口平面，在长宽相近，面积相等的矩形阵列的每个样品区的中心进行取样。塔空气出口流速的测量点应当与出口空气干湿球温度的测量点一致。环境风速风向的测点宜布置在开阔无阻挡的冷却塔的上风向的位置。若冷却塔总高未超过6m，风速风向测点应在风机平台上方1.5m的水平面上，离塔15～30m的距离；当风机平台至塔空气出口面高差超过6m时，测点应布置在风机平台至塔空气出口一半的高度上，且距塔距离不少于30m。

如果风机轴功率无法在电机附近被测量，除非各方协商同意忽略，否则，应当在计算中考虑线路损失。水质分析：应当保留一份测试时的循环水水样。如果有循环水水质疑问，就可以将这份水样送检。

4. 测试工况

在进入稳定状态后，测试时间应当大于1h，或大于风机出口气温与风速测量所需要的时间，为一个测试工况。同一测试工况内所测的参数变化范围应为：循环水流量变化小于3％；热载荷变化小于5％；进出塔水温差变化小于5％；环境空气和进气的温度可能会有较大的瞬间变化，但测试工况内测量值与平均干球温度变化应不超过3℃，湿球温度变化应不超过1℃；干区的热负荷和水流量变化应当小于5％。

5. 评价方法

采用测试数据与冷却塔制造商所提供的一簇消雾运行曲线进行对比的方法来评价干/湿塔的消雾效果。对于"少雾型"干/湿式消雾节水冷却塔使用"消雾指数"来表示消雾效果，数值为设计（从制造商提供曲线上查出）与实测出塔空气相对湿度比。对于"零雾型"干/湿式消雾节水冷却塔使用"消雾指数"和"出塔空气掺混系数"两个指标来表示消雾效果。

零雾型干/湿式消雾节水冷却塔消雾验收与热力试验须同时满足，热力性能达到《工业冷却塔测试规程》DL/T 1027—2006 的要求；消雾指数大于等于 100％；混合质量系数大于等于 85％。少雾型干/湿式消雾节水冷却塔消雾验收与热力试验也须同时满足，热力性能达到《工业冷却塔测试规程》DL/T 1027—2006 的要求；消雾指数大于等于 100％。

冷却塔生产方提供的一簇消雾塔的消雾特性曲线，每簇曲线对应同一个风机叶片安装角度，包括 9 组曲线，分别是设计降温幅度为 80％、100％、120％时和水流量为设计循环水量的 90％、100％、110％时的性能曲线组合。每组曲线应当包含 4 条或更多的相对湿度曲线，整组曲线应当体现出空气温度（湿球温度及湿度或干球温度及湿度）、进出塔水温差和循环水流量对消雾性能的影响。

消雾特性曲线可由两种不同的方式来表示。分别称为"出塔空气特征曲线"和"冷却塔空气出口空气最大湿度曲线"。测试评价应当与生产方提供的曲线保持一致，两种方法给出的评价结果是一致的。

（1）出塔空气特征曲线

曲线组以出塔空气温度（湿球和干球）为纵坐标，进塔空气湿球温度为横坐标。一条曲线给出出塔空气湿球温度，再以相对湿度作变量给出出塔空气的干球温度的一组曲线。曲线图的标度应当是增量坐标，为确保曲线读取的精度，建议的最小温度精度为每毫米 0.2℃。进气相对湿度的增量应等于或小于 20％，或至少保证 4 条湿度曲线（100％、80％、60％、40％），如图 16-19 所示。

（2）冷却塔空气出口空气最大湿度曲线

曲线组以出塔空气最大相对湿度为纵坐标，进塔空气干球或湿球温度为横坐标。不同的进塔空气相对湿度可得到一组曲线。曲线图的标度应当是增量坐标，为确保曲线读取的精度，建议横坐标的最小温度刻度为每毫米 0.2℃，纵坐标的最小刻度为每毫米 0.5％。进气相对湿度的增量应等于或小于 20％，或至少保证 4 条湿度曲线（100％、80％、60％、40％），如图 16-20 所示。

每一测试工况的被测塔的循环水流量、进出塔水温、进塔空气参数、环境空气参数取该测试工况内各测量值的平均值。如果未测得测试单元热水温度，可用整塔热水温度来代替。如果测试期间有补水或排水，出塔水温应进行修正。

被测冷却塔单元的出塔空气参数应通过加权平均求得。将每个测点测得的出塔空气数据（干、湿球温度和大气压）按《工业冷却塔测试规程》DL/T 1027—2006 中公式进行计算得到热焓和湿度，再根据每个测点的空气流量进行加权平均，可得到该工况出塔空气热焓和湿度。

根据出塔空气特征曲线计算消雾指数按以下步骤进行。

第一步：当实测大气压与出塔空气特性曲线的大气压不一致时，应对实测的相对湿度进行修正。进塔空气、环境空气与出塔空气的相对湿度按下式修正。

$$Rh_c = Rh \frac{p_d}{p_m} \tag{19-36}$$

式中　Rh_c、Rh——修正后的相对湿度和实测相对湿度；

　　　p_d、p_m——设计大气压和实测大气压，Pa。

第二步：在湿空气焓图中画出塔空气扩散实测特征曲线。即环境空气干球温度、相对湿度和修正后出塔空气的干球温度、相对湿度连线，如图 19-14 所示。

第三步：在湿空气焓图中画出塔空气扩散设计特征曲线。根据实测的冷却塔的运行参数，利用制造方提供的出塔空气特征曲线线性插值可获得实测条件下冷却塔设计出塔的干、湿球温度，并由此计算出设计条件的出口空气相对湿度。即可绘制出塔空气扩散设计特征曲线。出塔空气扩散设计特征曲线在实测特征曲线之上，则消雾塔符合设计要求，否则不符合设计要求。符合程度由消雾指数来量化表示。

第四步：实测条件下设计出塔空气相对湿度的修正。实测出塔空气等焓线与出塔空气扩散设计特征曲线的交点处的相对湿度。

第五步：计算消雾指数。

消雾指数以百分比（%）表示，实测条件下设计出塔空气相对湿度与实测出塔空气相对湿度的比值。即：

$$TPI = \frac{Rh_{gc}}{Rh_m} \times 100\%$$ (19-37)

式中 Rh_{gc}——实测条件下设计空气的相对湿度。

根据冷却塔空气出口空气最大湿度曲线计算消雾指数按以下步骤进行。

第一步：当实测大气压与空气焓图的大气压不一致时，应对实测的相对湿度按式 (19-35) 进行修正。

第二步：在湿空气焓图中画出塔空气扩散实测特征曲线。

第三步：在湿空气焓图中画出塔空气扩散设计特征曲线。

第四步：实测条件下出塔空气的最大相对湿度的修正。实测特征曲线上对应的最大相对湿度点即为实测最大相对湿度。

第五步 按式 (19-37) 计算消雾指数，其中 Rh_m 取实测最大相对湿度。

出塔空气掺混系数的计算：

$$MQ = \left(1 - \frac{\sum V_i}{\sum VV_j}\right) \times 100\%$$ (19-38)

式中 V_i——超出平均相对湿度的测点流速，m/s；

VV_j——所有测点流速，m/s。

节水率估算。对于采用干区热源取自循环冷却水的干/湿式消雾冷却塔，可减少冷却塔的蒸发损失，达到节水的效果。节水率约等于干区冷却热量占总热量的百分比，可参照以下公式计算：

$$\eta_w = \frac{Q_d(T_{di} - T_{do})}{Q_d(T_{di} - T_{do}) + Q_w(T_{wi} - T_{wo})} \times 100\%$$ (19-39)

式中 η_w——节水率，%；

Q_d——干区水流量，kg/s；

Q_w——湿区水流量，kg/s；

T_{di}、T_{do}——干区进出口水温，℃；

T_{wi}、T_{wo}——湿区进出口水温，℃。

例 19-4 制造商提供的消雾塔的运行曲线如图 16-19 所示，设计参数与实测参数见表 19-3，计算消雾指数。

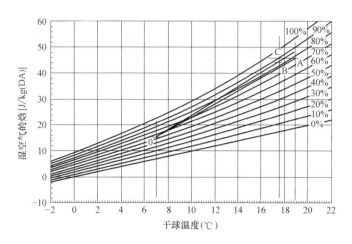

图 19-14　出塔空气相对湿度修正图

消雾冷却塔设计与实测数据　　　　　　　　　　　　　　　表 19-3

参　　数	设计值	试验实测值	修正
循环水流量(kg/s)	1100	1100	
进塔水温(℃)	25.0	24.5	
出塔水温(℃)	15.0	14.5	
冷幅高(℃)	10.0	10.0	
环境干球温度(℃)	5.0	7.0	
环境湿球温度(℃)	4.3	3.4	
环境相对湿度(%)	90	53.5	
进塔干球温度(℃)	5.0	7.1	
进塔湿球温度(℃)	4.3	3.6	
进塔空气相对湿度(%)	90	54.9	
大气压(kPa)	101.3	100.6	
消雾类型	零雾型		
出塔干球温度(℃)		16.35	
出塔湿球温度(℃)		18.84	
出塔相对湿度(%)		78.09	

解： 相对湿度按式（19-36）进行修正。

环境相对湿度：$Rh_{ec} = 53.5 \dfrac{101.3}{100.6} = 53.87\%$

进塔空气相对湿度：$Rh_{ic} = 54.9 \dfrac{101.3}{100.6} = 55.28\%$

出塔空气相对湿度：$Rh_{oc} = 78.09 \dfrac{101.3}{100.6} = 78.63\%$

由进塔湿球温度 3.6℃在图 16-19 中的湿球温度曲线上可查得出塔空气的湿球温度为 15.7℃，由进塔空气湿球温度 3.6℃和相对湿度 55.28%在图 16-19 中的相对湿度曲线上

可查得设计出塔空气干球温度为 17.5℃

将实测出塔气温和修正的相对湿度及环境的气温和修正的相对湿度，在湿空气焓图中可画出出塔空气的扩散特征线 $\overline{OA}$，见图 19-14；同样对应的设计出塔气温和相对湿度及环境气温与修正的相对湿度也可画出设计出塔出口热空气扩散特征线 $\overline{OB}$，线 $\overline{OA}$ 在线 $\overline{OB}$ 之下，所以，干/湿塔消雾满足消雾要求。作水平线（等焓线）$\overline{BC}$，交点 C 对应的相对湿度即是对应于实测工况条件下的出塔空气的相对湿度的设计值，其值为 83.6%，消雾指数为：

$$TPI = \frac{Rh_{gc}}{Rh_m} \times 100\% = \frac{83.6}{78.63} = 106.3\%$$

例 19-5 制造商提供的消雾塔的运行曲线如图 16-20 所示，设计参数与实测参数见表 19-3，计算消雾指数。

解： 相对湿度修正见例 19-4。

由进塔空气干球温度 7.1℃ 和相对湿度 55.28%，在图 16-20 上可查到设计出塔最大相对湿度为 83.7%。

将实测出塔气温和修正的相对湿度及环境的气温和修正的相对湿度，在湿空气焓图中可画出出塔空气的扩散特征线 $\overline{OA}$，该线上对应的最大相对湿度为 78.7%，该值即为实测相对湿度的最大值，消雾指数为：

$$TPI = \frac{Rh_{gc}}{Rh_m} \times 100\% = \frac{83.7}{78.7} = 106.4\%$$

五、闭式冷却塔的原型观测与评价

1. 试验条件、步骤和方法

闭式冷却塔与湿式机械通风冷却塔相仿，原型观测试验可分为两种，验收试验和性能试验。验收试验主要考核冷却能力、飘水量、耗电比等指标。冷却塔冷却能力应不小于 95%。噪声可按《玻璃纤维增强塑料冷却塔 第 1 部分：中小型玻璃纤维增强塑料冷却塔》GB/T 7190.1—2008 确定，随冷却流量的增大而提高，耗电比在电动机实际工作电流不大于其额定电流的条件下，风机电动机耗电比不大于 $0.07kW/(m^3 \cdot s)$；水泵电动机耗电比不大于 $0.03kW/(m^3 \cdot s)$。飘水率不大于 0.01%。

原型观测试验的时间宜在新塔投入运行后 1 年内进行，测试项目见表 19-1。试验时，空气湿球温度应在 10～30℃ 之间，最好在夏季测试；测试时环境风速小于 4m/s、无雨；进塔水流量应为设计水流量的 90%～110%；进塔水温与设计值偏离不大于 ±2℃。

试验时各仪表安装布点为：

干湿球温度计安装在距进风口外 2～5m 处，距地面 1.5m。温度计应避开阳光直射，所在空间通风良好。

测量大气压设一个测点，可设在冷却塔附近。

测量进塔流量的仪表应安装在进塔水管上，测点前 10 后 5 倍管径的直段。

测进塔水温的测点应靠近冷却塔的压力管内，在管道上应事先焊上装温度计的铜管，并内装少许机油，使传热均匀。

测出塔温度的温度计布置在出水管上，方法同进水温度。

测进塔空气流量应在塔的出风口用毕托管和微压计测出压差再计算出风量；当无条件在风筒喉部测量时，也可在冷却塔进风口采用风速仪进行测量，宜将进风断面分为若干等面积的方格，在每个方格中心测量风速，方格尺寸不宜大于（1.0×1.0）m²。

耗电比、噪声和飘水率的测试方法与测点布置，参见《玻璃纤维增强塑料冷却塔　第1部分：中小型玻璃纤维增强塑料冷却塔》GB/T 7190.1—2008相关内容。

每组试验数据应满足进塔空气湿球温度不大于±0.2℃、进塔水温不大于±1℃、进塔水流量不大于±3%、水温降不大于±5%。每组测试数据稳定时间不小于30min，有效测试数据组数不少于3组。

2. 冷却塔冷却能力的运行曲线对比评价法

冷却塔冷却能力的评价采用冷却塔制造商提供的冷却塔运行曲线对应实测工况的曲线值与实测值的比来判定冷却塔的冷却能力。

$$\eta = \frac{Q_c}{Q_p} \times 100\% \tag{19-40}$$

式中　η——冷却能力，%；

$\quad Q_p$——从运行曲线上查到的对应于实测循环水量、气温条件和进出塔水温条件的循环水流量，t/h；

$\quad Q_c$——实测循环水量修正到设计状态下的流量值，t/h。

冷却塔制造商应提供冷却塔的运行曲线，冷却塔的运行曲线是一簇以进塔空气湿球温度为横坐标，出塔水温为纵坐标，冷却幅度为变化参数的曲线，如图8-29～图8-31所示。曲线是基于固定的风机叶片角度得到的，曲线图中应标明冷却塔设计进塔空气干湿球温度、大气压、进出塔水温、气水比、自循环水量、自循环水泵功率、风机输出功率及电机效率等参数。

实测的冷却水量按下式修正到曲线设计状态。

$$Q_c = Q_t \left(\frac{N_d}{N_t}\right)^{\frac{1}{3}} \left(\frac{\rho_t}{\rho_d}\right)^{\frac{1}{3}} \tag{19-41}$$

式中　N_d、N_t——设计风机功率和实测风机功率，kW；

$\quad \rho_d$、ρ_t——设计空气密度与实测空气密度，kg/m³；

$\quad Q_t$、Q_c——实测循环水量和实测循环水量修正到设计状态下的流量值，t/h。

3. 换算设计工况计算评价法

当实测工况参数与设计工况比较接近时，可将实测工况换算至设计工况进行进出塔水温差的比较来判定冷却能力。

$$\eta = \frac{\Delta t_c}{\Delta t_d} \times 100\% \tag{19-42}$$

式中　η——冷却能力，%；

$\quad \Delta t_c$——根据实测的传热数、水膜散质系数，计算设计条件下，进塔水温为设计进塔水温时的水温差，℃；

$\quad \Delta t_d$——设计水温差，℃。

首先根据实测的有效工况点数据，按式（16-32）～式（16-35）计算试验工况条件下的传热单元数 NTU 和水膜冷却数 M_w。

由于水膜冷却数正比于塔内通风量,通风量又反比于空气密度的 1/3 次方,所以,宜将实测水膜冷却数换算至设计状态下。

$$M_{wc} = M_w \left(\frac{\rho_t}{\rho_d} \right)^{\frac{1}{3}}$$ (19-43)

式中 M_{wc}——设计条件下的水膜冷却数;

ρ_d、ρ_t——设计和实测条件下的空气密度,kg/m^3。

传热单元数需修正至设计状态下。

$$NTU_c = NTU \frac{Q_t}{Q_d}$$ (19-44)

式中 NTU_c——冷却塔设计条件下的传热单元数;

Q_d、Q_t——设计冷却水流量和实测冷却水流量,t/h。

设计进塔水温条件下的出塔水温计算须通过迭代求解,先假定一个出塔水温,将式(19-43)和式(19-44)代入式(16-38)可求出自循环水温,再由式(16-34)得到新的出塔水温,重复以上计算,可获得设计条件下冷却塔的实际出塔水温。

例 19-6 某闭式冷却塔设计流量 3kg/s、进塔干球温度 30℃、进塔湿球温度 26℃、大气压 100kPa、自循环水流量 2.16kg/s、通风量 2.78s、进塔水温 37℃、出塔水温 32℃。实测到的数据为:进塔空气干球温度 25.0℃、湿球温度 23.0℃、大气压 99kPa、进塔水温 37.8℃、出塔水温 32.5℃、自循环水温 30.5℃、冷却水流量 3.33kg/s。评价该塔的冷却能力。

解: 将实测参数代入式(16-32)和式(16-34)可求出冷却塔的实测工况的传热单元数和水膜冷却数为:

$$M_w = 2.045$$

$$NTU = 1.29$$

计算设计条件和实测条件下的进塔空气密度分别为:

$$\rho_t = 1.126 kg/m^3$$

$$\rho_d = 1.137 kg/m^3$$

修正至设计状态下的冷却单元数和水膜散质系数为:

$$NTU = 1.29 \frac{3.33}{3} = 1.43$$

$$M_{wc} = 2.045 \left(\frac{1.126}{1.137} \right)^{\frac{1}{3}} = 2.038$$

代入式(16-38)、式(16-34)迭代可求出进塔水温 37℃设计条件下,冷却塔的实际出塔水温为 32.12℃,自循环水温为 30.58℃,冷却能力为:

$$\eta = \frac{37-32.12}{37-32} \times 100\% = 97.6\%$$

冷却塔的实际冷却能力为设计值的 97.6%。

附　　录

附录 A　常压下空气的性能参数

温度 (K)	密度 (kg/m³)	比热 [kJ/(kg·℃)]	动力黏性 (Pa·s×10⁻⁵)	运动黏性 (m²/s×10⁻⁶)	导热系数 [W/(m·℃)]	普兰特数
100	3.6010	1.0266	0.6924	1.923	0.009246	0.770
150	2.3675	1.0099	1.0283	4.343	0.013735	0.753
200	1.7684	1.0061	1.3289	7.490	0.018090	0.739
250	1.4128	1.0053	1.4880	9.490	0.022270	0.722
300	1.1774	1.0057	1.9830	15.680	0.026240	0.708
350	0.9980	1.0090	2.0750	20.760	0.030030	0.697
400	0.8826	1.0140	2.2860	25.900	0.033650	0.689
450	0.7833	1.0207	2.4840	28.860	0.037070	0.683
500	0.7048	1.0295	2.6710	37.900	0.040380	0.680
550	0.6423	1.0392	2.8480	44.340	0.043600	0.680
600	0.5879	1.0551	3.0180	51.340	0.046590	0.680
650	0.5430	1.0635	3.1770	58.510	0.049530	0.682
700	0.5030	1.0752	3.3320	66.250	0.052300	0.684

附录 B　常压下不同气体的性能参数

温度 (K)	密度 (kg/m³)	比热 [kJ/(kg·℃)]	动力黏性 (Pa·s×10⁻⁵)	运动黏性 (m²/s×10⁻⁶)	导热系数 [W/(m·℃)]	普兰特数
氦气						
144	0.33790	5.2000	12.55	37.11	0.09280	0.700
200	0.24350	5.2000	15.66	64.38	0.11770	0.694
255	0.19060	5.2000	18.17	95.50	0.13570	0.700
366	0.13280	5.2000	23.05	173.60	0.16910	0.710
477	0.10204	5.2000	27.50	269.30	0.19700	0.720
589	0.08282	5.2000	31.13	375.80	0.22500	0.720
700	0.07032	5.2000	34.75	494.20	0.25100	0.720
800	0.06023	5.2000	38.17	634.10	0.27500	0.720
氧气						
150	2.61900	0.9178	11.49	4.39	0.01367	0.773
200	1.95590	0.9131	14.85	7.59	0.01824	0.745
250	1.56180	0.9157	17.87	11.45	0.02259	0.725
300	1.30070	0.9203	20.63	15.86	0.02676	0.709
350	1.11330	0.9291	23.16	20.80	0.03070	0.702
400	0.97550	0.9420	25.54	26.18	0.03461	0.695
450	0.86820	0.9567	27.77	31.99	0.03828	0.694
500	0.78010	0.9722	29.91	38.34	0.04173	0.697
550	0.70960	0.9881	31.97	45.05	0.04517	0.700

续表

温度 (K)	密度 (kg/m³)	比热 [kJ/(kg·℃)]	动力黏性 (Pa·s×10⁻⁵)	运动黏性 (m²/s×10⁻⁶)	导热系数 [W/(m·℃)]	普兰特数
			二氧化碳			
220	2.47330	0.7830	11.11	4.49	0.01081	0.818
250	2.16570	0.8040	12.59	5.81	0.01288	0.793
300	1.79730	0.8710	14.96	8.32	0.01657	0.770
350	1.53620	0.9000	17.21	11.19	0.02047	0.775
400	1.34240	0.9420	19.32	14.39	0.02461	0.738
450	1.19180	0.9800	21.34	17.90	0.02897	0.721
500	1.07320	1.0130	23.26	21.67	0.03352	0.702
550	0.97390	1.0470	25.08	25.74	0.03821	0.685
			水蒸气			
380	0.58630	2.0600	12.71	21.60	0.02460	1.060
400	0.55420	2.0140	13.44	24.20	0.02610	1.040
450	0.49020	1.9800	15.25	31.10	0.02990	1.010
500	0.44050	1.9850	17.04	38.60	0.03390	0.996
550	0.40050	1.9970	18.84	47.00	0.03790	0.991
600	0.36520	2.0260	20.67	56.60	0.04220	0.986
650	0.33800	2.0560	22.47	66.40	0.04640	0.995
			氢气			
150	0.16371	12.6020	5.60	341.8	0.09810	0.718
200	0.12270	13.5400	6.81	555.3	0.02610	0.719
250	0.09819	14.0590	7.92	806.4	0.15610	0.713
300	0.08185	14.3140	8.96	1095	0.18200	0.706
350	0.07016	14.4360	9.95	1419	0.20600	0.697
400	0.06135	14.4910	10.86	1771	0.22800	0.690
450	0.05462	14.4990	11.78	2156	0.25100	0.682
500	0.04918	14.5070	12.64	2570	0.27200	0.675
550	0.04469	14.5320	13.48	3016	0.29200	0.668
600	0.04085	14.5370	14.29	3497	0.31500	0.664
700	0.03492	14.5740	15.89	4551	0.35100	0.659
800	0.03060	14.6750	17.40	5690	0.38400	0.664

附录 C 水的性能参数

温度 (℃)	比热 [kJ/(kg·℃)]	密度 (kg/m³)	动力黏性 (Pa·s×10⁻³)	导热系数 [W/(m·℃)]	普兰特数	汽化潜热 (kJ/kg)	膨胀系数 (1/℃)
0	4.194	1000.0	1.787	0.566	13.260	2501	0
10	4.202	1000.0	1.310	0.585	9.410	2478	0.00010
20	4.190	998.0	1.010	0.602	7.030	2454	0.00020
30	4.179	996.0	0.803	0.619	5.420	2431	0.00029
40	4.177	992.6	0.656	0.633	4.330	2407	0.00038
50	4.178	988.1	0.536	0.644	3.480	2383	0.00046
60	4.183	983.3	0.475	0.654	3.040	2359	0.00053
70	4.187	977.8	0.408	0.664	2.573	2334	0.00059
80	4.197	971.8	0.359	0.671	2.245	2309	0.00064
90	4.206	965.4	0.318	0.676	1.979	2283	0.00069
100	4.219	958.6	0.283	0.682	1.751	2257	0.00074
110	4.233	951.3	0.253	0.685	1.563	2230	0.00080
120	4.251	943.4	0.229	0.685	1.421	2203	0.00086
130	4.270	935.1	0.211	0.685	1.315	2174	0.00091
140	4.294	926.4	0.196	0.685	1.229	2145	0.00096
150	4.321	917.3	0.185	0.684	1.169	2114	0.00102
160	4.350	907.8	0.174	0.681	1.111	2083	0.00108
170	4.383	897.7	0.164	0.679	1.059	2050	0.00114

附录 D　各种金属的性能参数

金属名称	温度为 20℃的性能参数			不同温度（℃）时的导热系数								
	密度 ρ(kg/m³)	比热 c_p[kJ/(kg·℃)]	导热系数 λ[W/(m·℃)]	-100	0	100	200	300	400	600	800	1000
纯铝	2.707	0.896	204	215	202	206	215	228	249			
铝合金（94%～96%铝.3%～5%铜）	2.787	0.883	164	126	159	182	194					
硅相 Al-Si 合金（86.5%铝.1%铜）	2.659	0.867	137	119	137	144	152	161				
硅相 Al-Si 合金（78%～80%铝.20%～22%硅）	2.627	0.854	161	144	157	168	175	178				
Al-Mg-Si 铝合金（97%铝.1%镁.1%硅.1%锰）	2.707	0.892	177		175	189	204					
铅	11.373	0.130	35	36.9	35.1	33.4	31.5	29.8				
纯铁	7.897	0.452	73	87	73	67	62	55	48	40	36	35
生铁（含碳 0.5%）	7.849	0.460	59		59	57	52	48	45	36	33	32
碳钢（含碳 0.5%）	7.833	0.465	54		55	52	48	45	42	35	31	29
碳钢（含碳 1%）	7.801	0.473	43		43	43	42	40	36	33	29	28
碳钢（含碳 1.5%）	7.753	0.486	36		36	36	36	35	33	31	28	28
镍钢（含镍 0%）	7.897	0.452	73									
镍钢（含镍约 20%）	7.933	0.460	19									
镍钢（含镍约 40%）	8.169	0.460	10									
镍钢（含镍约 80%）	8.618	0.460	35									
镍钢（含镍 36%）	8.137	0.460	10.7									
铬钢（含铬 0%）	7.897	0.452	73	87	73	67	62	55	48	40	36	35
铬钢（含铬 1%）	7.865	0.460	61		62	55	52	47	42	36	33	33
铬钢（含铬 5%）	7.833	0.460	40		40	38	36	36	33	29	29	29
铬钢（含铬 20%）	7.689	0.460	22		22	22	22	22	24	24	26	29
铬镍合金（15%铬.10%镍）	7.865	0.460	19									
铬镍合金（18%铬.8%镍）	7.817	0.460	16.3	16.3	16.3	17	17	19	19	22	26	31
铬镍合金（20%铬.15%镍）	7.833	0.460	15.1									

续表

金属名称	温度为20℃的性能参数			不同温度（℃）时的导热系数								
	密度 ρ(kg/m³)	比热 c_p[kJ/(kg·℃)]	导热系数 λ[W/(m·℃)]	−100	0	100	200	300	400	600	800	1000
铬镍合金（25%铬,20%镍）	7.865	0.460	12.8									
钨钢（钨含量0%）	7.897	0.452	73									
钨钢（钨含量1%）	7.913	0.448	66									
钨钢（钨含量5%）	8.073	0.435	54									
钨钢（钨含量10%）	8.314	0.419	48									
纯铜	8.954	0.3831	386	407	386	379	374	369	363	353		
铜铝合金（95%铜,5%铝）	8.666	0.410	83									
青铜（75%铜,25%锡）	8.666	0.343	26									
红铜（85%铜,9%铜,6%锌）	8.714	0.385	61		59	71						
黄铜（70%铜,30%锡）	8.522	0.385	111	88		128	144	147	147			
德银（62%铜,15%镍,22%锌）	8.618	0.394	24.9									
铜镍合金（60%铜,40%镍）	8.922	0.410	22.7	21		22.2	26					
纯金	19.300	0.1289	315	331	318	312	310	305	299	286		
纯镁	1.746	1.013	171	178	171	168	163	157				
铝镁合金（6%～8%铝,1%～2%锌）	1.810	1.000	66		52	62	74	83				
钼	10.22	0.251	123	138	125	118	114	111	109	106	102	
纯镍	8.906	0.4459	90	104	93	83	73	64	59			
镍铬合金（90%镍,10%铬）	8.666	0.444	17		17.1	18.9	20.9	22.8	24.6			
镍铬合金（80%镍,20%铬）	8.314	0.444	12.6		12.3	14.8	15.6	17.1	18	22.5		
纯银	10.524	0.234	419	419	417	415	412					
99.9%纯银	10.524	0.234	407	419	410	415	374	362	360			
纯锡	7.304	0.2265	64	74	65.9	50	57					
钨	19.350	0.1344	163		166	151	142	133	126	112	76	
纯锌	7.144	0.3843	112.2	114	112	109	106	100	93			

附录 E 饱和蒸汽与过饱和蒸汽的性能参数

压力(MPa)	各参数	饱和蒸汽	不同温度的过饱和蒸汽(℃)					
			93.3	204	316	426	538	649
0.007	密度	0.048	0.031	0.025				
	比热	1.90	1.91	1.94				
	动力黏性	9.51	12.81	16.95	20.67	24.38	27.69	30.58
	导热系数	0.0016	0.0230	0.0318	0.0412	0.0505	0.0600	
1.742	密度	8.690			6.487	5.446	4.661	4.085
	比热	2.90			2.23	2.18	2.22	2.27
	动力黏性							
	导热系数	0.0365			0.0427	0.0512	0.0604	
3.447	密度	17.268			13.820	11.130	9.430	8.220
	比热	3.50			2.65	2.29	2.25	2.32
	动力黏性	22.38			24.38	30.17	30.17	33.06
	导热系数	0.0434			0.0450	0.0522	0.0609	
6.895	密度	35.910			31.190	23.290	19.320	16.640
	比热	5.00			3.56	2.57	2.38	2.40
	动力黏性	28.93			28.52	30.58	33.06	35.54
	导热系数	0.0547			0.0521	0.0543	0.0618	
10.340	密度	58.640			55.500	36.630	29.550	25.200
	比热	7.00			6.05	2.90	2.53	2.45
	动力黏性	33.89			33.89	33.89	35.96	38.02
	导热系数	0.0656			0.0660	0.0574	0.0630	
13.790	密度	85.070				52.140	40.640	34.230
	比热	9.00				3.51	2.66	2.53
	动力黏性	38.85				35.54	38.85	40.09
	导热系数	0.0770				0.0614	0.0644	
17.240	密度	122.600				69.860	52.200	43.390
	比热	11.00				4.40	2.85	2.61
	动力黏性	44.64				41.74	41.74	42.96
	导热系数							
20.680	密度	188.500				91.070	64.490	52.810
	比热	14.00				6.33	3.06	2.78
	动力黏性	47.94				45.46	44.63	45.46
	导热系数							

表中单位：密度 ρ(kg/m³)；比热 c_p[kJ/(kg·℃)]；动力黏性系数 μ（Pa·s×10^{-6}）；导热系数 λ[W/(m·℃)]。

附录 F　不同规格翅片式空冷传热元件热力阻力性能

编　号		单位	1	2	3	4	5	6	7	8	9	10	11
基管尺寸	长轴	mm	100	100	100	100	219	36	36	20	19.5	23.5	23.5
	短轴	mm	20	20	20	20	19	14	14	25	24.5	25.5	25.5
	壁厚	mm	1.5	1.5	1.5	1.5	1.5	1.5	1.5	2.5	2.5	1	1
翅片尺寸	长（内径）	mm	119	119	119	120	200	55	55	600	24.5（内径）	595	595
	宽（外径）	mm	50	50	50	50	19	26	26	220	50（外径）	132	198
	厚（厚度）	mm	0.3	0.3	0.3	0.35	0.25	0.3	0.3	0.2	0.5	0.3	0.3
管数量		根	23	23	23	23	3	43	86	51	18	36	54
垂直气流的管		根	12	12	12	12	3	22	22	9	8	9	9
翅片间距		mm	4/2.5	2.5	4	4/2.5	2.3	2.5	2.5	5	5.5	3.2	3.2
传热元件通风面积		m²	0.360	0.360	0.360	0.360	0.256	0.360	0.360	0.360	0.360	0.600	0.600
传热单元换热总面积		m²	39.352	49.183	30.340	40.129	28.180	23.389	46.778	32.419	18.240	41.440	62.335
光管表面积		m²	2.963	2.963	2.963	2.963	3.905	2.152	4.303	2.402	2.216	2.884	4.326
翅化比		/	13.28	16.60	10.24	13.54	7.22	10.87	10.87	13.50	8.23	14.37	14.41
传热总面积与通风面积比		/	109.31	136.62	84.28	111.47	110.16	64.97	129.94	90.05	50.67	69.07	103.89
材料		/	钢浸锌	钢浸锌	钢浸锌	钢浸锌	钢铝复合	钢浸锌	钢浸锌	钢浸锌	钢	铝	铝
热力特性 $K=AV_{ma}V_{nw}$	A	/	25.14	21.12	26.58	24.63	见表下注2	34.01	33.65	14.47	23.03	35.38	39.66
	m	/	0.52	0.62	0.43	0.52	见表下注2	0.44	0.48	0.41	0.58	0.50	0.59
	n	/	0.00	0.00	0.00	0.00	见表下注2	0.51	0.27	0.31	0.17	0.26	0.16
阻力特性 $\dfrac{\Delta p}{p}=BV_a^c$	B	/	34.48	51.74	19.78	27.09	18.23	26.18	49.25	15.88	13.83	22.32	29.98
	c	/	1.51	1.49	1.59	1.40	1.42	1.56	1.56	1.68	1.75	1.58	1.56

注：1. 散热器 K 为传热系数；Δp 为散热器阻力；ρ 为空气密度；V_a 为通过散热器的空气流速；V_w 为散热器管中水流速。

2. 散热器型号 5 在蒸汽顺流凝结时传热系数为 $K=4.96V_a^{1.00878}+27.04$；蒸汽逆流凝结时传热系数为 $K=8.899V_a^{0.90559}+17.0$。

附录 G 饱和水蒸气压力（Pa）

t(℃)	0	0.1	0.2	0.3	0.4	0.5	0.6	0.7	0.8	0.9
0	610	615	619	624	628	633	637	642	647	651
1	656	661	666	670	675	680	685	690	695	700
2	705	710	715	720	725	731	736	741	746	752
3	757	762	768	773	779	784	790	795	801	807
4	812	818	824	830	835	841	847	853	859	865
5	871	877	883	890	896	902	908	915	921	928
6	934	940	947	954	960	967	973	980	987	994
7	1001	1007	1014	1021	1028	1035	1043	1050	1057	1064
8	1071	1079	1086	1093	1101	1108	1116	1123	1131	1139
9	1147	1154	1162	1170	1178	1186	1194	1202	1210	1218
10	1226	1235	1243	1251	1260	1268	1276	1285	1294	1302
11	1311	1320	1328	1337	1346	1355	1364	1373	1382	1391
12	1401	1410	1419	1429	1438	1447	1457	1467	1476	1486
13	1496	1505	1515	1525	1535	1545	1555	1566	1576	1586
14	1596	1607	1617	1628	1638	1649	1660	1670	1681	1692
15	1703	1714	1725	1736	1747	1759	1770	1781	1793	1804
16	1816	1827	1839	1851	1863	1875	1887	1899	1911	1923
17	1935	1947	1960	1972	1985	1997	2010	2023	2035	2048
18	2061	2074	2087	2100	2114	2127	2140	2154	2167	2181
19	2194	2208	2222	2236	2250	2264	2278	2292	2306	2321
20	2335	2350	2364	2379	2394	2409	2423	2438	2453	2469
21	2484	2499	2515	2530	2546	2561	2577	2593	2609	2625
22	2641	2657	2673	2689	2706	2722	2739	2755	2772	2789
23	2806	2823	2840	2857	2875	2892	2910	2927	2945	2963
24	2980	2998	3016	3035	3053	3071	3089	3108	3127	3145
25	3164	3183	3202	3221	3240	3260	3279	3299	3318	3338
26	3358	3378	3398	3418	3438	3458	3479	3499	3520	3541
27	3561	3582	3604	3625	3646	3667	3689	3710	3732	3754
28	3776	3798	3820	3842	3865	3887	3910	3933	3956	3979
29	4002	4025	4048	4072	4095	4119	4143	4166	4190	4215
30	4239	4263	4288	4312	4337	4362	4387	4412	4437	4463
31	4488	4514	4540	4566	4592	4618	4644	4670	4697	4724
32	4750	4777	4804	4832	4859	4886	4914	4942	4970	4998
33	5026	5054	5082	5111	5140	5168	5197	5226	5256	5285
34	5315	5344	5374	5404	5434	5464	5495	5525	5556	5587
35	5618	5649	5680	5712	5743	5775	5807	5839	5871	5904
36	5936	5969	6002	6035	6068	6101	6134	6168	6202	6236
37	6270	6304	6338	6373	6408	6443	6478	6513	6548	6584
38	6620	6655	6692	6728	6764	6801	6837	6874	6911	6949

$t(℃)$	0	0.1	0.2	0.3	0.4	0.5	0.6	0.7	0.8	0.9
39	6986	7024	7061	7099	7138	7176	7214	7253	7292	7331
40	7370	7409	7449	7489	7529	7569	7609	7650	7690	7731
41	7772	7813	7855	7896	7938	7980	8022	8065	8107	8150
42	8193	8236	8279	8323	8367	8411	8455	8499	8544	8588
43	8633	8678	8724	8769	8815	8861	8907	8953	9000	9047
44	9094	9141	9188	9236	9284	9332	9380	9429	9477	9526
45	9575	9625	9674	9724	9774	9824	9875	9925	9976	10027
46	10079	10130	10182	10234	10286	10339	10391	10444	10498	10551
47	10605	10658	10713	10767	10821	10876	10931	10987	11042	11098
48	11154	11210	11267	11323	11380	11438	11495	11553	11611	11669
49	11728	11786	11845	11905	11964	12024	12084	12144	12205	12265
50	12326	12388	12449	12511	12573	12635	12698	12761	12824	12887
51	12951	13015	13079	13144	13209	13274	13339	13404	13470	13536
52	13603	13670	13737	13804	13871	13939	14007	14076	14144	14213
53	14283	14352	14422	14492	14562	14633	14704	14775	14847	14919
54	14991	15064	15136	15209	15283	15356	15430	15505	15579	15654
55	15729	15805	15881	15957	16033	16110	16187	16265	16342	16420
56	16499	16577	16656	16736	16815	16895	16975	17056	17137	17218
57	17300	17382	17464	17547	17629	17713	17796	17880	17964	18049
58	18134	18219	18305	18391	18477	18564	18651	18738	18826	18914
59	19002	19091	19180	19269	19359	19449	19540	19631	19722	19813
60	19905	19998	20090	20183	20277	20371	20465	20559	20654	20749
61	20845	20941	21038	21134	21231	21329	21427	21525	21624	21723
62	21822	21922	22022	22123	22224	22325	22427	22529	22632	22735
63	22838	22942	23046	23151	23256	23361	23467	23573	23680	23787
64	23894	24002	24110	24219	24328	24437	24547	24657	24768	24879
65	24991	25103	25215	25328	25442	25555	25669	25784	25899	26014
66	26130	26247	26363	26481	26598	26716	26835	26954	27073	27193
67	27314	27434	27556	27677	27799	27922	28045	28169	28293	28417
68	28542	28667	28793	28919	29046	29173	29301	29429	29558	29687
69	29817	29947	30077	30208	30340	30472	30604	30737	30871	31005
70	31139	31274	31410	31546	31682	31819	31956	32094	32233	32372
71	32511	32651	32792	32933	33074	33216	33359	33502	33645	33789
72	33934	34079	34225	34371	34517	34665	34812	34961	35110	35259
73	35409	35559	35710	35862	36014	36166	36319	36473	36627	36782
74	36937	37093	37250	37407	37564	37722	37881	38040	38200	38360
75	38521	38683	38845	39008	39171	39335	39499	39664	39829	39995
76	40162	40329	40497	40666	40835	41004	41175	41345	41517	41689
77	41861	42035	42208	42383	42558	42733	42910	43087	43264	43442
78	43621	43800	43980	44161	44342	44524	44706	44889	45073	45257
79	45442	45628	45814	46001	46188	46376	46565	46754	46944	47135

$t(℃)$	0	0.1	0.2	0.3	0.4	0.5	0.6	0.7	0.8	0.9
80	47327	47519	47711	47905	48099	48293	48489	48685	48881	49078
81	49276	49475	49674	49874	50075	50276	50478	50681	50884	51089
82	51293	51499	51705	51912	52119	52327	52536	52746	52956	53167
83	53379	53591	53804	54018	54233	54448	54664	54881	55098	55316
84	55535	55755	55975	56196	56418	56640	56863	57087	57312	57538
85	57764	57991	58218	58447	58676	58906	59136	59368	59600	59833
86	60067	60301	60536	60772	61009	61247	61485	61724	61964	62205
87	62446	62688	62931	63175	63420	63665	63911	64158	64406	64654
88	64904	65154	65405	65656	65909	66162	66417	66672	66927	67184
89	67441	67700	67959	68219	68479	68741	69003	69267	69531	69796
90	70061	70328	70595	70864	71133	71403	71674	71946	72218	72492
91	72766	73041	73317	73594	73872	74150	74430	74710	74991	75274
92	75557	75841	76125	76411	76698	76985	77273	77563	77853	78144
93	78436	78729	79023	79317	79613	79909	80207	80505	80805	81105
94	81406	81708	82011	82315	82620	82926	83232	83540	83849	84158
95	84469	84780	85093	85406	85721	86036	86352	86669	86988	87307
96	87627	87948	88270	88593	88917	89242	89568	89895	90223	90552
97	90882	91213	91545	91878	92212	92547	92883	93220	93559	93898
98	94238	94579	94921	95264	95608	95953	96300	96647	96995	97344
99	97695	98046	98399	98752	99107	99462	99819	100177	100536	100896
100	101256	101618	101982	102346	102711	103077	103445	103813	104183	104553

附录 H 湿空气密度曲线图

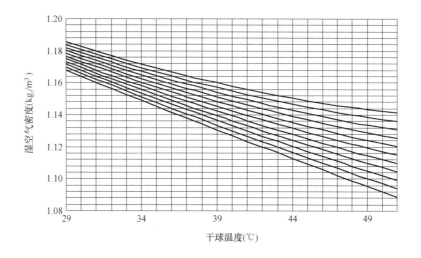

标准大气压下湿空气密度

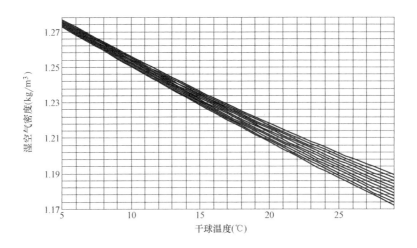

标准大气压下湿空气密度

注：图中曲线自上而下分别代表空气的相对湿度 0、10%、20%、30%、40%、50%、60%、70%、80%、90%、100%。

附录Ⅰ 湿空气湿度曲线图

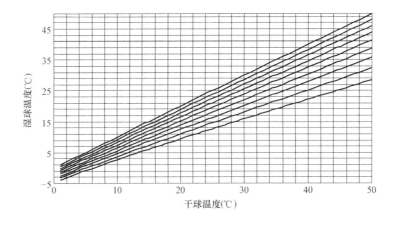

注：图中曲线自下而上分别代表空气的相对湿度 10%、20%、30%、40%、50%、60%、70%、80%、90%。

附录 J 湿空气焓曲线图

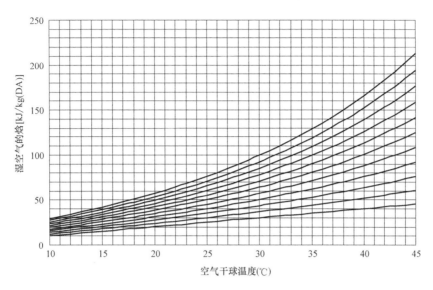

注：图中曲线自下而上分别代表空气的相对湿度 0、10%、20%、30%、40%、50%、60%、70%、80%、90%、100%。

附录 K 湿空气含湿量

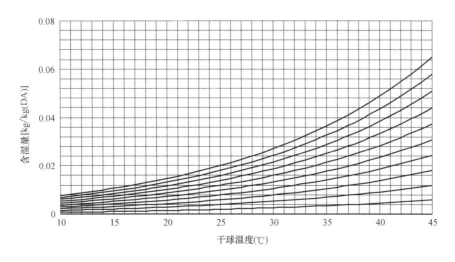

注：图中曲线自下而上分别代表空气的相对湿度 10%、20%、30%、40%、50%、60%、70%、80%、90%、100%。

附录L 逆流式冷却塔填料热力阻力特性

序号	填料名称	高度	热力特性表达式	阻力特性表达式 $\dfrac{\Delta P}{\gamma_a}=A_p v^M$	备 注
1	复合波	1.00m	$N=1.62\lambda^{0.56}$ $\beta_{xv}=1754g^{0.55}q^{0.42}$	$A_p=-2.09\times10^{-4}q^2+3.63\times10^{-2}q+0.538$ $M=-9.36\times10^{-4}q^2-7.34\times10^{-3}q+1.95$	片距20mm
2	双斜波	1.00m	$N=1.61\lambda^{0.66}$ $\beta_{xv}=1355g^{0.69}q^{0.39}$	$A_p=8.00\times10^{-4}q^2+3.29\times10^{-2}q+0.599$ $M=-1.40\times10^{-3}q^2-7.30\times10^{-3}q+2.00$	片距30mm
3	双斜波	1.25m	$N=1.90\lambda^{0.66}$ $\beta_{xv}=1423g^{0.67}q^{0.36}$	$A_p=-2.10\times10^{-3}q^2+6.23\times10^{-2}q+0.758$ $M=1.40\times10^{-3}q^2-3.45\times10^{-2}q+2.00$	片距30mm
4	双斜波	1.50m	$N=2.08\lambda^{0.76}$ $\beta_{xv}=1100g^{0.76}q^{0.34}$	$A_p=2.78\times10^{-2}q+0.877$ $M=3.00\times10^{-4}q^2-1.11\times10^{-2}q+2.00$	片距30mm
5	S波	1.00m	$N=1.60\lambda^{0.66}$ $\beta_{xv}=1319g^{0.69}q^{0.40}$	$A_p=-1.00\times10^{-4}q^2+2.83\times10^{-2}q+0.603$ $M=-1.00\times10^{-4}q^2-1.09\times10^{-2}q+2.00$	片距30mm
6	S波	1.25m	$N=1.86\lambda^{0.66}$ $\beta_{xv}=1447g^{0.66}q^{0.35}$	$A_p=8.00\times10^{-4}q^2+1.22\times10^{-2}q+0.741$ $M=-1.50\times10^{-3}q^2+1.52\times10^{-2}q+2.00$	片距30mm
7	S波	1.50m	$N=2.17\lambda^{0.70}$ $\beta_{xv}=1483g^{0.69}q^{0.30}$	$A_p=2.10\times10^{-3}q^2-2.40\times10^{-3}q+0.829$ $M=-2.00\times10^{-3}q^2+2.14\times10^{-2}q+2.00$	片距30mm
8	双向波	1.00m	$N=1.37\lambda^{0.69}$ $\beta_{xv}=1531g^{0.67}q^{0.28}$	$A_p=-4.00\times10^{-4}q^2+3.76\times10^{-2}q+0.389$ $M=1.00\times10^{-3}q^2-4.71\times10^{-2}q+2.00$	片距25mm
9	双向波	1.25m	$N=1.55\lambda^{0.63}$ $\beta_{xv}=962g^{0.67}q^{0.45}$	$A_p=7.00\times10^{-4}q^2+2.78\times10^{-2}q+0.483$ $M=-6.00\times10^{-4}q^2-2.26\times10^{-2}q+2.00$	片距25mm
10	双向波	1.50m	$N=1.75\lambda^{0.69}$ $\beta_{xv}=989g^{0.71}q^{0.37}$	$A_p=-6.00\times10^{-4}q^2+2.75\times10^{-2}q+0.532$ $M=-5.70\times10^{-3}q+2.00$	片距25mm
11	斜折波	1.00m	$N=1.40\lambda^{0.61}$ $\beta_{xv}=1132g^{0.64}q^{0.45}$	$A_p=1.00\times10^{-4}q^2+2.28\times10^{-2}q+0.466$ $M=-8.00\times10^{-4}q^2-4.50\times10^{-3}q+1.99$	片距30mm
12	斜折波	1.25m	$N=1.65\lambda^{0.59}$ $\beta_{xv}=1152g^{0.61}q^{0.45}$	$A_p=-1.60\times10^{-3}q^2+4.34\times10^{-2}q+0.570$ $M=2.60\times10^{-3}q^2-4.46\times10^{-3}q+2.00$	片距30mm
13	斜折波	1.50m	$N=1.78\lambda^{0.63}$ $\beta_{xv}=1041g^{0.65}q^{0.41}$	$A_p=6.00\times10^{-4}q^2+1.33\times10^{-2}A_pq+0.714$ $M=-4.00\times10^{-4}q^2-2.00\times10^{-3}q+2.00$	片距30mm
14	全梯波	1.00m	$N=1.51\lambda^{0.58}$ $\beta_{xv}=1933g^{0.54}q^{0.35}$	$A_p=-5.09\times10^{-4}q^2+3.07\times10^{-2}q+0.570$ $M=1.28\times10^{-3}q^2-3.23\times10^{-2}q+1.96$	片距22mm
15	TJ—10	1.00m	$N=1.48\lambda^{0.54}$ $\beta_{xv}=1439g^{0.54}q^{0.47}$	$A_p=-9.24\times10^{-3}q^2+4.33\times10^{-2}q+0.760$ $M=2.18\times10^{-4}q^2-9.36\times10^{-3}q+1.98$	片距30mm
16	梯形斜波	1.00m	$N=1.70\lambda^{0.61}$ $\beta_{xv}=1897g^{0.59}q^{0.36}$	$A_p=1.07\times10^{-4}q^2+3.02\times10^{-2}q+0.770$ $M=4.10\times10^{-4}q^2-1.35\times10^{-2}q+2.00$	片距33mm

序号	填料名称	高度	热力特性表达式	阻力特性表达式 $\dfrac{\Delta P}{\gamma_a}=A_p v^M$	备 注
17	台阶波	1.00m	$N=1.26\lambda^{0.53}$ $\beta_{xv}=1149g^{0.55}q^{0.50}$	$A_p=2.67\times10^{-3}q^2-2.94\times10^{-3}q+1.069$ $M=-1.38\times10^{-3}q^2+4.71\times10^{-3}q+2.00$	片距27mm
18	Z字波	1.00m	$N=1.76\lambda^{0.58}$ $\beta_{xv}=2214g^{0.54}q^{0.35}$	$A_p=-1.02\times10^{-3}q^2+3.76\times10^{-2}q+0.851$ $M=2.00$	片距33mm
19	梯形斜波	0.675m	$N=1.25\lambda^{0.57}$ $\beta_{xv}=2600g^{0.46}q^{0.37}$	$A_p=1.85\times10^{-4}q^2+3.94\times10^{-2}q+0.550$ $M=2.78\times10^{-3}q^2-5.83\times10^{-2}q+1.90$	片距30mm
20	梯形斜波	0.900m	$N=1.43\lambda^{0.58}$ $\beta_{xv}=2012g^{0.51}q^{0.37}$	$A_p=1.91\times10^{-3}q^2+4.76\times10^{-2}q+0.700$ $M=-1.21\times10^{-3}q^2-7.01\times10^{-3}q+1.77$	片距30mm
21	梯形斜波	0.900m	$N=1.37\lambda^{0.57}$ $\beta_{xv}=1936g^{0.51}q^{0.37}$	$A_p=5.56\times10^{-4}q^2+5.18\times10^{-2}q+0.820$ $M=-2.78\times10^{-3}q^2-1.67\times10^{-3}q+1.81$	片距30mm
22	RMC-1900	1.20m	$N=1.33\lambda^{0.56}$ $\beta_{xv}=1692g^{0.49}q^{0.32}$	$A_p=2.32\times10^{-4}q^2+2.66\times10^{-2}q+0.650$ $M=1.51\times10^{-3}q^2-3.98\times10^{-2}q+1.61$	片距20mm
23	斜折波网式填料	1.00m	$N=1.17\lambda^{0.60}$ $\beta_{xv}=1034g^{0.54}q^{0.30}$	$A_p=-6.00\times10^{-4}q^2+6.06\times10^{-2}q+0.390$ $M=4.70\times10^{-3}q^2-9.66\times10^{-2}q+1.99$	片距24mm
24	塑料网格	1.00m	$N=0.93\lambda^{0.45}$	$A_p=1.20\times10^{-3}q^2+5.69\times10^{-2}q+0.210$ $M=4.30\times10^{-3}q^2-1.10\times10^{-1}q+1.89$	正方形网孔边长50mm，板厚50mm
25	塑料网格	2.00m	$N=1.29\lambda^{0.54}$	$A_p=-4.40\times10^{-3}q^2+1.30\times10^{-1}q+0.400$ $M=1.80\times10^{-3}q^2-4.95\times10^{-2}q+1.83$	
26	塑料网格	1.00m	$N=1.01\lambda^{0.47}$	$A_p=2.50\times10^{-3}q^2+3.23\times10^{-2}q+0.320$ $M=-1.70\times10^{-3}q^2-3.90\times10^{-3}q+2.00$	正方形网孔边长51mm，板厚30mm
27	塑料网格	2.00m	$N=1.36\lambda^{0.54}$	$A_p=3.00\times10^{-4}q^2+5.95\times10^{-2}q+0.570$ $M=-1.80\times10^{-3}q^2+1.52\times10^{-2}q+2.00$	
28	塑料网格	1.00m	$N=1.01\lambda^{0.51}$	$A_p=8.00\times10^{-5}q^2+7.70\times10^{-2}q+0.310$ $M=1.60\times10^{-3}q^2-6.67\times10^{-2}q+2.00$	正六角形网孔边距50mm，板厚30mm
29	塑料网格	2.00m	$N=1.28\lambda^{0.49}$	$A_p=1.41\times10^{-3}q^2+4.11\times10^{-2}q+0.580$ $M=-4.00\times10^{-4}q^2-1.06\times10^{-3}q+2.00$	
30	人字波	1.5m	$N=1.94\lambda^{0.63}$ $\beta_{xv}=1812g^{0.55}q^{0.29}$	$A_p=2.55\times10^{-4}q^2+1.40\times10^{-2}q+0.787$ $M=3.01\times10^{-4}q^2-6.15\times10^{-3}q+2.00$	片距23mm
31	梯形波 T29-60	1.2m	$N=1.86\lambda^{0.62}$ $\beta_{xv}=1756g^{0.58}q^{0.36}$	$A_p=4.56\times10^{-4}q^2+9.54\times10^{-2}q+0.608$ $M=-3.23\times10^{-4}q^2-6.15\times10^{-3}q+2.00$	片距29mm
32	斜波纹 $50\times20-60$	1.0m	$N=1.36\lambda^{0.44}$ $\beta_{xv}=1699g^{0.40}q^{0.49}$	$A_p=1.77\times10^{-4}q^2+1.03\times10^{-2}q+0.609$ $M=6.75\times10^{-5}q^2-1.22\times10^{-2}q+1.85$	片距20mm
33	折波	1.5m	$N=1.85\lambda^{0.59}$ $\beta_{xv}=1555g^{0.52}q^{0.36}$	$A_p=1.56\times10^{-4}q^2+1.98\times10^{-2}q+0.870$ $M=4.83\times10^{-4}q^2-2.06\times10^{-2}q+2.00$	片距28mm
34	组合波	1.2m	$N=1.80\lambda^{0.59}$ $\beta_{xv}=2401g^{0.48}q^{0.29}$	$A_p=4.59\times10^{-4}q^2+1.20\times10^{-2}q+0.768$ $M=-1.46\times10^{-4}q^2-1.04\times10^{-2}q+2.00$	2层0.5m折波，1层0.2m梯形波

序号	填料名称	高度	热力特性表达式	阻力特性表达式 $\dfrac{\Delta P}{\gamma_a}=A_p v^M$	备 注
35	改型水泥格网板 $16\times50\text{-}50$	1.55m	$N=1.52\lambda^{0.54}$ $\beta_{xv}=1334g^{0.48}q^{0.38}$	$A_p=9.91\times10^{-4}q^2+1.44\times10^{-2}q+0.836$ $M=-6.11\times10^{-1}q^2-7.00\times10^{-3}q+2.00$	网孔为50mm
36	改型水泥格网板 $16\times40\text{-}50$	1.55m	$N=1.60\lambda^{0.57}$ $\beta_{xv}=1395g^{0.51}q^{0.35}$	$A_p=1.13\times10^{-3}q^2+1.19\times10^{-2}q+0.979$ $M=-1.11\times10^{-4}q^2+1.20\times10^{-2}q+2.00$	网孔为40mm
37	改型水泥格网板 $16\times30\text{-}50$	1.55m	$N=1.80\lambda^{0.54}$ $\beta_{xv}=1673g^{0.39}q^{0.47}$	$A_p=5.66\times10^{-4}q^2+2.21\times10^{-2}q+1.190$ $M=-4.72\times10^{-4}q^2-7.83\times10^{-3}q+2.00$	网孔为30mm
38	陶瓷横凸纹格网 $55\times55\times100$	1.5m	$N=1.59\lambda^{0.52}$ $\beta_{xv}=1084g^{0.53}q^{0.49}$	$A_p=4.59\times10^{-4}q^2+1.20\times10^{-1}q+0.638$ $M=3.82\times10^{-4}q^2-2.28\times10^{-2}q+1.98$	网孔为55mm
39	陶瓷横凸纹格网 $55\times55\times100$	1.2m	$N=1.35\lambda^{0.57}$ $\beta_{xv}=1354g^{0.56}q^{0.35}$	$A_p=4.50\times10^{-4}q^2+1.02\times10^{-2}q+0.558$ $M=-3.51\times10^{-4}q^2-1.04\times10^{-2}q+1.96$	网孔为55mm
40	陶瓷横凸纹格网 $55\times55\times100$	1.0m	$N=1.29\lambda^{0.60}$ $\beta_{xv}=1632g^{0.50}q^{0.39}$	$A_p=2.82\times10^{-4}q^2+1.17\times10^{-2}q+0.510$ $M=-7.77\times10^{-5}q^2-1.04\times10^{-2}q+1.98$	网孔为55mm
41	斜梯波	1.5m	$N=1.67\lambda^{0.71}$ $\beta_{xv}=1602g^{0.62}q^{0.27}$	$A_p=1.17\times10^{-4}q^2+1.43\times10^{-2}q+0.739$ $M=5.43\times10^{-1}q^2+7.22\times10^{-4}q+1.94$	片距23mm
42	MC75	1.2m	$N=1.95\lambda^{0.64}$ $\beta_{xv}=1150g^{0.72}q^{0.44}$	$A_p=-2.49\times10^{-3}q^2-1.02\times10^{-1}q+3.230$ $M=9.64\times10^{-4}q^2-1.48\times10^{-2}q+1.77$	片距19mm
43	三维立体网状	1.0m	$N=1.14\lambda^{0.51}$ $\beta_{xv}=1392g^{0.47}q^{0.40}$	$A_p=2.50\times10^{-3}q^2+9.18\times10^{-2}q+1.720$ $M=-2.80\times10^{-3}q^2+2.89\times10^{-2}q+1.98$	

附录M 横流式冷却塔填料热力阻力特性

序号	填料名称	填料高度与深度	热力特性表达式	阻力特性表达式 $\dfrac{\Delta P}{\gamma_a}=A_p v^M$	备注
1	半软性填料	1.8m×2.5m	$N=1.00\lambda^{0.52}$ $\beta_{xv}=342g^{0.45}q^{0.69}$	$A_p=2.2\times10^{-3}q+0.252$ $M=1.93$	软片尺寸100mm
2	DC150×150	2.0m×2.5m	$N=1.23\lambda^{0.26}$ $\beta_{xv}=602g^{0.29}q^{0.75}$	$A_p=2.86\times10^{-5}q^2+4.26\times10^{-3}q+0.230$ $M=2.86\times10^{-5}q^2-8.14\times10^{-3}q+2.00$	软片尺寸150mm
3	塑料圆管 $\Phi25\text{-}100\text{-}300P$	1.8m×2.5m	$N=0.36\lambda^{0.29}$ $\beta_{xv}=195g^{0.29}q^{0.71}$	$A_p=1.25\times10^{-2}q+0.025$ $M=1.50$	
4	塑料圆管 $\Phi25\text{-}100\text{-}300V$	1.8m×2.5m	$N=0.47\lambda^{0.33}$ $\beta_{xv}=319g^{0.29}q^{0.63}$	$A_p=2.00\times10^{-2}q+0.100$ $M=1.28$	

续表

序号	填料名称	填料高度与深度	热力特性表达式	阻力特性表达式 $\dfrac{\Delta P}{\gamma_a}=A_p v^M$	备注
5	塑料圆管 $\Phi25$-100-200V	1.8m×2.5m	$N=0.42\lambda^{0.38}$ $\beta_{xv}=369g^{0.30}q^{0.52}$	$A_p=1.70\times10^{-2}q+0.130$ $M=1.22$	
6	塑料弧形板 100-100-300V	1.8m×2.5m	$N=0.43\lambda^{0.35}$ $\beta_{xv}=252g^{0.34}q^{0.64}$	$A_p=2.20\times10^{-2}q+0.060$ $M=1.12$	
7	梯形斜波 T25-60-45-C	1.8m×2.5m	$N=0.73\lambda^{0.87}$ $\beta_{xv}=260g^{0.95}q^{0.23}$	$A_p=1.40\times10^{-2}q+0.500$ $M=1.62$	片距 25mm
8	梯形斜波 T25-60-45-I	1.65m×2.5m	$N=0.47\lambda^{0.70}$ $\beta_{xv}=280g^{0.70}q^{0.29}$	$A_p=1.50\times10^{-2}q+0.320$ $M=1.76$	片距 25mm
9	梯形斜波 T25-60-45-L	1.8m×2.5m	$N=0.65\lambda^{0.79}$ $\beta_{xv}=388g^{0.78}q^{0.19}$	$A_p=1.50\times10^{-2}q+0.240$ $M=1.52$	片距 25mm
10	梯形斜波 T25-60-35-C	1.8m×2.5m	$N=0.57\lambda^{0.54}$ $\beta_{xv}=273g^{0.51}q^{0.42}$	$A_p=3.20\times10^{-2}q+0.680$ $M=1.44$	片距 25mm
11	折波 S-25-L	2.0m×2.5m	$N=0.66\lambda^{0.67}$ $\beta_{xv}=312g^{0.68}q^{0.35}$	$A_p=1.90\times10^{-2}q+0.200$ $M=1.62$	片距 25mm
12	大波纹水平折波	2.0m×2.5m	$N=0.61\lambda^{0.79}$ $\beta_{xv}=312g^{0.66}q^{0.33}$	$A_p=3.24\times10^{-4}q^2+1.34\times10^{-3}q+0.541$ $M=1.05\times10^{-4}q^2-9.32\times10^{-3}q+1.44$	
13	直角水平折波	2.0m×2.5m	$N=0.75\lambda^{0.89}$ $\beta_{xv}=308g^{0.89}q^{0.13}$	$A_p=-5.46\times10^{-5}q^2+9.67\times10^{-3}q+0.394$ $M=5.94\times10^{-5}q^2-8.92\times10^{-3}q+1.97$	
14	正弦直波	2.0m×2.5m	$N=0.66\lambda^{0.76}$ $\beta_{xv}=404g^{0.72}q^{0.22}$	$A_p=0.54\times10^{-4}q^2+3.84\times10^{-1}q+0.250$ $M=9.14\times10^{-4}q^2-5.40\times10^{-3}q+1.44$	
15	正六角形网片	2.0m×2.4m	$N=1.03\lambda^{0.69}$ $\beta_{xv}=553g^{0.66}q^{0.26}$	$A_p=2.99\times10^{-4}q^2+7.42\times10^{-3}q+0.295$ $M=-1.62\times10^{-4}q^2-1.61\times10^{-2}q+2.00$	
16	竹片 40-50-200	2.0m×2.5m	$N=0.64\lambda^{0.35}$ $\beta_{xv}=418g^{0.30}q^{0.56}$	$A_p=2.51\times10^{-4}q^2+1.51\times10^{-2}q+0.128$ $M=-4.11\times10^{-4}q^2-7.45\times10^{-3}q+1.53$	
17	塑料弧形板条 100-100-300	2.0m×2.5m	$N=0.43\lambda^{0.27}$ $\beta_{xv}=246g^{0.23}q^{0.68}$	$A_p=-4.20\times10^{-4}q^2+3.70\times10^{-2}q+0.110$ $M=-4.09\times10^{-5}q^2-1.48\times10^{-3}q+1.32$	
18	波纹弧形板条 BHB-50-50-200	2.0m×2.5m	$N=0.52\lambda^{0.23}$ $\beta_{xv}=302g^{0.18}q^{0.74}$	$A_p=4.34\times10^{-4}q^2+2.56\times10^{-2}q+0.110$ $M=1.15\times10^{-3}q^2-5.47\times10^{-2}q+1.72$	
19	波纹弧形板条 BHB-50-50-300	2.0m×2.5m	$N=0.46\lambda^{0.35}$ $\beta_{xv}=219g^{0.35}q^{0.64}$	$A_p=-5.29\times10^{-5}q^2+1.12\times10^{-2}q+0.095$ $M=\times10^{-4}q^2-\times10^{-3}q+1.50$	
20	HTB-80-26	2.1m×2.4m	$N=1.09\lambda^{0.81}$ $\beta_{xv}=455g^{0.83}q^{0.21}$	$A_p=6.74^{-5}q^2+1.77\times10^{-2}q+1.09$ $M=2.05\times10^{-4}q^2-1.21\times10^{-2}q+1.90$	
21	梳齿形填料	2.0m×2.5m	$N=0.99\lambda^{0.52}$ $\beta_{xv}=478g^{0.52}q^{0.45}$	$A_p=5.08\times10^{-4}q^2+2.27\times10^{-2}q+0.510$ $M=8.95\times10^{-4}q^2-4.11\times10^{-2}q+1.83$	
22	菱齿形填料-100	2.0m×2.5m	$N=0.86\lambda^{0.73}$ $\beta_{xv}=696g^{0.38}q^{0.33}$	$A_p=2.46\times10^{-4}q^2+5.78\times10^{-3}q+0.310$ $M=\times10^{-4}q^2-\times10^{-3}q+1.58$	
23	菱齿形填料-80	2.0m×2.5m	$N=0.98\lambda^{0.61}$ $\beta_{xv}=520g^{0.55}q^{0.37}$	$A_p=1.97\times10^{-4}q^2+3.79\times10^{-3}q+0.285$ $M=1.77$	

附录 N　逆流式海水冷却塔填料热力阻力特性

序号	填料名称	海水浓度（与标准海水含盐量比）	高度	热力特性表达式	阻力特性表达式 $\frac{\Delta P}{\gamma_a} = A_p v^M$	备注
1	双斜波	0.61	1.00m	$N=1.58\lambda^{0.66}$ $\beta_{xv}=1100g^{0.76}q^{0.34}$	$A_p=2.00\times10^{-4}q^2+2.41\times10^{-2}q+0.596$ $M=-6.00\times10^{-4}q^2-4.100\times10^{-3}q+2.00$	片距30mm
2	双斜波	0.90	1.00m	$N=1.54\lambda^{0.68}$ $\beta_{xv}=1100g^{0.76}q^{0.34}$	$A_p=2.00\times10^{-4}q^2+2.41\times10^{-2}q+0.596$ $M=-6.00\times10^{-4}q^2-4.100\times10^{-3}q+2.00$	片距30mm
3	双斜波	1.17	1.00m	$N=1.51\lambda^{0.68}$ $\beta_{xv}=1100g^{0.76}q^{0.34}$	$A_p=2.00\times10^{-4}q^2+2.41\times10^{-2}q+0.596$ $M=-6.00\times10^{-4}q^2-4.100\times10^{-3}q+2.00$	片距30mm
4	双斜波	1.40	1.00m	$N=1.47\lambda^{0.68}$ $\beta_{xv}=1319g^{0.69}q^{0.40}$	$A_p=2.00\times10^{-4}q^2+2.41\times10^{-2}q+0.596$ $M=-6.00\times10^{-4}q^2-4.100\times10^{-3}q+2.00$	片距30mm
5	双斜波	1.71	1.00m	$N=1.43\lambda^{0.67}$ $\beta_{xv}=1447g^{0.66}q^{0.35}$	$A_p=2.00\times10^{-4}q^2+2.41\times10^{-2}q+0.596$ $M=-6.00\times10^{-4}q^2-4.100\times10^{-3}q+2.00$	片距30mm
6	双斜波	2.37	1.00m	$N=1.35\lambda^{0.64}$ $\beta_{xv}=1483g^{0.69}q^{0.30}$	$A_p=2.00\times10^{-4}q^2+2.41\times10^{-2}q+0.596$ $M=-6.00\times10^{-4}q^2-4.100\times10^{-3}q+2.00$	片距30mm
7	双斜波	2.89	1.00m	$N=1.28\lambda^{0.64}$ $\beta_{xv}=1531g^{0.67}q^{0.28}$	$A_p=2.00\times10^{-4}q^2+2.41\times10^{-2}q+0.596$ $M=-6.00\times10^{-4}q^2-4.100\times10^{-3}q+2.00$	片距30mm
8	双斜波	0.61	1.50m	$N=2.01\lambda^{0.75}$ $\beta_{xv}=962g^{0.67}q^{0.45}$	$A_p=-7.00\times10^{-4}q^2+4.18\times10^{-2}q+0.876$ $M=-6.00\times10^{-5}q^2-1.03\times10^{-2}q+2.00$	片距30mm
9	双斜波	0.90	1.50m	$N=1.99\lambda^{0.74}$ $\beta_{xv}=989g^{0.71}q^{0.37}$	$A_p=-7.00\times10^{-4}q^2+4.18\times10^{-2}q+0.876$ $M=-6.00\times10^{-5}q^2-1.03\times10^{-2}q+2.00$	片距30mm
10	双斜波	1.17	1.50m	$N=1.96\lambda^{0.73}$ $\beta_{xv}=1132g^{0.64}q^{0.45}$	$A_p=-7.00\times10^{-4}q^2+4.18\times10^{-2}q+0.876$ $M=-6.00\times10^{-5}q^2-1.03\times10^{-2}q+2.00$	片距30mm
11	双斜波	1.40	1.50m	$N=1.93\lambda^{0.71}$ $\beta_{xv}=1152g^{0.61}q^{0.45}$	$A_p=-7.00\times10^{-4}q^2+4.18\times10^{-2}q+0.876$ $M=-6.00\times10^{-5}q^2-1.03\times10^{-2}q+2.00$	片距30mm
12	双斜波	1.71	1.50m	$N=1.86\lambda^{0.69}$ $\beta_{xv}=1041g^{0.65}q^{0.41}$	$A_p=-7.00\times10^{-4}q^2+4.18\times10^{-2}q+0.876$ $M=-6.00\times10^{-5}q^2-1.03\times10^{-2}q+2.00$	片距30mm
13	双斜波	2.37	1.50m	$N=1.71\lambda^{0.68}$ $\beta_{xv}=1933g^{0.54}q^{0.35}$	$A_p=-7.00\times10^{-4}q^2+4.18\times10^{-2}q+0.876$ $M=-6.00\times10^{-5}q^2-1.03\times10^{-2}q+2.00$	片距30mm
14	双斜波	2.89	1.50m	$N=1.61\lambda^{0.70}$ $\beta_{xv}=1439g^{0.54}q^{0.47}$	$A_p=-7.00\times10^{-4}q^2+4.18\times10^{-2}q+0.876$ $M=-6.00\times10^{-5}q^2-1.03\times10^{-2}q+2.00$	片距30mm
15	双向波	0.61	1.00m	$N=1.32\lambda^{0.67}$ $\beta_{xv}=1897g^{0.59}q^{0.36}$	$A_p=-2.00\times10^{-4}q^2+2.24\times10^{-2}q+0.387$ $M=-3.00\times10^{-4}q^2-9.400\times10^{-3}q+2.00$	片距25mm
16	双向波	0.90	1.00m	$N=1.30\lambda^{0.68}$ $\beta_{xv}=1149g^{0.55}q^{0.50}$	$A_p=-2.00\times10^{-4}q^2+2.24\times10^{-2}q+0.387$ $M=-3.00\times10^{-4}q^2-9.400\times10^{-3}q+2.00$	片距25mm

序号	填料名称	海水浓度（与标准海水含盐量比）	高度	热力特性表达式	阻力特性表达式 $\frac{\Delta P}{\gamma_a}=\Lambda_p v^M$	备注
17	双向波	1.17	1.00m	$N=1.28\lambda^{0.66}$ $\beta_{xv}=2214g^{0.54}q^{0.35}$	$A_p=-2.00\times10^{-4}q^2+2.24\times10^{-2}q+0.387$ $M=-3.00\times10^{-4}q^2-9.400\times10^{-3}q+2.00$	片距25mm
18	双向波	1.40	1.00m	$N=1.26\lambda^{0.66}$ $\beta_{xv}=2600g^{0.46}q^{0.37}$	$A_p=-2.00\times10^{-4}q^2+2.24\times10^{-2}q+0.387$ $M=-3.00\times10^{-4}q^2-9.400\times10^{-3}q+2.00$	片距25mm
19	双向波	1.71	1.00m	$N=1.24\lambda^{0.67}$ $\beta_{xv}=2012g^{0.51}q^{0.37}$	$A_p=-2.00\times10^{-4}q^2+2.24\times10^{-2}q+0.387$ $M=-3.00\times10^{-4}q^2-9.400\times10^{-3}q+2.00$	片距25mm
20	双向波	2.37	1.00m	$N=1.21\lambda^{0.62}$ $\beta_{xv}=1936g^{0.51}q^{0.37}$	$A_p=-2.00\times10^{-4}q^2+2.24\times10^{-2}q+0.387$ $M=-3.00\times10^{-4}q^2-9.400\times10^{-3}q+2.00$	片距25mm
21	双向波	2.89	1.00m	$N=1.17\lambda^{0.64}$ $\beta_{xv}=1692g^{0.49}q^{0.32}$	$A_p=-2.00\times10^{-4}q^2+2.24\times10^{-2}q+0.387$ $M=-3.00\times10^{-4}q^2-9.400\times10^{-3}q+2.00$	片距25mm
22	双向波	0.61	1.50m	$N=1.75\lambda^{0.69}$ $\beta_{xv}=1034g^{0.54}q^{0.30}$	$A_p=-6.00\times10^{-4}q^2+2.75\times10^{-2}q+0.532$ $M=-3.00\times10^{-5}q^2-5.70\times10^{-3}q+2.00$	片距25mm
23	双向波	0.90	1.50m	$N=1.66\lambda^{0.71}$	$A_p=-6.00\times10^{-4}q^2+2.75\times10^{-2}q+0.532$ $M=-3.00\times10^{-5}q^2-5.70\times10^{-3}q+2.00$	片距25mm
24	双向波	1.17	1.50m	$N=1.65\lambda^{0.71}$	$A_p=-6.00\times10^{-4}q^2+2.75\times10^{-2}q+0.532$ $M=-3.00\times10^{-5}q^2-5.70\times10^{-3}q+2.00$	片距25mm
25	双向波	1.40	1.50m	$N=1.60\lambda^{0.71}$	$A_p=-6.00\times10^{-4}q^2+2.75\times10^{-2}q+0.532$ $M=-3.00\times10^{-5}q^2-5.70\times10^{-3}q+2.00$	片距25mm
26	双向波	1.71	1.50m	$N=1.24\lambda^{0.67}$	$A_p=-6.00\times10^{-4}q^2+2.75\times10^{-2}q+0.532$ $M=-3.00\times10^{-5}q^2-5.70\times10^{-3}q+2.00$	片距25mm
27	双向波	2.37	1.50m	$N=1.21\lambda^{0.62}$	$A_p=-6.00\times10^{-4}q^2+2.75\times10^{-2}q+0.532$ $M=-3.00\times10^{-5}q^2-5.70\times10^{-3}q+2.00$	片距25mm
28	双向波	2.89	1.50m	$N=1.17\lambda^{0.64}$	$A_p=-6.00\times10^{-4}q^2+2.75\times10^{-2}q+0.532$ $M=-3.00\times10^{-5}q^2-5.70\times10^{-3}q+2.00$	片距25mm
29	斜折波	0.61	1.00m	$N=1.36\lambda^{0.66}$	$A_p=2.00\times10^{-4}q^2+2.15\times10^{-2}q+0.467$ $M=5.00\times10^{-5}q^2-1.26\times10^{-3}q+1.99$	片距30mm
30	斜折波	1.40	1.00m	$N=1.30\lambda^{0.63}$	$A_p=2.00\times10^{-4}q^2+2.15\times10^{-2}q+0.467$ $M=5.00\times10^{-5}q^2-1.26\times10^{-3}q+1.99$	片距30mm
31	斜折波	2.89	1.00m	$N=1.17\lambda^{0.61}$	$A_p=2.00\times10^{-4}q^2+2.15\times10^{-2}q+0.467$ $M=5.00\times10^{-5}q^2-1.26\times10^{-3}q+1.99$	片距30mm
32	S波	0.61	1.00m	$N=1.51\lambda^{0.65}$	$A_p=-2.00\times10^{-4}q^2+3.06\times10^{-2}q+0.604$ $M=-3.00\times10^{-4}q^2-1.60\times10^{-2}q+2.00$	片距30mm
33	S波	1.40	1.00m	$N=1.45\lambda^{0.67}$	$A_p=-2.00\times10^{-4}q^2+3.06\times10^{-2}q+0.604$ $M=-3.00\times10^{-4}q^2-1.60\times10^{-2}q+2.00$	片距30mm
34	S波	2.89	1.00m	$N=1.34\lambda^{0.65}$	$A_p=-2.00\times10^{-4}q^2+3.06\times10^{-2}q+0.604$ $M=-3.00\times10^{-4}q^2-1.60\times10^{-2}q+2.00$	片距30mm

参 考 文 献

[1] 赵顺安. 太原钢铁公司氧气厂LF4.7米机械通风冷却塔改造方案 [R]. 北京：中国水利水电科学研究院，1997.

[2] 赵顺安. 安庆石化逆流式机械通风冷却塔测试报告 [R]. 北京：中国水利水电科学研究院，2002.

[3] 史佑吉. 冷却塔运行与试验 [M]. 北京：中国水利电力出版社，1990.

[4] 赵顺安. 上海金山石化 4000t/h 逆流式冷却塔测试报告 [R]. 北京：中国水利水电科学研究院，2002.

[5] 引进装置冷却塔技术性能调研 [R]. 合肥：化工部第三设计院、上海化工设计院（上海）、北京钢铁设计院（北京），1983.

[6] 赵顺安. 燕山石化 45 万吨乙烯项目冷却塔测试报告 [R]. 北京：中国水利水电科学研究院，2003.

[7] 赵振国. 冷却塔 [M]. 北京：中国水利水电出版社，1997.

[8] 李德兴. 冷却塔 [M]. 上海：上海科学技术出版社，1981.

[9] 艾·汉佩 著，胡贤章译. 冷却塔 [M]. 北京：电力工业出版社，1980.

[10] James P. Todd，Herbert B. Ellis. Applied Heat Transfer [M]. New York：Harper & Row, Publishers，1982.

[11] M. Jakob. Heat Transfer [M]，Wiley，New York，1956.

[12] H. A. Johnson and. W. Rubesin. Aerodynamic Heating and Convective Heat Transfer [J]. Trans. ASME.，1946，Vol. 68，P124—129.

[13] R. Hilpert，Forschung a. d. Geb [J]. D. Ingenieurwes，1933，Vol. 4，P215.

[14] E. D. Grimison，Trans. ASME，1937，Vol. 59，p. 583.

[15] 刘鉴民. 传热传质原理及其在电力科技中的应用 [M]. 北京：中国电力出版社，2006

[16] Taborek，J. Mean Temperature Difference Heat Exchanger Design Handbook [M]，Washington：Hemisphere Publishing Corp.，1983，Vol. 1.

[17] Bowane，R. A.，a. C. Mueller，and W. M. Nagle，Mean Temperature Difference in Design [J]，Transactions of the American Society of Mechanical Engineers，1940（62）：283-294.

[18] 丁尔谋等. 发电厂空冷技术 [M]. 北京：水利电力出版社，1992.

[19] 杨善让，郭晓克，赵贺. 我国电站空冷技术的发展历程、现状和展望 [C]. 第三届全国火电空冷机组技术专题研讨会论文集. 西安：中电联科技服务中心，2008.

[20] 哈尔滨空调股份有限公司，中国电力工程顾问集团公司科技开发股份有限公司. 从创新型国家重大技术设备自主化高度认识空冷国产化的意义 [C]. 第三届全国火电空冷机组技术专题研讨会论文集. 西安：中电联科技服务中心，2008.

[21] 马义伟. 发电厂空冷技术的现状与进展 [J]. 电力设备，2006（3）：5-7.

[22] Kröger D G Air-cooled heat exchangers and cooling towers [M]. Oklahoma，USA：Penn Well Corporation，2004.

[23] 施林德尔主编，马庆芳等译. 换热器设计手册 [M]. 第三卷 换热器的设计与流动设计. 北京：中国机械工业出版社，1988.

［24］ 王佩章. 我国火力发电厂直接空冷技术发展［C］. 第三届全国火电空冷机组技术专题研讨会论文集. 西安：中电联科技服务中心，2008.

［25］ 胡三季，陈玉玲. 翅片式空冷传热元件热力阻力性能试验研究［C］. 中国电机工程学会火电专委会工业冷却塔学组 2014 年学术年会论文集. 西安：电力规划总院、中国电机工程学会火电专委会工业冷却塔学组、中国电力规划设计协会土水专委会，2014.

［26］ 杜小泽，杨立军. 直接空冷系统设计与运行关键技术［C］. 第三届全国火电空冷机组技术专题研讨会论文集. 西安：中电联科技服务中心，2008.

［27］ Nel H J，Lombaard I F，Liebenberg L，Meyer J P. Fouling of an air cooled heat exchanger：An alternative design approach［C］. 14th IAHR Cooling Tower and Air-Cooled Heat Exchange Conference Proceedings. Stellenbosch，South Africa，2009.

［28］ 西北电力设计院. 电力工程水务设计手册［M］. 北京：中国电力出版社，2005.

［29］ 张春雨，严俊杰，林万超. 海勒式间接空冷系统变工况特性理论研究［J］. 工程热物理学报，2004（1）：15-18

［30］ 赵顺安，黄春花，石金玲. 200MW 直接空冷装置空气动力特性研究［J］. 水利水电科学进展，2005，25（S2）：21-23.

［31］ 王佩璋. 火电直接空冷系统采用自然通风优越性的应用探讨［J］. 华北电力技术，1998（12）：53-57

［32］ Erwin Fried，Idelchik I E. Flow resistance：A design guide for engineers［M］. New York：Hemisphere publishing co-oporation，1989.

［33］ 詹扬，郭晓克. 积极推进电站空冷技术的广泛应用［C］. 第二届全国火电空冷机组技术专题研讨会论文集. 包头：中电联科技服务中心，2006.

［34］ 顾志福，张文宏，李辉，彭继业. 电厂直接空冷系统风效应风洞模拟实验研究［J］. 热能动力工程，2003，18（2）：159-162.

［35］ 吕燕，熊扬恒，李坤. 横向风对直接空冷系统影响的数值模拟［J］. 动力工程，2008，28（4）：589-597.

［36］ 高清林. 直接空冷机组存在问题及其对策初探［J］. 汽轮机技术，2008（1）：58-62.

［37］ 赵维忠. 直冷 ACC 机组运行常见问题及处理［C］. 第三届全国火电空冷机组技术专题研讨会论文集. 西安：中电联科技服务中心，2008.

［38］ 沈亭. 直接空冷机组运行刍议［J］. 华电技术，2008（8）：58-62.

［39］ 刘志云，王栋，林宗虎. 侧向风对自然通风直接空冷塔性能影响的数值分析［J］. 动力工程，2008（6）：915-920.

［40］ du Preez A F，Kröger D G. Experimental evaluation of aerodynamic inlet losses in natural draft dry cooling towers［C］. Proceedings of 6th IAHR cooling tower workshop symposium. Pisa，Italy，1988

［41］ 黄春花，赵顺安，冯璟，刘志刚. 间接空冷塔空气动力特性试验研究［C］. 火力发电厂空冷系统设计技术研讨会论文集. 北京：电力规划设计总院，2012.

［42］ 别尔曼著，胡桢等译. 循环水的蒸发冷却［M］. 北京：中国工业出版社，1965.

［43］ 高执棣. 化学热力学基础［M］. 北京：北京大学出版社，2006.

［44］ 东北电力设计院. DL/T 1027—2006 工业冷却塔测试规程［S］. 北京：中国计划出版社，2007.

［45］ 西安建筑科技大学. CECS118：2000 冷却塔验收测试规程［S］. 北京：中国工程建设标准化协会，2000.

［46］ Merkel F. Verdunstungskühlung［J］. VDI-Zeitchrift，1925（70）：123-128.

［47］ 赵顺安. 几种常用冷却塔热力计算模型对比分析［C］. 中国电机工程学会火电专委会工业冷却塔

学组 2014 年学术年会论文集. 西安：电力规划总院、中国电机工程学会火电专委会工业冷却塔学组、中国电力规划设计协会土水专委会，2014.

[48] 国家电力公司东北电力设计院，国家电力公司西北设计院. GB/T 50102—2003 工业循环水冷却设计规范 [S]. 北京：中国标准出版社，2003.

[49] 全国化工给排水设计技术中心站. GB/T 50392—2006 机械通风冷却塔工艺设计规范 [S]. 北京：中国计划出版社，2007.

[50] JIS B 8609-1981 Performance test of mechanical cooling tower [S]. Tokyo，1981.

[51] ATC-105 Acceptance test code for water cooling towers [S]. Houston：IHS，2005.

[52] BS4485-3：1988 Water cooling towers Part 2：Code of practice for thermal and functional design [S]. London：BSI，1988.

[53] Poppe，M. Wärme-und Stoffübertuagung bei der Verdunstungskühlung im Gegen-und Kreuzstrom [J]，VDI Forschungsheft，1973 (560).

[54] 许玉林. 冷却塔热力计算改进研究报告 [R]. 北京：水利水电科学研究院，1991.

[55] Poppe M，Rögener H. 1991，"Berechnung von Rückkühlwerken，" VDI-Wärmeatlas，pp. Mi 1-Mi 15

[56] Bosnjacovic，F. Technische Thermodinmik [J]. Theodor Steinkopf，Dresden，1965.

[57] 内田秀雄. 湿り空气う冷却塔 [M]. 裳华房，1963.

[58] J. Lichtenstien. Performance Selection of Mechanical Draft Cooling Tower [J]. Trans. Am. Soc. Mech. Engrs. 1943，Vol. 65，p779.

[59] Hackschmidt M.，Vogelsang E. Zur Berechuang von Verdunelongskühlern unter Berüeksichtigung der Strömungsverhaltnisse im Bereich der Stoff und Warmeübertragung [J]. Luft-und Kaltetechnik，1968 (3).

[60] Jaber，H.，and R. L. Webb. Design of cooling towers by the effectiveness-NTU method [J]. Journal of heat transfer，1989 (11)：837-843.

[61] Kelenke，W. Zur einheitlichen Beurteilung und Berechnung Von Gegenstrom und Kreuzstromkühltürmen [J]. Kältetechnik-Klimatisierung，1970 (10)：322-335.

[62] M. E. Позин [J]. ЖПх. 1952 (10)：1032.

[63] 赵顺安. 优化斜波淋水填料试验报告 [R]. 北京：中国水利水电科学研究院，2012.

[64] 赵顺安. 海水冷却塔 [M]. 北京：中国水利水电出版社，2007.

[65] 赵顺安. 冷却塔热力计算中蒸发水量带走热量的修正系数 [J]. 电力建设，2012 (9)：43-45.

[66] 王大哲. 关于冷却塔蒸发水量带走热量系数问题 [J]. 西安建筑科技大学学报（自然科学版），1997 (3)：271-274.

[67] 国电热工研究院 DL/T 933—2005 冷却塔淋水填料、除水器、喷溅装置性能试验方法 [S]. 北京：中国标准出版社，2005.

[68] 北京玻钢院复合材料有限公司等 GB/T 7190.1—2008 玻璃纤维增强塑料冷却塔 第 1 部分：中小型玻璃纤维增强塑料冷却塔 [S]. 北京：中国标准出版社，2008.

[69] 北京玻钢院复合材料有限公司等 GB/T 7190.2—2008 玻璃纤维增强塑料冷却塔第 2 部分大型玻璃纤维增强塑料冷却塔 [S]. 北京：中国标准出版社，2009.

[70] 西南电力设计院 DL/T 5339—2006 火力发电厂水工设计规范 [S]. 北京：中国计划出版社，2006.

[71] EN13741：2003 Thermal Performance Testing of Mechanical Draught Series Wet Cooling Towers [S]. London (U. K.)：BSI，2003.

[72] 赵顺安. S波淋水填料测试报告 [R]. 北京：中国水利水电科学研究院，2011.

[73] 赵顺安. 海水水塔塔芯材料研究 [R]. 北京：中国水利水电科学研究院，2006.

[74] R. J. Winter（Central electricity research laboratories，CEGB，UK）. CEGB research on the effects of fouling of plastic packing on natural draught cooling tower performance [C]. Proceedings of 6th IAHR cooling tower workshop symposium. Pisa，Italy，1988

[75] 赵顺安. 横流塔用菱齿型淋水填料试验报告 [R]. 北京：水利水电科学研究院，1991.

[76] 许玉林等. 横流式冷却塔除水器的试验研究 [C]. 水利水电科学研究院论文集，第17集. 北京：水利电力出版社，1984.

[77] 水科院，河南电力设计院. 横流式冷却塔收水器试验研究报告 [R]. 北京：水利水电科学研究院，1982.

[78] Sukhov Ye A，Shishov V I. Cooling Efficiency of a natural-draft counter-flow tower with a Polymer Packing [C]. Proceedings of 11th IAHR cooling tower and spray pond Symposium. Cottbus，Germany，1998.

[79] Sverdlin C B，Shishov V B E. Vedeneev. Development Testiong of cooling Tower's fills with the help of certified hydro aerodynamic test rig [C]. Proceedings of 16th IAHR cooling tower and heat exchanger symposium. Minsk Belarus，2013.

[80] 赵顺安，陆振铎. 逆流式塔十二种塑料填料热力及阻力性能试验报告 [R]. 北京：中国水利水电科学研究院，1993.

[81] 赵顺安. 深圳福华德电力有限公司V94. 2机组冷却塔测试报告 [R]. 北京：中国水利水电科学研究院，2005.

[82] François Banquet. Retrofit Of Cooling Towers With Risks Of Clogging And Furring：Method Of Selecting Exchange Bodies [C]. Proceedings of 12th IAHR cooling tower and heat exchanger symposium. Sydney，Australia，2001.

[83] Winter R J CEGB research on effects of fouling of plastic packings on natural draught cooling tower performance [C]. Proceedings of 6th IAHR cooling tower workshop symposium. Pisa，Italy，1988

[84] 张丽娟，赵顺安. 喷溅装置水力特性试验报告 [R]. 北京：中国水利水电科学研究院，2006.

[85] 赵振国. 逆流塔中影响散质系数的几个因素的分析 [J]. 电力建设，1980（1）：91-102.

[86] Neil Wikelly，K. Swenson. Comparative Performance of Cooling Tower Packing Arrdngements [J]. Chemical Engineering Progress，1956，52（7）：22-32.

[87] 葛冈常雄. 关于垂直平板型冷却塔的容积散质系数 [J]. 空气调和，卫生工学，第36卷，第2号，1962.

[88] 手塚俊一. 水膜式冷却塔填充物的性能和无因次式 [C]. 日本机械学会文集. 第38卷，第314号，1972.

[89] 赵振国. 横流式冷却塔中填料散质系数的研究 [J]. 水利学报，1981（3）：31-40.

[90] 赵振国，许玉林. 横流塔填料的热力特性 [C]. 冷却塔选集. 北京：水利水电科学研究院，1978.

[91] 手塚俊一，中村隆哉. 多管式冷却塔填充物的性能 [J]. 空气调和，卫生工学，第47卷，第11号，1973.

[92] 赵振国，周光亮，石金玲. 横流塔中填料高度变化对散质系数的影响 [J]. 电力建设，1981（6）：29-34.

[93] P. Berliner著，李延龄译. 冷却塔计算和结构原理 [M]. 长春：水利电力部东北电力设计院，1986.

[94] B. A. 格拉特柯夫、Ю. И. 阿列菲耶夫、B. C. 波诺马林科著，施健中等译. 机械通风冷却塔 [M]. 北京：化学工业出版社，1981.

[95]　Zhao Shunan，Li Hongli. CHARACTERISTICS of air inlet of mechanical draft cooling tower ［C］. Proceedings of 16th IAHR cooling tower and heat exchanger symposium. Minsk Belarus，2013.

[96]　依德利契克著，华绍曾等译. 实用流体阻力手册 ［M］. 北京：国防工业出版社，1985.

[97]　许玉林等. 逆流式机力通风冷却塔的塔型试验研究 ［C］. 水利水电科学研究院科学研究论文集，第 17 集. 北京：水利水电出版社，1984.

[98]　Zhao Shunan，Li Hongli，Yu Bing. Numerical simulation on the aerodynamic characteristics of the forced draft mechanical cooling tower ［C］. Proceedings of 16th IAHR cooling tower and heat exchanger symposium. Minsk Belarus，2013.

[99]　赵顺安，冯春平，顾建华，冯晶. 超大型自然通风逆流式冷却塔的配水设计 ［J］. 电力建设，2009，30（1）：53-55.

[100]　赵振国，王显光，马莉青. 逆流式自然通风冷却塔进风口区的试验研究 ［C］. 水利水电科学研究院论文集，第 17 集. 北京：水利水电出版社，1984.

[101]　赵振国，马莉青. 圆形冷却塔塔外流场计算 ［C］. 水利水电科学研究院论文集，第 29 集. 北京：水利水电出版社，1989.

[102]　Rish J F The Design ofNatural Draft Cooling Towers ［J］. International Heat Transfer Conference，1961（3-5）.

[103]　Vauzanges M，Ribier G. Pressure Losses and Variation in Natural Draft Cooling Tower Air Inlets According to the Shape of Lintel and Shell Column ［C］. Proceedings of 5th Cooling Tower Workshop symposium. Monterey，California，USA，1986.

[104]　吴祥友，赵振国. 用变区域变分原理研究冷却塔的进口阻力问题 ［J］. 中国电机工程学报，1988（4）：48-54.

[105]　Lowe HJ，Christic D G. Heat Transfer and Pressure Drop Data on Cooling Tower Packings，and Model Studies of the Resistance of Natural Draught Towers to Airflow ［J］. International Heat Transfer Conference，1961（3-5）.

[106]　赵振国等. 冷却塔中雨区的水滴当量直径 ［J］. 水动力学研究与进展，1992（1）：83-88.

[107]　陈仙松，赵振国. 逆流式自然通风冷却塔气流流场及雨区阻力计算 ［R］. 北京：水利水电科学研究院，1992.

[108]　赵振国等. 逆流式自然通风冷却塔通风阻力的研究 ［J］. 水动力学研究与进展，1993（4）：462-474.

[109]　赵顺安. 成都电厂一号塔测试报告 ［R］. 北京：水利水电科学研究院，1991.

[110]　赵顺安. 江油电厂一号冷却塔测试报告 ［R］. 北京：水利水电科学研究院，1991.

[111]　赵顺安. 石景山热电厂一号塔测试报告 ［R］. 北京：水利水电科学研究院，1992.

[112]　赵顺安，杨平正，石诚等. 自然通风逆流式冷却塔外区配水一维热力计算方法 ［J］. 热力发电，2009（6）：30-33.

[113]　赵顺安. 双系统自然通风逆流式冷却塔的热力计算方法 ［J］. 水利学报，2008，39（1）：79-82.

[114]　李陆军，赵顺安. 自然通风冷却塔防冻设施影响效果数值模拟研究报告 ［R］. 北京：中国水利水电科学研究院，2014.

[115]　赵顺安. 进风口增加降噪装置的热力阻力计算方法 ［R］. 北京：中国水利水电科学研究院，2009.

[116]　Hackeschmid M，Vogelsang E. Zur Berechnang von Verdunslangskühlern unter Berücksichtigung der Strömungsverhältnisse im Bereich der Stoff-und Wärmeübertrgung ［J］. Luft-und Kaltetechik 1968（3）：114-118.

[117]　W. Zembaty，T. Konikowshi. Undersuchungenüber den Aerodynamischen Wiaerstand Von Kühltürmmen

［J］．BWK. Bd. 33，1971（10）

[118] Gelfand R E，Sukhov Ye A，Shishov V I. Laboratory and mathematicalmodeling of thermal proces-ses in cooling towers ［C］. Proceedings of 7th IAHR cooling tower and spraying pond symposium. Leningrad，USSR，may，1990

[119] Lowe H J，Christie D G. Heat transfer and pressure drop data on cooling towerpacking and model studies of resistance of natural draught towers of airflow ［C］. International Development in heat transfer，Part V. American society of mechanical engineers，New York，1961

[120] Rish R F. The design of natural draught cooling towers ［C］. International heat transfer Confer-ence. 1961.

[121] E. D. Cinski. Cooling tower ［P］. Romanian patent 103347，1978

[122] Jean-Claude. Principle of a general hydraulic circuit in atmospheric cooling towers with a water re-covery system ［C］. Proceedings of 3th IAHR cooling tower workshopsymposium，Budapest，Hungary，1982.

[123] Vauzanges M E，Ribier J G. Cooling towers with cooled water collectors ［C］. Proceedings of 3th IAHR cooling tower workshopsymposium. Budapest，Hungary，1982.

[124] Villeurbanne. Resume of the technical and economical impact of water-recovery ［C］. Proceedings of 5th IAHR Cooling Tower Workshop symposium. Monterey，California，USA，1986.

[125] Eugeniu Dan Cinski. Compareive technical-economical investigation for a counter-flow cooling tow-er fitted with water collectors ［C］. Proceedings of 7th IAHR cooling tower and spraying pond sym-posium. Leningrad，USSR，1990

[126] 文建刚. 自然通风逆流式冷却塔塔内气流场及配水优化的数值模拟 ［D］. 北京：水利水电科学研究院，1986.

[127] 赵顺安. 逆流式自然通风冷却塔塔内气流场及换热的数值模拟 ［D］. 北京：水利水电科学研究院，1988

[128] 刘永红. 自然通风逆流式冷却塔内流动及换热的数值模拟 ［D］. 北京：华北电力大学，1990.

[129] 毛献忠. 自然通风冷却塔流场及热交换的数值模拟 ［D］. 北京：清华大学，1992.

[130] 杜成琪. 冷却塔水力、热力特性数值模拟及优化设计 ［R］. 上海：华东电力设计院，2001.

[131] 赵振国等. 冷却塔中雨区的水滴当量直径 ［J］. 水动力学研究与进展，1992（1）：83-88.

[132] 赵振国等. 冷却塔雨区的热力特性 ［J］. 水利学报，2000（3）：12-18.

[133] 赵顺安，廖内平，徐铭. 逆流式自然通风冷却塔二维数值模拟优化设计 ［J］. 水利学报，2003（10）：26-32.

[134] 赵顺安. 盘南电厂 8500m² 冷却塔优化设计计算研究报告 ［R］. 北京：中国水利水电科学研究院，2003.

[135] 赵顺安. 华能珞璜电厂三期 2×600MW 扩建工程 10000m² 冷却塔配风配水优化计算研究报告 ［R］. 北京：中国水利水电科学研究院，2004.

[136] 赵顺安. 四川巴蜀泸州电厂 2×600MW 新建工程 9500m² 冷却塔配风配水优化计算研究报告 ［R］. 北京：中国水利水电科学研究院，2004.

[137] 赵顺安. 成都金堂电厂一期 2×600MW 新建工程 9500m² 冷却塔配风配水优化计算研究报告 ［R］. 北京：中国水利水电科学研究院，2004.

[138] 赵顺安. 云南滇东发电厂新建工程 8500m² 冷却塔优化计算研究报告 ［R］. 北京：中国水利水电科学研究院，2004.

[139] 赵顺安. 徐州彭城发电厂三期工程（2×1000MW 机组）冷却塔热力和空气动力数值模拟分析报告 ［R］. 北京：中国水利水电科学研究院，2007.

[140] 赵顺安等. 蒲圻电厂二期工程（2×1000MW 机组）冷却塔配水优化分析报告 [R]. 北京：中国水利水电科学研究院，2008.

[141] Demuren D G，Rodi W. Three-Dimensional Numerical Calculations of Flow and Plume Spreading Past Cooling Towers [J]. Heat Transfer . 1987，109：113-119.

[142] Majumdar A K，Singal A K，Spalding D B. Numerical Modeling of Wet Cooling Towers [J]. Asme Jouranl of Heat Transfer, 1983，105（4）：728-735.

[143] Hawlader M，Liu B. Numercial study of the themal hydraulic performance of evaporative natural draft cooling towers [J]. Applied Thermal Engineering，2002，22（1）：41-59.

[144] Rafat Al-Waked，Masud Behnia. The performance of natural draft dry cooling towers under cross-wind CFD study [J]. Int. J. Energy Res，2004（28）：147-161

[145] Williamson N，Behnia M，Armfield S . Comparison of a 2D axisymmetric CFD model of a natural draft wet cooling tower and a 1D model [J]. Int. J. Heat Mass Transfer，2008，51（9-10）：2227-2236

[146] 赵元宾，孙奉仲，王凯等. 侧风对湿式冷却塔空气动力场影响的数值分析 [J]，核动力工程，2008，29（6）：35-40.

[147] 周兰欣，蒋波，陈素敏. 自然通风湿式冷却塔热力特性数值模拟 [J]. 水利学报，2009，40（2）：208-213

[148] 金台，张力，唐磊等. 自然通风湿式冷却塔配水优化的三维数值研究 [J]. 中国电机工程学报，2012，32（2）：9-15

[149] 赵顺安、李陆军，刘志刚等. 自然通风逆流式冷却塔的三维热力计算模型 [C]. 中国电机工程学会工业冷却塔专委会 2012 年度学术会议论文集. 三亚：中国电机工程学会工业冷却塔专委会，2012.

[150] Zhao Shunan，Li Lujun，Guo Fumin，Feng Jing. A Numerical Simulation method of a Natural Draft Counter flow of Cooling Tower based on the FLUENT [C]. Proceedings of 16th IAHR Cooling Tower and Air-Cooled Heat Exchanger syposium. Minsk，Belarus，2013.

[151] 赵顺安，李陆军. 大型排烟冷却塔热力计算及超大塔热力阻力修正研究报告 [R]. 北京：中国水利水电科学研究院，2011.

[152] 李陆军、赵顺安. 逆流式冷却塔三维数值模拟试验研究报告 [R]. 北京：中国水利水电科学研究院，2012.

[153] Benocci C et al，Prediction of the air-drop interaction in inlet section of a natural draught cooling tower [C]. Proceedings of 5th IAHR Cooling Tower Workshop symposium. Monterey，California，USA，1986.

[154] Sukhov Ye A（VNIIG，St. Petersburg Russion Federation）. Hydro-aero thermal Investigation of Cooling Towers [C]. Proceedings of 8th IAHR cooling tower and spraying pond symposium. Karlsruhe，Germany，1992，10

[155] 宋志勇. 巨化电厂 1500m² 自然通风冷却塔测试报告 [R]. 北京：中国水利水电科学研究院，2006.

[156] 赵顺安. 广东省云浮发电厂 2 号塔测试报告 [R]. 北京：中国水利水电科学研究院，1996.

[157] 赵顺安. 山东聊城电厂一号冷却塔测试报告 [R]. 北京：中国水利水电科学研究院，2003.

[158] 赵顺安. 自然通风逆流式冷却塔中央竖井槽管结合配水水力计算与验证 [J]. 热力发电，2005，34（10）：18-21.

[159] 贺益英等. 管道水力学研究的新成果及其应用 [C]. 泄水工程与高速水流（第四期）. 长春：吉林科学技术出版社，1996.

［160］ 陆振铎. 反射三型喷溅装置在逆流式冷却塔槽式和管式配水系统的布水试验报告［R］. 北京：水利水电科学研究院，1987.

［161］ ESDU（engineering sciences data unit），Fluid Mechanicacs，Internal Flow［M］. London：1977.

［162］ 赵顺安. 天津北疆发电厂一期工程海水冷却塔虹吸配水试验研究及水力计算报告［R］. 北京：中国水利水电科学研究院，2007.

［163］ Péter Gösi，Pál Kostka. Effect of water distribution pattern of nozzles on the performance of wet packings［C］. Proceedings of 7th IAHR cooling tower and spraying pond symposium. Leningrad，USSR，1990.

［164］ Spalding B，Singham R. Die Leistung von Kaminkühlern，Vergleich Theorie und Praxis［J］. Chem. Technik，1966，18（7），385-391.

［165］ Berman L D. Untersuchung der Wasserkühlung in Kühltürmen［J］. Luft-und Kältetechnik，1967，3（5）：194-198

［166］ Berman L D，Gladkow V A. Proektirovanie i stroitel'styo bašennych gradiren v Anglii［J］. Vadosnabženie i san technika，1968（1）：27-31.

［167］ Moore F K. Aerodynamic Design Problems of Dry Cooling Systems［C］. Proceedings of 2th IAHR Cooling Tower Workshopsymposium. San Francisco，California，1980.

［168］ Morton B R. Forced plumes［J］. Journal of Fluid Mechanics，1959，5：151.

［169］ J. A. Bartz Proc. EPRI Cooling tower Workshop［M］. San Francisco，1980.

［170］ Richter E. Untersuchung der Stromungavörgänge am Austritt von Naturzugkübltürmen und deren Einfluß auf die Kühlwirkung［J］. Dissertation TU Dresden，1969.

［171］ 谭水位，赵顺安. 海水二次循环冷却系统海水冷却塔进风口区域的模型试验研究［R］. 北京：中国水利水电科学研究院，2006.

［172］ 丁祖荣. 流体力学［M］. 北京：高等教育出版社，高等教育电子音像出版社，2004.

［173］ 武际可. 大型冷却塔结构分析的回顾与展望［J］. 力学与实践，1996，18（6）：1-5.

［174］ Wood B，Betts P. A contribution to the theory of natural draught cooling towers［J］. Proc. The institution of mechanical engineers，1950，163.

［175］ Armitt J. Wind loading on cooling towers［J］. J. Struct. Div，1980，106（ST3）：623-641.

［176］ 张正斌. 海洋化学［M］. 北京：中国海洋大学出版社，2004.

［177］ B. Y. Ting. Salt water concrete cooling tower design considerations［R］. Marley cooling tower company，U. S. A. 2005.

［178］ 王庆璋，颜民. 大港发电厂海水冷却系统腐蚀污损综合治理［C］. 水冷却系统腐蚀与防护学术论文集. 泰安：1992.

［179］ 潘琳，何鹏祥，周琦. 混凝土在海洋环境中的腐蚀及其防护［J］. 工程设计与建设，2005，37（3）：10-13.

［180］ 胡三季，陈玉玲. 海水对冷却塔淋水填料热力性能的影响［R］. 西安：国家电力公司热工研究院，1999.

［181］ 赵顺安. 浓缩海水/淡水冷却塔热力性能差异影响因素研究［R］. 北京：中国水利水电科学研究院，2006.

［182］ 宋志勇，赵顺安. 海水冷却塔热力阻力特性试验研究［R］. 北京：中国水利水电科学研究院，2006，

［183］ Franz J. Dreyhaupt. The Commitment oh the Ministry for Environmental of the State of North-Rhine Westfalia regarding flue gas injection into cooling towers in Rhenish Lignite Mining district［C］. Proceedings of 5th IAHR Cooling Tower Workshop symposium. Monterey，California，

USA，1986.

[184] Schatzmann M，Lohmeyer A，Ortner G. Flue gas discharge from cooling towers wind tunnel inverstigation of building downwash effects on ground level concentrations [C]. Proceedings of 5th IAHR Cooling Tower Workshop symposium. Monterey，California，USA，1986.

[185] Bräuning G，Ernst G，Natusch K. Flue gas discharge via cooling tower-Results from the field measurement at Völklingen [C]. Proceedings of 5th IAHR Cooling Tower Workshop symposium. Monterey，California，USA，1986.

[186] Hans-Karl Petzel. Stackless power plant with flue gas desulfurization [C]. Proceedings of 5th IAHR Cooling Tower Workshop symposium. Monterey，California，USA，1986.

[187] Leidinger B J G，Bahmann W. Flue gas discharge from cooling towers studies on the environmental impact and its simulation [C]. Proceedings of 5th IAHR Cooling Tower Workshop symposium. Monterey，California，USA，1986.

[188] Bodas J. Combination of stack and dry towers of power plants [C]. Proceedings of 7th IAHR cooling tower and spraying pond symposium. Leningrad，USSR，1990.

[189] Gyula Nemeth. Flue gas discharge via dry cooling towers [C]. Proceedings of 9th IAHR cooling tower and spraying pond symposium. Von Karman Institute，Belgium，1994.

[190] Hoekamp H. About the cooling towers of the new VEAG power plant Schwarze pumpe [C]. Proceedings of 11th IAHR cooling tower and spray pond Symposium. Cottbus，Germany，1998.

[191] Hans-Karl Petzel. 10 years operational of cooling tower discharge of desulfurized flue gas [C]. Proceedings of 8th IAHR cooling tower and spraying pond symposium. Karlsruhe，Germany，1992.

[192] 赵顺安，李玉峰，谭水位，冯晶. 排烟冷却塔阻力模型试验研究 [C]. 第五届年会论文集. 昆明：中国电机工程学会工业冷却塔专委会，2008.

[193] 赵顺安. 大型自然通风排烟冷却塔热力阻力计算方法 [C]. 排烟冷却塔专题技术研讨会论文集. 哈尔滨：中国电机工程学会工业冷却塔专委会，2008.

[194] 李陆军，赵顺安. 1000MW 间接空冷塔的气流阻力特性研究报告 [R]. 北京：中国水利水电科学研究院，2013.

[195] 赵顺安，黄春花，张宏伟. 内置脱硫装置对自然通风间接空冷塔特性影响的数值模拟 [C]. 火力发电厂空冷系统设计技术研讨会论文集. 北京：电力设计规划总院，2012.

[196] Caytan Y. An investigation into the performance of a natural draft cooling tower under crosswind conditions performed using a small-scale heating model in hydraulic channel [C]. Proceedings of 2th IAHR Cooling Tower Workshop symposium. San Francisco，California，1980

[197] Lecoeuvre J M. Thermal tests of a cooling tower at BUGEY [C]. Proceedings of 2th IAHR Cooling Tower Workshop symposium. San Francisco，California，1980.

[198] Dibelus G，Ederhof. A. The influence of wind on the updraft flow of natural draught cooling towers [C]. Proceedings of 2th IAHR Cooling Tower Workshop symposium. San Francisco，California，1980.

[199] Bourillot C，Grange J L，Lecoeuvre J M. Effect of wind on the performance of a natural wet cooling tower [C]. 2th IAHR Cooling Tower Workshop. San Francisco，California 1980.

[200] Caytan Y，Fabre L. Wind effects on the performance of natural draft wet cooling towers comarision of constructors proposals and realization of performance control tests [C]. Proceedings International cooling tower conference. Electric Power Research Institute Report GS-6317，1989.

[201] Trage W，Hintzen F J. Design and construction of indirect dry cooling units [C]. Proceedings，VGB conference. South Africa 1987.

［202］ Dipl. -Ing. Herbert Henning. Air flow conditions in a cooling tower and means of control ［C］. Proceedings of 2th IAHR Cooling Tower Workshop symposium. San Francisco，California，1980.

［203］ Bourillot C，Grange J L，Lecoeuvre J M. Effect of wind on the performance of a natural wet cooling tower ［C］. Proceedings of 2th IAHR Cooling Tower Workshop symposium. San Francisco，California，1980.

［204］ Von Der Walt，West N T L A，Sheer T J，Kuball D. The design and operation of dry cooling system for 200MW torbo-generator at Grootvlei Power station，South Africa ［J］. The South African Mechanical Engineering Research and Development Journal，1976，26（12）：498-511.

［205］ 赵顺安，王晓宇，高建标，石诚. 自然风对逆流式自然通风冷却塔进风口区域阻力系数的影响 ［J］. 电力建设，2012（4）：61-63.

［206］ Zhao Shunan，Li Lujun，Guo Fumin，Feng Jing. A Numerical Simulation method of a Natural Draft Counter flow of Cooling Tower based on the FLUENT ［C］. 16th IAHR Cooling Tower and Air-Cooled Heat Exchanger Conference Proceedings. Minsk，Belarus，2013.

［207］ Blanquet J C，Goldwirt F，Manas B. Wind effects on the aerodynamic optimization of a natural draft cooling tower ［C］. Proceedings of 5th Cooling Tower Workshop symposium. Monterey，California，USA，1986.

［208］ 宋玉洛，谭海昆，李和平. 空冷机组安全性与经济性分析 ［J］. 华北电力技术，1993（12）：9-14.

［209］ 赵振国、魏庆鼎等. 自然风对空塔性能影响研究 ［J］. 应用力学学报，1998（1）：112-120.

［210］ 唐革风. 横向风影响下空冷塔内外流场及防风措施的数值模拟 ［D］. 北京：清华大学，1997.

［211］ Madadnia J，Reizes J，Revel A Weidemier R. Performance improving structures for cooling towers ［C］. 11th IAHR cooling tower symposium. Cottbus，Germany，1998.

［212］ 赵顺安，石诚，高建标. 自然风对冷却塔内流场及阻力的影响 ［R］. 北京：中国水利水电科学研究院，2011.

［213］ Ribier J G.（Hamon）Study of performances on site and on a model of large natural-draught cooling towers ［C］. Proceedings of 2th IAHR Cooling Tower Workshop symposium. San Francisco，California，1980.

［214］ 赵振国，石金铃. 横向风对冷却塔运行特性的影响 ［J］. 水利学报，1985（11）：17-27.

［215］ Buxmann J. Dry cooling tower characteristics effected by the cooling circuit and the top shape of the tower ［C］. Proceedings of 5th Cooling Tower Workshop symposium. Monterey，California，USA，1986.

［216］ Peter Fay H，Kosten G. J，Chris R. Rogers. Improved wet/dry heat rejection by means of direct condensation in combination with evaporative cooling ［C］. Proceedings of 2th IAHR Cooling Tower Workshop symposium. San Francisco，California，1980.

［217］ Franz Bouton. Mechanical-draught wet cooling towers with plume abatment ［C］. Proceedings of 8th IAHR cooling tower and spraying pond symposium. Karlsruhe，Germany，1992.

［218］ Dietmar Kokott. Experiences with an 150MWwet-dry cooling tower in the BASF ［C］. Proceedings of 3th IAHR cooling tower workshopsymposium. Budapest，Hungary，1982.

［219］ Dipl. -Ing. Herbert Henning. Air flow conditions in a cooling tower and means of control ［C］. Proceedings of 3th IAHR cooling tower workshopsymposium. Budapest，Hungary，1982.

［220］ Bräuning G，Ernst G，Mäule R，Necler P. Hybrid cooling tower neckarwestheim 2 cooling function，emission，plume dispersion ［C］. Proceedings of 7th IAHR cooling tower and spraying pond symposium. Leningrad，USSR，1990.

[221]　朱冬生，涂爱民，李元希，蒋翔. 蒸发式冷却器/闭式冷却塔的应用前景及设计计算 [C]. 中国制冷学会 2007 学术年会论文集. 杭州：中国制冷学会，2007.

[222]　Parker P O，Treybal R E. The heat mass transfer characteristics of evaporativecoolers [J]. AICHE Chem. Eng. Progr. Symp. Ser. 1961，57（32）138-149.

[223]　Mizushina R I T，Miyashita H. Characteristica and methods of thermal design of evaporative coolers [J]. Int. Chem. Eng. 1968，8（3）：532-538.

[224]　L. Vilser，Warme-und Stoffzaustausch an wasserberieselten Rippenrohren，Dissertation [D]. Universitat Stuttgar，1982.

[225]　D. K. Kreid，B. M. Faletti. Approximate analysis of heat transfer from the surface of a wet finned heat exchanger. ASME. Paper no. 88-HT-26，1982.

[226]　Webb R L. Aunited theoretical treatment for thermal analysis of cooling towers，evaporative condensers and fluid coolers [J]. ASHRAE Trans.，Part 2B. 1984（90）：398-415.

[227]　Webb R L，Villacres. Algorithms for performance simulation of cooling towers [J]. ASHRAE Trans.，Part 2B. 1984（90）：416-458.

[228]　Erens P J. Comparison of some design choices for evaporative cooler cores [J]. Heat transfer engineering. 1988（9）：29-35.

[229]　Peterson J L. An effectiveness model for indirect evaporative coolers [J]. ASHRE Trans，1993，99：392-399.

[230]　Pascal Stabat. Dominique Marchio. Simplified model for indirect-contact evaporative cooling-tower behaviour [J]. Applied Energy，2004，78：433-451.

[231]　Wittek U，Meiswinkel R. None-linear behaviour of RC cooling towers and its effects on the structural design [J]. Engineering Structure，1998，20：890-898.

[232]　Boris Halasz. A Generalmathematical model of evaporative cooling devices [J]. Revue Generale de Thermique，1998，37（4）：245-255.

[233]　蒋常建等. 横流式蒸发冷却器的热力分析 [J]. 上海交通大学学报，1997，31（7）：1-4.

[234]　唐伟杰. 大型工业用蒸发式冷却器的计算机仿真及优化研究 [D]. 上海：同济大学，2005.

[235]　蒋翔. 管外流体流动与传热传质性能及机理的研究 [D]. 长沙：华南理工大学，2006.

[236]　李永安，李继志，张兆清. 空调用闭式冷却塔空气动力特性的实验研究 [J]. 流体机械，2005，33（7）：67-69.

[237]　谭文胜，李子钧，项品义，章立新. 密闭式冷却塔的优化设计 [J]. 工程建设与设计，2006（2）：42-43.

[238]　赵顺安. 蒸发冷却器（闭式塔）的热力计算方法 [J]. 工业用水与废水，2009，40（3）：73-75.

[239]　陈伟. 管式蒸发冷却器的性能研究与优化设计 [D]. 济南：山东建筑大学，2007.

[240]　李楠. 干湿两用闭式冷却塔的结构设计与性能分析 [D]. 济南：山东建筑大学，2011.

[241]　刘晶. 密闭式冷却塔冷却过程的计算机仿真及参数优化研究 [D]. 鞍山：鞍山科技大学，2007，7.

[242]　刘力健. 机械通风闭式冷却塔传热性能实验研究 [D]. 天津：天津大学，2010.

[243]　高明，章立新，杨茉等. 蒸发冷却的管外换热性能的实验研究 [J]. 工程热物理学报，2008，29（4）：640-642.

[244]　谢卫. 带填料的闭式冷却塔传热性能实验研究 [D]. 上海：东华大学，2013.

[245]　Wojciech Zalewski，Beata Niezgoda-Zelasko，Marek Litwin. Optimization of evaporative fluid coolers [J]. int. Journal of Refrigeration，2000（23）553-565.

[246]　Niitsu Y，Naito K，Anzai T. Studies on characteristics and design procedure of evaporative coolers

[J]. Journal of SHASE，Japan，1969，43（7）：581-590.

[247] 于瑞侠. 核动力汽轮机 [M]. 哈尔滨：哈尔滨工程大学出版社，2000.

[248] 林湖，周兰欣，胡学武等. 背压变化对汽轮机功率影响的计算修正 [J]. 汽轮机技术，2004，46（1）：18-20.

[249] 魏松涛. 大型凝汽式汽轮机典型工况的定义 [J]. 东方电气评论，1988，12（2）：152-157.

[250] 黄瓯，余炎. 我国百万千瓦级以上核电汽轮机组现状及发展 [J]. 发电设备，2010（5）：309-314.

[251] 西安热工研究院有限公司. DL/T 262-2012 火力发电机组煤耗在线计算导则 [S]. 北京：中国电力出版社，2012.

[252] 西安热工研究院有限公司. DL/T 932-2005 凝汽器与真空系统运行维护导则 [S]. 北京：中国电力出版社，2005.

[253] 中国电力工程顾问集团公司. Q/DG 1-A006.1－2007 大型直接空冷系统设计导则 [S]. 北京：中国电力工程顾问集团公司，2007.

[254] 中国华能集团公司. 中国华能集团公司火电工程设计导则第二部分空冷设计导则 [S]. 北京：中国华能集团公司，2007.

[255] 姜成仁，欧阳中华. 核电汽轮机冷端优化 [J]. 能源技术，2005，26（6）：131-133.

[256] 候平利，陶志伟，胡友情等. AP1000 冷端优化方法 [J]. 汽轮机技术，2010，52（6）：424-426.

[257] 王世勇，柯严，徐大懋，冯国泰. 核电汽轮机冷端优化 [J]. 热力透平，2008，37（4）：230-234.

[258] Ronald O Webb，Karl R Wilber. Observed variations in dift emissions frommechanical draught cooling towers [C]. Proceedings of 2th IAHR Cooling Tower Workshop symposium. San Francisco，California，1980.

[259] Hodln A，Mery P，Saab A. Meteorological influences of wet cooling towers measurements，models，and predictions [C]. Proceedings of 2th IAHR Cooling Tower Workshopsymposium. San Francisco，California，1980.

[260] Lemmens P. Reduction of noise in wet cooling towers [C]. Paper for meeting of SHF. Paris，1981.

[261] Murray B E，Wood E W. The sound of low speed fans [C]. 26th Annual meeting of cooling tower institute，1977.

[262] Wang J S. Induced draft cooling tower niose and its control [C]. 26th Annual meeting of cooling tower institute，1977.

[263] Baker K G. Water cooling tower plumes [J]. Chemical and Process Engineering，1967，48（1）.

[264] Moore D J. The prediction of the rise of cooling tower plumes [J]. Atmospheric environment，1974，8（4）.

[265] Kaylor D B，Petrillo J L，Tsai Y J. Prediction and verification of visible plume behavior [C]. Cooling towers prepared by editors of Chemical Engineering Progress，1972

[266] Fan L N. Turbulentbuoyant jets into stratified or flowing ambient fluid [R]. Calif. Inst. Tech. Report. No. KH-R-15，1967.

[267] Abraham G. The flow of round buoyant issuing vertically into ambient fluid flowing in a horizontal direction [C]. 5th international water poll. Res. Conf.，1970.

[268] Haschke D，Gassman F，Jacobs C A，Pandolfo J P. Computer simulation of mesoscale meteorological effects of waste heat disposal through cooling towers [C]. Proceedings of 2th IAHR Cool-

ing Tower Workshopsymposium. San Francisco，California，1980.

[269] Mery P，aneill J Y，Hodin A，Saab A. Dry cooling towers therodynamitic and microphysical impact of a 1000MW source released in the atmospheric environment [C]. Proceedings of 2th IAHR Cooling Tower Workshopsymposium. San Francisco，California，1980.

[270] 马大猷. 环境声学 [M]. 北京：科学出版社，1984.

[271] 朱林，沈保罗. 火电厂噪声治理技术 [M]. 香港：中华文化艺术出版社，2005.

[272] 中国环境监测总站等. GB 12348—2008 工业企业厂界环境噪声排放标准 [S]. 北京：中国环境科学出版社，2008.

[273] 倪季良. 冷却塔的落水噪声及防治措施的探讨 [J]. 电力建设，2003，24 (3)：15-18.

[274] 陈金思. 冷却塔减噪综述 [J]. 安徽化工，2002 (3)：42-43.

[275] 柳福提. 大气温度随高度变化的推导 [J]. 河南科技学院学报，2007，35 (2)：32-45.

[276] 盛裴轩，毛节泰，李建国等. 大气物理学 [M]. 北京：北京大学出版社，2006.

[277] Tesche W. Inversions-frequency andinfluence on natural draught cooling towers [J]. VGB Kraftwerkstechnik，1981，7.

[278] Neil Wikelly，Leonard K. Swenson. Comparative performance of cooling tower packing arrdngements [J]. Chemical Engineering Progress，1956，52 (7).

[279] Laurainc H，Lemmens P，Monjoie M. Experimental data coupling atmospheric temperature inversions and cooling tower performances [C]. Proceedings of 6th IAHR cooling tower workshop symposium. Pisa，Italy，1988